자동차

차세대 엔진공학

자동차 차세대 엔진공학

초판 인쇄 2019년 2월 20일
초판 발행 2019년 2월 28일

지은이 김철수, 이원섭
펴낸이 최국주
펴낸곳 동명사
출판등록 1950년 11월 1일(제1-76호)
주소 (우 10881) 경기도 파주시 회동길 50(문발동)
전화 031-955-7200(대표)~2, 7203(편집부), 7204(물류)
팩스 031-955-7205
전자우편 webmaster@dmsbook.com
홈페이지 www.dmsbook.com

東明社

ISBN 978-89-411-8200-9 93550
값 28,000원

머리말

현대는 무한경쟁 시대라고 한다. 이러한 무한경쟁 시대에 대학생 여러분의 가치를 올리기 위한 노력이 매우 중요할 것이다. 어려운 취업난을 해결하기 위하여 많은 사람들이 노력하고 있다. 자신의 능력을 충분히 발휘하고 활동영역을 확대하기 위한 자격증 취득은 다른 분야에 비해 기계 자동차 분야에서는 무엇보다 중요하며 필수적인 사항이다. 이 책은 차세대 자동차 엔진의 기본적인 사항들을 쉽게 표현하여 자동차 차세대 엔진공학을 처음 공부하는 학생들이 이해하기 쉽도록 이론과 내용을 구성하였다. 자동차 차세대 엔진공학은 미래 자동차 엔진의 근간을 이루는 분야이며, 전자제어와 IT산업의 발전과 발걸음을 같이 하고 있다. 특히 차세대 자동차 공업의 발달은 자동차 기술자를 비롯하여 여러 분야에서 많은 유능한 기술인력을 필요로 하게 되었다. 이에 따라 자동차 기술의 기본이 되는 자동차 기관의 전반에 관한 기초 지식의 이해와 그 응용이 다른 무엇보다도 선행되어야 할 중요한 과제로 되고 있다.

이 책은 2019년 처음으로 출간하는 책으로 자동차공학을 전공하는 이는 물론 전공하지 않는 사람이라도 자동차 기관의 전반적인 개요를 공부할 수 있도록 주요 내용을 평이하게 서술하고, 각 장마다 그림 및 해설을 넣어 학습효과를 높이도록 하였다.

이 책의 순서는 다음과 같다.

제1장 개론

제2장 사이클

제3장 센서

제4장 연료, 연소, 후처리장치

제5장 차세대 엔진 기술

제6장 가변 압축비 엔진

제7장 다운사이징, 터보차저, EGR

제8장 LTC연소

제9장 전기자동차

제10장 차세대 에어컨

『자동차 차세대 엔진공학』은 그 내용이 많고 광범위하여 학생들이 공부하기에 어렵다고 느낄 수 있는 교과목이다. 이러한 어려움을 극복하고 본 교재를 충분히 이해한다면 단시간에 자동차 엔진공학 분야를 정리할 수 있을 것이다. 공부는 꾸준하고 체계적으로 해야 원하는 목표가 이루어진다는 신념을 가지고 이 책을 독파한다면 독자 여러분에게 큰 도움이 될 것으로 확신한다. 『자동차 차세대 엔진공학』을 출간하면서 나름대로 최선을 다하여 집필한다고 노력하였으나 아직도 부족한 부분이 많이 있으리라 생각되며 독자들의 아낌없는 충고와 제언으로 계속해서 수정, 보완해 나갈 것을 약속드린다. 끝으로 본 교재의 출간을 맡아주신 출판사 동명사 관계자 여러분의 적극적인 협조와 아낌없는 노고에 깊은 감사를 드리는 바이다.

2019년 2월

저자

목차

CHAPTER **03**

센서

CHAPTER **06**

가변 압축비 엔진

CHAPTER **07**

다운사이징, 터보차저, EGR

CHAPTER 08

LTC연소

CHAPTER **09**
전기자동차

CHAPTER **10**
차세대 에어컨

CHAPTER 01

개론

1.1 온실가스와 이산화탄소

온실가스의 대기 중 농도가 증가하고 있으며, 이러한 증가가 자연 온실효과를 증가시켜 자연 생태계와 인류에 나쁜 영향을 미치고 있다. 배출되는 온실가스의 지구온난화지수(GWP)를 비교하면 온실효과의 약 60%가 화석연료의 연소에 의해 배출되는 이산화탄소 때문이고 17%는 삼림파괴, 식물의 감소에 의한 CO_2 흡수량의 저하, 14%는 농업 활동과 폐수처리, 8%는 화석연료의 연소 등에 의해 발생하는 메탄과 아산화질소(N_2O) 때문이다.

이러한 온실가스 중 화석연료의 연소에 의한 CO_2 배출량은 1970년 대비 2010년, 116% 증가하였으며 2012년 화석연료의 연소에 의한 연간 CO_2 배출량은 31.6Gt이었다. IPCC 제4차 평가 보고서에 의하면 CO_2 배출량을 줄이지 않으면 향후 100년 동안 지구 표면의 평균온도가 3℃ 이상 상승하여 지구 기후변화에 심각한 영향을 미칠 가능성이 높다고 경고하고 있다. 2009년 12월에 개최된 유엔 기후변화협약 제15차 당사국 총회(COP15)의 코펜하겐 합의에서는 온실가스 증가로 인한 영향을 막기 위하여 지구 표면의 평균온도 상승을 2℃ 이내로 하여 온실가스 농도를 CO_2환산으로 455ppm에서 490ppm의 범위에서 안정시켜야 한다고 하였다. 지구 평균기온 상승이 2℃를 초과하지 않으면 CO_2환산농도는 450ppm 이하로 유지된다고 하였다.

이를 위하여 에너지 중 화석연료가 차지하는 비율이 현재의 81%에서 2035년에는 61%로 감소시켜야 한다. 이 온실가스 감축에는 각국의 에너지 정책과 분야별 규제, 그리고 새로운 기술개발이 되어야 가능하다고 보고 있다. 2035년까지 화석연료의 에너지 변환효율의 개선과 전자 기계의 소비전력 절감, 에너지 절약을 실현하는 기술개발 등이 CO_2 배출량 절감에 가장 공헌이 큰 기술 등이다.

세계 전체 CO_2 배출량에서 수송부문이 차지하는 비율은 2010년에 약 22%이며, 발전과 난방부분이 41%의 비율이었다. 수송부문에서 자동차가 차지하는 비율은 73%이며, 자동차 연료의 대부분이 화석연료를 사용하는 내연기관이다. 2035년까지 자동차 연비를 30~50% 절약되는 기술이 요구되고 있으며, 내연기관인 가솔린과 디젤엔진의 연료 소비효율이 더욱더 개선이 되어야 한다. 그리고 개발도상국의 에너지 수요가 확대되고 있고 세계적인 석유 고갈을 우려하여 원유가격은 계속 상승하고 있다. 따라서 경제성의 관점에서도 자동차의 연비향상이 요구되는 시점이다.

한편, 화석연료를 사용하는 내연기관은 온실가스인 CO_2와 기타 유해가스 성분을 배출한다. 내연기관에서 배출되는 유해성분은 일산화탄소, 산성비와 광화학 스모그의 원인이 되는 질소 산화물 NOx, 미연 탄화수소, 발암성분이 있는 PM 등이 있으며, 이러한 배기가스 배출 저감해 나갈 필요가 있다. 엔진의 효율을 높이고 하이브리드 차량으로 에너지 활용도를 높이면 CO_2는 저감된다. 그림 1.1은 차량중량과 이산화탄소 배출량을 나타낸다. 효율이 높을수록 이산화탄소 배출량은 줄어든다.

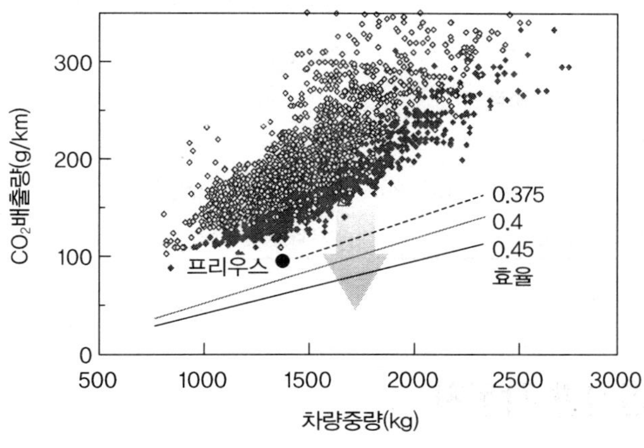

그림 1.1 차량중량과 이산화탄소 배출량(출처 : 도요타)

1.2 내연기관의 미래

표 1.1은 2050년까지 유럽의 저탄소 자동차 개발 시나리오이다. 2040년부터 본격적인 전기자동차와 연료전지 자동차를 생산하고 마이크로, 마일드 하이브리드는 2030년 종료되는 것으로 예상되

어 있다. 2040년경 내연기관은 PHEV, 풀하이브리드와 운명을 같이할 것으로 예상은 되지만 없어질지 유지될지는 판단하기 힘들어 보인다. 2020년, 내연기관은 95WTWgCO_2/km로 현재의 375 WTWgCO_2/km보다 75% 감소가 예상되며 초저탄소 자동차 기준인 75WTWgCO_2/km 이하는 2030년대 가능할 것으로 보인다.

CO_2 배출법은 초저탄소 자동차와 이산화탄소 해석법을 나타낸다. 2020년까지는 TTWCO_2, 2020~2030년에는 WTWCO_2, 2040년부터는 LCCO_2를 적용하여 이산화탄소 배출량을 계산한다. 이러한 시나리오 가능 여부는 전기 축전장치와 수소저장 장치의 개발이 완료되는 데 달려있다.

이에 따라 자동차 분야에서 CO_2 배출물은 장기적으로는 현재 수준보다 2030년 50%, 2050년 80% 감소될 전망이다. 단기적으로는 대체연료 개발과 70% 이상의 내연기관 효율의 향상이다.

표 1.1 유럽의 초저탄소 자동차 개발 시나리오 (출처 : RAC foundation)

차종	2000년	2010년	2020년	2030년	2040년	2050년
연료전지 자동차			연료인프라구축	FC stack, 수소저장해결	본격적인 생산	
전기자동차			충전인프라구축	축전장치해결	본격적인 생산	
PHEV			충전인프라구축		종료	
Full Hybrid		시작			종료	
Micro/Mild/Hybrid	시작			종료		
내연기관		30WTWCO_2/km	95WTWCO_2/km		종료	
CO_2 배출법	TTWCO_2/연비		WTWCO_2/연비		LCCO_2	

1.3 고효율 내연기관 자동차

가솔린 엔진(spark ignition, SI)과 디젤엔진(compression ignition, CI)으로 대표되는 내연기관은 수송 분야 뿐만 아니라 다양한 산업영역에서 폭넓게 사용되고 있지만 내연기관의 과다 보급과 함께 배출가스에 의한 환경오염과 석유자원의 고갈이라고 하는 문제를 가지고 있다. 가솔린 엔진은 촉매장치를 이용하여 배기가스 문제는 해결할 수 있지만 압축비가 최대 11로 효율이 낮고, 디젤엔진은 효율은 좋지만 입자상 물질(PM)과 질소산화물(NOx) 등이 많이 배출되는 단점이 있다.

내연기관 자동차의 고효율화의 가장 큰 장점은 차량가격은 올라가지 않고 높은 연비를 얻을 수 있다. 이러한 내연기관의 개발은 수요가 매우 많을 것으로 예측이 된다. 우리나라도 CO_2의 저감을 달성하면서, 저탄소 자동차의 개발과 고효율 내연기관 자동차의 개발이 반드시 필요하다. 저탄소 자동차의 개발은 지구온난화 문제를 해결하기 위해서는 반드시 필요하다.

하이브리드 자동차보다 높은 연비를 달성하는 내연기관 자동차의 개발은, 자원 절약과 CO_2 저감의 관점에서 중요하다. 또한 개발도상국의 소득수준이 상승하여, 자동차 판매가 늘어날 것으로 예상되므로 이러한 저탄소 배출 내연기관 자동차의 개발은 시급한 과제라 할 수 있다.

자동차 회사들과 자율규제 형식으로 이산화탄소 배출을 규제하려던 EU 집행위원회는 최근 자율규제에 의한 이산화탄소 배출 목표치 달성이 불가능하다고 보고 법제화를 추진하고 있고, 2020년까지 수송용 연료의 10% 이상을 바이오 연료로 대체하는 계획을 세우는 등 환경 친화적인 정책 노력을 강화하고 있다.

EU는 2020년까지 TTWCO_2 배출량을 95g/km 이하로, 2030년까지 온실가스를 현재의 40%를 줄이는 규제법규를 마련하고, 미국은 자동차 회사별의 평균연비를 2025년까지 현재의 약 2배인 23.2km/L로 하는 연비 규제안을 발표했다. 일본은 2020년까지 승용차의 연비를 2009년 대비 24.1% 개선한 24km/L로 하겠다고 발표했다. 이러한 상황에서 자동차 회사들은 저탄소 자동차의 개발을 급속하게 추진하게 되었고 추가로 고효율 내연기관 자동차의 기술 개발은 반드시 해야 하는 과제로 되었다.

저탄소 자동차의 보급은 EU와 CARB의 연비규제, 정비 인프라 구축, 표준화 등에 따라 다르지만 자동차를 구입하는 소비자의 환경, 연료가격, 인프라, 정책, 차량가격 등의 면에서 고효율 내연기관 자동차가 가장 유망하다.

작은 구조변경으로 SI엔진은 가솔린 이외에 합성 가솔린, LPG, 메탄, 수소, 에탄올, 부탄올 등의 연료를 사용할 수 있고, CI엔진은 디젤 이외에 합성디젤, 바이오디젤, 디메틸에테르(DME, dimethyl ether) 등의 연료를 사용할 수 있다. 특히 가솔린과 디젤에 10~85%의 바이오 연료를 혼합하여 사용하면 CO_2가 낮아지는 효과가 크다. 내연기관의 대부분은 SI엔진과 CI엔진이다. 이러한 엔진은 특히 급가속 시 엔진효율이 낮다. 이러한 엔진들의 효율을 높이는 방법은 연소방법 개선, 엔진다운 사이징, 고압축비, 터보차저 적용, 가변밸브 액츄에이터(variable valve actuator) 적용, 스로틀밸브 제거 등이 있다.

단기간 내에 가솔린 엔진의 효율을 개선하기 위하여 **표 1.2**의 기술을 적용하면 최대 49%의 연비 상승의 효과가 있다. 고효율 가솔린기관은 미래에도 중요한 파워트레인이 될 것이므로, 가솔린 엔진에 직접 분사식을 적용하고 HCCI 연소를 실현하면 47%의 연비가 상승한다. 이 방법에 가변밸브 리프트와 타이밍을 적용하면 2%의 연비가 더 상승한 49%의 연비개선이 있다. 이러한 가솔린기관은 현재의 자동차보다 45~50% 정도 CO_2가 감소한다. 일반적으로 디젤기관은 가솔린기관보다 효율과 연비가 높다. 그 이유는 압축비가 높고, 펌핑손실이 없기 때문이다. 표 1.3은 디젤자동차의 효율개선 기술을 나타낸다.

표 1.2 가솔린기관의 저탄소 엔진기술과 연비 (출처 : IEA, IEEP, CARB, Ricardo)

기술 개발	연비 효율 상승량
기본가솔린자동차(2000cc)	–
배출물 제어	1% 감소
앳킨스사이클 적용	1% 상승
엔진의 마찰 감소 기술	2% 상승
50% 엔진다운사이징	10% 상승
공회전정지 기술	3% 상승
냉각시스템개선과 전기워트 펌프 적용	4% 상승
cooledEGR, e-boost(VGT)사용	6% 상승
VVA(VVLT)적용	6% 상승
CVT 개선기술	7% 상승
전기모터 보조	7% 상승
공회전정지, 회생제동	5~10% 상승
차량 경량화(100 kg)	10% 상승
GDI, 희박연소 적용	10~13% 상승
GDI, 50% 엔진다운사이징	25% 상승
가솔린GDI, HCCI연소	47% 상승
가솔린GDI, VVTL, HCCI연소	49% 상승
가솔린 플러그인 하이브리드	47% 상승

표 1.3 디젤기관의 저탄소 엔진기술과 연비

기술 개발	연비효율 상승량
배출물 제어	1% 감소
엔진의 마찰 감소 기술	1% 상승
냉각시스템개선과 전기워터 펌프 적용	1% 상승
디젤 플러그인 하이브리드 시스템	41% 상승

표 1.4는 MIT에서 예측한 차량가격을 고려하지 않는 2030년경 자동차 연비와 CO_2 배출량을 나타낸다. 2030년까지 연료가격은 변동이 없고 연비가 1년에 3.5% 상승한다고 가정하면 가솔린 하이브리드의 연비는 3.36L/100km(30km/L)로 예측하고 있다. 즉 가솔린 3L로 100km를 가는 3L자동차가 현실화될 것으로 보인다. 저연비, 저탄소 자동차는 CO_2는 감소하지만 차량의 가격이 크게 상승하는 점을 유념해야 한다. CO_2 감소는 있지만 차량가격이 상승하면 소비자는 사지 않는다. 이러한 면에서 현재의 가솔린엔진의 개발은 매우 중요하다. 표 1.5는 EURO IV를 만족하는 가솔린엔진 대비 가격과 CO_2 감소량을 나타낸다. 가솔린 하이브리드는 300%의 가격상승에 40%의 CO_2개선 효과가 있고 디젤 하이브리드는 차량가격이 400~450% 상승하고 CO_2는 40~50% 개선 효과가 있다.

표 1.4 2030년 예상 연비와 이산화탄소배출량 (출처 : MIT)

자동차 종류	WTW GHG emission(gCO_2/km)
2006년 가솔린엔진(2400cc)	8.85 L/100km(11km/L), 252g
터보 GDI 기관	5.23 L/100km(19km/L), 140g
CRDI 기관	5.23 L/100km(19km/L), 130g
가솔린 하이브리드 기관	3.36 L/100km(30km/L), 90g
플러그인 하이브리드 기관	3.36 L/100km(30km/L), 90g

표 1.5 가솔린 엔진 대비 CO_2 감소량과 가격 상승

차량	CO_2 감소량	차량 가격 상승
가솔린 EURO IV	기준	기준
CRDI EURO IV	22%	75%
GDI+가솔린 EURO IV+VGT	15%	50%
CRDI EURO V~VI	25%	100%
가솔린 마일드 하이브리드	20%	100%
가솔린 하이브리드	40%	300%
디젤 마일드 하이브리드	30~35%	200%
디젤 하이브리드	40~50%	400~450%

1.4 미래의 엔진기술

미래의 엔진기술로는 엔진의 기본성능을 향상시키 위하여 마찰저감, 경량화, 열관리, 연소개선, 에너지 다양화, 환경이 우수하고 안전하고 승차감이 좋은 차량을 개발해야 한다. **그림 1.2**는 가솔린 엔진과 디젤엔진의 기술 발전과정을 나타낸다. **그림 1.3**은 디젤엔진의 상세 기술 발전과정을 나

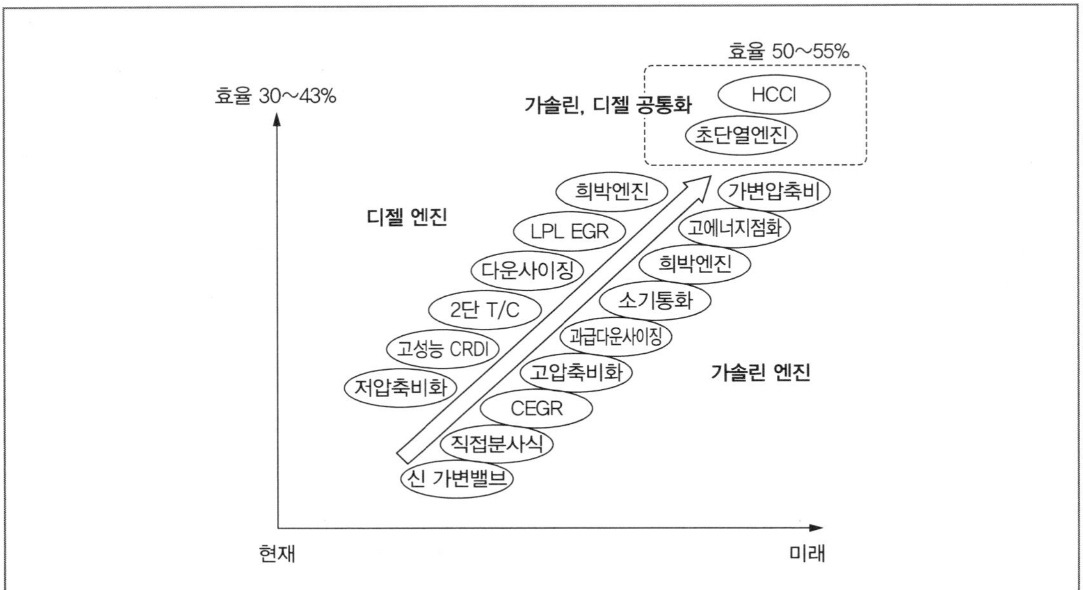

그림 1.2 가솔린과 디젤엔진의 발전과정

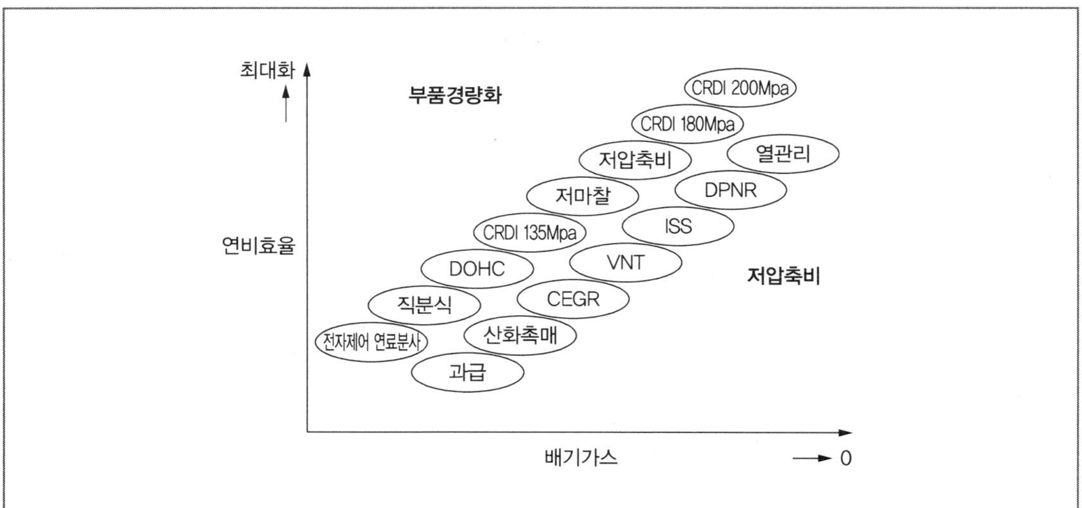

그림 1.3 디젤엔진의 상세 발전과정

타내며 VNT(variable nozzle turbocharger), ISS(idle stop system), DPNR(Diesel particulate NOx reduction)의 발전과정을 나타낸다.

(1) 저 NOx영역의 확대를 위한 MPL−EGR 적용

EGR 종류에는 LPL(low pressure loop) EGR, HPL(high pressure loop) EGR, MPL(mixed pressure loop) EGR, 2단 EGR, 2단 터보 EGR 등이 있다. 이들 중 저 NOx 영역의 확대를 위해서는 MPL−EGR의 적용기술은 매우 유용하다.

(2) 펌핑손실 저감

가변밸브 타이밍 기술의 진보에 따라 펌핑손실을 저감하고 연비는 개선된다. 이 기술에는 가변밸브 타이밍(VVT), 가변밸브 리프트(VVL)가 있고 이를 구현하는 기술에는 흡기밸브에 VVT 기술을 적용하는 IN VVT, 흡배기 밸브에 VVT 기술을 적용하는 Dual VVT, 모터구동 VVT(MD VVT) 그리고 모터구동 VVTL(MD−VVTL) 기술이 있다. 이러한 기술은 고출력, 저연비를 달성할 수 있고 **그림 1.4**는 VVT 기술과 연비감소 효과를 나타낸다.

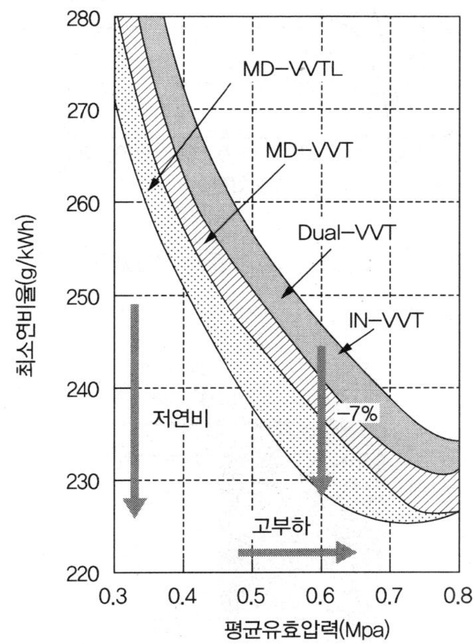

그림 1.4 VVT 기술과 연비감소 효과(출처 : 도요타)

(3) 배기손실 저감기술

가솔린 기관에 직접분사 기술을 적용하고, 엔진을 고압축비화하면, 출력이 향상되고, 연비가 좋아져 배기손실이 저감된다. 이들 기술에는 PFI엔진의 압축비를 올리고, GDI 엔진의 성능을 향상시킨다. GDI엔진은 저온 시동성 불량, 대량 EGR 문제, 연소실과 포트의 퇴적물(deposit) 문제가 있을 수 있다. 이러한 문제점은 포트분사 인젝터와 실린더 분사 인젝터를 동시에 장착하면 해결될 수 있고 PFI엔진보다 토크, 출력은 향상되고 연비는 저감된다.

그림 1.5는 2개의 인젝터를 가지는 GDI엔진, 실린더에 1개의 인젝터를 갖는 GDI엔진, PFI 엔진의 출력과 토크를 비교한 그림이며 2개의 인젝터를 가지는 GDI엔진의 출력은 7%, 토크는 7.5% 향상된다.

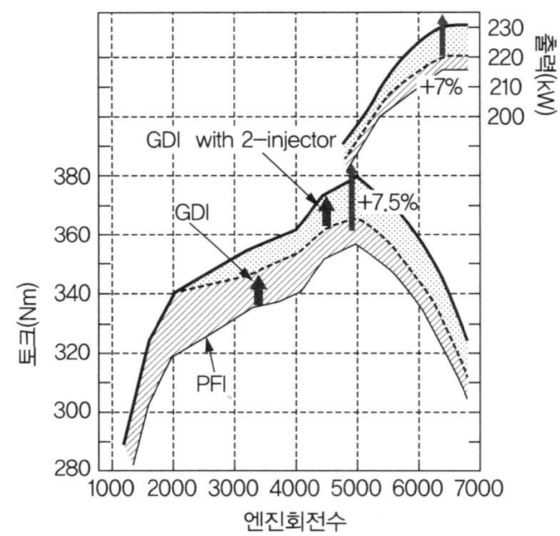

그림 1.5 2개의 인젝터를 가지는 GDI엔진의 성능효과(출처 : 도요타)

그림 1.6 포트분사와 실린더 분사방법

(4) 과급 다운사이징

엔진의 배기량을 적게 하면 연비는 향상된다. 엔진의 출력저하는 터보차저 적용과 직접분사 기술의 적용으로 해결할 수 있다. 직접분사 기술은 퇴적물과 오일 미스트에 기인하여 발생하는 노킹 문제를 해결해야 한다. 배기량을 줄이면 저연비 영역에서의 사용이 증가되어 연비는 개선된다.

(5) 기계 마찰손실 저감기술

엔진의 마찰은 가솔린 엔진과 디젤엔진 모두에서 발생한다. 구동부품의 질량을 줄이고, 섭동부의 마찰계수를 저감하고, 실린더 보어의 진원도를 개선하고, 캠축의 마찰을 감소시키고, 실린더 보어의 변형을 방지하면 마찰은 감소된다. **그림 1.7**은 가솔린 엔진과 디젤엔진의 마찰저감 목표치를 나타낸다.

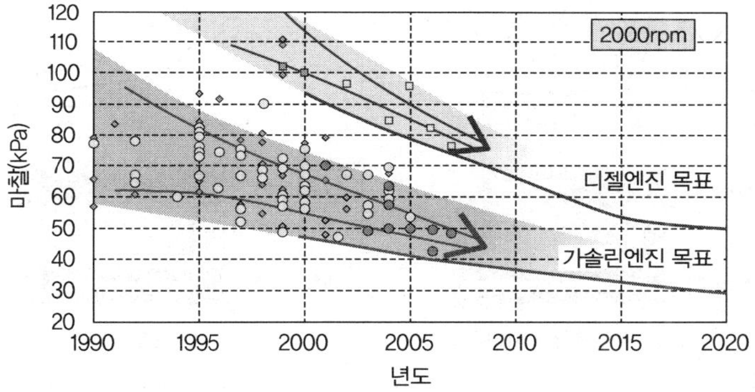

그림 1.7 마찰저감 목표치(출처 : 도요타)

(6) 공회전정지 기술

클러치 페달의 조작으로 엔진의 정지, 시동을 하는 기술이다. 공회전시에는 클러치가 단절되고, 크랭크축의 링기어가 프리하게 되어 시동은 정지되고 연비를 저감한다.

(7) 가솔린 엔진의 개선

가솔린 엔진은 현재의 최대 열효율이 37%, CO_2 발생 130g/km의 수준에서 2020년 열효율이 50% CO_2 발생 95g/km 수준으로 엔진기술을 개발해야 한다. 각종 손실을 저감하여 엔진의 효율을 높여야 하고, 저마찰 기술, 공회전정지 기술, 차량주행 저항감소, 중량감소를 통하여 정미일을 감소시켜야 한다. 가변밸브 기술, 고EGR 적용, 희박연소 실현, 앳킨슨 사이클 적용, 과급 다운사이징 기술을 통하여 펌핑손실을 줄이고, CEGR적용, 축열을 통한 냉각손실 감소, 고압축비 적용, 직접분사식 적용, 고팽창비 적용으로 배기손실을 저감해야 한다. 배기가스 폐열회수, 초단열 엔진, 초저마찰 기술, 고에너지 점화기술을 개발하고, 초고팽창비 사이클의 가변 압축비 기술에 VVT 기술을 적용하면 열효율은 20% 이상 상승된다. **그림 1.8**은 저부하 시는 초고팽창비 사이클을 적용하고 고부하 시는 오토사이클을 적용하는 엔진이다. 초고팽창비 사이클은 VVT에 의한 흡기밸브 닫힘을 지연시키면 가능하다. 이 기술은 연소실 체적이 줄어들어 압축비를 높이는 효과가 있어 효율은 개선된다.

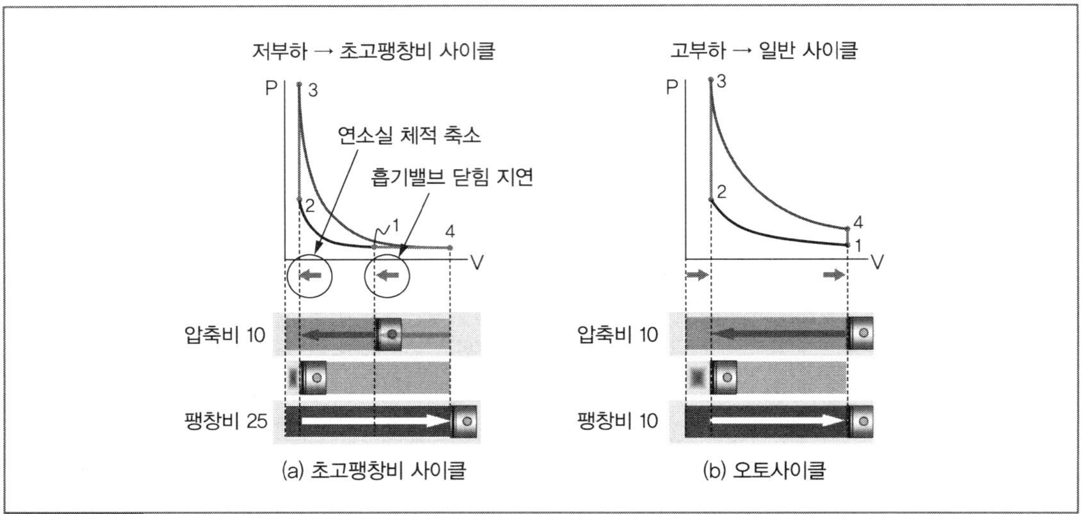

그림 1.8 가변 압축비 엔진

(8) 디젤엔진의 개선

디젤엔진의 배기가스의 청정화, 고출력, 저연비를 실현을 위한 개선기술의 개발이 필요하다. 구동부품의 경량화, 디젤엔진의 저압축비화 기술, 커먼레일의 고압화, 공회전정지 기술, 후처리장치 개발, 열관리 기술 등을 적용하여 배기가스를 낮추고, 출력성능과 연비효율을 높여야 한다. 이를 위하여 연료분사압력, 분사량, 분사시기를 제어하는 분사제어 기술, EGR량을 제어하는 기술, 전자스로틀 제어, 가변베인 터보제어, 공회전 제어기술 등이 필요하다. 디젤 분사계인 1800bar의 커먼레일 시스템을 개선하여 연료압력을 높이고 압축비는 현재의 17에서 15.8로 낮추고, 응답성이 높은 피에조 인젝터, 2단 터보차저를 적용하면 출력과 배기가스는 개선된다. 커먼레일 기술은 분무미립화를 향상시키고 고응답성, 고정밀도를 가지는 다단분사를 적용한다. 고압화와 다단분사는 연비, 출력, 소음개선에 효과가 좋다. 피에조 인젝터를 적용하면 연료분무의 기화가 촉진되어 분무 형태가 개선되므로 배기가스가 좋아진다.

고효율 포트기술, 축열, 가변밸브, MPL-EGR, 저압축비화, 터보차저 효율개선, 2단 터보차저 과급, 부품 경량화, 부품 저마찰 기술, 공회전정지 기술, 초단열 엔진, 초고압분사, 폐열회수, 초저마찰 기술을 적용하는 디젤엔진이 개발되고 있다.

후처리 장치기술은 현재의 PM필터와 NOx저감 촉매를 개선하여 PM과 NOx를 동시에 제거하는 촉매를 개발해야 한다. 현재의 PM필터 기술로는 DPF, JM(Johnson Matthey)의 CRT™ PM, 엥겔하드의 DPX™ CSF(catalyzed soot filter) 기술이 있고, NOx 저감촉매에는 NOx trap, NSR(흡장환원), SCR(선택적 환원) 기술 등이 있다. CSF 기술은 CeO_2와 Pt가 기본재료로 코팅되어 Ce(세륨)에 의해 산화촉진과 NO_2를 연속산화시킨다.

$$C+O_2 \rightarrow CO_2 \tag{1.1}$$

$$C+2NO_2 \rightarrow CO_2+2NO \tag{1.2}$$

CRT기술은 산화촉매에서 나온 NO를 NO_2로 산화하고 NO_2를 이용하여 C를 연속 산화시킨다.

$$C+2NO_2 \rightarrow CO_2+2NO \tag{1.3}$$

DPF기술은 일정량의 PM을 축적한 후 연료에 첨가된 Ce으로 배기가스 온도를 낮추고 PM을

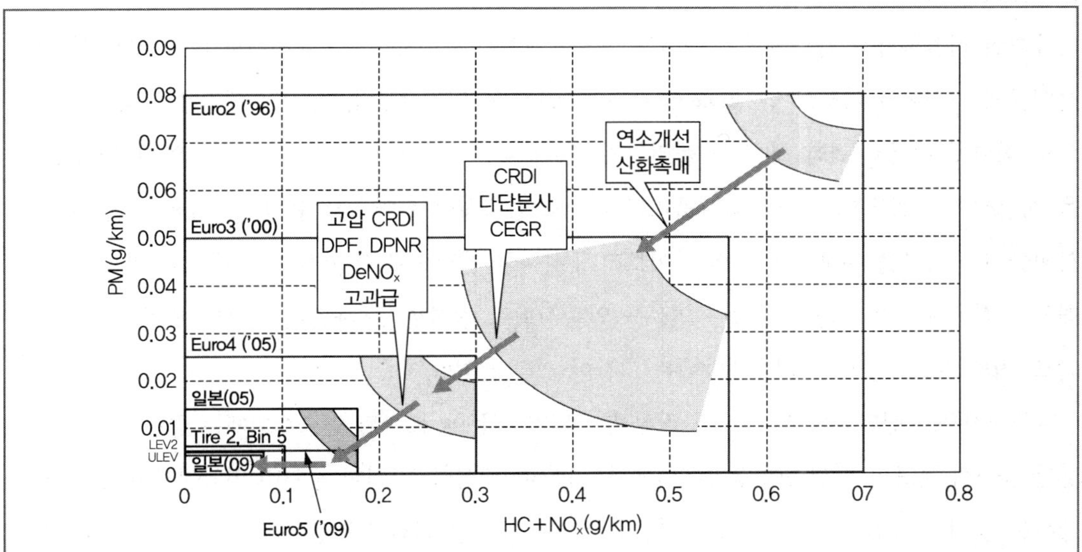

그림 1.9 디젤엔진의 배기가스 저감추세

500℃까지 강제산화시키며, NSR기술은 NOx 저감율이 약 60% 이상이며 연비는 약 3% 감소하며, SCR기술은 HC첨가인 경우 NOx 저감율은 약 30%이며 연비도 약 3% 감소하고, 요소수 첨가이면 NOx 저감율은 약 80%이지만 시스템이 복잡해진다. **그림 1.9**는 시스템 적용과 디젤엔진의 배기가스 저감추세를 나타낸다.

(9) 열관리 기술

연소 에너지의 27%는 정미일로 전화되고 나머지는 배기손실 32%, 냉각손실 27%, 펌핑손실 1%, 기계손실 3%로 손실된다. 배기손실 감소기술로는 고압축비 직접분사식 엔진, 터보차저 적용, 앳킨슨사이클 적용 등이 있고, 냉각실 감소기술로는 CEGR, 터보차저, EGR 희박연소, 펌핑손실 기술로는 VVTL, CEGR, 엔진 다운사이징, EGR 희박연소 기술 등이 있다. 연소 에너지의 약 60%를 점유하는 냉각손실과 배기손실을 회수할 필요가 있다. 냉각손실 개선으로는 연소실의 단열, 마찰손실 저감이 있고, 냉각손실 저감 에너지를 고팽창 사이클에 적용하여 일로 변환시키고, 실린더 내에서 발생한 열을 이용하여 활용하는 기술을 개발하고 있다. 배기손실 회수방법으로는 스털링 엔진개발, 제백효과에 의한 열을 전기로 변환하는 기술, 배기 열에너지를 랭킨사이클에 적용하는 방법 등이 있고 배기 열에너지를 동력으로 변환하는 기술은 현시점에서는 어렵지만 배기손실 에너지 양이 많기 때문에 앞으로 개발이 필요한 기술이다.

(10) HCCI와 PCCI 연소기술

가솔린 직접분사식 압축착화형 엔진인 HCCI 엔진은 메르세데스-벤츠에서 디젤사이클과 오토사이클의 합성어인 디조토 엔진(DiesOtto engine)으로도 명명하였다. 가솔린 엔진은 압축착화 방식으로 점화가 어렵고 점화 시 점화 플러그가 필요하다. 그러나 이 엔진은 가솔린 엔진인 GDI엔진을 개선해서 디젤엔진과 같이 점화플러그 없이도 압축착화로 연소할 수 있다. 디젤사이클과 오토사이클의 장점만을 취하는 일종의 하이브리드 사이클 엔진으로 추운 날 시동을 걸기가 어려운 종래의 디젤엔진과 비슷하고 가솔린 연료를 압축착화로 점화한다. 가솔린 연료의 열량은 경유보다 낮고, 착화온도도 높아서 기술개발에는 시간이 걸리고 있다.

디젤엔진은 실린더 내에서 연료가 직접 분사되기 때문에 분사된 연료주위에는 공간적으로 불균일한 공연비 분포가 발생하여 농후영역에서는 PM이 생성되고, 이론 공연비 영역에서는 NOx가 발생하는 것이 문제점이다. 즉 디젤엔진의 혼합기는 가솔린 엔진과 같은 균일한 혼합기가 형성되지 못하여 국부적으로 농후한 혼합기가 생성되어 PM과 NOx가 발생한다. PCCI연소는 이러한 불균일 혼합을 균일희박 예혼합기가 형성되도록 하여 압축착화시켜 NOx와 PM의 발생을 억제한다. 이에는 다음과 같은 방법이 있다.

① **흡기관 분사식(혼합연료 공급식)에 의한 예혼합 압축착화 연소** : 구조가 단순한 인젝터를 사용하고 흡기관 상부에서 연료를 혼합하여 분사하여 균일한 예혼합기를 형성시키고, 예혼합 압축착화를 구현하는 연소방식이다.

② **혼합연료에 의한 예혼합 압축착화연소** : 균일한 예혼합기의 형성을 위하여 기화가 잘 되는 옥탄가가 높은 연료를 흡기관에서 분사하여 예혼합기를 만들고 압축행정 말기에 착화시키기 위하여 세탄가가 높은 소량의 경유를 분사한다. 또한 NOx 저감을 위하여 EGR을 적용한다.

③ **직접 분사식에 의한 예혼합기 압축착화 연소** : 균일한 예혼합기 형성을 위하여 분사시기와 분사량 등을 변화시켜 압축행정 초기에 단일 연료를 직접 분사하여 예혼합 압축착화하는 방식이다.

(11) 저온연소(LTC)기술

자동차 엔진의 핵심기술인 연료분사 파라미터에 의해 지배되는 실린더 내 공기온도와 압력의 제어, 고압 터보차저 적용, 배기가스 재순환, 직접분사식 엔진, 엔진 설계변경과 같은 기술은 배기가스 오염물질의 배출을 제어할 수 있다.

LTC(Low Temperature Combustion)연소는 4행정엔진과 같은 기본원리를 가지며 SI와 CI엔진의 기본요소를 사용한다. LTC연소는 흡입행정 동안 균일한 공기와 연료 혼합물이 흡입되고 흡기밸브가 닫힌 후, 피스톤은 실린더 내 온도와 압력을 증가시킨다. 피스톤이 상사점에 접근하면 점화조건이 되도록 한다. 흡기를 예열하여 혼합기 온도를 상승시키고, 압축공기를 실린더로 넣거나, 고온의 배기가스를 사용하는 EGR을 적용하여 균일 예혼합기의 연소 화학반응을 가속시킨다. 연소시작(SoC, start of combustion)은 압축비, 흡입공기 온도와 압력이 영향을 미치고 압축행정 말기에 자동 점화온도에 도달하면 연소가 시작된다. 연소는 급속하게 산화되어 발생하고, 화학 에너지는 순간적으로 방출된다. 실린더 전체의 여러 위치에서 동시에 발생하며 이 위치를 핫 스폿(spot)이라고 한다. 이런 빠른 열방출은 종래의 연소와 비교하여 매우 짧은 시간에 온도와 압력이 상승하여, 가스의 팽창은 토크를 발생시키며, 다시 피스톤이 상사점까지 상승한 후 사이클은 완료된다. LTC연소는 다음의 특징을 갖는다.

① 연소를 제어하기 위해 EGR을 사용하고 고도로 희석된 연료와 공기의 혼합물의 연소이다.

② 압축행정의 말기에서, 연료와 공기 혼합물의 온도는 자기착화 온도에 도달하며, 동시에 자발적으로 점화된다.

③ 연소의 균형을 이루기 위하여 열 방출율(HRR, Heat Release Rate)을 정확하게 제어한다.

이러한 이유로, LTC연소는 대기의 질을 깨끗하고 하고 엔진의 효율을 높이고, 온실가스 감소와 에너지 절약에 기여할 수 있다. 또한 엄격한 배출규제와 1차 에너지 자원의 부족을 해결하는 동시에 가솔린과 디젤연료에 적용 가능하고 대체연료도 사용할 수 있는 새로운 연소법이며 친환경 연소개념을 가지는 고효율 엔진이다.

(12) 파워트레인의 발전

앞으로 자동차 파워트레인은 각 나라의 에너지 정책에 대응하여 개발이 되고 다양한 에너지의 사용으로 파워트레인도 다양화하게 된다. 내연기관의 효율은 50%에 도달하고 2020년에는 자동차 판매수가 1억 대를 넘어선다. 이중 자동차를 소비할 신흥국이 60% 이상을 차지할 것이므로 신흥국의 에너지 정책에 따른 내연기관이 개발이 될 것이다. 이들 중에는 가솔린, 경유, 바이오 연료, CNG 등이 유력하며 가솔린과 디젤엔진은 에너지 손실저감의 관점에서 개선의 여지가 있지만 앞으로도 중요한 역할을 할 것이다. 차세대 전기자동차는 지구온난화의 좋은 대책이므로 고기능, 경량화, 저가격 정책이 필요하고 따라서 전기 에너지의 이용확대가 예상되며 인프라를 포함하여 PHEV, 모터, 배터리 등의 고성성능화, 경량 소형화 기술이 필요하다. 지구의 에너지 수급에 맞는 최적인 파워트레인을 조기에 발견하고 기술을 개발하는 것이 가장 중요하다.

표 1.6 자동차 종류와 차세대 자동차

종류	주요 자동차
전기자동차	근거리 통근차, 소형 택배자동차, 오토바이
가솔린자동차, 디젤자동차, 하이브리드 자동차, FFV, CNG 자동차	승용차
FCEV, 디젤 자동차	버스, 대형트럭, 대형 SUV

표 1.7 세계의 미래 에너지 수급

지역	주요 에너지
중국, 동남아시아, 인도	CNG, 에탄올, 바이오디젤
일본	CNG
호주	에탄올, 바이오디젤
유럽	태양광 전기에너지, 에탄올, 바이오디젤
미국	CNG, 세일가스, 석유
중동	CNG, 석유
남아메리카	CNG, 에탄올
아프리카	CNG, 석유
러시아	CNG, 석유

CHAPTER 02

사이클

2.1 기관 펌핑손실

가속 페달을 밟으면 스로틀 보디의 밸브는 0°에서 90°까지 열리고 이 열림량은 스로틀 위치센서(TPS)가 감지한다. 공기가 흡입되면서 조금 열린 밸브를 만나면 열린 공간으로 유동이 모여져 속도가 빨라지고 베르누이 법칙에 따라 압력강하가 발생하고 이를 교축(throttling)현상이라 한다. 그러면 서지탱크에는 큰 부압인 진공압이 발생한다. 열린 공간이 아주 적으면 공기의 속도가 아음속에 도달하고 공기의 속도는 더 이상 증가하지 않는 데 이를 쵸킹(choking)이라 한다. 압력 강하로 발생한 부압은 음의 펌핑일(pumping work)을 가지고 이는 공기 저항을 발생시키고 흡입 공기가 실린더로 들어가는 것을 방해한다. 이를 펌핑손실(pumping loss)이라 한다. 그림 2.1(a)는 중·저부하 시 서지탱크에서 음의 일이 발생하는 것을 나타낸다. 스로틀 밸브가 조금 열리는 평지 30~40km/h 주행에서는 서지탱크에서 부압이 걸려 펌핑 손실인 음의 일이 발생하여 스로틀 밸브에서 쵸크되어 실린더로 공기가 들어가는데 많은 일이 필요하다. 흡입 공기량을 조절하는 스로틀 밸브는 실린더와는 떨어져 있고 서지탱크에는 진공 압력이 걸려있어 필요한 공기가 실린더로 들어오는데 시간이

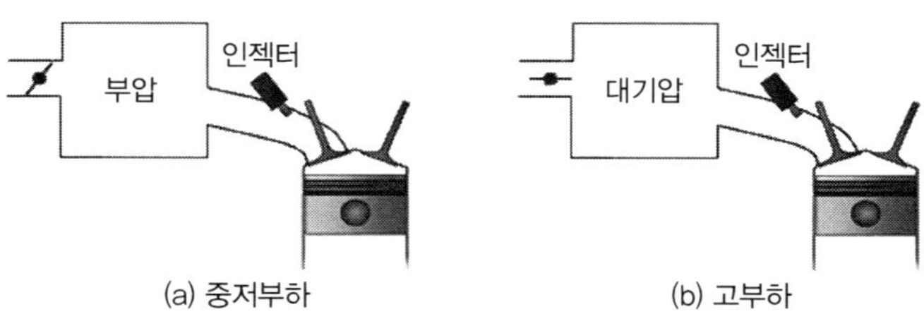

그림 2.1 펌핑손실의 원리(출처 : 닛산)

걸리고 힘이 들고 응답성도 느려진다.

그림 2.1(b)는 고부하 시 스로틀 밸브가 완전히 열리면 서지탱크에서 대기압이 발생하여 펌핑 손실은 거의 없다. 이때는 음의 일은 발생하지 않고 피스톤이 상사점에서 하사점으로 내려갈 때 생기는 실린더 부압의 힘으로 공기는 실린더로 원활하게 빨려 들어가고 펌핑 손실이 없으면 캠축의 기계적 마찰이 적어진다.

2.2 지압선도(Indicated diagram)

일(work)은 힘에 거리를 곱한 값이다. 내연기관에서 일은 연소 압력에 의해 피스톤이 움직여 발생하고 크기는 연소 시 압력과 피스톤이 움직여 발생한 체적의 곱이다.

$$W = \int PdV \tag{2.1}$$

기관사이클을 P−V선도로 그린 것을 지압선도(indicated diagram)라 하며 지압선도는 압력센서를 이용하여 실린더 압력을 측정하고 피스톤의 위치센서로 체적을 감지하여 그려진다. 정압에 의해 발생하는 실린더 일을 지시일(도시일)이라 하고 흡기 과정과 배기 과정에서 발생한 일은 펌프일이라 한다. 따라서 지압선도에 의한 일은 지시일과 펌프일의 합으로 표시된다. 자연 흡기방식에서 전부하(WOT)이면 펌프일은 거의 0이며, 부분부하에서는 음의 펌프일이 커져 도시일은 그만큼 줄어들며 터보차저를 사용하면 음의 일은 없어지고 양의 펌프 일만 발생하여 도시 일은 커진다.

(1) 부분부하

스로틀밸브가 조금 열리면 밸브의 펌핑손실이 발생한다. 펌핑손실은 음의 일로 전체 지시 일은 감소하며 이러한 손실은 엔진의 효율을 크게 떨어뜨린다. 대기압의 공기가 흡입이 될 때 교축 작용으로 압력이 부압이 되고 압축 시작은 부압의 상태에서 하게 된다. 압축 시작점이 부압이면 연소, 팽창, 배기 과정도 낮은 압력으로 되어 엔진의 출력은 떨어지며 따라서 평균 유효압력, 지시 일은 펌프 일이 음이 되어 감소한다.

그림 2.2는 가솔린 기관의 부분부하 시 지압선도를 나타낸다. 1→2는 흡입과정으로 대기압보다 낮은 부압에서 이루어지고 2→3은 단열압축, 3→4은 정적연소, 4→5는 단열팽창, 5→1은 배기과정이다. 이 과정에서 2'−3−4−5−6로 이루어진 면적이 지시일이고 엔진의 출력으로 이어진다. 하

부의 펌프일은 스로틀밸브의 펌핑손실로 생기는 일인데 대기압보다 낮아 음의 일이 되어 엔진출력을 감소시킨다. 스로틀밸브에서 6→2로 압력강하가 발생하여 음의 펌프일이 커져 지시일은 줄어든다.

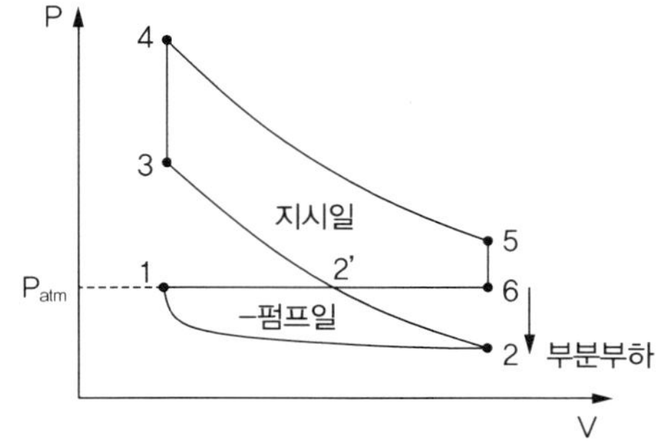

그림 2.2 부분부하 시 P-V선도

(2) 전부하

스로틀밸브를 전개하면 밸브의 펌핑손실은 없어지고 펌프일은 0으로 된다. 이때는 평균 유효압력과 지시 일이 부분부하 시보다 크게 된다. **그림 2.3**은 가솔린 기관의 전부하 시 지압선도를 나타낸다. 1→2는 흡입과정으로 대기압으로 공기가 흡입되고 2→3은 단열압축, 3→4은 정적연소, 4→5는 단열팽창, 5→2→1은 배기과정이다. 이 과정에서 2-3-4-5로 이루어진 면적이 지시 일이고 펌핑손실이 없어 펌프 일은 0이 되며 중간에 저항이 없어 대기압과 실린더의 부압의 차이로 공기가 실린더로 원활하게 흡입된다.

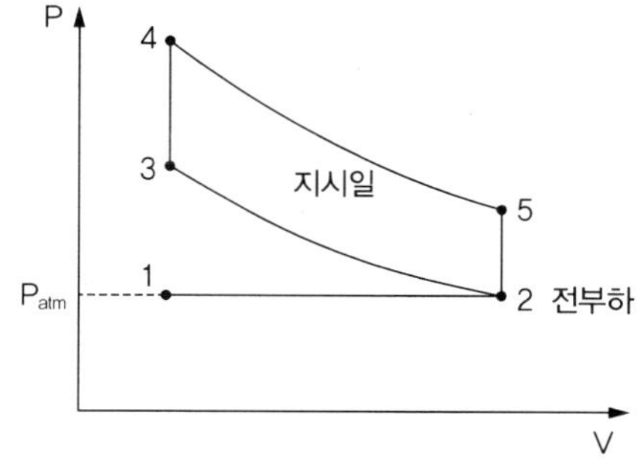

그림 2.3 전부하 시 P-V선도

(3) 과급기

엔진에 과급기가 장착되면 흡기 압력은 대기압보다 높은 상태가 되고 압축 시작도 압력이 정압인 상태에서 시작한다. 그러면 실린더에 더 많은 공기가 흡입되어 펌프 일이 양이 되어 지시 일은 증가한다. 이 경우 공기 압력이 증가하면 온도도 따라서 증가하게 된다. 압축시점의 높은 온도는 연소, 팽창, 배기에도 온도가 높아져 가솔린 기관의 경우 노킹을 발생시키며 이의 방지를 위해 열교환기를 사용하거나 압축비를 낮추어야 한다. 펌프평균 유효압력은 PMEP $= (P_{in} - P_{ex})$로 이 값이 양이면 펌프 일도 양이고 음이면 펌프 일도 음이다.

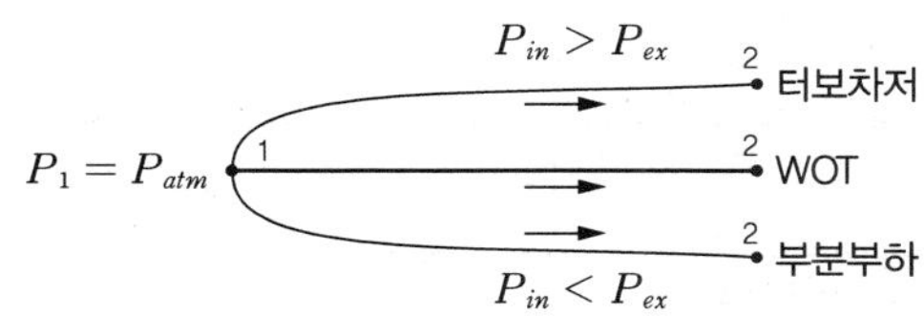

그림 2.4 흡입과정 펌프평균 유효압력

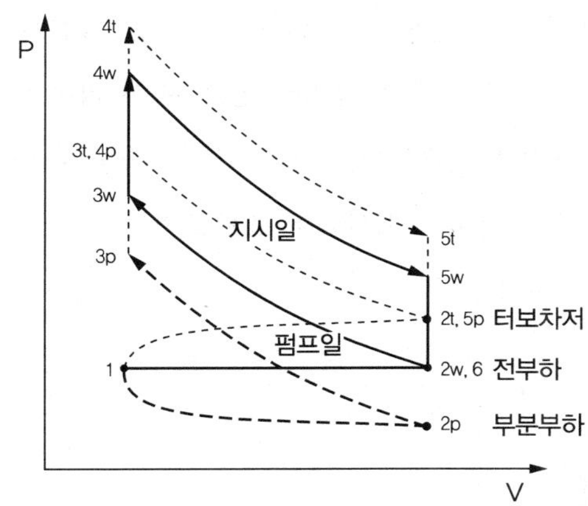

그림 2.5 가솔린 기관의 지압선도

그림 2.6은 가솔린 기관의 터보차저 작동시 지압선도를 나타낸다. 1→2는 흡입과정으로 대기압보다 높은 압력으로 공기가 흡입되고 2→3은 단열압축, 3→4은 정적연소, 4→5는 단열팽창, 5→2→6→1은 배기과정이다. 이 과정에서 2－3－4－5로 이루어진 면적이 지시일이고 1－2－6으로 이루어진 면적이 (+)펌프 일이다. 지시 일에 양의 펌프 일이 더해져 엔진 출력은 높아지고 6에서

2로 압력이 상승하면 온도도 같이 높아져 이는 가솔린 기관에서 노킹을 일으키거나 NOx 배출이 많아져 흡입공기의 온도를 낮추는 인터쿨러를 사용한다.

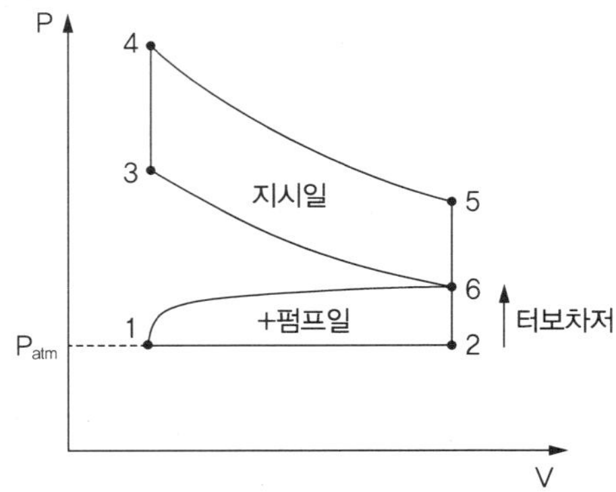

그림 2.6 터보차저 작동시 P-V선도

(4) 배기 과정

가솔린 기관에서 배기 과정은 블로우 다운(blowdown) 과정과 순수 배기과정으로 나눈다. 배기 밸브는 피스톤이 하사점에 도달하기 전에 빨리 열려 피스톤은 하강하지만 실린더 내 가스의 압력으로 배기가 배출된다. 이를 블로우 다운 현상이라 한다. 이때 많은 양의 배기가스가 배기되며 실린더가 대기압이 될 때까지 배기는 계속된다. 블로우 다운 현상 시 배기가스가 밸브를 통과할 때 에너지의 양은 매우 크며 이때 에너지는 소산되어 엔트로피는 증가하며 이 에너지를 이용하여 터빈을 돌리는 것이 터보 과급기이다.

2.3 열역학적 사이클

내연기관의 열역학적 사이클에 관한 이론은 내연기관의 성능과 열 효율의 개선에 상당히 유효하다. 열기관의 사이클을 열역학적으로 분류하면 오토사이클, 디젤사이클, 사바테 사이클로 분류되며 사이클에 사용되는 작동유체는 공기로 물성치를 단순화하여 사용한다. 왕복동 기관은 거의 내연식이고 연료를 연소시켜 일을 하고 연소 생성물질은 대기로 방출한다. 이러한 왕복동 기관에는 가솔린 기관, 디젤 기관, 로터리 기관 및 제트기관 등이 있다. 실제의 왕복동 내연기관은 흡입과

2.3.3 공기표준 사바테사이클

(1) 사바테 사이클

사바테사이클(Sabathe, Dual cycle)은 고속 디젤기관의 기본 사이클이며 일정체적과 일정압력의 상태에서 열량을 주고받는 정압, 정적사이클이다.

(2) 사바테사이클의 P−V, T−S선도

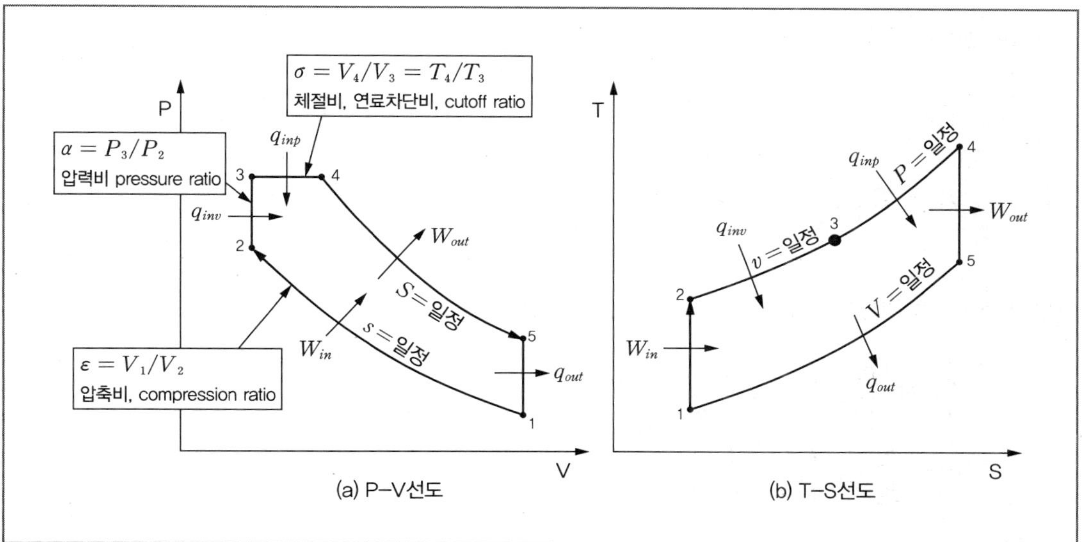

그림 2.9 사바테사이클의 P−V, T−S선도

(3) 사바테 사이클의 열효율

① 가열량 : 과정 2→3의 정적가열 동안 $q_{inv} = C_v(T_3 - T_2)$의 열을 받고 과정 3→4의 정압가열 동안 $q_{inp} = C_p(T_4 - T_3)$의 열을 받는다.

$$q_{in} = C_v(T_3 - T_2) + C_p(T_4 - T_3) \tag{2.18}$$

열량을 받는 종료점의 체적 v_4와 v_3의 비는 체절비(σ, 연료차단비, 압력상승비)이고, 압력비 α는 $p_3/p_2 = T_3/T_2$로 정의된다.

② 방열량 : 과정 5→1의 정적방열 동안 $q_{out} = C_v(T_5 - T_1)$열을 방열한다.

③ 유효일 : 열역학 제1법칙에 의해

$$w_{12} = q_{in} - q_{out} \tag{2.19}$$

④이론열효율

$$\eta_{th} = 1 - \frac{q_{out}}{q_{in}}$$

$$\eta_{th} = 1 - \frac{C_v(T_4 - T_1)}{C_v(T_x - T_1) + C_p(T_3 - T_x)}$$

$$= 1 - \frac{(T_4 - T_1)}{(T_x - T_1) + k(T_3 - T_x)} \tag{2.20}$$

⑤ 1→2 : 단열압축 과정

$$T_1 V_1^{k-1} = T_2 V_2^{k-1},$$

$$T_2 = T_1 \left(\frac{V_1}{V_2} \right)^{k-1} = T_1 \varepsilon^{k-1} \tag{2.21}$$

⑥ 2→3 : 정적연소 과정

$$\frac{p_2}{T_2} = \frac{p_3}{T_3},\ T_3 = T_2 \left(\frac{p_3}{p_2} \right) = T_1 \alpha \varepsilon^{k-1} \tag{2.22}$$

$$\alpha = \frac{p_3}{p_2} = \frac{T_3}{T_2} = \frac{1}{\varepsilon^k} \frac{p_3}{p_1}$$

⑦ 3→4 : 정압연소 과정

$$\frac{V_3}{T_3} = \frac{V_4}{T_4},\ T_4 = T_3 \left(\frac{V_4}{V_3} \right) = T_3 \sigma$$

$$\sigma = \frac{V_4}{V_3} = \frac{V_4}{V_2} = \frac{T_3}{T_4}$$

$$T_3 = T_1 \alpha \sigma \varepsilon^{k-1} \tag{2.23}$$

⑧ 4→5 : 단열팽창 과정

$$T_3 V_3^{k-1} = T_4 K_4^{k-1},\ T_5 = T_4 \left(\frac{V_4}{V_5} \right)^{k-1} = T_1 \alpha \sigma \varepsilon^{k-1} \left(\frac{V_4}{V_5} \right)^{k-1}$$

$$\frac{V_4}{V_5} = \frac{V_4}{V_1} = \frac{V_4}{V_3} \frac{V_3}{V_1} = \frac{V_4}{V_3} \frac{V_2}{V_1},\ V_2 = V_3$$

$$\frac{V_4}{V_5} = \frac{\sigma}{\varepsilon}$$

$$T_5 = T_1 \alpha \sigma \varepsilon^{k-1} \left(\frac{V_4}{V_5} \right)^{k-1} = T_1 \alpha \sigma^k \tag{2.24}$$

식 (2.21), (2.22), (2.23), (2.24)를 식 (2.20)에 대입하면 다음 식이 성립한다.

$$\eta_{th} = \frac{w_{in}}{q_{in}} = 1 - \left(\frac{1}{\varepsilon} \right)^{k-1} \frac{\alpha \sigma^{k-1}}{\alpha - 1 + k\alpha(\sigma - 1)} \tag{2.25}$$

여기서 $\sigma = 1$이면 오토사이클의 이론 열효율과 같고 $\alpha = 1$이면 디젤사이클의 이론열효율과 같다. 압축비를 높이면 열효율은 상승한다.

2.3.4 앳킨슨-밀러 사이클

1882년, 영국의 엔지니어, 앳킨슨(James Atkinson)에 의해 고안되었다. 그의 원래 설계는 크랭크축에 보조 샤프트를 추가로 연결하여 팽창행정보다 압축행정을 짧게 하고 엔진의 구조는 매우 복잡하였다. 이러한 복잡성과 큰 무게로 인하여 자동차에는 사용된 적이 없었다. 앳킨슨(Atkinson) 사이클은 팽창행정이 압축행정보다 더 긴 사이클이다. 열을 유용한 에너지로 전환하는 효율이 높지만 단점은 행정의 길이를 다르게 하는 방법이 복잡하다는 것이었다. 그 결과 마찰손실이 증가하여 오토사이클에 밀려 사용되지 않았다.

1954년 밀러는 앳킨슨 사이클을 수정한 밀러 사이클을 제안하였다. 압축비와 팽창비의 차이를 엔진설계가 아닌 흡기행정시 흡기밸브를 제어하여 닫는 방법으로 완성하였다. 앳킨슨과 밀러 사이클은 열역학적으로 같은 사이클이지만 기구학적으로 다른 사이클이다.

오토사이클와 디젤사이클은, 압축비와 팽창비가 같기 때문에 압축비가 높을수록 열효율이 높아진다. 그러나 오토사이클은 압축비가 너무 높으면 압축행정에서 혼합기가 과열 연소하기 때문에 압축비는 9~11의 범위로 제한된다. 압축비보다 팽창비를 크게 하면 열효율은 개선되고, 오토사이클은 팽창행정의 끝에서 실린더 압력은 대기압의 3/5으로 내려가지만, 앳킨슨 사이클은 실린더 압력이 대기압으로 내려갈 때까지 배기밸브를 열지 않으면, 팽창행정동안 더 많은 일을 얻어 기관의 효율인 연비가 높아진다.

앳킨슨 사이클 엔진의 장점은 연비효율의 증가이지만, 저부하에서 토크와 출력의 손실이 발생한다. 흡기밸브 열림을 압축과정 초기까지 유지하면 엔진 배기량은 감소되는 효과가 있고, 그리고 흡기밸브 닫힘을 하사점 전에서 하면 실린더 압력은 더 하강하여 연료소비도 최소화된다. 그림 2.10에서 피스톤이 BDC로 가는 도중인 1의 지점에서 흡기밸브를 앞당겨 닫거나, 하사점에 도달한 후 상사점으로 향할 때 닫으면 앳킨슨 사이클이나 밀러 사이클이 되고 사이클은 7－1－2－3－4－5－6－1－7로 작동한다.

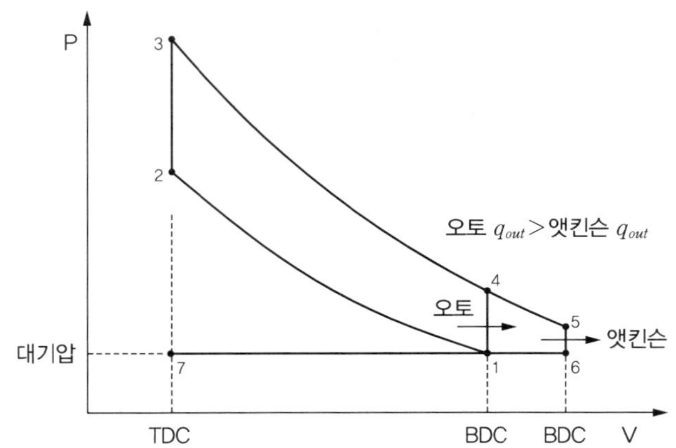

그림 2.10 앳킨슨 사이클 P－V선도

기존의 오토사이클 엔진은 흡입, 압축, 팽창(연소) 및 배기와 같은 4단계 연소 사이클을 가지며 각 사이클은 같은 시간과 피스톤 변위를 필요로 한다. 앳킨슨 사이클은 팽창 행정보다 약간 짧은 흡입 행정을 사용하여 압축비는 팽창비보다 작다. 1－2－3－4의 오토사이클은, 피스톤은 하사점(1)에서 압축을 시작하고 연소실 체적은 감소하고 압력은 상사점(2)에 도달할 때까지 증가한다. 그런 다음 점화가 일어나고 연료 공기 혼합물은 연소하고 압력 최고점(3)이 발생한다. 피스톤이 팽창하면서 실린더 체적은 커지고 피스톤이 하사점에 도달할 때까지 압력(4)은 감소한다. 이 순간 배기밸브가 열리고 고온의 배기가스의 압력은 대기압보다 높으므로 배기 매니폴드로 신속하게 빠져나가고 실린더 압력은 갑자기 대기압(1)으로 떨어진다. 배기행정과 흡기행정은 사이클에 기여하지 않으므로 표시되지 않고 연소로 생성된 일의 양은 1－2－3－4영역이다. 앳킨슨 사이클 엔진은, 팽창행정에서 연소실의 압력이 대기압에 가까운 (5)로 떨어질 때까지 팽창행정은 계속된다. 오토사이클에서 버려지는 4－5－6－1영역의 열과 운동 에너지를 앳킨슨 사이클에서는 일로 사용한다.

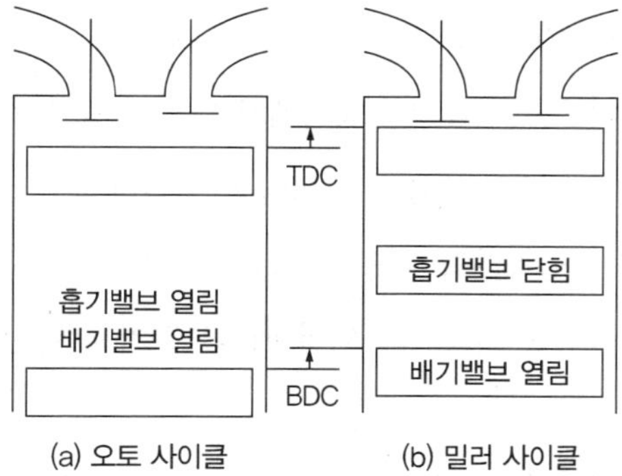

그림 2.11 오토와 밀러 사이클의 비교

엣킨슨 사이클 엔진은 배기가스로 손실되는 잔여 에너지를 사용하기 위하여 압축행정보다 팽창 행정을 길게 한다. 따라서 기존의 오토사이클 엔진보다 연비는 높지만 단점은 같은 크기와 구조의 오토사이클 엔진에 비해 출력이 부족하다는 것이다. 이 문제를 해결하기 위해 밀러 사이클은 과급기를 추가하여 공기의 압력을 높여 연소실 배기량을 100% 이용한다.

밀러 사이클은 팽창비를 크게 하는데 밸브 타이밍 제어로 하여 흡기밸브를 하사점 전에 빨리 닫는 방법(EIVC, early intake valve closing)과 압축초기인 하사점 후 늦게 닫는 방법(IIVC, late intake valve closing)이 있다. 밀러 사이클은 이론적으로는 흡입공기를 흡기밸브로 제어하여 스로틀밸브가 없어도 되므로 펌핑손실은 0이 되지만 다양한 이유로 아직 적용은 되지 않고 있다. 피스톤이 하강 중에 흡기밸브가 닫히면 피스톤이 BDC에 도달할 때까지 실린더 압력은 계속 감소하고, 피스톤이 상승 중에 흡기밸브가 닫히면 압축행정은 짧아진다. 그러면 도시일은 커지고 또한 펌핑손실도 없어 열효율이 높아진다.

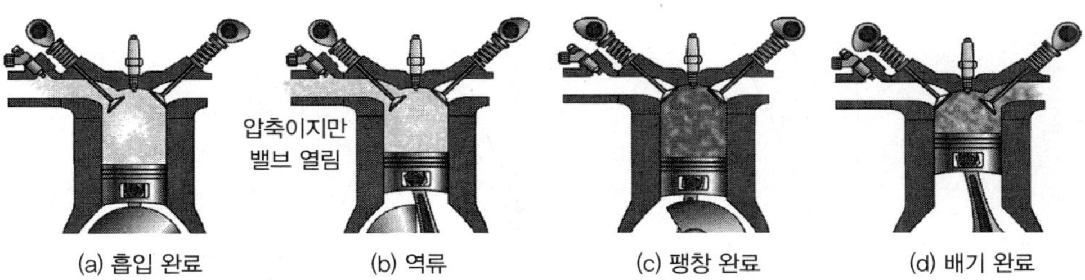

그림 2.12 오토와 IIVC 밀러사이클의 비교

그림 2.13은 밀러 사이클을 나타낸다. 7에서 시작하여 흡기밸브를 1에서 초기에 닫으면 BDC까지 실린더의 압력은 부압으로 떨어진다. 그 후 2−1−3−4−5−6−1−7의 사이클을 거친다. 만약 흡기밸브를 7−1−2를 거친 후 피스톤이 올라갈 때 1에서 닫으면 하사점까지 실린더의 압력은 대기압 상태로 있게 된다. 그 후 3−4−5−6−1−7의 사이클을 거친다.

1점에서 흡기밸브를 닫으면 흡입공기의 온도가 낮고 1−3의 압축과정에 비교하여 4−5의 팽창과정이 길어 팽창비가 커지고 5에서 배기가 시작되어 배기온도가 낮아진다.

$$\text{압축비 } \varepsilon_c = \frac{V_1}{V_3},\ \text{팽창비 } \varepsilon_e = \frac{V_5}{V_4},\ \varepsilon_c = \frac{V_1}{V_3} < \varepsilon_e = \frac{V_5}{V_4} \tag{2.26}$$

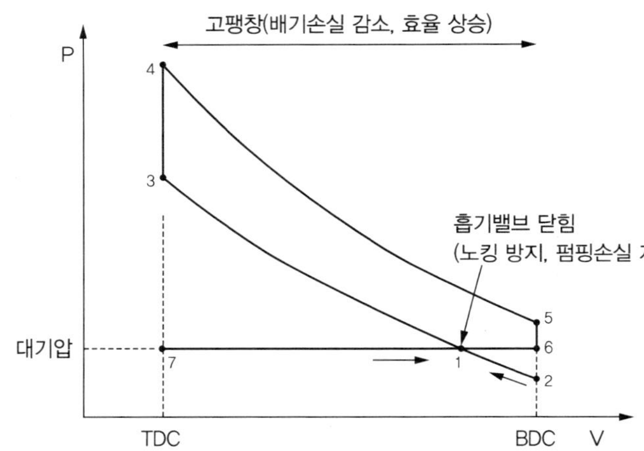

그림 2.13 밀러 사이클 P−V선도

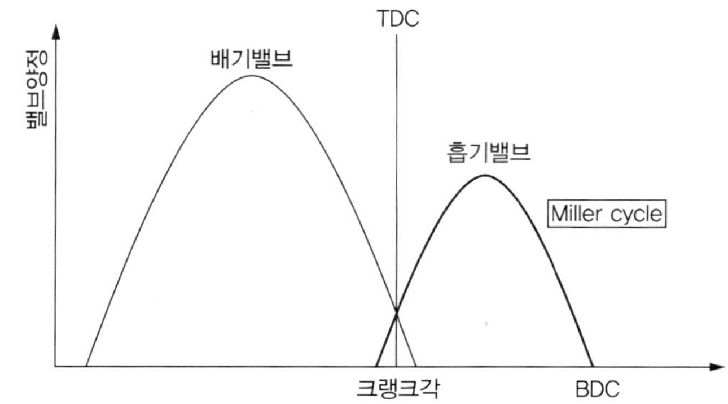

그림 2.14 밀러 사이클의 밸브 양정

그림 2.14는 밀러 사이클의 흡기밸브 양정을 나타내며 오토사이클보다 밀러 사이클의 흡기밸브 양정이 적다. 이러한 밸브 타이밍 기술의 발전은 앳킨슨-밀러 사이클이 가능하게 하였다.

앳킨슨 사이클은 오토사이클을 기초로 압축비보다 팽창비를 크게 하여 열효율을 개선한 기관으로 단점은 행정의 길이를 다르게 하는 것이 어렵다는 것이다. 1954년 밀러는 앳킨스 사이클을 수정한 밀러 사이클을 제안하였다. 압축비와 팽창비의 차이를 연소실 설계가 아닌 흡기행정을 지나서 흡기밸브를 닫아서 얻었다. 연소실 내의 가스가 팽창하여 대기압으로 내려갈 때까지 배기밸브가 열리지 않는다면 기관의 효율은 증가되고 많은 일을 팽창과정에서 얻을 수 있다.

오토사이클은 압축비가 높을수록 열효율이 높아지지만 일반 가솔린 엔진은 압축비가 높으면 압축행정에서 혼합기가 과열 연소하기 때문에 압축비는 11 내외이다.

흡기밸브 닫힘을 빨리 하면 배기량은 증가하고 출력도 높아지고 팽창 전에서 배기밸브를 열면 연소실 압력은 대기압과 비슷하게 내려가며 이때, 압축비 11의 압축과정과 팽창비 25의 긴 팽창과정을 갖는다. 즉 압축비보다 팽창비가 길게 된다. 밸브 타이밍을 이용하여 흡기밸브의 닫힘을 늦게 하여 팽창비를 크게 하면, 초기 압축행정에도 밸브를 열어 혼합기 일부가 흡기밸브를 통과하여 흡기 매니폴드로 역류한 후 다시 연소실로 흡입되기도 한다. 그림 2.15는 밀러사이클 적용에 따른 열효율 상승효과를 나타낸다. 이와 같이 가변밸브 타이밍 제어에 의하여 고팽창비를 실현하면 열효율이 개선된다.

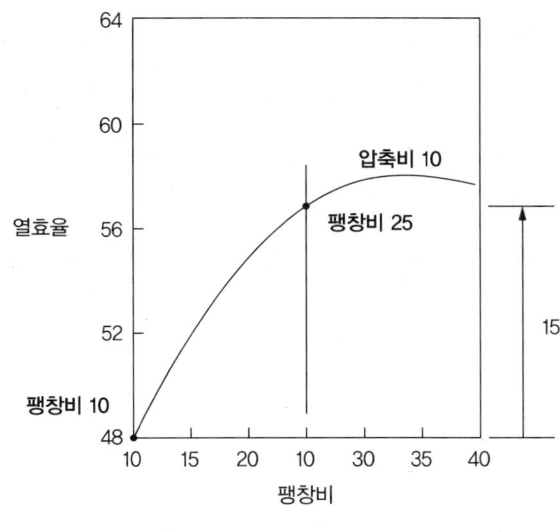

그림 2.15 초고팽창비와 열효율

2.3.5 하이브리드 전기자동차

최근에 자동차 회사는 연비를 높이기 위하여 앳킨슨 사이클을 사용하기 시작하였다. 1997년, 도요타는 프리우스에 1.5L 앳킨슨 사이클 엔진을 도입하여, 흡기밸브의 담힘시간을 지연시켰다. 이 방법은 압축비를 감소 효과가 있어 유효 압축비는 8 : 1에 가깝게 되며 밸브 타이밍 부품을 제외하고는 앳킨슨 사이클 엔진은 오토사이클 엔진과 같으므로 추가적인 비용과 무게 증가가 없다. 단점이라면 앳킨슨 사이클 엔진은 같은 크기의 오토사이클 엔진보다 출력이 떨어지는 점이다. 앳킨슨 사이클은 오토사이클보다 효율은 높지만 압축비가 낮아지는 효과가 있어 출력은 떨어진다.

그러나 연비효율이 최우선 순위에 있기 때문에 하이브리드 자동차의 출력부족은 연비보다 중요도가 낮다. 또한 하이브리드 자동차는 전기 모터로 전력 손실을 보완할 수 있고 가변밸브 타이밍을 사용하여 흡기밸브의 개폐 타이밍을 조정하므로 큰 출력이 필요할 때는 앳킨슨 사이클을 사용하고 공회전, 저부하 시에는 오토사이클로 전환할 수도 있다.

2012년에, 마쯔다는 오토－앳킨슨 사이클을 양산 엔진에 적용하였다. 2.0L Skyactiv－G엔진은 14의 높은 압축비와 앳킨슨 사이클을 사용하여 출력 손실을 최소화하였다. 2014년, 도요타는 2.0L VVT－i, 2.0L 터보 및 5.0L V8 엔진에 오토－앳킨슨 사이클을 적용하였다. 이러한 방법으로 오랫동안 사용되지 않았던 앳킨슨 사이클은 매우 다른 형태인 하이브리드 전기자동차에 사용되기 시작하였다.

마쯔다는 1994년, 밀러 사이클을 사용하는 2.3L 엔진을 개발하였다. 이는 마쯔다의 3L 엔진보다 13% 적은 연료를 소비하면서 높은 출력과 우수한 토크성능을 발휘하였다. 과급기와 인터쿨러를 사용하여 무게를 늘려 3L 엔진처럼 제작하였고, 흡기밸브는 ABDC 47°에 닫히도록 하여 이것은 전체 행정의 20%에 해당하여, 압축행정의 처음 20% 동안 흡기밸브는 개방된 상태로 유지되어 공기는 압축되지 않고, 흡기포트로 역류한다. 실제 압축은 나머지 80% 행정에서 발생하므로 유효 엔진용량은 기하학적 용량의 80%에 불과하여 결과적으로 압축비는 10 : 1에서 8 : 1로 줄어들고 팽창비는 10 : 1로 그대로 유지된다.

CHAPTER 03

센서

3.1 개요

최근의 환경 문제는 대기오염, 소음, 수질오염, 오존층의 파괴, 산성비, 지구 온난화 등이 문제가 되고 있다. 자동차의 배출가스는 지구환경에 나쁜 영향을 미치고, 특히 지구 온난화를 방지하기 위하여 자동차 배출 CO_2를 줄여야 하며 자동차에서 배출가스는 연료의 증발가스와 배기관의 배기가스이다. 배기관에서는, CO_2, CO, NOx, HC, PM 등이 배출되며 NOx는 산성비와 인체의 호흡장애, HC, NOx는 광화학 작용으로 스모그를 발생시킨다. CO_2는 지구 온난화의 주된 기체이고 PM과 HC는 발암성 물질이다.

표 3.1에 각국의 CO_2 배출규제와 연비규제를 나타낸다. 이러한 규제를 만족하는 자동차 개발에 자동차 회사들은 전력을 다하고 있다.

표 3.1 각국의 연비규제

	2010	2011	2012~2015	2016	2017~2019	2020	2021	2022	2023	2024	2025
EU	140g/km 16.9km/L		130g/km 18.2km/L	95g/km 24.8km/L			70g/km 33.7km/L				
USA	166g/km 11.7km/L		156g/km 15.1km/L	100g/km 23.3km/L							
일본	140g/km 16.9km/L			116g/km 20.3km/L							
중국	165g/km 14.3km/L			118g/km 20.0km/L							

1967년, VW이 D제트로닉 방식의 연료분사 장치용 압력센서를 개발한 후, 자동차의 전자시대가 개막되었고, 지금의 자동차 센서는 자동차에서는 없어서는 안 되는 장치가 되었다. 1980년대, 파워 트레인 전자제어, 섀시 전자제어화, 1990년대의 에어백, 차체 자세제어 장치(ESC, Electronic Stability Control), 도어 록, 사이드 미러의 전동화 등의 안전 시스템의 보급이 이루어졌다. 2000년대, GDI 연료분사 제어, 하이브리드 자동차에서는 센서의 역할은 커지고, 새로운 시스템과 함께 센서도 개발되었다. 반도체 압력센서를 예를 들면 처음 개발된 것은 1980년이지만, 이후 반도체 기술

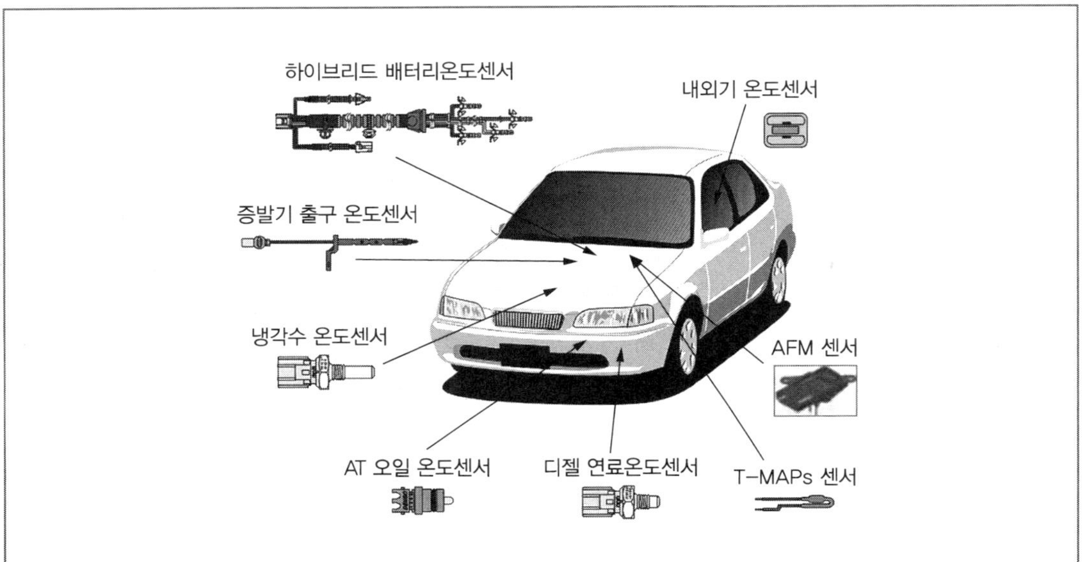

그림 3.1 자동차 센서

표 3.2 센서의 종류

엔진제어	흡기압력센서 연료압력센서 연료탱크 내 압력센서 연소압력센서 스로틀 포지션센서	노킹센서 공기유량센서 공기온도센서 크랭크각센서 캠각센서	냉각수온센서 공연비센서 산소센서 자동변속기 회전센서
운전지원	전방카메라 레인센서 레이저센서	전방모니터 후방모니터	후방 소나 센서 코너 소나 센서
위험방지	제동압력센서 스티어링센서 요레이트센서	차속센서 스로틀개도센서	타이어공기압센서 브레이크 유압 레벨센서
승객안전	전방에어백센서	사이드에어백센서	센터에어백센서

의 눈부신 발전으로 인하여 당초의 크기에 비하여 현재는 1/10 정도로 작아지고 가격도 크게 낮아졌다.

1995년에는, 3.5L 이상의 자동차에는 68개의 센서, 1.5~3.5L의 중간크기 자동차에서는 53개의 자동차 센서가 장착되었다. 2000년대에 들어서 에어백, ESC, 자동차 타이어 압력 모니터링 시스템

표 3.3 센서의 분류 (출처 : www.denso.co.jp)

제어시스템			파워트레인 제어	차량제어	보디제어	정보통신
기술개발과제			연비향상	기본성능 향상		
필요성			배기가스정화	안전, 쾌적성 향상		편리성
시스템 예			– 가솔린 연료분사제어 (공연비 피드백 제어, 희박연소제어, 가솔린 직분식 제어) – 가솔린 점화시기제어 – 디젤 연료분사제어 – 공회전 회전수 제어	– 서스펜션제어 – 정속주행제어 – ABS 제어 – 트랙션 제어 – 주행자세제어 (4WS, VSC)	– 오토 에어컨 – 공기정화 – 에어백 – 라이트 – 전후방감시	– 내비게이션 – 자동차 전화 – VICS
물리적 센서	역학 센서	거리(변위센서)		레이저센서	충돌방지	– 초음파, 레이저
		위치, 각도, 토크 비틀림	– 스로틀 개도 – 페달 개도	– 스티어링, 차고, 스로틀개도	– Air mix damper – Potentiometer	
		가속도 센서, 진동센서	– 노킹	– 가속도	– 가속도 – 충돌감지 – 경사각	
		각속도센서		– 각속도(요레이트)		– 자이로
		응력센서				
		압력센서	– 엔진흡기압 – 대기압 – 연료압력 – 탱크 내 압력 – 연소압력	– 제동압력	– 에어컨 냉매압 – 타이어 공기압	
		유량센서	– 흡입공기량			
	전자기 센서	위치, 회전속도 (자기센서)	– 차속, 크랭크각 위치, 캠각 위치, 회전수	– 차륜 속도 – 차속	– 오토매틱 회전수 – 차속	– 지구자기 – 차속
		전자파 (레이저 센서)			Keyless antenna	– GPS용 안테나 – VICS용 안테나 – 자동차 전화용 안테나
	광학 센서	광센서 (적외선센서)	엔진착화시기		– 일사량 – 광	
	음파	acoustic emission센서 (AE센서, 초음파센서)			– 재료균열	
	온도 센서	온도, 습도	– 냉각수 온도 – 연료온도 – 흡기온도 – 배기가스 온도		– 내기온, 외기온 – 증발기 출구온도 – 수온 – AT 오일온도	
화학적 센서	전기화학센서	농도	– 산소, 공연비, HC/NOx		– 스모그, CO(실내), 습도	

(Tire Pressure Monitoring System), 전동 파워 스티어링(Electric Power Steering)의 보급으로, 2005년에는 3.5L 이상의 자동차에는 103개, 중간크기 자동차에는 65개의 센서가 장착되었다. 2015년 이후에는, 첨단 운전지원 시스템(Advanced Driving Assistant System)에 적용되는 긴급 자동 브레이크 적용이 더욱 늘어나, 2020년에는 자동차 1대당 120개, 중간크기 차량 1대당 77개의 자동차 센서가 장착될 전망이다.

자동차의 CO_2 배출규제는 계속 강화되고 있고, 2017년, EURO Ⅵ 규제를 맞추기 위하여 디젤 엔진은 NOx를 저감하는 EGR과 입자상 물질을 제거하는 디젤 미립자 포집 필터(DPF)의 적용으로 배기 시스템에는 A/F 센서, 배기온도 센서, NOx와 PM 규제에 대응하기 위하여 NOx 센서와 PM 센서가 필요하고, 가솔린 자동차는 엔진을 정밀 제어하기 위하여, 연소압력을 측정하는 연소압력 센서가 필요하고, 배기장치에 A/F센서, 산소센서, 배기온도 센서가 필요하다.

유럽에서는 연비규제를 맞추기 위하여, 엔진을 1.6L 이하로 다운사이징하거나, 가솔린 직접 분사식에 터보차저를 부착하기도 하고, 일본에서는 하이브리드와 다운사이징 기술을 적용하고 있다. 하이브리드 자동차에는 구동용 모터를 정밀제어하기 위하여 전류센서도 사용하고 있다. 유럽에서는 2016년, EURO NCAP 규제에 따라 AEB 장착이 의무화되어 77GHz 레이더와 24GHz 레이더도 필요하다. 가솔린 희박엔진의 개발에는 배기가스 온도의 상승에 따른 A/F센서, λ센서, 내구성 높은 산소센서도 필요하게 된다.

자동차용 센서는 물리량 변화를 전기저항과 정전용량의 변화로 나타내는 형식과 센서 자체가 전압을 발생하는 형식이 있다. 전자는 센서에 정전류와 정전압의 전원을 공급해야 하고 후자는 출력되는 전압이 미약하므로 증폭회로와 노이즈를 제거하는 휠터회로가 필요하다. 출력이 물리량과 직선적으로 비례하는 경우에는 그냥 사용이 가능하지만 그렇지 않으면 비례변화로 변환하는 리니어라이저 회로가 필요하다. 센서에서 얻어진 출력은 복잡한 특성을 가지므로 리니어라이저 회로를 이용하여 직선적 특성으로 변환시켜야 한다.

3.2 압력센서

압력은 물질과 접촉하고 있는 부분의 힘의 크기를 나타내고 단위 면적당 수직 방향의 힘이다. 물질은 기체, 액체, 고체 각각에 대한 압력이 있고 기체나 액체의 유체는 힘의 방향에 따라 자유롭게 모양을 변경하여, 압력은 방향성이 없다. 자동차 압력센서에는 흡기 압력센서, 연료탱크 내부 압력센서, 배기가스 압력센서, 연료 압력센서, 커먼레일 압력센서, 냉매 압력센서, 제동 압력센서 등이 있다. 표 3.4는 압력센서의 종류를 나타낸다.

표 3.4 압력센서의 분류

기계식	다이어프램식 마노미터	스트레인 게이지	폴리이미드
전자식	Ni–Cu합금	Ni–Cu합금 저항선식	스트레인 게이지식
	Si반도체식	확산식	Si 박막 스트레인 게이지식
		성막(成膜)식	SUS 박막 스트레인 게이지식
		정전용량식	Al 박막식
	세라믹 정전용량식	정전용량식	금속 박막식
세라믹	압전식	피에조소자식	
		감압시트식	

① **다이어프램 방식** : 스트레인 게이지 식 압력계와 반도체 압력계 식이 있다. 다이어프램을 이용하여 압력차를 측정하는 방법으로 다이어프램 방식은 수압부에 액체를 봉입하여 센서로 사용한다.

② **스트레인 게이지 방식** : 봉입 액을 통하여 전달되는 압력에 의하여 다이어프램에 비틀림이 발생하고 이 비틀림을 다이어프램에 있는 스트레인 게이지로 검출하여 전기신호로 변환한다.

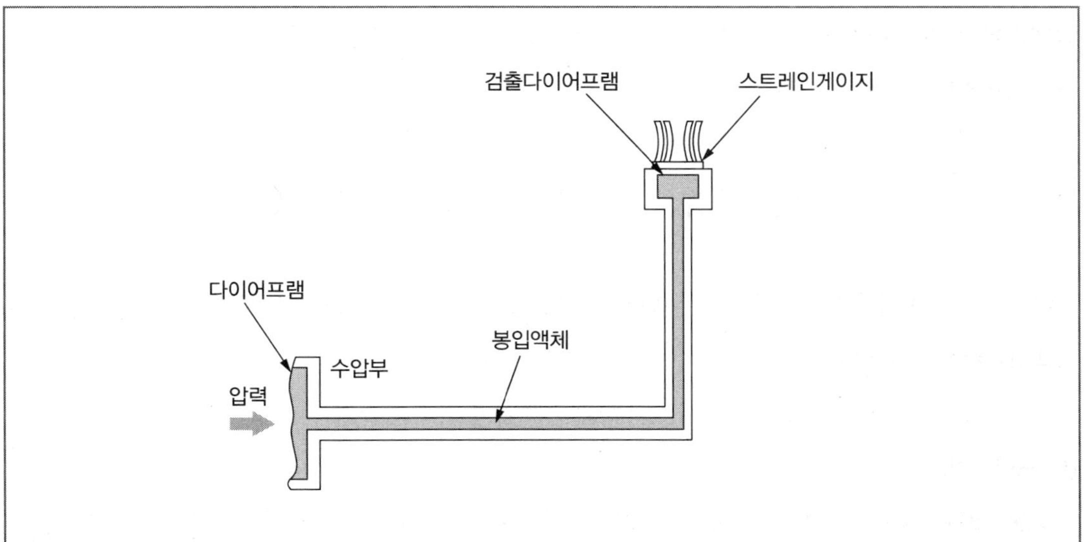

그림 3.2 스트레인 게이지 방식

압력센서는 다양한 종류가 있지만, 표 3.5와 같이 분류한다. 반도체 Si를 재료로 하는 센서는 Ni, Cu합금을 사용하는 저항식에 비하여 감도가 높고, 확산형 압력센서는 2kPa~20MPa 압력까지 측정할 수 있고, SUS 다이어프램을 사용하는 증착형 압력센서는 고압의 용도로 사용하고, 정전 용량형은 미세한 압력 측정용으로 사용한다.

표 3.5 압력센서의 종류

재료	방식	출력요소	변위
Ni–Cu합금	저항형	스트레인 게이지	폴리이미드
반도체 Si	확산형	스트레인 게이지	Si 다이어프램
	증착형	스트레인 게이지	SUS 다이어프램
	정전용량형	알루미늄 막	Si 다이어프램
세라믹	정전용량형	금속 막	알루미나 다이어프램
기타	기계식	황동판	스프링

3.2.1 스트레인(ε) 게이지

금속인 구리, 니켈, 크롬의 저항 변화를 이용한다. 1856년 켈빈은 금속에 응력을 가하면 금속의 전기저항이 변화하는 것을 발견하였다. 물리적인 기계 힘을 전기로 변환하는 압전체로는 석영(quartz), 수정(crystal), 규소 등이 있다. 옴의 법칙에 의하면 금속의 저항은 금속의 길이에 비례하고 단면적에 반비례한다. 금속을 인장하면 길이는 길어지고 단면적은 작아지며 그에 따라 전기 저항 값은 변한다.

$$R = \rho \frac{l}{A} \rightarrow R' = \rho \frac{l'}{A'} \tag{3.2.1}$$

여기서 ρ는 비저항으로 금속의 단위면적당 저항을 나타낸다. 저항과 비저항의 관계는 질량과 밀도의 관계로 볼 수 있다.

(1) 포아송비

그림 3.3과 같은 재료에 종방향으로 인장력 P를 가하면 내부에는 응력 σ가 발생하고, 재료는 응력에 비례하여 횡방향은 d는 Δd로 수축하고, 종방향 길이 l은 Δl로 증가한다.

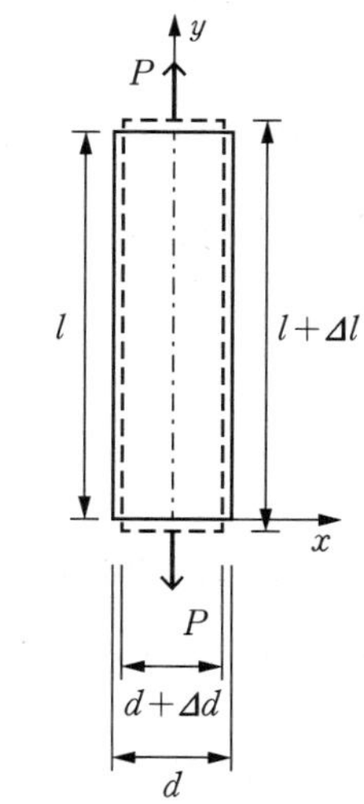

그림 3.3 포아송비

변형율은 다음과 같다.

$$\varepsilon_x = \frac{\Delta d}{d},\ \varepsilon_y = \frac{\Delta l}{l} \tag{3.2.2}$$

횡(가로, Transverse, x축)방향 변형율과 종(세로, Longitudinal, y축)방향 변형율을 포아송비(poission ratio)라고 한다. 인장시 종방향은 늘어나고 횡방향은 줄어들어 절대 값을 취한다.

$$\nu = \frac{\varepsilon_x}{\varepsilon_y} = \left| \frac{\frac{\Delta d}{d}}{\frac{\Delta l}{l}} \right| \tag{3.2.3}$$

재료에 가해진 압력 p에 의해 재료 내부에서 발생하는 응력과 변형의 관계는 후크의 법칙에 따라 다음과 같다.

$$\sigma_y = E\varepsilon_y = E\frac{\Delta l}{l} \tag{3.2.4}$$

여기서 σ는 응력, ε은 스트레인(변형율), E는 영률을 나타낸다.

$$\frac{\Delta d}{d} = \nu \frac{\Delta l}{l} \qquad (3.2.5)$$

금속 저항재료는 외부에서 인장력(압축력)이 가해지면 신장(수축)을 하여 그 저항값은 증가(감소)한다. 금속 저항재료에 스트레인 ε이 발생하여 저항값이 R에서 ΔR로 변경되면

$$\varepsilon_y = \frac{\Delta l}{l} = \beta \frac{\Delta R}{R} \qquad (3.2.6)$$

여기서 β는 게이지율(변형감도 계수)로 변형율과 저항값의 변화관계를 나타내는 상수이며 구리, 니켈, 크롬합금은 2의 값을 갖는다. 길이 변화($\Delta l/l$)와 저항 변화율($\Delta R/R$)과의 비는 센서 고유의 감도이다. 금속 스트레인 게이지에는 얇은 금속선을 플라스틱 필름이나 종이에 부착한 것과, 선 대신에 박막을 붙인 박막 게이지가 있으며 Cu－Ni, Ni－Cr 합금이 사용된다.

(2) 측정원리

스트레인 게이지는 변형에 의한 저항의 변화는 작기 때문에 휘스톤 브리지 회로의 저항변화를 전압변화로 변환한다. **그림 3.4**에서 각 저항은 R_1, R_2, R_3, R_4(Ω), 브리지 전압은 $V_{in}(V)$, 출력전압 $V_{out}(V)$이다. 저항 R_1의 스트레인 게이지가 변형하여 $R_1+\Delta R$이 되면 $R_1 = R_2 = R_3 = R_4 = R$인 경우 $4R^2 \gg R\Delta R$로 간주되어, 저항 변화분에 비례하는 출력전압을 얻을 수 있고, 이 작은 전압을 증폭기로 확대하여 아날로그 출력으로 하여 변형을 측정한다. 하중, 진동, 가속도, 변위, 압력, 토크 측정에 사용한다. 센서가 압력을 감지하는 과정은 다음과 같다.

① 압력이 스트레인으로 변화(ε)

② 스트레인이 저항변화로 변화(켈빈 저항효과, $\Delta R/R$)

③ 저항변화가 전압으로 변화(휘스톤 브릿지, V_{out})

(3) 휘스톤 브릿지 회로

브릿지 회로는 **그림 3.4**와 같이 다리가 있는 회로이고, 휘스톤 브릿지(Wheatstone bridge) 회로는 브릿지 회로에서 다리로 전류가 흐르지 않는 회로이며 주로 저항을 측정할 때 사용한다. 맥스웰 브릿지(Maxwell bridge)는 코일저항인 인덕턴스를 측정하는 회로이다.

휘스톤 브릿지는 원래 저항을 측정하는 회로이다. 저항은 전류와 전압을 측정하면 알 수 있지

만 휘스톤 브릿지를 사용하면 전류와 전압의 측정이 없어도 미세저항을 측정할 수 있다. 미지저항 1을 측정하기 위해서는 저항값을 알고 있는 2, 3과 가변저항 4가 필요하고 a, b 사이에는 검류계가 필요하다. 검류계는 전류의 방향만을 감지하며 2개의 고정저항, 1개의 가변저항, 1개의 미지저항으로 구성된다. 가변저항은 눈금에 따라 저항을 변경할 수 있다. 검류계에 전류가 흐르지 않을 때 4의 가변저항값을 읽고 미지의 저항은 브릿지 회로의 평형조건인 다음의 식으로 구한다.

$$R_1 = R_2\frac{R_4}{R_3} \tag{3.2.7}$$

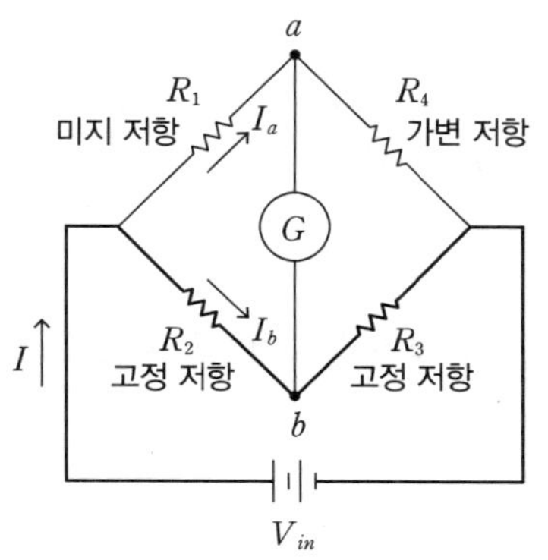

그림 3.4 저항 측정용 휘스톤 브릿지(Wheatstone bridge)

① 방법 I

$$I_a = \frac{V_{in}}{R_1+R_4} \tag{3.2.8}$$

$$I_b = \frac{V_{in}}{R_2+R_3} \tag{3.2.9}$$

$$V_a = V_{in} - I_a R_1 = V_{in} - \frac{R_1}{R_1+R_4}V_{in} \tag{3.2.10}$$

$$V_b = V_{in} - I_b R_2 = V_{in} - \frac{R_2}{R_2+R_3}V_{in} \tag{3.2.11}$$

$$V_{ab} = V_a - V_b = \left(\frac{R_2}{R_2+R_3} - \frac{R_1}{R_1+R_4}\right)V_{in} \tag{3.2.12}$$

휘스톤 브릿지인 경우 $V_{ab} = 0$이므로

$$\frac{R_2}{R_2+R_3} = \frac{R_1}{R_1+R_4} \tag{3.2.13}$$

$$R_2(R_1+R_4) = R_1(R_2+R_3)$$

$$R_2R_4 = R_1R_3 \tag{3.2.14}$$

② 방법 II

a점과 b점의 전위가 같기 때문에 옴(Ohm)과 키르히호프 전압법칙(에너지 보존법칙, Kirchihoff 2법칙)에 의해

$$I_1R_1 = I_4R_4 \rightarrow \frac{I_1}{I_4} = \frac{R_4}{R_1} \tag{3.2.15}$$

$$I_2R_2 = I_3R_3 \rightarrow \frac{I_2}{I_3} = \frac{R_3}{R_2} \tag{3.2.16}$$

a－b 사이에 전류가 흐르지 않으면 $I_1 = I_4$, $I_2 = I_3$이므로

$$\frac{R_4}{R_1} = \frac{R_3}{R_2} \tag{3.2.17}$$

이러한 저항관계는 a－b간의 브릿지 부분은 전류가 흐르지 않는다. 이것은 전하의 통로가 막힌 것이 아니고 a지점의 하향 압력과 b지점의 상승압력이 같아서 전하가 움직이지 못한다.

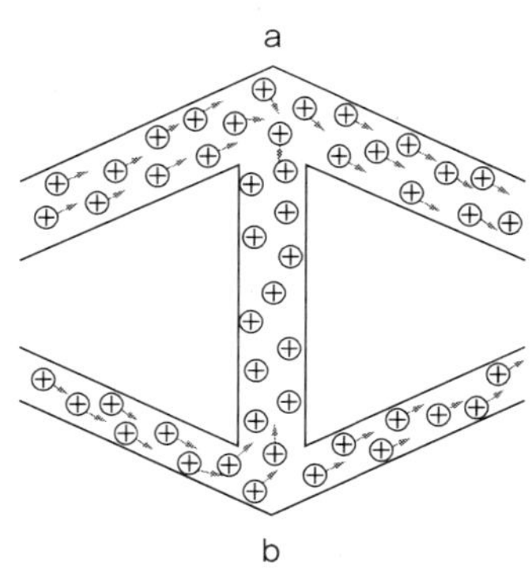

그림 3.5 전하의 평형상태

(4) 휘스톤 브릿지 회로의 센서출력

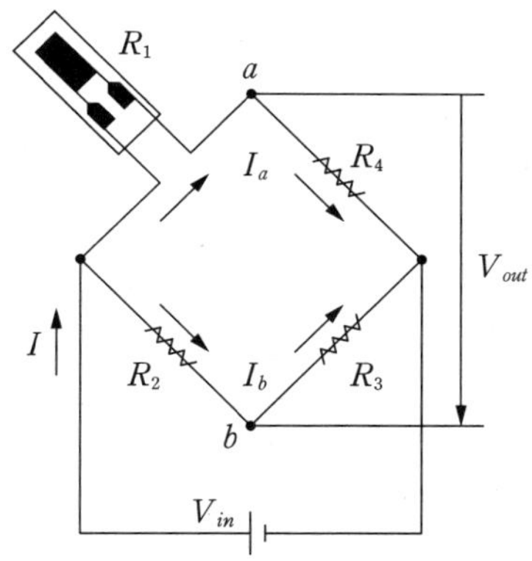

그림 3.6 브릿지 회로의 센서출력

a점에서의 전압은 키르히호프 전류법칙(질량보존의 법칙, Kirchihoff 1법칙)에 의해

$$V_a = \frac{R_1}{R_1+R_4} V_{in} \tag{3.2.18}$$

b점에서의 전압은

$$V_b = \frac{R_2}{R_2+R_3} V_{in} \tag{3.2.19}$$

출력전압은

$$\begin{aligned} V_{out} &= V_a - V_b = \frac{R_1}{R_1+R_4} V_{in} - \frac{R_2}{R_2+R_3} V_{in} \\ &= \frac{R_1(R_2+R_3)-R_2(R_1+R_4)}{(R_1+R_4)(R_2+R_3)} V_{in} \\ &= \frac{R_1R_2+R_1R_3-R_2R_1-R_2R_4)}{(R_1+R_4)(R_2+R_3)} V_{in} \\ &= \frac{R_1R_3-R_2R_4}{(R_1+R_4)(R_2+R_3)} V_{in} \end{aligned} \tag{3.2.20}$$

R_1이 $R_1+\varDelta R$로 변하고 a−b 사이의 출력전압이 0이면

$$V_{out} = \frac{(R_1+\Delta R)R_3 - R_2R_4}{(R_1+\Delta R+R_4)(R_3+R_2)} V_{in} \tag{3.2.21}$$

$R_1 = R_2 = R_3 = R_4 = R$이면

$$V_{out} = \frac{R^2+R\Delta R-R^2}{(2R+\Delta R)2R} V_{in} \tag{3.2.22}$$

$$= \frac{R\Delta R}{4R^2+2R\Delta R} V_{in}$$

$4R^2 \gg R\Delta R$이기 때문에

$$= \frac{\Delta R}{4R} V_{in} \tag{3.2.23}$$

따라서 출력전압은 식 (3.2.6)에 의해 다음과 같다.

$$V_{out} = \frac{1}{4}\frac{\Delta R}{R} V_{in} = \frac{\varepsilon}{4\beta} V_{in} \tag{3.2.24}$$

3.2.2 반도체 응력(σ) 게이지

(1) 피에조 저항효과(piezoresistive effect)

피에르 퀴리(Pierre Curie)는 1880년, 석영과 크리스탈에서 피에조 저항효과를 발견하였다. 어원은 그리스어로 "누르다"의 의미인 piezein이다. 1954년 스미스(Smith)는 실리콘(Si)에 응력을 가하면 전기저항인 저항비가 변하는 것을 발견하였다. 이 현상을 피에조 저항효과라고 한다. 금속 저항선대신 실리콘의 저항변화를 이용한 것으로, 금속에 비해 감도가 높다. 재료에 인장력 P가 가해지면 이에 대한 응력 σ와 이 응력에 비례하는 인장변형이 발생하고, 길이 l의 재료는 $l+\Delta l$로 변형된다. 이때의 l과 Δl의 비율을 스트레인이라 한다. 실리콘의 피에조 저항효과에서의 저항비 변화의 비율인 피에조 저항계수의 정의는 다음과 같다.

$$\pi = \frac{\frac{\Delta\rho}{\rho}}{\sigma} \tag{3.2.25}$$

$$\frac{\Delta\rho}{\rho} = \frac{1}{\beta}\frac{\Delta l}{l} = \pi E\varepsilon = \pi\sigma = \frac{\Delta R}{R} \tag{3.2.26}$$

ρ는 비저항(specific resistance)으로 단위면적당, 단위길이당 저항을 나타내고 전도율의 역수이며 전자이동에 대한 물질의 특성을 나타낸다. π는 비저항 변화율과 응력과의 비를 나타내는 비례상수인 피에조 저항계수, E는 비틀림과 응력과의 관계를 나타내는 영률, $\Delta\rho$ 비저항의 변화를 나타낸다. π와 E는 실리콘의 경우, 결정방향에 따라 다르지만, 50~120 정도이다. πE가 게이지 팩터를 좌우하기 때문에, 반도체 응력 게이지는 금속저항 게이지와 비교하여 비저항의 변화($\Delta\rho/\rho$)가 커서 감도가 높다. 응력과 저항변화의 관계는 다음과 같다.

$$\frac{\Delta R}{R} = \pi\sigma,\ \frac{\Delta R_{ij}}{R} = \pi_{ijkl}\sigma_{kl}\ (ij = ..6,\ kl = ..6) \tag{3.2.27}$$

R은 외력이 작용하지 않을 때 저항, ΔR_{ij}는 응력에 의한 저항비 변화분, π_{ijkl}는 피에조 저항계수이다. 3개의 직교하는 탄성 대칭면에서 3개의 주축방향이 등가인 경우, π_{11}, π_{12}, π_{44}의 3개의 독립된 피에조 계수로 된다.

$$\begin{Bmatrix} \Delta R_1/R \\ \Delta R_2/R \\ \Delta R_3/R \\ \Delta R_4/R \\ \Delta R_5/R \\ \Delta R_6/R \end{Bmatrix} = \begin{vmatrix} \pi_{11} & \pi_{12} & \pi_{12} & 0 & 0 & 0 \\ \pi_{12} & \pi_{11} & \pi_{12} & 0 & 0 & 0 \\ \pi_{12} & \pi_{12} & \pi_{11} & 0 & 0 & 0 \\ 0 & 0 & 0 & \pi_{44} & 0 & 0 \\ 0 & 0 & 0 & 0 & \pi_{44} & 0 \\ 0 & 0 & 0 & 0 & 0 & \pi_{44} \end{vmatrix} \begin{Bmatrix} \sigma_1 \\ \sigma_2 \\ \sigma_3 \\ \sigma_4 \\ \sigma_5 \\ \sigma_6 \end{Bmatrix} \tag{3.2.28}$$

표 3.6 피에조 저항계수

전도형	P형	N형
비저항(Ω–cm)	7.8	11.7
π_{11}($10^{-12}cm^2$/dyne)	6.6	−102.2
π_{12}($10^{-12}cm^2$/dyne)	−1.1	53.4
π_{44}($10^{-12}cm^2$/dyne)	138.1	−13.6

그림 3.7과 같이 전류가 흐르는 방향과 동일한 종방향 응력을 σ_l, 수직 방향인 횡방향 응력을 σ_t라고 하고 종(longitudinal, 세로, y축)과 횡(transverse, 가로, x축)을 그림 3.7과 같이 정의하면 실리콘 다이어프램의 경우 l, t 2차원이면 다음이 얻어진다.

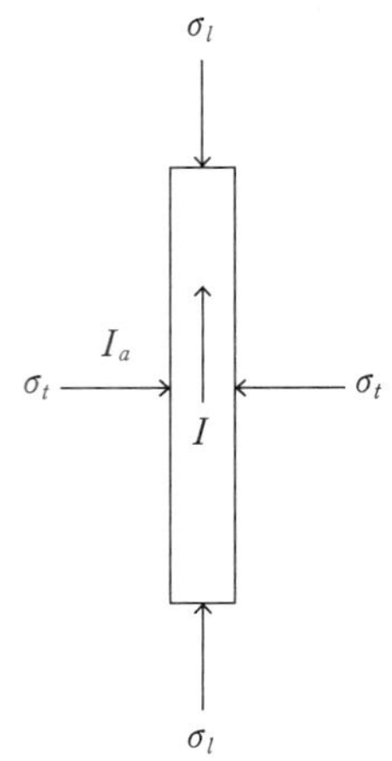

그림 3.7 2차원 응력

$$\frac{\Delta R}{R} = \pi_l \sigma_l + \pi_t \sigma_t = \frac{1}{2}\sigma\pi_{44} \tag{3.2.29}$$

전류와 응력이 평행인 상태의 종 피에조 저항계수를 π_l, 직각인 횡 피에조 저항계수 π_t를 센서에 이용한다. 반도체 저항 스트레인 센서는 다음과 같은 순서로 전압을 얻는다.

① 압력을 응력으로 변화(σ)

② 응력이 저항변화로 변화(피에조 저항효과, $\frac{\Delta R}{R} = \frac{1}{2}\sigma\pi_{44}$)

③ 저항변화가 전압으로 변화(브릿지 회로, V)

$$V = \frac{1}{4}\frac{\Delta R}{R}V_{in} = \frac{1}{8}\sigma\pi_{44}V_{in} = \frac{1}{4\beta}\sigma\pi_{44}V_{in} \tag{3.2.30}$$

일반적으로 반도체 응력 게이지는 출력이 크지만 온도계수도 크고, 스트레인 저항 게이지의 출력과 온도계수는 작기 때문에 온도변화가 예상되는 부분의 압력측정에는 저항형 스트레인 게이지식이, 큰 출력을 기대하는 때에는 반도체 압력센서가 사용된다.

(2) 측정원리

압력센서는 R_1, R_2, R_3, R_4로 브릿지를 구성하고 브릿지 출력을 센서의 출력으로 한다.

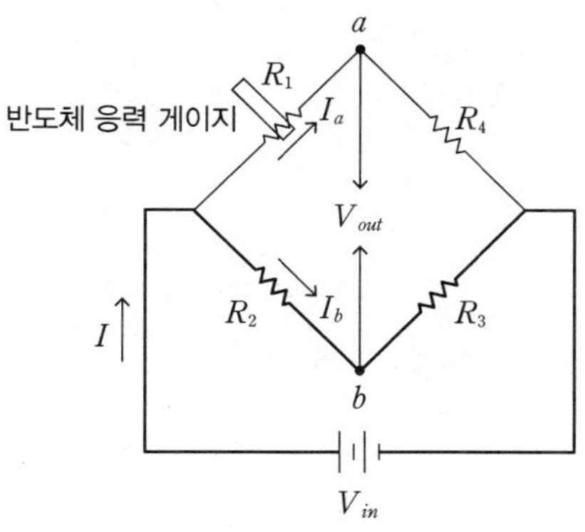

그림 3.8 반도체 센서 휘스톤 브릿지 회로도

동일한 저항 4개에 브릿지 전압 V_{in}을 인가하면 a, b 전압은 같아지고 출력전압 V_{out}은 0이 된다. 이를 응용하여 반도체 응력 게이지의 변형량을 측정한다. 4개의 저항 중 하나를 반도체 응력 게이지로 하고, 이 저항과 나머지 3개의 저항값이 같으면 V_{out}은 0이 된다. 반도체가 응력을 받아 늘어나면 저항치가 ΔR만큼 증가하고, 수축되면 ΔR만큼 감소한다. 회로 브릿지의 평형이 깨지면서 a, b 사이에는 전압차가 발생한다. 이 전압차를 측정하면 변형량을 구할 수 있고 다음 식으로 구한다.

$$V = \frac{1}{8} \sigma \pi_{44} V_{in} \tag{3.2.31}$$

실리콘 집적회로에 사용되는 반도체 공정기술과 실리콘 다이어프램을 갖는 입체구조로 개선된 압력센서가 개발되었고 센서의 소형화와 집적화가 진행되었다. 실리콘 압력센서는 전기와 기계의 2 분야를 융합한 MEMS(Micro Electro Mechanical Systems)기술을 이용한 것으로, MEMS 기술은, 가속도 센서, 자이로 센서, 실리콘 마이크로 센서, 마이크로 액추에이터 등에도 적용이 되었다. 압력에 의해 변형하는 다이어프램은 실리콘으로 만들고, 그 표면의 일부에 불순물을 확산하여 센서를 만든다. 이 방법은 실리콘에 의한 집적회로(IC)를 제작하는 공정과 거의 동일하여 초소형 압력센서를 대량 생산할 수 있다. 그림 3.9는 압력센서의 구조를 나타낸다.

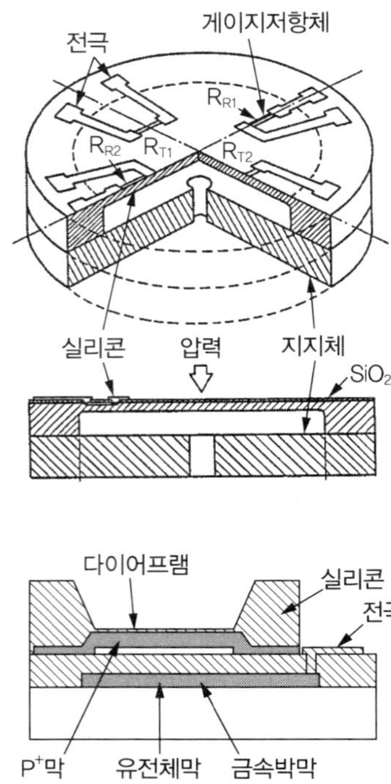

그림 3.9 압력센서의 구조

3.2.3 피에조 전압효과(세라믹 압전효과, 피에조 소자)

1880년 퀴리에 의해 발견된 피에조 전압효과(압전효과, piezoelectric effect)는 오래전부터 알려진 현상으로 피에조 소자(압전소자, 세라믹, 크리스탈, 티탄산바륨($BaTiO_3$), 티탄산납($PbTiO_3$)에 압력(응력)을 가하면 압력에 비례하여 분극(표면전하)이 나타나는 현상으로 응력에 의해 전기가 발생한다. 반대로 전압을 가하면 금속이 늘어나는 역피에조 전압효과도 있다. 피에조 소자는 변형되면 전압을 발생한다. 1cm 조각의 석영으로 정확하게 2kN의 하중을 가하면 12,500V의 전압이 발생한다. 가스레인지는 압전소자에 압력을 가하여 10,000V의 높은 전압을 가진 전류를 발생시켜 점화한다. 이러한 현상은 마이크로폰, 압력센서, 가속도 센서, 전자가스 라이터 등에 사용되고 있다. 피에조 액츄에이터는 피에조 전압효과를 이용하여 수백 마이크로미터까지의 위치를 정확하게 제어할 수 있는 위치센서로도 사용된다.

반대로 전압을 가하면 금속이 늘어나는 역피에조 전압효과도 있으며 세라믹으로 되어 있어 단단하고 큰 힘을 만들어 낼 수 있다. 전압을 가하면 길이의 변화가 발생하고 결과적으로 강한 토크를 발생한다. 소재로는 티탄산바륨, 지르콘산납 등이 사용되고, PZT(piezoelectric transducer)로 생략되어 불리고 있다. 역피에조 전압효과는 정밀한 제어소자로서 이용되고 있으며 그 움직임은 직선으로, 전기 에너지가 직선운동으로 변환되기 때문에 피에조 인젝터 등에 사용되고 있다.

3.2.4 정전 용량형 압력센서

다이어프램과 좁은 간격으로 대향하는 평판의 양면에 전극을 설치하고, 다이어프램의 변위를 정전용량의 변화로 측정하는 방식이다. 다이어프램의 재질은 금속, 세라믹, 실리콘 등이며, 다이어프램의 양쪽에 대향하는 2개의 전극을 가지는 구조이다.

정전용량식 압력센서는 압력의 변화에 따라 변형하는 다이어프램의 변위량을 정전 커패시턴스의 변화로 측정하고 압력으로 변환하는 방식이다. 다이어프램의 변위량으로 압력을 직접 측정하는 구조이기 때문에, 가스의 종류에 관계없이 측정할 수 있다.

센서의 구조를 그림 3.10에 나타낸다. 다이어프램과 미소한 거리(d)에 고정전극을 배치하고, 유리봉으로 케이싱과는 절연되어 있다. 기준실은 대기압의 영향을 받지 않는다. 측정실의 압력이 기준실보다 높아지면, 다이어프램은 기본실 쪽으로 치우쳐 고정전극과 다이어프램 사이의 거리가 좁아지면서 그사이의 정전용량이 증가한다. 측정실의 압력이 저하되면 다이어프램의 변형은 작아지고 정전용량은 감소하고, 이 변화를 전압으로 변환하여 압력을 측정하고 정전용량과 전극간 거리의 관계식은 다음과 같다.

$$C = \varepsilon \frac{A}{d} \tag{3.2.32}$$

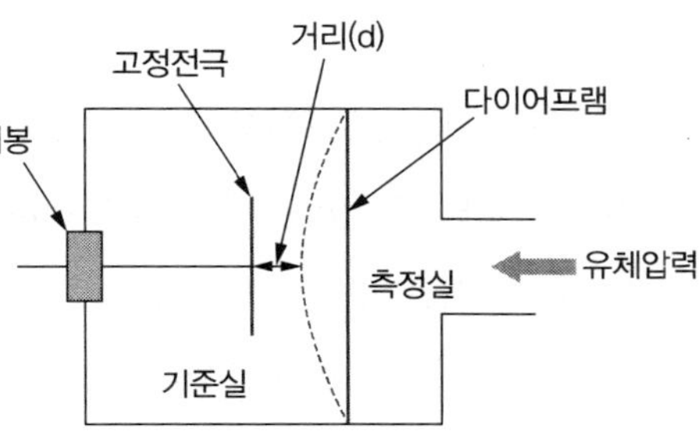

그림 3.10 정전용량형 압력센서

정전용량은 전극면적 A에 비례하고, 전극간 거리 d에 반비례한다. 이 때문에 고전력 센서를 만들기 위해서는 가능한 전극면적을 크게 하고 전극간 거리 d를 작게 할 필요가 있다.

3.2.5 확산형 압력센서

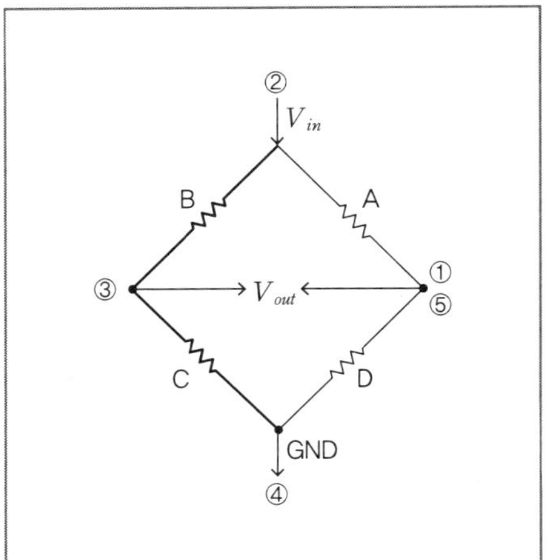

그림 3.11 확산형 스트레인 게이지

압력센서 칩은 그림 3.11과 같이 4개소에 같은 방향으로 스트레인 게이지를 부착하고 다이어프램으로 가공된 실리콘이 유리대에 접합된 후 칩화되어 있다. 이 센서 칩을 케이스에 내장하고 유리측면에서 압력을 가하면 A와 C의 스트레인 게이지는 변형저항이 증가하고, B와 D의 스트레인 게이지는 변형저항이 감소한다. 휘스톤 브리지에 결선된 (+)와 (−)단자의 전위차가 출력전압이 된다. 반대로 Si 측에서 압력을 가하면 게이지 변형저항의 증감도 바뀌어, 출력의 (+), (−)도 반전한다. 칩은 Si 표면에서 풀 브리지 회로와 같이 연결된 것으로 1번, 5번 단자를 개방하고 외부에서 오프셋 전압(0kPa일 때의 출력전압)을 조정하기 쉽도록 하며 출력전압과 압력은 비례한다.

3.3 와전류 변위센서

3.3.1 전자기 유도(electromagnetic induction)

전자기 유도는 전기와 자기를 만들어 내는 유도현상이다. 전류가 흐르는 곳에는 전자기 유도현상이 나타나고 전선이 없어도 전기를 보낼 수 있다. 예를 들면 IH(Induction heater)가 있다. 전류가 흐르면 자기장이 만들어지고, 코일에 자석을 가까이하면 코일에 전류가 흐르는 현상이다. 발전기, 모터, 전기발생 등은 전자기 유도현상을 이용하며 자기장이 유도될 때 방향, 전류의 방향, 힘의 방향은 프레밍의 법칙에 따른다.

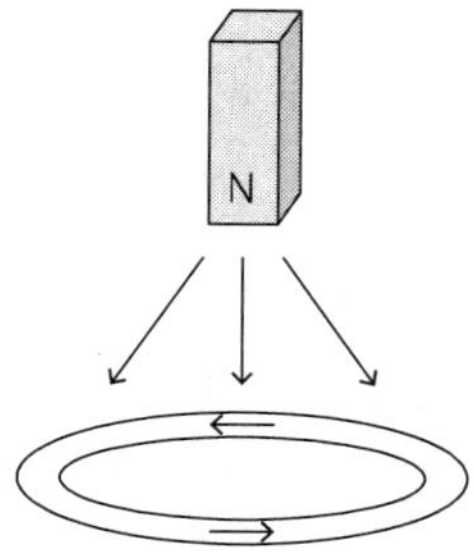

그림 3.12 자석이 움직일 때 전류 발생

3.3.2 자석이 만드는 전류

코일과 자석에는 재미있는 성질이 있다. 코일 근처에서 자석을 움직이면 코일의 양단에는 전기가 발생하고 그리고 코일 근처에서 자기장의 변화가 있으면, 코일의 양단에는 전기가 발생한다. 발생하는 전압을 유도 기전력(Induced electromotive force, 전압), 발생하는 전류를 유도전류(Induced current)라 한다. 자석을 그대로 두고 코일을 움직여도 상관은 없지만 코일과 자석을 동시에 같은 방향으로만 움직이지 않으면 된다.

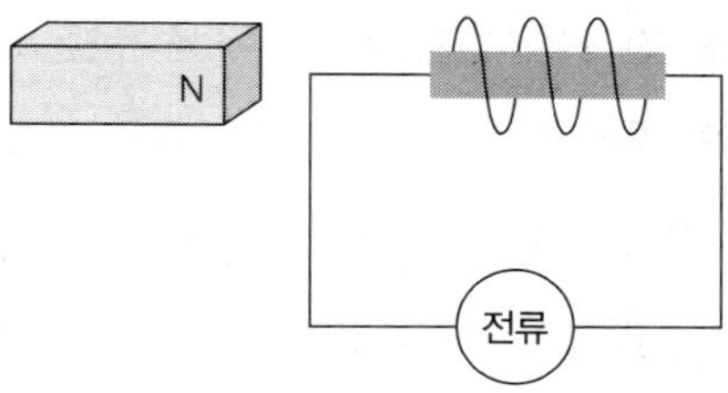

그림 3.13 코일과 자석

도체 금속과 자석에도 재미있는 성질이 있다. 금속 근처에서 자석을 움직이면 금속에는 전류가 흐르고 자석의 움직임에 저항하는 힘이 발생한다. 자기장이 변화하면 도체금속 내에 전류(eddy current, 와전류, 동그라미 전류)가 발생하고 그 전류에 의해서 새로운 자기장이 만들어지며 이 새로운 자기장은 원래의 자기장에는 저항하는 힘으로 발생한다. IH히터의 하부에는 많은 코일이 감겨 있고 코일에 전류를 흘리면 자기장이 생기고, 자력선은 냄비의 바닥을 통과한다. 그러면 냄비의 바닥에는 와전류가 발생하고, 코일의 자기장이 변화하므로 자석이 움직이는 것과 같은 상태가 된다. 와전류가 금속도체에 발생하면 열이 발생하고 IH히터는 냄비에 열을 직접 발생시키기 때문에 열의 낭비가 적다. 자석에 붙지 않는 금속은 전자기 유도현상은 발생하지 않는다.

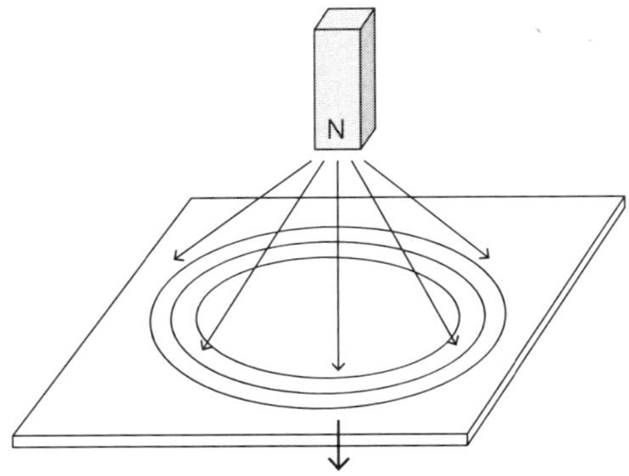

그림 3.14 금속도체와 자석

3.3.3 전류가 만드는 자기장

직선 전기선, 원형 전기선에 전류를 흘리면 도선에 수직인 평면 내에 도선을 중심으로 하는 동심원의 자기장이 만들어진다. 원형도선을 펼치면 솔레노이드(원통형 코일)가 되고 여기에 전류를 흘리면 자기장이 쉽게 만들어진다. 이러한 자기장은 자석이 만드는 자기장과 비슷하며 자성체에 코일을 감고 전류를 흘리면 전자석이 된다. 자성체는 제조할 수도 있고 천연에 있는 사산화삼철을 이용할 수도 있다. 강자성체의 재료를 솔레노이드 안에 넣으면 강력한 자기장이 만들어지고 이를 솔레노이드 전자석이라 한다.

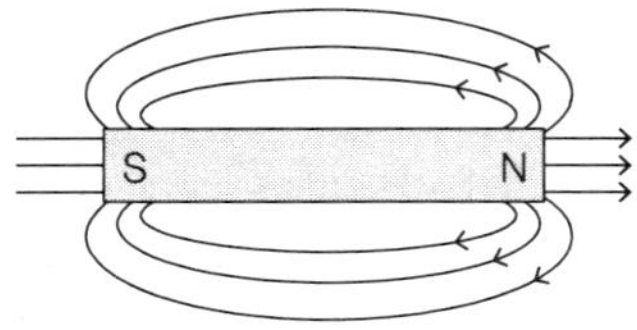

그림 3.15 자기장의 형성

3.3.4 와전류(동그라미 전류)

금속도체를 자석 사이에 놓으면 자기장의 자력선은 금속도체를 통과한다. 이때 금속도체를 왼

쪽으로 움직이면 자석이 있는 부분은 자력선이 많아지고 먼 부분은 줄어든다. 금속도체의 자력선이 통과하는 부분에는 전자기 유도에 의해 와전류가 발생하고 이 와전류에 의해서도 자력선이 생기고 이 힘은 전기도체가 움직이는 것을 방해하는 방향으로 작용한다. 이와 같이 와전류는 움직이는 힘에 대하여 저항하는 힘으로 발생한다.

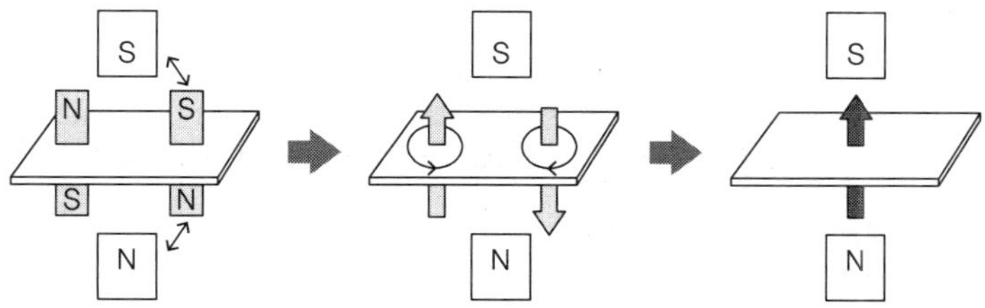

그림 3.16 와전류 발생원리

3.3.5 와전류 변위센서

고주파 자기장을 이용하여 금속체와의 거리를 측정하는 센서이다. 센서 헤드내부의 코일에 고주파 전류를 흘려 센서에서 고주파 자기장을 발생시킨다. 이 자기장은 금속도체에 도달하여 전자기 유도작용에 의하여 금속도체에 와전류를 생성한다. 금속표면에 와전류가 발생하면, 코일에서 발생한 자기장이 금속도체를 통과하고 이때 새로운 자기장이 센서코일의 자기장과는 저항하는 방향으로 힘이 발생하여 센서코일 내의 저항인 임피던스를 변화시킨다. 이 변화량으로 거리를 측정한다. 발생전압은 금속도체와의 거리에 비례하고 물체와 센서와의 거리가 가까우면 저항하는 힘이 커져 와전류 손실이 커지고, 발진진폭은 작아진다. 이 발진진폭을 전압으로 변환한다.

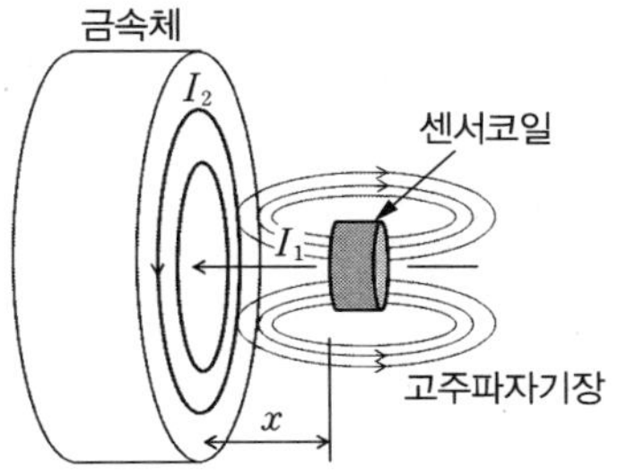

그림 3.17 와전류 변위 센서

[참조] 저항의 종류

- 직류의 저항 : 저항
- 교류의 저항 : 임피던스(전압과 전류의 비, Z, impedance, 단위 Ω)
- 코일(인덕터)의 저항(X_L) : 유도 리액턴스
- 커패시터의 저항(X_C) : 용량 리액턴스
- 와이어, 코일, 커패시터의 합성저항 : 합성 임피던스

고주파 전류(I_1)에 의하여 교류자속이 가해지고 패러데이 전자기 유도법칙에 의해 금속체에는 다음의 기전력이 발생한다.

$$e \propto -\frac{d\phi}{dt} \tag{3.3.1}$$

여기서 ϕ는 자속, e는 기전력이며 이 기전력에 의해 금속도체에는 와전류 I_2가 흐르고 2차코일의 역할을 한다. 2차코일의 전기적 상수를 R_2, 인덕턴스 L_2로 하고 센서코일에서는 R_1, 인덕턴스 L_1으로 하면 각 코일의 결합계수는 거리 x에 의해 변한다. x가 가까워짐에 따라 R_1, L_1이 ΔR, ΔL만큼 변화하여 센서의 임피던스 Z_1이 변한다. $x \to \infty$이면 $\Delta R \to 0$, $\Delta L \to 0$이고 임피던스 Z_1을 측정하면 거리 x가 구해진다.

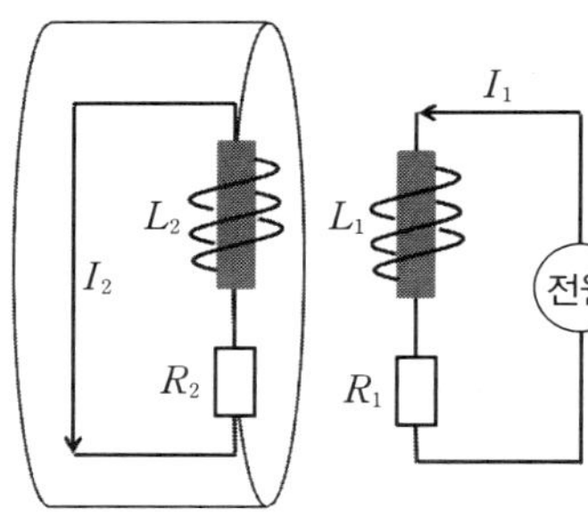

그림 3.18 회로도

(1) 임피던스, $Z(\Omega)$

옴의 법칙에서 R을 Z로 대체한 것으로 교류회로에서의 와이어, 코일, 커패시터의 저항성분을

임피던스라 한다. 저항성분에는 와이어 저항, 코일의 리액턴스, 커패시터의 리액턴스가 있다. 같은 종류는 직렬과 병렬연결에 따라 합의 곱, 곱의 합의 법칙을 적용하지만 다른 종류가 섞여 있으면 피타고라스 정리로 합성 임피던스를 구해야 한다.

① RL 직렬인 경우

$$Z = R + j\omega L \tag{3.3.2}$$

② RC 직렬인 경우

$$Z = R + \frac{1}{j\omega C} = R + \frac{j \times 1}{j \times j\omega C} = R - j\frac{1}{\omega C} \tag{3.3.3}$$

③ LC 직렬인 경우

$$Z = j\omega L + \frac{1}{j\omega C} = j\omega L + \frac{j \times 1}{j \times j\omega C} = j\left(\omega L - \frac{1}{\omega C}\right) \tag{3.3.4}$$

④ RLC 직렬인 경우

$$Z = R + j\omega L + \frac{1}{j\omega C} = R + j\left(\omega L - \frac{1}{\omega C}\right) \tag{3.3.5}$$

[합성임피던스 = 와이어 저항 + 유도 리액턴스 + 용량 리액턴스]

- 코일의 임피던스(유도 리액턴스, X_L)

$$X_L = j\omega L \tag{3.3.6}$$

- 커패시터의 임피던스(용량 리액턴스, X_C)

$$X_C = \frac{1}{j\omega C} = -j\frac{1}{\omega C} \tag{3.3.7}$$

(2) 등가회로 합성 임피던스

교류자속이 가해지면 자속변화에 의하여 패러데이 전자기 유도법칙에 따라 기전력이 발생한다.

$$e = -N\frac{d\phi}{dt}(V) \tag{3.3.8}$$

이 기전력에 의해 와전류 I_2가 흐르고 등가적으로 2차코일이 발생한다. 2차코일의 저항 R_2, 인덕턴스 L_2, 센서코일의 저항 R_1, 인덕턴스 L_1로 하고 코일 간의 거리는 x로 한다. 거리에 따른 저항과 인덕턴스 변화는 다음과 같다.

$$R_1 \rightarrow R_1 + \Delta R(x)$$

$$L_1 \rightarrow L_1 + \Delta L(x)$$

거리 x의 변화에 ΔR 및 ΔL이 변화하면 센서의 임피던스 Z_1이 변한다. $x \rightarrow \infty$이면, $\Delta R \rightarrow 0$, $\Delta L \rightarrow 0$이다. 센서의 임피던스 Z_1를 측정하면 거리 x를 측정할 수 있다.

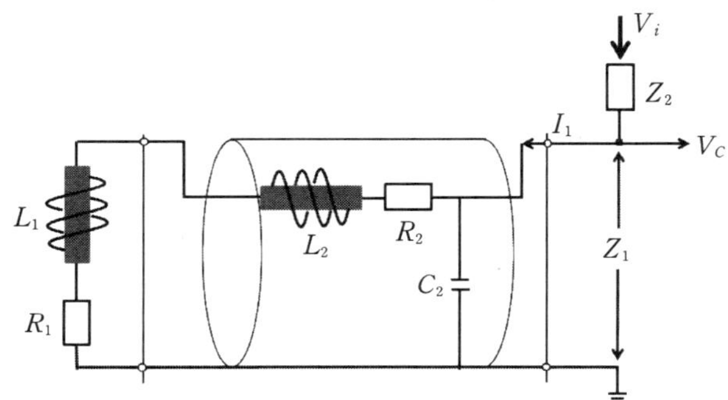

그림 3.19 와전류 변위센서 등가 회로도

등가회로의 합성 임피던스는 다음과 같다. 여기서 V_i는 발진기의 인가전압, Z_2는 부가 임피던스이다.

$$Z_1 = \frac{(R_1+R_2)+j\omega(L_1+L_2)}{[(R_1+R_2)+j\omega(L_1+L_2)+\frac{1}{j\omega C_2}]j\omega C_2} \tag{3.3.9}$$

이 식에서 거리에 따라 저항과 리액턴스가 변하면 합성 임피던스가 변하고 출력전압도 변한다.

$$R_1 \rightarrow R_1 + \Delta R(x)$$

$$L_1 \rightarrow L_1+\Delta L(x)$$

$$Z_1 = \frac{(R_1+\Delta R+R_2)+j\omega(L_1+\Delta L+L_2)}{[(R_1+\Delta R+R_2)+j\omega(L_1+\Delta L+L_2)+\frac{1}{j\omega C_2}]j\omega C_2} \tag{3.3.10}$$

합성 임피던스를 사용하여 다음의 식으로 출력전압이 계산된다.

$$V_c = \frac{Z_1}{Z_1+Z_2} V_i \tag{3.3.11}$$

3.4 공기 유량센서

3.4.1 유량측정

비점성, 비압축성 유체, 정상류에 대한 베르누이 방정식(Bernoulli's theorem)은 다음과 같다.

① $$\frac{v^2}{2}+\frac{p}{\rho}+gz = \text{const} \tag{3.4.1}$$

운동에너지+압력에너지+위치에너지 = 일정

② $$\frac{\rho v^2}{2}+p+\rho gz = \text{const} \tag{3.4.2}$$

동압+정압+hydrostatic 압력 = 일정

③ $$\frac{v^2}{2g}+\frac{p}{\rho g}+z = \text{const} = H \tag{3.4.3}$$

속도수두+압력수두+위치수두 = 일정

(1) 전압과 동압

그림 3.20과 같은 구 단면의 선단 O에 충돌하는 유선을 생각한다. 상류 A는 원주의 영향을 받지 않고 O와 같은 높이이면 A에서 O점 가까워지는 유선상 속도는 감속하고 O점에서 0이 된다. 이 O점을 정체점이라 하고 여기서의 압력 p_O는 A점과의 베르누이 방정식으로 주어진다.

$$\frac{\rho v_A^2}{2} + p_A = p_O \tag{3.4.4}$$

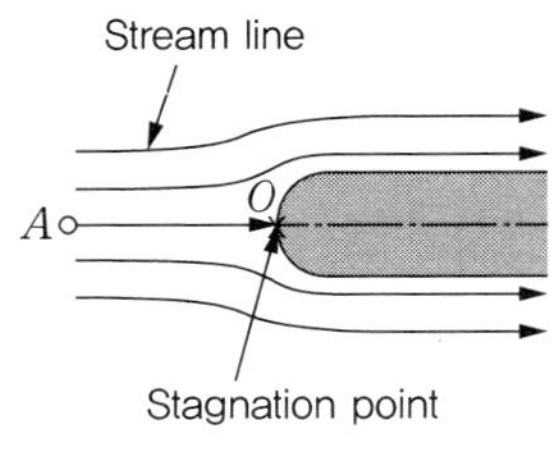

그림 3.20 전압과 동압

(2) 벤츄리 미터(Venturi meter)

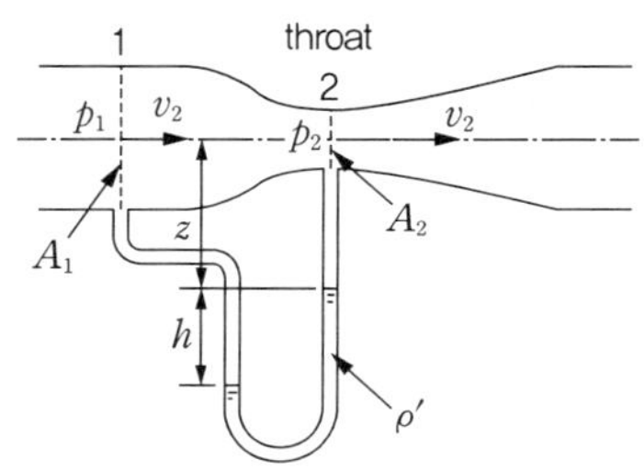

그림 3.21 벤츄리 미터

벤츄리 미터는 유량측정에 사용한다. 수평인 벤츄리관 상류 1과 목 2 사이에 베르누이 방정식이 성립한다.

$$\frac{p_1}{\rho g} + \frac{v_1^2}{2g} = \frac{p_2}{\rho g} + \frac{v_2^2}{2g} \tag{3.4.5}$$

연속방정식인 $v_1 = \frac{A_2}{A_1} v_2$를 대입하여 정리하면

$$v_2 = \frac{1}{\sqrt{1-(A_2/A_1)^2}} \sqrt{\frac{2(p_1 - p_2)}{\rho}} \tag{3.4.6}$$

유량은 $Q = A_2 v_2$이므로

$$Q = \frac{A_2}{\sqrt{1-(A_2/A_1)^2}}\sqrt{\frac{2(p_1-p_2)}{\rho}} \tag{3.4.7}$$

실제로는 2개의 단면 사이에서 에너지 손실이 있으므로

$$Q = C_d \frac{A_2}{\sqrt{1-(A_2/A_1)^2}}\sqrt{\frac{2(p_1-p_2)}{\rho}} = \alpha A_2 \sqrt{\frac{2(p_1-p_2)}{\rho}} \tag{3.4.8}$$

C_d는 0.97~9.98, α는 유량계수이다. 그림 3.21의 마노미터의 압력균형을 고려하면

$$p_1+\rho g(z+h) = p_2+\rho gz+\rho' gh \tag{3.4.9}$$

$$p_1-p_2 = (\rho'-\rho)gh$$

유량은 다음과 같다.

$$Q = \alpha A_2 \sqrt{\frac{2(\rho'-\rho)gh}{\rho}} \tag{3.4.10}$$

(3) 오리피스 유량계(차압식)

벤츄리 미터와 동일하지만 α값을 다르게 사용한다.

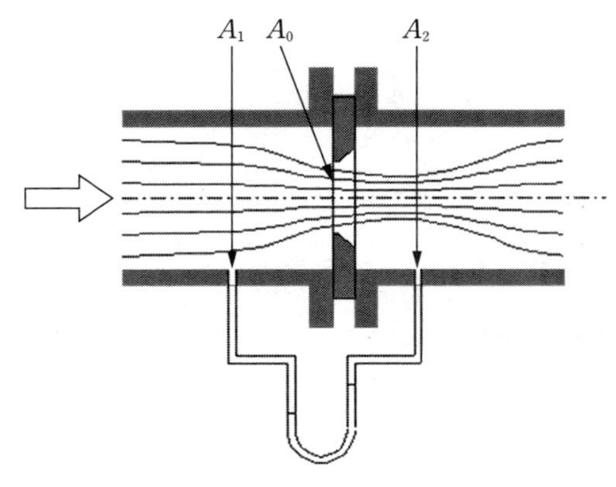

그림 3.22 오리피스 유량계

(4) 피토관식 유량계

피토관식 유량계는 유속계산에 사용한다. 피토관의 상류점 A와 같은 선상의 B 사이에 베르누이

방정식을 적용하면

$$p_A+\frac{1}{2}\rho v_A^2 = p_B \tag{3.4.11}$$

$$v_A = \sqrt{2g\frac{p_B-p_A}{\rho g}} \tag{3.4.12}$$

여기서 $p_B = p_a+\rho g(h+z)$, $P_A = p_a-\rho gz$을 대입하면

$$v_A = \sqrt{2g\frac{p_B-p_A}{\rho g}} = \sqrt{2gh} \tag{3.4.13}$$

이 식은 이론이므로 피토관의 가공정도와 점성의 영향을 고려하여 1보다 작은 속도계수 C_v를 곱한다.

$$v_A = C_v\sqrt{2g\frac{p_B-p_A}{\rho g}} = C_v\sqrt{2gh} \tag{3.4.14}$$

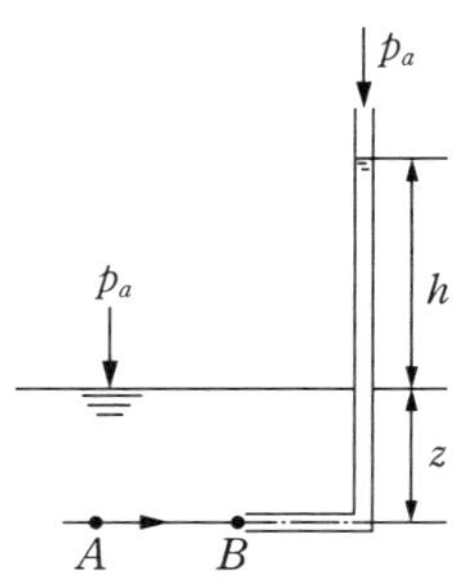

그림 3.23 피토 관

그림 3.24의 마노미터의 압력균형을 고려하면

$$p_1+\rho g(z+H) = p_2+\rho gz+\rho' gH \tag{3.4.15}$$

$$p_1-p_2 = (\rho'-\rho)gH$$

$$v_1 = \sqrt{2g\frac{p_1-p_2}{\rho g}} = \sqrt{\frac{2(\rho'-\rho)gH}{\rho}} \tag{3.4.16}$$

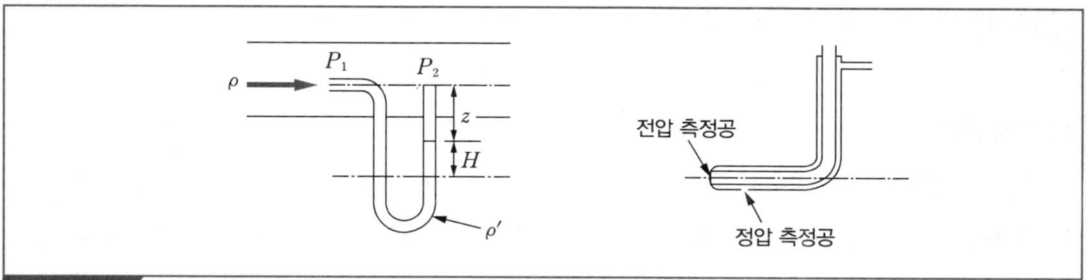

그림 3.24 전압과 정압

이 원리를 이용한 것이 피토관(Pitot tube)으로, 국소적인 유속측정에 사용된다. 그러나 피토관으로 측정되는 차압은 속도의 제곱에 비례하기 때문에 유속이 작은 경우는 측정이 어렵다.

표 3.7 유량계의 종류

유량계	기계식	용적식		
		회전식		
	유속식	기계식	압력차	노즐
				오리피스
				피토관
			와류식	
		음파식	초음파식	도플러식
				전파 속도차
		전자유도식		
유속계	유속계	열식	열류식	
		광학식	레이저 도플러	
		입자추적	PIV	
			PTV	

(5) 차원식

역학계의 물리량의 기본 단위는 4개가 있다. 그것을 M, L, S, T로 표시하고 질량, 길이, 시간, 온도이다. 모든 물리량은 기본단위의 조합으로 표시할 수 있고 이를 조립단위라고 한다. 4개의 기본단위를 사용하여 조립단위로 표현하며 기본단위의 승수를 차원이라 한다.

일(Nm)의 차원식 : kgm^2/s^2 $[ML^2S^{-2}]$

여기서 일은 질량의 차원은 1, 길이의 차원은 2, 시간의 차원은 −2이다.

(6) 버킹엄(Buckingham) π정리

모든 물리현상은 무차원수를 적당하게 조합하여 표현하는 것이 가능하다. 무차원은 어떤 물리적 현상의 특성을 나타내는 데 필요하고, 서로 독립적인 무차원수의 숫자는 그 현상과 관계있는 물리량의 전체수 n에서 차원식을 나타내는 데 필요한 기본단위 수 m을 뺀 것과 같다. 이것을 버킹엄 π정리라고 한다. $n-m$개의 무차원수를 π_1, π_2, $\cdots$, π_{n-m}라고 하면 현상을 나타내는 방정식은

$$f(\pi_1,\ \pi_2,\ \cdots,\ \pi_{n-m}) = 0 \tag{3.4.17}$$

n은 온도, 속도 등으로 현상을 나타내는 물리량, m은 n개의 모든 물리량에서 포함되는 기본 단위(M, L, S, T)의 수이다. 예를 들어 $n = 7$이면, $m = 4$이므로 물리현상을 표시하는 방정식은 다음과 같다.

$$f(\pi_1,\ \pi_2,\ \pi_2) = 0,\ \pi_1 = f(\pi_2,\ \pi_3) \tag{3.4.18}$$

(7) 열전달계수 차원해석

흐름을 동반하는 열전달계수는 열전도도와는 다르게 유체의 종류, 유속 등의 영향을 받는다. 관여하는 인자는 많기 때문에 해당 요소를 모두 포함하는 열전달계수의 실험식을 도출하는 것은 쉽지 않다. 따라서 차원해석 방법을 이용하여 관여하는 인자에서 필요한 무차원수의 수를 구하

표 3.8 물리량과 차원식

물리량	기호	SI단위	물리계
길이	$L,\ l,\ D$	m	L
속도	$\omega,\ u,\ U$	m/s	LS^{-1}
밀도	ρ	kg/m^3	ML^{-3}
점성계수	μ	PaS=Ns/m^2	$ML^{-1}S^{-1}$
비열	c_p	J/kgK	$L^2S^{-2}T^{-1}$
열전도도	k	W/mK	$MLS^{-3}T^{-1}$
열전달계수	h	W/m^{2}K	$MS^{-3}T^{-1}$

고, 무차원화된 열전달계수에 관한 실험식을 도출한다.

열전달에 관여하는 물리량은 다음의 7개로 가정하면 관여하는 7개의 물리량으로 다음의 방정식이 성립한다. 다음의 방정식은 풀기가 어렵다.

$$f(h,\ \rho,\ c,\ D,\ k,\ \omega,\ \mu) = 0 \tag{3.4.19}$$

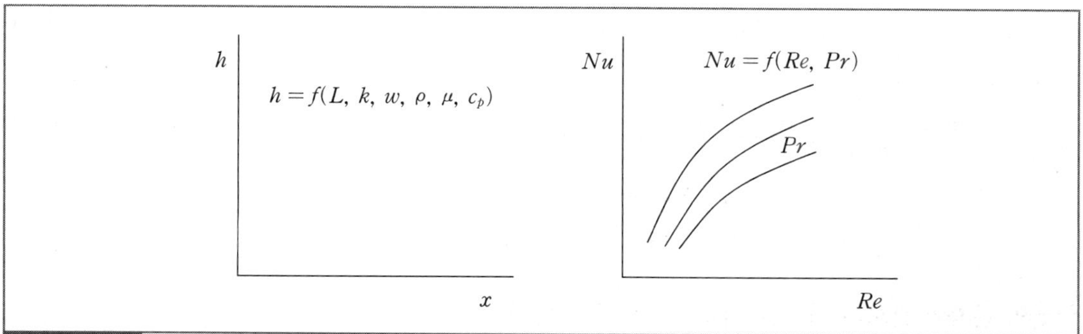

그림 3.25 무차원수

이 물리량에 포함되어 있는 기본단위는 M, L, S, T, 4개이고, 물리량은 7개이므로 3개의 무차원수로 열전달 현상을 해석할 수가 있다.

$$n - m = 7 - 4 = 3$$

그러므로 3개의 무차원수를 사용하면 식 (3.4.19)는 다음과 같은 방정식으로 변한다.

$$f(\pi_1,\ \pi_2,\ \pi_3) = 0,\ \pi_1 = f(\pi_2,\ \pi_3)$$

여기서 7개의 물리량 중 h에 관한 실험식 도출이 목적이기 때문에 h를 무차원화 한 것을 π_1으로 하고 ρ, c_p를 무차원화하여 π_2, π_3라고 한다. 7개의 물리량에서 h, ρ, c를 제외한 나머지 4개의 물리량 D, k, ω, μ를 사용하여 π_1, π_2, π_3를 다음과 같이 나타낸다.

$$\pi_1 = \frac{h}{D^{a1}k^{b1}\omega^{c1}\mu^{d1}} \tag{3.4.20}$$

$$\pi_2 = \frac{\rho}{D^{a2}k^{b2}\omega^{c2}\mu^{d2}} \tag{3.4.21}$$

$$\pi_3 = \frac{c_p}{D^{a3}k^{b3}\omega^{c3}\mu^{d3}} \tag{3.4.22}$$

분모의 차원은 다음과 같다.

$$L^{a1}\left[\frac{ML}{S^3T}\right]^{b3}\left[\frac{L}{S}\right]^{c1}\left[\frac{M}{LS}\right]^{d1} = M^{b1+d1}\,L^{a1+b1+c1-d1}\,S^{-3b1-c1-d1}\,T^{-b1} \tag{3.4.23}$$

따라서

$$\pi_1 = \frac{MS^{-3}T^{-1}}{M^{b1+d1}\,L^{a1+b1+c1-d1}\,S^{-3b1-c1-d1}\,T^{-b1}} \tag{3.4.24}$$

$$\pi_2 = \frac{ML^{-3}}{M^{b2+d2}\,L^{a2+b2+c2-d2}\,S^{-3b2-c2-d2}\,T^{-b2}} \tag{3.4.25}$$

$$\pi_3 = \frac{L^2S^{-2}T^{-1}}{M^{b3+d3}\,L^{a3+b3+c3-d3}\,S^{-3b3-c3-d3}\,T^{-b3}} \tag{3.4.26}$$

π_1의 분자와 분모의 차원을 비교하면 다음과 같다.

$M\ :\ 1 = b1 + d1$

$L\ :\ 0 = a1 + b1 + c1 - d1$

$S\ :\ -3 = -3b1 - c1 - d1$

$T\ :\ -1 = -b1$

이 식을 풀면 $a1 = -1,\ b1 = 1,\ c1 = 0,\ d1 = 0$으로 되고, π_1 무차원수는 Nu수가 된다.

$$\pi_1 = \frac{h}{D^{-1}k^1\omega^0\mu^0} = \frac{hD}{k} = Nu \tag{3.4.27}$$

π_2의 분자와 분모의 차원을 비교하면 다음과 같다.

$M\ :\ 1 = b2 + d2$

$L\ :\ -3 = a2 + b2 + c2 - d2$

$S\ :\ 0 = -3b2 - c2 - d2$

$T\ :\ 0 = -b2$

이 식을 풀면 $a2 = -1,\ b2 = 0,\ c2 = -1,\ d2 = 1$으로 되고, π_2 무차원수는 Re수가 된다.

$$\pi_2 = \frac{\rho}{D^{-1}k^0\omega^{-1}\mu^1} = \frac{D\omega\rho}{\mu} = Re \tag{3.4.28}$$

π_3의 분자와 분모의 차원을 비교하면 다음과 같다.

$$M \ : \ 0 = b3 + d3$$

$$L \ : \ 2 = a3 + b3 + c3 - d3$$

$$S \ : \ -2 = -3b3 - c3 - d3$$

$$T \ : \ -1 = -b3$$

이 식을 풀면 $a3 = 0$, $b3 = 1$, $c3 = 0$, $d3 = -1$으로 되고, π_3 무차원수는 Pr수가 된다.

$$\pi_3 = \frac{c_p}{D^0 k^1 \omega^0 \mu^{-1}} = \frac{c_p \mu}{k} = Pr \tag{3.4.29}$$

3개의 무차원수를 사용하여 $f(\pi_1, \ \pi_2, \ \pi_3) = 0, \ \pi_1 = f(\pi_2, \ \pi_3)$의 형식으로 표현하면

$$f(Nu, \ Re, \ Pr) = 0, \ Nu = f(Re, \ Pr) \tag{3.4.30}$$

열전달계수 h를 포함하는 Nu수는 Re와 Pr수의 함수로 표현되고 h는 다음의 식으로 계산된다.

$$h = \frac{Nu \times k}{D} \tag{3.4.31}$$

Nu수는 실험을 통하여 다음의 방정식으로 표현된다.

$$Nu_x = C Re_x^a Pr^b \tag{3.4.32}$$

응축기 : $Nu = 0.023 Re^{0.8} Pr^{0.4}$: 강제대류, Dittus – Boelter

$Nu = 0.023 Re^{0.8} Pr^{\frac{1}{3}}$: 강제대류, Colburn

증발기 : $Nu = F \times 0.023 Re^{0.8} Pr^{0.4}$, Chen

(8) 무차원수의 종류

1) 레이놀즈(Reynolds)수

유체의 흐름 상태를 표시하는 무차원수로, Re수는 점성의 영향을 받는 유동현상을 설명하는 데 이용한다. 날개의 단면형상을 같게 하여 유속을 조절하면 같은 모양의 흐름이 발생한다. 이때의 조건은 레이놀즈수로 정해지며 이를 같게 하면 유체의 유동 모양도 같게 된다. 이를 상사법칙

이라고 한다.

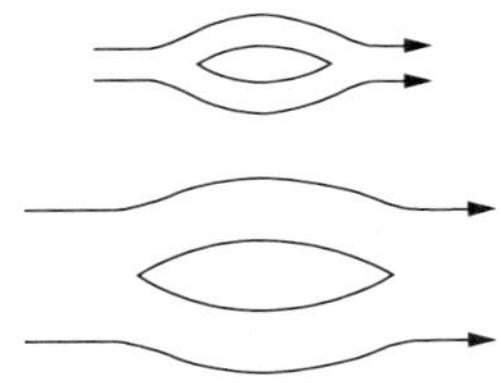

그림 3.26 상사법칙

$$Re = \frac{\rho u L}{\mu} = \frac{uL}{\nu} = \frac{\text{유속} \times \text{대표길이}}{\text{동점성계수}} \tag{3.4.33}$$

$$Re = \frac{\text{관성력}}{\text{점성력}} = \frac{\text{질량}(\rho V) \times \text{가속도}}{\text{전단응력} \times \text{면적}} = \frac{\rho L^3 \times \frac{u^2}{L}}{\mu \frac{du}{dy} \times L^2} = \frac{\rho L^3 \times \frac{u^2}{L}}{\mu \frac{u}{L} \times L^2} = \frac{\rho u L}{\mu}$$

Re수가 적으면 관성력이 적고 점성력이 커져 난류가 발생하기 어려워 층류가 되고, Re수가 크면 관성력이 크고 점성력이 작아져 난류가 발생하기 쉽다. Re수는 흐름의 상태가 층류인지 난류인지를 나타내는 파라미터이고 Re수가 임계값을 초과하면 층류에서 난류로 천이한다.

① **평판 레이놀즈수**

평판의 거리 x에서 레이놀즈수는 다음으로 표시된다.

$$Re = \frac{u_\infty x}{\nu}$$

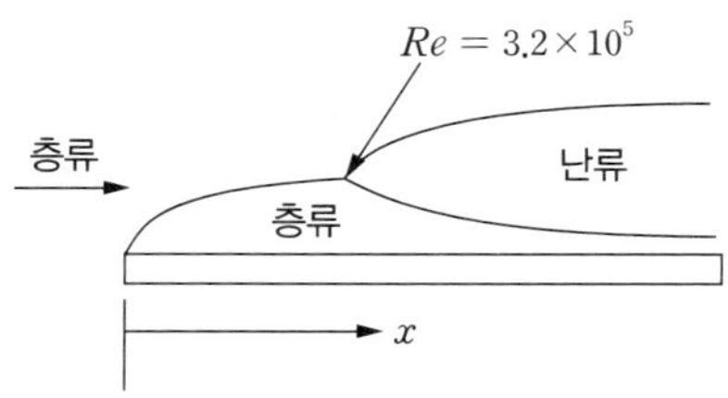

그림 3.27 평판 임계레이놀즈수

u_∞은 주 속도, x는 입구에서의 거리, $\nu(m^2/s)$는 동점성계수, $\mu(PaS)$는 점성계수이며 층류와 난류의 임계 레이놀즈수는 3.2×10^5이다.

② **원관 레이놀즈수**

내경 $d(m)$의 관 내에서의 레이놀즈수는 다음과 같다.

$$Re = \frac{u_\infty d}{\nu}$$

층류와 난류의 임계 레이놀즈수는 2300이며 관의 단면이 원이 아니면 상당길이 d_e를 사용한다.

$$Re = \frac{u_\infty d_e}{\nu},\ d_e = \frac{4S}{L}$$

여기서 $S(m^2)$ 유로의 단면적, $L(m)$는 거리이다.

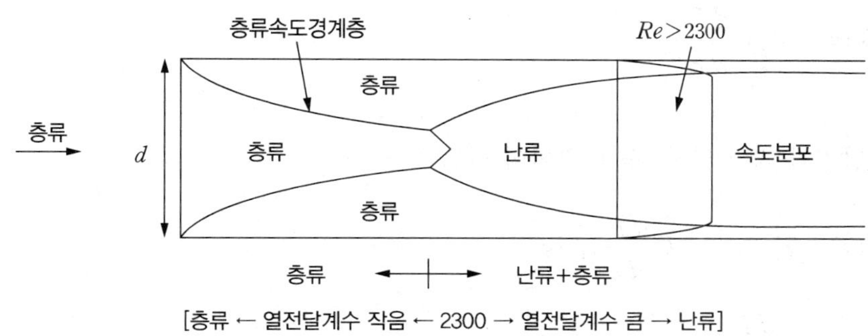

그림 3.28 원관 임계레이놀즈수

2) 누셀트(Nusselt) 수

열전달의 크기를 표시하는 무차원수로 다음과 같다.

$$Nu = \frac{hL}{k} = \frac{\text{열전달율}\times\text{대표길이}}{\text{열전도도}} \tag{3.4.34}$$

다음과 같이 유속이 증가하는 경우, 벽면 근처의 온도분포는 A→B로 변화를 한다.

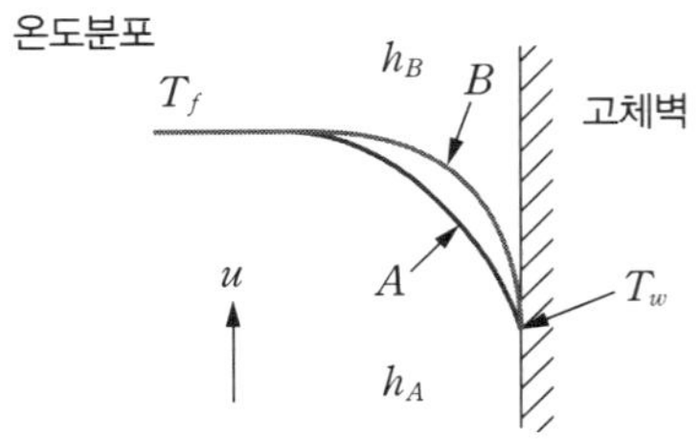

그림 3.29 유체 흐름시 열전달계수

대류 열전달량은 다음과 같다.

$$Q = hA(T_f - T_w) \tag{3.4.35}$$

벽면 열전도량은 다음과 같다.

$$Q = -kA\frac{dT}{dx}|_{x=0} \tag{3.4.36}$$

대류 열전달량과 벽면 열전도량이 같아야 하므로

$$h(T_f - T_w) = -k\frac{dT}{dx}|_{x=0} \tag{3.4.37}$$

$$\frac{h}{k} = \frac{-\frac{dT}{dx}|_{x=0}}{T_f - T_w}$$

열전달계수와 열전도도를 무차원하려면 길이 L을 곱하면 된다.

$$\frac{hL}{k} = \frac{-\frac{dT}{dx}|_{x=0}}{\frac{T_f - T_w}{L}} = \frac{\text{벽면에서 온도구배}}{\text{유체 온도구배}} \tag{3.4.38}$$

3) 프란틀(Prantle) 수

유체의 열이동의 상관관계를 표시하는 무차원수이고 유체의 종류를 나타낸다.

$$Pr = \frac{c_p \mu}{k} = \frac{\nu}{\alpha} = \frac{\text{동점성계수}}{\text{열확산율(온도전도율)}} \tag{3.4.39}$$

Pr수는 유체의 동점성 계수 $\nu(\mu/\rho)$와 온도 확산율 $\alpha(k/c_p\rho)$의 비를 나타내는 물성치이며, 그 값은 유체의 종류에 따라 다르다. 물은 1보다 작고 공기는 1보다 크다. Nu수는 Re수와 Pr의 곱으로 정의된다.

$$Nu = f(Re,\ Pr)$$

함수 f는 물체표면의 기하학적 형상 등에 따라 달라지고 이론적 또는 실험적으로 결정된다. 강제 대류 열전달은 이론과 실험에 상관없이 거의 항상 다음 식으로 표시된다.

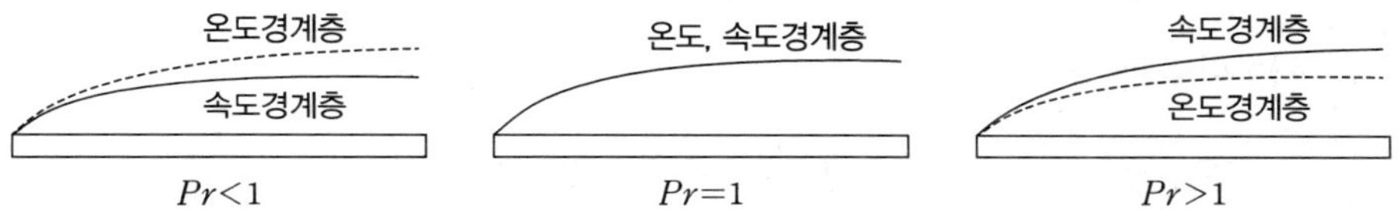

그림 3.30 프란틀수

- 열량확산 : 온도 구배가 있으면 열량이 전달(Fourier 법칙) → 열전도도(k)
- 온도확산 : 온도 변화량을 표시 → 열확산율($\alpha = \frac{k}{\rho c}$)
- 힘(운동량) 확산 : 힘의 구배가 있으면 힘이 전달(점성법칙) → 점성계수(μ)
- 속도확산 : 속도 변화량을 표시 → 동점성계수($\nu = \frac{\mu}{\rho}$)

점성계수는 물질에서 힘의 확산의 크기, 동점성계수는 물질의 속도가 확산되는 속도를 나타내고 열전도도는 물질에서 열의 확산의 크기, 열확산율은 물질의 온도가 확산되는 정도를 나타낸다. 힘의 확산과 속도의 확산은 밀도에 의해 결정되고 열의 확산과 온도의 확산은 밀도와 비열에 의해 결정된다.

4) 그라스호프(Gr)수

자연대류의 강도를 나타내는 무차원수로 레이놀즈수의 일종이다. 자연대류의 경우에는 온도(밀도)의 차이에 의해 발생하는 힘인 부력으로 흐름이 발생한다. 부력 F_b는 단위체적당의 힘으로 다음의 식과 같다.

$$F_b = g(\rho_\infty - \rho_w) = \rho g \beta (T_w - T_\infty) \tag{3.4.40}$$

g, ρ, β는 중력 가속도, 유체밀도, 부피 팽창비율인 체팽창계수이며, 첨자 w 벽면, ∞는 구배가 없는 벽면에서 충분히 먼 곳을 각각 나타낸다. 기체의 경우에는 β는 절대온도의 역수 $1/T_\infty$이며 자연대류의 경우, h에 영향을 미치는 인자는 속도대신 부력 F_b를 사용하여 버킹엄 π정리를 적용하면,

$$f(h,\ k,\ c_p,\ \rho,\ \mu,\ F_b,\ L) = 0$$

$$\frac{hL}{k} = f\left(\frac{F_b \rho L^3}{\mu^2},\ \frac{c_p \mu}{k}\right) \rightarrow Nu = f(Gr,\ Pr)$$

를 얻는다. 식에서 우변 제1항의 부력 F_b를 포함한 무차원수를 Gr 수라고 하고 유체의 상태를 나타낸다. Gr 수는 다음과 같다.

$$Gr = \frac{F_b \rho L^3}{\mu^2} = \frac{\rho g(\rho_\infty - \rho_w) L^3}{\mu^2} = \frac{g\beta(T_w - T_\infty)L^3}{\nu^2} \tag{3.4.41}$$

$$Gr = \frac{g\beta(T_w - T_\infty)L^3}{\nu^2} = \frac{\text{중력가속도} \times \text{체팽창계수} \times \text{온도차} \times \text{대표길이}}{\text{동점성계수}} \tag{3.4.42}$$

표 3.9 무차원수의 정의

프란틀수	$Pr = \frac{c_p \mu}{k} = \frac{\mu}{\alpha}$	유동의 열이동을 표현
레이놀즈수	$Re = \frac{w \rho L}{\mu}$	흐름의 상태(난류, 층류)
누셀트수	$Nu = \frac{hL}{k}$	열전달계수의 크기, 강제대류이면 Nu는 레이놀즈수와 프란틀수로 표현, 자연대류이면 Nu는 그라스호프수와 프란틀수로 표현
그라스호프수	$Gr = \frac{\rho g(\rho_\infty - \rho_w) l^3}{\mu^2}$ $Gr = \frac{\rho \beta (T_w - T_\infty) L^3}{\nu^2}$	자연대류의 크기, $\beta = \frac{1}{T_\infty}$

(9) 대류열전달의 실험식

열전달계수 h에 영향을 미치는 인자를 열거하면 유체의 밀도 ρ, 점성 계수 μ, 열전도율 k, 비열 c_p, 속도 w, 물체의 대표 치수 l 등이 있다. 인자가 많기 때문에 그래프를 그릴 수 없고 실험식의 도출도

불가능하다. 그러나 차원해석에 의해 열전달계수 h를 포함하는 Nu 수는, Re 수와 Pr 수의 함수이므로 실험으로 Pr 수와 Re 수를 변경하면서 Nu 수를 찾아내면 특정 모양에서의 열전달계수를 알 수 있다. 고체표면과 유체 사이의 열 이동의 크기를 나타내는 것은 열전달계수 h이라 한다. 이 h는 유체의 물성치와 속도에 어떤 영향을 받는지를 차원해석(dimensional analysis)을 통하여 알 수 있다.

1) 실험식에 사용하는 무차원수

실험을 통하여 대류 열전달에 관한 실험식이 정립되어 있다.

① **강제대류** : $Nu = f(Re,\ Pr)$

강제대류의 일반적인 표현은

$$Nu = aRe^{b}Pr^{c} \tag{3.4.43}$$

$Nu = \dfrac{hl}{k}$이기 때문에 $h = Nu\dfrac{l}{k}$로 되고 Nu수를 알면 열전달계수를 구할 수가 있다.

② **자연대류** : $Nu = f(Gr,\ Pr)$

함수 f는 강제 대류와 마찬가지로 물체의 형상 등에 따라 변하고 이론 또는 실험으로 구해진다.

$$Nu = aGr^{b}Pr^{c} \tag{3.4.44}$$

특히 층류의 경우, 벽과 유체 사이의 열 이동이 벽면 수직 방향으로 있는 경우에는

$$Nu = Gr^{0.25}Pr \tag{3.4.45}$$

자연 대류에서 그라스호프수와 프란틀수의 곱을 레일리수라 한다.

2) 강제대류 열전달의 실험식

여기에서는 간단한 형상의 물체의 열전달계수 h에 대한 이론적 또는 실험적으로 구해진 상관 식을 표시한다. 각 형태에 따라 많은 실험식이 있다.

① **평판에서의 강제 대류** : 길이 l인 평판의 평균 Nu는 다음 식으로 표시된다.

$$\text{층류} : Nu = \frac{hl}{k} = 0.664Re^{0.5}Pr^{1/3} \ (Re < 3\times10^5) \tag{3.4.46}$$

$$\text{난류} : Nu = \frac{hl}{k} = 0.037Re^{0.8}Pr^{1/3} \ (5\times10^5 < Re < 10^7) \tag{3.4.47}$$

② **관내의 강제대류** : 관의 유동의 경우, 경계층이 충분히 발달한 영역에서는 Nu수는 일정하게 되고 난류에서는 Nu수는 Re수와 Pr수의 함수로 표시된다. 내경 D인 원형 관내 충분히 발달한 흐름에 대하여 Nu수는

$$\text{층류} : Nu = 3.66 \ (\text{벽의 온도가 일정}),\ Nu = 4.36 \ (\text{열유속이 일정}) \tag{3.4.48}$$

$$\text{난류} : Nu = \frac{hl}{k} = 0.025Re^{0.8}Pr^{1/3} \ (\text{물에 대한 Colburn 식}) \tag{3.4.49}$$

3) 자연대류 열전달의 실험식

차원해석 결과에서 자연대류 열전달은 $Nu = f(Gr, Pr) = f(Ra)$로 표시되고 레일리 수는 $Ra = GrPr$이다. 함수 f는 강제 대류와 마찬가지로 물체의 형상 등에 따라 변화하고 이론 또는 실험으로 요구된다. 특히 층류의 경우, 벽과 유체 사이의 열 이동이 벽면 수직 방향으로만 전달될 때는,

$$Nu = Gr^{0.25}f(Pr) \tag{3.4.50}$$

Nu수와 Ra수의 그래프를 그리면 Nu수를 알 수 있다. Ra수가 적으면 층류이고 크면 난류영역이다. 천이영역에서는

$$Gr = 2.1\times10^9 Pr \ \ (0.7 \le Pr \le 2000) \tag{3.4.51}$$

로 표시된다.

3.4.2 유량계의 종류

(1) 와유량계

1) 원리

유체의 유동속에 놓여진 물체의 하류에 교대로 규칙적인 소용돌이가 발생하는 것을 1911년 Von

Karman이 발견하고 이 소용돌이를 칼만와류라고 하였다. 자연계에서는 바람에 깃발이 펄럭이는 것, 바람에 전선이 소리나는 것 등이 칼만와류로 발생하는 현상이다.

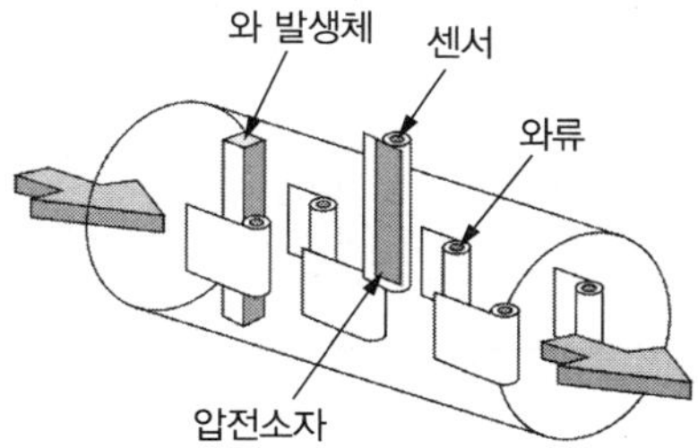

그림 3.31 와유량계 원리

2) 구조

와유량계는 칼만와류를 발생시키는 소용돌이 발생체인 블러피 바디와 소용돌이를 검출하는 센서와 센서에서 감지한 신호를 처리하는 변환기로 구성된다. 유동에 직각으로 놓인 소용돌이 발생체의 하류에는 칼만와류가 발생하고 이 와류에 의해 발생하는 기본 주파수는 유속에 비례한다.

$$f = St\frac{V}{d} \tag{3.4.52}$$

$$Q = AV = Afd/St \tag{3.4.53}$$

스트라울수(strouhl number)는 Re수 500~8000 범위에서는 0.21로 일정하다. 스트라울수는 흐름의 진동현상을 주파수로 나타낸 무차원수로, 스트라울수가 일정한 범위에서는 소용돌이 주파수는 유속에 비례하기 때문에 소용돌이 주파수를 감지하면 유속이 되고 유속에 단면적을 곱하면 체적유량을 구할 수 있다. 다른 방법으로는 소용돌이에 의해 발생하는 힘을 압전소자 혹은 반도체 응력게이지로 감지하여 전기신호로 변경한다. 그 외 서미스터식, 정전용량식, 초음파식 등이 있다.

3) 소용돌이 검출 센서 종류

소용돌이 검출센서의 종류는 다양하지만 구조가 간단하며 내구성이 높고 상대적으로 가격이 낮은 압전소자식을 많이 사용한다. 표 3.10은 와유량계 센서의 종류와 소용돌이 검출방법을 나타낸다.

표 3.10 와유량계 센서의 종류

검출소자	분류	소용돌이 검출방법				
압전소자(진동)	압력변화	소용돌이 발생	차압발생	힘의 변화	압전소자의 응력 변화	전압발생
스트레인 게이지					스트레인 게이지에 생기는 스트레인	저항변화
정전용량 센서					다이어프램 변화	정전용량 변화
피스톤					피스톤의 상하 이동	전압발생
서미스터				유속의 변화	서미스터의 온도 변화	저항변화
초음파(주파수)					초음파 전파 속도 변화	주파수 변화

① **압전소자법** : 그림 3.32는 압전소자 방식을 나타내고 와발생체, 압전소자, 검출회로로 구성된다.

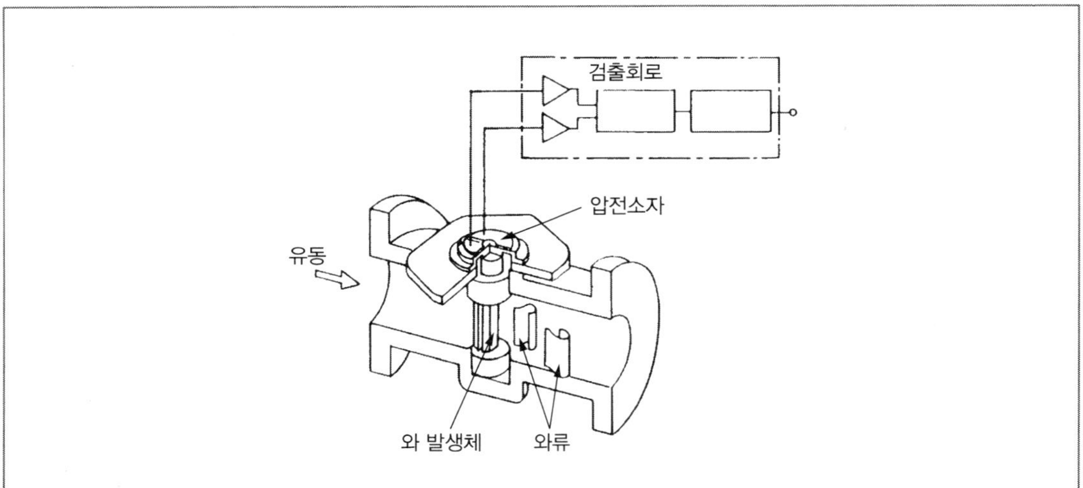

그림 3.32 압전소자식 유량계

② **주파수 감지법** : 소용돌이가 발생하면 스트럿의 양쪽에는 교대로 변화하는 압력차이가 생긴다. 공기가 흐르는 곳에 스트럿을 두면 칼만와류가 발생하고 스트럿에는 칼만와류의 발생에 따라 힘이 걸리므로, 압력센서로 칼만와류의 발생수를 주파수로 구할 수 있다. 블러피 보디에 관통구멍을 만들고, 그 양단의 압력이 소용돌이 발생에 의해 주기적으로 변화하고 이 관통구멍의 흐름은 왕복흐름이다. 유동센서, 압력센서, 초음파 센서를 이용하여 구멍의 흐름방향의 변화인 소용돌이 주파수를 디지털로 검출하여 유속을 계산할 수 있다.

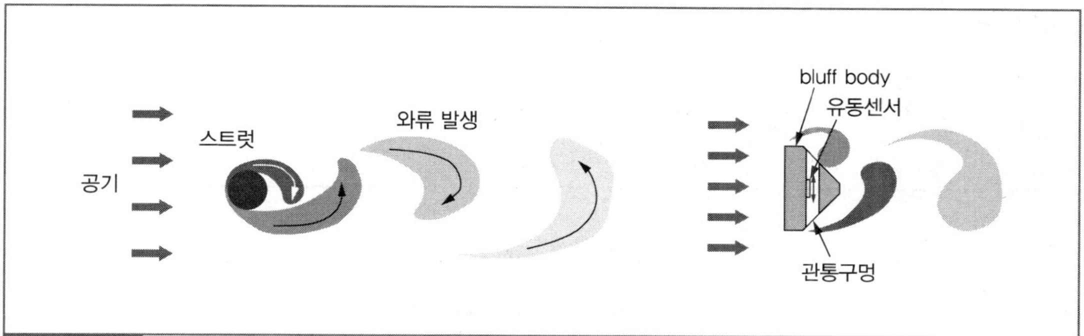

그림 3.33 센서식 와유량계

③ **초음파 주파수 감지법** : 스트럿에 의해 규칙적으로 소용돌이가 발생하는 것을 초음파의 송신부와 수신부를 설치하여 주파수를 구하는 방법이다. **그림 3.34**와 같이 배관 내에 칼만와류를 발생시키는 와발생체인 스트럿과 와류수를 검출하는 초음파 송수신부로 구성된다.

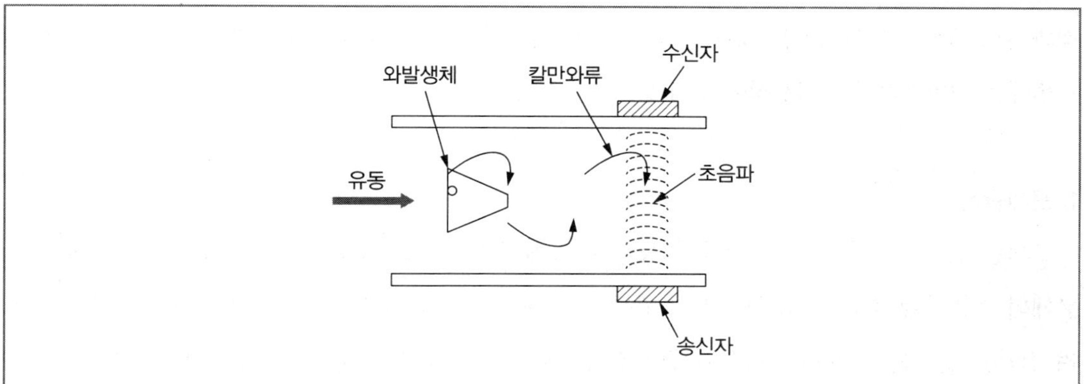

그림 3.34 초음파식 와유량계

(2) 열식 유량계

유체가 열에 접촉하면 유체는 열을 빼앗아 유체온도가 상승한다. 열식 유량계는 이를 이용하는 방법으로 2가지 방식이 있다. 공기 속에 일정전압과 전류로 가열하는 히터를 설치하고, 상류와 하류의 2점에서 변하는 공기온도를 측정하고, 온도 차이로 유량을 산출하는 일정 전류(전압)법과 유체 속에 히터를 설치하고 상류와 하류의 2점의 공기온도를 측정하고, 2점 사이의 온도 차이가 항상 일정하게 되도록 전류를 제어하는 일정 온도법이 있다. 온도 측정식 유량계는 질량유량을 측정하는 방법이다. 유체가 흐르는 관을 가열하면 유체온도가 상승한다. 단위시간당 열의 이동량은 다음과 같다. 식 (3.4.54)에서 온도는 센서로 측정하고 열량 $\dot{Q}$는 전류를 측정하여 질량유량 $\dot{m}$를 계산한다.

$$\dot{Q} = \dot{m}C_p(T_2 - T_1) = I^2R \tag{3.4.54}$$

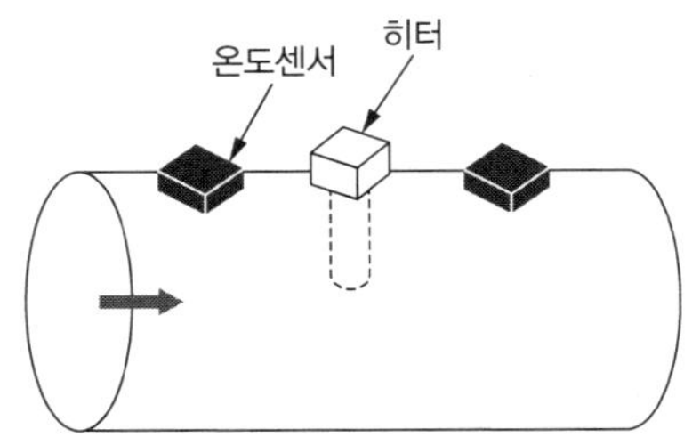

그림 3.35 열식 유량계의 원리(출처 : keyence.co.jp)

일정전압(전류)으로 하고 히터 전후의 온도 차이를 측정하여 유량을 산출하는 방법에는 모세관식과 열전대식이 있고 일정온도로 하고 히터에 가해지는 전압(전류)을 측정하여 유량을 산출하는 방법에는 서미스터식과 열선식이 있다.

1) 모세관식

모세관식은 모세관 유로를 만들어 상하류 측에 히터코일을 감고, 4개의 온도센서를 설치한다. 유체의 흐름양에 따라 온도 차이가 발생하고 이 차이는 저항을 변화시키고 브릿지 평형을 무너뜨려 전압을 발생한다. 센서는 작동유체와 접촉하지 않기 때문에 기체속도 측정에 사용한다.

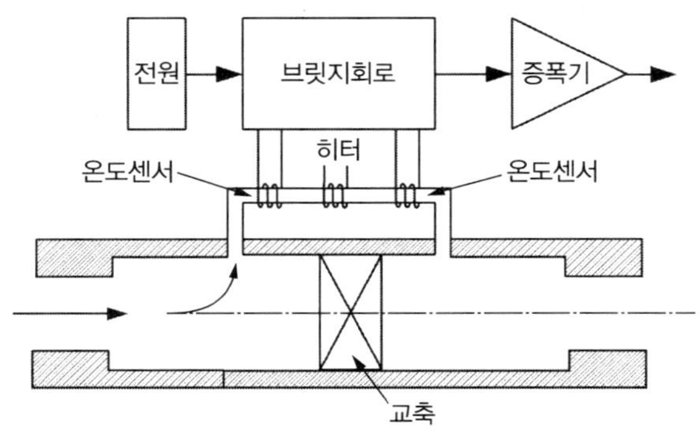

그림 3.36 모세관식 열유량계(출처 : keiso-cube.com)

2) 열전대식

열전대(서모커플)를 이용하여 온도차를 측정하여 유속을 측정한다. 열전대는 금속세관의 길이 방향의 중심에 삽입되어 있고 이 금속세관의 한쪽에 전류를 흘려 가열하고 다른 하나는 가열하지 않고 유체온도와 같게 한다. 공기의 유속은 가열된 세관에서 열을 빼앗는다. 발열량과 방열량이 같으면 가열과 비가열 세관의 온도차를 열전대로 측정하고 일정한 온도 차이가 되도록 가열량을 전류나 전압으로 제어하면 전력량에 따라 기체의 유속을 구할 수 있다.

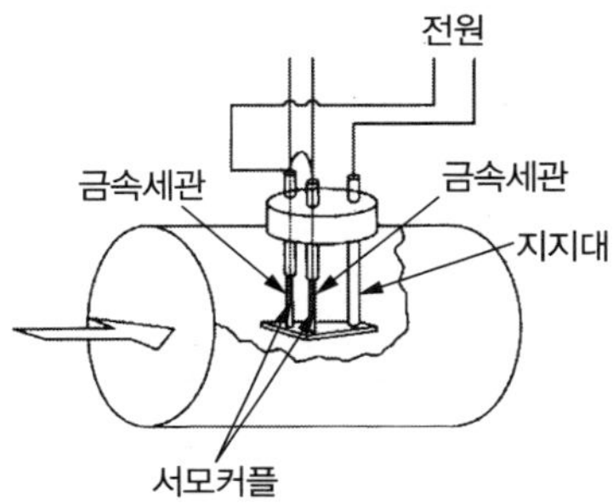

그림 3.37 열전대식 유량계(출처 : tokyokeiso.co.jp)

3) 일정온도형 유량계

① **서미스터 방식** : 공기유로 중에 가열한 서미스터를 장착하고 유체를 흐르게 하면 유체는 서미스터에서 열을 빼앗는다. 서미스터는 열을 빼앗겨 온도가 낮아지고 저항값이 상승하여 휘스톤 브릿지의 균형이 무너져 유속을 측정할 수 있다. 유체온도에 따른 보상을 하기 위해 온도보상소자도 내장되어 있다.

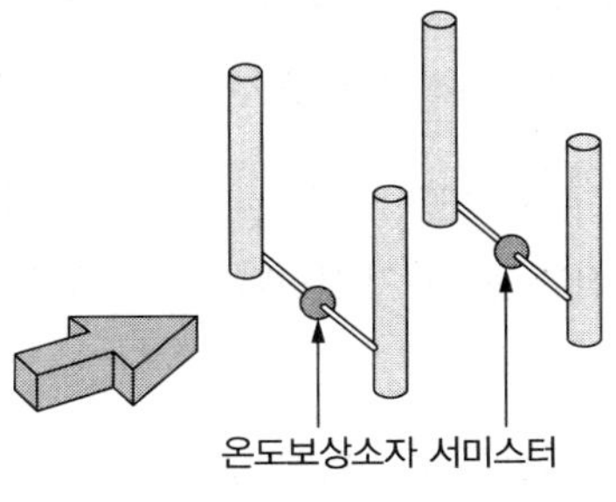

그림 3.38 서미스터식 유량계(출처 : smcworld.com)

② **일정 온도형 유량계의 전류, 전압식** : 가열된 물체를 공기 중에 두면 물체의 열이 주변공기로 이동하여 물체의 온도가 내려가고 이 물체에 공기가 통과하면 온도 하강은 가속화된다. 가열된 물체에 통과하는 공기유량과 공기로 이동하는 방열량의 관계에 의해 유량을 측정할 수 있다. 센서에서 공기로 전달되는 열량(Q_H)는 1914년, King에 의해 다음의 식 (3.4.55)로 표시된다.

$$Q_H = (a+b\sqrt{U})(T-T_a) = h(T-T_a) \tag{3.4.55}$$

여기서 Q_H 방열량, U 유속, T 열선의 표면온도, T_a 공기의 온도, a, b는 유체와 열선의 모양에 따른 계수이다. 또한 공급열량(Q)는 열선저항(R)과 전류(I)에서 다음 식으로 나타낼 수 있다.

$$Q = I^2R \tag{3.4.56}$$

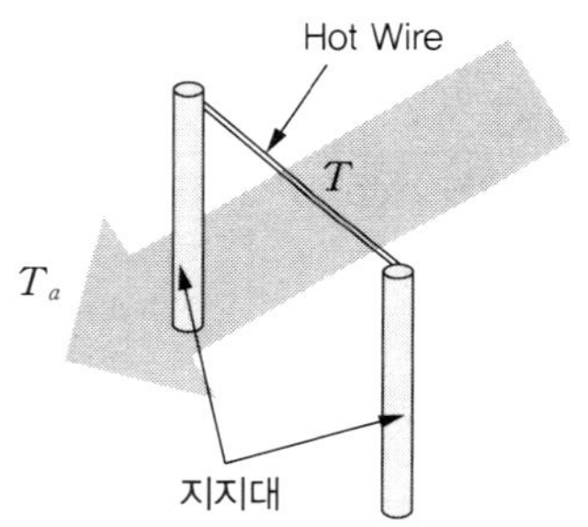

그림 3.39 열선 유속계의 원리

현재의 열식 유량계는 대부분 일정 온도형이다. 이는 공기의 냉각작용에 의한 방열량(Q_H)과 같은 열량을 센서에 공급하면 방열량과 공급열량(Q)는 평형상태가 된다. 그러면 열선의 온도는 항상 일정하게 유지되고 공급열량(Q)을 측정하면 속도 U를 구할 수 있다. 열식 유속계는 흡기 통로 내에 공기가 발열 저항체와 온도보상 저항체를 지나가도록 하고 이들을 조합한 브릿지 회로로 구성된다. 흡입공기에 의해 발열 저항체가 온도를 빼앗기면 저항값이 변하고 브릿지 균형을 이루도록 전류는 더 가해진다. 이 가해진 전류의 양을 전압으로 환산하여 공기량으로 한다.

열선의 저항을 R_H, 열선의 전류를 I_H, 열선 양단의 전압을 V_H로 하면 공급열량은 다음과 같다.

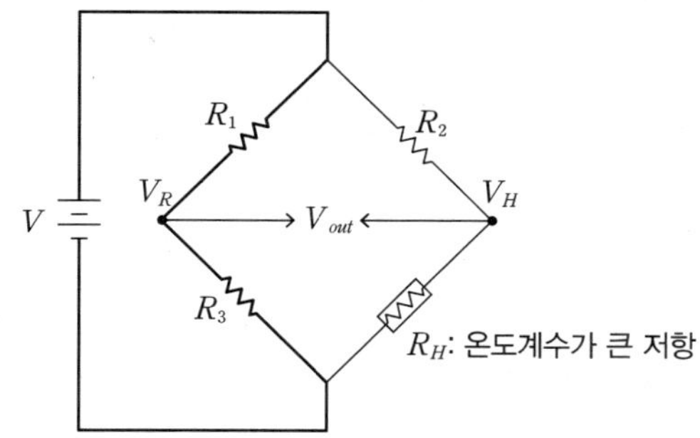

그림 3.40 일정 온도형 유량계

$$Q = I_H^2 R_H = \frac{V_H^2}{R_H} \tag{3.4.57}$$

휘스톤 브릿지에 가해지는 전압을 V, 열선의 저항변화를 $R_H + \Delta R$, 열선의 전류를 I_H라 하면,

$$V = I_H \times (R_H + \Delta R) = V_H \times \frac{R_H + \Delta R}{R_H} = V_H B \tag{3.4.58}$$

여기서 $\frac{R_H + \Delta R}{R_H}$는 상수이므로 B로 놓고 식 (3.4.57)에 식 (3.4.58)을 대입하면 공급열량은 다음과 같다.

$$Q = \frac{V_H^2}{R_H} = \frac{V^2}{B^2 R_H} \tag{3.4.59}$$

공급열량과 방열량은 같으므로 열식 유속계의 기본 식은 다음과 같다.

$$Q_H = Q \tag{3.4.60}$$

식 (3.4.55)와 식 (3.4.59)를 사용하면

$$\frac{V^2}{B^2 R_H} = (T - T_a)(a + b\sqrt{U}) \tag{3.4.61}$$

여기서 $B = \frac{R_H + \Delta R}{R_H}$를 사용하면

$$V^2 = (T - T_a)(a + b\sqrt{U}) \times \frac{(R_H + \Delta R)^2}{R_H} \tag{3.4.62}$$

$V = I_H R_H$이므로

$$V^2 = I_H^2 R_H^2 = (T-T_a)(a+b\sqrt{U}) \times \frac{R_H^2+2\Delta R R_H+\Delta R^2}{R_H} \tag{3.4.63}$$

$$I_H^2 R_H = (T-T_a)(a+b\sqrt{U}) \times \frac{R_H^2+2\Delta R R_H+\Delta R^2}{R_H^2} \tag{3.4.64}$$

$R_H^2 \gg 2\Delta R R_H \gg \Delta R^2$이므로

$$I_H^2 R_H = (T-T_a)(a+b\sqrt{U}) \tag{3.4.65}$$

$$I_H^2 = \frac{(T-T_a)(a+b\sqrt{U})}{R_H} \tag{3.4.66}$$

온도계수가 작은 저항에 전류를 흘리면 발열이 되지 않으므로 백금과 같은 저항 온도계수가 큰 열선에 전류를 가하면 발열이 되어 유량계로 사용할 수 있다. 일정한 전류를 계속 흘리면 발열에 의해 저항이 증가하고 열선 양단의 전압도 높아진다. 열선저항의 증가와 열선의 온도 T는 유속에 따라 달라진다. 공기의 온도 T_a는 일정하다고 가정한다.

식 (3.4.63)과 식 (3.4.66)은 일정 온도형 유량계의 기본 King식이다. 일정 전류형은 I_H 또는 브릿지 전압 V를 일정하게 하고 열선의 온도 T의 변화에 따라 저항이 변하여 출력 V_{out}이 변하는 형식이고, 반면에 일정 온도형은 열선의 온도 T를 일정하게 하기 위하여 브릿지 전압 V를 조절하여 브릿지 회로를 항상 평형상태로 유지한다. 평형상태에서 유속이 증가하면 열선의 온도가 낮아지고 따라서 저항값도 낮아져 평형은 무너져 열선양단의 전압 V_H가 낮아진다. 브릿지 회로를 평형이 되도록 하기 위해 브릿지 전압 V를 증가시키면 열선은 가열이 되고 열선온도는 일정하게 유지된다.

③ **온도보상법** : 일정 온도형은 브릿지 전압 V가 일정한 상태이면 온도와 저항도 일정하게 유지된다. 이것은 공기의 온도 T_a가 변해도 일정해야 한다. 계절에 따라 T_a가 변하면 유속에 오차가 발생한다. 예를 들어, 센서소자의 표면온도가 100℃이고, 공기온도가 20℃에서 60℃로 변하면 센서소자와 공기온도의 온도차가 80℃에서 40℃로 변하여 전달열량은 1/2이 된다. 따라서 실제 유속이 일정해도 공기유량이 떨어진 것과 같다. 이러한 현상을 막기 위해서는 공기온도의 변화가 유량에 영향을 주지 않도록 유속 값을 보상해야 하는데, 이를 온도보상이라고 한다.

온도보상을 하려면 온도에 따라 저항값이 변하는 서미스터 등 온도 보상용 저항소자를 추가한다. 공기온도의 변화에 따라 열선의 온도를 바꾸어 $T-T_a$를 일정하게 유지한다. 브릿지

의 한변에 유속과 같은 온도 저항계수를 갖는 측온소자(R_a)을 배치하여 공기온도와의 온도차($T-T_a$)를 일정하게 유지하도록 브릿지 저항을 조절한다.

4) 백금 열선 유속계

가열된 물체를 공기 중에 두면 물체의 열이 주변 공기로 이동하여 물체의 온도는 내려간다. 백금선을 가열하고, 이 백금선에 공기를 통과시키면 백금선은 열을 빼앗기고 온도는 낮아진다. 열선 유속계의 센서는 백금열선을 사용하고, 백금은 전류를 가하면 발열을 쉽게 하는 특성이 있다.

열선식은 흡기통로 내에 공기가 발열체인 열선과 온도보상 저항체를 지나가도록 하고 이들을 조합한 브릿지 회로로 구성된다. 매우 가느다란 백금선에 전류를 가하여 발열시키면 백금에서 공기로 방열하는 열전달량은 유체의 속도에 의존하는 열전달계수(h)에 의해 결정된다. 보통 열선은 백금, 텅스텐, 백금-로듐, 백금-이리듐을 사용하고, 공기의 온도변화가 있는 경우에는 오차가 있으므로, 온도 보상소자를 함께 사용한다. 보통 열선의 두께는 3.5~5.0μm이며 열선의 온도 변화식은 다음과 같다.

$$\rho_a c_a V \frac{dT}{dt} = \pi D l h(T-T_a)+P = \pi D l h(T-T_a)+\frac{V^2_{out}}{R} \tag{3.4.67}$$

여기서 $\rho_a c_a V$는 열선의 열용량, $P = I^2 R = \frac{V^2_{out}}{R}$ 가열량, I 전류, R 저항, V_{out} 가변전압이고, ρ_a 공기밀도, c_a 공기비열, $V = \pi D^2 l/4$ 열선의 체적, D 열선의 지름, l 열선의 길이, T_a 공기의 온도이다. 열선의 열전달계수 h는 king 식에 의해 다음과 같다.

$$h = a+bU^{\frac{1}{2}} \tag{3.4.68}$$

여기서 U 유속이고, a, b는 상수이다. 일정 온도형은 온도 즉 R을 일정하게 하여 I의 변화를 구하는 방법이며, 일정 전류형은 I가 일정하고, R의 변화를 구하는 방법이다. 일정 온도형은 식 (3.4.67)에서 시간 미분항 dT/dt가 0이 되기 때문에 열선의 열용량 $\rho_a c_a V$는 무시되어, 일정 전류형에 비하여 응답속도가 좋아진다. 이 경우 저항 R이 일정하면 식에서 $T-T_a$가 일정하므로 a, b를 알고 있으면 전압과 열전달계수의 관계식이 얻어진다.

$$\pi D l h(T-T_a)+\frac{V^2_{out}}{R} = 0$$

$$h = f(V^2_{out}) \tag{3.4.69}$$

$$V^2_{out} = a + bU^{\frac{1}{2}} \tag{3.4.70}$$

가열에 사용하는 전압 V_{out}를 측정하면 속도 U를 알 수 있다.

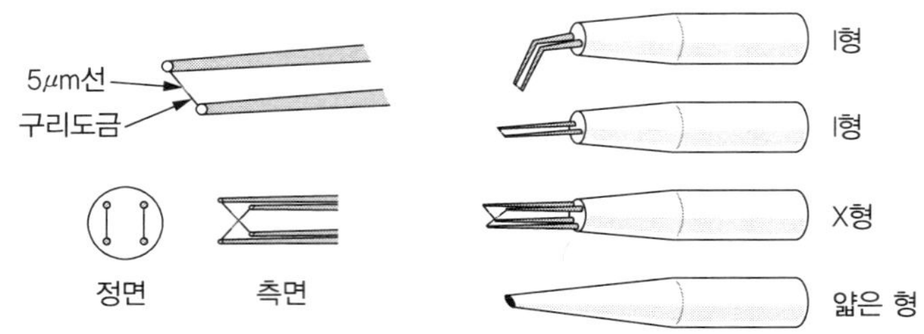

그림 3.41 열선 유속계의 종류

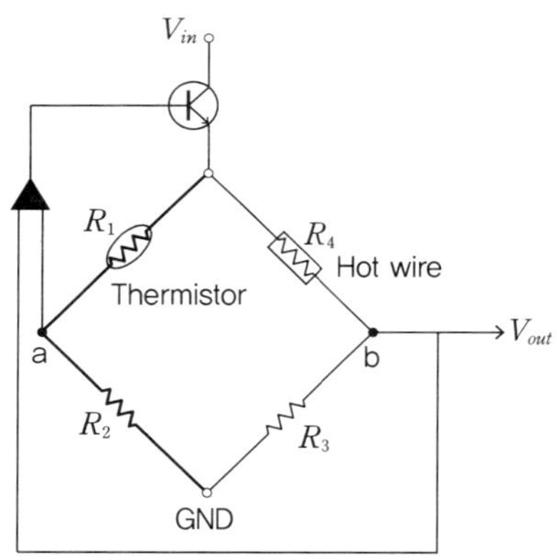

그림 3.42 열선 유속계의 휘스톤 브리지 회로

R_1은 미지저항으로 온도가 높으면 저항은 커지고, R_4는 가변 열선저항, 고정저항 R_2, R_3의 휘스톤 브리지이다. V_{in}은 가해진 전압, V_{out}는 출력전압으로 서미스터에 공기가 통과하면 온도가 떨어져, R_1의 저항은 떨어지고 1−3과 2−4가 같은 전류가 되기 위해서는 R_4의 백금열선은 가열된다. 공기의 유동으로 R_1 저항이 ΔR만큼 변화하면 키르히호프 제1법칙에 의거 다음이 성립한다.

$$(R_1+\Delta R)\times R_3 = R_2\times R_4 \tag{3.4.71}$$

$$V_a = \frac{R_1}{R_1+R_2}V_{in},\ V_b = \frac{R_4}{R_4+R_3}V_{in} \tag{3.4.72}$$

$$V_{out} = V_a - V_b = \frac{R_1}{R_1+R_2}V_{in} - \frac{R_3}{R_3+R_4}V_{in} \tag{3.4.73}$$

$$= \frac{R_1(R_4+R_3)-R_4(R_1+R_2)}{(R_1+R_2)(R_3+R_4)}V_{in}$$

$$= \frac{R_1R_4+R_1R_3-R_4R_1-R_4R_2}{(R_1+R_2)(R_3+R_4)}V_{in}$$

$$= \frac{R_1R_3-R_4R_2}{(R_1+R_2)(R_3+R_4)}V_{in}$$

R_1이 $R_1+\Delta R$로 변하면 평형상태가 무너져 $a-b$ 사이의 출력전압은

$$V_{out} = \frac{(R_1+\Delta R)R_3-R_4R_2}{(R_1+\Delta R+R_2)(R_3+R_4)}V_{in} \tag{3.4.74}$$

$R_1 = R_2 = R_3 = R_4 = R$이면

$$V_{out} = \frac{R^2+R\Delta R-R^2}{(2R+\Delta R)2R}V_{in} \tag{3.4.75}$$

$$= \frac{R\Delta R}{4R^2+2R\Delta R}V_{in}$$

$4R^2 \gg R\Delta R$이기 때문에

$$V_{out} = \frac{\Delta R}{4R}V_{in}$$

$$V^2_{out} = \left(\frac{\Delta R}{4R}V_{in}\right)^2 = a+bU^{\frac{1}{2}} = \frac{I^2R}{T-T_a} \tag{3.4.76}$$

이 식으로 공기유속 U를 구하고 단면적을 곱하여 유량을 구한다.

$$U = \left(\frac{\left(\frac{\Delta R}{4R}V_{in}\right)^2-a}{b}\right)^2 = \left(\frac{V^2_{out}-a}{b}\right)^2 \tag{3.4.77}$$

자동차의 열선식 에어 플로우 미터는 **그림 3.43(a)**와 같이 스로틀 바디의 우회통로 혹은 흡기 주

통로에 발열 저항체(열선)와 온도보상 저항체를 두어 질량 흐름양을 측정한다. 공기의 유량이 많으면 빼앗기는 열량이 증가하기 때문에 발열 저항체에 흐르는 전류 값은 커지고 전류 값의 변화는 통과하는 흡입 공기량의 변화와 동일하므로 전류 값을 전압 값으로 변경하여 유량으로 측정한다. 이 방법은 소형 경량으로 흡입저항이 적은 장점이 있지만, 발열 저항체에 먼지 등이 부착하면 더러워지고 특성이 변화하는 단점이 있다. 그 때문에 발열 저항체에 약 1~2초 통전시켜 저항체를 고온으로 가열하여 먼지를 태워 버리는 기능이 있다.

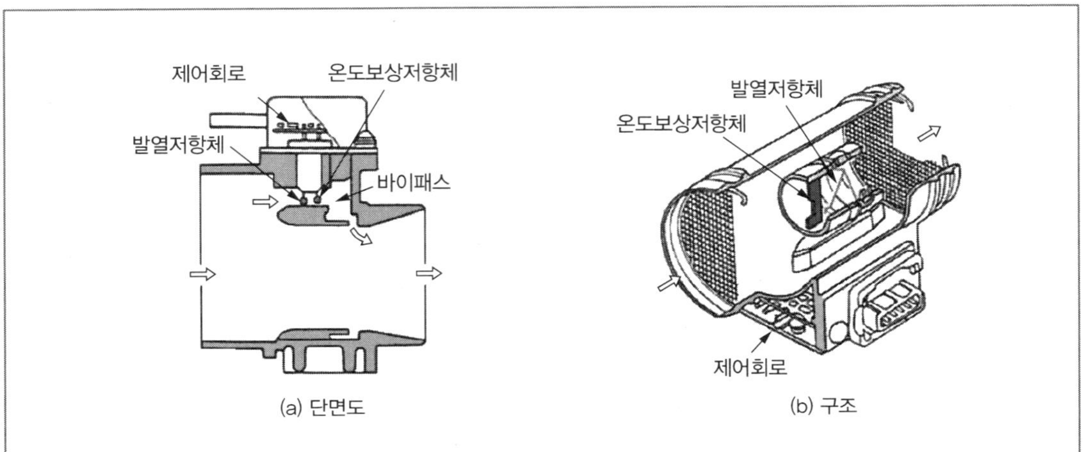

그림 3.43 열선식 AFS의 구조

5) 열막 유속계

열막 유속계(HFA, hot film anemometer)는 얇고 구조화 된 금속성 저항막으로 만들어지고 그 안에 히터가 포함된다. HFA의 작동상태에서, 전력 P는 히터의 온도를 T까지 가열한다. 공기속도 U

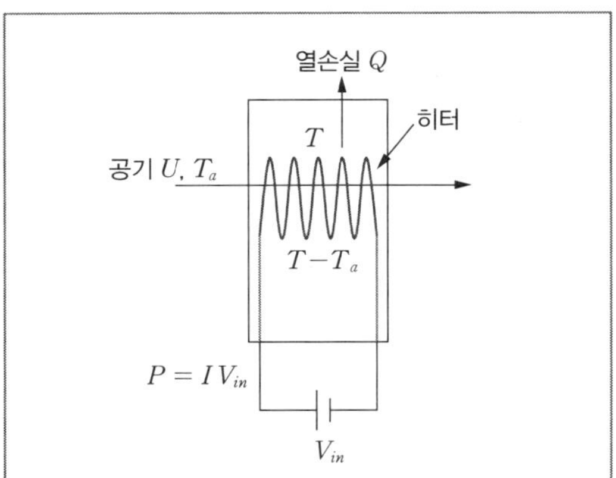

그림 3.44 열막센서 구조

그림 3.45 열막 유속계

와 공기온도 T_a인 공기의 흐름은 전기의 주울 열과 열 방열 Q_H이 평형에 도달할 때까지 히터를 냉각시킨다. 속도 U가 커질수록, 과열 온도차($T-T_a$)가 커질수록 히터에서 열 손실은 커진다. 공기온도 T_a가 변하는 경우, 자동으로 보상하기 위해 브리지 회로에 온도센서를 적용한다.

원리는 열선 유속계와 같지만 열선은 공기 중의 이물질이 흡착되면 감도가 떨어져서 와이어 대신 필름을 사용하여 신뢰성을 높인 것이다. 고온물질로 코팅된 금속박막이나 니켈격자로 구성되고 이 막을 흐르는 전류가 필름을 가열하고, 필름을 통과하는 공기가 필름을 냉각시켜 필름은 일정한 온도를 유지한다. 열막(hot film) 방식의 공기유량센서는 흡입 측에 금속 망으로 된 흐름망이 설치되어 있고 열선(hot wire)의 백금선 대신에 세라믹기판 위에 열막센서를 코팅하여 놓았다. 센서부에서 검출된 흡기공기 온도를 전압 값으로 치환하고 증폭하는 하이브리드 IC 회로부가 있고, 흐름망은 입구 측에서 유입되는 공기의 흐름을 안정화하고, 온도를 감지하는 부분은 세라믹 기판 위에 부착하여 진동에 강하게 하였다.

그림 3.46은 열막센서의 구조를 나타낸다. 열막센서는 채널에서 질량 공기유량을 양방향으로 측정한다. 마이크로미터 크기로 전송하고 열전달은 미세 가공된 실리콘 장치에 의해 감지되며 열막센서는 세라믹 기판 위에 장착된다. 열막센서의 얇은 박막은 공기에 의해 빼앗긴 열량을 전기로 가열하여 평형을 유지한다. 공기가 계속 흐르면 열은 공기로 열전달 된다. 이러한 방법으로 질량유량을 측정한다. 열막센서의 멤브레인(membrane)의 두께는 약 2μm이고 기계적 응력을 받지 않아야 하고 통풍구는 가열로 인해 생성되는 공기압력을 방출하는 역할을 한다.

엔진에 유입되는 공기의 양을 측정할 때는 센서는 유량채널과 측정채널로 구성되며 측정채널은 유량채널의 중앙에 위치하고 이 부분에서는 유량이 거의 층류이고 유속이 최대가 된다. 2채널의 단면에서 측정을 하며 감지소자의 표면에서 임의의 난기류는 반드시 피해야 한다.

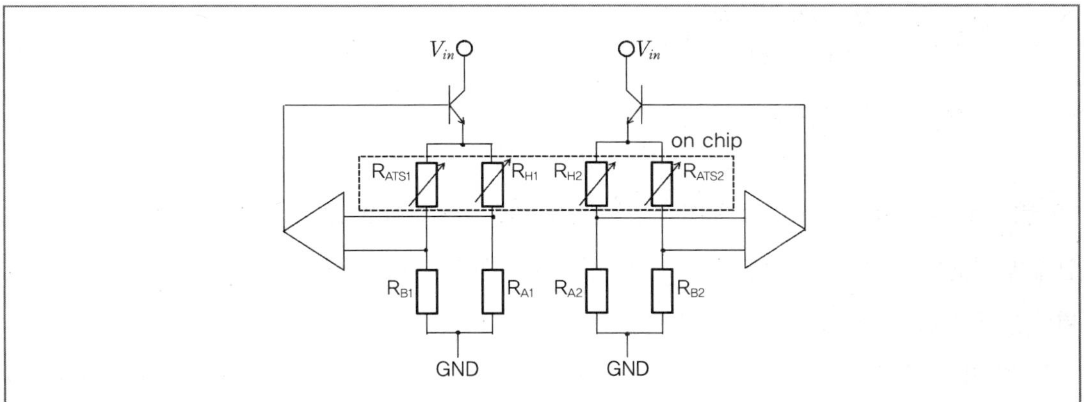

그림 3.46 열막센서

R_{ATS1} 가변저항, R_{ATS2} 센싱저항, R_{H1} 미지저항, R_{H2} 열막센서저항, R_{A1}, R_{A2}, R_{B1}, R_{B2}은 고정 저항이다.

$$V_a = \frac{R_{H2}}{R_{H2}+R_{ATS2}} V_{in} \tag{3.4.78}$$

$$V_b = \frac{R_{A2}}{R_{A2}+R_{B2}} V_{in} \tag{3.4.79}$$

$$\begin{aligned} V_{out} &= V_a - V_b = \frac{R_{H2}}{R_{H2}+R_{ATS2}} V_{in} - \frac{R_{A2}}{R_{A2}+R_{B2}} V_{in} \\ &= \frac{R_{H2}(R_{A2}+R_{B2}) - R_{A2}(R_{H2}+R_{ATS2})}{(R_{H2}+R_{ATS2})(R_{A2}+R_{B2})} V_{in} \\ &= \frac{R_{H2}R_{A2}+R_{H2}R_{B2}-R_{A2}R_{H2}-R_{A2}R_{ATS2}}{(R_{H2}+R_{ATS2})(R_{A2}+R_{B2})} V_{in} \\ &= \frac{R_{H2}R_{B2}-R_{A2}R_{ATS2}}{(R_{H2}+R_{ATS2})(R_{A2}+R_{B2})} V_{in} \end{aligned} \tag{3.4.80}$$

R_{ATS2}이 $R_{ATS2}+\varDelta R$로 변하고 $a-b$ 사이의 출력전압이 0이면

$$V_{out} = \frac{R_{H2}R_{B2}-R_{A2}(R_{ATS2}+\varDelta R)}{(R_{H2}+R_{ATS2}+\varDelta R)(R_{A2}+R_{B2})} V_{in} \tag{3.4.81}$$

$$V_{out} = \frac{\dfrac{\varDelta R}{R_{ATS2}}}{\left(1+\dfrac{R_{H2}}{R_{ATS2}}\right)\left(1+\dfrac{R_{A2}}{R_{B2}}\right)} V_{in} \tag{3.4.82}$$

모든 저항이 R로 같으면 $4R^2 \gg R\varDelta R$이기 때문에

$$V_{out} = \frac{R^2+R\varDelta R-R^2}{(2R+\varDelta R)2R} V_{in} \tag{3.4.83}$$

$$V_{out} = \frac{1}{4}\frac{\varDelta R}{R} V_{in} \tag{3.4.84}$$

그림 3.47은 열막타입의 전압과 공기량을 나타내고, 공회전시 0.5V, 2000rpm일 때 1V의 출력전압을 나타낸다. 공기가 흐르면 센싱저항은 감소하고 휘스톤 브리지의 균형을 위해 히팅저항이 가열되면 공기량은 가열 전류량에 비례한다.

온도형의 열선 유량계는 브리지의 출력전압이 항상 평형상태로 유지된다. 열선소자의 저항이 일정하기 때문에 열선소자의 온도도 일정하다. 이것은 공기뿐만 아니라 공기온도가 변하여도 일정해

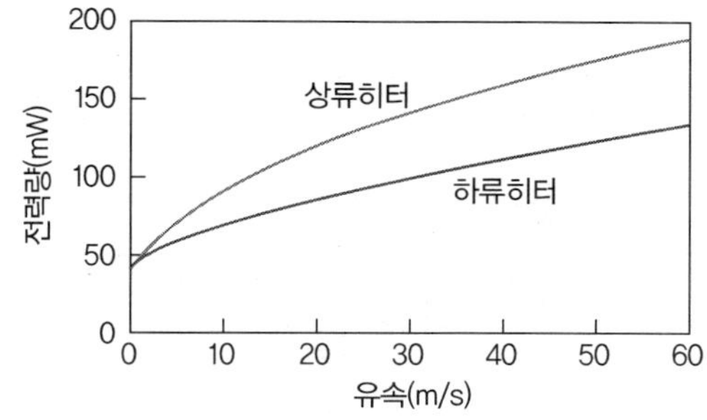

그림 3.47 열막센서 전압과 공기량

야 한다. 방열량은 열선소자의 표면온도와 공기온도의 차이에 비례하고, 유속이 일정해도 공기온도가 바뀌면 측정유속에는 오차가 발생한다. 따라서 실제 공기량이 일정하더라도 공기량이 떨어진 것과 같은 모양이 된다. 이러한 현상을 피하기 위해서 공기의 온도변화가 유속영향을 주지 않도록 유속 값을 보상해야 하며 이를 온도보상이라고 하고 열막 유량계는 온도보상 기능이 추가되어 있다.

온도보상을 하려면 열막소자와는 별도로 온도 보상용 소자가 필요하고, 브리지의 한 변의 온도에 따라 저항값이 변하는 소자를 부착한다. 공기온도의 변화에 따라 열선소자의 가열온도를 변경하고 전압과 전류를 일정하게 한다. 따라서 공기의 온도가 변해도 유속의 값은 영향을 받지 않고, 온도보상이 이루어진다.

주변의 온도환경이 변하면 센서의 리드선도 온도의 영향을 받는다. 센서는 온도에 의해 팽창, 수축하고 리드선은 온도에 따라 저항이 변한다. 이러한 영향을 최소화하기 위해 리드선의 온도보상도 필요하다. 다이오드, 반도체, 서미스터 등의 정밀기기는 온도에 따라 저항이 변하기 때문에 온도보상을 해야 안정된 시스템이 된다.

저항 온도계수(TCR, temperature coefficient of resistance)는 주위 온도에 따라 저항값의 변화를 의미한다. 작은 소자, 즉 정밀한 저항을 사용하고 온도 보상소자는 다른 저항과 병렬 또는 직렬로 연결하여 TCR을 최소로 조정한다. 안정적인 온도계수를 갖는 저항소자를 사용한다. 저항은 전기에너지를 열에너지로 변환하는 소자로 저항기의 온도상승을 억제하기 위해서는 발생하는 열을 방열시켜야 한다.

서미스터는 주위온도의 변화에 따라 어떤 온도에서 급격하게 저항이 변화하거나, 지수 함수적인 저항값이 변화하는 소자로, 용도에 따라 저항 온도계수와 저항값이 적절한 소자를 선정하여 사용한다.

(3) 초음파 유량계

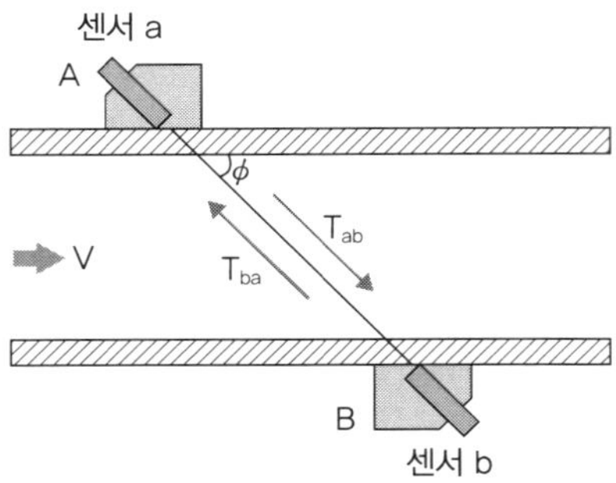

그림 3.48 초음파 유량계(출처 : oval.co.jp)

초음파 유량계는 주파수의 차이로 유량을 측정한다. 원관에 초음파 센서를 정해진 위치에 장착하고 교대로 초음파를 송수신한다. 흐름이 없을 때는 상류측 A에서 하류측 B로 초음파가 전파하는 시간 T_{ab}와 B에서 A로 초음파가 전파하는 시간 T_{ba}는 같고, 다음과 같다.

$$T_{ab} = T_{ba} = \frac{L}{C} \tag{3.4.85}$$

여기서 L은 초음파의 전파거리, C는 음속이다. 유동이 발생하면, A에서 B로 전달되는 초음파 방향은 유체와 같은 방향이기 때문에 빠르게 전달되고, B에서 A로 전달되는 초음파는 유체흐름과 반대 방향이 되어 느려진다.

$$T_{ab} = \frac{L}{C+V\cos\phi},\ T_{ba} = \frac{L}{C-V\cos\phi} \tag{3.4.86}$$

여기서 V는 유속, ϕ는 배관과 초음파 전달 축과의 각도이다. 이러한 전파시간의 역수인 주파수는 다음과 같다.

$$\frac{1}{T_{ab}} = \frac{C+V\cos\phi}{L},\ \frac{1}{T_{ba}} = \frac{C-V\cos\phi}{L} \tag{3.4.87}$$

이 주파수의 차이에서 유속 V를 구하면 다음과 같다.

$$\Delta f = \frac{1}{T_{ab}} - \frac{1}{T_{ba}} = \frac{C+V\cos\phi}{L} - \frac{C-V\cos\phi}{L} = \frac{2V\cos\phi}{L} \qquad (3.4.88)$$

$$V = \frac{L}{2\cos\phi}\left(\frac{1}{T_{ab}} - \frac{1}{T_{ba}}\right) \qquad (3.4.89)$$

(4) MEMS(Micro Electro Mechanical System)식 유량계

멤브레인(membrane)에 제작된 백금박막에 의한 히터(Rh)를 중심으로, 대칭으로 배치된 상류 측온센서(Ru), 하류 측온센서(Rd), 기체의 온도 측정용으로 주위 온도센서(Ra)로 MEMS 센서 칩이 구성된다. 원리는 Ru와 Rd의 저항값의 차이는 유체의 유속에 비례하므로, 저항값을 측정하여 유체의 흐름방향과 유속을 알 수 있다. Ra는 온도 보상용으로 사용한다.

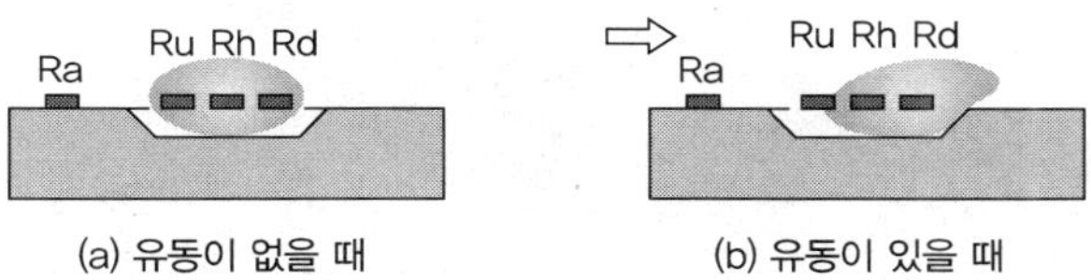

그림 3.49 반도체 센서식 유량계

MEMS는 저연비화, 전동화한 자동차 파워 트레인에 사용되는 센서의 고정밀 기술을 의미한다. 흡기맥동의 오차를 저감하는 MEMS식 공기유량 센서, 흡기 상대습도 센서, 압력센서의 복합화 및 네트워크 단말화한 센서, 출력신호를 디지털화한 기술이다.

히타치는 2005년에 MEMS식 공기유량 센서를 실리콘 다이어프램식 감지소자를 사용하여 양 방향 흐름을 계측 가능하게 하고, 또한 높은 흡기맥동 환경에서의 고정밀화, 저가격화를 목표로 한 기술을 개발하였다.

오토사이클에서 흡입공기는 엔진으로 향하는 흐름이다. 그러나 현재는 밀러식 앳킨슨 사이클에 의한 고팽창비 운전, 고EGR율에 의한 펌핑손실 감소에 의하여 역류 흐름이 많아졌다. 예를 들어, VVT에 의해 흡기밸브 닫는 각도(IVC)를 크게 지연시킨 밀러식 앳킨슨 사이클은 한번 흡입된 공기의 대부분이 피스톤에 의해 역류되어 맥동을 증가시킨다. 또한 EGR율이 커지면 배기가스가 늘어나, 흡입공기는 감소한다. 공기의 유량을 측정하는 에어 플로우 센서는 맥동의 크기가 동일해도, 공기의 평균유량이 감소하면 상대적으로 맥동이 증가한다.

밀러식 앳킨슨 사이클 엔진은 흡기밸브의 닫힘이 압축행정 중반까지 늦게 지연되기 때문에 한번 흡입된 공기가 대량으로 실린더로 들어가 맥동이 증가한다. EGR을 크게 하면 재순환 배기가스의 증가로 흡입 공기량이 감소하여 맥동은 더 증가한다.

히타치는 평균 엔진방향 유동에 맥동진폭을 제거하고, 이를 맥동진폭 비율로 정량적으로 평가하여 맥동 진폭율이 200%를 초과하면 유동이 반대 방향으로 흐른다는 것을 알아냈다. 엔진의 고성능화에 따라 맥동 진폭율은 계속 증가하고, 맥동유동은 공기유량의 정확도에 영향을 미친다. 이처럼 센서부근을 흐르는 공기는 강력한 맥동류가 되므로, 히타치는 양방향 흐름에 대응하는 MEMS식 공기유량 센서를 개발하여 오차를 저감시키고 있다.

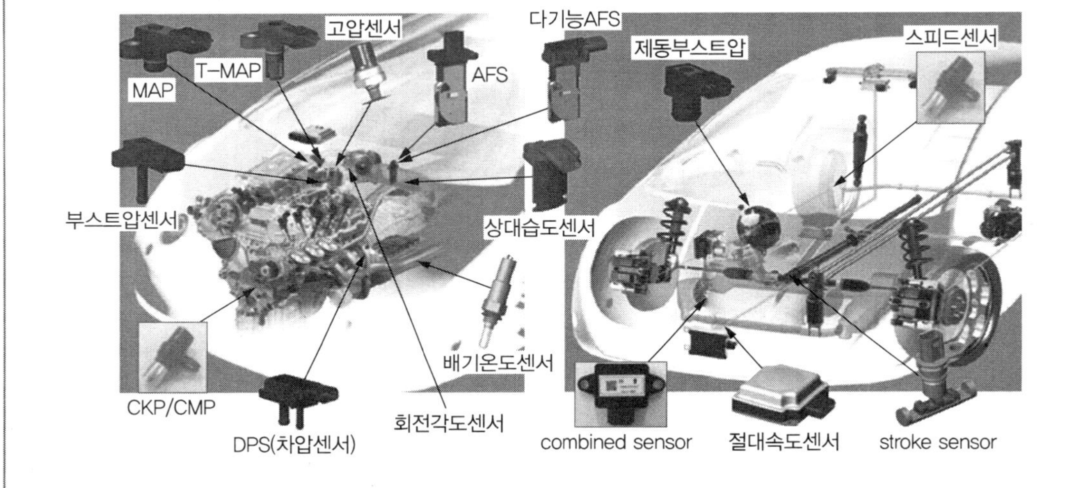

그림 3.50 자동차 센서

3.5 자기센서

자속을 나타내는 단위는 Wb(웨버)라고 하며, 1Wb = 1V·s이다. 자속밀도로 $1Wb/m^2$을 1T(테슬라)라고 한다. CGS 단위계의 1G(가우스)는 10^{-4}T이다. 자기장 신호를 검출하는 방법으로는 전자기 유도를 이용하는 픽업 코일형 자기센서, 다층박막의 전기저항이 외부 자기장에 따라 변화하는 자기저항 효과(MR 효과)를 이용하는 MR센서, 자기 임피던스 센서(MI), 홀센서 등이 있고 자기센서는 자기장 신호의 변화를 이용하여 속도, 변위 등을 측정하는 센서이다.

자기센서는 자기장의 크기와 방향을 감지할 수 있는 센서이며, 자기센서는 자기장의 변화 속도에 따라 전압을 발생하는 기능이 있으며 눈에 보이지 않는 자기장의 크기와 변화를 전압으로 출력한다.

자기센서는 자기장의 크기와 방향을 측정하는 센서로 홀 소자, 자기저항 효과센서(MR), 자기 임피던스(MI)소자 등이 있고 자기장 자속의 변화를 이용하여 속도, 변위 등을 측정한다.

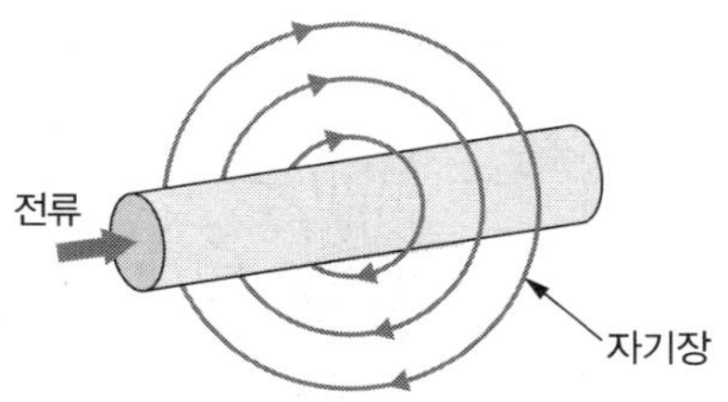

그림 3.51 전자기 유도 현상

3.5.1 마그네틱 픽업코일(magnetic pick up coil)

영구자석에 코일을 감고 전기를 가하면 전자석이 된다. 이 전자석에 자석을 가까이 혹은 멀리하면 자기장이 발생하고, 이 자기장을 변화시키면 전자석에는 전자기 유도현상에 의해 전기가 발생한다. 즉 전자기 유도현상은 코일이 헐겁게 감긴 영구자석을 움직이면 코일에 전기가 발생하는 현상이다. 영구자석에 코일을 감은 것을 픽업코일이라 하고 일종의 소형 교류 발전기이며, 스테이터(stator)라고도 한다.

마그네틱 픽업코일의 자기저항(reluctance)은 자속을 통과하지 못하도록 하는 저항으로 외부의 진동에 의해 산과 골에서 자기저항이 변하고, 자기저항이 변하면 코일의 리액턴스와 임피던스가 변하여 아날로그파의 파형이 발생하며 외부에서 가하는 진동이 크면 높은 전압이, 진동이 약하면 낮은 전압이 발생한다. 즉 플라이휠에 장착된 회전하는 타이밍 디스크(감쇠자, reluctor)는 회전에 의해 진동을 발생하고, 진동이 고정된 픽업코일의 자기저항을 변화시키면, 픽업코일에서 전압파형이 발생한다. 타이밍 디스크에는 많은 돌기가 새겨져 있으며 픽업코일이 돌기(산)를 짧게, 평면(골)은 길게 지난다. 돌기를 지날 때는 강한 자기장의 펄스가 만들어지고, 평면을 지날 때는 약한 자기장의 펄스가 만들어진다.

마그네틱 픽업코일은 소형자석을 회전하는 물체에 배치하여 자기장의 강도와 자속변화를 감지하고 자속밀도의 변화에 따라 출력전압이 변하는 구조이다. 자석과 코일로 구성된 발전형 회전 픽업센서로 회전속도를 주파수로 변환한다.

코일 속을 통과하는 자기장이 변화하면 전자기 유도현상에 의해 전압이 발생하고 그 전압을 감지한다. 코일은 간단한 구조로, 고장이 잘 나지 않지만 출력전압이 자속의 변화속도에 의존하기 때문에 느리게 자속이 변화하면 사용할 수 없다.

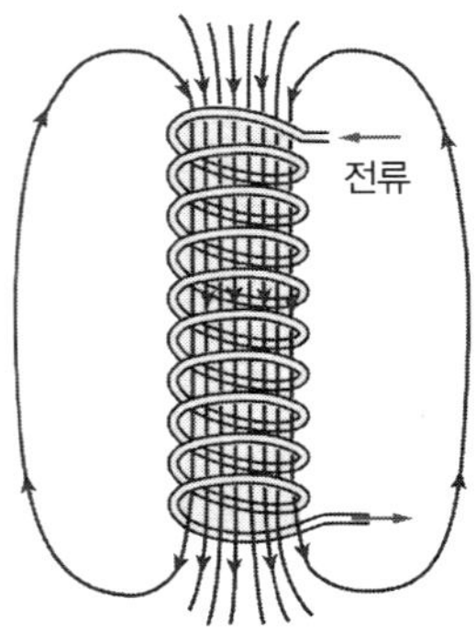

그림 3.52 코일과 자기장

마그네틱 픽업(magnetic pick up)코일은 비접촉식 센서이다. 자석과 코일로 구성된 발전형 회전 픽업센서로 검출기어의 회전속도를 주파수로 변환한다.

전자픽업은 **그림 3.53**과 같이 검출코일, 폴 피스, 자석으로 구성되고, 검출기어로는 철강재 등의 자성체의 인벌류트 기어를 사용한다. 검출기어가 회전하면 기어의 산 부분이 전자픽업의 폴 피스에 가까워지거나 멀어짐을 반복한다. 이에 따라 자석과 폴 피스로 구성된 자기장의 유로상태가 변하고, 검출코일을 관통하는 자속이 변하게 된다. 검출기어의 산이 접근하면 자속이 증가하고, 멀어지면 감소하며 이때 식 (3.5.1)의 패러데이 전자기 유도법칙에 의해 유도 기전력이 생성된다. 검출코일에 발생하는 기전력은 자속을 미분한 것에 비례하기 때문에, 검출기어의 회전에 의해 코일을 관통하는 자속이 연속적으로 증감을 반복하여 코일에 발생하는 기전력도 **그림 3.53**과 같이 극성을 변하면서 증감을 반복한다. 이 펄스열의 반복 주파수는 회전수에 비례하기 때문에 회전수를 측정할 수 있다.

$$V = -N\frac{d\phi}{dt} \tag{3.5.1}$$

여기서 N 코일의 권수, ϕ 자속, V 유도 기전력이다. **그림 3.53**과 같이 자석과 코일은 고정되어 있고, 펄스 발생기의 검출기어가 크랭크축에 장착되어 회전한다. 에어 갭이 작을 때는 자기회로의 자기저항이 감소되기 때문에 코일로 들어가는 자속이 증가하고, 반대는 자속이 감소한다. 자속의 변화에 따라 코일에는 전압이 발생하고 파형의 모양은 픽업 치아의 형태에 따라 결정된다.

마그네틱 픽업의 구조는 전자석과 같다. 전자석은 코일에 전류를 흘리면 자속이 발생하고 반대로 코일 내부의 자속을 변화시키면 교류전류가 발생한다. 영구자석에는 항상 일정한 방향으로 자속이 존재하고, 자기를 띠는 자성체나 영구자석에서 가까워지거나 멀어지게 하여 자기장을 변화시키면 자속의 양에 변화가 발생한다. 영구자석에 가까워지면 자속은 강해지고, 멀어지면 자속은 약해진다. 자속의 변화가 크게 되면 코일에는 전압이 발생하고 자속의 변화가 적으면 전압은 발생하지 않는다. 이러한 픽업에 의해 엔진의 회전은 전압신호로 변환되고, 자속의 변화가 클수록 전압출력은 크다. 코일에는 직류저항이 있고 코일과는 병렬로 커패시터가 장착되어 있다. 그 결과 공진 주파수가 발생하고 합성 임피던스는 다음과 같다.

$$Z = \frac{R+j\omega L}{(1-\omega^2 LC)+j\omega RC} \tag{3.5.2}$$

• 마그네틱 픽업코일(reluctance pick up coil) : 코일과 영구자석 + 자성체 기어(회전자) → 사인파 출력

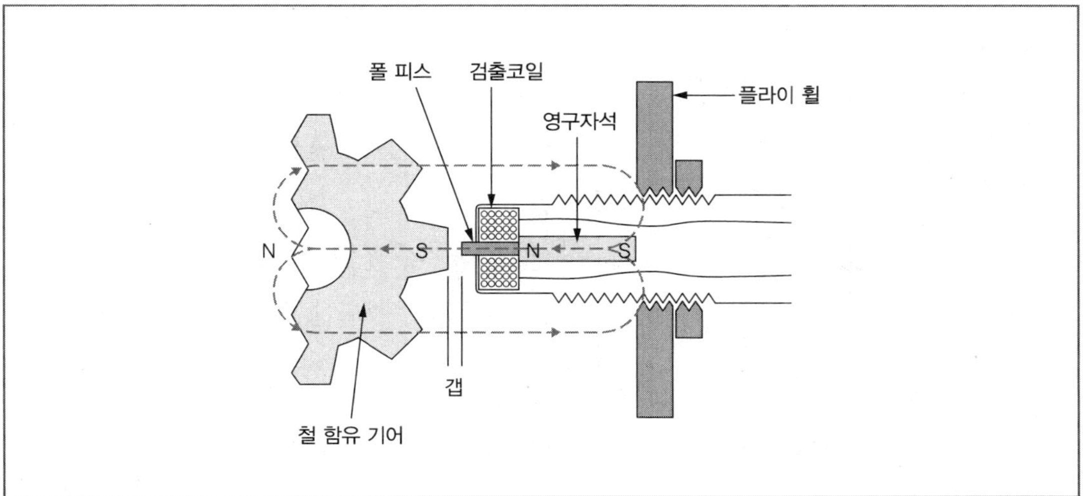

그림 3.53 마그네틱 픽업코일

3.5.2 자기저항 소자(MR 소자)

자기저항(MR, magneto resistive) 효과는 1857년, Kelvin에 의해 발견되었다. 재료에 자기장이 가해지면 세기에 따라 저항이 변화하는 효과를 자기저항 효과라고 하고 재료는 강자성체 박막(AMR, GMR, TMR)이나, 반도체 박막을 이용한다.

자기저항 효과는 고체의 전기저항이 자기장에 의해 변화하는 현상으로, MR센서는 자기저항 효과소자(MR 소자)를 이용하고 자기장의 변화와 자성체의 유무를 전압의 변화로 감지한다. 자기장의 강도에 따라 전기저항값이 변하는 효과를 이용하는 자기저항 소자이며 반도체 등을 자기장에 놓으면 홀 전계에 비해 큰 로렌츠 힘에 의해 소자 중의 전류의 경로가 왜곡되어 전기저항이 커진다. MR센서는 자기장의 변화에 의해 저항소자의 저항값이 변하여 브리지의 전압 V가 출력되며, 이 소자의 재질로 In−Sb와 같은 반도체와 Cu−Ni 같은 강자성체의 자기저항 소자가 있다. MR센서는 검출대상과의 거리가 0.3mm 떨어져 있어도 50%의 신호를 얻을 수 있다. 자기저항 소자는 저항값이 자기장에 의해 변하고 자기장의 힘으로 저항값이 변하지만 자기장의 방향과는 관계가 없다.

그림 3.54(a)와 같이 MR소자인 MR_1, MR_2를 직렬로 연결하고 2개의 MR소자에 자석으로 균일한 자기장을 가하면 2개의 MR소자의 접속부에는 전압 V_0이 출력된다. MR소자의 양단에 전압 V를 가하면 출력전압은 전압 V의 1/2이다. 그러나 2개의 MR소자에 다른 강도의 자기장이 가해지

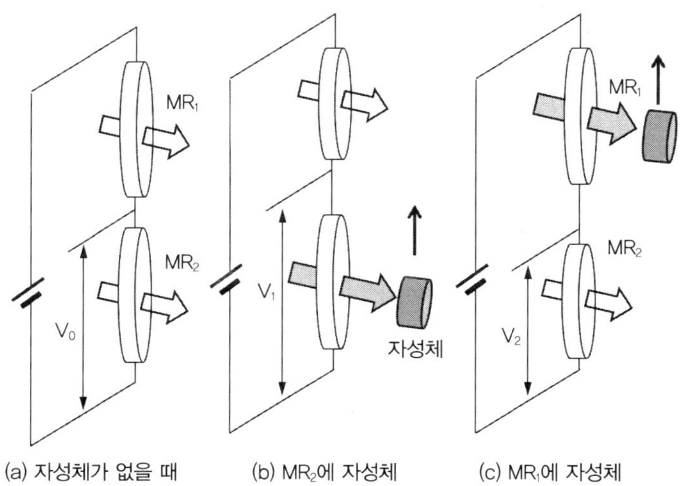

그림 3.54 MR소자 작동원리

면 소자의 저항값이 다르기 때문에 출력전압은 1/2V가 되지 않는다. **그림** 3.54(b)와 같이 MR_2에 자석의 물체가 지나가면 MR_2에는 강한 자기장이 가해져 저항값이 증가하므로 출력전압은 1/2V보다 커지고, 반대로, **그림** 3.54(c)와 같이 MR_1에 자석의 물체가 지나가면 MR_2보다 저항값이 증가하므로 출력전압은 1/2V보다 작아진다. MR소자는 스로틀개도 센서, 가속도 센서, 차고센서, 차속센서, 조향각 센서 등에 사용한다.

3.5.3 홀소자

자기장과 전류의 상호작용에 의해 기전력이 발생하는 소자인 홀소자를 이용한다. 반도체에 x방향으로 전류를 흘리고 y방향으로 자기장을 걸면 이때 반도체를 흐르는 캐리어는 **그림** 3.55처럼 자장에 의한 로렌츠 힘을 받아 z방향으로 움직인다. 이때 전류와 자기장에 직교하는 방향으로 홀 전기장이 발생한다. 홀소자에 의한 자기장의 검출, 반도체의 전기적 특성 측정 등에 이용된다. R_h 홀 계수, B 자기장, I 전류, d 소자의 폭이면 식 (3.5.3)의 홀 전압이 발생한다.

$$V_h = R_h I \frac{B}{d} \tag{3.5.3}$$

홀 계수가 큰 인듐 안티몬(InSb), 갈륨비소(GaAs) 및 실리콘(Si)이 이용된다. 일반적으로 GaAs의 홀 소자는 정전류 작동이고, InSb는 정전압 작동이다. 이 홀 소자와 디지털 IC를 조합한 것을 홀 IC이라 한다. 홀 소자를 사용하는 자기센서는 전류와 자기장의 상호작용에 의해 전류 로렌츠 힘이 추가되어, **그림** 3.56과 같이 기전력 V가 되고, 홀 소자의 센서는 자속밀도 B의 극이 반전하면

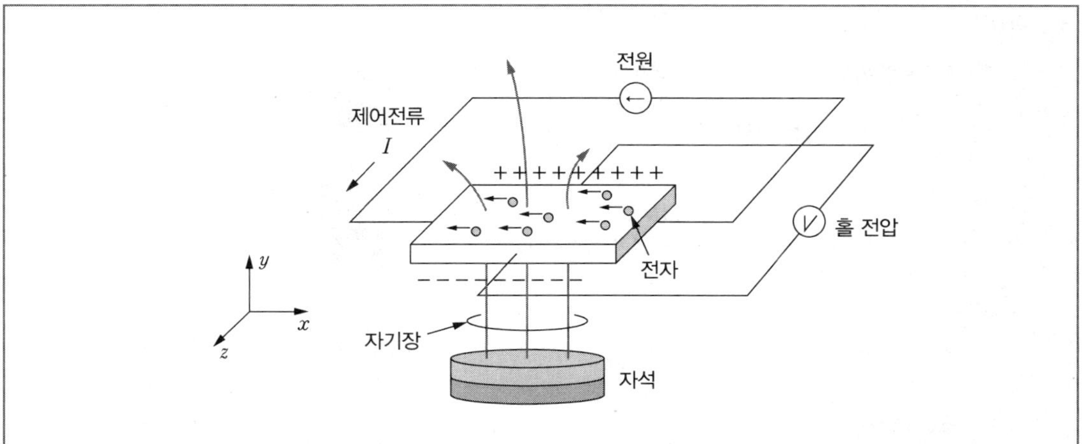

그림 3.55 홀 전압과 발생원리

출력전압 V의 부호도 반대가 되고 감도영역도 넓어진다.

그림 3.56은 홀 소자인 경우, 발생 기전력을 나타낸다. 전류와 자계의 상호작용으로 기전력이 발생하고 소자의 재료인 InSb, InAs, GaAs, Si 순으로 캐리어 이동이 크고 감도 영역도 넓고 집적화가 용이하지만 출력전압의 타이밍과 레인지는 적은 편이다. 그림 3.57은 MR소자인 경우, 발생 기전력을 나타낸다. 자계에 의해 변하는 저항값을 전압으로 변환한다. MR소자의 재료인 TMR, GMR, AMR, MR의 순으로 저항값의 변화가 크고, 만들기는 쉽지만 감도영역이 좁고 집적화하기가 어렵다. 자기 임피던스 소자(MI 소자)는 1993년에 발견된 비정질 합금 와이어의 자기 임피던스 효과를 응용한 소자이다. 자기 임피던스(MI)소자는 홀 소자에 비하여 감도가 높고 전자 나침반에 사용하는 지자기 센서로 개발되었다. 최근에는 심장과 뇌 등에서 발생하는 생체 자기검출에 사용한다.

표 3.11 자기센서의 종류 (출처 : daido.co.jp)

<table>
<tr><td rowspan="8">자기센서</td><td>유도기전력
패러데이법칙</td><td></td><td>flux gate</td><td>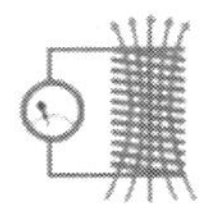</td><td>공학용</td></tr>
<tr><td>반도체
로렌츠 힘</td><td></td><td>홀효과</td><td>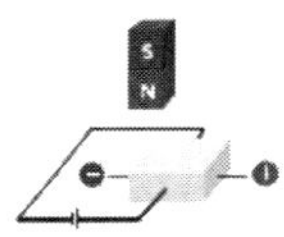</td><td>스위치, 전류검출,
회전검출, 공학용</td></tr>
<tr><td rowspan="4">자기저항효과</td><td>반도체박막</td><td>SMR
반도체자기저항</td><td>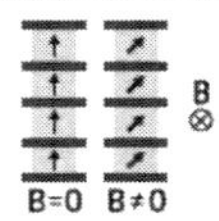</td><td rowspan="4">전류검출
회전검출
자기나침반
공학용</td></tr>
<tr><td rowspan="3">강자성체박막</td><td>AMR
이방성 자기저항</td><td></td></tr>
<tr><td>GMR
거대 자기자항</td><td>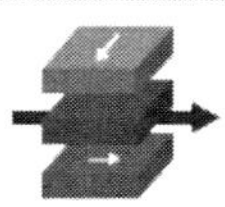</td></tr>
<tr><td>TMR
터널형 자기저항</td><td></td></tr>
<tr><td>자기임피던스</td><td></td><td>MI</td><td></td><td>전자나침반
공학용</td></tr>
<tr><td>초전도양자
간섭효과</td><td></td><td>SQUID</td><td>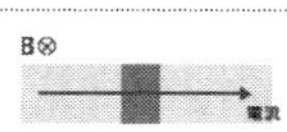</td><td>생체자기
의료용</td></tr>
</table>

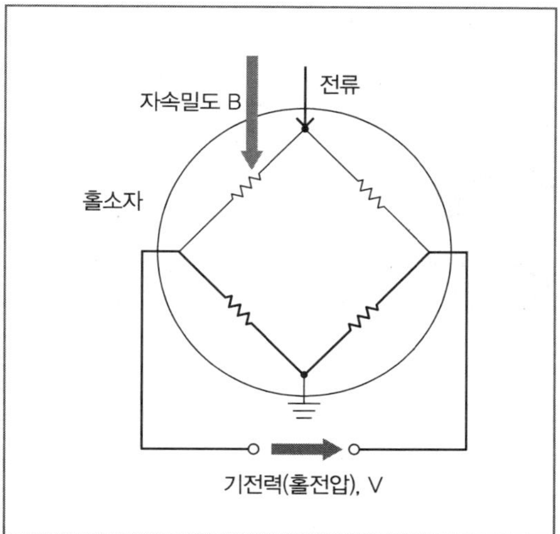

그림 3.56 홀소자를 이용한 센서

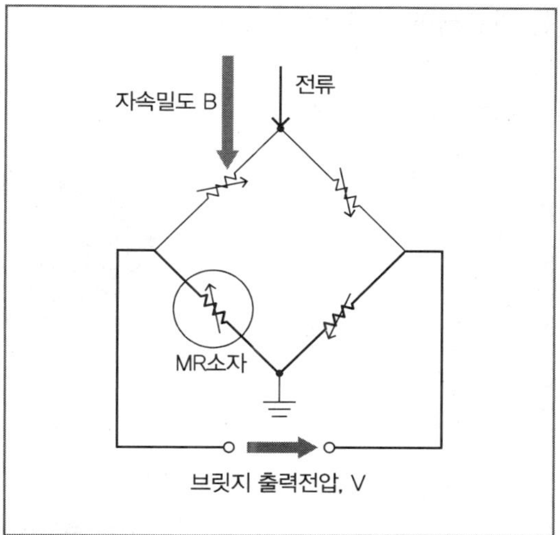

그림 3.57 MR소자를 이용한 자기센서

(1) 컴퓨터 스위치

자석과 센서가 근접하면 센서에 자기장이 가해진다. 센서의 출력전압이 낮다. 자석과 센서가 멀어지면 센서에 자기장이 가해지지 않고 센서의 출력전압은 높다.

(2) 전류센서(클램프 미터)

배선에 전류가 흐르면 코어의 캡에 자기장이 흐른다. 센서의 출력은 자기장에 비례한다.

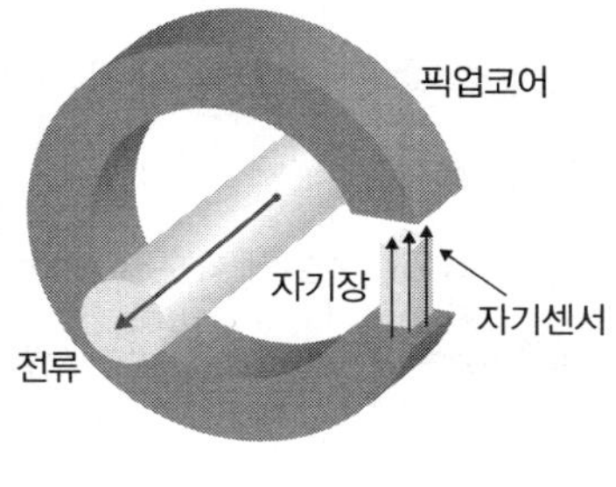

그림 3.58 전류센서 측정원리

(3) 엔코더(회전과 위치검출)

로터리 엔코더는 외부에서 샤프트를 회전시키면 회전각도에 따라 출력신호를 발생하는 장치이다. 1회전할 때 발생하는 출력신호의 펄스 수는 엔코더의 사양에 따른 고유한 값이며, 이 출력신호를 카운터하여 시작점에서의 회전각도와 회전수를 알 수 있다.

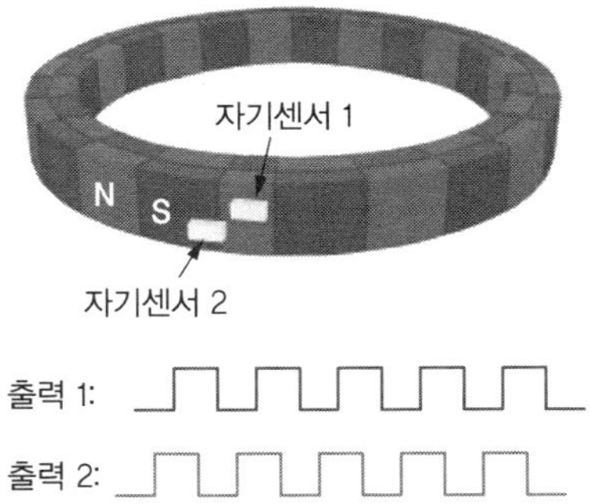

그림 3.59 엔코더 작동원리

3.6 온도센서

자동차에서 사용되고 있는 온도센서는 각종 운전상태를 감지하고 그 결과를 컴퓨터에 신호를 보내어, 미리 정해진 기능과 목적으로, 차량을 최적으로 제어하는 중요한 센서이다. 온도센서는 단순한 물리적 현상을 감지하는 센서이지만 이 센서의 결함은 자동차에서 심각한 문제로 이어진다. 일반적으로 온도센서는 온도에 따라 물체의 전기저항이 변하는 성질을 이용한다.

1970년 이후의 온도센서는, 바이메탈 방식이나 서모스탯의 왁스방식이었지만, 이들은 센서와 동시에 액츄에이터 기능도 가지고 있으며 측정대상으로는 엔진 냉각수 온도, 오일온도, 흡기온도 등으로 고장진단, 경보용으로 사용되었다.

1980년 이후, 자동차의 전자제어화에 따라, 온도센서도 변화가 있어, 측정온도의 범위는 기존의 200℃ 정도에서, 촉매의 배기계에는 900℃ 온도를 측정해야 했다. 그리고 아날로그 값의 출력이 요구되었다. 이 요구에 대응하여 고온의 측정이 가능한 CA(chromel－alumel) 열전대를 사용하는 센서가 개발되고 기존의 서미스터의 고정밀화가 진행되었다.

1990년대는, 자동차 에어컨의 장착이 늘고, 에어컨 제어를 위하여 온도센서가 널리 사용되기 시작했다. 서미스터(Thermistor)는 Thermally Sensitive Resistor를 의미하며, 이는 온도에 따라 전기저항이 변화하는 세라믹 반도체이다. 온도상승과 함께 저항값이 감소하는 서미스터를 NTC(Negative Temperature Coefficient) 서미스터라 하고, 반대로 저항값이 증가하는 서미스터는 PTC(Positive Temperature Coefficient) 서미스터이다. 자동차용으로 PTC 서미스터는 많이 사용되지 않고 NTC 서미스터가 많이 사용된다. 요구되는 조건으로는 응답성이 좋고, EGR가스와 블로우바이 가스 등의 오염물질과 가솔린에 대하여 내구성이 있어야 한다. 사용 온도범위는 −30℃~+120℃가 일반적이다. 수온센서는 냉각수 온도를 서미스터를 이용하여 측정하고 엔진제어 시스템의 연료 분사량 보정, 전자점화 시스템, 공회전 제어 시스템, 라디에이터 팬 제어 등에 사용된다.

표 3.12 온도센서의 종류

체적과 압력변화	수은, 알콜 온도계
전기현상	열전대
	전기저항 변화
	열전자방출
	열기전력
	열전자방출
반도체 효과	IC 온도센서
	온도 스위치

서미스터 이외에 고온용 온도센서로 CA(chromel−alumel) 열전대가 있다. CA열전대는 제벡효과를 이용하고 900℃ 정도의 배기가스 촉매의 온도를 측정하는 데 사용된다.

3.6.1 금속저항 온도센서(측온 저항체, RTD, Resistance Temperature Detector)

금속저항 온도센서는 온도에 따라 금속의 저항변화 특성을 이용한 것이다. 온도와 저항값의 관계는 자유전자의 이동에 의해 전기저항이 변하고, 온도특성도 변한다. 측온 저항체의 저항소자의 저항값은 온도의 변화에 따라 일정한 비율로 변화한다. 저항소자에 일정한 전류를 흘려 측정기로 저항소자의 양단의 전압을 측정하고 옴의 법칙 $V = IR$에서 저항값을 산출하고, 온도를 측정한다.

① 고정밀도로 온도, 대기 내의 온도측정
② 극저온 측정
③ 고온측정은 부적합

구리와 니켈 및 백금을 사용하며 내식성이 있는 금속을 온도센서로 사용한다. 저항온도 검출기(RTD)는 금속의 전기저항이 온도에 따라 변화하는 것을 이용하여 온도를 측정한다.

(1) Cu 온도 검출기

Cu 측온 저항체는 저렴하고 온도저항계수는 0~120℃ 범위에서 온도특성이 직선으로 변하기 때문에 상온부근의 온도측정에 사용된다. 고온이 되면 산화되기 쉽고, 고유저항이 작아서, 저항선을 많이 감아야 하기 때문에 형상이 커지는 단점이 있다.

(2) Ni 온도 검출기

Ni은 백금에 비하여 저렴하고, 상온부근에서 안정하고, −50~300℃의 범위에서 사용한다. Ni의 저항 온도계수는 약 6800ppm/K(0~100℃ 사이)으로 백금보다 감도가 높기 때문에 고감도 온도 센서로 사용되고, 권선식이기 때문에 모양이 커지는 단점이 있다.

(3) Pt 온도 검출기

현재 정밀 온도센서로는 백금측온 저항체가 가장 일반적이다. 백금측온 저항체는 주로 권선식 측온 저항체와 박막식 측온 저항체가 있고 특히 높은 정밀도가 필요한 경우는 권선식이 일반적으로 사용되고 박막식은 소형 저가격의 경우에 사용되고 있다.

① **표준 백금온도 센서** : 표준 백금온도 센서(Standard Pt Resistance Thermometer; SPRT)는 1990년에 규정된 국제 온도눈금 ITS 90으로, 평형수소의 삼중점(13.8033K)에서 은의 응고점(961.78℃)까지의 사이를 보간하는 기기이다. SPRT는 표준 온도계이기 때문에, 매우 정밀한 재료와 구조로 되어 있는, 안정성이 확보된 온도계이다.

② **공업용 백금온도 센서** : 공업용 백금온도 센서는 0℃에서 약 650℃까지의 범위를 측정한다. 구조는 백금 나노 와이어를 코일에 감은 권선식 백금온도 센서이다.

③ **박막 백금온도 센서** : 박막 백금온도 센서는 세라믹 기판 상에 백금박막(두께 0.1μm 정도)을 입혀 제작한다. 일반적으로 권선식으로 백금온도 센서보다 저항값과 온도계수가 커서 안정성을 얻기 힘든 단점이 있다.

표 3.13 금속과 저항값

금속	저항값	온도계수(%/℃)
구리	1.7$\mu\Omega$-cm	0.433
백금	10.8$\mu\Omega$-cm	0.392
니켈	8~10$\mu\Omega$-cm	0.675
Pt 100	100Ω	
Pt 50	50Ω	

그림 3.60 측온 저항체

백금측온 저항체는 온도에 의해 전기저항이 변하는 특성을 이용한다. 열전대와 비교하여 직진성이 좋고 기준 보상점 회로 불필요하다. 계측회로는 정전류에 의한 브릿지 회로가 일반적으로 사용되고 브릿지 회로에서 3개의 고정저항과 1개의 온도에 따라 변하는 저항으로 구성된다. 온도가 변하면 저항값도 변하여 그에 따른 출력전압이 온도가 된다.

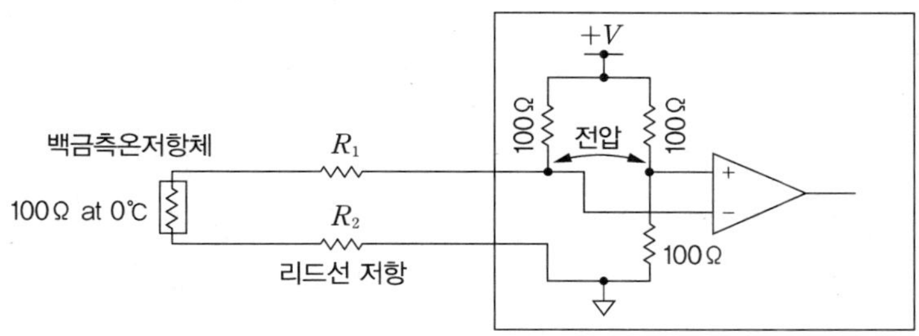

그림 3.61 백금측온 저항체 회로

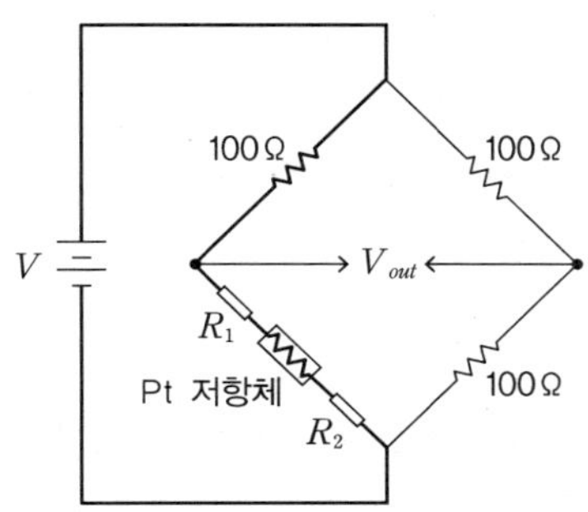

그림 3.62 백금측온 저항체의 휘스톤 브릿지 회로

3.6.2 서미스터(Thermistor)

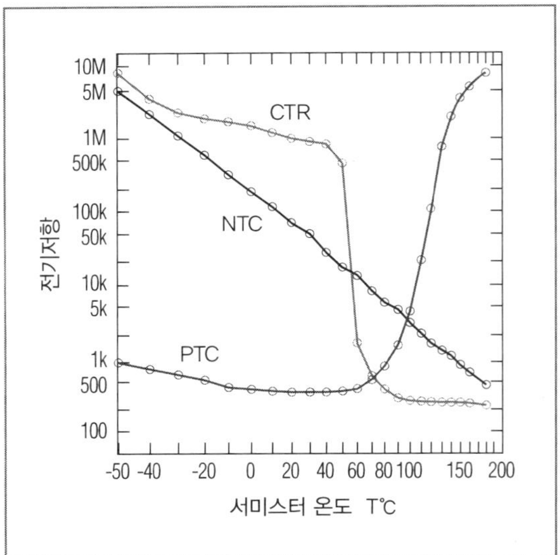

그림 3.63 온도와 저항의 관계

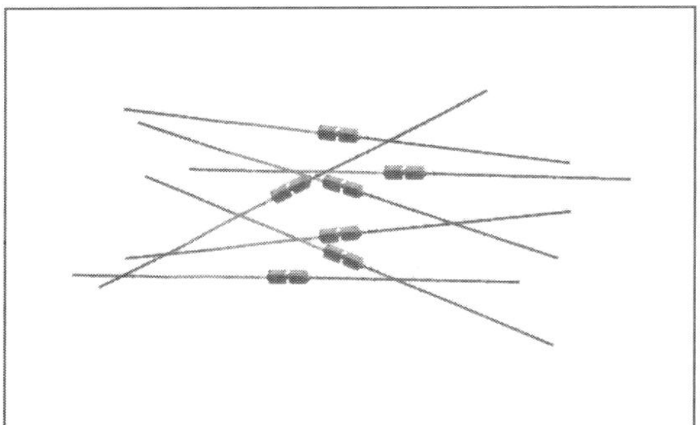

그림 3.64 서미스터

RTD와 마찬가지로 서미스터는 온도에 따라 저항의 변화가 큰 저항체이며 금속 산화물의 전기저항이 온도에 따라 변화하는 것을 이용한다. 서미스터는 RTD에 비하여 높은 저항을 가지며 낮은 전류에도 사용되며 −50~150℃ 범위를 측정한다. 재료로는 금속 산화물(Mn, Co, Ni)과 실리콘 단결정(Ge, SiC) 등이 사용되고 온도의 상승에 의해 저항이 커지는 것을 (+)온도계수인 PTC(Positive Temperature Coefficient)라고 한다. **그림** 3.63의 PTC는 80℃를 퀴리점으로 하는 서미스터를 나타낸다. **그림** 3.63에서와 같이 특정 온도에서 저항값이 급격히 상승하는 성질을 갖고 있어 과열감지와 과전류 검출 등에 이용된다. 그리고, 그림에서와 같이 특정 온도에서 저항이 급변하는 것을 CTR(Critical Temperature Resistor)이라 하며, 산화 바나듐계 재료를 이용한다. CTR은 비교적 좁은 온도범위에서 저항이 급변하는 특성이 있다.

온도의 상승에 따라 저항이 감소하는 것을 (−)온도계수인 NTC(Negative Temperature Coefficient)라고 하고 재료는 니켈, 망간, 코발트, 철 등의 금속 산화물을 사용한다. 일반적으로 온도 측정용 서미스터라고 하면 NTC를 의미한다.

(1) PTC

PTC 서미스터는 티탄산바륨을 주성분으로 미량의 희토류 원소를 첨가하여 전도성을 갖게 한 티탄산바륨계의 산화물 반도체의 일종이다. 티탄산바륨은 퀴리점이라는 특정의 온도에서 발생하는 상 전이에 의해 저항값이 급격히 증가하는 성질이 있고, 구조가 간편하여 전류 제한 소자, 일정한 온도 발열체, 온도센서로 사용된다.

자동차용으로 PTC 서미스터는 주로 과전류 보호용으로 도어 잠금용 모터 또는 사이드 미러용 모터의 보호에 사용되며 모터에 과부하가 걸리거나, 전류가 규정치 이상으로 흐르면, PTC가 자기 발열하여 저항값이 상승한다. 따라서 모터에 흐르는 전류가 제한되어 보호가 된다.

(2) NTC

NTC 서미스터는 일반적으로, 망간(Mn), 코발트(Co), 니켈(Ni) 등의 산화물을 소성 열처리를 가하여 제조한다. 소형이며 저렴하고 응답성이 좋기 때문에 많이 사용된다.

NTC 서미스터는 고온에서 저항값이 작아지므로 고온은 서미스터을 파괴한다. 따라서 적당한 전류 제한회로가 필요하고 리드타입 서미스터는 유리로 밀봉되어 있으므로, 유리의 선팽창 계수에 비교적 가까운 재질의 물질로 유리의 주변을 보호해야 한다. 또한 센서에 요구되는 기능에 따라 구조설계를 변경할 필요가 있다. 서미스터의 절대온도 T_0에서 저항값을 R_0, 절대온도 T의 저항값을 R로 하면 저항, 온도특성은 다음과 같다.

$$R = R_0 \exp B\left(\frac{1}{T} - \frac{1}{T_0}\right) \tag{3.6.1}$$

여기서 R_0, R은 주변온도 T_0, T일 때의 저항값이고 B는 서미스터 정수이다.

$$B = \frac{2.3026(\log R - \log R_0)}{\frac{1}{T} - \frac{1}{T_0}} \tag{3.6.2}$$

이 특성을 $\log R - \frac{1}{T}$의 그래프로 표시하면 직선으로 된다. 이 직선의 기울기는 B이다. 이 기울기는 2500~5000K정도이며 이와 같이 간단한 근사식으로 표현되기 때문에 많이 사용한다. 온도의 증가에 따라 저항은 적어지고 출력전압은 올라간다. B상수는 반도체의 활성화 에너지를 볼츠만 상수로 나눈 값으로, B값이 크면, 서미스터 저항값을 온도에 대한 변화율이 커짐을 의미한다. 서미스터 모양은 칩 타입, 디스크 타입, 박막타입이 있고, 가혹한 환경조건을 견디고 안정성과 응답성이 좋은 것은 칩 타입이다.

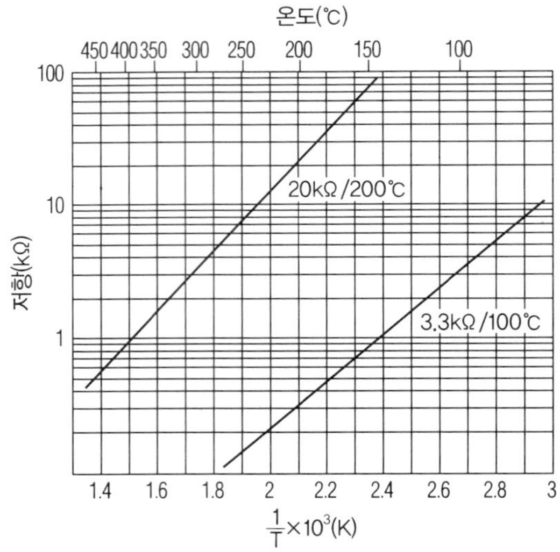

그림 3.65 NTC 서미스터의 온도와 저항특성과의 관계

서미스터의 저항값은 온도에 따라 급격히 변화하므로 선형화하여 온도로 변환해야 하는데 그 방법에는 저항, IC, 선형화 서미스트, 소프트웨어 사용방법 등이 있다.

센서는 물리량 변화를 전기저항과 정전용량의 변화로 나타내는 타입과 센서 자체가 전압을 발생하는 타입이 있다. 전자는 센서에 대하여 정전류와 정전압의 전원을 공급해야 하고 후자는 출력되는 전압이 작으므로 증폭회로와 노이즈를 제거하는 휠터회로가 필요하다. 얻어진 출력이 물리량에 직선적으로 비례하는 경우에는 그냥 사용이 가능하지만 그렇지 않는 경우에는 비례하는 변화로 변환하는 회로처리를 필요로 한다. 이와 같은 처리를 리니어라이저라고 한다. 센서에서 얻어진 출력은 복잡한 커브의 특성을 가지므로 리니어라이저 회로를 통하여 직선적 특성으로 변환시킨다.

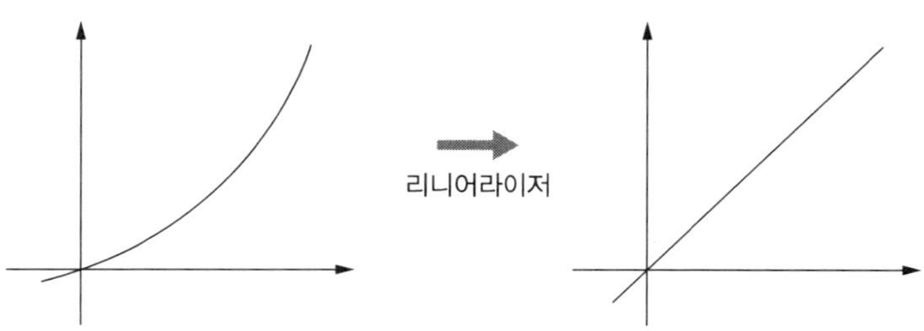

그림 3.66 리니어라이저

(3) 열전대(TC, thermocouple) 온도센서

1821년, 독일의 물리학자 토마스 제벡은 제벡효과(Zeebeck effect)를 발견했다. 2종류의 금속선을 연결하여 금속선의 한쪽을 가열하여 금속선의 양단에 온도차를 발생시키면 고온부에서 저온부의 열확산에 따라 금속선 내의 저온부에서 고온부로 자유전자의 이동이 발생한다. 열확산에 따른 자유전자의 이동은 전기장을 만들고, 결국 전기장과 열확산력은 균형을 이루어 자유전자는 이동을 멈춘다. 이때 금속선의 양단에는 온도차에 의존하는 열기전력 V가 단자 사이에서 발생하고 이를 제벡효과라 한다. 이 효과를 이용하여 기전력의 크기에서 접점 간의 온도차를 측정하는 센서를 열전대라고 한다.

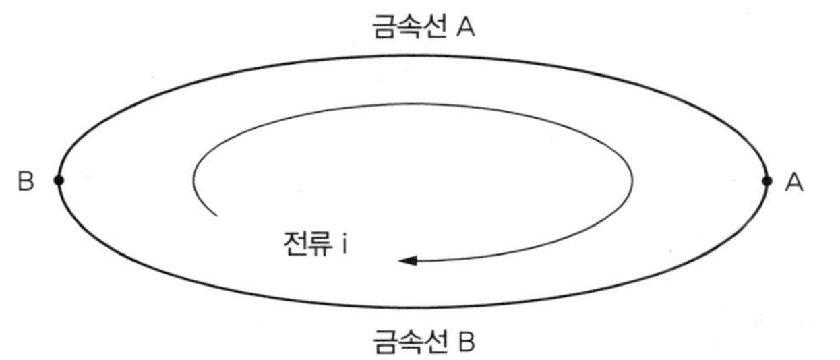

그림 3.67 제벡 효과

같은 온도에서도 열기전력의 크기는 금속에 따라 다르고 2종류의 금속선을 융착하여 연결한 후, 융착부를 고온으로, 기준부는 저온으로 유지하면, 2금속선 사이에는 각각의 전위차이에 의하여 열기전력이 생긴다. 2종류의 금속선을 연결하고 기전력 발생을 이용하여 고온부의 온도를 구한다. 금속은 전자의 이동도라는 물성치가 있고 이는 온도의 함수이며 임의의 온도에서 2개의 금속 사이의 기전력 차이는 2개의 금속의 전자 이동도의 온도계수가 다르기 때문에 생긴다.

그림 3.67에서 B점의 접점을 분리하면 양단에는 A, B점의 온도 차이에 대응하는 전위차가 발생하고 이 전위차를 열기전력이라 한다. 여기서 발생한 전압은 A점의 온도에 대응하는 것이 아니라 A, B점의 온도 차이에 대응하기 때문에 A점의 온도에 대응하도록 구조를 변경해야 한다.

열전대는 제벡효과에 의해 **그림 3.69**와 같이 2종류의 금속 접합부(열전대)의 온도와 0℃의 기준 접점과의 온도 차이에 의하여 전압이 발생하고 계측기에서 이 전압을 측정하여 온도로 환산한다.

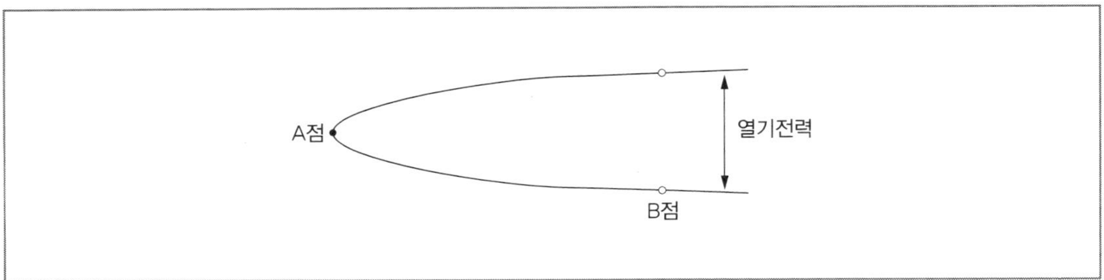

그림 3.68 열기전력 생성원리

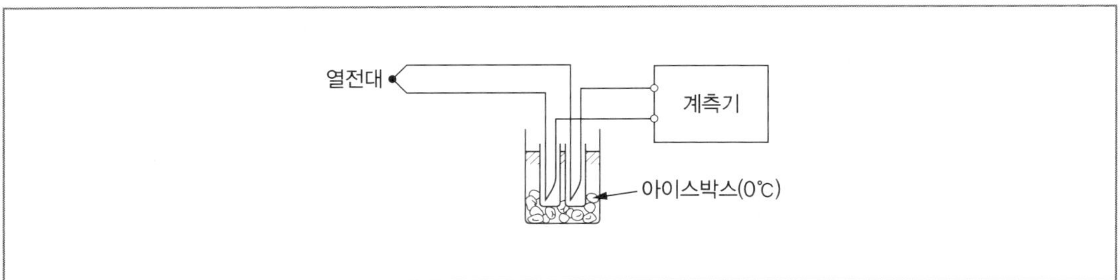

그림 3.69 0℃ 기준 측정법 열전대의 원리

0℃ 기준 측정법의 열전대는 구성이 복잡하므로 계측기의 B단자 온도를 별도의 온도센서를 부착하여 측정하고, 측정된 열기전력에 대하여 단자온도에 상당하는 열기전력분을 가산하는 기준접점 보상법을 사용한다.

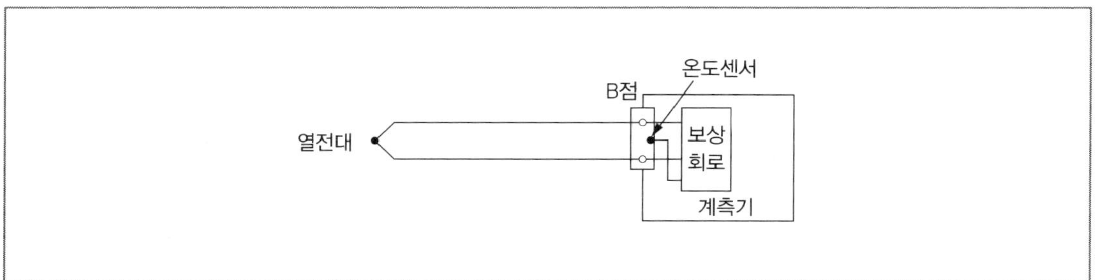

그림 3.70 단자온도 측정법 열전대의 원리

열전대는 고온과 극저온 측정에 사용되고, 내열성과 저온취성이 없는 성질을 가지고, 내산성과 내알칼리성을 갖는 물리적으로 안정된 백금(Pt), 레늄(Re), 텅스텐(W), 은(Ag), 금(Au) 등의 귀금속을 사용한다. 따라서 모든 선을 이러한 소재로 하면 고가가 되기 때문에 감온부만 귀금속을 이용하고, 상온부근에 있는 배선부분에는 저렴한 금속으로 귀금속과 같은 성질을 가지는 합금선(보상

도선)을 사용한다. 냉접점은 증류수와 얼음 조각을 보온병에 넣어 0℃를 만들어 사용하여 왔지만, 최근에는 상온부근에서 온도에 비례하는 정밀도가 좋은 온도 IC를 전자 냉각접점으로 사용한다. 열전대의 특징은 다음과 같다.

① 응답이 빠르다.
② −200~1700℃의 광범위한 온도측정이 가능하다.
③ 특정점이나 작은 공간에서의 온도측정이 가능하다.
④ 온도가 전기신호(열기전력)으로 검출되므로 데이터 처리와 분석이 간단하다.
⑤ 가격이 저렴하다.

열전대의 열기전력 ΔV는 온도차 ΔT에 비례한다. 비례상수 α_s는 제백계수이며 ΔV를 크게 하려면 저항률 ρ, α_s를 크게 하는 것보다, ρ를 아주 작게 하여 단락전류를 크게 하면 발생전압이 커진다.

$$\Delta V = \alpha_s \Delta T \tag{3.6.3}$$

$$\alpha_s = \frac{mk}{q} ln \frac{\rho}{\rho_0} \tag{3.6.4}$$

표 3.14 열전대의 종류 (출처 : www.jsa.or.jp)

종류		(+)극	(−)극	측정범위(℃)	비고
B	−	Pt−Rh 30%	Pt−Rh 6%	600~1700	고가, 1000℃ 이상에 적합
R	PR13	Pt−Rh 13%	Pt 100%	0~1600	감도가 낮다
S	−	Pt−Rh 10%	Pt 100%	0~1600	감도가 낮다
K	CA	Chromel (Cr 10%, Ni 90%)	Alumel (Al, Mg, Si, Ni)	−200~1200	열기전력이 직진성
E	CRC	Chromel	Constantan (Cu 55%, Ni 45%)	−200~800	열기전력이 큼
J	IC	Iron	Constantan	0~600	전기저항이 큼
T	CC	Cu	Constantan	0~300	
N	−	Nicrosil (Cr 14.2%, Si 1.4%, Ni)	Nisil (Si 4.4%, Ni)	0~1200	

Rh(로듐), Si(실리콘), Cr(크롬), Al(알루미늄), Mg(마그네슘), Ni(니켈), Cu(구리), Chromel(크로멜), Alumel(알루멜), Constantan(콘스탄탄), Iron(철), Nicrosil(니크로실), Nisil(니실)

2종류의 금속선을 융착하여 연결하고, 그 융착부를 온도센서로 한다. 센서부분에서 나누어진 2개의 금속선의 저온부를 0℃의 상태로 유지하고 융착부분(센서)에 열을 가하면 2개의 금속선의 양단에는 열기전력이 생긴다. 이 전압을 측정하면 센서의 온도를 측정할 수 있다.

열전대 센서는 100℃, 저온부는 0℃로 유지하면 열전대의 온도차 100℃에 의한 열기전력이 얻어지며 열기전력 E_{mf}와 온도차는 일반적으로 비례한다.

$$E_{mf}(T) = A(T_{sensor} - T_{저온부}) \tag{3.6.5}$$

열전대의 기전력을 다항식으로 나타낸다. 온도는 ℃이며, E_{mf}는 μV의 단위를 갖는다. B형 열전대의 기전력은 다음 식과 같다.

$$\begin{aligned} E_{mf}(T) = \; & -2.467\times10^{-1}T+5.910\times10^{-3}T^2-1.4307\times10^{-6}T^3 \\ & +2.150\times10^{-9}T^4-3.175\times10^{-12}T^5+2.401\times10^{-15}T^6 \\ & -9.092\times10^{-19}T^7+1.329\times10^{-22}T^8 \\ & (0 \le T \le 1820℃) \end{aligned} \tag{3.6.6}$$

기전력을 측정하고 이 식으로부터 온도를 계산한다.

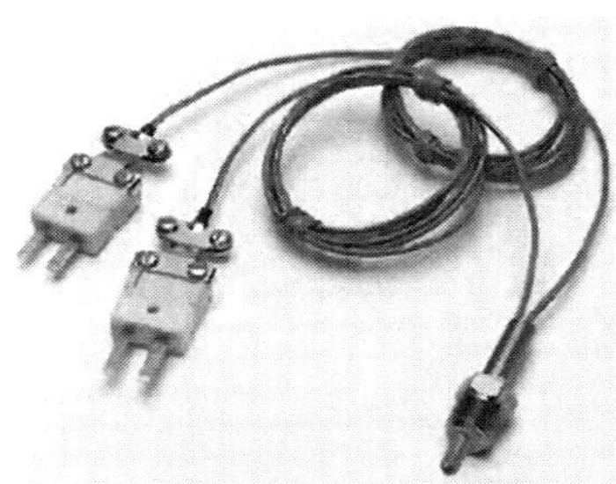

그림 3.71 열전대

3.7 농도센서

엔진은 스로틀밸브의 펌핑손실에도 불구하고 저속시에 공기가 많이 들어오면 많은 연료를 분사하는데 그 이유는 가솔린 기관은 공기가 많이 들어온 상태에서 연료를 적게 분사하면 희박연소가 되어 연소가 잘 되지 않기 때문이다. PFI 엔진은 주로 농후혼합이나 이론혼합의 상태로 제어를 하고 이를 알 수 있는 방법은 배기가스 내의 산소량을 측정하여 산소가 많으면 희박연소, 산소가 적으면 농후연소로 판정한다.

- 산소(O_2) 센서 : 배기가스 내 산소의 분압 측정, 람다센서(λ)와 같은 의미로 사용된다.
- 람다센서(λ센서) : 공연비를 가로축에, 세로축에 출력을 그리면 완전연소의 당량비 1인 점에서 출력이 가장 좋고, 그 형태가 λ와 비슷하여 붙여진 이름이다.
- 공연비 센서(A/F센서) : 공기와 연료의 비를 측정하는 센서
- 공기비(λ) : 실제 연소에 필요한 공기량과 이론 공기량의 비를 나타내며, 1이상이면 희박상태, 1이하이면 농후상태이다.
- 당량비(Φ) : 공기비(공기과잉율)의 역수이며, 1이상이면 농후상태, 1이하이면 희박상태이다.

배기가스 내 산소량을 측정하는 산소센서는 배기 매니폴드나 배기 파이프에 설치되며 배기가스 내의 산소의 양을 측정하고 산소가 산소센서에 닿으면 배기가스 내의 산소량에 따라 1~5V의 전압이 발생하고 산소량이 많을수록 작은 전압이 발생된다. ECU는 이 신호를 이용하여 혼합비가 농후한지 희박한지 판단하여 이론공연비 제어를 한다. 지르코니아식 전압신호는 0~1000mV 사이이며 450mV이면 이론 공연비에 가깝고, 450mV 이상이면 산소량은 적어 공연비는 농후하고, 450mV 이하이면 산소량이 많아 공연비는 희박하게 된다.

지르코니아 소자는 소자 안과 바깥에서 산소농도 차이가 있으면 작은 기전력을 발생하고 온도가 낮으면 비전도체이어서 온도가 350~600℃에 도달해야 전압신호를 발생한다. 따라서 센서 냉간시에는 제어는 개방회로로 있게 되어 ECU는 산소센서의 모든 신호를 무시하고 이론 공연비를 유지하기 위해 ECU에 저장된 룩업 테이블(look up table)의 데이터를 이용한다.

작동온도에 도달하면 산소센서는 전압신호를 발생하고 ECU는 폐회로로 전환된다. 산소센서 전극에 사용하는 백금은 배기가스 내의 산소와 CO를 결합시키는 촉매작용을 하고 배기가스 쪽의 산소농도를 저하시켜 산소센서의 기전력을 발생시키는 촉진역할을 한다. 엔진을 공회전시키면 산소센서는 냉각되어 시스템은 개방회로로 들어간다. ECU는 인젝터의 분사시간을 제어하여 혼합기의 농후와 희박상태를 조절한다. AF sensor, lambda(λ) sensor, upstream and downstream oxygen sensor, HO_2S(heated O_2 sensor), O_2 sensor 등의 종류가 있다. 산소센서는 배기가스 중에 포함된 산소농도를 측정하여 공연비 상태가 농후인지 희박인지의 여부를 검출하여 이론 공연비 연소가 되

도록 한다. 이를 이론 공연비 제어라고 하며 PFI 가솔린 기관에서 중요한 제어이다. 산소를 감지하는 재료에 따라 지르코니아 센서와 티타니아 센서로 분류한다.

3.7.1 지르코니아식 산소센서

산소센서는 삼원촉매를 사용하는 배기가스 정화 시스템에 사용되며, 현재는 SI기관의 연소제어에 중요한 부품이다. 배기가스를 감지하는 연소제어용 센서로 지르코니아 산소센서가 장착된다. 산소센서는 1976년, 보쉬가 처음으로 볼보 자동차에 적용하였고 산소센서는 가스를 감지하는 고체 전해질인 지르코니아를 이용한다. 지르코니아 산소센서는 신호의 급격한 변화를 나타내는 위치에서 HC, CO, NOx의 정화율이 좋고, 산소센서의 신호가 이론공연비의 농후측과 희박측 사이를 움직이면 항상 정화율이 좋은 배기가스를 배출할 수 있다. 가열된 지르코니아는 2가지 특징이 있다.

① 지르코니아 양측에 산소분압이 있으면 이 분압차이에 따라 기전력이 발생(산소농도 전지)

② 지르코니아 격벽에 전압을 가하면 전류의 방향과 반대 방향으로 산소분자가 이동(산소펌프)

고체 전해질은 고체에서 O_2^- 이온이 자유롭게 움직일 수 있는 특성을 갖는 물질이며, 이 고체 전해질 판을 벽으로 하여 양측에 백금전극을 갖는 A실과 B실로 나누어 양실 사이에서 산소농도의 차이가 있으면 농도가 높은 쪽에서 낮은 쪽으로 산소이온 농도차이를 줄이는 방향으로 이동한다. O_2^- 이온의 이동은 e^-이동으로 배터리의 기능을 하게 되어 기전력이 발생한다.

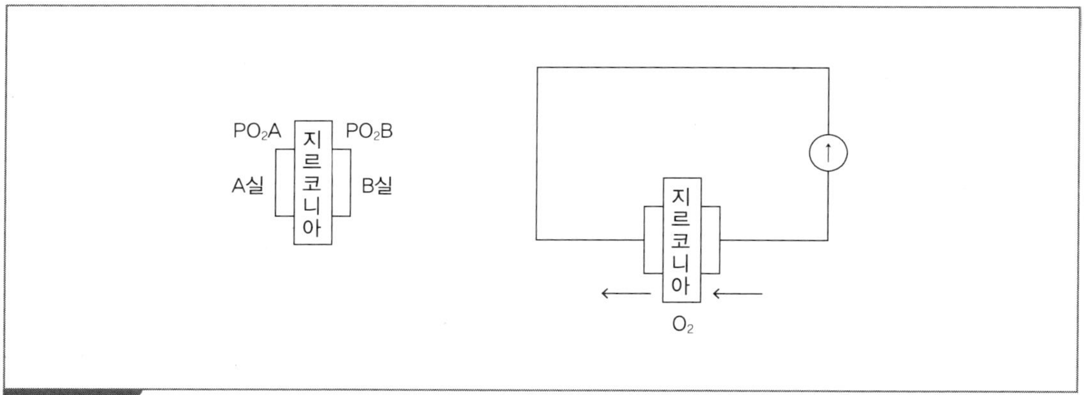

그림 3.72 전압 발생원리

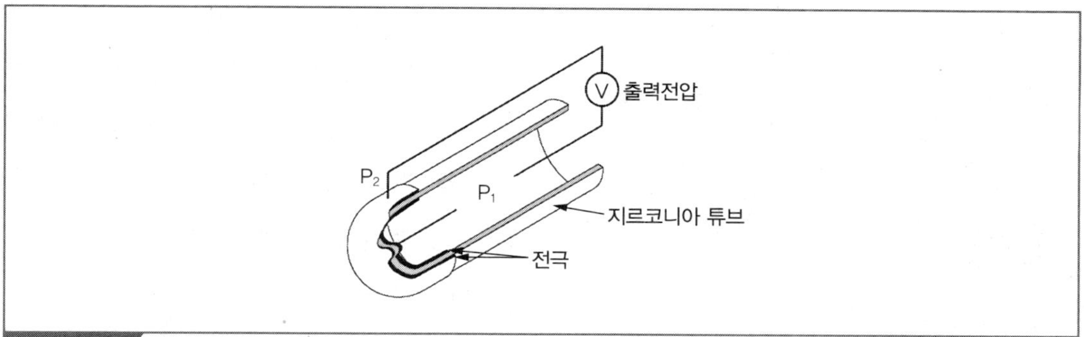

그림 3.73 지르코니아 셀의 구조

네른스트(Nernst)원리는 대기의 산소분압과 배기가스내 산소분압의 차이에 따라 기전력이 발생하는 원리이다. 산소센서의 출력전압은 공기내의 산소분압과 배기관내의 산소분압의 차이에 의해 결정되며 다음과 같다.

$$V = \frac{2.303RT}{4F} ln \frac{P_1}{P_2} \tag{3.7.1}$$

여기서 R은 가스정수, T는 셀의 절대온도, F는 패러데이 상수, P_1은 배기의 산소분압, P_2는 튜브속의 산소분압을 나타낸다. 셀의 양쪽이 공기이면 $\log 1 = 0$이어서 출력은 0V이다. 이론 공연비 $\lambda = 1(\lambda = 0.99\sim1.01)$의 범위에서는 배기가스내의 산소농도의 급격한 변화로 센서의 출력 값도 급격하게 변하고, 농후하면 기전력이 커지고 희박이면 작아진다. 배기가스내의 산소농도로 공연비 상태를 알 수 있다.

실제 공기 과잉률(λ)과 산소분압의 관계에서 그 값을 네른스트 식에 적용시키면 기전력을 얻을 수 있지만, $\lambda = 1$ 부근을 경계로 급격하게 산소분압이 변화하기 때문에 산소센서는 $\lambda = 1$을 기점으로 급격한 기전력 변화가 생긴다. 이러한 급격한 기전력 변화는 거의 1V에 가까워 특별한 전기회로를 필요로 하지 않고 ON/OFF 신호로 사용한다. **그림 3.74**는 산소분압과 기전력 발생원리를 나타낸다. 공기와 배기내의 산소분압인 산소농도 차이에 의해 농도가 높은 곳에서 낮은 곳으로 산소이온이 농도차를 적게 하는 방향으로 이동한다.

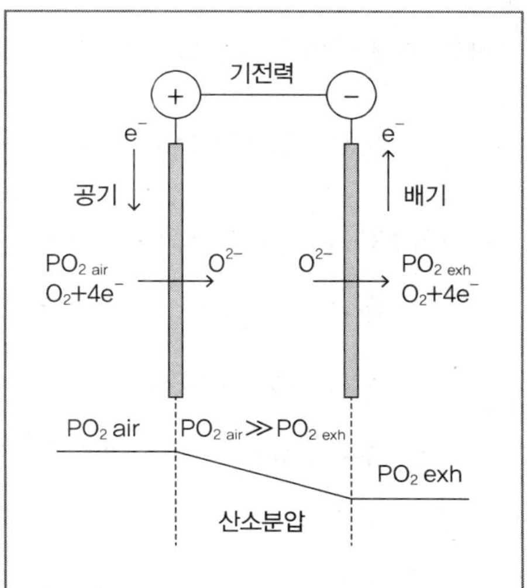

그림 3.74 산소분압과 기전력

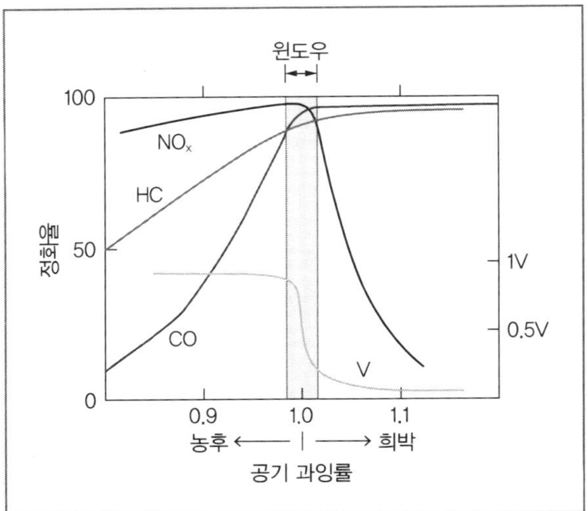

그림 3.75 삼원촉매와 정화율

그림 3.75는 삼원촉매를 사용할 때의 HC, CO, NOx가스의 정화율과 산소센서의 신호를 나타낸다. 그림에서 산소센서의 신호가 급격한 곳에서 배기가스의 정화율이 가장 좋은 영역이다. 이 영역을 윈도우라고 하고 이 폭에서 산소센서의 신호가 발생하면 정화율이 좋다. $\lambda = 0.99 \sim 1.01$의 범위에서 배기가스내의 산소농도는 급격하게 변하고 이러한 변화는 급격한 기전력의 변화를 발생시킨다.

NOx를 줄이기 위해 연소온도를 낮추고, 산소농도를 줄이면 반대로 HC와 CO가 증가하는 역효과를 낸다. NOx와 HC, CO는 트레이드오프(trade off)의 관계에 있다. 발생 측의 연소계의 개선 만으로는 한계가 있으며, 배기가스를 촉매로 환원하는 방법이 있다. 촉매에 사용하는 백금(Pt), 로듐(Rh), 팔라듐(Pd) 등의 귀금속은 산소가 존재하는 경우에는 CO, HC를 산화시키고, 산소부족인 경우는 NOx를 환원하는 성질이 있다. 촉매는 다양한 종류가 있지만 현재는 삼원촉매를 사용하고 이는 NOx, HC, CO를 동시에 정화하는 작용이 있다. 그러나 전환율은 제한이 있고 배기 중의 산소농도는 0.2% 부근으로 제어해야 한다. 따라서 촉매입구에는 O_2센서를 부착하여, 전자제어 시스템에 피드백하여 공연비 제어하는 것이 필수적이다.

삼원 촉매의 반응식은 다음과 같다.

$$2CO + 2HC + 2NO + O_2 \rightarrow 2CO_2 + H_2O + N_2 \quad (3.7.2)$$

여기서 NOx는 환원반응, CO와 HC는 산화반응이다.

$$2NO \rightarrow N_2 + O_2 \quad (3.7.3)$$

$$2CO + O_2 \rightarrow 2CO_2 \quad (3.7.4)$$

$$2HC + 4O_2 \rightarrow 2CO_2 + H_2O \quad (3.7.5)$$

3.7.2 티타니아식 산소센서

지르코니아 산소센서는 이론공연비 부근의 산소량에 따라 전압이 발생되고, 티타니아(TiO_2) 산소센서는 이론공연비 부근의 저항값의 변화에 따라 전압이 발생한다. 티타니아식 산소센서는 배기가스내 산소를 감지하기 위해서 센서의 끝에 티타니아의 두꺼운 막을 입힌 구조로, 티타니아는 티타늄의 산화물로 분자량 47.88, 녹는점 약 1680℃로 강도와 내식성이 우수한 금속이다. 이 센서의 구조는 티타니아 전해질에 백금선인 전극을 접합하여 만들고 티타니아 전해질은 전압이 변하는 지르코니아와는 다르게, 배기가스 내의 산소농도 변화에 따라 내부 저항값이 변화한다. 특히 이론공연비 부근에서 저항이 급변하며, 저항은 금속의 온도에 따라 변화하므로 정확한 측정을 위해 일정한 온도가 유지되어야 한다. 전해질의 저항값은 산소농도에 따라 변하고 산소농도가 높으면 전해질의 저항값이 커지고 산소농도가 낮으면 저항값이 작아진다. 티타니아소자에 일정한 전압(5V)를 공급하면 배기가스중 산소량의 변화에 따라 저항값이 변하여 전압도 변한다. 이 전압의 변화를 센서출력으로 이용한다. 이 센서 역시 활성화온도가 있어 냉간시에는 활성화되지 못하고, 산소량에 따라 소자의 저항이 변하기 때문에 지르코니아 산소센서와 같이 대기공기의 산소가 필요가 없어 사막 등 먼지가 많은 장소에서 사용하며, 일반적으로 농후 1V, 희박 5V이지만 차량에 따라 농후 0V, 희박 1V를 내기도 한다. 지르코니아는 입력전압이 없이 생성되는 기전력을 이용하지만, 티타니아는 5V를 입력하여 출력되는 전압을 이용한다.

티타니아 산소센서는 이론공연비 부근에서의 변화되는 저항값의 감지가 빠르기 때문에 출력전압도 빨라, 지르코니아 산소센서보다 응답성이 좋고, 티타니아 소자에 연결된 2개의 백금전극에 한 선에 기준전압인 5V를 가하면 다른 선에서 타티니아 소자의 저항값에 따라 전압이 출력된다. 그림 3.76은 티타니아식 산소센서의 구조를 나타낸다.

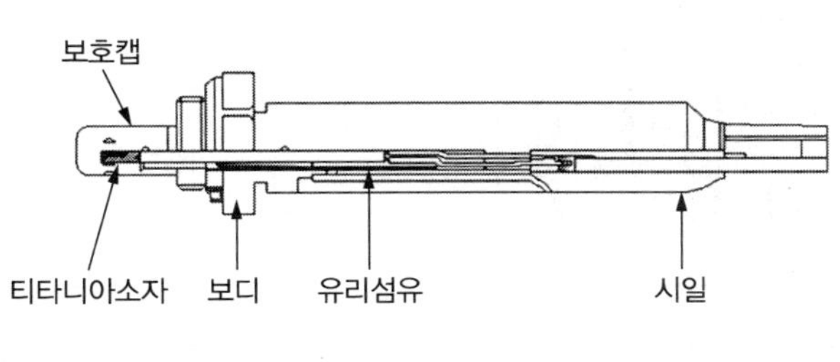

그림 3.76 티타니아식 산소센서의 구조

3.7.3 이론공연비센서(산소 sensor), 광역산소센서(A/F sensor, Wide Band Oxygen Sensor)

이론공연비는 공기와 연료의 무게비로서 공기의 무게를 연료의 무게로 나눈 값이다. 공연비가 14.7이상으로 커지면 공기가 많아져 희박한 혼합기가 되고, 반대로 공연비가 적어지면 14.7이하로 적어지면 공기가 적어져 농후한 혼합기가 된다. 이론공연비란 가솔린(C_mH_n)과 산소가 산화반응을 일으켜 완전연소를 하기 위한 중량비율을 이론적으로 구한 값으로, 가솔린은 각종 탄화수소의 혼합물이어서 하나의 수치로 표시하는 것은 불가능하지만 일반적으로 가솔린 14.7 : 1, 디젤 14.6 : 1의 값으로 표시된다. 일반(narrow band) 산소센서는 가솔린엔진 제어의 목표인 연료혼합비가 이론공연비인 14.7 : 1이 되도록 출력을 발생하며 이 영역의 폭은 $\lambda = 0.9 \sim 1.1$ 정도로 좁다. GDI 엔진에서와 같이 20~50 : 1의 초희박 상태에서는 일반 산소센서는 반응폭이 작아서 이론공연비를 정확하게 출력할 수 없는 단점이 있어, 이런 점을 보완한 것이 광역(wide band) 산소센서인 A / F센서이다. 이 센서는 초희박 공연비에서도 공연비를 정확하게 알아낼 수 있어 가솔린 희박엔진, GDI엔진, CRDI엔진 등 희박연소 엔진용으로 사용된다. 희박공연비(LAF, lean Air Fuel) 센서, A / F 센서 또는 광역 산소센서라고도 한다. 지르코니아는 활성화 온도와 이론공연비 전후에서 양쪽 백금전극에 접촉되는 산소농도의 차이가 있을 때 기전력의 전압이 발생되는 원리를 이용하고, 만약 이 경우 한쪽 백금전극에 직류를 공급하면 지르코니아 소자는 산소를 펌핑하는 작용을 한다. 그림 3.77

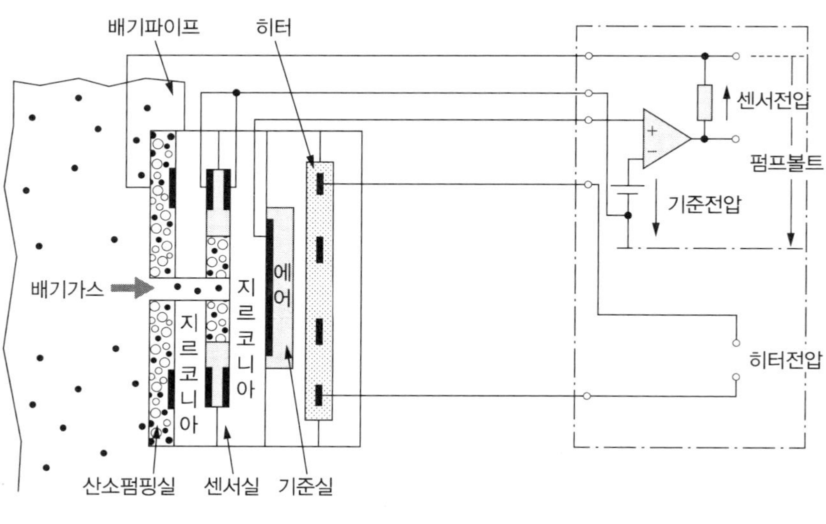

그림 3.77 광역산소센서의 구조(Bosch LSU4)

의 3개의 챔버 중에서 2챔버 내의 산소량을 조절하여 작동범위를 제어하고, 지르코니아 소자는 산소펌프로 작용하여 산소이온의 흐름을 만들고, 이에 따라 전자이온의 흐름이 발생한다.

① 1챔버 : 배기가스가 접촉
② 2챔버 : 2개의 지르코니아 엘리먼트 사이의 확산챔버
③ 3챔버 : 공기챔버

그림 3.78에서 배기가스중 산소가 많을 때는 백금전극에 전류를 공급하면 지르코니아 소자는

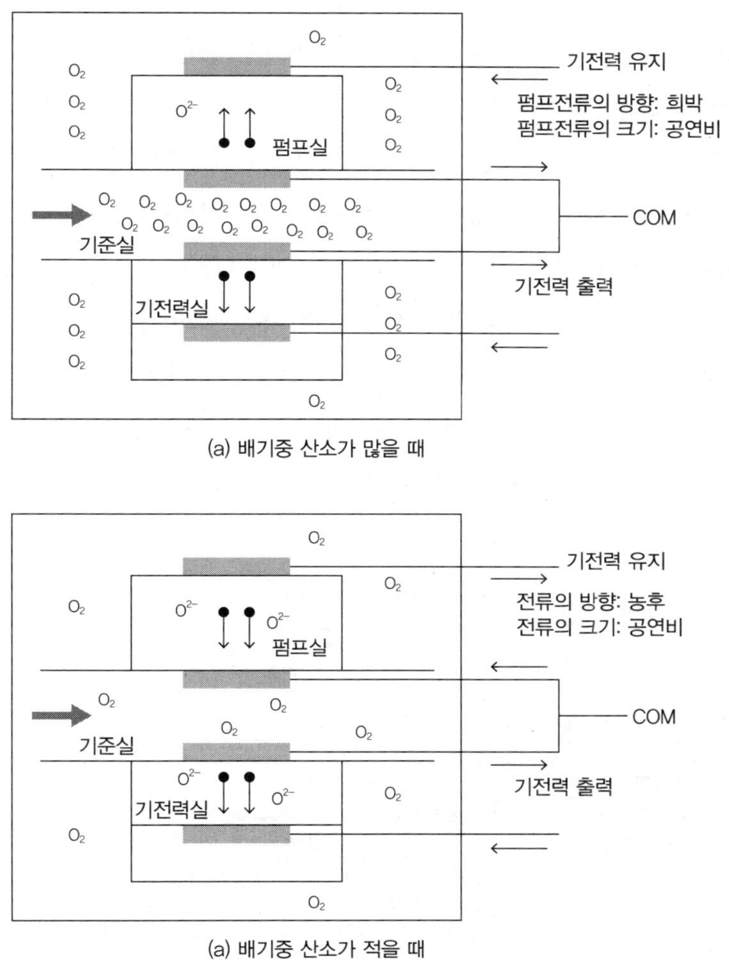

그림 3.78 광역산소센서의 작동원리

확산실의 산소를 배기관내로 보내고, 역으로 환원성가스인 CO와 CO_2가 많은 산소가 적은 상태의 배기가스가 확산실에 들어오면 전류가 발생하면서 배기관내의 산소를 확산실로 펌핑한다. 즉 확산실의 산소농도를 조절하여 기준실과 확산실의 산소량 비율에 따라 0~1V의 전압을 발생한다.

3.7.4 상류(upstream), 하류(downstream) 산소센서

정상적인 상태의 엔진에서 나오는 배기가스 중에도 소량의 O_2, CO, HC, 입자상물질(PM), NOx가 포함되어 있으며, 흡입된 공기량에 비하여 공급된 연료가 부족한 희박상태에서는 O_2와 CO_2, NOx의 배출이 많고 CO와 HC는 비교적 적게 배출된다. 농후한 상태에서는 희박상태와는 반대로 배기가스 중에는 공기부족으로 산소는 거의 없으며 CO_2와 NOx보다 CO와 HC가 많이 배출된다. 배기매니폴드에는 보조촉매(pup converter), 후방에 삼원촉매가 설치되고 보조촉매는 처음 반활성(light off)시간 내에 발생하는 배기가스 중 탄화수소를 정화한다. 일반적으로 배기가스는 연소가 완전히 끝나지 않은 상태에서 산소농도가 변하면서 실린더를 나오고, 보조촉매나 삼원촉매를 통과하면 산소농도는 변하지 않고 일정한 상태로 있게 된다. 상하류 산소센서는 촉매의 배기가스 정화능력을 파악하기 위하여 촉매 전후방에 설치하며 **그림 3.79**는 상하류 산소센서의 장착위치를 나타낸다. 배기가스가 촉매에서 정화되면서 배기가스의 온도는 20~40℃정도 상승하지만 촉매 앞에 달린 상류 산소센서보다 하류 산소센서의 배기가스 온도가 상대적으로 낮아, 센서의 히터는 상류보다 하류센서를 더 가열시킨다. 그러면 양 센서의 온도는 거의 같은 상태에서 신호를 발생한다. 상류센서는 A/F센서가 대신할 수도 있고 하류 산소센서의 기능은 다음과 같다.

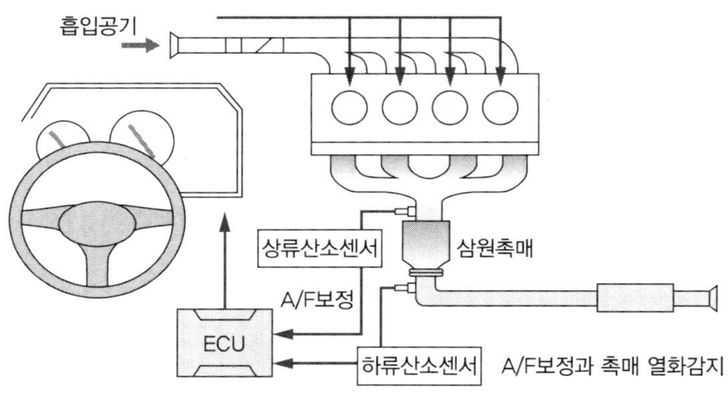

그림 3.79 상하류 산소센서의 위치

① 촉매가 정화를 잘하는지의 여부를 판단한다.

② 피드백 제어로 연료량을 조절하여 균일하게 정화하도록 유도한다.

③ 배기가스 기준 이내로 정화를 하지 못하면 고장이라고 판단한다.

④ 산소농도가 변하지 않으면 일정한 신호가 나오고 정상이다.

3.8 위치센서

1841년 독일의 물리학자 Poggendorff는 전압 측정법으로 전위차계를 발견하였다. 와이어의 재질은 높은 저항과 낮은 온도계수를 가져야 하며 와이어의 어떤 부위에서의 전압의 강하는 전선의 길이에 비례하는 것을 이용한다. 와이어를 가로질러 전류가 통과할 때 포텐셜의 강하는 단면적이 같고 일정전류가 흐르면 와이어의 길이에 비례한다. 와이어 AB에서 기전력 E일 때 포텐셜 강하는

$$E \propto L \tag{3.8.1}$$

$$E = IR = I\rho\frac{L}{A} = KL \tag{3.8.2}$$

여기서 K는 상수로 단위 길이당 하강하는 전위구배, L 전선의 길이, I 전류, A 단면적, ρ 비저항율, R 저항이다. 전류와 면적이 일정하면

$$V = \frac{E}{L}l_0,\ V = Kl_0 \tag{3.8.3}$$

와이어 AB에서 포텐셜 강하는 길이에 비례한다.

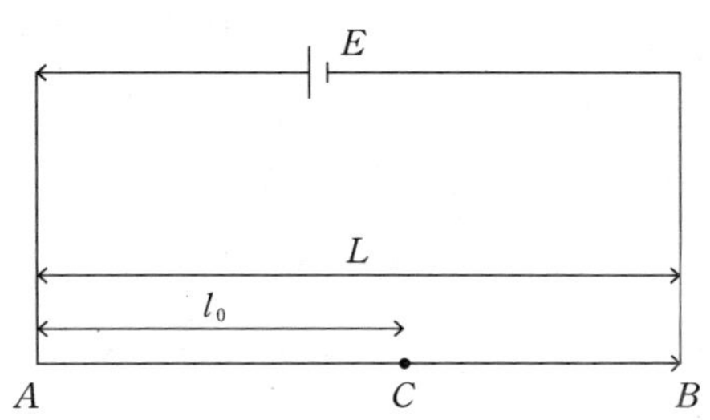

그림 3.80 전위차계의 원리

그림 3.81은 전위차계를 나타낸다. 전압계가 V_1이 되도록 c의 위치를 조정한다. 그러면 전구에는 불이 켜지지 않는다. c를 a, 혹은 b로 이동하면 전구에 불이 들어온다. 이런 회로를 전위 분할회로라고 하며 포텐시오미터는 미지의 전압을 배터리 전압과 비교하여 측정할 수 있는 전위 분할기의 한 형태이다. 미지의 전압 V에 전류 I가 흐르지 않는 상태로 하여 전압 V를 측정한다. 저항 ab를 위에서 접촉점 c를 움직여 검류계의 전류를 0으로 맞춘다. 미지의 기전력 V를 V_1, R_1, R_2로 표시하면 전류 I가 0이므로, R_1과 R_2를 흐르는 전류는 동일하다. R_1과 R_2의 전압강하는 저항에 비례하기 때문에 cb 사이의 전압 V는 다음과 같다.

$$V = V_1 \frac{R_2}{R_1+R_2} \tag{3.8.4}$$

전압 V는 R_1, R_2의 저항값에 따라 달라지고 저항은 길이에 비례한다.

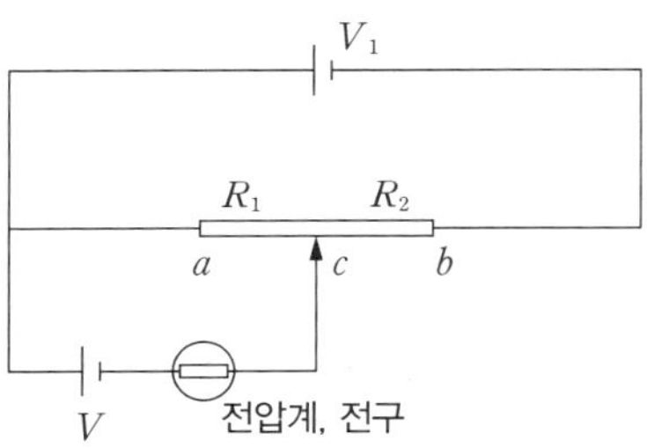

(a) 전위차계

(b) 가변저항기(rheostat, 슬라이딩 저항기)

그림 3.81 전위차계와 가변저항기

스로틀 포지션 센서는 가솔린 엔진의 스로틀 밸브의 개도를 측정하며 스로틀 포지션 센서는 선형곡선의 포텐시오미터이다. 스로틀 밸브 샤프트에 연결되어 있는 로터 암이 트랙 저항에서 와이퍼를 작동시키고 이를 통하여 스로틀 밸브의 개도가 비례하여 전압으로 전달한다. 포텐시오미터는 회전각도와 이동량을 전압으로 변환하는 장치이다.

휘스톤 브릿지는 4개의 저항 중 1개가 미지저항, 다른 1개가 가변저항이며, 가변저항을 조정하여 검류계에 전류가 흐르지 않는 상태를 만들어, 미지의 저항값을 측정하지만 포텐시오미터는 가변저항 대신 긴 저항의 중간에 움직이는 접점을 마련하여 접점을 움직여 검류계에 전류가 흐르지 않는 상태를 만들어, 전위의 강하를 측정한다.

전압 또는 저항의 변화는 움직이는 변위변화에 비례하므로 전압변화는 변위의 위치를 나타낸다. 전압계는 셀의 단자전압, 포텐시오미터는 실제 셀의 전압을 측정한다. 전위차계는 회전축에 장착된 슬라이딩 접점이 달린 저항기를 사용하고 이 소자는 저항을 변경하여 강하되는 전압을 측정한다. 회전축의 위치에서 저항값이 결정되므로 저항값을 측정하면 축의 회전각도 알 수 있다. 위치, 각도의 변위를 저항변화로 만들어 아날로그로 검출한다. 정밀 가변 저항기로 회전각, 직선적인 변위를 검출한다. 포텐시오미터는 직진과 회전변위 측정에 사용할 수 있다.

3.9 자동차 센서

3.9.1 압력센서

(1) MAP 센서

MAP(Manifold Absolute Pressure sensor)센서는 압력차이를 측정하면 간접적으로 공기량을 알 수 있는 방법이다. 매니폴드 압력이 대기압이면 자동차 배기량으로 공기가 흡입되고 매니폴드 압력이 50kPa이면 엔진 배기량의 1/2의 공기가 흡입된다.

MAP센서, ATS, 산소센서만 있어도 분사량은 정해지지만 더 정밀하게 하기 위해서는 MAP센서, ATS, 산소센서에 공기질량 센서(MAF, mass airflow sensor)도 추가되고 있다.

반도체 피에조 저항식은 1990년대 가솔린 엔진에서 101kPa의 대기압을 측정하는 대기압센서(BPS)에 처음으로 적용된 후, 3.5Mpa의 고압냉매 압력, 0.2Mpa의 저압냉매 압력, 5kPa의 퍼지컨트롤 솔레노이드밸브(PCSV) 작동 진공압력 측정, 20Mpa의 GDI 연료압력 측정, 200Mpa의 커먼레일 연료압력 측정에 이용되고 있다.

다이어프램 구조에 압력이 가해지면 실리콘은 탄성적으로 변형이 되고 게이지 저항도 변한다. 이 실

표 3.15 자동차용 압력센서

용도	압력범위
흡기관 압력 검출	10~120kPa
터보 압력 검출	10~400kPa
EGR용	300~600kPa
에어필터 막힘 검출용	10~120kPa
고지대 압력보정용	60~120kPa
DPF 막힘 검출용	100~300kPa
에어컨 냉매 압력 제어용	0~3MPa_g
브레이크, 파워스티어링 유압	2~10MPa_g
타이어 공기압 검출용(TMPS)	150~1000kPa
연료탱크 누유압력 검출용(FTPS)	−6~+6kPa_g (60~107kPa)
트랜스미션 유압 검출	0~5MPa_g
게이지 압력은 대기압보다 얼마나 높은지 낮은지를 나타냄 kPa_g	

리콘 결정에 센서, 앰프, 전압 레귤레이터, 온도 보상 회로를 넣고 저항은 휘스톤 브리지 회로를 만들고 압력을 감지한다. 일반적으로 압력과 출력전압은 비례 관계를 가진다. 압력센서는 엔진의 고효율화에 중요하다. 흡기압력을 측정하는 MAP, 온도 감지기능도 같이 있는 TMAP, 고지대를 주행할 때 연비가 나빠지지 않도록 하는 보정용 대기압 센서, 흡기 시스템의 에어필터 막힘을 감지하는 압력센서, 터보차저에 사용되는 터보 압력센서, EGR센서 등 연비향상을 위한 목적으로 하는 압력센서가 많이 사용되고 있다. 안전규제에 대응하는 압력센서로는 연료 누출 탐지용 탱크 압력센서(FTPS, Fuel Tank Pressure Sensor), 타이어 압력을 감지하는 TPMS 등이 있고 그 외, 에어컨 냉매압력 제어용 압력센서, 트랜스미션의 유압 제어용 압력센서 등이 있다.

1) 구조

MAP센서는 일반적으로 서지탱크에 부착되고 스로틀 밸브가 닫히면 부압이 커져 진공이 커지고 가속페달을 밟으면 스로틀 밸브가 열려 부압은 낮아지므로 흡기 다기관의 진공을 측정한다. 스로틀 밸브가 열리면 진공이 떨어지고 스로틀 밸브가 적게 열리면 진공상태가 커진다. MAP센서는 흡기 매니폴드 내부의 압력상태를 측정하기 때문에 흡기 진공센서가 아닌 매니폴드 절대압력 센서라고 한다.

엔진이 작동하지 않을 때는 흡기 매니폴드 내부의 압력은 외부의 대기압과 같고, 작동이 되면 피스톤의 팽창작용과 스로틀 밸브에 의해 매니폴드 내부에는 진공이 발생하고 스로틀 밸브 전개시(WOT)는 진공은 거의 0이어서 매니폴드 내부의 압력은 대기압의 압력과 같다.

흡기 매니폴드 내부의 진공압력은, 0~100kPa의 범위이고, 공회전, 감속상태는 진공이 항상 크

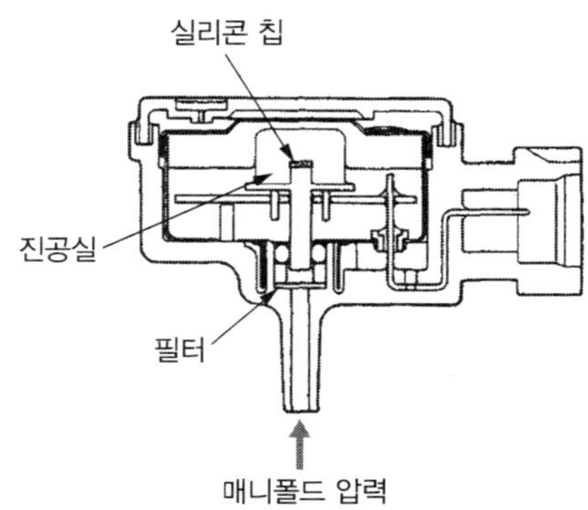

그림 3.82 MAP의 구조

고, 보통 55~70kPa의 범위이다. 감속 시에는 흡기 매니폴드 내부에 높은 진공이 생성되어, 피스톤의 팽창은 공기를 흡입하려고 하지만, 높은 진공에 기인하는 펌핑손실로 20kPa의 진공이 더 높게 발생한다. 가속 시에는 스로틀 밸브가 완전히 열려 엔진에는 많은 공기가 들어가고 진공은 없어진다. 다시 스로틀 밸브가 닫히면 진공은 천천히 올라간다.

MAP센서를 사용하면 속도밀도(speedy density) 전자제어 시스템이라고 하는데 이는 흡입 공기량을 AFS 센서로 직접 측정하지 않고 공기량을 추정하는 방법이다. 이상기체 상태방정식인 $p = \rho RT$에서 공기량 ρ는 압력과 온도만을 알면 간단하게 추정할 수 있고 AFS센서를 사용하는 시스템만큼 정확하지는 않지만 복잡하지도 않고 원가도 저렴하다. AFS센서와 MAP센서가 같이 있는 경우는 MAP센서는 AFS 고장시 백업 혹은 EGR 밸브작동을 감시하는 역할을 한다.

MAP센서는 다이어프램에 의해 분리된 2개의 챔버로 구성되며 1 챔버는 기준공기(진공 혹은 대기압)이고 2 챔버는 흡기 매니폴드에 연결된 진공챔버이다. 센서는 다이어프램의 찌그러짐을 감지하여 압력에 비례하여 변화하는 전압신호를 만들며 진공이 적어지면 전압은 증가한다. 포드(Ford) 자동차의 MAP센서는 진공이 커짐에 따라 신호의 주파수는 증가하고, GM의 MAP센서는 진공이 적어짐에 따라 전압은 증가한다.

표 3.16 MAP센서의 출력

kPa	100	90	80	70	60	50	40	30	20	10	0
GM(전압, V)	4.9	4.4	3.8	3.3	3.7	3.2	1.7	1.1	0.6	0.3	0.3

kPa	101.6	91.5	81.3	71.1	61	50.8	40.6	20.3	10.2	0
FORD(주파수, Hz)	80	88	95	102	109	117	125	141	150	159

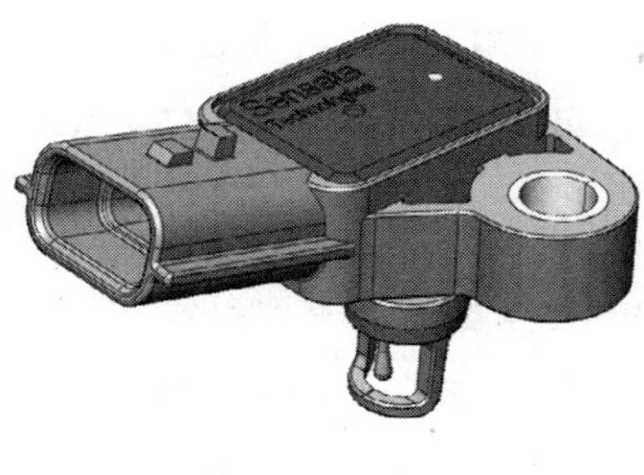

그림 3.83 TMAP(출처 : sensata.com)

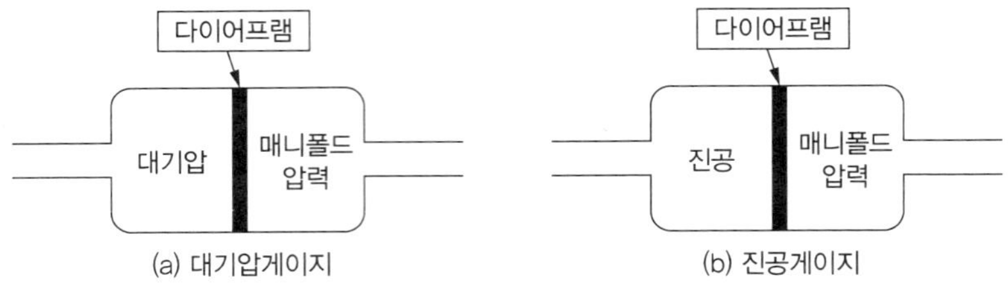

그림 3.84 대기압과 진공 MAP

MAP센서는 서지탱크의 압력과 MAP센서 진공실의 압력차이를 측정하여 전압으로 출력한다. 종류에는 대기압 게이지에 의한 방법과 진공 게이지에 의한 방법이 있다. 진공 게이지는 대기압 게이지보다 정확하고 대기압 게이지는 대기압이 변하기 때문에 정확성이 떨어진다. 진공실과 매니폴드 압력 사이에는 피에조 압전효과를 이용한 센서 칩이 있어 양단의 압력차이에 따라 저항값이 변하고 이 값을 전기신호로 변화시킨다. 피에조 압전효과는 반도체의 면적 혹은 길이에 외부로부터 힘이 가해지면 저항이 선형적으로 변하는 효과이다. 피에조 소자에 압력을 가하면 전압이 발생하고 출력전압이 작으면 증폭기를 이용하여 증폭시킨다.

공회전시, 150mmHg의 높은 부압으로 출력전압은 1V, 진공이 가장 크고, 전부하 시는 대기압 760mmHg으로, 출력전압은 3.7V, 진공은 0이다. 스로틀밸브가 적게 열리면 흡기다기관의 진공은 높아지고 MAP 센서의 출력전압은 낮게 되고 연료 분사량은 적어진다. 가속 시 스로틀밸브가 많이 열리면 진공은 낮아지고 MAP 센서의 출력전압이 높게 되고 연료 분사량은 많아진다. 450~500mmHg의 중간 부압에서 배출가스 제어장치, 브레이크 배력장치 등이 작동한다.

2) 측정원리

그림 3.85는 MAP의 회로도이다. R_1은 피에조 저항이고 이 저항이 변하면 휘스톤 브리지는 균형을 이루기 위해 출력전압이 변한다. 압력차이에 의해 반도체의 센서칩에 찌그러짐이 생기면 그 변형에 따라 피에조 저항이 변한다. 이 저항의 변화를 휘스톤 브리지로 증폭시키면 변화된 출력전압이 아날로그 형태로 발생한다. **그림 3.86(b)**는 출력전압을 나타내고 MAP의 출력특성은 선형적인 특성을 가진다. 공회전시, 150mmHg의 높은 부압으로 출력전압은 1V, 진공이 가장 크고, 전부하 시는 대기압 760mmHg으로, 출력전압은 3.7V, 진공은 0이다. 스로틀 밸브가 적게 열리면 흡기 다기관의 진공은 높아지고 MAP 센서의 출력전압은 낮게 되고 연료 분사량은 적어진다. 가속 시 스로틀 밸브가 많이 열리면 진공은 낮아지고 MAP 센서의 출력전압이 높게 되고 연료 분사량은 많

아진다. 450~500mmHg의 중간부압에서 배출가스 제어장치, 브레이크 배력장치 등이 작동한다. MAP을 이용한 간접측정 방식은 흡기저항에 영향을 주지 않아 흡기관의 경량화, 원가절감, 고장이 적은 장점이 있는 반면 직접측정 방식은 정확성 면에서는 우수하지만 원가가 높고 고장이 발생하면 엔진 부조현상이 발생한다. 간접측정 방식은 공기밀도의 변화에 따라 빠르게 대응하지 못하는 단점이 있다.

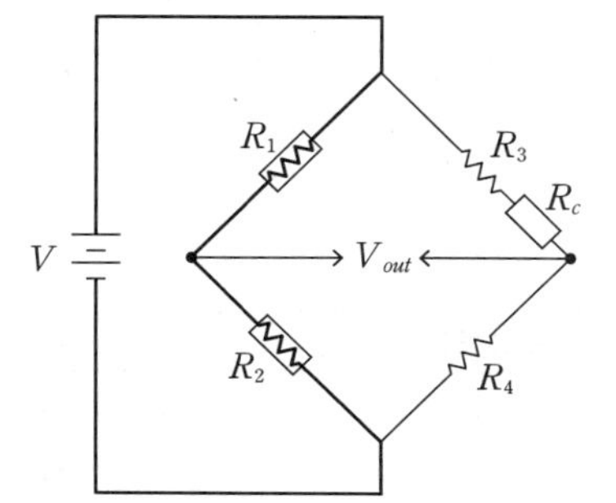

그림 3.85 MAP 센서의 브릿지 회로

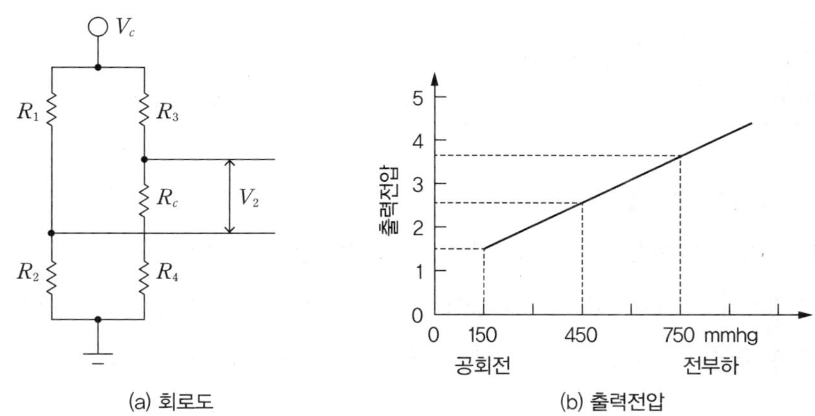

그림 3.86 MAP센서의 출력전압

(2) 대기압 센서(BPS)

대기압을 측정하여 고도와 날씨로 인한 대기압의 변화를 보상하는 센서를 BARO센서라 하고 대기압 센서와 절대압력 센서의 기능을 같이 하는 센서를 BMAP(흡기압력 대기압센서) 센서라고 한다. 터보차저를 사용하는 다운사이징 기술에는 문제가 되는 터보과급 후 압축공기 온도의 상승, EGR율의 상승, 과급 등을 제어하기 위한 센서로 TMAP(흡기압력 온도센서)를 사용하고 터보과급을 할 때는 흡기온도는 170℃ 이상으로 상승하여 인터쿨러를 설치해야 한다.

대기압센서는 대기압을 측정하는 센서로 변화하는 대기압과 공기온도는 공기의 밀도를 변화시킨다. 공기온도가 높고 대기압이 낮은 경우는 공기의 밀도가 작으며, 공기온도가 낮고 대기압이 높은 경우보다 적은 산소를 포함한다. 고지대는 공기 중의 산소가 적어지고 보정을 하지 않으면 농후한 불완전연소가 발생한다. 세계 최고 고도의 도시 볼리비아의 Altiplano는 고도가 4000m이므로 공기 중에 산소가 적으므로 연료를 적게 넣고 점화시기도 지각시키는 보정을 해야 한다.

표 3.17 고도와 산소량

고도(m)	산소농도	산소량	기압
0	100%	21%	101.0kPa
500	94%	20%	95.6kPa
1000	88%	18%	89.9kPa
1500	83%	17%	84.7kPa
2000	78%	16%	79.5kPa
2500	73%	15%	74.8kPa
3000	68%	14%	70.1kPa
3500	64%	13%	65.9kPa
4000	볼리비아 Altiplano(세계 최고도 도시)		

공기유량의 계측시 베인식, 칼만와류식 등 체적을 감지하는 방식의 경우, 대기압변화에 따라 흡기공기의 양이 변한다. 이상기체 상태방정식($p = \rho RT$)에서 압력과 밀도는 비례하기 때문에 압력이 낮아지면 공기량은 적어지고 이러한 공기 중의 산소 변화를 보정하기 위해 대기압센서가 사용된다. 엔진으로 유입되는 산소량이 변하면 연료량도 보정해야 완전연소가 된다.

표 3.18 대기압센서 규정출력 전압값

압력		출력전압	비고
760mmHg	101kPa	4.5V	고도가 높아지면 전압은 작아진다.
357mmHg	48kPa	1.84V	
150mmHg	20kPa	0.97V	

대기압센서의 전압변화를 근거로 ECU는 연료분사량을 보정한다. 이 센서는 해발 0 m에 해당하는 760mmHg일 때는 4.5V의 출력이 나오고, 해발이 높아지고 산소는 희박해지면 전압도 저하된다. 대기압센서는 피에조 저항효과를 이용한 반도체식 압력센서가 사용되고 피에조 저항효과는 2개의 면에 압력을 가하면 저항이 변화하고 그에 따라 변화된 전압을 발생하는 소자이다. 대기압센서는 바로(baro)센서라고도 하며 **표 3.18**은 대기압 센서의 규정 출력전압 값을 나타낸다.

3.9.2 와전류 변위센서

도체판에 교류자속이 가해지면 와전류(eddy current)가 발생하고, 와전류에 의해 코일에 전류가 흘러 코일은 도체로 되고 자장의 변형이 발생하고, 도체판에서는 에너지 손실이 발생하여 교류신호의 진폭의 크기는 줄어드는 현상이 나타난다. 이때 진폭의 크기는 와전류와 관련되므로, 센서와 금속과의 거리에 비례하는 값을 가진다. 비접촉식으로 금속체와의 거리를 감지를 할 수 있는 변위센서이며 **그림 3.87**은 와류식 변위센서를 나타낸다.

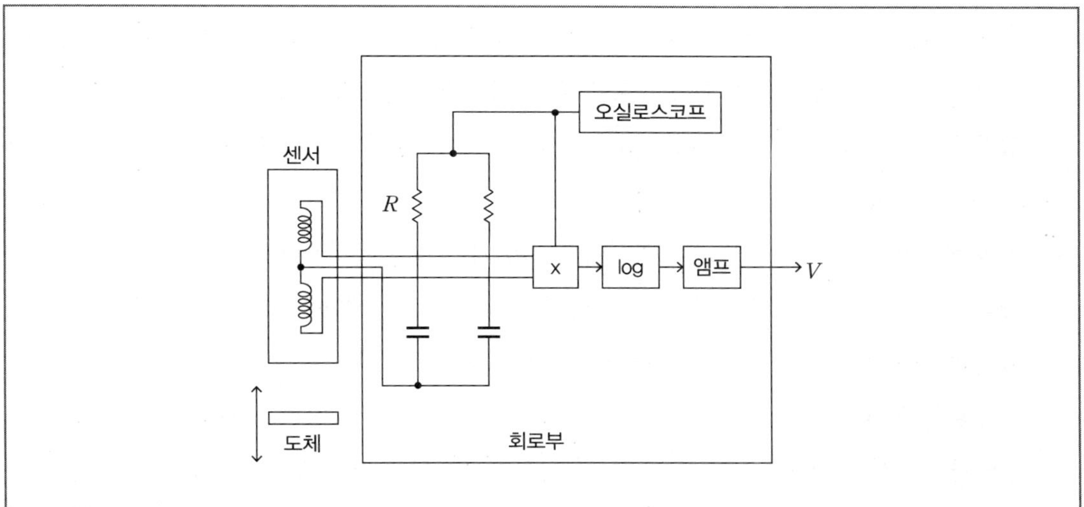

그림 3.87 와전류식 변위센서

① 오실로스코프(OSC)–발진기(일정파형 형성)

② 신호처리(X–Log–AMP)

③ 저항(R)–코일(L)–커패시터(C)회로

3.9.3 공기유량 센서

흡입공기량을 측정하는 이유는 흡입되는 공기량을 알기 위해서이며 산소량이 정해지면 연료량도 정해지므로 기본 분사량 산정에 중요한 역할을 한다. 흡입공기량을 검출하는 센서는 공기량을 직접 측정하는 방식과 간접 측정하는 방식으로 구분한다. 직접 측정법은 공기가 많이 들어가면 연료를 많이 넣고, 적게 들어가면 적게 넣는 센서 플레이트 방식, 열선이나 열막에서 뺏은 열량이 질량흐름과 비례하는 원리를 이용하는 방식, 와류의 갯수를 카운트하는 방식 등이 있다. 간접측정법은 스로틀 밸브에 의해 발생하는 부압을 측정하여 공기량을 추정하는 방식이다.

(1) 직접측정방식

직접측정방식에는 센서플레이트방식, 가동 베인식, 열선방식, 열막에 의한 방법 등이 있다.

① **센서플레이트 방식** : 초기의 K제트로닉 시스템에서 사용한 방식으로 스로틀밸브의 개도에 따라 흡입된 공기가 플랩을 밀어 플랩의 위치가 변화하는 원리를 이용한다. 플랩에는 리턴스프링이 있어서 흡입공기량에 의해 플랩을 미는 힘과 스프링의 제어력이 평형을 이루는 위치에 오게 된다. 이 플랩과 같은 축에 스로틀위치센서와 동일한 구조의 전위차계를 부착하여 흡입공기량을 측정하고 이 경우 흡입공기량에 비례하는 전압 값으로 변환된다. 그림 3.88(a)는 센서플레이트 방식을 나타낸다.

② **가동 베인식** : 초기의 L제트로닉 방식이다. 유입되는 공기가 스프링이 달린 베인을 밀어내고 베인이 밀린 위치만큼 전압 값이 변한다. 통과하는 유량은 베인을 회전시키고 베인의 개도에 따라 변화하는 전압신호를 질량으로 계측하며 그림 3.88(b)의 가동베인식은 나타낸다.

③ **칼만볼텍스(Karman Vortex Sensing Air Flow Meter)** : 유입공기가 스트럿(strut)을 만나면 소용돌이가 발생하고 공기가 빠르면 소용돌이가 많이 생기고 느리면 적게 생겨 공기량을 알 수 있다. 발진회로로 초음파를 만들어 소용돌이를 통과시키면 소용돌이에서 잡음이 발생하고 이 잡음이 소용돌이 갯수이다. 이 잡음을 디지털 처리를 하여 펄스파로 만들면 엔진 공회전시 32.9 Hz가 발생하여 1초에 32.9개의 소용돌이가 만들어진다. 초음파를 송수신하는 영역에서 흡입공기가 중앙 분리대를 통과하면 와류가 발생되고 이 와류가 초음파를 끊으면서 출력이 주파수로 나온다. 와류수가 많아 초음파를 자주 끊으면 주파수가 상승한다. 그림 3.89와 같이 흡기관 내에 스트럿으로 칼만와류를 발생시킨다. 칼만와류는 유체역학적으로 물체의 양

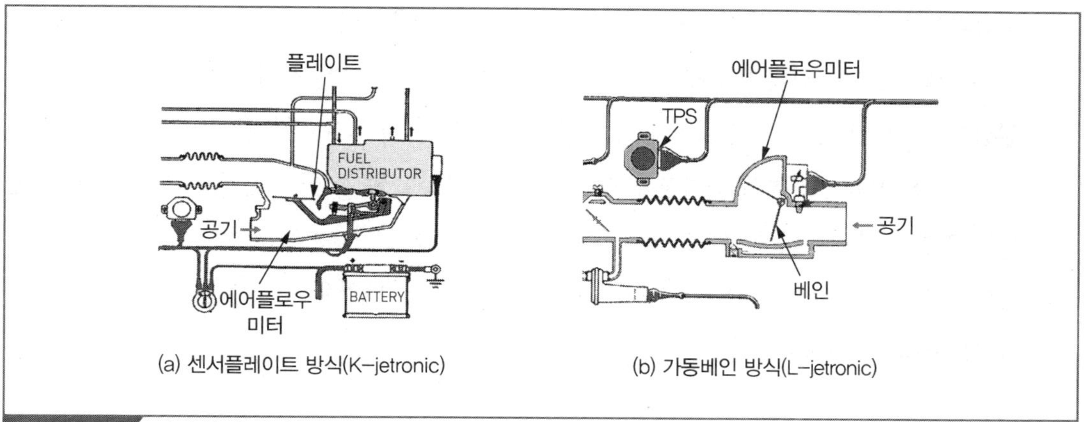

그림 3.88 직접 측정 방식

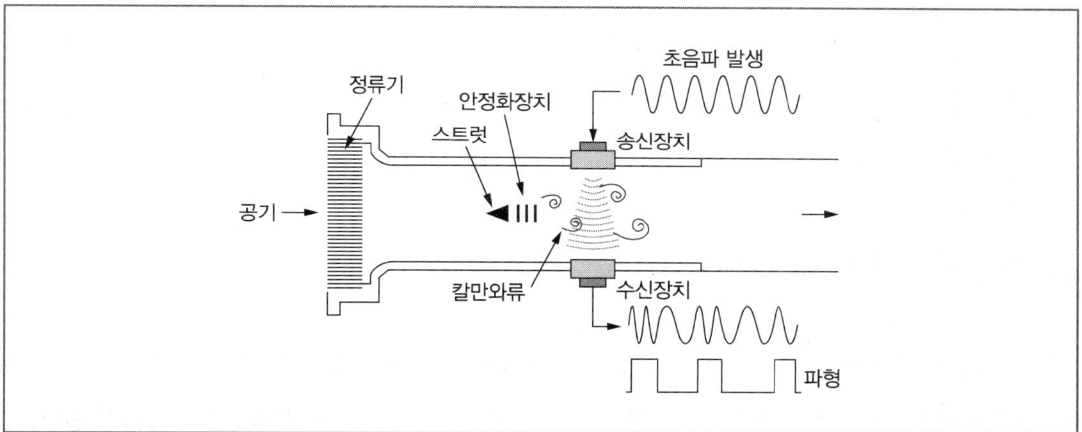

그림 3.89 칼만와류 타입 공기유량센서

측으로부터 발생하는 와류가 규칙적으로 양쪽에 나란히 발생하여 유속에 따라 와류수가 비례적으로 증가하는 원리를 이용한 것이다. 와류의 수와 유속과의 관계식은 다음과 같다.

$$f = St\frac{V}{d} \tag{3.9.1}$$

식에서 f는 칼만와류의 발생주파수, V는 유속, d는 와류발생주의 직경, St는 스트라울(Strouhal)수인 0.2를 나타낸다. 간접적으로 공기량을 계측하는 방법이지만 응답성에 문제가 없고, 디지털신호이어서 ECU에 유리하고, 잡음에 강하여 펄스의 빠짐이 발생하여도 문제는 크게 없다.

④ **열선타입(hot wire type) : 그림** 3.90은 열선타입 공기유량센서를 나타낸다. 이 방법은 휘스톤 브릿지 전기회로에 저항 4개중 3개는 고정저항, 1개는 가변저항을 달고 전기를 통하면 공기가

유입되면서 발열된 가변저항값을 변화시키는 원리를 이용하여 공기량을 계측한다. 백금열선은 공급된 전류에 의해 뜨겁게 유지되고 흡입공기는 열선을 냉각시키고, 공기량이 많을수록 열선으로부터 많은 열이 손실된다. 많은 열이 손실되면 더 많은 전류를 공급하여 일정 온도로 계속 유지된다. 전류의 변화치를 검출하여 공기유량을 측정한다. 흡기관 내에 백금열선을 두고 전류를 흘려 가열한 다음, 공기를 흐르게 하면 그 냉각효과로 열선의 가변저항이 변화한다. 이때 가는 열선에 공기가 지나가면서 열선으로부터 빼앗은 열량은 질량공기 흐름과 다음 식 (3.9.2)의 관계가 있다.

$$\Delta Q = \Delta T(k_a + (2\pi d C_a \dot{m})^{1/2}) \tag{3.9.2}$$

ΔQ = 공기유량 변화에 기인한 열량변화

ΔT = 공기와 센서 사이의 온도차

k_a = 공기의 열전도도

d = 열선지름

C_a = 공기의 열용량

$\dot{m}$ = 공기의 질량유량

열선에 공기가 많이 흐르면 열선의 온도가 낮아지고 따라서 저항값이 작아져서 차동증폭기의 (+)입력전위가 높아지고 증폭기의 출력전압도 증가하여 열선저항에 많은 전류가 흘러 열선위의 저항은 증가하여 평형점에 도달한다. 흡입유량의 증감에 따라 미소하게 저항이 변하여 출력전압이 발생하고 공기유량의 증가에 따라 출력전압은 증가하며 4V인 경우 $50\sim55l/s$의 공기가 들어간다. 그림 3.90은 R_1은 가변저항, R_3은 열선저항, 고정저항 R_3, R_4의 휘스톤 브리지이다. V_1은 가해진 전압, V_2는 출력전압으로 여기에 공기가 통과하면 온도가 떨어져, R_1의 저항은 떨어지고 1－3과 2－4가 같은 전류가 되기 위해서는 R_3 저항은 가열되어 V_1이 발생한다. 공기의 유동으로 R_1 저항이 ΔR만큼 변화하면 키르히호프 제1법칙에 의거 다음이 성립한다.

$$(R_1 + \Delta R) \times R_4 = R_2 \times R_3 \tag{3.9.3}$$

저항 1－3으로 흐르는 전압과 저항 2－4으로 흐르는 전압을 빼면 출력전압이 되고 이는 공기량이 된다.

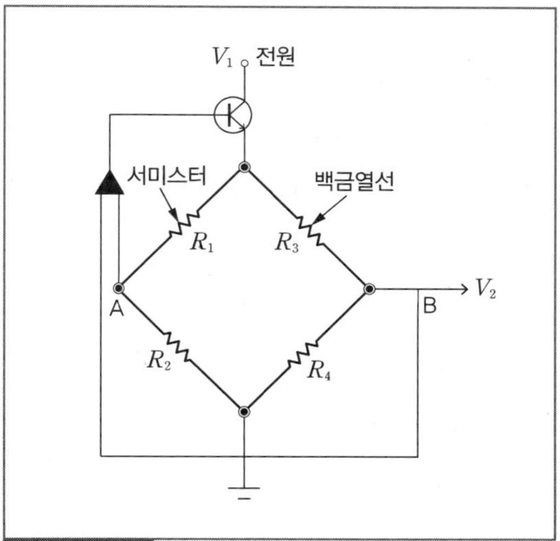

그림 3.90 열선 타입 공기유량센서의 원리

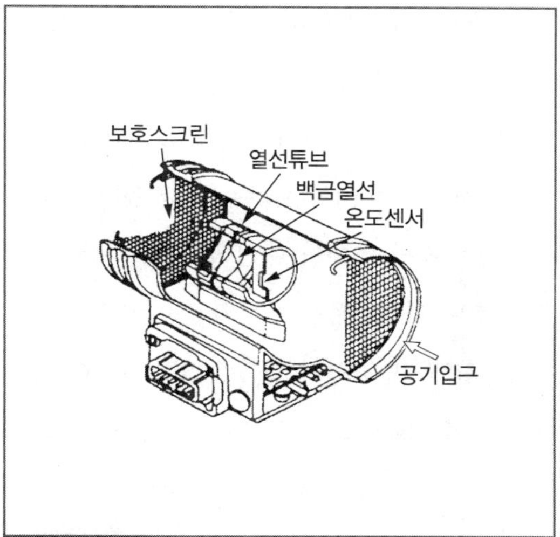

그림 3.91 열선 유속계

$$V_2 = V_{out} = V_{13} - V_{24} = \left[\frac{R_1 + \Delta R}{R_1 + R_3} - \frac{R_2}{R_2 + R_4} \right] \times V_1$$

$R_1 = R_2 = R_3 = R_4 = R$이면

$$V_2 = V_{out} = \frac{\Delta R}{4R} V_1 \tag{3.9.4}$$

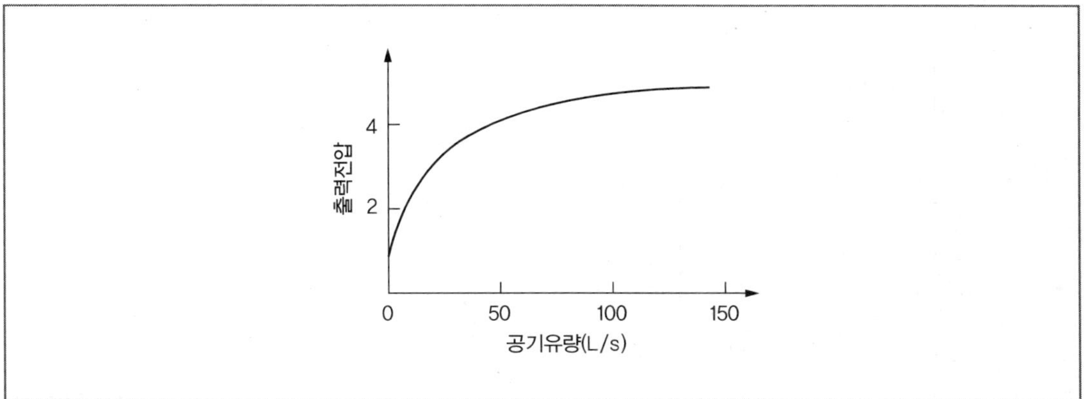

그림 3.92 열선타입의 유량과 전압과의 관계

보호 스크린으로 백금열선을 보호하고 온도센서가 내장되어 있다. 백금을 사용하는 이유는 백금은 재료 특성이 좋고 사용온도인 160℃에서도 열전달 특성이 좋다. 0.07mm로 가늘게 하면 반응성도 좋고, 먼지가 묻으면 감도가 떨어지므로 처음 시동시 열선의 온도를 450℃로 올려 백금선에 있는 먼지를 태워 없애는 클린버닝 기능이 있다.

열선타입의 경우, 진동이나 쇼크에 의해 선이 끊어지기 쉬워서 백금선을 얇은 막으로 만든 열막방식으로 대체되었다. **그림 3.92**는 열선타입의 유량과 전압과의 관계를 나타낸다.

⑤ **열막타입(hot film type)** : 원리는 열선과 같지만 열선은 공기 중의 이물질이 흡착되면 감도가 떨어져서 와이어 대신 필름을 사용하여 신뢰성을 높인 것이다. 고온물질로 코팅된 금속박막이나 니켈격자로 구성되고 이 막을 흐르는 전류가 필름을 가열하고, 필름을 통과하는 공기가 필름을 냉각시켜 필름은 일정한 온도를 유지한다.

열막(hot film) 방식의 공기유량센서는 흡입 측에 금속 망으로 된 흐름망(flow grid)이 설치되어 있고 열선(hot wire)의 백금선 대신에 세라믹기판 위에 열막센서(hot film sensor)를 코팅(coating)하여 놓았다. 센서부에서 검출된 흡기공기 온도를 전압 값으로 치환하고 증폭하는 하이브리드 IC회로부가 있고, 흐름망은 입구 측에서 유입되는 공기의 흐름을 안정화하고, 온도를 감지하는 부분은 세라믹기판 위에 부착하여 진동에 강하게 하였다. **그림 3.93**은 열막타입의 회로도와 전압과 공기량을 나타내고, 공회전시 0.5V, 2000rpm일 때 1V의 출력전압을 나타낸다. 열선에 해당하는 히팅저항이 있고 이 히팅저항은 가해지는 전류에 의해 가열된다. 공기가 흐르면 센싱저항은 감소하고 휘스톤 브리지의 균형을 위해 히팅저항이 가열되면 공기량은 가열전류량에 비례한다.

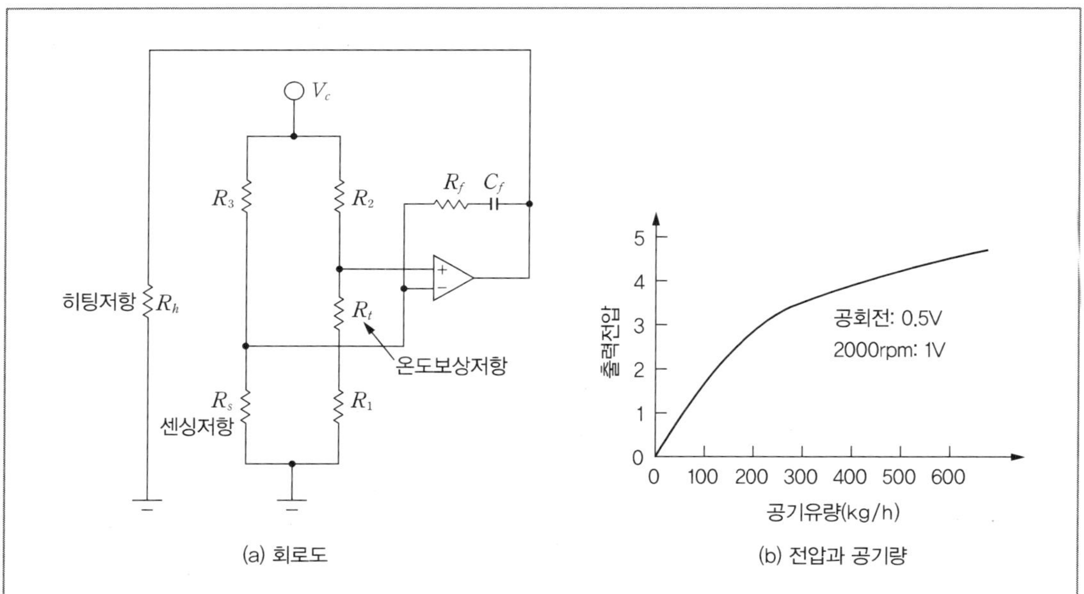

그림 3.93 열막 센서

3.9.4 자기센서

전자제어 엔진에서 캠축과 크랭크축의 위치를 감지하는 센서는 중요하며 연료분사시기와 점화시기에 대한 기준신호를 제공한다. 흡입공기량을 검출할 때 공기유량센서는 1사이클마다 흡입공기량의 검출은 불가능하여 단위시간당 흡입공기량을 검출한다. 단위시간당 흡입공기량을 검출하고 분사시기, 점화시기제어를 위해 캠축과 크랭크축 위치를 검출해야 한다. 캠축위치는 1번 실린더의 피스톤의 위치를, 크랭크축 위치는 크랭크축의 회전속도를 계산하는데 필요하다. 캠축의 위치를 측정하는 센서를 캠축위치센서(camshaft position sensor, CMP), 크랭크축 위치를 측정하는 센서를 크랭크각센서(crankshaft position sensor, CKP)라고 한다. 이를 감지하는 방법은 마그네틱픽업방식, 홀효과방식, 광전식 등이 있다. 배전기 점화방식에서는 이들 센서는 배전기내에 내장된 광전식이고 무배전기 점화방식(고압케이블이 있는 DLI, 고압케이블이 없는 DIS)은 캠축과 크랭크축에 센서가 분리되어 있는 마그네틱 픽업방식, 홀효과 방식이다. 일반적으로 크랭크축에는 돌기나 노치가 있는 타이밍 디스크나 펄스링이 설치되어 있고, 캠축에는 돌기가 부착되어 있다. 캠축센서는 1번 실린더 압축상사점을 감지하여 실린더 점화순서를 결정하는 신호이고, 크랭크각센서는 크랭크축의 위치를 감지하여 엔진회전수, 엔진 1회전당 흡입공기량, 연료 분사시기, 점화시기 등을 계산하는데 이용한다. ECU는 이들 신호로 점화시기와 분사시기를 제어하고 각 실린더의 연료분사 순서도 결정한다. 센서의 신호가 정확하지 않으면 순차분사가 되지 않아 시동이 꺼질 수 있으며 공회전이 불규칙해진다.

CMP의 종류에는 CMP, 1번 TDC 센서, G센서, 페이즈(phase)센서 등이 같은 의미이고 CKP의 종류에는 CKP, CAS, NE 센서 등이 같은 의미이다. 표 3.19는 CMP과 CKP의 종류를 나타낸다.

① 마그네틱픽업센서(magnetic pick up sensor) = 무배전기타입

= 자기저항형 센서(reluctance sensor)

▷ CKP(crankshaft position sensor)

▷ CMP(camshaft position sensor)

② 홀효과센서(hall effect sensor) = 무배전기타입

▷ CKP(crank position sensor)

▷ CMP(cam position sensor)

③ 광전식센서 = 배전기타입

▷ CAS(crank angle sensor)

▷ NO.1 TDC sensor

표 3.19 CMP과 CKP의 종류

센서 종류	신호	종류	방식	역할
캠축센서	1번 실린더 압축상사점 감지	CMP, G sensor, Phase sensor, NO.1 TDC sensor	• magnetic pick up 방식 • 홀효과 방식 • 광전식	실린더를 판별하여 점화순서를 결정하는 신호
크랭크각 센서	상사점에 관련된 크랭크축의 위치를 감지하는 센서	CKP, NE sensor, CAS	• magnetic pick up 방식 • 홀효과 방식 • 광전식	센서에서 나오는 신호를 기초로 하여 연료 분사시기를 결정하고 엔진 1회전당 흡입 공기량, 점화시기 등을 계산

(1) 마그네틱픽업 방식(Magnetic Pick Up Method)

영구자석에 코일을 감고 전원을 가하면 전자석이 된다. 이 전자석에 자석을 가까이 혹은 멀리하면 자기장이 발생하고, 이 자기장을 변화시키면 전자석에는 전자기유도 현상에 의해 전기가 발생한다. 전자기유도 현상은 코일이 감긴 영구자석을 움직이면 코일에 전기가 발생하는 현상이다.

영구자석에 코일을 감은 것을 픽업코일이라 하고 일종의 소형 교류 발전기이며, 스테이터(stator)라고도 한다. 픽업 자성체의 자기저항(reluctance)은 자속을 통과하지 못하도록 하는 저항으로 외부 진동에 의해 산과 골에서 자기저항이 변하고, 자기저항이 변하면 코일 리액턴스와 임피던스가 변하여 아날로그파의 전기가 발생한다. 진동이 크면 높은 전압, 진동이 약하면 낮은 전압이 생긴다. 즉 회전하는 타이밍디스크(감쇠자, reluctor)로 고정된 픽업코일의 자기장을 변화시키면, 고정된 픽업코일에서 전압이 다른 전기가 발생한다. 타이밍디스크에는 많은 돌기가 있으며 픽업코일이 돌기(산)를 짧게, 평면(골)은 길게 지난다. 돌기를 지날 때는 강한 자기장의 펄스가 만들어지고, 평면을 지날 때는 약한 펄스가 만들어진다. 감쇠자와 픽업코일 사이의 갭에 따라 자기장의 세기가 달라지며, CKP 구조가 36개의 돌기로 되어 있으면, 35개의 돌기와 1개의 빠진 돌기가 있어 크랭크축이 1회전하면 35개의 작은 교류신호와 1개의 큰 교류 신호가 발생한다. 35개의 작은 교류신호는 크랭크각 신호로 엔진의 회전수를 계산하고, 1개의 큰 교류신호는 1번 실린더 상사점 위치를 계산한다. 감쇠자의 돌기는 10°의 각도를 가지며 돌기에 픽업코일을 지나가면 높은 신호가 발생한다. 파형 1개의 각도는 360/36 = 10°이며 9, 27번째인 곳이 TDC이고 1개 전인 10°에서 폭발이 일어나고, 2개

전인 20°에서 인젝터에서 연료가 분사한다. 전체가 36개인 돌기가 플라이휠에 그림 3.94와 같이 되어 있고, 플라이휠 1바퀴 회전에 2번의 폭발이 일어난다. 플라이휠에서 CKP, CMP기능을 같이 하는 방법과 크랭크축에서 CKP, 캠축에서 CMP 기능을 하는 방식이 있으며 후자는 전자보다 더 정확하다. 캠축에 돌기가 하나가 있어 1개의 큰 교류신호가 발생한다.

그림 3.95는 마그네틱픽업 방식의 파형을 나타낸다. 표 3.20은 가솔린엔진에서 사용된 센서의 방식을 나타내고 표 3.21는 디젤엔진의 센서의 종류를 나타낸다. CRDI엔진의 경우, CMP는 홀효과, CKP는 마그네틱픽업 방식을 사용한다. 이 방식은 구조가 간단하고 원가가 적은 장점이 있지만 아날로그신호를 발생한다.

표 3.20 가솔린 엔진별 센서 종류

종 류	CMP센서	CKP센서
ε엔진	광전식, 홀효과	광전식, 홀효과
α엔진	홀효과	마그네틱픽업
β엔진	홀효과	홀효과
시리우스 II 엔진	홀효과	홀효과
δ엔진	홀효과	홀효과
Σ엔진	홀효과	홀효과
Ω엔진	홀효과	홀효과

표 3.21 디젤엔진별 센서 종류

종 류	CMP센서	CKP센서
D엔진	홀효과	마그네틱픽업
A엔진	홀효과	마그네틱픽업
J엔진	홀효과	마그네틱픽업

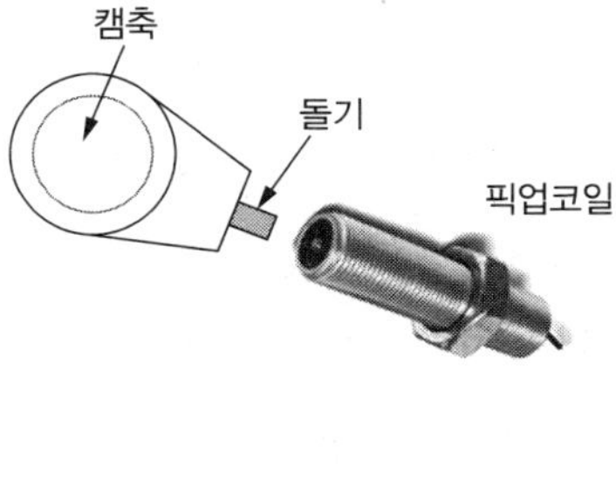

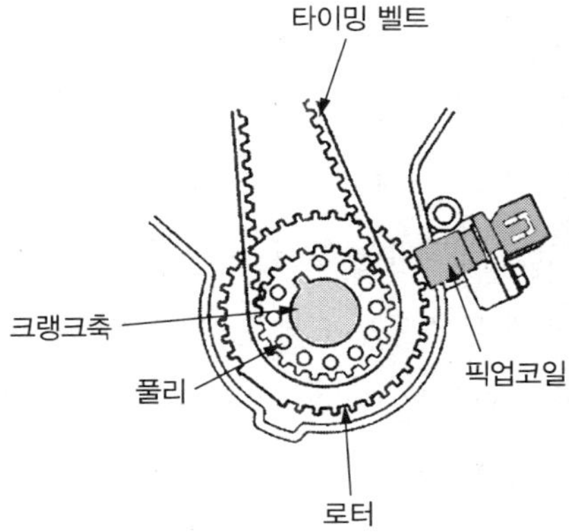

그림 3.94 마그네틱 픽업방식

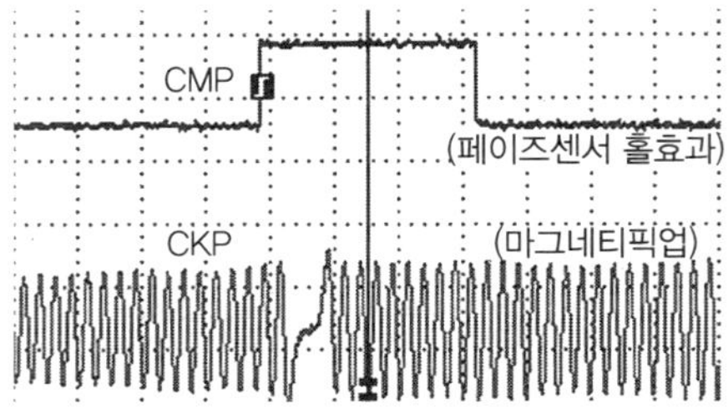

그림 3.95 마그네틱 픽업 방식의 파형

(2) 홀효과 센서

크랭크각센서(CKP)와 캠각센서(CMP)는 엔진회전수와 피스톤의 위치를 알아내기 위해 홀효과를 이용하기도 한다. 홀효과는 마그네틱 픽업 대신에 P타입 반도체인 홀 엘리먼트를 이용한다. 이 반도체는 영구자석의 자기장을 돌기를 이용하여 가까이 혹은 멀리하거나, 셔터와 윈도우을 이용하여 전달과 차단, N극, S극의 자석링을 교대로 하면, 홀전압을 발생시킨다. 홀효과는 그림 3.96과 같이 전기장이 자기장을 가로질러 존재하면 도선을 가로 지르는 전위차가 발생하는 현상이다. 즉 편평한 반도체 판에 전류가 길이방향으로 흐르면 자기장이 편평한 면에 수직으로 발생하고 반도체에는 전압차가 발생하며 이 전압이 디지털방식의 홀전압이다.

집적회로(IC)는 트리거 휠과 영구자석 사이에 위치하며 홀IC 앞에는 자석이 붙어 있는 로터의 회전에 따라 홀IC를 통과하는 자력선이 변하면 홀소자에는 전류가 흐르게 되고 자력선의 세기에 따라 다른 홀기전력을 발생한다. 셔터와 윈도우 방법은 자석을 사용하고, 4기통인 경우, 자석과 홀IC가 만나는 4개의 구멍인 셔터가 있고 인터럽트 링에는 셔터와 윈도우가 있다. 중심축이 캠축과 연결되어 회전하고 셔터외의 부분인 윈도우를 통해 자석으로부터 자력선이 전달된다. 픽업방식의 타이밍디스크에 해당하는 돌기로터, 윈도우와 셔터로 되어 있으며 로터는 캠축과 같이 회전한다.

만약 4개의 윈도우가 반도체 판을 통과하면 홀효과 요소에 수직인 자력은 변화하고 변화량만큼 홀전압이 생성된다. 윈도우가 자석과 홀IC 사이의 갭을 지나갈 때 생기는 자장으로 전압이 발생하고 트랜지스터는 켜진다. 셔터가 갭을 지나면 셔터가 자기력이 홀센서에 도달하는 것을 차단하고 자기력이 없어지면 홀전압도 없어진다. 전압이 오프되면 트랜지스터도 오프된다. 홀효과 방식은 디지털신호를 출력하기 때문에 ECU는 디지털신호를 바로 인식할 수 있다. 이 방식과 마그네틱픽업 방식과의 구분법은 커넥터핀 수가 3개이면 홀효과를 이용한 센서이며, 2개이면 마그네틱픽업 방

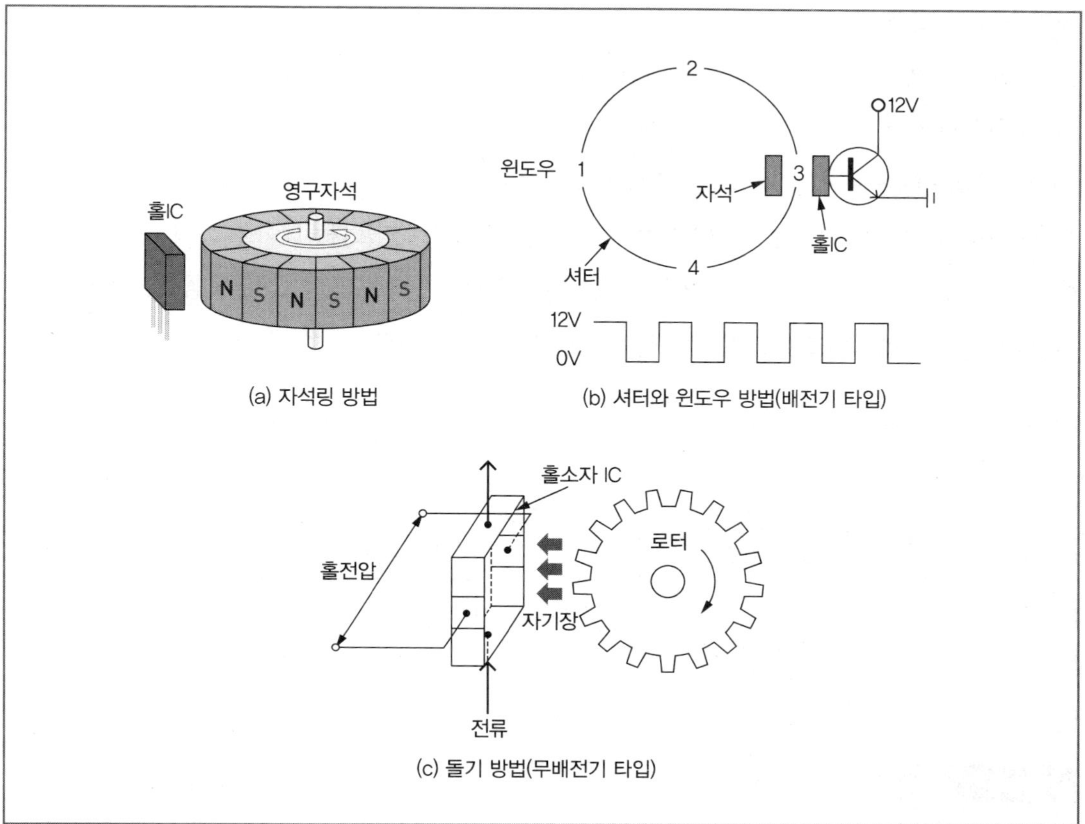

그림 3.96 홀효과를 이용한 캠각, 크랭크각센서 구조도

식을 사용한 것이다. 페이즈센서(Phase Sensor), 캠센서와 같은 CMP는 캠축의 회전을 이용하여 1번 실린더 상사점을 검출하고, 점화순서를 결정한다. 엔진의 크랭크축 1회전에 캠축은 2회전하고 피스톤이 상사점에 있으면 실린더는 압축행정이나 배기행정이다.

(3) 광전식 센서(Photoelectric Sensor)

광전식 크랭크각센서(CAS)는 배전기내에 일체형으로 들어 있다. 캠축의 회전에 따라 배전기의 로터가 회전한다. 발광다이오드와 포토다이오드 사이에 빛을 통과할 수 있는 슬릿(slit)판을 두고 있어, 캠축이 회전하면 슬릿판도 같이 회전하여 발광다이오드에서 발광되는 빛이 슬릿을 통과하여 포토다이오드가 빛을 받는다. 이 빛은 전기신호로 변경되고 전기신호는 연산증폭기(OP-AMP)에 의해 증폭되어 펄스파형으로 출력된다. 크랭크각센서는 크랭크축의 회전각을 검출하고 점화에 기준이 되는 실린더위치를 검출하기 위해 360°중 70~110° 범위로 설정되어 있다. 배전기축에 고정되어 있는 디스크와 다이오드는 축의 회전에 따라 회전한다. 디스크는 90° 간격으로 4개의 홈이 파져 있는 슬릿과 1개의 홈이 파져 있는 슬릿 총 5개로 구성되어 있어, 축에 고정된 디스크가 1회전 할 때 4번 빛을 투과시키는 슬릿이 크랭크각센서 신호이고 1번의 빛을 길게 투과시키는 것이 1번 실린더 TDC센서이다. **그림 3.97**은 광전식 센서의 구조와 파형을 나타낸다. CAS(crank angle sensor)는 4개의 슬릿으로 TDC는 1개의 슬릿으로 구성된다. 그에 따른 파형모양은 디지털로 CAS 4개의 파형이 발생할 때 TDC는 1개의 파형이 발생한다. CAS는 컨트롤릴레이를 통해 12 V를 공급받아 내부회로를 구동하고 엔진의 회전에 의해 슬릿 판이 회전하면 출력측에는 CAS와 TDC신호가 디지털파형으로 출력되고, ECU는 이 신호로 연료분사량과 점화시기를 계산한다.

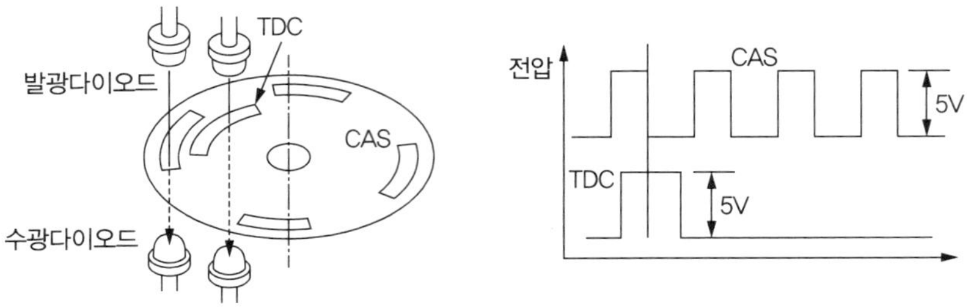

그림 3.97 광전식 센서의 구조와 파형

(4) MRE(magnetic ring element)센서

이 센서는 회전하는 N, S극 자석링을 사용하고 홀엘리먼트 대신 자석저항 엘리먼트(MRE)를 사용하여 자기장의 변화를 감지한다. 이 변화는 디지털 신호로 전환된다. 차량의 속도를 측정하는 센서이다. N극에서 12 V, S극에서 0 V의 출력이 발생된다.

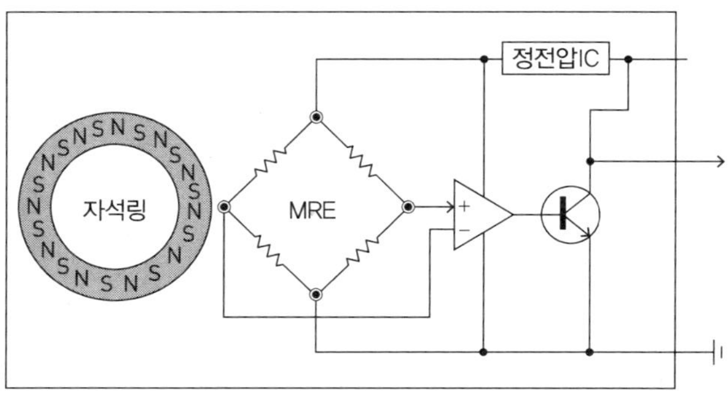

그림 3.98 MRE 센서

3.9.5 온도센서

자동차의 온도센서에는 다양한 범위에서 설계가 가능한 반도체저항이 들어있다. 이 반도체는 NTC(negative temperature capacity)저항형이고 NTC는 열을 받으면 저항이 적어진다. 반면에 금속 저항인 PTC는 열을 받으면 저항이 커진다. 측정저항은 5 V로 출력되고 A/D컨버터로 디지털화된다. 아날로그와 디지털의 차이는 선과 숫자로 구별된다. 아날로그는 곡선의 형태로 정보를 전달하고, 디지털은 1과 0이라는 숫자를 통해 정보를 전달한다. 예를 들면 아날로그 신호는 전류의 주파수나 진폭 등 연속적으로 변화하는 형태로 전류를 전달하고, 디지털신호는 전류가 흐르는 상태인 1과 흐르지 않는 상태인 0의 2가지를 조합하여 전달한다. 온도에 따라 저항이 변하고 저항의 변화에 따라 전류, 전압도 변한다.

① **정특성**(positive temperature capacity) : 열을 받으면 저항이 커져 전기가 잘 통하지 않고 금속류이다.

② **부특성**(negative temperature capacity) : 열을 받으면 저항이 적어져 전기가 잘 통하고 반도체 종류이다.

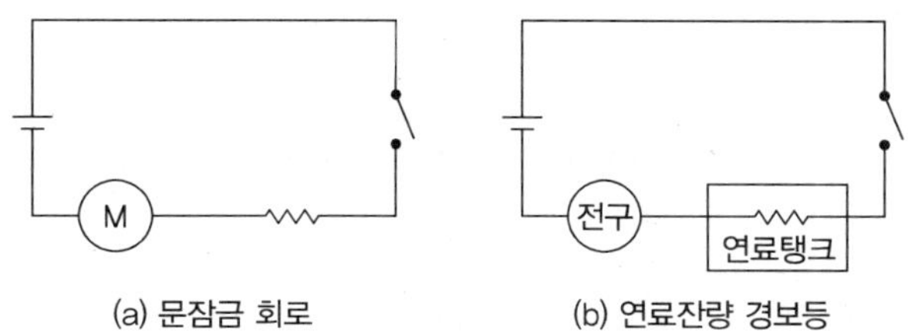

그림 3.99 정특성과 부특성의 원리

그림 3.99(a)는 저항이 정특성으로 문잠금 모터(door lock actuator motor)를 나타낸다. 처음에는 열을 받지 않아 전기가 잘 통하나 오래 누르면 열을 받고 저항이 증가하여 전기는 통하지 않고 모터가 돌아가지 않는다. 타이머의 일종으로 사용된다.

그림 3.99(b)는 저항이 부특성으로 연료잔량 경보 등에 사용된다. 연료탱크에 휘발유가 많으면 서미스터(열저항)가 가솔린에 잠겨, 온도가 낮고 저항은 커져 불이 들어오지 않는다. 가솔린이 적어지면 서미스터가 공기 중에 노출되고 열을 받아 전기가 통하여 계기판에 불이 들어온다.

① **냉각수온센서(WTS)** : 엔진온도센서(ECT)라고도 하고 냉각회로위에 설치되며 연료량을 계산할 때 ECU는 이 신호를 사용하고 사용온도의 범위는 －40～+130℃이다.

② **공기온도센서(ATS)** : 이 센서는 공기가 흡입되는 곳에 설치되며 MAP센서의 신호와 함께 공기질량을 계산하는데 사용되고 EGR등 신호제어시 사용된다. 사용온도의 범위는 －40～+120℃이다.

③ **엔진오일 온도센서** : 이 센서는 엔진오일의 교환주기를 나타내는 신호로 사용하고 사용온도의 범위는 －40～+170℃이다.

④ **연료온도센서** : 이 센서는 디젤 연료라인중 저압라인에 사용된다. 연료의 온도는 정확한 연료공급량을 계산하는데 사용하고 사용온도의 범위는 －40～+120℃이다.

⑤ **배기가스온도센서** : 이 센서는 배기가스의 온도를 측정하고 사용온도의 범위는 －40～+1000℃이다.

(1) 냉각수온센서(Water Temperature Sensor)

냉각수온센서는 냉각수온도를 감지하는 센서이다. 냉각수온도가 낮으면 ECU는 냉간 운전을 위하여 여분의 연료를 공급해야 하고 엔진온도에 맞게 점화시기를 정해야 하고 연료가 액체로 되어 흡기장치 벽면에 붙게 되어 연료의 양과 공기의 양이 맞지 않게 되므로 엔진의 온도에 따라 연료의 양을 보정해야 한다. 그리고 엔진이 뜨거워지면 냉각수온 센서의 신호를 이용하여 냉각팬을 가동시킨다.

냉각수 통로부에 설치하여 온도의 변화를 저항치의 변화로 검출하여 엔진의 상태를 ECU로 입

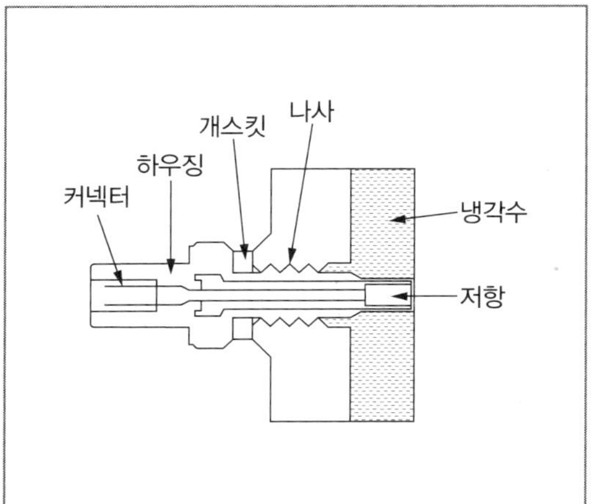

그림 3.100 냉각수온센서

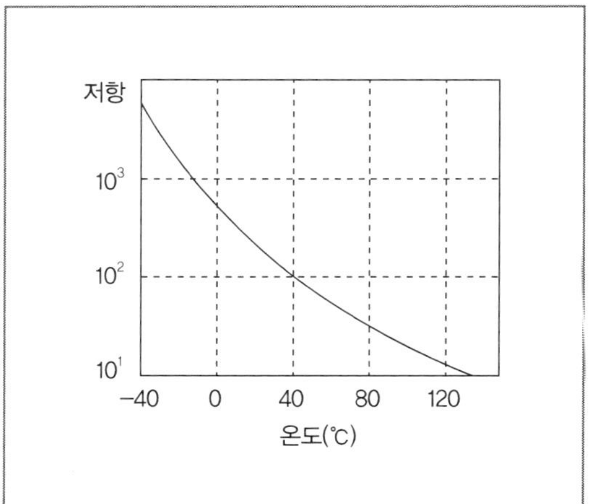

그림 3.101 냉각수온센서의 출력(온도℃, 저항Ω)

력시키면 ECU는 이 신호에 의해 냉간시 연료를 농후하게 공급하는 등 연료 분사량과 점화시기를 보정한다. 센서감지 온도범위는 －30℃에서 120℃의 150 등분이고 온도가 올라가면 저항과 전압이 감소한다. **그림 3.100**은 냉각수온센서를 나타낸다.

저항은 냉각수와 접촉하고 있고 저항의 변화가 온도의 변화로 나타나고 저항은 전압으로 출력된다. 저항이 적어지면 냉각수 온도는 높고 커지면 냉각수 온도는 낮다. 저항이 2.5KΩ이면 8.44V를 출력하고 온도는 20℃를 나타낸다.

수온조절기는 실린더헤드의 냉각수 통로출구에 설치되어 엔진내부의 냉각수온도의 변화에 의해 냉각수통로를 개폐하여 냉각수를 라디에이터로 순환하여 냉각수온도를 일정하게 유지한다. 수온조절기는 차량의 엔진의 배기량, 시스템의 종류에 따라 다르나 냉각수 온도가 출구제어식인 경우 88℃, 입구제어식인 경우 82℃가 되면 밸브가 개방되기 시작하고 이 이하의 온도에서는 밸브를 닫아 냉각수는 라디에이터로 순환되지 않는다. 냉각수 온도가 출구제어식인 경우 100℃, 입구제어식인 경우 95℃가 되면 밸브는 완전히 열려 라디에이터로 냉각수가 순환을 해서 방열이 된다. 따라서 밸브의 형태는 온(on), 오프(off)의 형태가 아니라 온도 12℃정도가 증가하는 동안 서서히 개방된다. 수온조절기는 ECU의 입출력신호와는 전혀 관계가 없으며 냉각수의 온도에 의해서만 개폐된다. 수온조절기의 종류에는 펠릿(pellet)형과 벨로우즈(bellow)형이 있으며 펠릿형이 벨로우즈 형보다 수압에 강하고 기능이 높고 온도에 따라 정확히 개폐를 할 수 있어 많이 사용한다.

(2) 공기온도센서(Air Temperature Sensor)

이상기체 상태방정식에 의하면 공기온도가 상승하면 공기밀도는 감소하고 온도가 하강하면 증가하는 반비례의 성질을 가지고 있다. 따라서 공기의 온도가 높아지면 흡입 공기량이 적어지고, 온도가 낮아지면 공기량이 많아져 연료의 분사량이 일정한 경우, 혼합기는 너무 희박하게 되므로 공기의 온도를 －50℃～80℃까지 130등분으로 나누고 보정을 한다.

서미스터의 특징은 저항이 작아지면 온도가 높아진다. 이 센서는 서미스터 구조의 저항내장형 센서이며 서미스터는 부특성(NTC) 성질로 낮은 전압이 높은 온도, 높은 전압이 낮은 온도를 나타낸다. 센서가 가열됨에 따라 저항이 낮아지며 차가운 공기일 때는 저항이 높아지고 센서의 고장시는 공기온도 값은 20℃로 고정된다. **그림 3.102**는 공기온도센서의 구조를 나타내고 **표 3.22**는 공기온도센서의 규정 출력 전압 값이다.

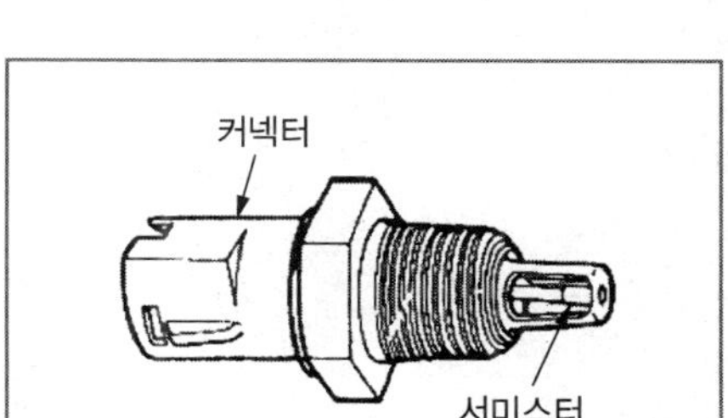

그림 3.102 공기온도 센서

표 3.22 흡기온도센서 규정 출력전압값

흡기공기온도(℃)	출력전압	비 고
0	8.4~8.6V	공기온도가 높아지면 전압은 낮아진다.
20	2.5~2.7V	
80	0.6~0.8V	

3.9.6 스로틀위치센서(TPS)

스로틀 밸브는 교축밸브이다. 교축의 의미는 베르누이 방정식에서 유속이 빨라지면 압력이 떨어지는 현상이다. 대기압상태의 흡입공기가 밸브에 막혀 빠른 유속이 되면 공기의 압력이 떨어져 부압인 진공압으로 된다. 즉 스로틀밸브가 약간 열리는 시속 40km/h 이하에서는 스로틀밸브를 지나면 서지탱크에서 흡입공기는 부압이 되고 실린더까지 공기가 들어가는 것이 쉽지 않다.

공기가 흡입되는 이유는 실린더가 상사점에서 하사점으로 가면서 발생하는 체적공간에 의한 부압 발생으로 들어가는데 서지탱크에서 부압이 발생하면 흡기손실이 발생하고 이를 펌핑 손실(pumping loss)이라 한다. 밸브가 완전히 열리면 펌핑손실은 0이 되고 서지탱크에서 부압이 발생하지 않아 펌핑손실이 없어 공기가 연소실로 빨리 들어가 엔진의 반응은 좋아진다. 디젤엔진은 교축밸브가 없어 가솔린엔진보다 공기 흡입시 저항이 적고 공기량은 엔진의 회전수에 비례하여 흡입된다.

운전자가 가속페달을 밟으면 그 신호를 빨리 알아야 추가로 연료량을 증가시켜 엔진의 성능을 유지할 수 있고 이때 필요한 신호가 스로틀위치와 엔진의 회전수 신호이다. 스로틀위치센서(TPS)

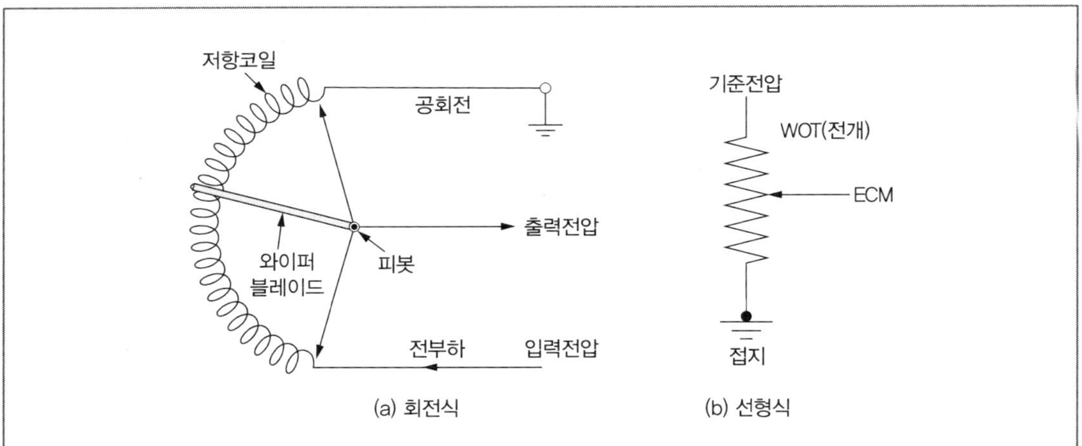

그림 3.103 스로틀위치센서의 종류

는 가속 페달을 밟는 정도를 전압으로 변경하고, 엔진 회전수는 크랭크축 위치센서(CKP)가 ECU에 제공한다. TPS 센서의 감지방법은 스로틀보디의 축과 같이 회전하는 가변저항기로 스로틀밸브의 개도를 검출하여 밸브의 개도량에 따라 연료 분사량을 제어한다. 접점식(swich type), 가변 저항식(linear type)과 모터로 밸브를 회전시키는 전자스로틀(ETC)방식이 있고, 스로틀 밸브를 없앤 Fiat의 멀티에어, BMW의 밸브트로닉 기술도 있다. **그림 3.103**은 스로틀위치센서의 회전식과 선형식을 나타낸다. 회전식인 경우 와이퍼 블레이드가 위치하는 곳의 저항이 출력전압으로 되고 선형식인 경우 기준전압 방향이 전개상태, 접지 쪽이 닫힘 상태를 나타내는 저항값이 ECU로 입력된다.

(1) 접점식

가이드 캠의 홈을 따라 움직이는 가동접점, 고정 파워접점 및 공회전접점으로 구성되어 있다. 가이드 캠은 스로틀밸브와 같은 축에 고정된 레버에 의해 작동하고 스로틀밸브의 열림각도 1.3°이하, 1.3°에서 75°사이, 75°이상으로 나누어지며 각각 공회전상태, 중속상태, WOT상태로 감지하여 개도정도를 파악하고 이 방식은 가변저항식과 비교하여 검출성이 나쁘지만 간단하고 원가가 저렴한 장점이 있다. 밸브가 열리면 가이드 캠이 회전하고 회전하지 않을 때는 아이들접점, 회전하면 기동접점, 파워접점으로 전압신호가 발생한다. 이 신호는 **그림 3.104**에서와 같이 온(on), 오프(off) 상태로 ECU로 보내진다.

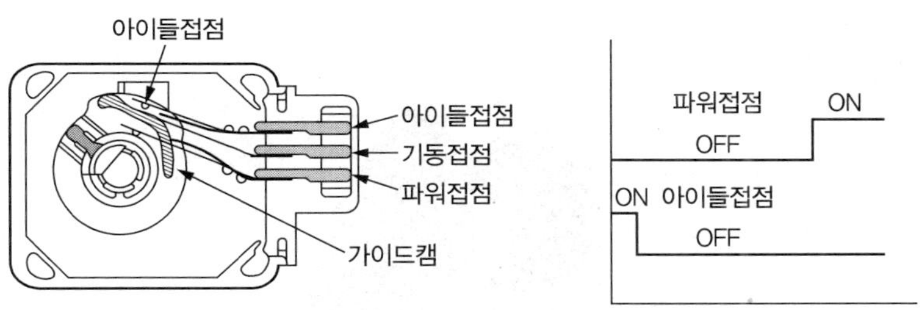

그림 3.104 접점식 TPS

(2) 가변저항식

스로틀밸브와 같이 연동하여 움직이는 2개의 브러쉬가 있고 1개의 접점은 기판에 인쇄한 저항체 위를 움직여서 밸브개도에 따른 출력 전압값을 얻고 전압의 크기에 따라 개도정도를 알 수 있다. 가변 저항식 스로틀밸브는 스로틀밸브 닫힘 상태를 확실히 검출하기 위하여 공회전접점 신호가 따로 설치되고, 밸브의 열림상태에 따라 출력전압이 ECU로 들어가고, 이 방식은 접점식보다 정확한 개도상태를 측정한다. 표 3.23은 공회전시 스로틀위치센서의 규정 출력 전압값이다.

표 3.23 TPS 규정 출력 전압값

구 분	소나타MPI	아반테DOHC
공회전위치	450~550mV	100~875mV
서서히 열림	열림에 따라 증가	열림에 따라 증가
완전히 열림	4500~5500mV	

(3) 전자식 스로틀제어(ETC, electronic throttle control)

스로틀밸브의 회전을 모터를 사용하여 ECU가 제어하고 모트로닉(Motronic)방식에서 사용한다. 모트로닉은 전자제어 연료분사 장치중 가장 발달된 형태로, 장치의 구성은 L-제트로닉과 비슷하지만 점화장치와 연료분사장치를 결합하여 전자적으로 제어하여 종류에는 M-모트로닉, ME-모트로닉, MED-모트로닉이 있다. ME-모트로닉은 가속페달과 스로틀밸브의 연결이 기계적이 아니고, 페달의 위치는 PTS(pedal travel sensor)로 감지하고, 스로틀밸브는 전자제어로 개폐가 되며, 밸브의 오작동 방지하는 림홈기능(Limp-home function)이 있다. 이 기능은 차의 속도를 제한하여 사고를 방지하고 ETC는 운전자의 나쁜 운전 습관을 엔진에 그대로 전하지 않고 제어를 하여 연비를 향상시킨다.

그림 3.105 히타치의 ETC

CHAPTER 04

연료, 연소, 후처리 장치

4.1 저탄소 연료

4.1.1 개요

지구상의 동식물을 미생물로 분해하여 그 결과를 에너지로 이용한다. 식물이나 미생물 등 에너지원으로 사용되는 물질을 바이오매스라 한다. 나무나 석탄으로 난방을 하는 것은 바이오매스의 직접적인 이용이며, 목재로 숯을 만들고 미생물을 사용하여 에탄올, 알코올, 메탄가스를 만드는 것은 바이오매스의 변환이용이다. 지구상에서 1년간 생산되는 바이오매스는 석유의 전체 매장량과 비슷하여 적정하게 이용하면 고갈될 염려가 없는 대체에너지이다. 바이오매스를 열분해, 발효시켜 에탄올, 메탄, 수소와 같은 연료를 생산한다.

석탄, 석유, 천연가스와 같은 화석연료(fossil fuel)는 과거에 살았던 동식물이 오랜 세월 동안 땅속에서의 압력과 열에 의해 만들어진다. 화석연료는 완전 연소 시에도 온실가스(GHG)인 CO_2를 배출하는 지구온난화의 주된 물질이다. 식물이 내는 이산화탄소는 태양광으로 광합성을 하여 식물이 필요한 영양분을 만든다. 따라서 식물은 바이오 연료로 될 때 이산화탄소를 배출하지 않고 흡수한다.

바이오매스는 살아있는 동물, 식물, 미생물을 포함하는 지구상에 존재하는 유기체, 농업, 산림 관련 부산물, 도시 고형 폐기물 등을 의미한다. 바이오매스는 셀룰로즈(cellulose, 나무섬유소), 헤미셀룰로즈(hemicellulose, 뿌리, 줄기, 씨, 열매섬유소) 그리고 리그닌(lignin, 나무에 함유된 성분)을 주성분으로 하는 목재나 볏짚도 포함하고 지구상에 많이 존재한다.

브라질은 사탕수수와 카사바에서 알코올을 채취하여 자동차 연료로 쓰고, 미국은 케르프라는 다시마를 바다에서 재배하여 메탄을 채취하는 연구를 하고, 우리나라는 농촌진흥청에서는 억새를 이용하여 에탄올을 만드는 연료를 연구하고 있다.

대체에너지는 동식물로부터 얻을 수 있는 바이오연료, 태양광, 풍력 등의 재생에너지와 천연가스(LNG), 액화석유가스(LPG), 석탄에서 나오는 액체연료(CTL), 전기 등을 의미한다. 대체에너지 중 에탄올의 원료가 가장 많아 옥수수 에탄올, 셀룰로즈 에탄올 등은 2020년대는 중요한 에너지 자원이 될 것으로 보인다..

현재 유럽과 미국은 에탄올과 메탄올을 가솔린과 혼합하여 사용한다. E10(에탄올 10%, 가솔린 90%), E85(에탄올 85%, 가솔린 15%), 여기서 E는 에탄올을 의미한다. E10~85 연료를 사용하는 혼합 연료 자동차(FFV, flexible fuel vehicle)의 차량생산도 증대될 것으로 보인다.

M85(메탄올 85%, 가솔린 15%)에서 M은 메탄올, BD20(바이오디젤 20%, 경유 80%)에서 B는 바이오, D는 디젤을 의미한다. E10, BD20과 같은 혼합연료의 이산화탄소 배출량을 알기 위해서는 각 연료의 라이프 사이클을 해석해야 한다.

바이오 연료 중 가장 일반적인 것이 바이오에탄올, 바이오디젤이다. 에탄올과 바이오디젤을 10% 이상 혼합하면 약간의 엔진의 변경을 해야 한다. 그리고 연료 생산시 CO_2를 줄이기 위해서는 연료의 특성을 먼저 알아야 한다. 미래에는 바이오연료의 약간의 혼합이 CO_2를 줄이는데 큰 역할을 할 것이지만 바이오 연료의 생산량에는 한계가 있다. 바이오매스는 동식물이어서 가솔린, 경유와 비교하면 CO_2 발생이 적지만 바이오연료에서도 비료사용, 운반, 연료생산, 연료공급 시 CO_2는 발생한다.

$$\begin{aligned}\text{바이오연료 발생 } CO_2 = &\ \text{비료사용에 의한 } CO_2 + \text{원재료 운반 시 발생하는 } CO_2 \\ &+ \text{연료를 생산할 때 발생하는 } CO_2 \\ &+ \text{연료를 공급할 때 발생하는 } CO_2 \end{aligned} \tag{4.1}$$

현재 사용되는 연료의 특징은 다음과 같다.

① **가솔린(petrol) 연료** : 가장 많이 사용되며 불완전 연소 시 CO, HC가 배출된다.

② **디젤 연료** : 경유는 가솔린보다 연비가 좋고 CO_2 배출이 적지만 오염 물질인 PM, NOx를 더 많이 배출한다. 따라서 디젤자동차는 후처리 장치가 필요하고 차량은 고가가 된다.

③ **LPG 연료** : 천연가스나 원유에서 만들어진다. 일반적으로 가솔린보다 $LCCO_2$가 약간 낮다.

④ **CNG 연료** : 고압으로 압축된 천연가스이다. 가솔린이나 디젤보다 $LCCO_2$가 낮다.

⑤ **바이오 연료** : 식물, 폐기물과 같은 바이오매스로 만든다. 가솔린, 디젤과 함께 5~10% 혼합하여 사용한다. 연료 사용시 원재료 식물이 흡수하는 양만큼 CO_2를 발생한다. 바이오에탄올, 바이오디젤, 바이오부탄올이 3대 바이오 연료이다.

⑥ **전기 에너지** : 자동차의 테일 파이프에서는 CO_2가 발생하지 않지만 전기를 만드는 방법에 따라 CO_2는 발생한다. 신에너지, 재생에너지, 원자력에너지, 저탄소 화석에너지로 만들면 전기는 가장 깨끗한 저탄소 연료가 된다.

⑦ **수소 에너지** : 내연기관의 수소자동차나 연료전지 자동차의 연료로 사용되고 전기자동차와 같이 CO_2의 배출은 없다. 자연에서 얻어지는 수소는 없으며 물, 석탄, 천연가스, 원유, 바이오매스를 통하여 생산할 수 있다. 수소를 생산하는 방법은 천연가스를 증기 개질하는 방법, 석탄 가스화 방법, 물의 전기분해법 등이 있다. 전기와 같이 수소는 CO_2 배출이 낮은 연료이지만 수송하고 저장하는데 많은 문제가 있다.

바이오 연료 생산은 삼림의 감소, 곡물가격 상승의 요인이 되는 등 환경 친화적이지 못한 점도 있다. 2000년~2010년 동안 바이오 연료용 곡물 가격이 23% 증가하였다. 유럽에서 2010년 수송용으로 사용된 바이오연료는 12Mtoe(mega tonnage of oil equivalent, 1 toe = 석유 1 ton을 연소할 때의 에너지)이었다. 바이오연료가 가솔린, 디젤보다 CO_2를 줄이는데 유리하지만 이러한 부작용으로 유럽연합(EU)은 식용작물을 이용한 바이오연료 사용을 2020년까지 수송 분야 에너지 소비량의 6%로

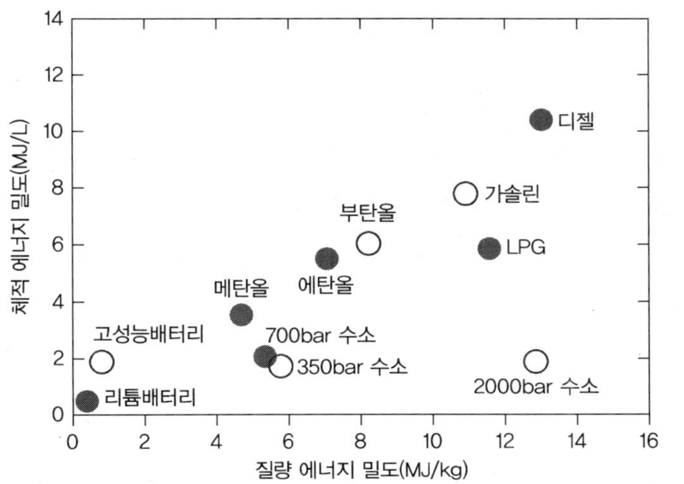

그림 4.1 연료별 에너지밀도(출처 : iea)

제한하고 폐기물, 음식물 쓰레기 등을 이용한 연료 사용은 2.5%로 올리기로 했다. 음식물 쓰레기는 연간 33억 톤의 온실가스를 유발한다. 미국은 E10 프로젝트(가솔린의 에탄올 혼합비율을 10%로 확대)는 2011년 수송용 에너지의 9.3%를 차지하여 그 이상의 사용은 지연되고 있다. 그리고 바이오연료를 지금보다 많이 보급하기 위해서는 생산비용을 절감해야 하는 문제가 있어 전망이 밝은 편은 아니다.

일반적으로 연료를 평가할 때 에너지 밀도를 이용한다. 이는 연료가 얼마나 효율성이 있는지 보여준다. 에너지 밀도는 연료의 질량과 비례하며 밀도가 높을수록 자동차의 주행거리(range)는 길어진다. 밀도는 연료의 종류에 따라 다르고 체적 에너지 밀도가 크면 자동차에서 연료가 차지하는 부피가 커지고 주행거리는 짧아진다. CNG는 압축기체이어서 LPG보다 주행거리가 짧다. **그림 4.1**에서 가솔린과 디젤은 다른 연료와 비교하여 체적 밀도 에너지와 질량 밀도 에너지가 가장 크다. 부탄올, 에탄올, 메탄올, 수소, 전기 배터리의 순으로 에너지 밀도가 낮다. 자동차를 장거리 주행하기 위해서는 에너지 밀도가 높아야 하고 에너지 밀도를 높이는 방법은 연료를 액체로 만들거나 기체연료는 압축을 가해야 한다. 그리고 기체는 압축하지 않으면 주입이 되지 않는다.

4.1.2 에너지의 종류

에너지의 종류는 가솔린, 디젤, 바이오연료, LPG, CNG, LNG, 석탄, 전기 등 많은 종류가 있다. 대부분의 차량 연료는 원유 정제로 생산된다. 황이 포함되지 않은 깨끗한 연료도 필요하지만 현재도 충분히 질이 높은 연료의 생산이 가능하다. 대부분 가솔린을 많이 사용하지만 유럽의 경우, 경유 가격이 저렴하여 디젤의 수요가 많고 그리고 CO_2를 줄이기 위해 에탄올과 바이오디젤을 경유와 10~85%혼합하여 사용한다. 바이오연료는 제조기술 개발과 원가절감이 진행되고 있지만 가솔린과 디젤에 비교하여 가격이 비싸다. 바이오연료 중 디젤을 대체할 수 있는 연료는 석탄 합성연료(CTL, coal to liquid), 천연가스 합성연료(GTL, gas to liquid), 바이오매스 합성연료(BTL, biomass to liquid), 유지작물로 얻는 바이오디젤(BDF), 농작물에서 추출하는 고급 바이오디젤 등이다. **표 4.1**은 연료의 종류를 종합한 것이다.

(1) 액체합성연료

액체합성연료는 석유제품과 유사한 성질을 갖는 액체연료를 수소와 이산화탄소를 혼합하여 가스화하거나, 천연가스와 석탄에서 나오는 합성가스(syngas)를 이용하여 피셔트롭쉬(Fischer Tropsch)

표 4.1 연료의 종류 (출처 : iea)

연료	원재료	공정
액체석유연료(가솔린, 디젤)	원유	정제과정
액체합성연료(CTL, GTL, BTL)	천연가스, 석탄, 바이오매스	가스화방식, FT 방식
바이오디젤(BDF)	유지작물, 유채꽃	에스테르화법, 수소첨가법
바이오에탄올	1. 곡물(rain crop) 2. 다년생 식물(Hebaceous perennials) 억새(miscanthus) 스위치그래스(swichglass) 갈풀(reed canary grass) 3. 나무(woody perennials) 잡목숲(short rotation coppice) 소나무, 전나무(pine/spruce) 4. 쓰레기(residues and waste) 삼림(forestry residuces) 짚(straw) 폐기물(organic municipal waste) 유지(waste fat and oil)	당화방식, 증류방식
	당료 작물(sugar crop), 사탕수수	증류방식
	밀(wheat), 옥수수(maize) 사탕무(sugarbeet), 감자(potatos)	하이드로시스법, 발효법
바이오메탄	음식물쓰레기	발효법
바이오부탄올	폐목재나 볏짚, 사탕수수, 해조류 등	
고급 바이오디젤	농작물, 폐기물	에스테르반응, 가스화방식, FT 방식
압축천연가스(CNG)	천연가스	가스화방식, FT 방식
수소천연가스(HENG)	천연가스	플라즈마법
전기	석탄, 가스, 오일, 핵, 재생에너지	수력, 화력, 원자력
수소	천연가스	개질(reforming), 압축
	전기	전기분해
	풍력, 태양광, 핵에너지	고온공정

방법으로 만들 수 있다.

FT 방법은 일산화탄소와 수소의 혼합물을 고온으로 하고 압력을 가하면 촉매 작용을 통해 탄화수소로 변환된다. 이러한 합성연료는 천연가스를 화학 처리하여 생산하는 액체인 GTL, 석탄에서 추출한 액체 CTL, 바이오매스에서 추출한 액체 BTL등이 있다. 이는 천연가스, 석탄, 바이오매스 등의 기체, 고체연료를 디젤유나 제트유 같은 액체연료로 전환된 대체연료이다. GTL은 증기메탄개질(steam methane reforming)로 만들고 이는 메탄과 증기의 촉매반응과 흡열반응, 메탄과 산소의 비촉매반응과 발열반응에 의해 합성가스가 만들어진다.

CTL은 석탄을 연료로 하고 직접 석탄액화법으로 만든다. 솔벤트에 석탄을 넣고 고온 고압 하에서 촉매와 산소를 넣으면 석탄이 액화된다. 고체연료의 70%정도가 액체 연료로 된다. 그러나 이 연료는 자동차에 사용하기 위해서는 추가 공정이 필요하고 석유를 대체할 수 있지만 제조가격이 비싸 많이 제조할 수 없다.

BTL은 바이오매스를 연료로 하고 간접 석탄액화법으로 만든다. 간접식 석탄액화법은 FT과정으로 석탄을 증기로 가스화시키면 수소와 CO_2로 분리된다. 비교적 낮은 압력과 온도의 촉매반응을 거쳐 합성가스가 만들어진다. 고온의 FT 합성법은 합성가솔린을 만들고 저온의 FT 합성법은 디젤을 만든다.

이러한 합성연료는 환경오염을 일으키는 황과 매연(soot)을 발생하지 않는 친환경 연료로 고급 연료이다. GTL, CTL, BTL 생산은 2020년 이후 급성장하여 2040년에는 차량연료의 10%를 차지할 것으로 보인다.

(2) 바이오 에탄올

에탄올은 대기압과 실온 하에서 액체로 존재하는 알코올이다. 에너지밀도는 가솔린의 65%이지만 깨끗하고 옥탄가가 높다. E10부터 시작해서 E85까지 가능하고 NOx배출은 적지만 HC가스 배출은 많다.

에탄올의 원료는 모든 식물이다. 연료인 나무, 풀, 농작물 폐기물은 지속적으로 매년 공급이 가능한 무한정의 에너지 자원이다. 옥수수(maize), 밀(wheat), 보리(barley), 감자, 수수(sorghum), 카사바, 타피오카 등의 식물은 하이드로시스법이나 발효법으로 만들고 곡물, 식물, 억새, 나무, 숲, 쓰레기, 짚, 폐기물, 유지는 당화방식으로, 사탕수수는 발효와 증류방식으로 만든다. 에탄올은 사용연료에 따라 곡식에탄올, 줄기에탄올, 차세대 셀룰로즈 에탄올로 나눌 수 있다. 셀룰로즈는 나무, 식물 등의 섬유소를 의미한다.

미국에서는 옥수수로, 브라질에서는 사탕수수, 카사바로 만든다. 옥수수, 감자, 고구마와 같은 곡물의 전분은 다당류이어서 효모가 발효를 하지 못하므로 효소를 이용하여 전분을 단당류로 만든 후 효모로 바이오 에탄올을 만든다. 사탕수수는 효모로 발효시키면 효모는 발효 과정 중 포도당의 당분을 알코올로 바꾸어 산소가 없어도 당분을 분해한다. 원유에 산소함유 첨가제인 ETBE(ethyl tertiary－butyl ether)를 혼합하여도 바이오에탄올이 만들어진다. ETBE는 사탕수수나 옥수수 등의 식물에 포함된 당을 발효시킨 알코올로 석유 가스인 이소부텐(isobutene)으로 제조하고 연료 중의 산소 함유량을 높이기 위해 사용되는 첨가제의 일종이다. ETBE는 노킹을 방지하기 위해 휘발유에 첨가되는 첨가제이기도 하다.

차세대 셀룰로즈 에탄올(advanced ethanol)은 현재 개발 중에 있다. 종래는 씨껍질(seed husk), 줄기(stalk)는 버리고 탄수화물과 당성분으로 에탄올을 만들었지만 지금은 이러한 셀룰로즈로 연료를 만드는 혁신적인 연구를 하고 있다. 셀룰로즈로부터 에탄올 제조는 폐기식물, 나무 등을 이용할 수 있고, 셀룰로즈가 풍부하고 버려지고 태워지고 있는 농작물(crop)과 나무는 에탄올의 주된 원료이다. 그러나 셀룰로즈는 그 자체로 에탄올로 바뀌지 않는다. 효소를 이용하여 셀룰로즈를 당으로 만들고 발효를 통하여 당을 에탄올로 만드는 연구가 진행되고 있고 반드시 성공해야 하는 기술 중 하나이다. 브라질에서는 에탄올 혼합을 85%로 의무화하다가 100% 에탄올 자동차로 변경하였고 미국은 에탄올 혼합을 10%로 하는 노력을 하고 있다. 나무와 농작물 폐기물을 이용하여 엔진에서 사용할 수 있는 기체나 바이오액체 연료를 만드는 방법의 연구가 활발하다.

(3) 바이오디젤

바이오디젤은 완전히 디젤연료를 대체하는 연료이다. 바이오디젤은 식물유를 지방산 메틸 에스터(fatty acid methyl ester, FAME)로 전환할 때 만들어진다. 원료는 콩(soy), 해바리기씨, 유채씨(rape seed), 팜(palm), 코코넛, 동물성지방 등이고 수소첨가법, 에스테르전환법에 의해 얻어진다. 디젤과 혼합하면 낮은 온도에서는 겔 상태가 되고, 물과 혼합되지 않아 엔진의 부식을 가속화시키는 단점도 있다. 바이오디젤은 독일, 이탈리아에서 많이 생산하고 있으며, 여기서는 대형버스에 사용하는 연료는 100% 바이오디젤을 사용한다.

(4) 수소

수소는 수소자동차, 연료전지 자동차의 연료이다. 에탄올, 수소가 함유된 액체 연료로 수소를 만들고 연료전지에 수소를 넣으면 전기가 생산된다. 수소는 다양한 방법으로 화석에너지, 핵에너지, 신재생에너지로부터 만들 수 있다. 생산 방법에는 전기분해법, 천연가스 개질법, 석탄과 바이오매스의 가스화법, 생물학적인 방법 등이 있다.

2013년 현재, 세계에서 190 Mtoe의 수소가 생산된다. 그 중 50%는 천연가스에서, 30%는 원유를 이용하여 생산한다. 물의 전기분해, 소규모 천연가스 개질법으로 만드는 수소는 양이 작고 중앙집중 방식은 대규모 수소를 만드는 방식이다. 천연가스로부터 대규모 수소를 생산하는 기술은 이미 완성되어 있다. 석탄 가스화로부터 수소 생산 기술은 잘 되어 있지만 천연가스 방법보다 가격이 비싸다. 또한 해조류로부터 수소를 얻는 연구가 진행되고 있고, 핵에너지, 신재생에너지로 생산되는 전기를 이용하여 전기분해로 수소를 얻어 사용하면 CO_2 배출은 0에 가깝게 된다. 문제는 자동차에 이용하기 위해서는 저장기술이 확보되어야 하고 인프라 구축이 필요하다. 다음은 수소를 만드는 방법이다.

① 중앙집중 방식으로 천연가스에서 수소 생산
② 탄소포집 저장장치를 가진 중앙집중 방식으로 천연가스에서 수소 생산(H_2 from natural gas, centralized production with CCS)
③ 전기분해로 수소 생산(H_2 from point of use POU electrolysis)
④ 탄소포집 저장장치를 가진 전기분해로 수소 생산
⑤ 석탄에서 수소 생산(H_2 from coal)
⑥ 탄소포집 저장장치를 가진 석탄으로 수소 생산
⑦ 바이오매스 가스화로 수소 생산(H_2 from biomass gasfication)
⑧ 핵으로부터 수소 생산, 우라늄 1g은 석탄 2000kg의 에너지를 가진다.

(5) 전기 에너지

현재 수송 분야에서 사용되는 전기에너지의 대부분은 기차, 지하철 등에 사용된다. 세계적으로 수송 연료중 전기가 사용되는 비율은 5%미만이다. 전기는 전기자동차의 에너지원이다. 전기의 문제는 배터리의 축전용량 한계이다. 플러그인 전기자동차, 전기자동차 등이 활성화되면 전기의 사용량은 급격하게 증가할 것이다. 온실가스를 배출하지 않는 방법으로 전기를 생산하고 전기 축전기술이 발전을 하면 이는 인류가 추구하는 가장 좋은 에너지가 될 것이다. 즉 저탄소기술의 미래는 핵, 재생에너지로 전기를 생산하고, 전기 저장기술인 대용량 배터리의 개발에 달려 있고, 이의

표 4.2 전기와 수소 연료

	장점	개선이 필요한 사항
전기에너지	현재의 전기 설비 이용. 배터리 충방전 손실이 연료전지보다 작고 화석에너지보다 저탄소 에너지이고 안전하게 충전된다.	대용량 축전장치가 필요하다. 전기자동차는 주행거리가 짧고 충전시간이 길다.
수소에너지	충전시간이 20분 정도이고 주행거리가 길다.	700기압의 수소를 만들고 저장하는데 기술이 필요하고 새로운 인프라 구축, 완전한 개발에 오랜 시간 필요하다.

완성은 모든 자동차는 연료로 전기를 사용하게 될 것이다. 2050년까지 전기가 자동차 연료로 사용되는 비율은 15~25% 정도로 예상되고 우리나라의 문제는 재생에너지가 그다지 풍부하지 못하고 핵 발전소도 한계가 있다는 점이다.

4.1.3 연료의 이산화탄소 특성

온실가스인 이산화탄소는 연료를 생산하는 방법과 연료의 종류와 관련이 있다. 연료가 온실가스에 미치는 영향을 비교하기 위해서는 연료의 생산, 수송, 저장, 차량제조, 운행, 폐차시 발생하는 이산화탄소를 전부 고려해야 한다. 이러한 해석법을 라이프사이클 해석(LCA, life cycle analysis)이라 하고 이때 발생하는 CO_2를 $LCCO_2$라 한다.

① 원유에서 바퀴구동까지 발생하는 CO_2($WTWCO_2$)
② 원유에서 연료탱크까지 발생하는 CO_2($WTTCO_2$)
③ 연료탱크에서 바퀴구동까지 발생하는 CO_2($TTWCO_2$)

바이오연료의 $LCCO_2$는 가솔린과 디젤 연료를 바이오연료로 대체했을 때 CO_2 배출량을 의미한다. 다음은 바이오에너지를 사용할 때 CO_2감소량을 나타낸다.

- 셀룰로즈로 만든 에탄올 : CO_2 91% 감소
- 폐 그리스(waste grease)로 만든

4.1.4 자동차 연료

내연기관 엔진의 CO_2의 저감은 GDI, CRDI, 하이브리드 기술을 개발하여 차량에 적용하여 많은 발전이 있었지만 CO_2의 저감을 위해서는 다양한 저탄소기술을 개발하여 자동차 연비를 향상시키는 방향으로 기술이 진보되고 있다. 연비의 증가는 CO_2의 감소를 의미한다. 현재의 연료가격은 정책에 따라 책정되는 전기에너지를 제외하고 가솔린과 디젤이 가장 저렴하다. CTL, GTL, 천연가스 등은 가솔린과 비슷한 수준이며 수소, 에탄올, 바이오디젤 등은 비싼 편에 속한다. 미래에는 모든 연료가 같은 수준으로 가격이 형성되겠지만 전기분해 수소, 핵 수소, 바이오디젤(BDF)의

가격은 여전히 높은 가격을 유지할 것이다. BDF, CTL, GTL 연료는 디젤기관에, 에탄올, CNG 등은 가솔린기관에 주로 사용이 될 것이다. 자동차 연료의 단위 체적당 에너지밀도는 가솔린을 100%로 볼 때 디젤이 110%, 에탄올 65%, 액체수소 27%, 리튬이온 배터리 2.1%이다. 단위 무게당 에너지 밀도는 가솔린을 100%로 볼 때 디젤이 96%, 에탄올 60%, 액체수소 295%, 리튬이온 배터리 1.1%이다. 즉 액체 수소의 에너지는 가솔린의 2.95배로 장점이 있다. 클린디젤, 가솔린 하이브리드, 디젤 하이브리드 차량은 기존차량보다 연료효율이 20~70% 향상된 자동차이다. 표 4.3은 가솔린(100%)을 기준으로 각 연료별 에너지밀도를 나타낸다.

자동차 연료로 LPG는 석유정제의 부산물이거나 가스 생산시 생산된다. 대부분 LPG는 가솔린 혹은 디젤과 이중연료로 사용된다. 천연가스는 주성분이 메탄으로 액화하거나 압축시키는 것이 필요하다. 이유는 주행거리 확보와 연료주입 때문으로 CNG이다. 상온에서 70기압으로 압축하면 −42.2℃에서 액화된다. 천연가스는 트럭과 버스 등 대형차량에 주로 사용되고 GTL은 천연가스로 만들고 디젤과 혼합하여 사용한다. 이 연료는 엔진의 구조변경이 없이 CRDI엔진에서 사용할 수 있고 초저황디젤(ULSD, ultra low sulfur diesel)보다 더 낮은 PM을 발생한다.

표 4.3 에너지밀도 (출처 : icct)

연료	kWh/L		kWh/kg	
가솔린	9.7	100%	13.2	100%
디젤	10.7	110%	12.7	96%
에탄올	6.4	66%	7.9	60%
700bar의 수소	1.3	13%	39	295%
액체수소	2.6	27%	39	295%
NiMH배터리	0.1~0.3	2.1%	0.1	0.8%
현재 Li-ion 배터리	0.2	2.1%	0.14	1.1%
미래 Li-ion 배터리			0.28	2.1%
기준	가솔린(100%)			

바이오연료는 가솔린, 디젤과 혼합하여 사용하거나 단독으로 현재의 차량에 사용할 수 있다. 자동차에서 바이오연료를 사용하면 낮은 CO_2가 발생한다. 연료가 연소하면 CO_2가 발생하고 산림은 CO_2를 흡수한다. 바이오에너지는 이산화탄소 등 오염 배출물을 줄이기 위해서 다양하게 사용할 수 있지만 생산량이 적다. 에탄올은 곡물, 사탕수수에서 생산하며 차량에는 가솔린과 디젤을 섞어서 사용한다.

유채씨 기름인 RME(rape seed methyl ester)는 디젤의 대체연료이지만 자동차에 사용하기에는 기술적인 문제가 있어 약간의 엔진의 개조가 필요하다. 경유에 RME를 5% 섞으면 100%바이오디젤보다 배출물이 더 낮다.

수소는 수소자동차나 연료전지 자동차에 사용한다. 공기오염이나 GHG가스를 발생하지 않는다. 연료전지 기능은 배터리와 유사하게 움직이는 부품이 없이 화학에너지를 조용하게 전기에너지로 변환한다. 배터리와는 다르게 연료전지는 충전이 필요가 없고 수소가 공급되는 한 전기를 생산한다. 차량에 동력을 공급하기 위해 에너지 밀도를 높이기 위해서는 기체 에너지는 압축되거나 액체로 되어야 한다. 압축된 수소가스는 큰 저장용기가 필요하고 액화시키기 위해서는 압축보다 더 많은 에너지인 수소가 가지는 에너지의 25%가 필요하다. 수소는 석탄, 석유, 가스 연료와는 다르다. 만약 수소가 화석에너지로부터 만들어지면 대기로 방출되는 CO_2는 상당히 많지만 풍력, 태양광, 바이오매스와 같은 재생에너지로 만들어지면 CO_2는 거의 0이다. 내연기관 자동차는 에너지의 80%가 열과 마찰 등으로 손실된다. 그에 반해 수소 연료전지는 40%의 열손실이 있으며 상당히 효율적이다. 현재 재생에너지에 의한 전기와 수소 생산은 에너지 생산의 최후의 기술이다.

수소의 문제는 저장이 어려운 문제와 완전 액화시 −253℃를 유지해야 한다는 점이다. 수소저장기술은 아직 더 발전을 해야 하고 이것이 해결되면 수소는 미래의 가장 중요한 에너지가 될 것이다.

표 4.4는 자동차 연료의 특성을 나타낸다. 줄기(cane) 에탄올, 차세대 셀룰로즈 에탄올, 차세대 BTL을 연료를 사용하면 CO_2 발생이 적고, 디젤 화석연료로 만든 수소자동차, 태양광으로 만든 수소자동차, 태양광으로 만든 전기자동차는 가장 낮거나 거의 0의 CO_2를 발생한다.

액화는 기체를 가압 혹은 냉각으로 액체로 만드는 방법이다. 상온에서 압축만으로 액화되는 것으로 액화석유가스(LPG)가 있고 상온에서 압축만으로 액화되지 않는 것을 압축가스라 한다. 이에는 CNG가 있다. 기체에 압력과 냉각을 동시에 가하면 액체로 되는 것에는 수소와 천연가스가 있다.

① LPG : 상온에서 7~10기압의 고압으로 압축하여 액화시킨 연료이다.

② LNG : 천연가스를 −162℃의 상태에서 약 600배로 압축하여 액화시킨 상태의 가스로, 정제과정을 거쳐 순수 메탄의 성분이 높고 수분의 함량이 없는 청정연료이다, 고가의 냉각과 단열 장치가 구비된 초저온 탱크가 필요하다.

③ CNG : 천연가스를 200bar의 고압으로 압축한 압축천연가스이다. 부피가 LNG의 3배 정

도 크고, 고압 연료탱크를 사용해야 하기 때문에 연료탱크가 파열하면 폭발할 위험이 있으나, CNG 자체로는 자연발화온도가 높아 화재 위험에 대해선 안전하다. 9bar로 감압하여 자동차에 사용한다.

④ **액체수소** : 상온에서 액체로 만들려면 임계온도인 −252.7℃의 초저온으로 유지해야 한다. 온도유지와 보관에 비용이 많이 든다. 따라서 자동차에서는 압력을 높여서 압축가스 형태로 저장을 한다. 가장 먼저 개발된 것이 700bar의 초고압 수소저장 탱크이고 이는 현재 연료전지에 사용된다. 압력용기 내의 수소 저장밀도를 높이기 위해 높은 압력으로 가압하는데, 저장압력이 높아질수록 용기의 두께가 두꺼워져 무게가 증가하게 되므로 다른 연료에 비해 질량효율이 떨어진다.

표 4.4 자동차 연료의 특성 (출처 : iea)

연료	에너지밀도	ICE 자동차 적용유무	온실가스 배출량
가솔린	상	적용	상
디젤	상	적용	상
제트연료	상	적용	상
중유(HFO)	상	적용	상
석탄합성연료(CTL)	상	적용	최상
천연가스합성연료(GTL)	상	적용	상
곡식(grain) 에탄올	중	부분적 적용	중상
줄기(cane) 에탄올	중	부분적 적용	하
차세대 셀룰로즈 에탄올	중	부분적 적용	하
유채씨(rape seed) 바이오디젤(RME)	상	부분적 적용	중
차세대 BTL 디젤	상	적용	하
압축천연가스(CNG, 200기압)	하	구조변경	중상
액화천연가스(LNG, −162℃)	하	구조변경	중상
천연가스 메탄올	하	구조변경	중상
천연가스 DME	중	구조변경	중상
화석연료 수소	하	구조변경(수소자동차)	최저
재생에너지(태양광) 수소	하	구조변경(수소자동차)	최저
화석연료 전기	하	전기자동차	중상
재생에너지(태양광) 전기	하	전기자동차	최저

중유(HFO, heavy fuel oil), 디메칠에테르(DME, 기체/디젤 대체연료), 바이오디젤(BDF), 석탄합성연료(CTL, 디젤), 바이오매스 합성연료(BTL, 디젤), GTL(천연가스 합성연료, 디젤), ICE(내연기관)

4.2 연소이론

4.2.1 공기량

(1) 질량과 체적기준

일반적으로 양론학적(stoichiometric, 이하 stoi) 공기량으로 완전연소가 불가능하다. 따라서 이론 공기량보다 조금 많은 공기가 필요하고 과잉의 공기공급은 불활성인 질소와 과잉산소로 인하여 연소 온도가 낮아지는 효과도 있다. 공기의 과잉 정도는 공기와 연료 양의 비인 공연비(air fuel ratio, AF)로 알 수 있다. 연료는 공기 중의 산소와 화합하여 이산화탄소(CO_2), 일산화탄소(CO), 아황산가스(SO_2) 및 수증기(H_2O)를 발생하면서 연소한다. 탄소가 산소와 반응하여 완전 연소하는 경우, 다음 반응식이 성립한다.

$$C+O_2 = CO_2 \tag{4.2}$$

12kg : 32kg : 44kg(질량 기준)

$22.4m^3 : 22.4m^3$(체적 기준)

탄소 1kg을 연소시키는 데 필요한 산소의 양은 질량기준으로 탄소 12kg의 연소에 대하여 산소 32kg이 필요하기 때문에 32/12 = 2.667kg이 필요하다. 또한 체적기준으로는 탄소 12kg의 1몰 연소에 대하여 산소 1몰인 $22.4Nm^3$(N은 normal, 표준상태)이 필요하기 때문에 탄소 1kg에 대하여는 산소 $1.867Nm^3$이 필요하다. 연소에 필요한 산소는 공기 중에 질량기준으로 약 23.2%, 체적기준으로는 약 21% 포함되어 있다. 액체와 고체 연료에 대하여 액체연료를 원소분석하면 다음의 C, H, S, O가 검출되고, 반드시 연료 중의 산소량을 제외한 C, H, S만 연소된다. 식 (4.3)에서 탄소 1kg을 연소하는 필요한 산소량은 2.67kg/kg, 수소 1kg을 연소하는 필요한 산소량은 8kg/kg, 황은 1kg/kg, 연료에 포함된 산소는 제거한다. 이론 산소량은 다음과 같다.

[질량기준 이론 산소량]

$$O_{stoi} = \left[\frac{C}{12}+\frac{H}{4}+\frac{S}{32}-\frac{O}{32}\right]\text{kmol/kg} = 32\left[\frac{C}{12}+\frac{H}{4}+\frac{S}{32}-\frac{O}{32}\right]\text{m}^3\text{/kg}$$

$$= 2.67C+8H+S-O \tag{4.3}$$

[체적기준 이론 산소량]

$$O_{stoi} = \left[\frac{C}{12} + \frac{H}{4} + \frac{S}{32} - \frac{O}{32}\right] \text{kmol/kg} = 22.4\left[\frac{C}{12} + \frac{H}{4} + \frac{S}{32} - \frac{O}{32}\right] \text{m}^3\text{/kg}$$

$$= 1.867C + 5.6H + 0.7S - 0.7O \tag{4.4}$$

[질량기준 이론 공기량]

질량기준 이론 공기량을 A_{stoi}라 하면

$$A_{stoi} = \frac{O_{stoi}}{0.232} = 11.5C + 34.5H + 4.31S - 4.31O \text{ [kg/kg]} \tag{4.5}$$

[체적기준 이론 공기량]

연소에 필요한 체적기준 이론 공기량을 A_{stoi}라 하면

$$A_{stoi} = \frac{O_{stoi}}{0.21} = 8.89C + 26.7H + 3.3S - 3.3O \text{ [m}^3\text{/kg]} \tag{4.6}$$

이상으로부터 고체와 액체 연료에 대하여 다음의 표 4.5가 성립한다.

표 4.5 탄소 1kg 연소 시 필요한 산소량

구분	C	H	S	O
질량(kg)	2.67	8	1	1
체적(Nm^3), N은 normal	1.867	5.6	0.7	0.7

공기비(λ, air ratio)는 공기의 과잉 정도를 나타내는 인자로 공기 과잉률(λ)이라고도 한다. 실제의 연소에 필요한 공기량을 A_{act} [m^3], 이론 공기량을 A_{stoi} [m^3]라고 하면 다음의 식이 성립한다.

$$\lambda = \frac{A_{act}}{A_{stoi}} \tag{4.7}$$

배기가스 내의 산소농도를 측정하면, 다음 식으로 계산할 수 있다.

$$\lambda = \frac{21}{21 - O_2(\%)} = \frac{79}{79 - \frac{79}{21}O_2(\%)} = \frac{0.21}{0.21 - \frac{O_2(\%)}{100}} \tag{4.8}$$

LPG 등 기체연료는 $\lambda = 1.1 \sim 1.3$, 가솔린 등 액체연료는 $\lambda = 1.2 \sim 1.4$이다. 공기비가 1보다 적으면 농후조건으로 시동, 가속, 저속 시에 해당하여 효율이 나빠지고, 1보다 크면 희박조건으로 고속 시 등으로 효율이 좋아지지만 엔진출력이 떨어진다. 당량비(Φ)는 공기비의 역수로 이론상 완전연소에 필요한 공기량을 실제 공기량으로 나눈 값이다.

$$\Phi = \frac{A_{stoi}}{A_{act}} = \frac{1}{\lambda} \tag{4.9}$$

$\lambda = 1,\ \Phi = 1$: 이론조건으로 완전연소

$\lambda > 1,\ \Phi < 1$: 희박조건으로 배기가스에 산소가 존재(산소과잉)

$\lambda < 1,\ \Phi > 1$: 농후조건으로 배기가스에 CO, HC가 존재(산소부족)

당량비 1이면 이론조건, 당량비 1보다 적으면 희박조건, 1보다 크면 농후조건이다. 현재 대부분의 자동차는 당량비 1.2, 공기비 0.9의 농후조건으로 운행된다.

(2) 몰 기준

몰(Mole)은 분자량의 단위로 1kg, 1m와 같은 단위의 일종이다. 화학에서는 분자가 아주 작아서 몰의 단위를 쓰면 편리하다. 수소(H)는 분자량이 1이고 1gmole은 1g이고, 탄소(C)는 분자량이 12이고 1gmole은 12g이다. 분자량이 16인 단원자 산소(O)는 1gmole은 16 g이다. 분자식이 H_2O인 물은 분자량이 18이므로, 물 1gmole은 18g이다.

$$C + O_2 = CO_2 \tag{4.10}$$

1몰 : 1몰 = 1몰

메탄과 이소옥탄의 산소와의 평형 반응식은 다음과 같다.

$$CH_4 + 2O_2 = 2CO_2 + 2H_2O \tag{4.11}$$

1몰 : 2몰 = 1몰 : 2몰

$$C_8H_{18} + 12.5O_2 = 8CO_2 + 9H_2O \tag{4.12}$$

1몰 : 12.5몰 = 8몰 : 9몰

연료는 C와 H의 결합물이고 공기는 N_2, O_2, 아르곤으로 구성된다. 공기는 질소 79%, 21% 산소로, 구성되어 산소 0.21몰에 대하여 질소가 0.79몰이며 이는 산소 1몰에는 질소 3.76몰이 존재하는

것과 같다. 연료는 완전연소하면 CO_2, H_2O를 발생하고 불완전 연소하면 CO, HC를 발생한다. 공기 중의 질소는 다른 화합물과는 반응을 하지 않지만 환경이 고온이 되면 N 단원자로 분해되고 이들은 산소 단원자 O와 반응을 하여 NO, NO_2 등의 질소산화물(NOx)을 생성한다. 이는 자동차에서 발생하는 나쁜 배출물로 일반적으로 EGR 시스템으로 연소온도를 낮추어 N_2의 분해를 감소시켜 NOx를 저감시킨다. 그러나 이는 엔진의 열효율을 떨어뜨려 VGT 등의 시스템을 다시 적용해야 한다.

[탄화수소 연료의 연소반응]

$$C_mH_n+\left(m+\frac{n}{4}\right)O_2+3.76\left(m+\frac{n}{4}\right)N_2 \rightarrow mCO_2+\frac{n}{2}H_2O+3.76\left(m+\frac{n}{4}\right)N_2 \quad (4.13)$$

메탄의 공기 중의 연소 반응식은 다음과 같다. 질소는 화학적으로 중립이어서 반응하지 않으므로 그대로 배출된다.

$$CH_4+2O_2+(23.76)N_2 = CO_2+2H_2O+(2\times3.76)N_2 \quad (4.14)$$

메탄의 연소 반응식에 산소가 과잉이면 희박연소로 생성물에 산소가 존재한다.

$$CH_4+4O_2+(4\times3.76)N_2 = CO_2+2H_2O+(4\times3.76)N_2+2O_2 \quad (4.15)$$

공기의 분자량은 29이고 이론 공기량보다 공기가 많을 때는 희박(lean), 공기가 적을 때는 농후(rich)의 조건이 된다. 식 (4.19)의 반응물에서 산소가 많으면 희박으로 생성물에는 산소가 발생하고 산소가 적으면 농후조건으로 배기가스가 발생한다.

이소옥탄의 공기 중의 연소 방정식은 다음과 같다.

$$C_8H_{18}+12.5O_2+(12.5\times3.76)N_2 = 8CO_2+9H_2O+(12.5\times3.76)N_2 \quad (4.16)$$

이소옥탄의 연소 반응식에서 산소가 부족하면 농후연소로 CO_2는 CO로 되어 배기가스로 된다.

$$C_8H_{18}+10O_2+(10\times3.76)N_2 = 3CO_2+9H_2O+(10\times3.76)N_2+5CO \quad (4.17)$$

4.2.2 연소와 배출물

연소가 성립하려면 가연물질, 산소, 점화원의 3개가 존재해야 한다. 점화원은 불꽃, 고온으로 가열, 고온 열과의 접촉이 있다. 가연성 혼합기에 에너지를 가하는 불꽃 점화식, 자기 착화 온도이상으로 가열하는 자기착화 등으로 지속적으로 연소시킬 수 있다. 연료가 연소하기 위해서는 산소와 연소조건(온도, 시간, 공간)이 필요하다.

① 착화온도 : 스스로 점화하는 온도

② 인화점 : 점화하여 연소를 시작하는 온도

③ 발화점 : 연소가 유지되는 온도

(1) 스파크 점화

불꽃으로 가연성 혼합기체를 점화하면 불꽃 주위에 생기는 작은 화염인 화염 핵이 성장하고 연소실 전체에 화염이 전파된다. 불꽃이 가지는 점화에너지가 작으면 화염 핵은 소멸하고 크면 연소가 발생한다. 점화가 100% 되는 에너지를 최소 점화에너지라고 하고 이 값은 연료의 종류와 혼합기 농도에 따라 다르지만 가솔린의 경우 0.2~0.3mJ 정도이며, 연료가 희박하거나 농후할수록 커진다. SI 기관의 연소에 필요한 점화에너지는 30~100mJ이며 전극모양과 전극간격에 따라서 다르다.

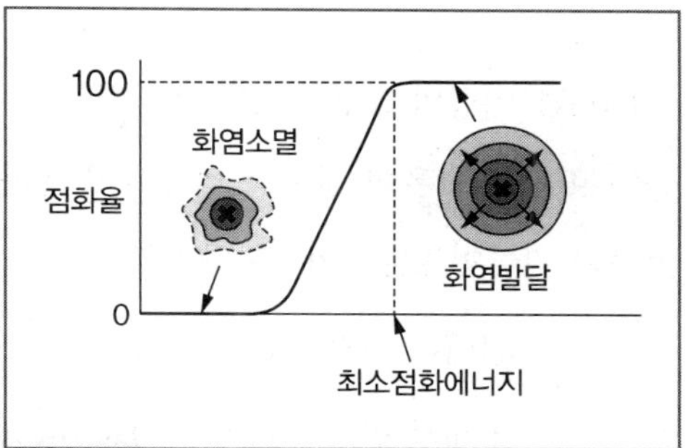

그림 4.2 SI기관의 연소

(2) 열화학 방정식

석유 중에는 각종 탄화수소와 황, 질소 등이 포함되지만, 연소에 의해 발생하는 고온 분위기 하에서는 다양한 물질로 분해되어 산소와의 반응이 일어난다. 연소반응의 기본이 되는 원소는 C, H, S이며, 그 연소반응은 석유연소의 기본반응으로 반응열은 발열량이라고도 하며 반응열이 표기된 화학 반응식을 열화학 방정식이라 한다.

$$C + O_2 \rightleftarrows CO_2 + 407\ \text{kJ/mol} \tag{4.18}$$

$$C+\frac{1}{2}O_2 \rightleftarrows CO+123\ kJ/mol \tag{4.19}$$

$$CO+\frac{1}{2}O_2 \rightleftarrows CO_2+284\ kJ/mol \tag{4.20}$$

$$H+\frac{1}{2}O_2 \rightleftarrows H_2O+286\ kJ/mol \tag{4.21}$$

$$S+O_2 \rightleftarrows SO_2+297\ kJ/mol \tag{4.22}$$

공기의 조성은 체적비율로 질소 79%, 산소 21%인 경우, 탄화수소 연료 1몰과 산소 및 공기와의 반응은 식과 같다.

$$\text{산소의 반응 : } C_mH_n+\left(m+\frac{n}{4}\right)O_2 \rightarrow mCO_2+\frac{n}{2}H_2O \text{ (발열반응)} \tag{4.23}$$

$$\text{공기의 반응 : } C_mH_n+\frac{100}{21}\left(m+\frac{n}{4}\right)Air$$

$$\rightarrow mCO_2+\frac{n}{2}H_2O+\frac{79}{21}\left(m+\frac{n}{4}\right)N_2 \text{ (발열반응)} \tag{4.24}$$

1500℃ 이상의 고온에서는 연소반응과 열해리 반응이 동시에 일어나며 연소반응과 열해리 반응의 비율은 고온이 될수록 열해리 반응의 비율이 증가한다. 열해리 반응은 흡열반응으로 온도를 낮추는 기능이 있다. 이산화탄소와 수증기의 열해리 반응은 식과 같다.

$$\text{열해리 반응 : } CO_2 \rightarrow CO+\frac{1}{2}O_2-282940\ kJ \text{ (흡열반응)} \tag{4.25}$$

$$\text{열해리 반응 : } H_2O \rightarrow H_2+\frac{1}{2}O_2-241790\ kJ \text{ (흡열반응)} \tag{4.26}$$

(3) 저위발열량과 고위발열량

수소의 연소는 연소 생성물로 H_2O(수증기)가 얻어진다. 수증기는 물보다 증발잠열에 해당하는 양 만큼 엔탈피가 크다. 물의 증발잠열분을 포함하지 않는 발열량을 저위 발열량, 포함하는 발열

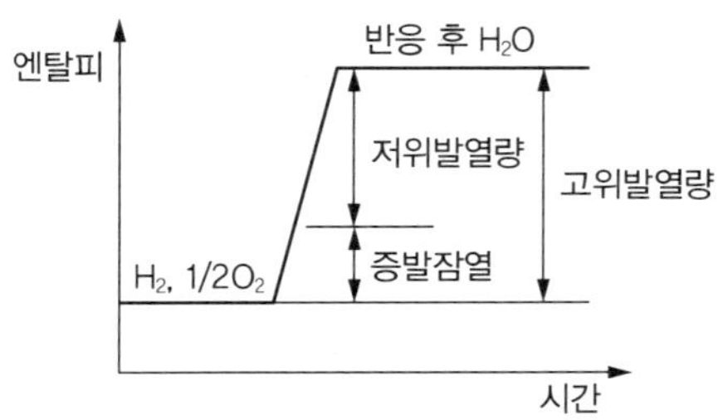

그림 4.3 고위발열량과 저위발열량

량을 고위 발열량이라 한다. 기관에서 연소에 의해 발생하는 연소열을 동력으로 변환할 때 배기가스의 온도는 100℃ 이상이기 때문에 H_2O는 배출되지 않고 수증기로 배출이 되고 따라서 증발 잠열분은 이용이 되지 않고 버려진다. 겨울철 자동차에서 배출되는 흰색의 배기는 모두 수증기로 볼 수 있다. 동력으로 변환되는 것은 저위 발열량이다.

(4) 질소 산화물의 반응

① **열적 NO(thermal NO)** : NOx는 지구온난화 가스(N_2O)의 일종이며, 피부자극, 물질 마취성질을 가지며 NO, NO_2, N_2O 등의 총칭이다. 1800K 이상의 조건 하에서는 질소가 산화되어 산화질소 NO인 열적 NO가 생성된다. NO의 반응은 다른 성분에 비해 느리므로 최종적인 화학 평형농도에 도달하려면 시간이 걸리고 NO 생성량은 확대 Zeldovich메카니즘(extended Zeldovich mechanism)에 의해 생성된다. 열작용으로 O, OH 등의 라디컬이 참여하여 반응경로에서 생성되는 NO이다. 공기 중의 질소가 원인으로 산소농도를 낮추면 저감이 가능하고 자동차에서의 NO는 대부분 열적 NO이다. 이는 다음의 화학반응을 갖는다.

$$
\begin{aligned}
&N_2 + O \rightarrow NO + N \\
&N + O_2 \rightarrow NO + O \\
&N + OH \rightarrow NO + H
\end{aligned}
\tag{4.27}
$$

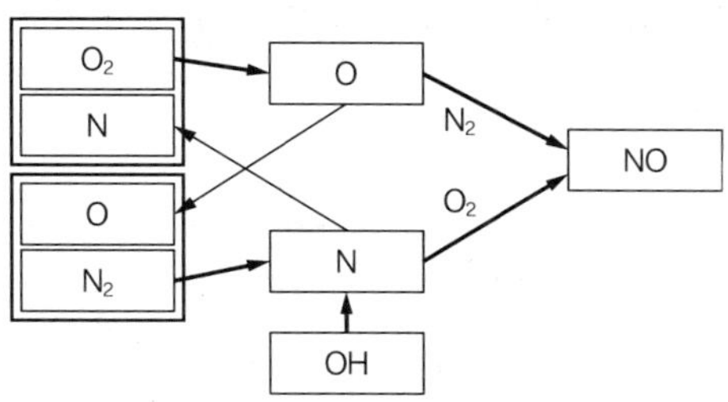

그림 4.4 열적 NO생성 원리

② **프롬프트 NO(prompt NO)** : 희박화염에서는 질소로 인하여 확대 Zeldovich 메카니즘에 의해 NO가 생성되지만 NO의 생성량은 온도에 크게 의존한다. 한편, 농후화염은 연료의 열분해에 의해 생기는 CH가 공기 중의 질소와 반응하여 HCN과 N을 생성하고, 산소와 반응하여

NO가 된다. 이를 프롬프트 NO라고 한다. 연소의 초기에 생성되며 HCN을 통한 반응에서 발생한다. 공기 중의 질소가 원인으로 확대 Zeldovich 메카니즘 이외의 반응으로 연료 농후시의 열분해 물질인 CH, CH_2와 질소의 반응으로 발생한다.

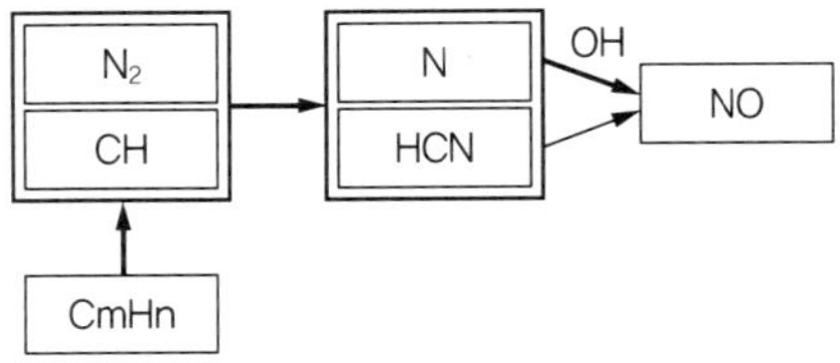

그림 4.5 프롬프트 NO 생성원리

- 희박화염 : 확대 Zeldovich 메카니즘에 의해 NO생성, 생성량은 온도에 의존한다.
- 농후화염 : 프롬프트 NO, 생성량은 온도에 의존하지 않는다.

$$CH,\ CH_2 + (\text{공기중 질소}) \rightarrow HCN + HN \downarrow HCN + HN + O_2 \rightarrow NO \tag{4.28}$$

③ **연료 NO** : 연료 중에 N성분이 포함될 때, 화염 내부의 고온에서 연료가 분해되어 발생하는 N 라디칼이 공기 중의 O 라디칼과 반응하여 NO가 생성된다. 이를 연료 NO라고 한다. 연료 NO는 화염대와 그 부근에서 생성되고 공기 중의 질소가 원인으로 연료의 N이 HCN, NH를 거쳐 NOx를 생성한다.

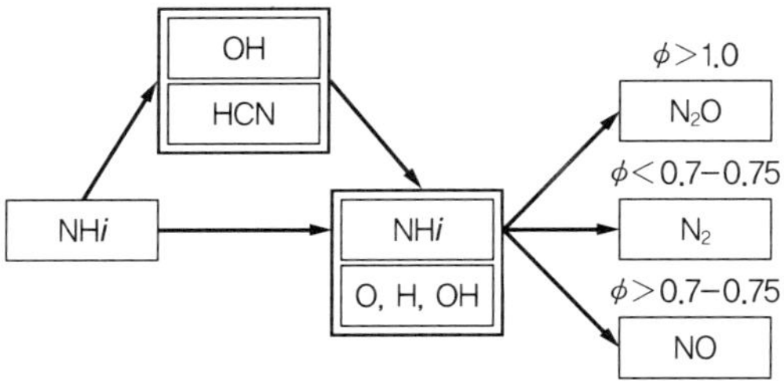

그림 4.6 연료 NO의 생성원리

당량비 1.4이하에서는 NO, 당량비 1.4이상에서는 HCN 연료 중의 N성분은 비교적 저온에서 열분해한다. 따라서 연소온도에 대한 의존성은 거의 없고 분해한 N성분은 NHi와 HCN의 형태로 연소영역에 운반되어, NO를 형성한다.

④ NO_2 : 엔진내부에서 생성되는 질소 산화물은 주로 NO이다. NO는 엔진에서 배출되어 공기 중의 산소와 쉽게 반응하여 이산화질소 NO_2가 된다. NO_2는 광화학 스모그의 원인 물질이며, 인체에 유해하다.

$$\text{NO(엔진에서 생성)} \rightarrow \text{NO(배기)} + \frac{1}{2}\,O_2\text{(공기중 산소)} \rightarrow NO_2 \tag{4.29}$$

(5) SI기관 배출물

엔진 연소실 내부에서 발생하는 질소 산화물은 약 95%가 일산화질소인 NO이다. NO는 신기에 포함된 N_2가 고온상태에서 산소와 반응하여 발생하여 열 NO라고 한다. 그외 연료에 포함된 N_2가 발생원인인 경우는 연료 NO라고 한다. 그러나 NO가 엔진에서 배출되면 대기공기 중의 저온 분위기에서 쉽게 산화되어 이산화질소 N_2가 된다. NO는 높은 온도와 산소 과잉조건에서 발생하기 쉽고, HC와 CO는 산소 부족조건에서 발생하기 쉬워 발생원인이 상반되고 있어 대책이 어려운 편이다. 유황 산화물 SOx는 연료에 포함된 S가 산소와 반응하여 발생한다. 생성된 SOx는 고온 환경에서는 수증기와 반응하여 황산 H_2SO_4를 생성한다. 그을음은 입자상 물질(PM과 부유 입자상 물질 SPM)의 대표적인 예이다.

표 4.6 NOx 처리방법

처리법	배출물	원리
점화시기의 지연	NOx	연소온도의 저하
EGR	NOx	연소온도의 저하
터보차저	NOx	희박화
흡기냉각	NOx	연소온도의 저하, 희박화
희박연소	NOx	희박화
삼원촉매	NOx, CO, HC	HC와 CO를 환원제로 하여 NOx를 환원 공연비를 이론공연비로 제어

일산화질소 NO를 저감하는 방법으로 연소온도를 저하시켜 N의 반응을 억제하는 것이다. EGR을 하면 연소가 억제되어 연소실 온도를 낮추는 효과가 있어, NO의 저감방법으로 효과적이다. 그러나 EGR만으로는 규제치를 만족할 수 없기 때문에 촉매를 사용한다.

NO저감은 연소온도를 저하시켜 N과의 반응을 억제시킨다. 배기가스의 일부를 재순환하면 다음의 과정을 거친다.

$$\text{EGR} \rightarrow \text{연소반응 억제} \rightarrow \text{온도저하} \rightarrow \text{N의 반응억제} \rightarrow \text{NO저감} \tag{4.30}$$

(6) CI기관 배출물

CI기관은 배기가스에 산소가 많이 포함되어 있기 때문에 삼원촉매로는 NO를 정화할 수 없다. 촉매 자체가 고온이 되어 용융이나 급격한 열화가 발생하고 PM이 촉매를 막는 등의 폐해가 일어난다. NO의 저감법으로는 연료의 대책으로 물 에멀젼화, 연소계의 대책으로 연소온도를 저하시키는 흡기냉각, 분사 시스템의 최적화, 분사시기 제어, 물 분사 등을 사용하고, 산소농도를 저하시키기 위해서는 배기가스 재순환(EGR)을 실시한다. 배기 시스템 개선 대책으로는 환원촉매를 사용하고 암모니아는 위험하므로 자동차에서는 32.5%의 요소수 용액을 사용한다. 요소수 용액을 배기중으로 분사하면 가수분해에 의해 암모니아가 생성된다.

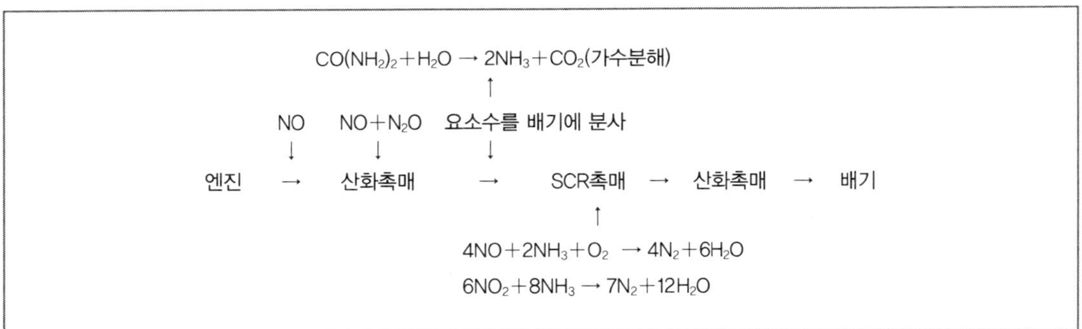

그림 4.7 암모니아에 의한 NO처리

HC와 CO의 저감은 농후연소, 초희박연소, 연소실 표면의 틈새, 팽창시의 급냉각, 냉시동시 미연연료에 의해 발생한다. 연소계의 대책으로는 높은 압축비화, 흡기가열, 분사 시스템의 최적화, 분사시기 제어 고압분사 등으로 연소온도를 상승시키거나 배기계의 개선으로 산화촉매를 사용하거나 분사계 개선으로 초희박영역을 제어, 퀜칭감소, 촉매의 온도 급상승 등이 있다.

PM의 저감법으로 연소계의 대책인 충전효율을 향상시키기 위해 터보차저, 혼합을 촉진하기 위해, 스월비 증대, 고압분사, 분사시기 단축 등을 실시한다. 윤활계의 대책으로는 윤활유 소비량을 저감하고 배기계의 대책으로 제거 필터를 사용한다.

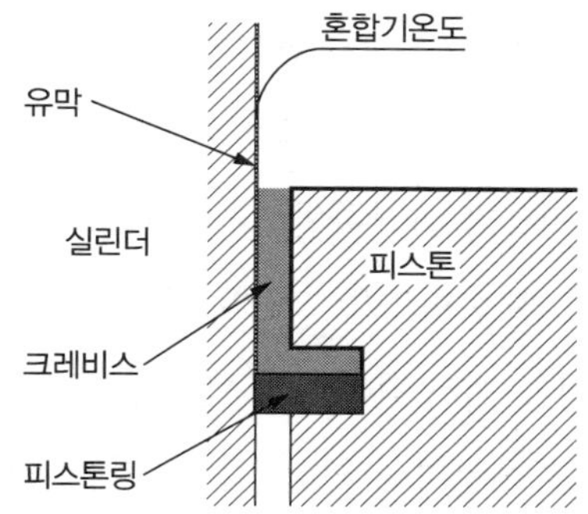

그림 4.8 HC와 CO의 발생(연소실 틈새)

표 4.7 배출가스 처리법

기술	배출물	원리
분사시기의 지연	NOx	연소온도의 저하
고압분사	PM	연료와 공기의 혼합 촉진
커먼레일	NOx, PM	분사압력, 분사시기, 회전수 등 분사 정밀제어
EGR	NOx	연소온도의 저하
흡기냉각	NOx, PM	연소온도의 저하, 희박화
실린더내 공기유동 개선	PM	연료와 공기의 혼합촉진
DPF	PM	PM을 물리적으로 제거
산화촉매	HC, PM	산화제거
NOx 환원제거	NOx	환원제거
요소 SCR	NOx	요소수에서 암모니아를 생성시켜 NOx를 선택적으로 환원
연료의 저유황화	NOx, PM, HC	유황에 의한 촉매 열화방지

4.3 균일연소, 확산연소, 성층 희박연소

4.3.1 연소의 방법

버너연소는 연료가 미리 산소와 혼합되어 불꽃은 미연영역으로 전파하면서 연소한다. 화염이 전파되는 속도는 0이며 이는 혼합기와 연소의 속도가 적당하기 때문이다. 연료와 산소의 혼합비로 화염의 온도를 조절할 수 있어 고온 연소도 가능하다. 양초연소는 열에 의하여 녹은 양초가 연료가 되어 심지에서 증발하면서 주위의 산소와 혼합되어 연소를 한다. 화염의 온도는 비교적 낮고 온도 조절도 불가능하다. 버너연소와 같이 미리 혼합된 공기와 연료가 연소하는 것을 균일(예혼합) 연소라고 하고, 양초연소와 같이 연료가 확산하면서 산소와 만나 연소하는 것을 확산연소라고 한다. 균일연소는 전파성질이 있지만, 확산화염은 그렇지 못하다. SI기관은 균일연소, CI기관은 확산연소이다. 균일연소는 연료와 공기를 미리 혼합하여 엔진에 공급하고, 확산연소는 연료와 공기를 별도로 공급하여 공기 중에 연료를 분사하여 확산, 증발, 혼합하면서 연소를 하는 방식이다. SI기관은 혼합비가 균일하고, CI기관은 혼합비가 불균일하다. 균일연소의 경우, 액체연료는 기화기, 인젝터 등에서 증발된 후 공기와 혼합하기 때문에 기체연료와 액체연료의 연소모양이 같지만, 확산연소의 경우, 액체연료를 분사하면 확산, 혼합 전에 연료가 증발하는 과정이 필요하여 연소현상이 복잡하다. 또한 연소는 엔진과 같이 닫힌 공간에서 발생하는 용기연소(간헐 연소)와 열린 개방 공간에서 발생하는 버너연소(연속 연소)로 분류된다.

① **균일연소** : 공기와 연료가 미리 혼합하여 연소가 격렬하고 1000℃ 이상에 이르며 화염전파를 한다.

② **확산연소** : 연료와 산소가 서로 확산하여 연소가 은은하다.

층류 예혼합 연소의 예를 **그림 4.9**에 나타낸다. 왼쪽 그림은 용기연소의 경우로 연소실 중심으로 연소되고 있다. 오른쪽 그림은 버너연소이다. 예혼합 연소는 아직 연소하지 않은 미연영역과 이미 연소한 기연영역으로 나누어진다.

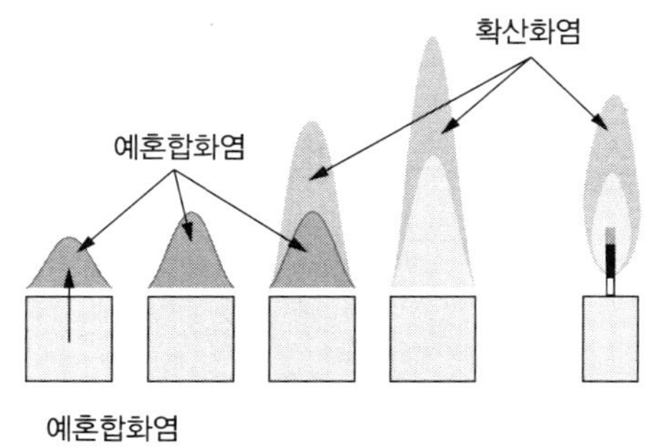

그림 4.9 예혼합 연소와 확산연소

예혼합 연소는 연료의 농도가 너무 농후해도, 너무 희박해도 연소가 되지 않는다. 연소할 수 있는 범위를 가연범위라고 하고 희박 가연한계와 농후 가연한계가 있다. 가연범위는 연료의 종류, 온도, 압력, 화염의 전파방향 등에 따라 다르고, 수소는 가연범위가 넓고 가솔린은 공연비 9~20정도로 수소보다 좁다.

4.3.2 균일연소(Homogeneous combustion), 예혼합연소, 연료와 산소가 미리 혼합

균일연소는 연소실 전체에 균일한 공연비를 가지는 혼합기를 공급하는 방식으로, 균일연소로 만들기 위해서는 우선 많은 공기가 필요하다. 따라서 스로틀밸브를 많이 열어야 하며 이때는 흡기매니폴드 압력은 대기압이 되어 펌핑손실이 적어진다. PFI엔진에서는 연료는 흡입행정 초기에 분사되어 분사시기와 점화시기 사이에 충분한 시간이 있고 흡기로 들어오는 공기에 의해 연료는 포트와 연소실에서 균일하게 혼합된다. 연료분사 후 점화까지 시간이 있으면 연료의 기화잠열에 의한 냉각효과로 연소실 온도가 낮아져 노킹이 억제된다. 균일연소는 분사된 연료를 증발시키고 확산시키는 데 시간이 필요하여 흡입행정 초기에 연료를 분사하고 스로틀밸브를 많이 열어야 하므로 기관은 고부하 운전이 된다.

PFI 엔진과 비교하면 GDI 엔진의 장점은 증발할 때 연료의 잠열로 흡입 공기를 냉각하는 것이다. 따라서 체적효율이 증가하고, 점화 시 작동가스의 온도가 내려가 노킹의 발생이 어렵게 된다. 50K정도 작동 가스온도를 낮출 수 있다. 체적 효율은 약 5%, 점화시기 10°이내로 진각이 가능하다. EGR을 늘려도 연소변동이 증가하고, 희박 연소 시 연소속도가 빠르게 된다. 또 다른 장점은 시동성이 좋고 배출되는 HC가 적다. 포트분사가 시작될 때 분사된 연료가 흡기포트와 흡기밸브에 부착하여, 실린더에 들어가서 혼합기를 형성하는 데 시간이 걸린다. 이것은 시동성 문제와 HC 배출을 일으킬 것이 분명하지만, GDI 엔진은 그러한 염려가 없고 포트 분사보다 HC 배출량이 적다. 흡기행정 중에 분사된 연료가 증발하여, 점화시간까지 균일 혼합기가 되는지의 여부는 당량비에 대한 NOx 배출량을 포트분사와 비교하면 된다.

4.3.3 불균일 연소(hetergeneous combustion), 확산연소, 연료는 산소와 혼합되면서 연소

왕복 피스톤식 엔진은 압축 상사점 부근에서 열 발생을 얻는다. CI 기관은 열 발생을 연료분사와 동시에 얻는다. 실린더에 공기만 흡입되며 압축후 온도는 850~900K 정도이다. 연료는 상사점 직전에 분사되며 노즐에서 스프레이 형식으로 분사되며 분사온도가 850~900K 정도이면 점화지연은 2ms 이내가 되어야 원활한 연소가 이루어진다. 압축말기 압력은 최소 30bar이며 이때 연료가 분사되고 분사와 동시에 점화되지 않고 공기와 혼합되는 과정이 필요하다. 점화는 혼합기가 형성된 부분부터 시작하여 동시 다발로 점화하여 화염이 발생하여 점화 후에도 연료분사가 계속되면 액적상태가 화염을 만나는데 연료와 산소의 빠른 만남이 열발생 속도를 결정한다. 연료분사가 끝나도 연소는 계속되지만 산소의 부족으로 입자상 물질이 생성된다. 연료분사는 미세한 액적방울이며 연료방울은 공기에 의해 가열되어 증발하고 증발에 따라 액적의 지름은 감소하고 연료와 공기가 적당하게 혼합되면 가연성 영역이 되고 자동으로 점화한다. 증발은 착화전에 필요한 물리적 시간으로 여기 화학적 지연시간도 필요하다.

CI 기관은 연소실의 연료증기와 주변 공기의 혼합상태가 충분하면 연소온도가 고온이 되어 대량의 NOx가 생성되고, 반대로 혼합이 불충분하면 국소적으로 연료가 농후해져 PM이 많이 생성된다.

디젤엔진은 EGR을 사용하기 때문에 배기가스 중에 포함된 CO_2(3원자 분자이기 때문에 비열이 크고, 동일 열량에서 온도가 낮음)에 의해 연소 온도가 저하하고, NOx 생성이 감소되면서 배기온도도 저하한다. 배기온도가 저하하면 촉매 활성화 온도인 300℃까지의 도달 시간이 길어져서 삼원촉매를 활성화시키지 못하는 산화분위기의 배출가스를 만드는 요인이 된다.

기존 디젤의 고속 연소사진과 디젤연소의 개념도를 **그림 4.10**에 표시한다. 연소사진에서 분무화염은 연소영역과 공기영역으로 나누어져 있고, 혼합기 농도와 온도의 불균일성이 많다. 그림을 보면, 분무화염 내의 국소 당량비와 온도가 불균일하고, NO와 PM의 생성이 쉬운 영역이 연소 중에 혼합되어 있다.

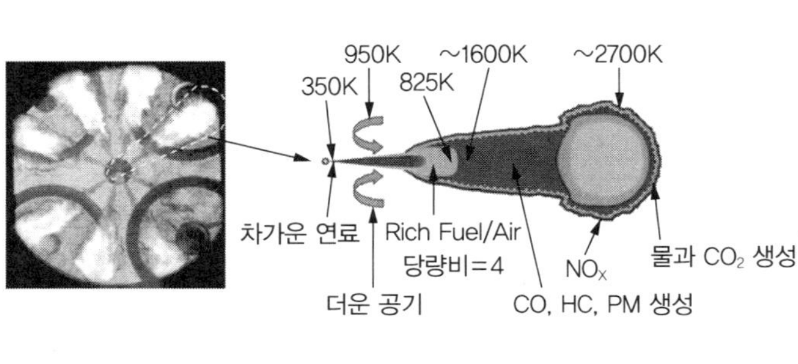

그림 4.10 확산연소 개념도

그림 4.11에 디젤연소 시의 혼합기의 농도 덩어리의 분포(그림의 실선)와 NO 및 그을음의 생성속도의 개념도를 나타낸다. 오른쪽 세로축은 NO와 그을음(soot)의 생성 속도, 왼쪽은 혼합기 빈도를 표시한다. 예를 들어 생성 속도가 높은 영역에 혼합기 덩어리가 존재하는 경우와 생성 속도가 낮은 영역에 혼합기 덩어리가 존재하는 경우를 비교하면 높은 영역에서 생성율이 높아진다.

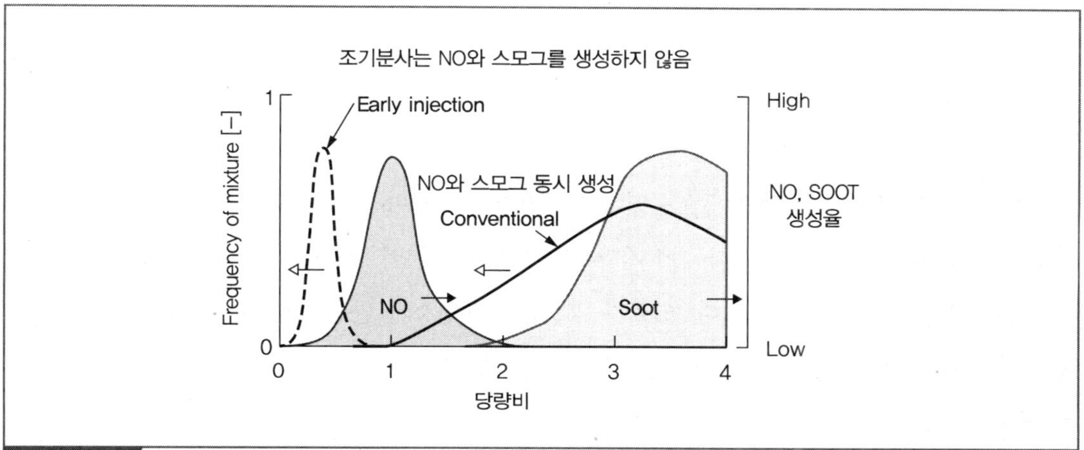

그림 4.11 당량비와 배기가스

디젤연소의 경우, 난류 확산연소가 주로 이루어지고, 공기만 존재하는 영역에서 연료만이 존재하는 영역까지 다양한 농도의 혼합물 덩어리가 존재한다. NO와 그을음 생성속도가 큰 영역에서 혼합기가 동시에 존재하여 NOx와 PM의 동시 저감을 어렵게 하는 원인이 된다. 이러한 디젤 연소를 저공해 연소로 만들기 위해서는 혼합기 빈도 분포상태를 제어하는 기술이 가장 중요하며, NO와 그을음 생성속도가 빠른 혼합기 덩어리의 출현빈도를 막아야 한다.

4.3.4 성층 희박연소

(1) 희박연소(Lean burn)

희박 공연비에서도 연소가 가능하도록 흡입공기에 스월(swirl) 와류를 발생시키는 스월 매니폴드를 적용한다. 흡기 시스템에는 스월밸브가 설치되어 있어서, 저부하 희박운전 시에도 스월밸브가 약간 열리는 스월이 형성되도록 해야 한다. 흡입행정 상사점 후 60~90°에서 분사된 연료는 연소실에서 스월운동으로 성층화되며, 점화시에는 점화플러그 주위에는 농후한(12~14 : 1)공연비를 발생시켜 연소를 용이하게 하며, 강력한 초기화염이 스월운동에 힘입어 희박 공연비 영역까지 급속히 확산되도록 해야 한다.

- $\lambda = 1$이하 : 희박 연소(lean burn) 14.7이상 : 1 (희박공연비)
- $\lambda = 1$: 이론 연소(stoichiometry burn) 14.7 : 1 (이론공연비)
- $\lambda = 1$이상 : 농후 연소(rich burn) 14.7이하 : 1 (농후공연비)

$$\lambda = \frac{AF_{stoich}}{AF_{act}} \tag{4.31}$$

여기서 λ는 당량비이다. 당량비는 공연비 이론연소와 공연비 실제 연소의 비 혹은 연공비 실제 연소와 연공비 이론연소의 비이다. 1에 가까우면 실제와 이론이 같음을 의미하고 1보다 크면 연료가 많고 1보다 적으면 공기가 많다. 연료가 많으면 농후연소가 발생하여 배기가스에 CO가 많고, 공기가 많으면 희박연소가 발생하여 배기가스에 산소가 많다. 1시간에 1kW의 동력을 얻는데 필요한 연료의 양을 g/kWh로 표시하고 이를 연료소비율이라 한다. 연료소비율이 가장 최적인 조건은 이론공연비이고 실제 연소는 약간 희박한 조건의 희박연소이다.

희박연소는 이론적인 공기와 연료의 혼합비보다 공기를 더 많이 넣어 연료인 가솔린을 절약하는 엔진이다. 연료와 공기의 이론 공연비는 14.7 : 1정도이며, 희박공연비는 22~25 : 1정도이다.

O_2센서를 이용하는 삼원촉매 시스템은 촉매의 정화율이 높고 배기가스 감소라는 관점에는 매우 유효한 수단이지만, 제어되는 혼합기의 공연비는 이론공연비(14.7 : 1)만 되는 단점이 있다. 배기가스 감소와 연비개선이 모두 가능한 방법이 희박한 공연비로 연소시키는 희박연소 엔진의 개발이라 할 수 있다.

성층연소는 전체적으로는 혼합기가 희박하도록 하고, 점화플러그 부근에는 공연비가 농후한 혼합기를 만들어 점화가 쉽게 되도록 한다. 예전의 성층연소는 별도의 부연소실을 설치하여 공연비가 농후한 혼합기를 공급하고 점화플러그로 점화하여 연소시켜, 희박혼합기가 있는 주 연소실로 화염이 분출되게 하여 화염전파를 촉진시키는 방법이 주로 사용되었다.

그러나 흡기포트, 연료 분사기술의 발전과 O_2센서를 대체하는 희박센서(lean sensor) 개발, 4밸브 엔진기술 발전으로 부 연소실을 없애고, 주 연소실만으로 성층급기를 생성하면서, 희박연소가 가능하게 되었고 이러한 성층기술에서 스월(swirl)과 텀블(tumble) 유동이 중요하다.

스월을 이용하는 시스템은 공회전이나 중·저속의 운전상태에서는 2개의 흡기포트 중 하나는 닫고 다른 포트에 연료와 공기 혼합기를 공급하여 스월을 발생하여 희박연소를 하고, 고속시와 같이 충분한 출력이 필요할 때는 2개의 흡기포트를 모두 열어 희박연소가 아닌 이론 공연비 연소를 시킨다.

텀블을 사용하는 시스템은 흡기포트의 단면을 원형이 아닌 역삼각형으로 만들어 강한 텀블이 생성되게 한다. 흡기포트가 2개인 경우는 좌우에 균일하게 연료를 공급하면 일반연소, 한쪽에는 연료, 다른 포트에는 공기만 공급하면 텀블이 발생되어 성층화를 이루어 희박연소가 가능하다.

공연비가 희박하면 연소가 잘 되지 않아, 연소를 위한 초기 점화에너지의 증대가 필요하므로 점화장치를 초고압화해야 한다. 고전류, 고에너지, 플라즈마 제트, 다중점화방식 등을 사용하여 연료의 발화와 연소를 시키는 방법도 있다. 그리고 연소실 설계변경을 통하여 열손실을 줄이고, 연소율을 높이도록 연소실 내부 유동개선을 해야 한다. 이를 위하여 흡기포트의 형상설계, 스월 콘트롤 밸브(SCV), 스퀴시 면적확대 등이 희박연소에는 필요하다.

희박공연비로 운전하면 이론공연비로 운전하는 경우에 비하여 연비는 향상하지만 삼원촉매에 의한 NOx 감소가 되지 않는다. 희박공연비로 운전하면, 공연비가 19 부근에서 연소가 불안정하여 토크변동이 발생하여 원활한 운전을 할 수 없고 이 정도의 공연비는 어느 정도의 연비개선은 얻을 수 하지만 많은 NOx가 발생한다.

NOx 감소와 토크변동을 줄이기 위해서는 좁은 범위에서 정밀하게 공연비를 제어하는 것이 필요하고, 희박공연비에서는 발생하는 출력에는 한계가 있기 때문에, 가속 시 등 높은 출력이 필요할 때 삼원촉매가 성능을 발휘할 수 있는 공연비로 운전해야 한다. 이때는 연비가 나빠지기 때문에, 이론공연비 영역의 연비 개선방법으로 EGR을 사용하는 방법도 있다. 희박연소 엔진은 이론공연비 엔진에 비하여 EGR율을 대폭 증가하는 것이 가능하기 때문에 연비개선 효과를 얻을 수 있고 희박연소 엔진의 성립 요건은 다음과 같다.

① 희박공연비 영역에서의 연소개선(스월 혼합기 생성, 연료제어, 점화제어) : 헬리컬포트, SCV, 연소압력센서, 전자제어 EGR밸브, 흡기압력 센서 등 적용
② 희박공연비 영역에서의 정밀한 공연비 제어
③ 이론공연비 영역의 연비개선을 위한 대량의 EGR 적용

희박연소 엔진은 희박 산소센서를 사용하여 공연비 22~23으로 제어한다. 이 방법은 배기가스의 산소농도로 공연비를 감지하는데, 희박연소 한계 공연비에서는 피드팩 제어가 어렵다. 이러한 문제는 희박 산소센서를 대신하여 엔진의 연소상태를 직접 감지하는 연소압력 센서를 사용하여

실린더 연소압력으로 정밀한 공연비 피드백 제어를 하기도 한다.

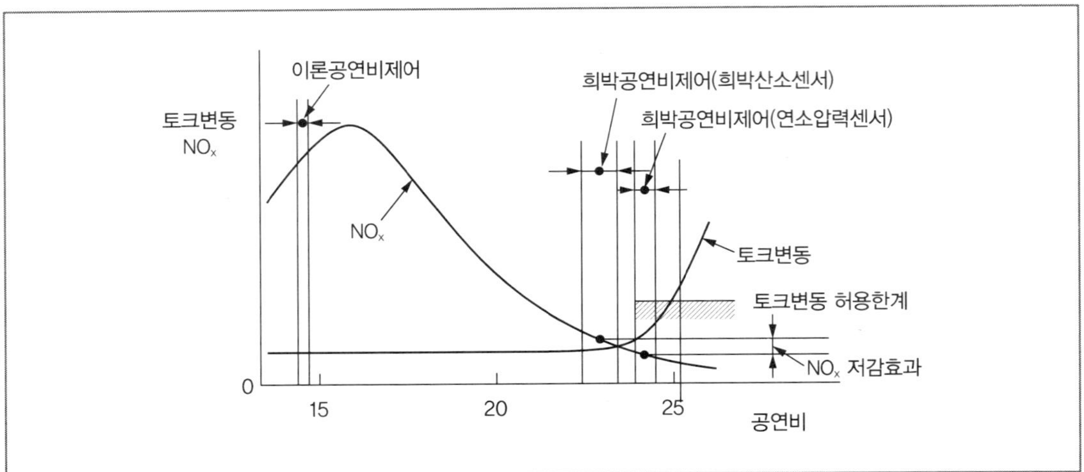

그림 4.12 공연비 제어 시스템 비교

스월, 텀블 생성 등의 연소실 개선으로 희박연소 한계를 향상시키면, NOx 배출량을 감소시킬 수 있다.

희박엔진에서는 CO와 NOx는 상당히 감소하나 HC는 증가한다. NOx는 공연비가 커짐에 따라 증가하다가 급격히 감소하는 경향을 보이며 30% 이상의 저감 효과가 있는 반면, HC는 이론공연비보다 희박해지면 감소하다가 어느 한계이상에서 다시 증가한다. 이와 같은 HC 증가는 초희박 혼합기가 점화되지 못하거나 연소기간이 길어지면 발생한다.

희박연소에 의해 NOx는 저감되기는 하지만 ULEV 규제 수준에는 못 미친다. 이에 필요한 기술이 lean NOx 촉매이다. NOx를 제거하기 위해서는 환원처리가 필요하지만 희박연소 엔진의 배기가스에는 다량의 산소가 함유되어 있어 이 산화 분위기에서 환원반응을 진행시킬 수 없다. 농후연소에서 발생하는 배기가스는 삼원촉매로 처리가 가능하지만 희박연소에서 발생하는 배기가스는 삼원촉매로 처리하기가 어렵다. 배기가스에는 H, C, O, N의 원소가 이론공연비에서는 완전히 없어져 H_2O, CO_2, N_2로 되고 연료가 많은 농후연소에서는 H, C가 많아져 CO, HC로 되고 공기가 많은 희박연소에서는 C보다 N이 많아지기 때문에 NO, NO_2가 남게 된다.

SI기관은 CI기관과 경쟁할 수 있는 연료소비율 수준이 요구되고 있으나 현재의 흡기포트식 연료공급 방식의 희박연소 엔진으로는 $\lambda = 1.5$(A/F=23)까지가 기술의 한계이며, 30~100 : 1의 희박공연비 영역에서도 연소하는 CI 기관과의 연비경쟁에는 한계가 있다.

희박연소는 고온이 되기 쉽고, 고온으로 인하여 엔진이 손상될 수 있다. 농후에서 희박으로 전환될 때, 어느 시점에서 고온이 되며 이는 배기가스 온도(EGT)로 알 수 있다. 배기가스가 고온이 되면 원래의 온도로 내려야 하기 때문에 천천히 희박으로 전환해야 하고 배기가스 온도가 높아지면 희박을 농후로 전환한다. 가솔린이 기화할 때의 기화열은 실린더의 열을 빼앗아 항상 연소실은 정상 온도로 유지되지만, 연료가 희박해지면 기화열 작용이 되지 않아 연소실은 고온이 되고 연소실은 강한 스월과 텀블 유동을 발생시켜 백금 플러그로 강력한 점화불꽃으로 연소시켰지만 산소 과잉상태에서 연소시키는 디젤엔진과 같이 질소산화물의 발생이 많아지고, 무엇보다 큰 문제는 실제 주행 중에는 희박연소로 운전할 수 있는 시간이 짧아서 연비향상 효과가 극히 적어 이 엔진은 사라지게 되었다. 희박연소 엔진의 약점을 극복하고 희박연소 영역확대를 통한 연비향상을 실현하기 위하여 나타난 기술이 성층 희박연소 방법인 GDI이다. 균일희박연소는 비교적 의미가 없는 기술이고 성층 희박연소가 실제 유망한 기술이다.

(2) 성층 희박연소

GDI 엔진은 연소실을 2개로 만들지 않고 흡기포트, 피스톤 캐비티, 스월 컨트롤 밸브, 인젝터의 최적인 설계로 운전조건에 따라 연소실에서 성층연소와 균일연소를 하게 된다. 성층연소는 불균일 연소(hetergeneous)의 한 종류로 점화플러그 주위는 가연 농후상태이고 나머지 연소실은 초희박상태이며 연소실 전체 공연비는 최대 50:1의 초희박연소이다. 점화플러그 주변을 농후하게 하는 방법은 연료의 성층화 기법을 이용한다. 성층화(stratified)란 공기유동에서 스월과 텀블이 형성될 때 연료를 분사하면 연료의 입자가 공기입자보다 무거워 압력 차이로 인하여 연료는 안쪽으로 모이는 현상으로 이 현상을 만들기 위해 인젝터는 점화플러그로 향하여 연료를 분사한다.

성층연소는 점화에 의해 초기 화염이 형성된 후, 농도의 크기가 다른 혼합기를 화염이 전파하여 연소가 진행되지만, 화염전파 속도는 점화할 때의 혼합기 농도의 분포, 난류강도, 온도분포, 혼합기체의 이동속도 등에 영향을 받는다. 또한, 농후혼합기가 점화된 후에는 불완전 연소성분이 많이 존재하지만, 그들은 화염전파 후에도 산소와 만나면 연소한다. 화염전파가 발생하지 않는 희박혼합기도 고온의 기연가스와 만나면 연소하기 때문에, 화염전파 이외의 확산연소도 포함된 복잡한 연소형태이다. 연소분석을 어렵게 하는 가장 큰 이유는 점화시기에 있어서 혼합기체의 상태가 명확하지 않는 것과 연소 중의 미연혼합기의 변화가 불명확한 것이며, 따라서 화염으로 혼합기의 상태를 유추하기도 한다.

가솔린의 성층연소에서는 NOx와 저부하 시 HC 생성이 문제가 된다. 저부하 시 HC는 대부분 미연소 연료이며, 연소되지 않고 남겨진 혼합기이다. 가능성이 높은 것은 화염전파가 되지 않는 초희박 혼합기가 그대로 배출되는 것으로 성층화된 혼합기의 가장자리에는 희박 혼합기가 있다. 희박 혼합기는 주로 연소가 후반에 이루어지고, GDI 엔진의 열 발생은 초기에는 빠르고 후기에는 완만한 특성이 있다.

희박 혼합기의 바깥쪽은 화염전파가 되지 않는 초희박 혼합기가 존재하고, 연소를 하지 못한 희박 혼합기는 HC로 배출된다. 연소 후기가 팽창 행정의 후반부에 발생하면, 작동가스의 온도는 내려가 희박 혼합기는 점화하기 어렵고, 캐비티가 있는 경우에는 역스퀴시로 연소실 밖으로 혼합기가 유출하기 때문에 희박 혼합기가 늘어나 HC는 증가한다. 점화시기를 빠르게 하면 연소의 끝이 상사점 근방이 되므로 HC는 감소한다.

예혼합 연소는 점화시기를 늦추어 HC를 감소시키므로 반대이다. 또한 혼합기 전체에 대한 초희박 혼합기의 비율은 분사량이 적을수록 커지므로 GDI 엔진은 저부하일수록 연소효율이 저하된다. 예혼합 연소엔진은 미연영역이 대부분 벽면 근방에 있어, 부하가 변하여도 연소효율은 변하지 않는다. 중부하에서는 예혼합 엔진(MPI)과 같은 높은 연소효율이 가능하지만, 저부하에서는 예혼합 엔진의 연소효율에 미치지 못하고 있다. 혼합기 형성의 개선과 EGR을 활용하여 연소효율을 높이는 방법도 있다.

성층연소는 단열 화염온도가 높은 당량비로 연소를 하고 있기 때문에 NOx의 배출량이 많다. 희박조건에서 NOx를 정화하는 촉매가 개발되고 있지만 이는 삼원촉매와 같은 수준의 정화율은 달성하지 못하기 때문에 연소방법을 개선하여 배출되는 NOx를 낮출 필요가 있고, 이를 위하여 EGR이 사용된다. 성층연소는 예혼합 연소에 비하여 EGR에 강하여, EGR율을 40%정도까지 높여도 연소변동이 크지 않는 특징이 있으며, EGR율을 높이면 NOx를 90% 이상 저감할 수 있다. EGR에 의한 NOx 저감과 NOx 촉매를 동시에 사용하여 규제에 대응하고 있다.

배기가스 정화는 엔진과 촉매의 공동 작업이며, 엔진에서 배출되는 NOx의 허용치는 촉매의 정화율에 의존한다. LEV, ULEV 규제에 대해서는 촉매의 정화율이 80%이면 엔진출구의 NOx를 2g/kWh 이하, 60%이면 1g/kWh 이하가 허용치이다. 촉매기술의 비약적인 발전이 어렵기 때문에 연소방법을 개선하여 배출량을 낮추는 노력이 필요하다. NOx저감은 EGR율의 증가와 점화시기 지각이 좋은 방법이다. 적당한 EGR은 NOx와 저부하 시 HC를 낮추는 효과가 있고 EGR로 HC가 감소하는 것은 배기가스의 열로 인하여 작동가스의 온도가 상승하여 HC가 연소하기 때문이다. 또한 가스온도의 상승은 희박 측의 연소속도가 높아지게 한다.

4.4 SI기관 연소

엔진의 연소는 균일, 예혼합(premixed) 연소와 확산(diffusion) 연소가 있다. 예혼합 연소는 미리 연료와 공기를 혼합하여 엔진에 공급하는 방식으로 균일연소에 속하고, 확산연소는 연료와 공기를 별도로 공급하고 연료와 공기가 확산되면서 혼합하여 연소되는 방식으로 불균일 연소에 속한다. 균일연소의 대표적인 것이 PFI 가솔린기관이고 확산연소는 IDI 디젤기관이다. 예혼합 연소는 연료를 흡입행정시 분사하면 공기와 연료가 혼합되는 시간이 길어 균일한 혼합기가 되고, 확산연소는 공기를 흡입한 후 압축 초기나 말기에 연료를 연소실에 분사하여 혼합시간이 짧아서 불균일 혼합기가 된다. 즉 SI기관은 미리 산소와 연료가 잘 혼합된 상태에서의 연소이고 CI기관은 산소와 연료가 혼합되면서 열로 연소되는 방법이다. 예혼합 연소는 균일연소(homogeneous), 확산연소는 불균일 연소(hetergenous)이며 확산 불균일 연소는 액체연료를 분사하면 확산과 혼합 전에 연료가 기화하는 과정이 필요하여 연소과정이 SI기관보다 복잡하다.

SI연소의 경우 연소실 중심으로 점화되고 아직 연소하지 않은 미연소 혼합기로 기연가스의 압력에 의해 전파된다. 기연가스와 미연가스는 화염전면으로 명확하게 구분된다. 연소반응은 매우 얇은 화염면으로 예혼합 화염이며, 화염면 안쪽은 기연가스이고 외부의 얇은 부분은 미연 혼합기이다. 예혼합 연소의 경우, 연료와 공기가 균일하게 혼합되어 있기 때문에, 연료가 희박하면 화염전면의 발생이 어려워 잘 연소되지 않고, 연료에 적합한 가연성 혼합범위가 존재하고, SI 기관의 적절한 혼합비는 9~20 정도이다. 희박연소의 한계가 23정도이다. 연소는 화염면이 미연 혼합기로 전파되어 기연가스의 온도상승에 따라 부피가 팽창하여 연소가 진행되어 화염전파 속도는 기연가스의 체적 팽창속도와 연소속도의 합으로 되고 연소시간은 자기착화보다는 길고 정적상태에서 연소가 이루어진다. GDI 엔진은 연료는 직접 실린더 내에 분사되지만, 공기와 혼합되는 시간이 짧아서 혼합기는 국소적으로 불균일하게 되어 혼합기가 균일한 일반적인 예혼합 연소와는 다르게 실린더 위치에 따라 연소속도가 다른 불균일 연소가 된다.

SI기관의 연소는 정상적인 화염전면(flame front)의 발생으로 혼합기 전체가 연소하고 정상적인 화염전파가 끝나기 전에 미연의 혼합기가 자발화하면 노킹이 발생한다. 또한 연소실 일부가 고온으로 되어 이 부분에서 혼합기가 가열되어 자발화하면 표면점화로 되고, 다른 부위에서 점화가 전기점화시기보다 빠르게 발생하면 조기점화로 된다. 노킹이 발생하면 비정상적으로 온도와 압력이 상승하여 엔진의 열변형이 발생한다.

표 4.8 엔진의 연소방식 분류

구분	균일(homogeneous)	불균일(heterogeneous)
전기점화	가솔린 엔진(SI), 균일연소, 예혼합연소	가솔린 직접 분사식(DISI, GDI), 성층연소, 희박연소
압축점화	Gasoline HCCI, Diesel HCCI(PCCI), 균일연소, 예혼합연소	디젤엔진(CRDI), 불균일연소, 확산연소

SI기관은 가연성 혼합기체를 전기로 점화하고, 화염전파 연소에 의해 화학 에너지를 열에너지로 변환시켜 일을 얻는다. 오토사이클의 효율향상은 압축비를 증가시키거나 비열비를 증가시키면 되지만 압축비를 높이면 압력 진동을 수반하는 노킹연소에 의하여 열 손실 증가와 심각한 엔진손상을 초래하기 때문에 압축비는 10~12로 제한되고, 비열비는 연료에 대한 가스질량을 증가시키면 커진다. SI기관은 화염전파에 의한 연소를 하기 때문에 화염전파의 한계가 있어 비열비 증가에도 한계가 있다.

SI기관의 유해 배기가스는 CO와 HC, NOx가 있지만, 이론 공연비로 운전하면 삼원촉매로 유해가스를 99% 이상 제거할 수 있다. SI 기관이 깨끗한 이유는 연료와 공기를 가장 연소하기 쉬운 비율로 혼합하여 점화를 하기 때문에 미립자와 그을음이 발생하지 않는다.

SI기관의 효율을 높이기 위해서는 펌핑손실 저감, 냉각 열손실 저감, 희박 터보차저 연소, 가변압축비 적용, 대량 EGR 적용, 무 노킹제어 등을 적용해야 한다. 현재의 중요한 대응기술은 다음과 같다.

① 시동 직후의 배출물 저감 : 점화시기 진각, 인젝터 성능개선으로 미립분사, 촉매의 열용량의 저감, HC 흡착촉매 적용

② 저부하에서의 열효율의 개선

- 직접 분사식 성층연소 : 저부하에서 CI기관과 비슷한 효율이 가능, 희박촉매의 성능 향상, 분사제어, 스프레이 가이드(spray guide) 방식 등을 사용하여 미연성분의 배출억제
- 예혼합 압축 자기착화 연소 : VVT를 이용한 착화시기 제어, GDI기관 분사시 실화방지, 급속연소의 억제, 스파크 점화방식의 변경

③ 연비 향상법

- 직접 분사식 성층연소, 대량 EGR, 기통 정지기술, 앳킨슨 사이클 적용으로 펌핑손실 저감
- 노킹억제, 희박연소법에 터보차저 적용으로 압축비 향상

- 직접 분사식 적용, HCCI 엔진, 성층연소, 대량 EGR 적용으로 등용도(degree of constant volume)향상
- 터보차저를 사용하는 운전영역 확대, 내부 EGR 제어기술, 연료성상 변경, VVT 적용 등으로 HCCI 엔진착화 제어방법 확립

④ SI기관의 고효율화 : 엔진본체 개량, 터보차저와 EGR로 희박연소 유도, 저점도유 사용, 배기열 회수, 효율 50%의 엔진개발

⑤ 엔진효율 향상, 펌핑손실 저감, 등용도 향상, 압축비 향상, 대량 EGR 적용으로 저연비 달성

이러한 기술을 바탕으로 차세대 기술을 정리하면 다음과 같다.

① 터보차저를 적용한 엔진 다운사이징 기술
② 노킹이 없는 연소제어와 실린더 압력센서 적용으로 엔진의 고압축비화
③ 가변밸브 기구를 흡기 밸브 적용에서 흡배기 밸브로 적용
④ 분사 다단화와 점화시기 제어가 가능한 직접 분사식 엔진개발
⑤ 레이저, 코로나 방전, MW(mega watt) 플라즈마 등 점화에너지 기술개발
⑥ 연료분포, 혼합기 형성 제어로 희박연소 기술
⑦ deNOx 촉매, HC 흡착촉매 개발로 후처리 시스템 개발
⑧ 착화시기 제어, 직접 분사식 분사, VVT, 대량 EGR을 적용한 HCCI 엔진개발
⑨ 마찰저감 : 재료, 구조, 윤활
⑩ 경량화 : 재료개발, 모듈화, 매니폴드 개선

4.5 CI기관 연소

CI기관 연소는 확산연소(확산 불균일 연소)로 실린더 내에서는 정압과정이다. 실린더 내에서 연료를 분사하면, 인젝터 출구부근은 연료가 100%이고, 인젝터에서 먼 위치는 공기가 100%이다. 확산 불균일 연소는 연료와 공기의 경계부분에서 연료와 공기가 혼합하면서 주변 열에 의하여 발생한다. 화학 반응속도가 공기와 연료의 확산 연소속도보다 빠르기 때문에 확산 연소속도는 연료와 공기의 확산과 혼합속도에 따라 정해지고, 확산연소에서는 SI기관에서의 화염전면은 존재하지 않

는다. 확산연소는 경유 등의 액체연료를 압축한 후, 고온 고압의 공기에 분사하여 발생하는 연소이며 연소과정이 복잡하다. 인젝터에서 연료를 분사하면 수 십 μm 정도로 미세하게 미립화되고, 연료확산으로 공기와 혼합되면 확산 표면적이 증가하여 연료의 증발이 촉진된다. CI기관은 스로틀 밸브가 없어 흡입공기는 실린더 부압에 의하여 흡입되며, 출력제어는 실린더 내에 분사하는 연료의 분사량에 의해 이루어진다. SI 기관의 점화시기에 해당되는 것이 연료 분사시기이고 압축비는 SI 기관보다 높으며 압축말기의 공기온도는 700℃ 정도로 높다. 경유의 자발화 온도가 260℃ 정도이므로 여기에 안개 모양의 연료를 분무하면 자연발화가 일어난다.

CI기관은 실린더에 직접 연료를 분사하면 혼합기의 온도가 높게 되어 동시 다발로 자기착화하는 연소이다. 스로틀밸브가 없어 펌핑손실이 없으며, 자기착화 연소를 하기 위해서는 15~20의 높은 압축비가 필수적이다. 연료분사는 압축행정 말기에 이루어지고, 분사되는 연료의 양으로 기관의 출력이 정해진다. 표 4.9에서 연료분사 기간은 크랭크각으로 25° 정도이며 BTDC 20°에서 분사가 시작되어 공기와 혼합을 거쳐 ATDC 5°에서 분사가 끝나고 BTDC 9° 부근에서 연료 당량비가 1~1.5가 되면 자기착화가 발생하며 압력이 높은 실린더로 연료가 분사되기 때문에 높은 연료압력이 필요하다. 높은 압축비로 인하여 실린더 온도가 2500K의 고온이 되면 NOx 발생이 많아진다.

연료를 미립화하여 분사하고 높은 압축비로 연소실 온도가 높아서 연료의 증발이 빨리 일어난다. 디젤기관은 연소시간이 50~60°정도이고, 저부하에서는 미립분사, 증발, 공기와 혼합하는 시간이 충분하여 스월, 텀블 등 난류는 필요하지 않고, 고부하에서는 증발과 혼합을 빨리 하기 위하여 스월, 텀블과 고압의 연료분사가 필요하다. 점화지연 시간은 연소실 온도가 높고 압축비가 크면 짧아진다. 표 4.5는 디젤 연소압력을 나타낸다. BTDC 9°에서 분사가 시작되어 ATDC 5°에서 완료되고 점화지연을 거쳐 자기착화는 BTDC 20°에서 발생하고 예혼합 연소, 최고 압력, 확산연소를 거쳐 ATDC 40°에서 연소가 완료된다.

표 4.9 디젤기관 연소과정

<table>
<tr><th>분사</th><th>자기착화</th><th>분사종료</th><th>최고압력</th><th>연소종료</th></tr>
<tr><td>BTDC 20°</td><td>BTDC 9°</td><td>ATDC 5°</td><td>ATDC 10°</td><td>BTDC 40°</td></tr>
<tr><td></td><td>압력상승</td><td></td><td></td><td></td></tr>
<tr><td colspan="2">점화지연</td><td></td><td></td><td></td></tr>
<tr><td colspan="3">연료분사 크랭크각 25°</td><td></td><td></td></tr>
<tr><td colspan="5">연소기간 크랭크각 60°</td></tr>
</table>

확산연소는 불균일 연소이기 때문에 산소가 충분하지 않으면 고체 탄소인 그을음(soot)이 생성되고 그을음은 확산연소에서 주로 발생하는 물질로 연료가 산소 부족으로 타지 못하고 발생하는 매연으로 주성분은 탄소이다. 경유는 연소실 내에서 미처 기화되지 못하면 매연으로 배출된다. 확산연소는 가연농후 연료에서 먼저 자기착화가 발생하고, 농후, 이론, 가연희박, 초희박 조건의 순으로 자기착화를 한다. 확산연소는 연료 분사와 연소 시작 사이에서 액적 형성, 혼합, 증발 등의 과정을 거친다. 공기와 연료가 부분적으로 예혼합되고, 연료의 확산, 증발시간이 연소시간보다 길다. 연소실 내에는 농후영역과 고온영역이 형성된다. 농후영역에서는 산소가 부족하여 그을음이 발생하고 일부 그을음은 실린더 온도의 증가에 따라 산화되기도 하고 고온영역에서는 NOx가 생성된다. 이의 방지를 위하여 실린더 최대온도를 낮추어야 한다.

CI 기관은 연소시작은 정적과정, 화염은 정압과정으로 발생하는 사바테 사이클로 표현된다. 사바테 사이클의 이론 열효율은 다음과 같다.

$$\eta_{th} = 1-\left(\frac{1}{\varepsilon}\right)^{k-1}\frac{\alpha\sigma^{k}-1}{\alpha-1+k\alpha(\sigma-1)} = 1-\left(\frac{1}{\varepsilon}\right)^{k-1}A \tag{4.32}$$

사바테 사이클의 이론 열효율은 오토사이클의 열효율의 2번째 항목에 A를 곱한 형태이다. 비열비 k, 체절비 α(정압연소 비율), 압력비 σ(정적연소 비율)는 항상 1보다 크기 때문에 A 값도 1이상이다. 사바테 사이클 효율은 오토사이클과 압축비와 비열비가 같은 경우에는 오토사이클보다 항상 작게 된다. 사이클에서 열이 발생하여 정압연소 비율이 증가하면 효율이 저하된다. CI기관은 오토사이클에서와 같이 압축비와 비열비에 따른 제한이 펌핑손실이 없기 때문에 열효율은 SI 엔진보다 15~20% 높다.

CI기관은 전체 부하영역에서 거의 공기 과잉상태로 연소를 하기 때문에, 배기가스 중의 CO는 비교적 적지만, 확산연소에 기인하는 부분적으로 농후영역에서는 NOx, PM, HC가 배출된다. SI 기관처럼 삼원촉매로 일시에 제거하지 못하고, 각 성분마다 다른 처리장치가 필요하다. 따라서 CI 기관은 배기가스 제거를 위해 고가의 연료분사와 후처리 장치가 필요하고 시스템이 복잡하게 된다. 배기가스 제거기술로는 고압분사, 다단분사, 연소실 형상변경, 고압축비, 가변스월, 관성 터보차저, 흡배기계 기술, 터보차저기술, 대량 EGR 등의 적용이 있다.

① 직접 분사식 기술 : 효율향상과 CO_2 저감

② 중간 냉각기와 터보차저 적용 : 공기량 제어, 공연비 제어

③ 2밸브에서 4밸브 흡배기 적용 : 공기량 제어, 실린더 센터에서 분사

④ 커먼레일 적용 : 고압분사, 분사율 제어

⑤ 냉각 EGR적용 : 공기량 제어, 연소온도 저감

⑥ NOx센서, 람다센서, 산화촉매, 연속재생 DPF, NOx 촉매적용

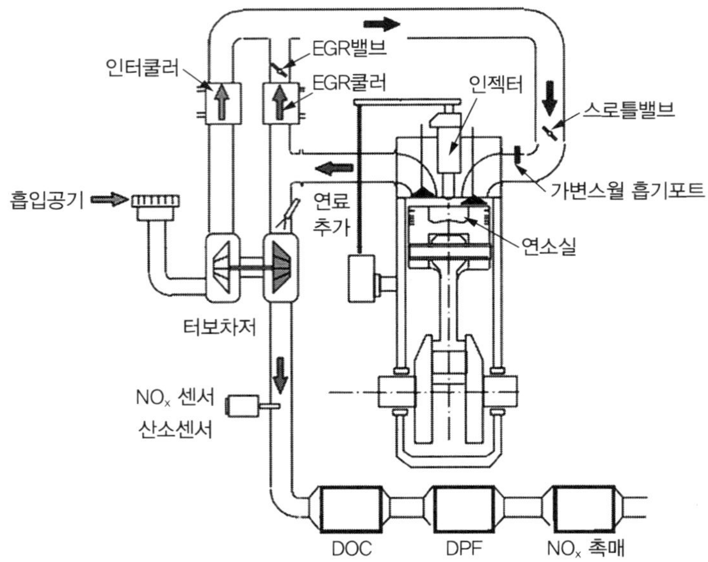

그림 4.13 CI기관의 장치 구성도

CI 기관에서 PM과 NOx는 하나를 줄이면 다른 하나가 증가하는 트레이드오프(trade off)의 관계가 있고, 이것이 유해 배기가스 제거를 어렵게 하는 요인이다. 그림 4.14는 배출 물질간의 트레이드오프 관계를 나타낸다. HC, SOF, CO를 산화시켜 제거하는 산화촉매는 유황피독을 방지하는 기술이 필요하고, 미립자 제거에는 DPF를 사용하고, NOx 제거에는 흡장 환원촉매(NSR), 선택적 환원촉매(SCR)를 적용하지만 기술적으로 유황피독에 의한 열화, 열효율악화 등에 대한 기술이 추가적으로 필요하다. CI기관의 효율개선에 필요한 기술은 다음과 같다.

① 고출력, 저연비 : 다운사이징, 가변 흡배기밸브, 마찰을 저감시키는 저 압축비, 경량화

② 배기가스 : 촉매성능 향상, 내구성 향상

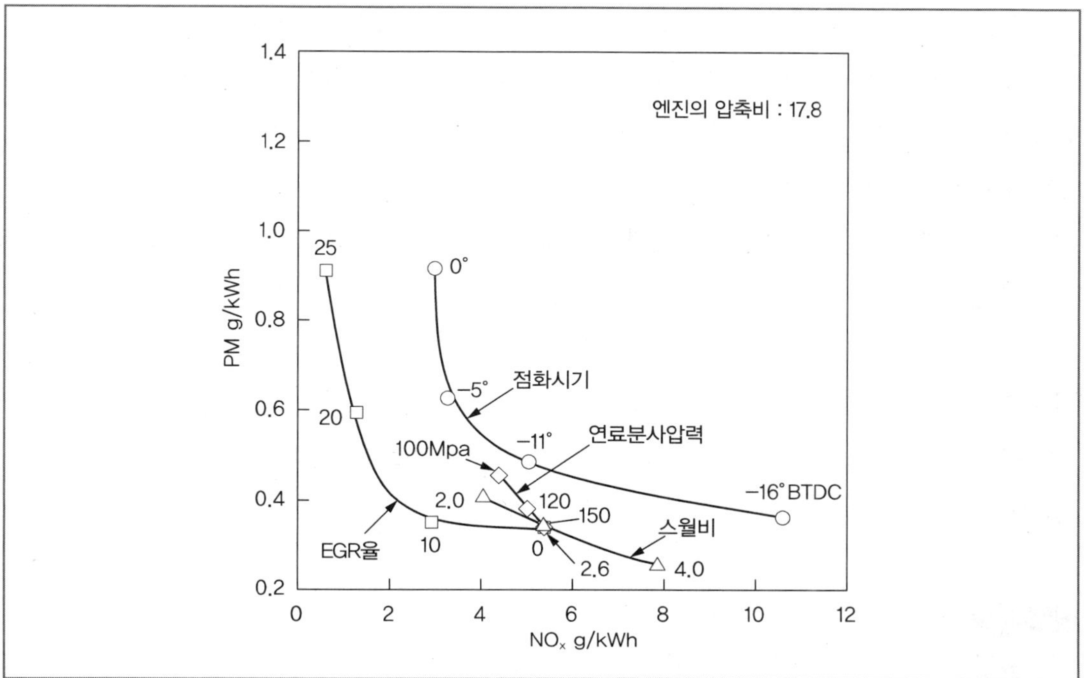

그림 4.14 EGR율, 연료압력, 점화시기의 배기가스의 관계

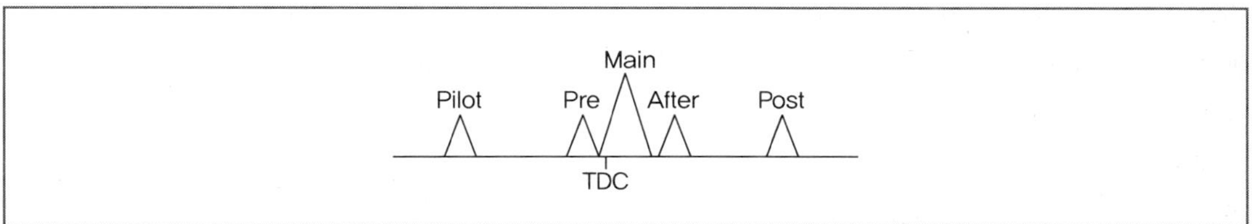

그림 4.15 제2세대 CRDI 다단분사

4.6 후처리장치

4.6.1 개요

질소 산화물(NOx)의 배출과 그을음이나 수용성 유기물질(SOF) 등으로 이루어진 입자상 물질(PM)이 트레이드오프(trade off) 관계에 있어 동시 저감이 어렵다. 디젤엔진은 연소실의 연료 증기와 주변 공기의 혼합상태가 충분하면 연소온도가 고온이 되어 다량의 NOx가 생성되고, 반대로 혼합이 불충분하면 국소적으로 연료가 농후해져 PM이 많이 생성된다. 자동차에서 배출되는

NOx의 대부분은 NO이지만, 대기 중에서는 이산화질소(NO_2)로 변화한다. NO_2는 환경기준이 0.04~0.06ppm로 매우 낮고 인체에 대한 유해성이 강한 물질로 호흡기 질환, 자외선에 의해 광화학 스모그의 원인이 되는 물질이다. PM은 국소적인 대기환경의 악화와 발암성 문제 등 인체에 악영향이 우려된다. NOx와 PM 이외에도 유해성분으로 일산화탄소(CO)와 탄화수소(HC)도 배출되지만 산화촉매(DOC)에 의한 감소가 쉽기 때문에 디젤 배출가스의 저공해화의 문제는 NOx와 PM으로 대별된다.

디젤엔진에서는 NOx와 PM이 가장 중요한 유해물질이다. 이 물질들은 상반관계에 있다. 이를 위해 연소실 개선, 연료의 분사시스템 고압화, EGR적용으로 저감시킨다. PM을 저감하는 DPF와 NOx를 저감하는 요소(urea) SCR 방법의 적용도 있다. 표 4.10은 디젤 매연 후처리 장치의 약어를 나타낸다.

표 4.10 디젤 매연 후처리 장치 약어

약어	원어	의미
DPM	diesel particulate matter	디젤입자상물질
PAH	polynuclear aromatic hydrocarbon	다핵성 방향족 탄화수소
SOF	soluble organic fraction	용해성 유기물질
NMHC	nonmethane hydrocarbon	비메탄 탄화수소
VOC	volatile organic compound	휘발성 유기물질
NSCR	nonselective catalytic converter	비선택적 촉매
SCR	selective catalytic converter	선택적 촉매
DOC	diesel oxidation catalyst	디젤산화촉매
DPF	diesel particulate filter	디젤 미립자형 필터
CDPF	catalyzed diesel particulate filter	디젤 미립자형 촉매필터
CPF	catalyzed particulate filter	미립자형 촉매필터
LNC	lean NOx catalysis	희박NOx촉매
LNT	lean NOx trap	NOx 흡장 촉매
NSR	NOx storage reduction	NOx저장 환원
DPNR	diesel particulate NOx reduction	NOx, PM 저감
ASC	ammonia slip catalyst	NOx저감

4.6.2 배기가스의 종류

(1) 질소산화물(NOx)

규제되는 질소산화물은 산화질소(NO), 이산화질소(NO_2)이다. 연소 시 생성되는 질소산화물의 농도는 50~1000ppm이며 산화질소는 무색무취의 기체로 엔진의 온도가 높을 때 질소와 산소가 흡열반응하여 생성된다. 산화질소는 95%정도이고 나머지 5%가 이산화질소이다. 산화질소는 대기에 방출되면 산화반응을 하여 이산화질소가 되며 이것은 독성이 강한 갈색의 기체로 자극적인 냄새를 가진다. 질소산화물은 오존과 반응하며 스모그 발생의 가장 큰 원인이 되며 디젤 배기 중 가장 나쁜 오염물질이다.

(2) 입자상물질(DPM)

디젤의 배출가스 중 가장 복잡하고 다루기 힘든 배출물이다. 성분들은 탄소, 중탄화수소, 유황염, PAH이다. DPM은 디젤의 배기가스중 흑연성분으로 모든 배기규제의 중요한 대상이며 배기가스 저감기술의 핵심성분이다. DPM의 제거를 위해서는 배기가스에서 추출하고 이를 공기와 희석시키고 이를 필터를 통과시키는 과정이 필요하다.

(3) 탄화수소(HC)

탄화수소는 기체상태와 입자상태가 있다. 규제는 기체상태의 탄화수소이다. 입자상 탄화수소는 SOF로 표현한다. 탄화수소는 산소와 반응하여 이산화탄소와 물을 발생하며 이는 촉매에서 일어나는 기본적인 반응이다. 대기 중에서 탄화수소는 질소산화물과 광합성 반응으로 스모그와 오존을 생성하며 탄화수소 중 메탄(CH_4)은 오존을 발생시키지 않기 때문에 규제 대상에서 제외하고 비메탄 탄화수소(NMHC)만 규제 기준에 들어 있다.

(4) 일산화탄소(CO)

일산화탄소는 무색무취의 기체로 독성이 매우 강하며 공기와 밀도와 비슷하다. CRDI엔진에서 배출되는 CO는 농도가 10~500ppm으로 낮고 고온상태나 촉매를 지나면 일산화탄소는 산소와 반응하여 이산화탄소로 된다.

(5) 이산화황(SO_2)

이산화황은 연료와 윤활유중의 유황성분에 기인한 것으로 규제대상의 물질은 아니다. 무색의 기체로 자극적 냄새가 난다.

(6) 아산화질소(N_2O)

아산화질소는 무색의 기체로 지구온난화, 성층권의 오존을 파괴시키는 물질이다. 화학적으로 질소산화물이지만 아직 규제 대상은 아니며 배출되는 양도 3ppm정도 매우 적고, 반면 삼원촉매가 부착된 가솔린엔진에서 배출되는 N_2O는 10~35ppm정도이다. 백금계 희박 NOx촉매, SCR촉매 등에서는 일부 증가하기도 하여 촉매 시스템 개발 면에서는 중요한 인자이다.

(7) 수소(H_2)

희박조건일 때는 디젤의 배기가스에 수소는 존재하지 않는다. 수소는 산소와 반응하여 물을 생성한다. 수소는 온도가 180℃로 가열되면 물로 되기 쉽고 450℃가 되면 폭발한다.

4.6.3 후처리 기술

기존 연소기술 개선으로 배출가스의 저감도 가능하지만 그것만으로는 불충분하여 연소기술 개선 이외에 촉매나 필터를 사용한다. 자동차용 촉매로는 이론 혼합비로 가솔린을 연소하는 엔진에 채용되는 삼원촉매가 가장 유명하다. 이 촉매는 높은 전환효율로 CO와 HC를 CO_2로 산화시키고 동시에 NOx를 N_2와 H_2O로 환원할 수 있어 가솔린 엔진의 경우 배기가스를 충분히 저공해화하는 것이 가능하다. 문제는 삼원촉매는 이론 혼합비 부근에서 연소할 때 과잉산소가 존재하지 않는 경우에만 유효하며, 디젤엔진과 같이 배기가스에 과잉산소가 많은 산화 분위기에서는 삼원촉매는 활성화되지 않아 NOx를 환원시키는 것이 불가능하다. 이것이 가솔린 엔진과 디젤엔진의 차이점이다. 이러한 이유로 디젤엔진에서는 주로 NOx를 연소개선을 통하여 줄이는 방법이 채택되어 왔다. 그 방법에는, 연료 분사시기 지연, 파일럿(pilot) 분사의 실시, 그리고 배기가스재순환(EGR)의 적용 등이 있다.

① **분사시기를 지연** : 연료 분사시기를 지연시켜 연소가 팽창행정 중에 발생하도록 제어하면 연소실 온도가 저하되어, NOx의 양을 줄일 수 있고, 파일럿 분사는 소량의 연료가 먼저 연소

되어 고온 분위기에서 연료가 분사되기 때문에 예혼합 연소의 비율이 감소하여 NOx의 생성량이 감소된다. 그러나 연료 분사시기 지연은 연비의 악화를 초래하고, 파일럿 분사는 연료의 혼합이 불충분하게 되어 다량의 PM 생성을 초래하기도 한다.

② EGR : EGR은 디젤엔진에서 필수적인 부분 연소제어이다. 배기가스의 일부를 흡기관으로 되돌려 완만한 연소를 실현시켜 NOx 생성량을 크게 줄일 수 있게 한다. 과도한 EGR의 적용은 PM을 증가시켜 EGR량은 제한되지만, 특히 터보차저가 부착된 디젤엔진에서, EGR은 고효율, 저NOx 배출이 가능한 것으로 알려져 있으며, 이러한 NOx 저감에 관한 제어는 EGR량 증가, 터보차저 압력의 증가, 그 외에도 EGR 적용영역의 확대가 계속 검토되고 있다.

③ 터보차저와 CRDI : 1995년에 보쉬에 의해 양산된 커먼레일 연료분사 장치(CRDI)는 연료 분사제어의 자유도를 비약적으로 향상시키고, 다단 분사에 의한 소음저감과 연료 분사압력의 고압화(최대 2200bar)에 따른 연료와 공기의 혼합 촉진효과로 PM 배출량의 저감을 실현하였다. 하지만 이러한 연소개선만으로는 배출가스 규제강화에 대응하지 못하여 배기 후처리 장치와의 결합이 필수적으로 되었다.

표 4.11 디젤 연료펌프의 발전

년도	종류	특징	연료압력		
1980년대	AD pump	기계식 타이머 거버너	750bar	AnDriTz	IDI
1990년대	P pump	전자식 타이머 거버너	800bar	pressure	IDI
2000년대	TICS pump	분사율제어, 분사시기제어	1000bar	total integrated control strategy	CRDI
2010년대	CRDI pump	분사시기, 연료압력, 분사율독립제어, 다단분사 2~4회	1400bar	unit pump	CRDI
2020년대	차세대 CRDI pump	분사시기, 연료압력, 분사율독립제어, 다단분사 4~5회	2000bar		CRDI

표 4.12 디젤 터보차저의 발전

년도	방법
1980년대	WGTurbo(wastegate turbo)
1990년대	TCI(turbocharger intercooler)
2000년대	VGT 가변 관성 터보차저
2020년대	모터 어시스트 터보차저, 하이브리드 터보차저(모터+VGT)

④ **후처리 장치의 발전과정** : 후처리 장치에 의한 NOx와 PM 저감은 현재는 PM저감에 사용되는 디젤 미립자 필터(DPF)의 성능이 높고 제거율은 100%에 가까운 값을 실현하고 있다.

NOx저감촉매는 DPF와 같은 높은 정화효율을 갖지 못하는 데 이는 NOx는 기체상의 화학종으로 환원반응을 진행시켜야 하지만, 배기가스에서 낮은 NOx 농도와 배기온도가 낮은 조건에서는 NOx를 환원할 정도로 촉매가 활성화되지 않기 때문이다. 삼원촉매가 디젤엔진에서 사용되지 못하고, 전기 화학적 환원법도 아직은 실제 차량에 적용되지 않고 있다. 선택 환원형(selective), 흡장 환원형(storage reduction)이 실용적인 기술이지만 정화율이 뛰어난 촉매에서도 80%정도이다. 디젤연소의 NOx 생성과정을 파악하는 것, 또한 NOx 후처리 장치의 정화성능이 충분히 발휘되는 모양으로 배기를 실현하는 연소법을 개발하는 해야 촉매개발이 성공할 수 있다.

표 4.14는 NOx 저감의 후처리 장치를 나타낸다. NOx 저감촉매는 DPF 같이 높은 정화성능은 갖지 못하고 있다. NOx는 기체의 화학종류이며, 저감하기 위해서는 환원반응을 해야 하지만, 배기가스 중의 NOx 농도와 배기가스 온도가 낮은 조건에서는 NOx를 환원할 정도로 촉매가 활성화되지 않기 때문이다. 삼원촉매가 디젤엔진에는 사용되지 못하고, 전기 화학적 환원법은 아직 실제 차량에 적용되지 않고 있다. 선택 환원형 또는 흡장 환원형이 비교적 실용적인 기술이다. Urea-SCR의 주요 장점은 NOx 정화율이 높고, NOx 환원에 연료를 사용하지 않기 때문에 연비가 좋고, 연료 중의 유황성분에 의한 열화가 거의 없고, 촉매의 활성금속으로 귀금속을 사용하지 않는 것 등이다. 그러나, 요소수 탱크와 분사장치를 장착해야 하고 시스템 후방에서 NH_3 슬립 현상이 발생한다. 저온연소는 저온에서는 촉매활성이 충분하지 않아 정화율이 저하되는 것이 문제이다. EGR율을 높게 하여, 연소 시 NOx 생성을 규제치 이하로 감소시키고, 증가되는 PM은 DPF로 저감하는 방법이 있다. 이 방법은 배출가스 규제가 0에 가까우면 불충분하여, DPF에 의한 PM의 저감, DeNOx 촉매에 의한 NOx의 저감을 병용해야 한다. 궁극적으로는 연소 제어, PM 후처리, NOx 후처리 각 항목의 최적의 균형점을 찾아야 해결이 된다. 현재로는 연소제어 기술과 배기 후처리 기술의 조합을 사용한다. CRDI엔진에 DOHC, 터보차저 부착, NOx 흡장촉매, DPF, DOC, 냉각 EGR 등을 한꺼번에 모두 사용해야 한다. 이러한 배경을 감안하면 NOx 저감형의 배기 후처리 장치에 대하여 정화율을 향상시키기 위해 기술개발이 필요하다. 이를 위하여 디젤연소의 NOx 생성과정을 파악하는 것, NOx 후처리 장치의 정화성능이 충분히 발휘되는 모양으로 연소를 실현하는 연소법을 개발하는 것이 중요하다.

표 4.13 촉매의 발전과정

년도	촉매	비고
1990년대	산화촉매	
2000년대	산화촉매+DPF	
2010년대	산화촉매+DPF+NOx촉매, 피드백제어	암모니아 슬립양을 피드백제어, DPF에 의한 배압변화를 피드백제어
2020년대	고효율제어, 통합제어 모델베이스제어	후처리, EGR, 연료분사, VGT 각각의 영향을 고려한 통합 제어 제어대상의 물리량을 모델로 하여 실측 가능한 파라미터를 비교하여 보정을 하고 피드백 제어

표 4.14 deNOx 촉매의 종류

환원 방법	환원제
비선택적 촉매환원(삼원촉매)	CO, HC
흡장 환원촉매(LNT/LNC/NSR)	LNT(lean NOx trap), LNC(lean NOx catalyst), NSR(NOx storage reduction) 희박조건에서 흡착제(K, Ba)로 NOx를 NO_3로 보관하고 배기가스내 CO, HC의 환원성 가스가 많은 조건이 되면 Pt로 NO_3을 N_2로 환원
선택적 촉매환원(NH_3–SCR, Urea–SCR, HC–SCR, CO–SCR)	NH_3, HC(연료), H_2, CO, 알콜
전기화학 환원	전기에너지

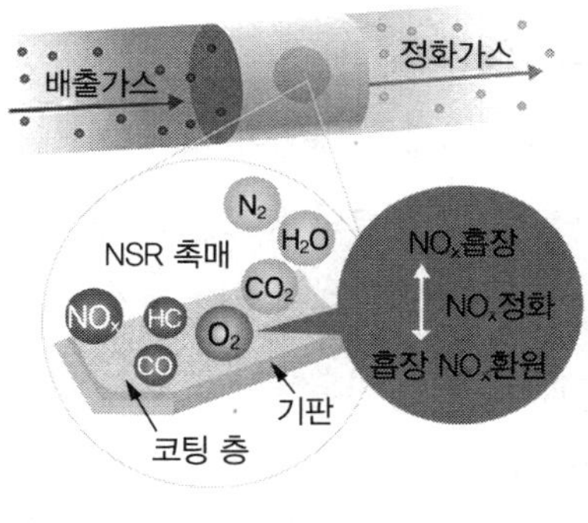

그림 4.16 NSR의 원리

차량에 적용되는 촉매 반응기는 촉매 변환기로 알려져 있는데 이 장치는 촉매가 코팅된 모노리스담체를 이용한다. 촉매의 성능을 나타내는 전환율, 반활성 시간(light off time), 공간속도 등이 촉매 개발기술의 중요한 인자이다. 촉매기술은 가솔린기관부터 시작되었으며 1970년대 CO와 HC를 제어하기 위한 산화촉매(oxidation catalyst)가 개발되었다. 1990년대 산화촉매(OC)는 디젤기관에도 적용이 되었다. 이에 환원촉매가 고려된 삼원촉매가 사용되었다. 산화촉매와 환원촉매를 이원촉매라고 하고 둘의 기능을 합한 것이 삼원촉매이다. 삼원촉매 기술은 휘발성 유기물질(VOC, volatile organic compound) 과 NOx의 배출제어에도 사용되었다.

비선택적 환원 촉매(NSCR, nonselective catalytic reduction)는 농후 천연가스, 디젤 엔진의 NOx저감에 사용하고, 선택적 환원촉매(SCR, selective catalytic reduction)는 암모니아, HC, 알콜, 수소 등을 이용하여 NOx를 저감한다. 디젤엔진에서 저감해야 하는 배출물은 DPM, NOx, CO, HC, SOF(Soluble Organic Fraction), PAH 등이다.

① DOC : DPM(SOF), CO, HC(PAH) 저감

② NSCR : 삼원촉매

③ SCR : 디젤엔진의 NOx제거

④ 흡장환원(LNT, LNC, NSR) : 디젤엔진의 NOx제거

4.6.4 가솔린기관 후처리 장치

CO의 생성은 농후상태에서의 운전이 원인이고 부하, 회전수 등 전부하 범위에 걸쳐서 정밀한 공연비제어를 하는 것이 CO 감소의 유일한 방법이다. 기통간의 혼합비가 불균일하고, 농후 혼합비에서의 운전은 CO 발생의 근본 원인이 된다.

HC는 CO와 마찬가지로 농후 공연비에서 배출이 많고 미연연료와 연소의 중간 생성물로 연소실 벽면의 경계층 내에서 많이 발생한다. HC의 농도를 저하시키려면 벽면 경계층 내의 연료를 감소시키면 되기 때문에 연소실 표면적이 적게 되는 구형 연소실이 좋다. 연소실 벽면온도를 높게 하고 감속 시 연료를 차단하면 효과가 있다. 이론혼합비 부근에서 완전연소가 이루어지면 CO, HC의 배출량은 적어진다. CO와 HC는 산소부족이 주원인인 불완전 연소 시 발생하기 때문에 혼합비가 희박할 때는 거의 생성되지 않고 농후할 때 발생량이 많아진다.

그림 4.17에서와 같이 NOx는 이론혼합비의 약 10% 희박 측에서 최대로 발생되고, 연소온도가 높고 여분의 산소가 있을 때 발생한다. 따라서 CO, HC와 NOx의 생성 여건은 반대적인 성질이 있다. 최대효율은 이론공연비 부근에서 발생하고 연료가 희박하면 NOx의 변환효율은 낮다. 이는 희박으로 작동하는 CRDI 기관, 성층연소를 하는 GDI 기관에서는 많은 문제를 발생하며 이들 엔

진에서는 추가의 촉매를 사용해야 한다. 촉매 정화율은 이론 공연비 부근에서만 높고, 폭도 극히 좁다. 따라서 이론 공연비 내에서 엔진이 가동되어야 촉매의 효율이 높아지기 때문에 이를 위해서 산소센서를 이용한 공연비 피드백 제어를 수행한다.

NO 발생의 주원인은 고온의 연소에 있기 때문에 발생을 억제하기 위해서는 연소 최고온도를 낮추어야 한다. 이를 위해 배기가스의 일부를 흡기로 공급하는 배기가스재순환을 시키거나, 실린더 내 배기가스 잔류를 감소시켜야 한다. 혼합기에 불활성 물질이 가득한 배기가스가 혼합하면 실린더 내 혼합기의 열용량이 증가하여 연소 최고온도가 저하되기 때문에 NO 농도도 감소한다. 당량비 Φ는 실제 연공비와 이론 연공비의 비이며 1보다 적으면 배기가스에 산소가 많은 희박상태, 1보다 크면 배기가스에 CO가 많은 농후상태, 1이면 완전연소인 이론공연비 상태이다.

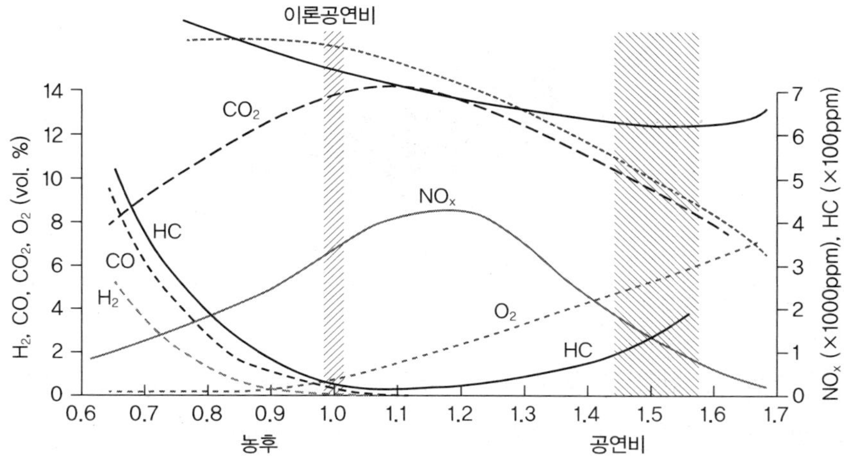

그림 4.17 공연비와 배기가스

(1) **산화촉매**(OC, oxidation catalyst)

① SOF 제거 : 1994년 북미규제에 대응하기 위하여 입자상물질(PM) 중 SOF 성분을 정화하는 통과형(flowthrough) 산화촉매가 디젤엔진 차량에 대하여 본격적인 장착이 시작되었다. SOF 저감촉매는 저온영역에서 안개상태의 SOF를 포착하여 연소정화한다. 통과형 담체를 담지하고 있어 재(ash)와 수트(Soot)는 통과하기 때문에 연속사용이 가능하다. 이 촉매는 용해성 유기 물질(SOF)을 세라믹 담체에 코팅된 백금계 촉매를 이용하여 CO_2와 H_2O로 정화시킨다.

② CO, HC 제거 : 촉매 변환기는 촉매가 코팅된 모노리스 담체이며 촉매의 성능을 나타내는 전환율, 반활성온도(light off temperature), 공간속도 등이 촉매의 중요한 인자이며 촉매기술은 가

솔린기관부터 시작되었으며, 1970년대 CO와 HC를 저감하기 위하여 산화촉매(이원촉매)가 개발되었다. 산화촉매는 가솔린 기관에서 삼원촉매가 개발되기 이전에 사용된 후, 가솔린기관에서는 적용되지 않고 디젤기관에서 주로 사용이 된다. CO, HC를 저감하는 산화촉매는 **그림 4.18**과 같은 펠릿(Pellet, 입상촉매)을 봉입한 하향 흐름식(downflow) 촉매로 펠릿을 통과하는 사이에 배기가스 중의 CO, HC가 다음과 같이 산화반응을 하면서 CO_2와 H_2O로 정화된다. 산화촉매는 백금(Pt), 팔라듐(Pd) 등의 촉매효과로 배기 중의 산소를 이용하여 탄화수소, 일산화탄소를 이산화탄소와 물로 전환시킨다.

$$2CO + O_2 \rightarrow 2CO_2 \tag{4.33}$$

$$2C_2O_6 + 7O_2 \rightarrow 4CO_2 + 6H_2O \tag{4.34}$$

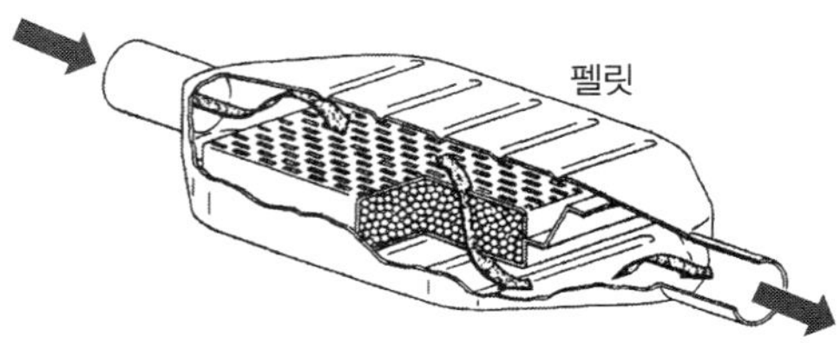

그림 4.18 펠릿형 산화촉매

③ **NOx 저감** : 발전된 산화촉매로 배기가스 중의 HC를 이용하여 NOx를 저감(HC-NOx)하는 촉매도 있다. 산화촉매의 성능에 NOx 제거성능도 부여한 것으로, 배기가스 중의 HC 농도와 배출 온도에 의존하고 있으며, 엔진제어와 매칭이 중요하다. DOC(산화촉매)는 DPF(PM 저감)와 SCR, LNT(NOx 저감) 장치와 같이 사용되는 중요한 촉매이다.

(2) 환원촉매(RC, reduction catalyst)

환원촉매는 질소 산화물에서 산소를 질소와 산소의 기체로 분해시킨다. 촉매로는 백금과 로듐(Rh)을 사용하며 NOx가 촉매로 덮힌 작은 입자층이나 세라믹 벌집모양으로 되어 있는 표면을 지나면 환원된다. 촉매 변환기에는 가솔린의 납 성분이 촉매의 작용을 방해하기 때문에 무연 휘발유를 사용해야 한다. 질소 산화물은 산소를 제거하면 질소로 환원되며 이때 산소의 과부족 없이 연료를 연소시키는 이론공연비로 제어하는 것이 필요하다.

촉매물질로는 초기에는 백금과 로듐의 환원촉매이었지만, 지금은 백금, 팔라듐, 로듐을 주성분으로 하고, 기타 희토류 등의 보조촉매가 추가되어 질소산화물이 CO와 HC와 같이 산화환원하는 순간은 삼원촉매가 된다.

(3) 삼원촉매(Three way catalyst, TWC)

가솔린엔진의 촉매인 삼원촉매는 HC, CO, NOx의 3종류의 유해성분을 동시에 저감하는 배기가스 정화용 촉매이다. HC, CO, NOx의 3종류의 성분을 동시에 저감하는 기능이 있어 삼원촉매 또는 3 way catalyst라고 한다. 산화촉매와 환원촉매의 기능을 합한 것으로 촉매의 주성분은 백금, 팔라듐, 로듐이고 **그림 4.20**의 단면은 세라믹 일체의 담체 내에 알루미나를 모체로 해서 표면에 백금, 팔라듐, 로듐을 얇은 막으로 처리한 모노리스 촉매(Monolith)가 들어 있다. 세라믹 원통이 일체로 된 담체 안에 백금(Pt), 로듐(Ro)으로 NOx를 환원하는 환원촉매와 백금(Pt), 팔라듐(Pd)으로 CO, HC를 처리하는 산화촉매로 구성된다. 담체의 재질은 내열성이 높은 마그네슘, 알루미늄 실리게이트가 주성분이다.

모노리스 촉매는 펠릿식과 비교해서 촉매열화에 대한 시간, 비용 모두 나쁘지만 촉매의 안정성이 높아서 특별한 경우가 아닌 한 교환이 불필요하고 배기저항도 적은 장점이 있다.

촉매의 작동온도는 250~300℃ 이상이 되어야 촉매작용이 시작되고 이러한 현상은 항상 문제가 되고 있다. 반활성(Light off) 온도는 촉매의 변환율이 50%가 될 때의 촉매온도이며 촉매는 약 550℃ 이상으로 가열되어야 정상적인 작동을 한다. 보통 작동시의 촉매의 온도는 400~800℃ 내에 있으며, 촉매온도가 950℃ 이상이 되면 촉매담체는 녹기 시작하여 기능이 상실된다. 삼원촉매는 이론공연비라는 매우 좁은 영역에서만, HC, CO, NOx를 높은 효율로 제거한다. CO, HC, NO는 다음과 같은 화학반응을 하면서 무해한 물질로 변환된다.

$$2CO+O_2 \rightarrow 2CO_2 \quad (4.35)$$

$$2C_2O_6+7O_2 \rightarrow 4CO_2+6H_2O \quad (4.36)$$

$$2NO+2CO \rightarrow N_2+2CO_2 \quad (4.37)$$

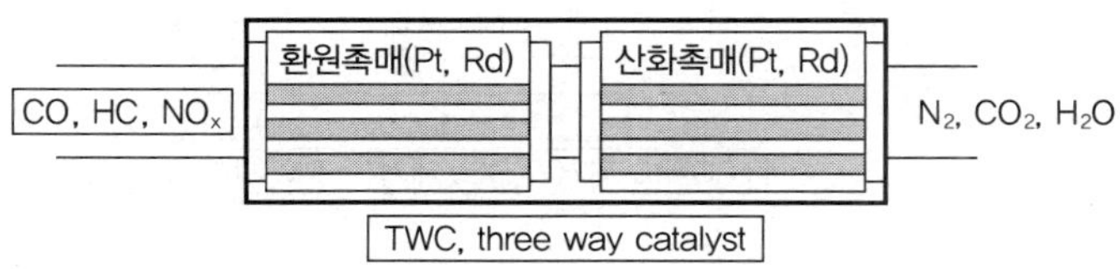

그림 4.19 가솔린 기관 후처리장치

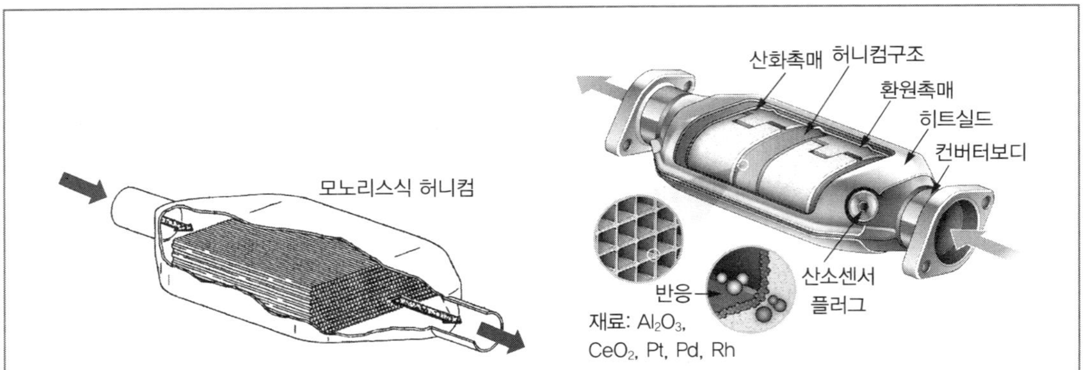

(a) 모노리스식 이원촉매 (b) BMW 모노리스식 삼원촉매

그림 4.20 가솔린 기관의 촉매

4.6.5 디젤기관 후처리 장치

1990년대, 가솔린기관의 산화촉매(OC)는 디젤기관에도 적용이 되었다. 가솔린기관용 산화촉매는 500ppm 이하의 저유황연료가 개발되면서 디젤 산화촉매(DOC)를 이용한 디젤 입자상 물질(DPM)의 저감도 어느 정도 가능하게 되었다. 이 촉매로 디젤기관의 탄화수소, 일산화탄소의 배출은 80% 이상 제거할 수 있고 NOx는 작은 양을 저감할 수 있다. DOC에는 저유황연료의 사용이 필수적이고, PM에 포함된 SOF를 50~80% 저감하지만, 전체 PM중 SOF의 비율이 적어 전체적으로 약 20~40%의 저감 효과가 있다. 삼원촉매 기술은 디젤기관의 휘발성 유기물질(VOC, volatile organic compound)과 NOx의 제어에도 사용된다. 암모니아와 우레아를 이용하는 선택적 촉매(SCR, selective catalytic reduction)는 디젤엔진에서 NOx저감에 이용된다. 디젤엔진에는 CO와 HC를 제거하는 DOC, NOx저감을 위해 선택적 촉매 환원(SCR), 희박NOx촉매, 흡장촉매 환원 시스템 이 있다.

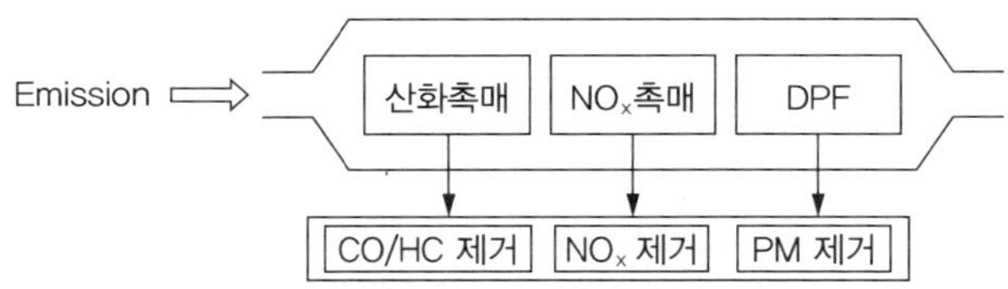

그림 4.21 일반적인 디젤기관 후처리장치의 구성

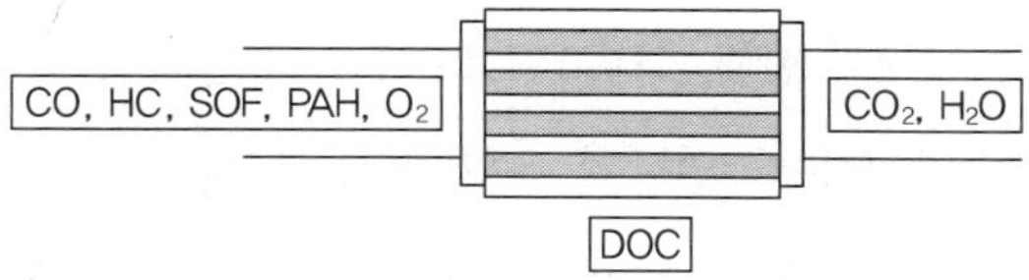

그림 4.22 디젤 산화촉매(DOC)－CO, HC 제거

(1) 입자상 물질 여과장치(DPF : Diesel Particulate Filter)

디젤 미립자형 필터(Diesel Particulate Filter) 디젤기관의 배출가스 중 유해한 배기가스 중 PM을 필터를 이용하여 물리적으로 포집하고, 일정거리 주행 후 PM의 발화온도(550℃) 이상으로 배기가스 온도를 상승시켜 연소시키는 장치이다. 일반적으로 DPF 전면에는 산화촉매를 장착한다. 엔진오일과 경유 중의 중금속, 무기질 및 재(ash)성분은 정화되지 않고, 필터 내에 계속 축적되어 배압을 증가시키므로 주기적인 필터 청소해야 하며 즉 이 촉매를 사용하면 매연을 80% 이상 저감할 수 있다. 또한 필터에 입자성 물질이 포집됨에 따라 엔진에 배압이 걸리며 이것에 의하여 출력과 연료소비율이 떨어진다.

① 촉매 담지형 DPF(CDPF, Catalyzed DPF) : 규산염 산화촉매는 CO, HC, SOF를 제거하고, DPF의 자동 재생시 배기가스 중에 포함된 미연연료를 산화반응시켜 CPF입구의 가스온도를 상승시키는 역할을 한다.

규산염(cordierite) 세라믹을 촉매의 모재로 사용하고 그 표면에 백금, 팔라듐을 사용하여 표면적을 크게 한 규산염 DPF이다. 디젤기관에서 나오는 PM(Particulate Matter)을 저감하기 위해 필터를 통해 입자를 포집하고 이것을 태우는 장치로 PM을 80~90% 이상을 저감할 수 있다. PM은 주로 미연소 연료 등의 SOF와 그을음으로 구성되고, SOF는 촉매에서 산화되지만, 그을음은 고체탄소로, DPF에서 포집한 후 다시 산화연소인 재생을 해야 한다. 배기가스 중의 NO를 촉매에 의해 산화력이 강한 NO_2로 전환시키고 다음 식에 의한 산화반응을 이용하여 연속재생을 한다.

$$C+2NO_2 \rightarrow CO_2+2NO \tag{4.38}$$

연속 재생식 DPF는 시스템이 간결하고, 비교적 저온(300℃)에서도 재생이 되지만 배기가스 온도가 낮은 영역에서는 촉매가 유효하지 않게 된다. 배기가스의 온도가 낮으면 DPF의 막힘이 발생하고 배압상승에 따른 연비의 악화를 야기할 수 있어, 버너 등의 보조 장치를 사용하여 배기가스의 온도를 높여야 한다. 그리고 DPF 전면의 산화촉매에서 NO_2를 생성하는 기능이 유황에 의해 저해되기 때문에 연료의 유황성분을 50ppm 이하로 해야 한다. 그림 4.23과 같이 필터의 구멍의 양쪽은 교대로 막혀 있으며, 배기가스 중의 PM은 필터의 벽에서 걸러지고 필터 내부에 쌓인 PM은 정기적으로 고온 연소된다.

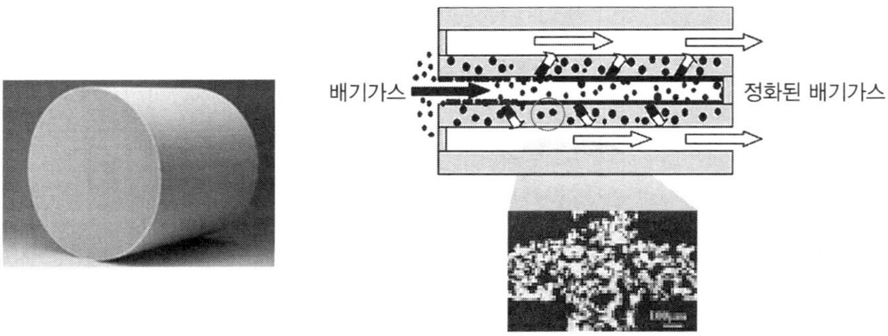

그림 4.23 DPF 필터 촉매

② SiC-DPF : 탄화규소(SiC) DPF는 규산염 DPF보다 내열성과 열전도성이 좋다. DPF의 구조는 걸러진 PM을 점화연소하는 데 연료를 사용하기 때문에 연비가 나빠지므로 많은 PM을 모아 한번에 점화연소하여 연소 횟수를 가급적 줄여야 한다. SiC는 내열성이 높고, 필터 전체에 열이 전도되기 PM을 연소할 때 유리하다. 연료에 세륨 등의 첨가제를 넣어 촉매작용을 활성화하고, 엔진제어로 배기가스 온도를 올려 연료를 연소시키는 방식이다. 프랑스 PSA사가 탄화규소(SiC) DPF를 2000년에 디젤 차량에 적용하였고, 가열 보조장치가 필요가 없고 간단한 구조이다.

그림 4.24는 DPF의 구조를 나타낸다. DPF는 배출가스 중에 포함된 PM을 포집하기 위한 장치로 필터의 구멍을 PM에 대해 최적으로 설계해야 하고, 가스는 통과하고 PM은 통과하지 못한다. 균일한 크기의 구멍을 고밀도로 형성하고 압력손실이 적은 필터를 사용해야 출력의 저하가 없다. 앞부분은 산화촉매로 CO, HC, SOF를 제거하고 DPF는 PM을 제거하며 산소센서는 산소량을 피드백하고, 배기가스 압력센서는 DPF 전후의 압력차이를 측정한다. DPF의 필터에 PM이 퇴적되면 퇴적된 PM에 의해서 생기는 압력 손실을 차압센서가 감지하고, 이

차압과 배기가스 온도, 흡입공기량을 기준으로 산출되는 PM의 퇴적 추정값이 규정치가 되면 엔진에서 고온상태의 미연연료가 포함된 배출가스를 DPF로 보내 온도를 600℃ 이상으로 높이고, DPF에 도포된 촉매로 PM을 태우는 DPF 재생을 실시한다. 이때, 고온인 DPF의 상태를 배기가스 온도센서(EGT)가 감지하여 적절한 온도를 유지하도록 제어한다.

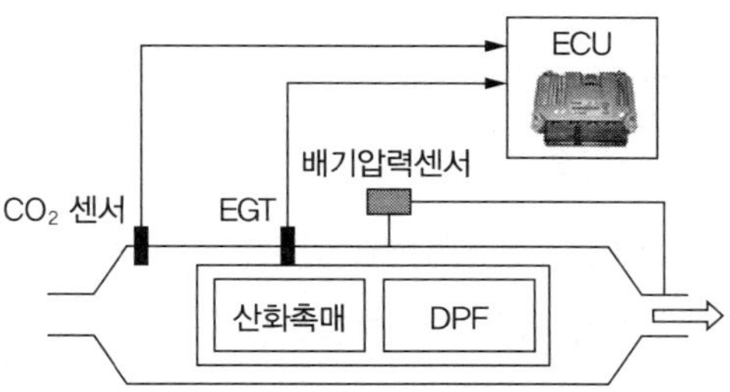

그림 4.24 DPF의 구조(출처 : viyol.com.tr)-CO, HC, PM 제거

(2) PM 재생(Particulate Filter Regeneration)

디젤 입자상 물질(diesel particulate matter, DPM)은 디젤의 배출가스 중에서 가장 복잡하고 다루기 힘든 배출물이다. 입자상 물질은 희석 냉각된(diluted and cooled) 배기가스에서 발생하며 이는 SOL(solid fraction), 유기성 용해물질(soluble organic fraction, SOF), 황산 미립자(sulfate particulate, SO_4)로 구성된다. 매연 여과장치의 재생에 약 550~650℃의 온도가 필요하지만, 실제 디젤엔진의 배기가스 온도는 대형 디젤엔진 약 300~450℃정도이고, 소형 디젤엔진 약 200~300℃로, 이에 미치지 못하여 배기가스 온도를 높여야 한다. 디젤엔진의 실제 작동 중에 필터의 재생이 이루어지기 위해서는 배기가스의 온도를 상승시키거나 또는 촉매를 사용하여 매연의 점화온도를 낮추어야 한다. 디젤필터의 재생을 촉진시키기 위하여 다음과 같은 3가지 방법이 주로 사용된다.

① 촉매를 이용한 매연의 점화온도 저하 : 촉매형 매연여과장치(catalyzed diesel particulate filter, CDPF)는 필터에 직접 담지되어 있는 촉매를 이용한다.

② 배기가스 온도상승 : 전기히터(electric heater), 연료버너(fuel burner), 극초단파 가열(microwave heating), 배기시스템에 가연성 물질을 단독으로 분사 혹은 가열촉매(warm-up catalyst) 사용한다.

③ 엔진제어에 의한 배기가스에 미연연료 공급

한편, 촉매(catalyst)를 이용하거나 연료첨가제(fuel additive)를 사용하여 PM의 점화온도를 낮추기도 한다. 연소온도와 배기온도를 상승시키는 엔진 제어법은 다음과 같다.

- **배기가스 재순환(EGR)** : 디젤엔진에서 NOx 배출을 최소화시킬 수 있는 효과적인 방법의 하나로서, 배기가스를 냉각시키지 않는 시스템에서 배기가스의 온도를 높일 수 있는 효과적인 방법이다.
- **연료의 후분사(post-injection)** : 연소실 내에 연료를 후분사하는 방법은 커먼레일과 같은 전자제어 연료분사 시스템에서 가능하다.
- **지연분사** : 지연 분사는 NOx 배출을 제어하는 방법으로 배기가스의 온도를 높일 때 사용한다.
- **흡기온도의 증가** : 터보차저 인터쿨러 장착 디젤엔진에서 인터쿨러를 바이패스(bypass)시킨다.
- **부스트 압력의 저하** : 터보차저가 장착된 엔진에서 웨이스트 게이트(waste gate)를 열어서 부스트 압력을 저하시킨다.
- **배압 증가** : 이 방법은 배기 시스템에 설치되어 있는 스로틀 밸브를 조절하여 배압을 상승시킨다.
- **흡기 진공의 증가** : 스로틀 밸브에 의한 흡기 진공의 증가는 자연 흡기방식의 엔진에서 가능하다.

DPF는 일반적으로 재생하여 사용한다. DPF의 재생은 포집된 그을음(Soot)을 연소시키는 것을 의미한다. DPM 성분 중 SOF는 산화촉매로 산화할 수 있지만, 황산염(sulfate)과 재(ash)는 제거하지 못하고, 대기로 배출된다. 다양한 시스템이 제안되고 있지만, 중요한 것은 연소 또는 산화제를 이용하여 재생한다. 재생은 DPF를 Soot의 착화온도 이상으로 가열하여 연소시키는 것이다. 열원은 전기히터와 연료버너를 사용하고, 배기 파이프에 미연소 연료를 분사하여 공급하고, DPF 내의 촉매 혹은 DPF 전면에 설치된 산화촉매로 연소시켜 열을 발생시켜 재생한다. DPF 내에 촉매성분을 담지하는 경우는 Soot를 촉매로 산화하는 효과도 있다. 그리고 Soot의 점화온도를 낮추기 위해 연료 첨가제를 사용하기도 한다. Soot의 점화에는 600℃ 이상의 배기온도가 필요하지만, 연료 첨가제의 투입과 DPF에 촉매성분에 담지하면 착화개시에 필요한 배기온도도 낮아진다.

1) Active 재생법

① **상호 재생방식** : DPF 전면에 히터를 설치하고 열로 재생

② **연료첨가 강제 재생** : 포스트 분사로 HC를 공급하고 귀금속 산화촉매로 연소시켜 DPF를 과열시킨다. 재(ash)의 축적에 따라 80,000km마다 재생시킨다.

③ **산화촉매+촉매가 없는 DPF** : DPF 전면에 가열용 또는 NO_2 생성 산화촉매를 두고, 후면의 촉매가 없는 DPF를 재생한다. 촉매가 없기 때문에 DPF 자체의 압력손실이 없고, Soot 재생시 600℃ 이상의 온도가 필요하다.

④ **산화촉매+촉매 담지 DPF** : 전면에 산화촉매, DPF 내에 촉매를 담지하여 촉매로 Soot를 NO_2로 산화 또는 연소한다. 촉매와 접촉시켜 Soot를 연소하면, 접촉형태에 따라 연소거동이 크게 바뀐다.

⑤ **경유분사(HC-deNOx 촉매+촉매담지 DPF)** : HC-deNOx 배기계에 경유를 분사하고 DPF의 온도를 높여 재생한다.

2) passive 재생 : NO_2를 이용한 연속재생(산화촉매+촉매없는 DPF)

NO_2산화제에 의한 재생은 저온에서 Soot를 산화한다. DPF 전면에 산화촉매를 두고 배기 중의 NO를 NO_2로 산화하여, DPF에 공급하여 Soot를 산화한다. 400℃ 이하의 저온에서도 연속적으로 Soot를 산화할 수 있지만, 반응속도가 느린 고온에서는 화학평형에 의해 NO_2 생성량이 저하된다. 그리고 SO_2와 NO_2가 공존하면 성능이 크게 하는 문제도 있다.

이상과 같이, DPF와 촉매의 다양한 조합이 검토되고 있으며, 실용화 수준까지 도달된 것도 있지만, 문제는 황산염과 재(ash)를 해결해야 한다. 황산염은 황이 적은 초저황 경유를 사용해야 하고, 재(ash)는 정기적인 유지 보수 이외는 유효한 수단이 없다. 재(ash)가 굳어지지 않는 온도로 DPF를 유지해야 한다.

(3) 흡장환원 촉매

삼원촉매는 이론공연비 범위에서 배기가스를 정화할 수 있고, 최근 CO_2 저감과 연비향상을 위하여 희박연소 엔진과 가솔린 직분사 엔진이 실용화되고 있다. 이 엔진들은 (초)희박연소영역에서 작동이 된다. 희박영역에서는 삼원촉매의 NOx 정화율은 현저하게 떨어지므로, 희박조건에서 NOx를 저감할 수 있는 촉매가 필요하다. 희박조건에서 실용화되고 있는 촉매는 선택 환원형 촉매와 흡장 환원형 촉매의 2종류가 있다. 귀금속인 Ir(이리듐)-Pt(백금), 제올라이트(zeolite)와 Ir, $BaSO_4$ 등의 촉매는 선택적으로 NOx를 환원할 수 있다.

흡장 환원형 촉매는 희박조건에서 산화촉매에 NO를 NO_2로 일단 축적하고, 이것을 Ba, Na, K 등의 알칼리 금속계의 흡착제를 이용하여 NO_3(질산염)으로 만들어 흡장해 두고, 농후조건이 되면 배기계에서 추가한 연료(HC) 혹은 배기가스 내 CO, HC 등 환원성 가스가 많은 조건이 되면 이를 환원제로 하여 촉매에 Pt로 흡장된 NO_3을 N_2로 환원한다. 이 촉매의 담층에 NOx를 저장하였다가 촉매반응에 유리한 조건이 되었을 때 저감시키며 이러한 저장반응을 NOx 트랩이라 한다. 이 촉매는 공연비를 농후로 만들어 촉매에 흡착된 NOx를 제거하는데 CRDI엔진이 대량 EGR, 냉각 EGR, 분사시기 제어와 결합하면 농후 연소를 가능하게 한다. PM과 NOx 제거에는 DPF와 흡장 환원형 촉매를 조합으로 사용한다. 귀금속 촉매로 환원하는 LNT, LNC, NSR 등이 실용화되고 있으며 **그림 4.25**는 흡착 시스템을 나타낸다.

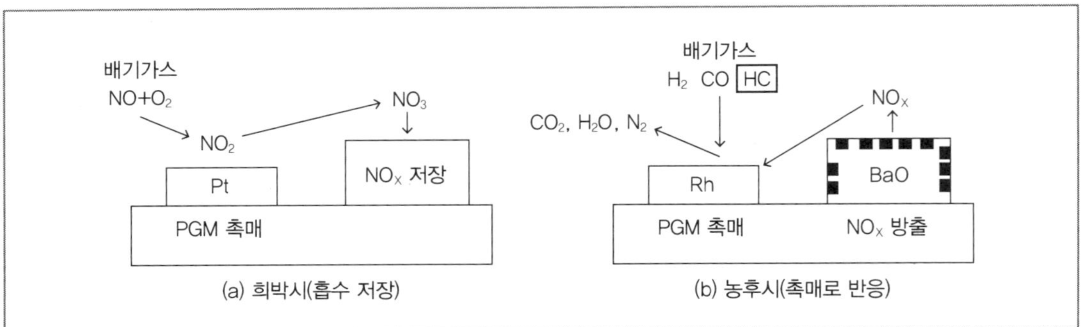

그림 4.25 NOx 흡착시스템

연료에 함유된 유황에 의해 흡착제의 성능이 떨어지고 이를 막기 위해 배기온도를 650~700℃로 올리는 회복제어를 시행한다. 이에 따라 열 열화가 발생하는 동시에 연비감소나 일시적인 PM의 배출이 있을 수 있어 10ppm 이하의 저유황 경유를 사용해야 한다.

흡장 환원형 촉매는 연료 중의 황(S)에 의하여 흡착제의 성능과 촉매의 NOx 정화율이 떨어지고, SO_2의 발생이 많아진다. 배기가스 내의 NOx, SOx는 흡착제에 각각 질산염, 황산염의 형태로 트랩되는데, 촉매에 황산염(SOx)이 축적되면 600℃~700℃ 이상으로 환원 분위기에 만들어 SOx를 제거하는 회복제어를 시행한다. 일부 축적된 황산염은 촉매에 흡착되고 있는 동안에 환원이 어려운 크리스탈로 변화하는 현상이 있어, 회복제어를 하면 열화가 발생하는 동시에 연비감소나 일시적인 PM의 배출이 있을 수 있어 10ppm 이하의 저유황 경유를 사용해야 하며 이로 인하여 약간의 연비감소가 있다.

이 촉매는 삼원촉매를 기반으로 알칼리 금속을 흡착제로 사용하며 희박연소 엔진과 가솔린 직분사 엔진용으로 개발되었지만, DPNR(Diesel Particulate NOx Reduction System) 흡장 환원촉매는 디젤엔진에 적용할 수 있도록 개발되었다. DPNR 촉매는 흡장 환원촉매를 응용하여 NOx와 PM을 연속적으로 대폭 저감한다. 배기의 고온화를 위하여 배기로 연료를 간헐적으로 공급하고, 촉매를 사용하여 NOx와 PM을 동시에 제거한다. 이 시스템도 유황에 의한 회복제어가 필요하다.

(4) 선택적 환원촉매(SCR, Selective Catalytic Reduction, Ammonia)

산화촉매와 환원제를 사용하여 배기가스 중의 NOx를 저감한다. 암모니아를 환원제로 하여 실용화되고 있지만, 안전성의 관점에서 요소(우레아)를 환원제로 사용한다. SCR은 NO와 NO_2의 비율을 최적으로 유지할 때 높은 NOx 저감율을 얻을 수 있으므로, SCR 전면에 산화촉매를 배치하고, SCR 출구에 요소분해로 생성된 나머지 암모니아를 산화하기 위하여 산화촉매를 사용한다.

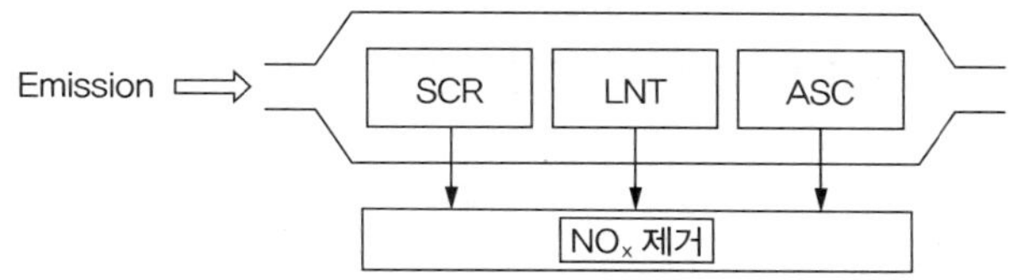

그림 4.26 디젤엔진 NOx제거 구조-NOx제거

촉매는 V_2O_5(오산화바나듐)$-TiO_2$(이산화티타늄)계와 귀금속이 아닌 베이스 메탈을 사용하는 제올라이트 계 촉매(base metal-based catalyst)를 사용한다. 이중 $V_2O_5-TiO_2$ 계는 일체 벌집형 촉매이며 성능은 우수하지만 강도가 약하고, 베이스 메탈계 촉매는 담체에 코팅한 것으로 열에 약하고, 피독에 약한 문제가 있다. 요소의 공급이 필요하지만 NOx 정화효율은 높다.

① HC-SCR : 선택 환원형 촉매는 희박조건에서 HC와 산소가 반응하여 산화반응을 억제하고, HC에 의해 NOx를 선택적으로 환원하는 것이 가능하다. 가솔린엔진의 경우, 배기가스 중 미연의 HC 성분이 많이 포함되므로 이를 이용한다. 디젤의 경우, 촉매 앞에 HC나 경유를 투입한다. 1mole의 NOx 전환을 최대로 하기 위해 사용되는 HC는 6mole로, 엔진의 특성과 배기관 내로 HC 주입에는 이 비율을 맞추어야 한다.

② Urea-SCR, NH_3-SCR : 농도 32.5%의 요소수를 SCR촉매 앞에서 연료의 3~5%정도를 공급하고 배기열에 의한 열분해와 가수분해에 의하여 발생한 암모니아로 NOx를 선택적으로 환원한다. 암모니아와 우레아(urea)를 이용하는 선택적 촉매(SCR, selective catalytic converter)는 디젤엔진의 NOx저감에 이용된다. SCR반응에서 NOx는 촉매 앞부분의 배기가스에 공급된 암모니아와 반

응하고 정확한 양의 암모니아 분사율을 제어할 수 있어야 한다. 암모니아가 충분하지 않으면 NOx의 변환효율이 낮고, 너무 많이 분사를 하면 대기 중으로 암모니아가 배출되며 SCR의 NOx전환율은 60~80%에 이른다. 또한 암모니아 대신 우레아를 환원제(reducing agent)로 사용하는 SCR시스템이 증가하고 있고 암모니아와 비교하여 우레아는 비교적 독성이 없고 안전하며 다루기도 쉽다. 이러한 이유로 우레아는 자동차의 SCR 촉매용으로 고려되고 있는 유일한 환원제(reductant)이며 배기가스에 요소수를 분사하여 암모니아를 생성시키고 암모니아와 NOx의 화학반응으로 무해한 질소와 물로 환원시키는 시스템이다. 배기가스 온도가 낮은 상태에서도 정화능력이 있고 내구성이 높고 희귀금속을 사용하지 않아 가격 경쟁력이 높으며 암모니아가 촉매반응에서 완전히 소모되지 않고 대기 중으로 방출되는 것을 암모니아 슬립(ammonia slip)이라고 하며 EURO V에서 우레아 소비는 디젤연료 5%에 해당하는 양이다. **그림 4.27**은 요소 SCR 반응 메카니즘을 나타낸다. 일산화질소와 이산화질소가 암모니아(NH_3)를 만나면 질소와 물로 변한다.

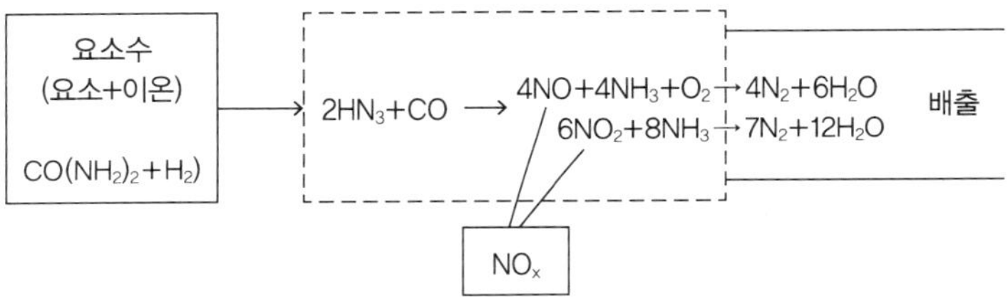

그림 4.27 우레아-SCR 반응 메카니즘

CHAPTER 05

차세대 엔진 기술

5.1 GDI엔진

5.1.1 GDI엔진의 역사

가솔린엔진은 1859년 르노와르 엔진(열효율 4%, 가스 2사이클, 코일점화방식), 1876년 오토엔진(열효율 15%, 가스 4사이클, 토치점화), 1886년 다임러 마이바흐엔진(1.1ps, 650rpm), 1886년 벤츠엔진(954cc, 0.75ps, 400rpm)으로 이어지고 표 5.1과 같은 발전역사를 가지고 있다.

표 5.1 가솔린 기관 발전과정

<table>
<tr><th>연도</th><th>1930</th><th>1940</th><th>1950</th><th>1960</th><th>1970</th><th>1980</th><th>1990</th><th>2000</th><th>2010</th></tr>
<tr><td>목표</td><td colspan="7">출력향상</td><td colspan="2">배출가스저감</td></tr>
<tr><td>연소방법</td><td colspan="6">균일연소</td><td>희박연소</td><td>EGR 연소
성층희박</td><td>터보차저
연소</td></tr>
<tr><td>분사장치</td><td colspan="6">캬브레다(SPI)</td><td colspan="2">MPI</td><td>GDI</td></tr>
<tr><td rowspan="2">점화장치</td><td colspan="3" rowspan="2">마그네트식</td><td>포인트식</td><td>세미트랜
지스터</td><td colspan="2">풀 트랜지스터</td><td colspan="2">CDI, MDI</td></tr>
<tr><td colspan="6">고에너지 점화방식</td></tr>
<tr><td>밸브장치</td><td></td><td colspan="2">2벨브 OHV</td><td colspan="3">SOHC</td><td>DOHC</td><td colspan="2">VVTL DOHC</td></tr>
<tr><td>후처리장치</td><td colspan="5">OC(산화촉매)</td><td colspan="2">삼원촉매</td><td colspan="2">희박NOx촉매</td></tr>
</table>

직접 분사식 가솔린 엔진은 오랜 전부터 다양한 기술개발이 이루어져 왔다. 실제로 생산하고 사용된 것은 1940년대 다임러 벤츠의 항공용 엔진인 DB601과 1953년, 판매된 스포츠카인 300S가

있다. 이들은 당시의 기화기 엔진의 출력부족이나 응답성을 해소하는 것이 주된 목적으로 예혼합 직접 분사식 엔진이었다. 직접 분사식 가솔린 엔진이 주목을 받게 된 것은 석유고갈과 대기오염이 문제가 된 1980년대이었고 예혼합 연소엔진은 NOx의 배출량이 적기 때문에 미국, 일본을 중심으로 활발한 연구가 진행되었다. 직접 분사식 엔진을 처음으로 개발한 것은 1925년, 스웨덴의 헷셀만이다. 그후 1960년대가 되어 성층연소의 대표적인 엔진인 Texaco사의 TCCS 엔진, Ford사의 PROCO 엔진, MAN사의 FM엔진 등이 발표되었다.

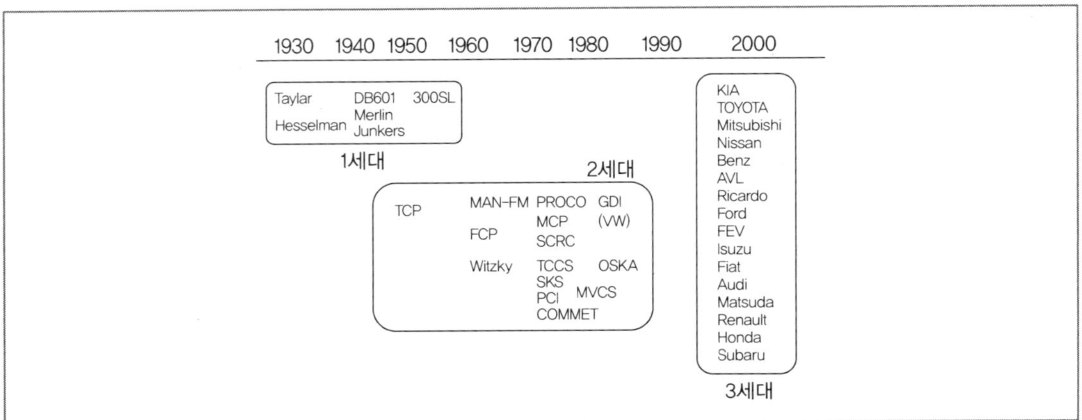

그림 5.1 GDI 엔진 개발과정

세계적으로 이산화탄소 규제 움직임이 구체화되면서 자동차의 연비향상은 더욱 중요하게 되었고 이 문제를 해결하는 방법은 PFI 엔진의 연료 공급방법을 변경하는 것이었다. 그러나 석유 수급 사정이 좋아지고, 배기가스 문제는 삼원촉매와 이론 공연비 제어에 의해 어느 정도 해결이 되면서, 가솔린 엔진은 포트분사에 의한 예혼합 연소가 주류가 되었다. 이 엔진은 삼원 촉매의 효율을 높이기 위해서는 이론 공연비에서만 연소를 해야 하므로 연료의 양을 정밀하게 제어해야 했다.

적은 양의 가솔린으로 PFI엔진과 동일한 출력을 낼 수 있는 엔진을 만드는 것과 배기량이 작은 엔진으로 배기량이 큰 엔진에 해당하는 출력을 내는 엔진을 만드는 것은 자동차 회사들의 과제였는데 그 중 하나가 GDI엔진의 개발이다. PFI엔진은 저압으로 분사된 연료를 흡기포트에서 공기와 균일하게 혼합시켜 연소실로 흡입되고, GDI엔진은 정확한 연료량 공급, 고압의 연료펌프, 고압 인젝터의 기술이 필요하여 처음에는 일반적으로 사용되기에는 가격이 너무 높아서 연구는 계속되었지만, 실용화에는 이르지 못하였다. 그러나 전자제어 기술과 기계가공 기술의 발전으로 정확한 연료량 제어, 미립연료의 분무가 가능한 인젝터 개발, 고압 연료펌프 등이 저가로 제작이 가능하여 2000년대 들어서 GDI엔진의 실용화가 가능하게 되었다.

5.1.2 GDI엔진의 개발

1989년, VW은 MAN-FM 방식을 개선시킨 GDI엔진을 발표한 이래, 1990년 이후, 제3세대인 새로운 형태의 직접 분사식 가솔린 엔진이 개발되었다. 1996년 미쯔비시는 GDI엔진을 처음으로 개발에 성공을 하였고, 1990년부터 가솔린 엔진의 성능과 연비를 개선하기 위하여 많은 노력을 기울여 가장 먼저 현재의 GDI를 개발하였다. 1998년 도요타, 1999년 르노, 2000년대에는 현대, 폭스바겐, 포드, 벤츠 등이 개발을 완료하였다. GDI엔진은 공기가 연소실 내로 먼저 흡입되고 연료는 정밀하게 제어되는 인젝터에 의해 연소실에서 고압으로 직접 분사된다. 엔진부품의 최적설계로 균일혼합은 물론 불균일(heterogeneous)인 성층혼합이 가능하여 균일연소와 성층 희박연소가 동시에 가능하게 되었다. 표 5.2는 각 자동차 회사의 엔진개발 현황이다.

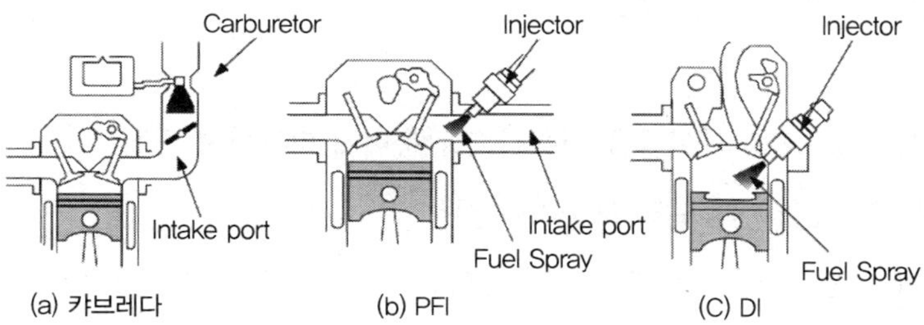

그림 5.2 PFI와 DI 엔진

표 5.2 엔진개발 현황

회사	현재기술	미래기술	변속기
GM		ECOTEC, BAS, CNG	
VW, Audi	직분 터보차저 DS	실린더 비활성화, 차세대 터보차저 시스템	DSG
Toyota	풀 하이브리드	HV+엔진효율향상	CVT
Nissan	EV, dual분사	PHEV	CVT
현대	직분 터보차저 DS	FCEV	
Ford	대형 DS	ECOBOOST, CNG	
벤츠	직분 터보차저 DS, 고급차 HV	직분 터보차저 개발	7속 AT
혼다	mild HV	CNG, 디젤, EV	CVT
마쯔다	SKYACTIV	고효율 터보차저 직분엔진, HCCI	CVT
BMW	L6	터보차저 직분 엔진개발	8속AT

차세대 엔진은 EGR을 포함하는 터보차저 직접분사식 희박엔진으로, 열효율 70%로 2030년까지가 개발목표이다. 연소계는 터보차저 직접분사식, 고압축비, 고EGR 연소, 희박연소, HCCI 연소, 수소연소법 등의 개발이고, 분사계는 고압 미립화 직접분사식, 점화계는 고에너지 점화, 다점점화, 저온플러그점화, 마이크로파 점화, 레이저 점화, 밸브계는 VVTL, 고응답 고기능 유압 VVT, 전동 VVT, 후처리계는 삼원촉매, PM센서, DPF 일체 촉매, PN센서, 희박 NOx 촉매, 사원촉매 등의 개발이다. 그리고 크랭크축 동력을 이용하는 전동 VVT, 공회전정지(ISS), 오일펌프와 냉각수 펌프를 전기모터화, 시동도 전기모터하여 마찰을 저감시키고 효율을 개선할 예정이다.

엔진출력을 높이기 위해서는 배기량을 증대해야 하지만 현재의 주류는 터보차저 적용으로 다운사이즈된 엔진으로 출력을 높이고 있다, 이러한 엔진에는 ISS(공회전정지 기술), 실린더 비활성화 기술, 가변압축비 기술이 적용되었고, 현재의 발전기 위치에 모터 발전기(motor generator)를 두면 크랭크축과 벨트로 연결하여 시동, 엔진의 부하저감과 다운스피드가 가능하다. 엔진의 최대 열효율을 얻기 위하여 부분적인 손실대책도 필요하다.

① 엔진, 배기계(31%) : 밀러사이클을 적용한 고압축비에 터보차저 직접분사식 엔진개발, 마찰손실 저감, 배기열 회수, 전동토크 보조기술 적용
② 냉각(27.6%)계 : 롱 스트로크, 터보차저와 다운사이징, 희박연소, 마찰손실 억제, 모터 토크보조
③ 마찰(2.5%)계 : 저 마찰, 터보차저와 다운사이징, 저 점도유 개발, 모터 토크보조
④ 펌프(0.5%)계 : 가변밸브, 희박연소, 모터 토크보조

5.1.3 GDI엔진의 종류

GDI엔진은 효율적인 엔진설계로 고압축비가 가능하고, 연료 점화시기를 정밀하게 제어하여 운전상황에 맞게 성층연소인 초희박연소, 이론공연비 연소인 균일연소를 하는 반면에 PFI엔진은 농후연소와 균일연소를 주로 한다.

표 5.3은 GDI의 종류를 나타낸다. 우리나라와 일본은 가솔린을 실린더에 직접 분사한다는 의미인 GDI, 독일은 성층분사가 주요 연소임을 나타내는 FSI, SCGI, 프랑스는 연료를 고압으로 하여 분사하는 의미인 HPDI를 사용한다. 델파이 GDI의 구성부품은 인젝터, 커먼레일, 고압 연료펌프, ECU, 전자 스로틀밸브, 전자 가변캠, 유압 가변캠, 2단계 밸브 리프트, EGR 밸브, 광역

산소센서, MAP센서, 매니폴드 온도센서(MATS), 캐니스터 퍼지밸브(PCSV), 캠각센서(CMP), 크랭크각 센서(CKP), 냉각수온 센서(WTS) 등으로 구성된다. 연비를 높이는 기술로 PFI 희박연소(lean burn) 엔진의 개발을 시작으로 하여 현재는 GDI 엔진의 개발이 완료되었다. 앞으로 개발될 엔진은 GDI엔진 개선, 가솔린 다운사이징 엔진, GDCI(gasoline direct compression ignition)엔진, HCCI(homogeneous charge compression ignition)엔진, 가변 고압축비 엔진 등이 있다.

표 5.3 GDI의 종류

회사	명명	특징
미쯔비시(GDI)	Gasoline Direct Injection	15~20% 스월 발생 흡기포트, 유황이 없는 연료 사용
VW(FSI)	Fuel Stratified Injection	텀블 형성, 성층 분사
Renault(IDE)	Injection Direct Essence	$\lambda = 1$ 부근에서 연비 5% 감소
BMW	–	수직중앙주입, Valvetronic 사용
Peugeot(HPDI)	High Pressure Direct Injection	부분부하 시 고압 성층 분사
Mercedes(SCGI)	Stratified Charged Gasoline Injection	성층 터보차저, 인터쿨러사용

5.1.4 GDI엔진의 원리

GDI엔진의 개념은 부분부하에서는 성층연소, 고부하 시에는 균일연소를 한다. 저부하에서는 PFI엔진보다 많은 공기를 흡입하고, 압축행정 후반에 연료를 분사하여 실린더는 초희박 상태이지만 점화플러그 주위에 혼합기를 모이게 하여 연소를 가능하게 한다. 고부하에서는 흡기행정에서 연료를 분사하여 균일 혼합기를 형성한다. 그림 5.3은 GDI엔진의 성층과 균일혼합의 작동영역을 나타낸다. 자동차의 엔진의 사용영역은 대부분이 성층영역이기 때문에 중저부하는 성층영역으로 구성되어 연비를 저감한다.

GDI엔진은 수직 흡기포트를 사용하여 흡기저항을 줄이고 텀블을 발생시킨 후, PFI엔진의 연료압력 3.5bar보다 고압인 50~200bar의 압력으로 연료를 분사하여 곡면 피스톤 위의 오목한 캐비티(cavity) 부위에 미립화된 연료를 트랩한다. 분사된 연료에 의한 냉각효

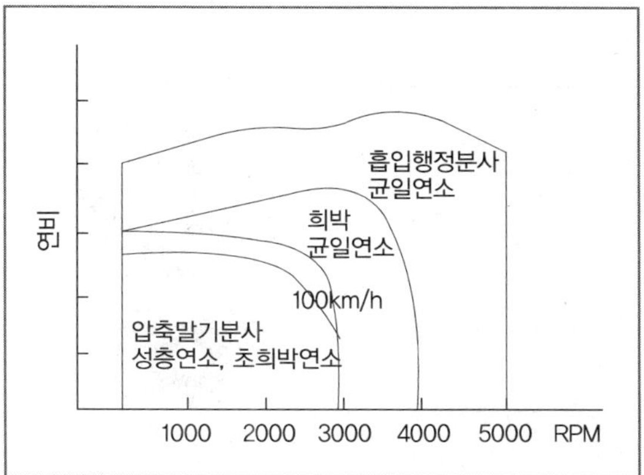

그림 5.3 도요타 GDI 엔진의 연소 맵

과를 이용하고, 불균일한 흡기혼합으로 점화시기 제어가 용이하고, 스로틀 밸브에 의한 펌핑손실을 감소시킨 엔진으로 연소실 형상, 포트형상, 고압 인젝터의 개발로 성층혼합이 가능하여 공기 20~50g에 대하여 연료 1g을 분사하는 초희박 연소기술이다. PFI엔진의 이론공연비 연소와 농후연소에 초희박 연소를 추가하고 농후연소를 줄인 기술로, GDI엔진은 정확한 연료압력 제어, 연료량 산출, 분사시기 및 점화시기 제어 등 정밀한 제어를 필요로 한다. GDI엔진은 VVA 기술을 적용하고, 연료 분사시기와 점화시기 제어를 하고, 엔진성능과 속도제어를 위해 정확한 제어기술이 필요하다. ECU는 이론공연비 연소, 최대출력 연소, 초희박 연소의 3가지 연소로 제어하고 각 연소는 공연비에 의해서 정해진다.

GDI엔진은 성층과 균일 혼합기를 사용한다. 부분부하에서는 압축행정 중에 연료가 분사되는 성층모드로 공연비 100이상도 연소가 가능하고, 이 영역에서 약간 스로틀링되어 30~40% EGR과 브레이크 시스템에 진공을 공급한다. 고부하 시는 연료가 흡기행정에서 분사되는 균일모드이고 이론 공연비나 약간의 농후 공연비에서 작동한다.

① 이론 공연비(균일) 연소는 공연비가 14.7 : 1이고 중부하 조건에서 이루어진다. 흡입과정에서 연료가 분사된 후 실린더 내에서 공기와 연료의 균일한 혼합이 일어나며 균일혼합으로 이론적인 연소가 일어난다.

② 초희박(성층) 연소는 공연비가 20~50 : 1의 연소이고 가벼운 부하와 가속을 하지 않는 일정속도 운전에서 이루어진다. 연료는 흡입과정이 아닌 압축말기에서 적은 양의 연료를 고압 인젝터에 의해 점화 플러그 근처로 분사하여 성층혼합을 발생시키며 혼합기는 불균일 혼합이다. 성층혼합은 연료가 공기에 의해 둘러 쌓여 실린더 벽에서는 연소가 일어나지 않고, 피스톤 위의 도넛 형태의 캐비티 안에서 연소가 일어나게 하여 실화가 없이 초희박 연소가 가능하

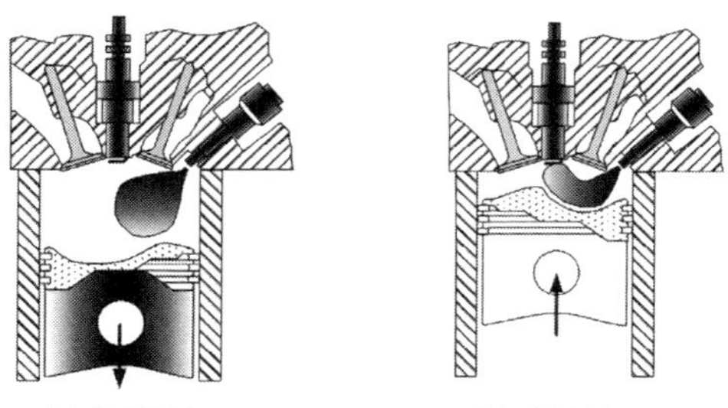

그림 5.4 균일연소와 성층연소(출처 : cdn.intechweb.org)

다. 성층연소가 되면 엔진의 열손실이 낮아지고 높은 비열비와 열해리 감소로 연비가 좋아진다. 초희박 연소 시 연소실 온도가 높아져서 발생하는 NOx를 제거하기 위하여 냉각 EGR과 NOx 촉매가 필요하다.

③ 최대출력(농후) 연소는 공연비는 약간 농후하고 가속, 등판주행에서 발생하고 연료는 흡기과정에서 분사되어 공기와 연료혼합이 균일한 균일연소이다.

GDI엔진은 성층연소 실현을 위해 텀블유동, 스월유동, 고압 인젝터 기술, 전자제어 기술이 필요하고, 흡기의 펌핑손실이 발생하면 스로틀 개도량을 60%까지 열어 펌핑손실을 줄인다. 제1세대 GDI 엔진은 흡입과정에서 연료를 1번만 분사하였지만 현재의 GDI 엔진은 연료압력을 고압으로 하여 한 사이클에 1회 이상 연료를 다단분사할 수 있다. 흡입과정에서 분사하는 선분사(pre-injected), 압축과정 말기에 분사하는 주분사로 이루어진다. 이렇게 2단분사를 하면 흡입되는 공기가 연소실을 냉각하여 체적효율이 높아지고, 연소실에서 공기와 연료의 혼합이 균일하게 되는 효과가 있다.

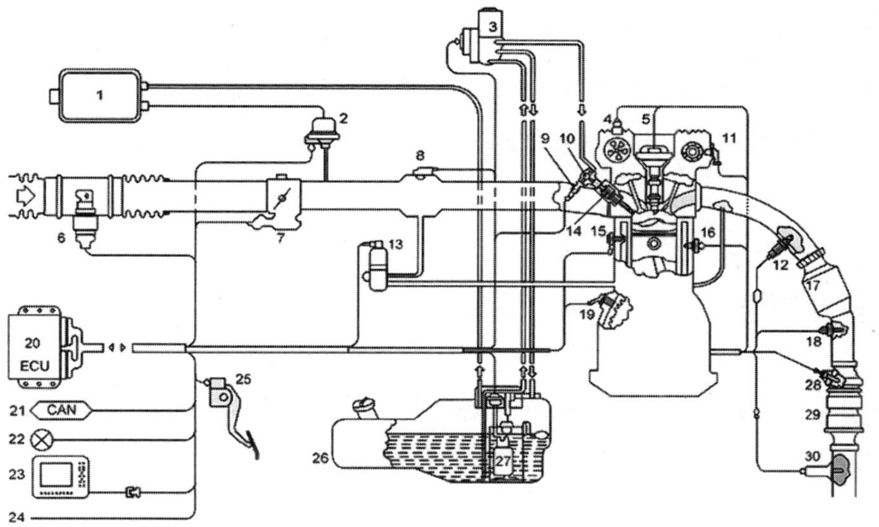

1. canister 2. PCSV 3. high-pressure pump 4. sensor for VVT 5. ignition coil 6. AFS 7. ETC 8. MAP 9. fuel pressure sensor 10. common rail 11. CMP 12. O_2 sensor 13. EGR valve 14. injector 15. knock sensor 16. WTS 17. TWC 18. O_2 sensor 19. CKP 20. ECU 21. CAN 22. fault indicator lamp 23. Diagnostics interface 24. interface 25. pedal 26. fuel tank 27. ITR 28. EGTS 29. deNOx+TWC 30. O_2 sensor

그림 5.5 보쉬 MED-motronic system의 구성(출처 : www.intechweb.org)

고부하에서는 엔진 회전수 6000rpm, 흡기 TDC에서 BDC까지 걸리는 시간은 단 5ms이다. 이때는 전체 연료를 이 시간 안에 흡기행정에서 분사를 해야 하기 때문에, 포트분사에 비하여 3배이상의 분사속도가 필요하고, 공회전시에는 소량의 연료를 정밀하게 분사해야 한다. CRDI엔진처럼 분사압력을 크게 높일 수 없는 GDI엔진은 분사시간 내에 분사량을 제어해야 하므로 고속 응답이 필수적이어서 피에조 인젝터를 사용한다.

5.1.5 스월 인젝터

GDI엔진의 인젝터는 엔진부하가 필요로 하는 연료량을 실린더에 직접분사하고 분사시 고압의 스월유동을 형성한다. 연료의 압력은 50~200bar 범위이면 성층분사가 가능하고, 고압 연료분사는 연료가 미립화되어 타고 남는 것이 없도록 연소한다. 고압 인젝터는 연소실에 직접 노출되어 있어 내구성이 강해야 하고, 엔진설계 형상에 따라 인젝터의 위치도 다르다. 인젝터 분사방식은 스월분사, 성층분사, 균일분사가 있고, 분사형태는 원추형 분사, 부채형 분사, 멀티홀 분사가 있다. 인젝터는 스월 노즐이 주류이고 이는 노즐 내부에 선회류를 만들어 연료를 분사하는 방식이다. 그러면 연료는 원심력으로 얇은 액막으로 분사되기 때문에 낮은 압력에서도 미립화가 좋아지게 된다.

인젝터는 미립화가 좋아야 하고 SMD(Sauter Mean Diameter) 값은 20μm정도이다. 미립화에 필요한 최소 분사압력은 50~80bar이지만 고압일수록 좋다. 고압이 되면 관통력은 강해지지만, 인젝터를 열기가 어려운 점도 발생한다. 보통 PFI 분사에 비해 15~40배인 50~200bar의 연료압력이 필요하다.

5.1.6 혼합기 형성

혼합기 형성은 연료의 증발과 공기와의 혼합이지만, 성층을 만들기 위해서는 점화 플러그 부근에 혼합기가 형성되도록 해야 한다.

(1) 연료의 증발

PFI엔진은 흡기관이 대기압 이하이기 때문에 연료의 포화 증기압은 분사압력과 거의 같거나 낮은 상태로 되고 GDI엔진도 흡기행정인 경우에는 이에 비슷한 상태가 된다. 압축행정 후반에는 연료의 포화 증기압과 실린더내 압력의 관계는 반대로 되어 연료의 포화 증기압이 더 높아진다.

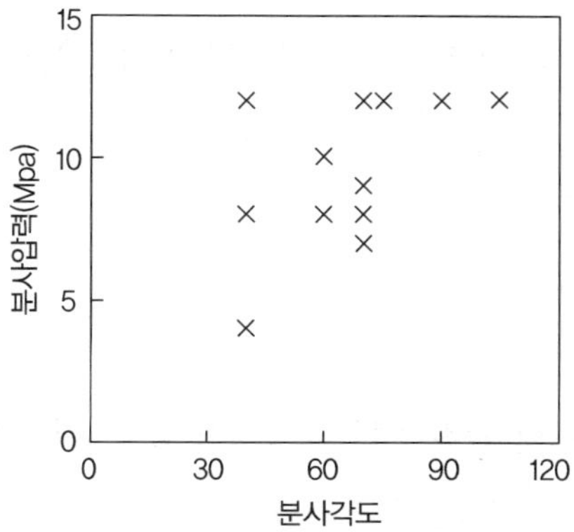

그림 5.6 스월 인젝터의 분사각도와 분사압력

압축행정에서 연료를 분사하면 연료는 빨리 증발하고, 실린더 온도가 낮으면 고농도의 연료 증기 덩어리가 형성된다. 연료의 미립화와 동시에 증기 덩어리에 고온의 공기를 보내어 연료의 증발을 빠르게 하여 엔진성능을 좋게 하고, 빠른 연료와 공기의 혼합, 점화 플러그 부근의 혼합기 형성은 GDI 엔진에서 가장 중요하다.

흡기행정에서 연료를 분사하면 연료와 공기의 온도차가 작아, 연료의 포화 증기압력이 낮아져서 빠른 증발을 위해서는 연료확산이 발생하도록 해야 한다. 흡기행정의 연료증발은, 공기와의 상대속도가 크면 증발이 빨라지고, 관통력이 낮으면 증발은 늦어진다.

흡기행정 초기에 실린더 내의 좁은 공간으로 연료를 분사하면 벽면과 피스톤 상부에 연료가 액체방울의 상태로 충돌하게 된다. 이는 스모그의 원인이 되며 엔진성능도 악화된다.

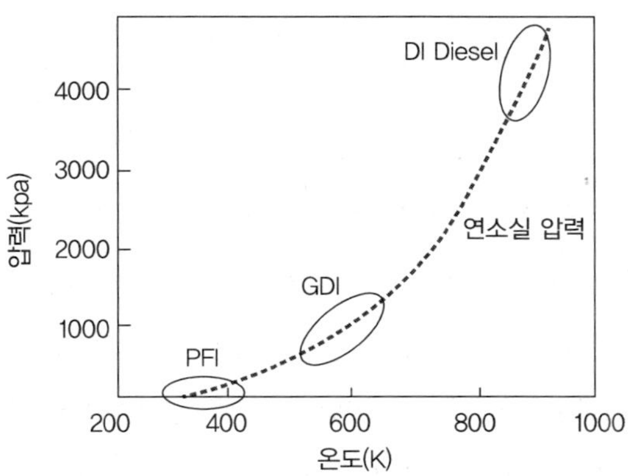

그림 5.7 포화압력과 실린더 압력의 비교

(2) 공기와의 혼합

인젝터 분사시 연료와 공기의 혼합속도를 운동량 보존법칙으로 예측하면 평균 공연비 A/F는 다음 식으로 나타낼 수 있다.

$$A/F = \left(\frac{\Delta p \rho^{\alpha}}{d^2}\right)^{0.25} t^{0.25} \tag{5.1}$$

여기서 Δp는 분사압력과 실린더 압력의 차, ρ 공기의 밀도, α는 계수, d는 노즐직경이다. 성층연소 시 GDI엔진은 CRDI엔진과 비교하면 분사시의 공기밀도는 1/3~1/4, 분사압력은 1/10~1/20로 작게 되기 때문에, 연료 분사 후 A/F는 1/3~1/6정도로 작아진다. 따라서 CRDI엔진과 같은 혼합기를 형성하려면, 노즐직경은 1/8~1/15배 적고, 분사시간은 8~15배 커야 한다. GDI엔진은 CRDI엔진보다 혼합이 느려 디젤과 같은 상사점 부근에서의 혼합기 형성은 어렵게 되기 때문에 분산력이 좋은 스월 인젝터를 이용하여 혼합기를 만든다. 회전수가 높아지면 연료 분사량이 늘어나므로 이때도 혼합상태가 좋게 되도록 하려면 분사에서 점화까지의 혼합기 형성기간을 길게 하며 성층영역을 넓혀야 한다.

5.1.7 성층영역에서 혼합기의 형성법

성층연소에서 분사 후 바로 점화하는 것은 연소효율을 높이는 것이 목적이고, 분사에서 점화까지 시간을 두는 것은 미리 증발된 연료와 공기를 혼합하여 그을음 배출을 줄이는 것이 목적이다. 1990년 이전의 TCCS엔진은 분사와 동시에 점화하는 방법이었지만 현재는 혼합기의 형성시간을 두는 방식이 주류이다.

(1) spray guided

인젝터가 만드는 유동과 공기를 회전시키는 스월에 의해 혼합기를 형성하는 방법으로 spray guided로 불린다. 대표적인 것은 **그림** 5.9(a)와 같이 인젝터를 실린더 헤드 중앙에 배치한 벤츠의 방식이다. 이 방법은 연소실과 흡기포트를 기본적으로 PFI엔진의 것을 사용하기 때문에, 균일혼합이 쉽고, 엔진의 개조가 적어지는 장점이 있다. 그러나 성층연소는 혼합기 형성의 속도와 분사의 균형이 필요하고, 빠른 혼합기가 형성된 직후에 점화하거나, 적정농도가 될 때까지 점화 플러그 부근에서 혼합기가 다른 곳으로 이동하지 않도록 하는 것이 필요하다. 이는 실제로 연료의 증발과 공기와의 혼합시간이 짧아서 실용화하기 어려운 방법이다.

(2) air guided

흡기포트에서 만들어진 유동을 이용하는 방법으로 air guided라고 한다. 인젝터를 보어측에 배치하고 텀블을 이용하여 연료를 점화 플러그 부근으로 모이게 한다. 성층화하는 방법은 어렵지만 피스톤 형상이 간단하고, 고미립화가 가능하다. 부하와 회전수에 대응하는 속도로 점화 플러그 부근에 혼합기를 만들며 이를 위해 부하와 회전수에 대한 유동의 고도화된 정밀제어가 필요하다.

(3) wall guided

피스톤 면에 형성된 캐비티를 이용하여 혼합기 형성하는 방법으로 wall guided라고 한다. 피스톤 캐비티와 흡기포트에서 생성된 스월이나 텀블로 혼합기를 만들며 인젝터는 실린더 헤드의 흡기밸브 보어 측에 장착된다. 실용화된 엔진은 대부분 이 방법을 사용하며 인젝터에서 분사된 연료가 점화 플러그에 도달할 때까지 증발과 혼합이 되도록 한다. 이 방법은 분사방향이 점화플러그 향하

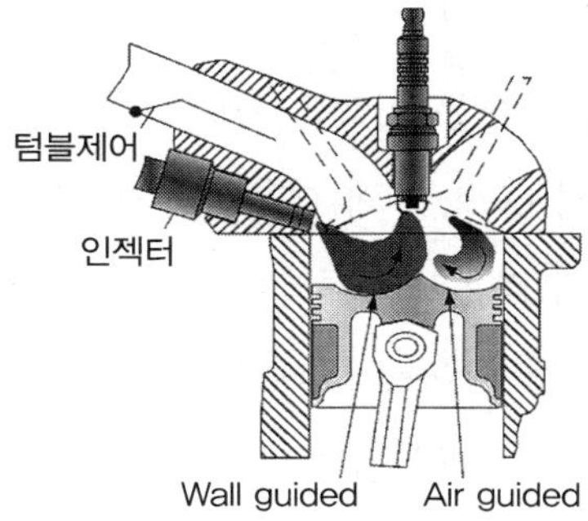

그림 5.8 VW의 FSI(wall guided)(출처 : Anon, 2002)

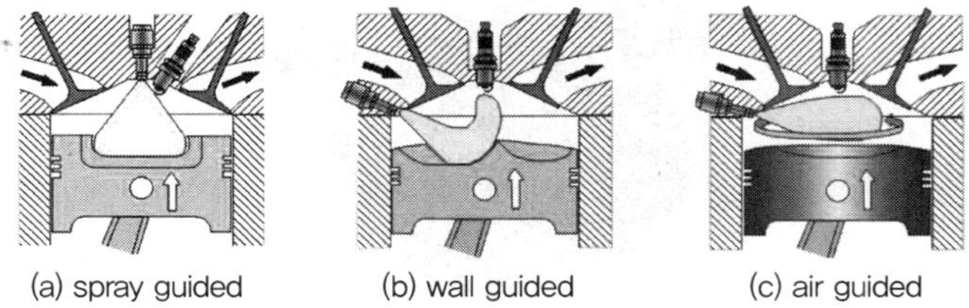

그림 5.9 혼합기 형성법(출처 : Stefan)

지 않는 것이 특징이다. 이렇게 하면 분사연료가 피스톤에 충돌한 후 점화 플러그에 도달할 때까지 시간이 있기 때문에 연료와 공기의 혼합이 잘 되어 넓은 범위에서 균일 혼합기 형성을 할 수 있다.

흡기포트에 의해 텀블과 스월을 만들고 이때의 운동량으로 연료를 이동하는 방식이다. 미쓰비시 자동차와 리카르도(Ricardo)의 방식은 구형으로 된 곡선 피스톤을 향하여 연료를 분사하고 텀블을 이용하여 혼합기를 점화 플러그 부근으로 유도하는 방식이다.

표 5.4 혼합기 형성법 발전과정

	1996	1998	2000	2002	2004	2006	2008	2010	2012	2014	2016	2018	2020
성층혼합	air guided, wall guided					spray guided, wall guided							
균일혼합	양론학적 혼합(stoi)								lean boosted				

5.2 CRDI엔진

5.2.1 CRDI엔진의 개발동향

최근의 디젤엔진의 성능향상을 이루는 기술은 커먼레일 연료 분사장치, 인터쿨러 부착 VGT (variable geometry turbocharger), 냉각 EGR, 고속 대용량 전자 제어장치 등으로, 배기가스 규제를 만족하기 위해서 이러한 모든 기술이 적용되고 여기에 후처리 장치인 PM필터, NOx 저감용 촉매를 적용하고 있지만, 트레이드오프 관계인 NOx와 PM을 동시에 저감하고, 열효율이 높은 디젤엔진을 개발하기 위하여 새로운 연소기술의 개발이 진행되고 있다. **그림 5.11**은 차세대 디젤엔진의 개선방향을 나타낸다. 각종 손실을 저감하여 효율을 증대시킨다.

그림 5.10 BMW CRDI엔진

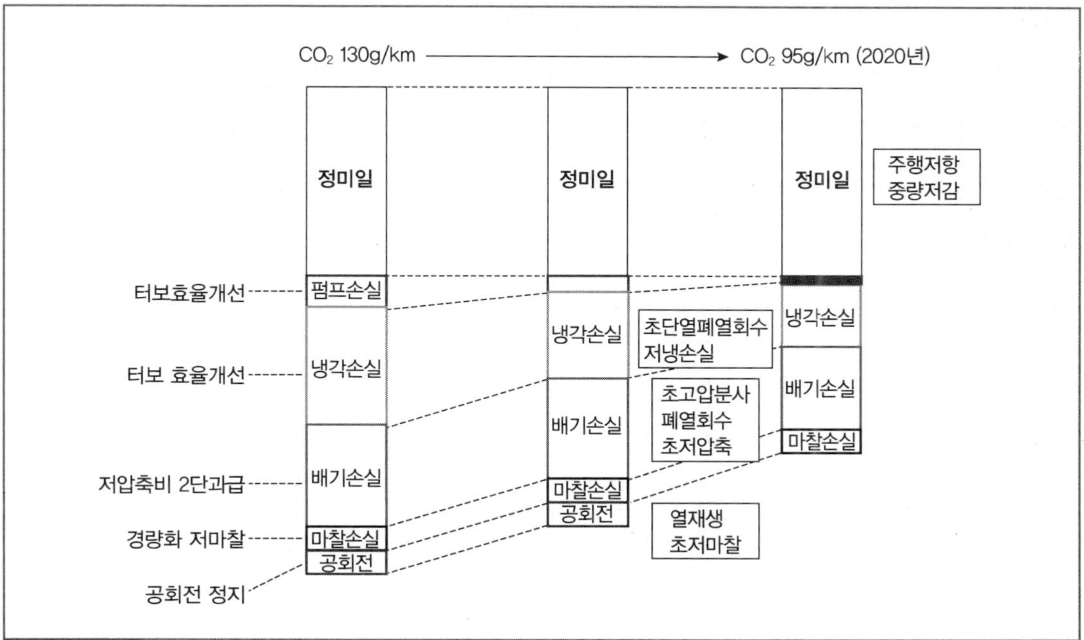

그림 5.11 디젤엔진의 개선방향

CRDI엔진에서 ECU의 제어요소는 연료 분사압력, 연료 분사량, 분사시기, EGR량 제어이고, 전자 스로틀 제어, 가변베인 터보제어, 공회전제어 등이 적용된다. 차세대 CRDI엔진의 개발의 목표는 디젤 분사계와 후처리 장치개발로 나누어지며 커먼레일 개선, 신촉매 개발, 저압축비 달성으로 의한 클린디젤과 효율이 높은 엔진이다.

① DPNR 촉매 개발

② 저압축비(15.8)엔진의 개발과 피에조 인젝터 개선

③ 공기압력 커먼레일 시스템(2000bar)의 개발

④ 고응답 분사계(연료 고압화, 분사 미립화 향상, 고응답성, 고정밀 다단분사) 개발

5.2.2 CRDI엔진의 원리

스위스의 Robert Huber 교수가 1969년에 개발하였으며 이를 사용한 최초의 승용차는 1997년, Alfa Romeo 2.4 JTD, Mercedes−Benz C220 CDI이며, 1990년 중반, 일본에서 양산에 성공하였다. 벤츠는 CDI, 르노는 DCI, 포드는 TDCI, VW은 TDI, 우리나라는 CRDI의 용어를 사용한다.

CRDI는 인젝터가 연결된 커먼레일(common rail)이라는 저장조를 통해 연소실에 연료를 직접 분사하는 커먼레일 직접분사(common rail direct injection)의 약자이다. IDI디젤엔진의 연료분사 시스템은 매 분사 사이클마다 서로 다른 압력의 연료를 만들지만, CRDI엔진은 일정한 연료압력이 연료라인에서 유지된다. ECU는 엔진속도와 부하에 따라 분사압력을 조절하고 연료의 압축과 연료분사는 독립적으로 제어된다.

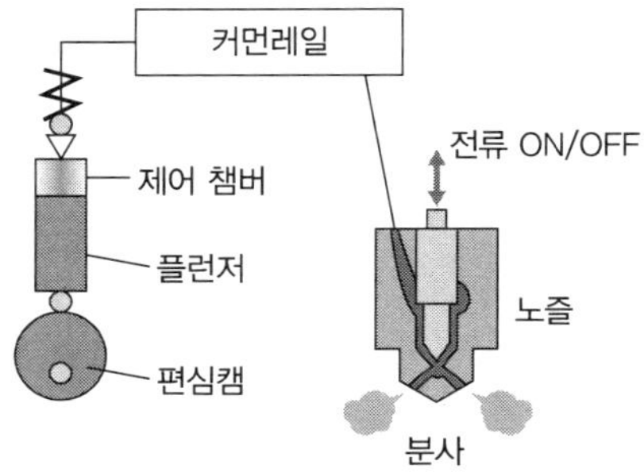

그림 5.12 커먼레일의 원리

표 5.5 CRDI 연료의 고압화

필수요건	적용 기술	현상	이유
PM, NOx 저감, 소음 제거	연료의 고압화, 정밀제어시스템	연료의 박무화로 완전연소 1스트로크 : 5~9회 분사정밀제어	연료가 고압이면 분사를 빠르게 할 수 있고 1ST(스트로크)에 더 많이 분사할 수 있어 연료미세화, 와류 발생으로 완전연소 가능

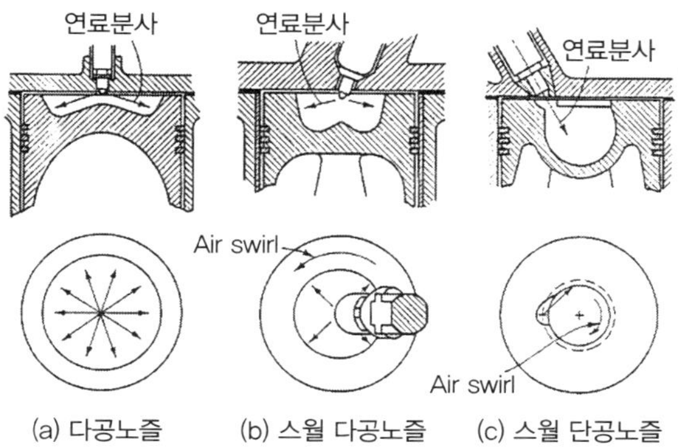

그림 5.13 노즐과 연료분사 방법

커먼레일 엔진은 ECU와 각종 센서로 이루어진 제어계통과 압력펌프, 커먼레일, 전자제어식 고압분사 인젝터로 구성되어 있다. 연료를 분사하기 전에 커먼레일 안에 고압으로 연료를 저장하고 연소효율이 가장 높은 시점에 분사한다. 연료분사를 엔진의 속도인 저속, 중속, 고속 등에 따라 일정하게 제어할 수 있어, 모든 회전영역에서 일정 연료압력으로 분사할 수 있다. 고압으로 분사되어 연료는 분무상태로 되어 연소효율과 연비가 높아지고, 배기가스인 질소 산화물이 감소하고, 공회전시의 소음과 진동도 저감할 수 있다. 이러한 원리는 디젤엔진과 가솔린 엔진에 모두 적용한다.

1997년 제1세대, 2002년 제2세대인 1800bar 압력으로 1회 사이클에 최대 5회의 정밀분사, 2008년에, 2000bar 압력으로 최대 9회, 정밀 분사할 수 있는 제3세대 커먼레일 엔진이 개발되었다. CRDI엔진은 연료의 최대압력을 2500bar로 높인 것으로 2500bar의 압력은 25,000m의 물속에서의 압력과 같다. IDI엔진은 연료입자의 평균지름이 10μm정도지만, 연료의 분사압력을 높인 CRDI 엔진은 1400bar의 고압이 되면 5μm으로 작아져 연소도 잘 된다. CRDI엔진의 연료압력은 압력이 높을수록 연료가 미립화되기 때문에 PM의 발생이 감소하고, 5~9회의 다단분사를 하여 NOx, 소음, PM의 발생도 감소된다. CRDI엔진의 구성은 고압 연료펌프, 고압연료를 저장하는 고압 커먼레일(어큐뮬레이터), 그리고 전자제어 장치로 구성된다. CRDI엔진은 고압 분사펌프 동력은 실린더당 약 140ps의 마력으로 2,000bar의 연료압력을 만들고, 저속영역에서도 고압분사를 하여 배출물을 크게 감소시킨다.

CRDI엔진은 일반 직접분사 엔진보다 25%정도 출력과 토크가 높고, 낮은 소음과 진동, 긴 주행거리, 향상된 성능을 나타낸다.

5.2.3 다단분사

1990년대에 사용되던 부실(IDI)실 디젤기관은 열효율이 높은 직접분사(DI)식으로 변화되고 이는 CRDI 직접 분사식 엔진으로 발전을 하였다. 이의 장점은 커먼레일에 고압의 연료가 저장되어 있어 저속영역에서도 고압분사가 가능하고 필요할 때 원하는 압력의 연료를 사용할 수 있다. 고압 연료펌프와 인젝터가 커먼레일을 사이에 두고 분리되어 있어 저속에서도 연료압력과 분사량을 조절하여 공회전, 저부하에서도 배기가스를 개선할 수 있다.

CRDI엔진의 효율이 높은 이유는 고압의 연료, 인젝터 분사량 제어 때문이다. 작은 직경의 노즐에서 분사되는 연료는 분사시간을 단축하기 위해 고압이 필요하고 미립화로 연소가 잘 되어 배출물이 줄어들고 연소 열효율은 좋아지지만 반대로 캠축에는 많은 힘이 걸려 압력구동펌프의 마찰

표 5.6 커먼레일 엔진의 분류 (출처 : 덴소)

세대	분사횟수	연료압력	유럽규제치
제1세대(1995)	파이럿분사, 주분사(2회)	1200~1450bar	EURO III(파이럿분사, EGR, VGT, DOC)
제2세대(2002)	파이럿분사, 프리분사, 주분사, 후분사, 포스트분사(5회)	1800bar	EURO IV (다단분사, Cooled EGR, VGT, DPF, NOx촉매) 32 bit ECU
제3세대(2007)	7~9회	2000bar	EURO V, EURO VI – 32 bit ECU – 분사량제어 향상 – 분사시간 : 1ms – 분사량 : ~50±1mm^3 – 입자크기 : ±1~2㎛
제4세대(2013)	9회	2500~3000bar	

그림 5.14 다단분사 원리

에 의한 기계적 손실이 증대하여 기계 열효율은 낮아진다.

CRDI엔진은 연소를 완전 연소시켜 PM과 NOx를 저감하는 기술로 연료를 1스트로크 당 다단 분사할 수 있다. 연료를 미립화하여 완전 연소시키면 PM이 줄어들고, 다단분사하면 실린더 고온화가 방지되어 NOx가 줄어든다. 표 5.6은 엔진의 발전과 다단분사 횟수를 나타낸다. 제1세대 CRDI는 연료압력 1,200bar, 2회 분사, 제2세대 CRDI는 연료압력 1,800bar, 5회 분사, 제3세대 CRDI는 연료압력 2,000bar, 7~9회 분사이다.

그림 5.14와 같은 1 스트로크 동안 다단분사가 가능하다. 프리분사는 소음 저감효과가 크고, 포스트 분사는 NOx 촉매제어를 하며 연료가 실제 분사되는 주분사 전에 작은 양의 연료를 분사하는 파이럿 분사가 있다.

그림 5.15와 표 5.7은 CRDI엔진의 다단분사의 역할을 나타낸다. 인젝터를 솔레노이드에서 피에조 액추에이터 형태로 변경하여 분사간격과 분사량 등을 정밀하게 제어할 수 있다.

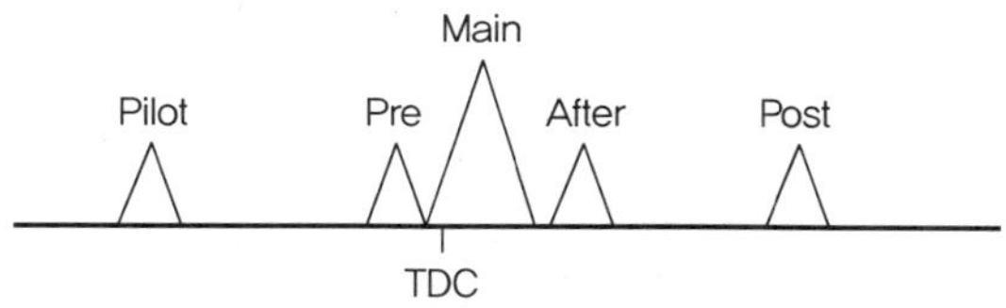

그림 5.15 제2세대 CRDI 다단분사

표 5.7 **인젝터의 5회 분사 성능**(1800bar) (출처 : 덴소)

5회 분사 순서	역할	분사량
파이럿 분사(pilot injection)	예혼합에 의한 소음, PM 저감	1mm^3/st
선분사(pre injection)	메인분사에 앞에서 분사하여 메인분사의 착화지연을 단축시켜 NOx, 소음저감	1mm^3/st
주분사(메인분사)	PM저감, 연비개선	40mm^3/st at 100Mpa
후분사(after injection)	확산연소 활성화로 PM저감	2mm^3/st
포스트 분사(post injection)	NOx촉매제어, 배기가스 온도 상승으로 DPF 활성화	1mm^3/st

(1) 파이럿 분사

CRDI엔진과 같이 연료가 고압으로 분사되면 스트로크 당 연료 분사량이 증가하고 연소 시 착화지연을 단축시키기 어렵다. 고압 분사로 인하여 연료가 점화될 때까지 연료 분사량이 증가하여 초기의 연소속도는 빨라지고, 그 결과 NOx의 배출이 많아지고 연소실 내의 150bar 이상의 압력과 연소 시 고압이 발생하는 높은 속도로 인하여 소음이 증가된다. 이를 해결하기 위해 파이럿(예비) 분사를 이용한다. 파이럿 분사는 예혼합 후 이를 성층연소하여 연소실을 미리 가열하는 것으로, 주분사 전에 소량의 연료를 예비 분사하여 피스톤 상승에 따른 연소실 온도의 상승으로 점화하여 연소실 온도는 낮아지고, 주분사시 연료의 확산이 발생하여 연료는 빠르게 연소되어 착화지연 시간이 단축된다. 착화지연 시간이 길어지면 연료에 갑자기 불이 붙어 연소온도가 상승하고 NOx, PM, 소음이 증가한다. 파이럿 분사로 인하여 주분사의 초기 분사량을 적게 할 수 있고, 선분사 앞에서 연료를 소량 분사하면 순간적으로 예혼합 연소가 발생하고 착화지연 시간이 짧아져 연소가 잘 되어 실린더의 온도와 압력이 크게 상승하지 않아 NOx, PM, 소음이 저감된다. 파이럿 분사의 효과는 BTDC 30°에서 500K의 온도에서 불완전 연소하는 냉염(cold flame) 연소가 발생하고, BTDC 15°에서 발화하는 열염(hot flame) 반응이 발생하고, BTDC 10°에서 연소가 시작되고, 파이럿 분사는 BTDC 70°에서 이루어진다. 이러한 과정이 일어나는 시간을 착화지연 시간이라 하며,

이때 공기와 연료가 충분히 예혼합된다.

(2) 선분사

선분사는 주분사의 착화지연 시간을 단축시키고 주분사 앞에서 주분사의 1/40의 양을 분사하여 소음과 PM을 저감시킨다. 선분사는 선분사와 주분사 사이의 시간이 중요한 요소이다. 선분사와 주분사 사이의 시간과 PM 배출량과의 관계는 간격시간이 1ms일 때 PM이 가장 많이 발생하고 2ms, 3ms의 순이다. 선분사와 주분사의 시간이 0에 가까울수록 PM의 배출은 줄어든다. 따라서 선분사를 주분사 앞에서 0.2ms 이내로 하면 PM은 감소된다.

(3) 후분사

후분사는 주분사와 가까운 시기에 분사되어 확산연소를 활성화시켜 주분사가 PM을 저감한다. 후분사와 주분사 간격을 0.7ms 이내로 하면 PM을 저감할 수 있다.

(4) 포스트 분사

포스트 분사는 1 스토르크 내에서 가장 늦게 분사되고 연소되어 배기가스의 온도를 높이고 촉매는 활성화된다. 포스트 분사의 시기를 ATDC 130° 정도에서 하면 배기가스 온도는 상승하고, ATDC 160°이면 NOx가 질소로 환원되어 배출물이 적어지지만, ATDC 180°이면 연소가 되지 않아 실린더 벽에 연료의 부착이 발생한다.

5.2.4 CRDI엔진의 연소

연료와 공기가 처음에는 분리되어 있어 예혼합 연소와는 다르고 연소는 항상 가장 유리한 조건인 이론 공연비 상태에서 이루어진다. 분사압력은 1000~2400bar, 액적의 지름은 10μm 이하, 연소속도는 400~500m/s이며, 이 3가지는 배기가스 형성에 중요한 영향을 미친다.

압축된 공기에 액체연료가 분사되고, 연료가 증발하면서 고온의 공기와 혼합된다. 점화지연 시간 동안 공기 연료 혼합기는 예혼합된 후 급속연소한다. 예혼합 연소는 농후한 상태이고 더 많은 연료가 분사되면 연소는 화염 안으로 공기가 확산되는 속도에 따라 달라진다. 디젤연소의 성질은 불균일 연소이며, 액체연료의 증발, 공기와의 혼합이 공간적으로 불균일하게 되어 난류화염의 특성을 가지며, 고온, 고압이면서 혼합에는 한계가 존재하는 확산화염이다.

디젤엔진은 흡입공기가 교축되지 않고, 분사되는 연료의 양에 의해 출력이 정해지고, 공회전시 공연비는 80:1, 전부하 시 19:1 이하이다. 말단가스가 실린더에 존재하지 않아 노킹문제가 없으며 고압축비이다. 연소는 난류 확산화염이며 전반적으로 희박한 연소이다. 이론적으로 같은 압축비에서 디젤엔진은 노킹이 없으므로 SI엔진보다 효율이 높고, 고압축비에서 운전이 가능하다. 교축되지 않아 펌핑손실이 없고, 전반적으로 희박하며, 큰 엔진도 낮은 회전수로 작동이 가능하고 연소를 위한 시간이 충분하여 저속으로 작동할 수 있다. 그리고 열전달과 마찰손실이 적고 터보차저를 이용하면 출력을 높일 수 있다.

5.2.5 시스템의 구성

표 5.8은 CRDI엔진의 최대 연료압력을 나타내며 연료분사 압력이 높을수록 연료가 미립화된다. CRDI엔진은 연료를 완전연소에 가깝게 하여 배출가스 저감을 할 수 있고, 같은 NOx 값에서 CO_2 20%, CO 40%, HC 50%와 PM을 60%까지 줄일 수 있다.

기존 기술인 고압분사에 터보차저와 대용량 EGR을 더욱 강화하여 연소를 개선하는 목적이다. EGR율은 증가할수록 NOx는 줄일 수 있지만, 산소량 부족으로 PM이 증가한다. 이때 터보차저 압력을 더 높이면, 필요한 산소가 확보되면서 PM 증가가 억제된다. 실린더 내의 공기밀도가 상승하기 때문에 연료 분사압력은 더욱 높아지고, 연료분무의 확산혼합을 촉진한다. 실용화는 높은

표 5.8 CRDI엔진의 연료 압력

회사	종류	연료압력
IDI	부연소실	400~500bar
DI	직분식	1000bar
Bosch(커먼레일)	1세대 2세대 3세대	1350bar 1600bar 2000bar
Denso(커먼레일)	1세대	1450bar
	2세대	1800bar
	3세대	2000bar
	4세대	2500bar(리턴연료량을 줄임)
Delphi(커먼레일)	Multec	2000bar

덴소 4세대 : 엔진의 회전 속도에 의존하지 않고, 분사 압력, 분사량, 분사시기를 제어 할 수 있고 각 인젝터에 내장된 압력센서가 분사압을 실시간으로 측정하고 인젝터마다 분사량과 타이밍을 제어한다.

터보차저 압력, 높은 EGR율, 높은 연료 분사압력이 가능하도록 개발이 진행되고 있다.

CRDI엔진은 고압펌프에서 생성한 고압연료를 커먼레일에 축적하고 인젝터의 노즐의 배압을 제어하여 연료분사의 시작과 종료를 결정한다. 엔진 회전속도에 의존하지 않고 최고 분사압력 2,500bar, 분사량, 분사시기를 독립적으로 제어하여 다단분사를 실현하여 배출물을 저감하며, 시스템은 고압 연료펌프, 커먼레일, 고압 인젝터, 센서, ECU, EDU 등으로 구성된다. 그림 5.16은 CRDI엔진의 다이어그램을 나타낸다. 고압 연료펌프에서 커먼레일로 연료를 공급하고, 커먼레일 내의 압력은 레일압력 센서로 감지하고 회전수, 엔진부하에 의해 결정되는 펄스신호에 따라 분사

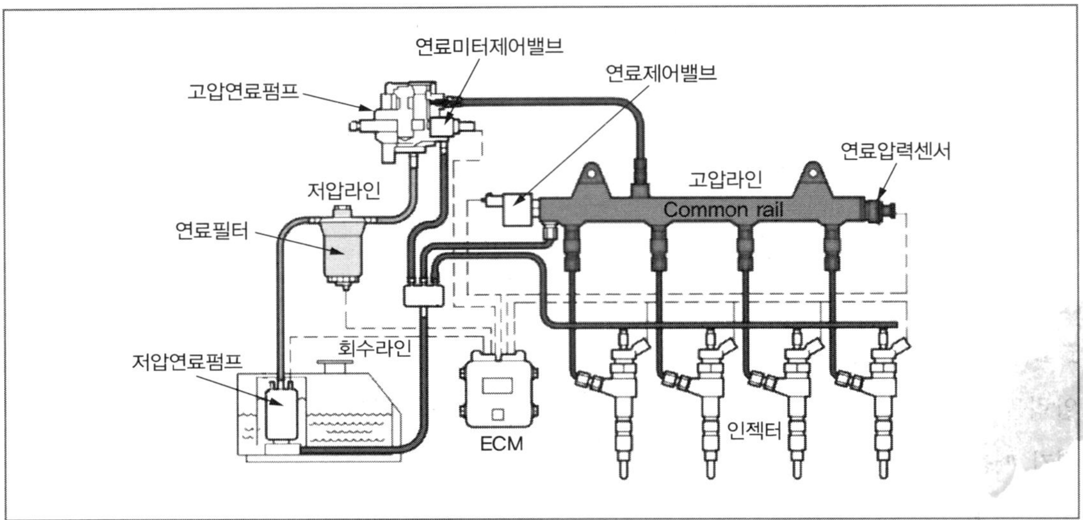

그림 5.16 CRDI엔진 다이어그램(출처 : Bosch)

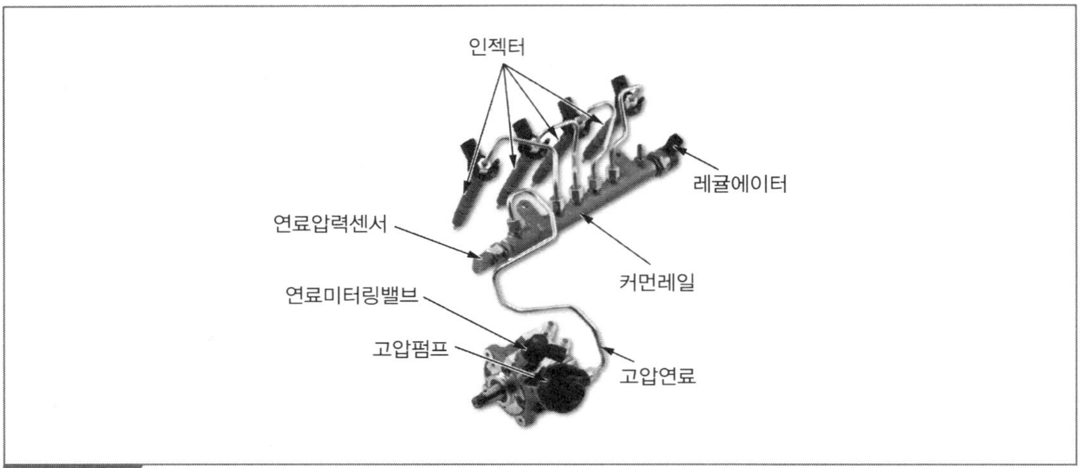

그림 5.17 CRDI엔진의 구성

시기와 분사량이 결정된다. 고압 연료펌프는 캠축으로 회전시켜 연료를 고압으로 만든다. 연료 저압라인, 연료 고압라인, 회수라인으로 구분되고 커먼레일의 연료는 압력 제어밸브를 통하여, 인젝터 연료는 백리크(back leak)를 통하여 연료탱크로 회수된다. 센서에는 레일압력 센서, 부스트 압력 센서, 크랭크각 센서, 캠각센서, 가속페달 센서, 공기유량 센서, 냉각수온 센서 등이 장착되어 있고 ECU는 이들 신호를 받아 제어를 수행한다.

(1) 저압 연료펌프

저압 연료펌프는 연료탱크의 연료를 연료필터를 거쳐 고압 연료펌프에 공급하며 전기식이 사용되며 전기식 연료펌프는 고압펌프로 연료를 공급하고 사고 시에는 전원이 꺼져 연료의 공급을 중단하는 역할을 한다. 엔진의 시동과 함께 작동하며 연료가 과잉 공급되면 연료펌프 내의 오버플로우(overflow) 밸브를 통해 조절되고 연료 공급라인에 설치되는 방식과 연료탱크 내에 설치되는 ITR(intank reservior) 방식이 있다. ITR 방식은 연료모터, 스트레이너, 레벨 게이지, 연료필터 등이 일체로 연료탱크 내에 설치된다. 고압 연료펌프 내에 있는 전달펌프(transfer pump)의 경우는 전기식 연료펌프를 사용하지 않고 연료를 고압 연료펌프로 전달하는 역할을 한다.

(2) 고압 연료펌프

고압 연료펌프는 저압의 연료라인과 고압의 커먼레일의 중간에 있으며 고압의 연료를 만들어 커먼레일로 공급하며 전달펌프, 흡입밸브, 펌핑실, 연료 미터링 조절 솔레노이드, 압력밸브 등으로 구성된다. 종류에는 내부캠(inner cam)식과 외부캠(outer cam)식이 있고 연료 미터링 조절 솔레노이드로 흡입량을 조절한다. 2기통 내부 캠(inner cam)식은 90° 간격으로 압송과 흡입을 반복하여 토출양은 압력밸브에 의해 제어되며 보쉬 제1세대 시스템의 고압 연료펌프의 최고 압력은 1,350bar이었다. 더 높은 압력을 생성하기 위해서는 내부캠(inner cam) 방식은 기구학적으로 한계가 있어 2,000bar의 고압 실현을 위해서는 구조를 편심 외부 캠(outer cam)방식으로 변경하였다. 덴소는 소형화를 위해서 플런저와 실린더를 2기통으로 180° 간격으로 수평 대향으로 배치하였고, 보쉬는 3개의 피스톤과 3개의 링을 120° 간격으로

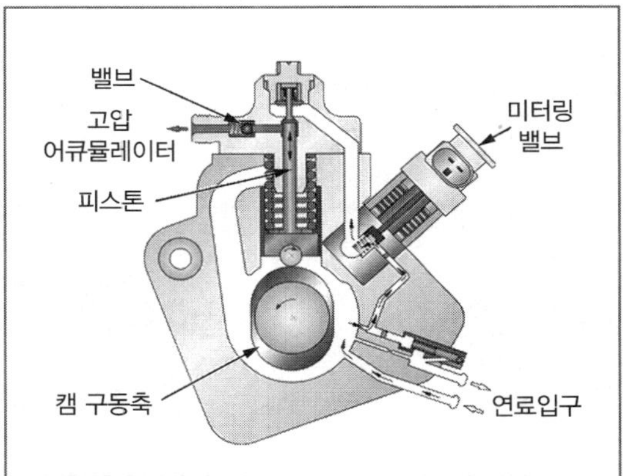

그림 5.18 CRDI 고압펌프

배치하였다. 그림 5.18은 고압 연료펌프 구조를 나타낸다. 고압 연료펌프는 빠른 엔진의 시동을 위해 엔진의 모든 작동범위에서 고압의 연료를 커먼레일로 연료를 공급하며 흡입밸브가 열리면 저압의 연료는 펌핑실로 들어가고 펌핑실에서 피스톤에 의해 압축된 후 연료는 고압으로 압력밸브가 열리면 커먼레일로 들어간다.

공회전과 부분부하 시는 많은 고압의 연료가 공급되면 남는 연료는 커먼레일의 연료압력 조절밸브나 압력 리미터밸브가 열려 회수라인을 통하여 다시 연료탱크로 돌아간다. 고압 연료펌프 내의 전달펌프는 연료탱크의 저압연료를 펌핑실로 공급하고 연료 미터링 조절 솔레노이드는 펌핑실로 들어가는 연료량을 조절한다. 고압펌프는 2~3개의 피스톤이 있고 펌프 축 위에 있는 편심 캠 위의 다각형 링에 의해 작동한다. 펌프가 회전하면 다각형 링은 펌프 피스톤을 작동시키기 위해 회전운동을 한다.

(3) 고압 어큐뮬레이터(커먼레일, 축압실)

그림 5.19는 커먼레일 구조를 나타낸다. 고압 어큐뮬레이터는 연료를 고압으로 유지하고 고압 연료펌프와 연료의 분사로 발생하는 연료의 압력변동을 커먼레일로 댐핑시킨다. 많은 연료가 공급되어도 커먼레일의 내부압력은 항상 일정하게 유지되고 압력변화에 대처하기 위하여, 레일압력 센서, 기계식인 경우 리미터 밸브, 전자식인 경우 압력 조절 솔레노이드밸브 등이 설치된다.

연료압력은 레일압력 센서에 의해 감지되고 리미터 밸브에 의해 조절되고 리미터 밸브 내에는 역류방지를 위한 체크밸브가 부착되어 있다. 리미터 밸브는 과잉의 연료를 회수포트를 통하여 연료탱크로 보내고 커먼레일의 압력은 공회전시 300~400bar, 최대 부하 시 1,600~2,000bar이고 커먼레일의 체적은 16~20cm^3 정도이다. 전기를 배터리에 축전하듯이 연료압력은 어큐뮬레이터에 저장하여 엔진 회전수에 관계없이 항상 고압이 유지되고 필요할 때 빼내어 사용할 수 있다.

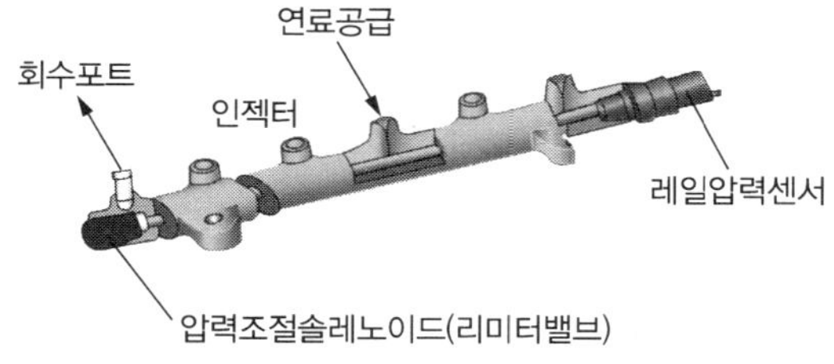

그림 5.19 커먼레일(고압 어큐뮬레이터)의 구조(출처 : Bosch)

(4) 압력 조절 솔레노이드

고압 연료펌프로 연료를 가압하여 축압기로 보내고 인젝터를 통하여 연료가 분사되고 연료압력 조절 솔레노이드가 연료량을 제어하면 커먼레일의 압력은 일정하게 유지된다. 최소 500bar에서 밸브가 닫히고 최대 2,200bar에서 열린다. 연료압력은 커먼레일에 설치된 압력센서에 의해 검출된 신호, 엔진의 회전속도, 부하에 따라 압력 조절 솔레노이드 밸브에 의해 피드백 제어된다. 커먼레일에 많은 연료가 공급되면 리미터 밸브의 유로는 열려서 연료를 연료탱크로 보내고 전자식인 압력조절 솔레노이드는 ECU 전원을 받아 작동한다. 밸브의 개폐상태를 통전전류 0에서 연속적으로 제어하는 방식으로 솔레노이드는 PWM으로 구동이 된다. ECU 전원이 꺼지면 회수포트는 열려 레일의 연료압력은 떨어지고 전원이 켜지면 회수 포트는 닫히고 연료압력은 올라간다. 엔진의 시동이 걸리는 커먼레일의 최소 압력은 200~300bar이고 레일의 압력이 너무 낮거나 너무 높으면 시동은 걸리지 않는다. 보쉬와 같이 고압펌프 내의 연료 미터링 조절 솔레노이드와 함께 사용하면 연료압력이 변화할 때 압력을 빨리 안정화시킬 수 있고 연료압력 조절밸브가 고장이면 엔진은 시동이 걸리지 않는다.

(5) 레일 압력센서

압력센서는 기체나 액체의 압력을 감지하여 출력신호를 보낸다. 압력을 측정하는 방식에는 금속에 압력을 가하면 금속의 결정 저항비가 변하는 피에조 저항효과를 이용하는 압전 저항식, 반도체(Si) 결정에 압력을 가하면 전기저항이 변하는 반도체 저항식이 있다. 반도체 저항식 압력센서는 1990년대 가솔린 엔진에서 101kPa인 대기압을 측정하는 대기압 센서(BPS)에 처음으로 적용된 후 8.5Mpa의 고압냉매 압력, 0.2Mpa의 저압냉매 압력의 측정, 5kPa의 퍼지 컨트롤 솔레노이드 밸브(PCSV) 작동 진공압력 측정, 200bar의 GDI 연료압력 측정, 2,000bar의 커먼레일 연료압력 측정에 사용되고 있다. 연료는 커먼레일 입구를 통해 들어와 레일 압력센서에 압력을 가하고 레일 압력센서는 레일에서 발생하는 순간적인 연료압력을 측정한다. 반도체 저항식은 다이어프램이 이 압력에 의해 찌그러지면 반도체 전기저항이 변하고 이 저항은 출력전압으로 변하여 ECU에 제공한다. ECU는 이 값을 이용하여 연료압력 제어 솔레노이드, 연료 미터링 조절 솔레노이드에 적용할 듀티 %를 계산한다. 압력센서는 정밀한 측정을 위하여 소형화가 필요하므로 반도체 집적 기술을 이용하여 센서의 부품수를 최대한 줄이는 기술이 필요하다. 표 5.9는 압력센서의 종류를 나타낸다.

표 5.9 압력센서의 종류(1Mpa=10bar)

센서	압력	다이어프램 두께	비고
PCSV	5kPa	14μm	재료 : 반도체 실리콘
BPS	101kPa	35μm	
A/C 냉매압력	8.5Mpa	60μm	
GDI 연료압력	200bar	100μm	
CR 연료압력	2000bar	350μm	

(6) 고압 인젝터

ECU의 신호가 인젝터의 솔레노이드로 전달되면서 분사는 시작되고 분사압력은 최대 2,000bar 정도이다. 인젝터에 전원이 가해지면 0.4~0.45ms의 시간에 아마추어에는 충분한 자기장이 만들어지고 11~13kg의 자기장의 힘은 솔레노이드를 당겨 인젝터는 열리고 피크전류는 0.5ms 동안 가해진다. ECU는 13~15kHz의 주기로 인젝터에 전류를 펄스하기 시작하고 이것은 전류의 양을 줄이고 솔레노이드에서 발생하는 열도 감소시킨다. 솔레노이드에서의 저항은 3~8.5O이며 이 저항을 이기고 인젝터가 분사하기 위해서는 높은 전류가 필요하다. 노즐부분의 마모방지를 위해서 인젝터 피스톤의 지름을 작게 하여 노즐을 닫을 때 압력을 감소시킨다. 제2세대 인젝터에서는 분사종료부터 다음 분사개시까지의 시간을 단축하여 1,800bar의 압력에서 0.4ms의 시간 내에 연료를 5번 분사한다. 엔진이 정지하거나 레일 내에 압력이 없으면 노즐의 스프링이 인젝터를 닫는다. 고압의 연료가 인젝터로 들어오면 연료는 통로를 따라 인젝터 니들까지 공급되고 인젝터 피스톤 위에는 제어 챔버가 있는데 여기에도 연료가 들어간다. ECU에 의해 전원이 공급되어 솔레노이드가 전자석이 되어 밸브를 열면, 인젝터 피스톤 위의 연료압력은 줄어들고 제어챔버에 있는 고압연료는 인젝터 백리크 회수포트를 통하여 연료탱크로 되돌아간다. 이것은 인젝터 피스톤의 상부와 하부의 압력 차이를 만들고 압력 차이에 의해 노즐은 열려 분사한다. 그림 5.20(a)는 솔레노이드 인젝터를 나타낸다. 커먼레일 시스템의 인젝터는 솔레노이드 인젝터와 피에조 인젝터가 있다. 솔레노이드 인젝터는 노즐을 제어하기 위하여 유압이 필요하고, 인젝터 내에 걸리는 유압은 ECU에서 펄스듀티를 받아 노즐을 열고 닫는다. 다단분사와 정밀한 분사량 제어를 위하여 솔레노이드를 사용하고 유압을 이용하여 노즐의 작동속도를 높인다. 피에조 인젝터는 솔레노이드 인젝터보다 박막의 설계가 가능하고, 반응시간이 4배가 빠르며 700개의 피에조 웨이퍼(wafer)로 만들고 여기에 전압을 가하면 피에조가 팽창하여 인젝터 밸브가 열린다. 이는 연료의 고압화와 정밀한 제어를 위해서 필요하며 저소음, 내구성, 연료가 회수되는 백리크 현상(backleak)이 많이 발생하지 않는 인젝터의 설계가 필요하다. 승용차용은 연료압력 1,450bar, 트럭용은 연료압력 1,200bar이다. 연료가 실린더에 분사될 때 솔레노이드 밸브의 최대 스트로크는 0.05mm이다.

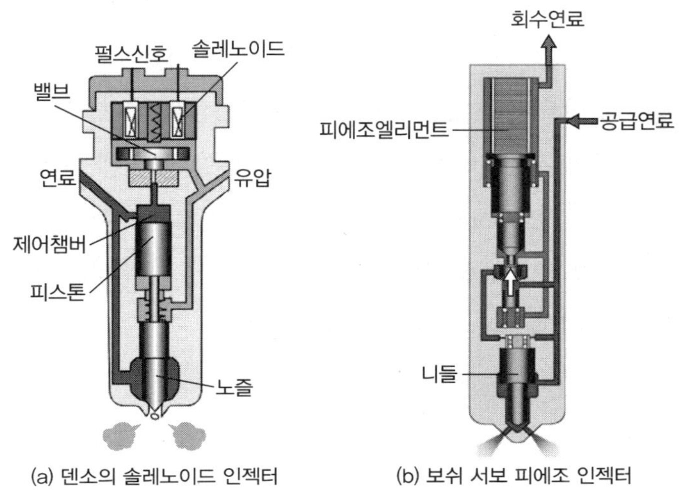

그림 5.20 인젝터의 구조

5.3 디젤엔진의 최적 설계법

엔진의 열효율을 향상시키기 위해서는, 내노킹 향상과 연소실 부품 최적화, 엔진 본체의 기술 향상이 중요하다. 엔진 연소현상은 연료 농도분포, 점화 방식, 실린더 유동, 화염전파 속도 등이 엔진 열효율에 크게 영향을 미친다. 여기서는 디젤기관의 스월, 부실 및 주실 형상 등의 최적 설계에 대하여 알아본다.

5.3.1 최적 설계 방법

엔진의 열효율 향상을 위해 연소실 내의 연료와 공기의 혼합기의 분포를 제어하고, 내노킹성 향상을 위해 새로운 연소기술을 개발하고, 부실 및 주실 형상 등 연소실 부품의 설계 최적화를 한다. 혼합기 분포는 연료의 공급방법 변경과 분사시기를 이용하여 제어할 수 있다. 또한 연소 최고 압력을 높이는 방법으로 연소실을 설계를 하고, 흡기압력, 배기압력 손실의 저감, 고성능 가변 터보차저의 적용 등의 기술이 있다.

연소실 내의 연소특성은 엔진형상에 영향을 받는다. 디젤연소실 형상은 피스톤 형상에 의해 결정되며, 피스톤 형상은 압축 행정에서 혼합기의 농도분포, 스월, 텀블 형성에 크게 영향을 미친다. 흡기 포트 형상은 연소실 내로 유입되는 혼합기의 충전효율에 영향을 주며 유량계수를 줄이면 펌핑 손실이 감소한다. 또한 와류는 연소실 내 연소와 실린더 벽면에서의 열전달에 영향을 미치고 부품 최적화를 통하여 향상시킬 수 있다. 또한 이들은 화염전파 속도를 지배하는 요인이어서 엔진형상은 엔진 열효율 향상의 가장 중요한 변수이다. 엔진의 연소방식은 주로 연소실의 상부에 설치되는 부실 내 농후 혼합기를 점화시켜 오리피스에 의한 화염전파로 주실의 희박 혼합기를 점화한다. 이 방식은 부실의 용적, 오리피스 지름에 의해 화염의 강도가 변하고 오리피스의 위치에 따라 혼합기의 점화위치가 변하기 때문에 연소특성이 변화한다.

5.3.2 최적 설계 변수

그림 5.21은 디젤엔진 연소실 최적화 항목을 나타낸다. 화염에 큰 영향을 미치는 부실의 최적화 변수는 부실용적, 오리피스의 직경, 오리피스의 각도이고 흡기포트 형상 최적화 변수는 유량계수 저감, 스월비, 텀블비 등이다. 흡기포트, 부실, 주실형상 등을 최적화를 하면 다음의 장점이 있다.

① 엔진 연소실 최적화는 NOx가 낮은 상태에서 높은 열효율을 얻을 수 있다.
② 당량비가 넓은 범위에서도 연소가 잘 이루어진다.

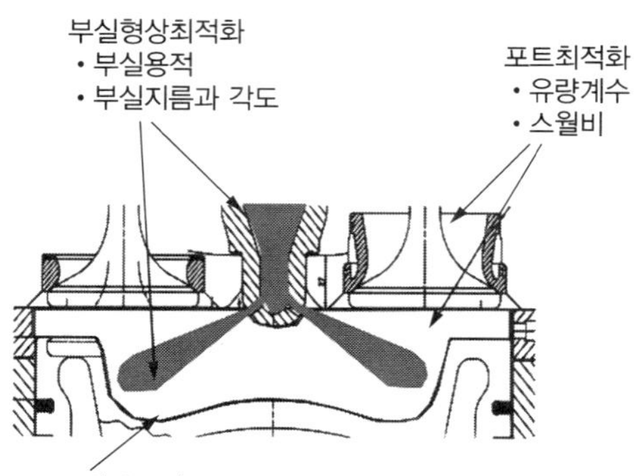

그림 5.21 디젤엔진 최적화 방법

5.3.3 마찰손실 저감 엔진

내연기관 엔진의 마찰손실을 줄이면 연비 개선이 된다. 엔진 저마찰 기술은 다음과 같은 것이 있다.

① 하이브리드 냉각회로 사용으로 각 부분 온도의 평균화 기법
② 실린더헤드 가공법 변경, 새로운 가스켓 개발에 의한 엔진마찰 감소
③ 피스톤 경량화에 의한 관성질량 저감
④ 캠축마찰 저감
⑤ 캠축, 크랭크축의 가공 정밀도 향상
⑥ 오일 펌프의 고효율화
⑦ 전자 워터펌프적용

이러한 기술을 적용하면 엔진의 전체 마찰저감 효과는 **그림 5.22**와 같고 약 28%의 효율을 증대, 12% 연비 개선 효과가 있다. 엔진의 마찰이 가장 많은 곳은 피스톤, 크랭크축, 캠축 및 밸브의 순이다.

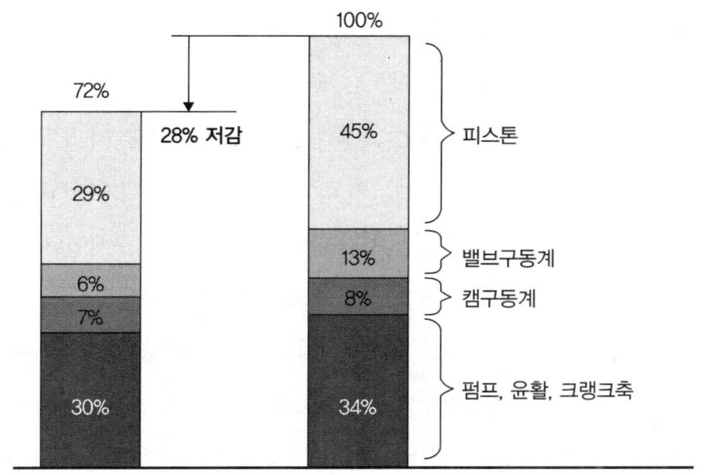

그림 5.22 저마찰기술(출처 : 후지중공업)

5.4 가변밸브시스템

5.4.1 가변밸브 타이밍(VVT), 가변밸브 리프트(VVL)

내연기관이 발명된 이래, 엔진의 밸브 설계는 가장 중요하고 어려운 문제이다. 연소실에서의 혼합기와 배기가스의 교환은 배기가스를 배출하고 새로운 혼합기를 실린더로 공급하는 중요한 과정이다. 일반적인 밸브는 캠의 형상이 정해지면 엔진의 부하와 상관없이 개폐시기와 양정은 절대로 변하지 않는다. 이런 방식으로는 엔진의 효율을 높일 수 없다. 저속과 고속에 따라서 밸브타이밍과 밸브열림량을 다르게 해야 흡입공기량을 조절할 수 있어 충전효율이 높아진다. 이를 위한 가변밸브 액츄에이션 기술은 구조가 아주 복잡하다. 가변밸브 타이밍과 가변밸브 리프트를 제어하는 통칭의 시스템을 가변밸브 액츄에이션(VVA)기술이라 한다.

엔진 회전수가 3000rpm을 넘지 않는 공회전과 저부하에서는 밸브오버랩을 적게 하고, 엔진 회전수가 3000rpm을 넘는 고부하에서는 밸브 오버랩을 크게 해야 한다. 밸브 타이밍과 열림량을 잘 조절하면 저·고부하에서 마력과 토크가 동시에 높아진다. VVA 기술은 캠의 형상 설계, 유압, 솔레노이드, 구조 설계에 따라 다양하며, 밸브 타이밍과 밸브 열림량 자유롭게 제어하는 기술이다. 가변밸브타이밍 기술은 기관의 회전속도에 따라서 흡기밸브를 열고 닫는 타이밍을 변경하여 저속과 고속에서 흡기밸브 열리는 시기와 닫히는 시기를 다르게 한다. 밸브의 개폐시기를 변경하는 방법은 기관의 흡기 측의 캠축의 위상(cam phase)을 바꾸는 방법과 저속용과 고속용의 2개의 캠을 이용하여 캠의 윤곽곡선(cam profile)을 바꾸는 방법이 있다.

공회전과 저속에서는 흡기밸브와 배기밸브를 더 늦게 열고 더 빨리 닫아야 하고 중속에서는 최적화된 개폐시기로 설계되어 있고 고속에서는 흡기밸브와 배기밸브를 더 일찍 열고 더 늦게 닫아야 한다. 최근의 가변밸브시스템은 전기 솔레노이드로 밸브를 직접 개폐하거나 전자기, 혹은 전기유압을 이용하여 캠축이 없는 시스템도 있다. 이러한 캠축이 없는 액츄에이터를 사용하면 캠축 마찰이 없어 밸브개폐 속도가 빨라지고 밸브를 닫을 때도 부드럽게 닫힌다.

가변밸브리프트(VVL)는 엔진 회전속도에 따라 흡기밸브의 열림량을 제어하여 흡입공기량을 조절한다. 열림량이 연속적으로 변하면 CVVL(continuously VVL)이라 한다. 저속에서는 밸브 열림량을 작게 하여 흡입공기량을 적게 하고 고속에서는 밸브 리프트를 크게 하여 흡입공기량을 많게 하여 엔진 회전수에 따라 흡입공기량을 변하게 한다. 입 방법은 캠을 2개 설치하여 고속이면 고속캠을, 저속이면 저속캠을 사용하거나 밸브구조 변경을 하여 밸브의 열림량을 제어한다.

이상과 같은 VVT와 VVL의 기술을 동시에 사용하면 VVTL기술이 된다. 이러한 기술은 가변밸브액츄에이션(VVA, variable valve actuation), VVE(event)로 통칭되며 가변밸브타이밍(VVT, variable valve timing), 가변밸브리프트(VVL, variable valve lift), 가변밸브 타이밍 리프트(VVTL, variable valve timing lift), 가변밸브 이벤트 리프트(VVEL, variable valve event lift), 밸브트로닉스(Valvetronics), 밸브매틱(Valvematic), 멀티에어(Multiair) 등으로 다양한 기술이 개발되어 있다. 이들은 내연기관 엔진의 효율을 높이고 연비를 향상시키는 가장 핵심적인 기술이다. 가변밸브 타이밍 리프트(VVTL) 기술을 사용하면 다음과 같은 장점이 있다.

① 밸브리프트, 위상이 연속적으로 변화한다.
② 흡입공기량을 흡기밸브로 직접 제어한다.
③ 흡기밸브의 저 리프트화에 따라 캠 구동마찰 감소한다.
④ 스로틀밸브에 의한 펌핑손실이 감소한다.
⑤ 저·중부하에서의 연비가 향상된다.
⑥ 동력성능(마력, 토크)이 향상된다.
⑦ 냉간시 배기온도를 빨리 상승시켜 EGR제어가 빨리 이루어진다.

5.4.2 가변밸브 타이밍의 원리

가변밸브 타이밍(VVT)시스템은 자동차회사마다 다르지만 일반적으로 유압으로 작동되는 캠 위상변화기(cam phaser)인 베인 액츄에이터를 이용한다. 솔레노이드 밸브는 유압의 통로를 닫거나 열어주고 유압밸브와 솔레노이드를 따로 구성할 수도 있다. 캠 위상변화를 시키는 베인 액츄에이터는 유압으로 작동한다.

엔진속도, 엔진부하, 엔진온도, 크랭크축과 캠축의 위치 정보와 ECU 명령에 따라 솔레노이드 밸브가 열리면 유로를 따라 유압이 작동을 하여 액츄에이터의 회전에 의해 캠축이 회전된다. 엑츄에이터 내부는 캠축과 연결되어 있고 외부는 타이밍 체인과 연결되어 있다. 그림 5.23은 가장 일반적으로 사용되는 VVT시스템이다. 솔레노이드 밸브가 작동하여 오일제어밸브(OCV)를 열면 오일압력이 캠축이 연결된 액츄에이터에 가해져서 캠축을 정·역회전시킨다. 정회전하면 지각, 역회전하면 진각이 된다.

공회전, 저속일 때는 타이밍을 지각시켜 흡기밸브를 늦게 열고 늦게 닫아 밸브 오버랩을 최소화하여 잔류가스를 줄이면 들어오는 흡입공기는 최대로 되어 엔진 토크가 높아진다. 중속일 때는 밸브오버랩을 약간 길게 하면 내부 EGR도 많아진다. 가속, 고속일 때는 타이밍을 진각시켜 흡기밸브를 빨리 열고 닫아서 밸브오버랩을 최대화한다. 밸브오버랩을 크게 하면 EGR량은 증대되어 잔류가스량은 많아지고 흡기밸브를 빨리 닫으면 흡입 공기가 다시 나가는 것이 방지되어 출력이 높아진다. 엔진이 정지하면 지각의 위치에 있게 된다.

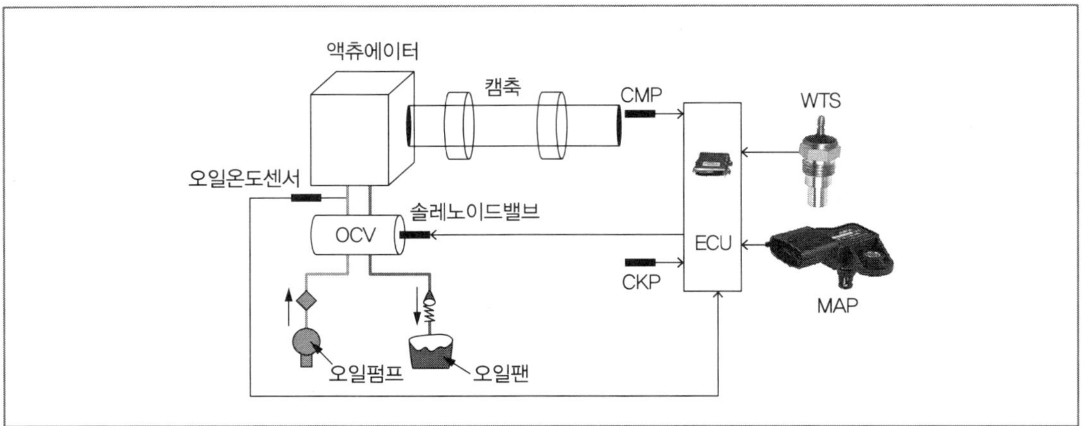

그림 5.23 일반적인 유압식 VVT 시스템

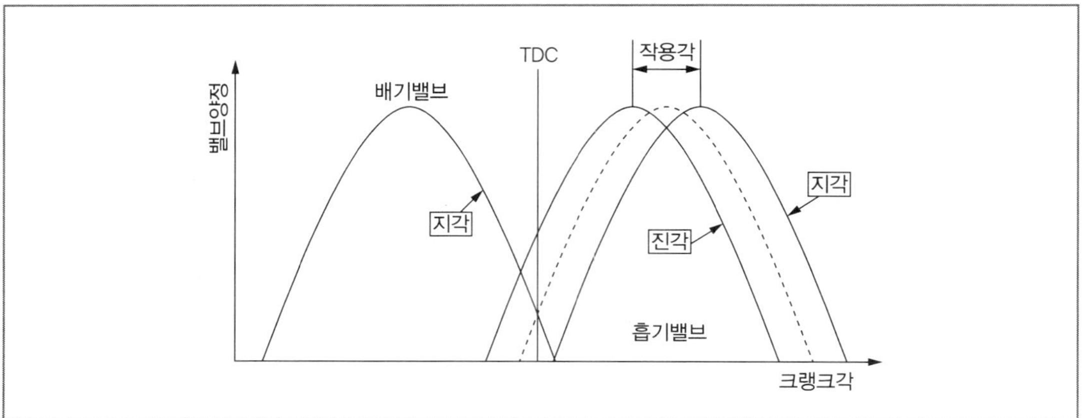

그림 5.24 VVT시스템의 양정

(1) 진각 작동 원리

그림 5.25는 진지각시의 VVT시스템을 나타낸다. 그림에서 캠축 역회전으로 진각을 시키면 밸브오버랩이 커진다. 밸브오버랩이 길어지면 EGR량이 증대되고 흡기밸브는 상사점 전에서 빨리 열리

고 상사점후에서 빨리 닫힌다. 이는 고속시 부하가 많아 출력을 높일 때, 저속에서 중속으로 가속할 때, 큰 토크가 필요할 때, EGR이 많이 필요할 때 가동된다. 진각을 위해 ECU는 솔레노이드 밸브를 구동하고 밸브가 구동되면 **그림** 5.25의 밸브 내의 제어피스톤은 움직이고 조절 하우징에서 타이밍 진각을 위해 오일은 조절하우징에서 캠축의 링으로 흘러 진각실로 들어간다. 진각실에 오일이 차면 내부 로터에 오일 압력이 가해지고 캠축에 힘을 가하여 캠축의 위상을 반시계방향으로 변화시키고 남은 오일은 유로를 따라 회수된다.

(2) 지각 작동 원리

그림 5.25에서 지각을 시키면 밸브오버랩이 짧아진다. 밸브오버랩이 짧아지면 EGR이 적게 되고 흡기밸브는 상사점 후 늦게 열리고 하사점 후 늦게 닫힌다. 이는 공회전, 저부하 시, 저속시 사용한다. ECU가 솔레노이드밸브를 구동하면 솔레노이드 밸브는 제어 피스톤을 움직여서 오일 통로를 연다. 오일은 하우징을 거쳐 캠축의 링으로 들어간다. 오일은 캠축의 드릴링을 통과하여 캠축을 시계방향으로 돌리기 위해 지각실로 들어간다. 지각실에 오일이 차면 내부 로터에 오일 압력이 가해지고 캠축에 힘을 가하여 캠축의 위상을 시계방향으로 돌리고 남은 오일은 유로를 따라 회수된다.

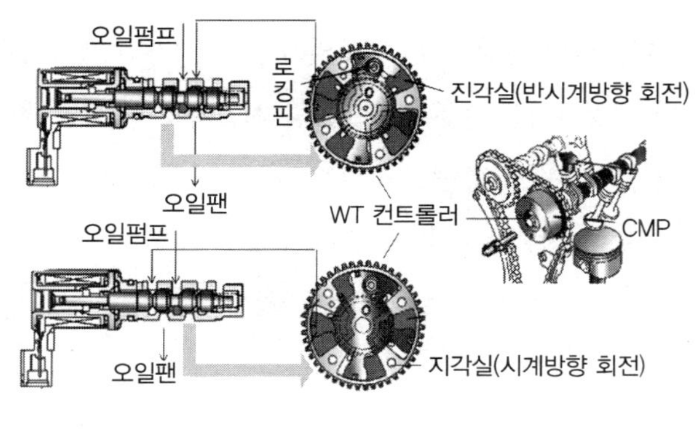

그림 5.25 진지각시 VVT

미쯔비시의 AVCS 시스템은 흡기캠축이 반시계방향으로 회전하면 진각이 되고 시계방향으로 회전하면 지각이 된다. **그림** 5.26과 같이 배기캠축도 지각을 시킨다.

흡기캠축을 연속적으로 정·역회전하여 연속적인 진각과 지각도 가능하다. 전체 흡기캠축의 각도변화는 크랭크축 각으로 52°에 해당한다. 홀센서 신호를 바탕으로 ECU는 흡기캠축의 위치를 감지하고 캠축은 ECU에 저장된 매핑에 의해 제어된다. ECU에 의해 솔레노이드밸브가 구동되면 피스톤을 밀고 오일은 하우징을 통과하여 캠축 조절기까지 전달되어 캠축을 진·지각시킨다.

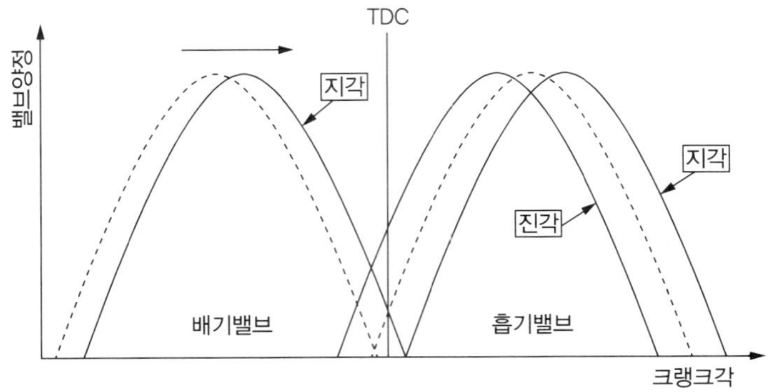

그림 5.26 미쯔비시 AVCS의 캠 프로화일

5.4.3 캠 프로화일 스위칭(Cam profile switching)에 의한 가변밸브 리프트(VVL)

캠 위상 변화 가변밸브 타이밍의 단점은 밸브가 열려 있는 시간과 밸브 열림량은 제어를 못하는 것이다. 밸브 열림 시간이 일정하다는 뜻은 밸브 열림 시기가 지연되면 밸브 닫힘 시기도 지연된다는 뜻이다. 이것은 흡입공기량 감소의 원인이 된다. 따라서 흡기밸브 열림시간과 밸브 열림량도 최대 체적효율을 위해서 가변이 되어야 한다. 저속에서는 적은 밸브 리프트가 필요하고 적은 리프트는 난류생성을 증대시킨다. 고속에서 밸브 열림량은 최대로 되어 공기를 많이 넣는다.

(1) 혼다 VTEC

혼다의 가변밸브 타이밍 리프트기술은 VTEC(variable valve timing and lift electronic control)이다. 그림 5.27은 혼다 VETC의 구조를 나타낸다. 캠축에는 양쪽의 2개의 저속 캠 로브와 1개의 고속 캠 로브를 가지고 있다. 엔진의 속도에 따라 엔진제어기는 캠축의 다른 캠 로브를 작동시켜 밸브 타이밍과 열림량을 변경할 수 있다.

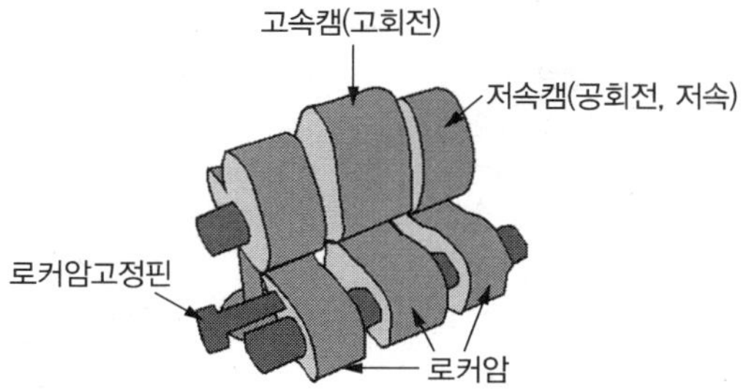

그림 5.27 혼다 VETC의 구조

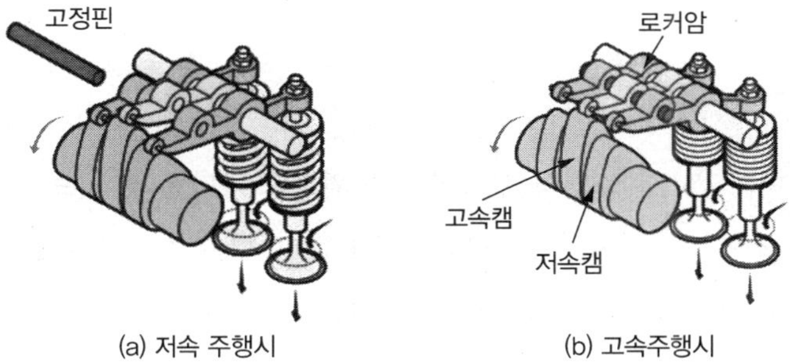

그림 5.28 저속, 고속 주행시 원리

원리를 보면 **그림 5.28**과 같이 저속시에는 고정핀이 빠지면 3개의 로커 암이 자유롭게 움직이고 이때는 저속 캠 로브만 작동하고 고속 캠로브는 헛돌게 된다. 따라서 밸브 열림량은 적어서 적은 공기량이 들어오고 공회전시에는 2개의 로커암만 같이 고정시키면 흡기밸브는 적게 열리고 배기밸브는 많이 열린다. 고속시는 고정핀을 삽입하여 3개의 로커 암을 고정하여 고속 캠만으로 흡·배기밸브를 열어 밸브 열림량을 크게 하여 공기가 많이 들어오게 한다. 고정 핀은 로커 암 내부에서 유압으로 제어된다. 이러한 방법으로 고속 캠과 저속 캠을 사용하여 엔진의 효율을 최대화한다. **그림 5.29**는 VTEC의 캠 프로화일을 나타낸다. 흡기밸브는 2개의 다른 캠 프로파일을 가지고 밸브 열림량과 밸브 열림시간을 가변하여 저속과 고속에서의 흡입공기량을 제어한다. 고속 캠 프로화일은 밸브 오버랩, 밸브열림량이 커지고 저속 캠 프로화일은 밸브오버랩, 밸브열림량도 작아진다.

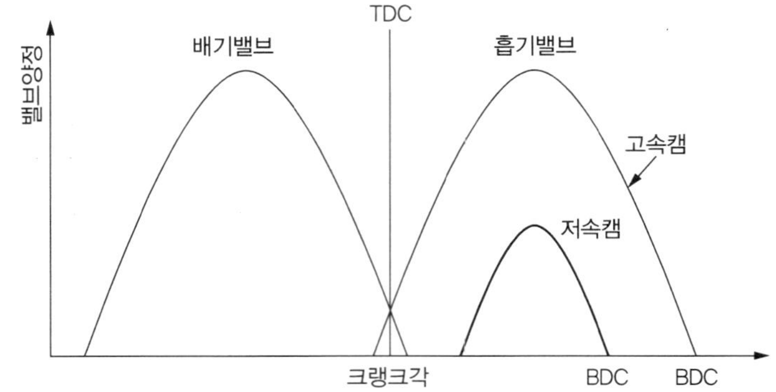

그림 5.29 혼다 VTEC 캠 프로화일

(2) 아우디 VVL

그림 5.30은 아우디의 VVL시스템의 구조와 작동원리를 나타낸다. 밸브 리프트 시스템은 캠을 변경하는 통로인 나선 글루브가 있어 피스톤에 의해 메탈 핀이 작동을 하면 캠축이 좌우로 7mm 이동을 하여 고속 캠, 저속 캠을 선택할 수 있다. 왼쪽 나선 글부브가 작동하면 저속 캠이 작동하고 오른쪽 나선 글루브가 작동을 하면 고속 캠이 작동한다. 캠축 이동시만 피스톤이 메탈 핀을 작동시킨다. 흡기 밸브가 고속 캠이면 11mm리프트, 저속 캠은 2mm~5.7mm리프트로 작동한다. 캠축에 있는 나선형 스프링 록은 캠을 고정시킨다. 캠축회전이나 메탈 핀 작동에 유압 방식을 사용하지 않기 때문에 마찰 손실이 적고 설계 공간이 넓고 무게를 절약할 수 있다.

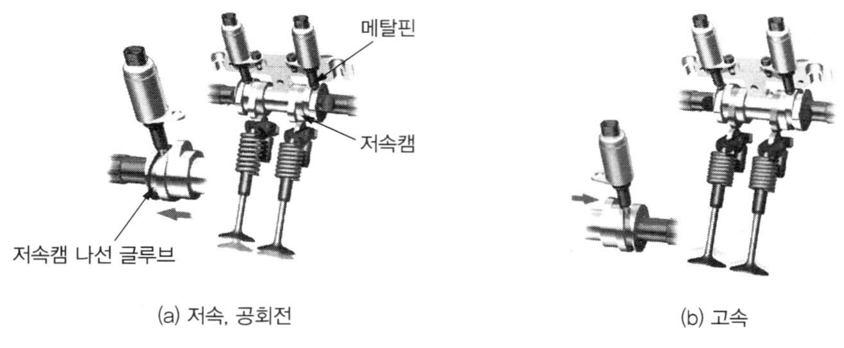

그림 5.30 아우디 VVL

5.4.4 캠 위상변화와 캠 프로화일 변화에 의한 VVTL

캠 위상 변화는 밸브 개폐시기를, 캠 프로화일 변화는 밸브 열림량을 변화시킬 수 있다. 이 2개의 시스템의 조합은 가장 높은 효율을 낸다. 1998년 포르쉐는 VarioCam Plus의 시스템을 개발하였고 캠 프로화일은 밸브 당 3개, 하나는 저속 캠, 2개는 고속 캠이다. 부분부하 시 저속 캠이, 지각상태로 움직이고 고부하 시 고속 캠이, 진각상태로 작동한다. 이 시스템으로 18%의 연비가 감소한다.

(1) 미쯔비시의 MIVEC

미쯔비시의 전가변 액츄에이터 기술은 MIVEC(Mitsubishi innovative valve timing and lift electronic control)이다. 그림 5.31은 MIVEC 시스템의 구조를 나타낸다. 회전 캠이 센터 로커 암을 회전하고 이는 로커 암의 컨트롤 축에 연결되어 있다. 센터 로커 암의 기울어짐 정도에 따라 밸브의 열림량이 결정된다.

그림 5.32는 MIVEC 시스템의 작동원리를 나타낸다. 열림량이 클 때는 캠 로브에 도착하면 스윙캠축이 센터 로커 암을 밀어 올려 높은 위치에서 있게 되고 열림량 적을 때는 로커 암을 처지게 만들어 낮은 위치에서 밸브를 연다. 따라서 최저 열림량에서 최고 열림량까지 연속적으로 밸브 리프트를 제어한다. 이 시스템은 앞서의 고속캠, 저속캠 등과 같이 작동하지 않는 캠들이 없어 전체 움직이는 시스템의 무게가 감소되어 좀 더 빠른 밸브 작동이 가능하고 밸브의 닫힘도 빠르다.

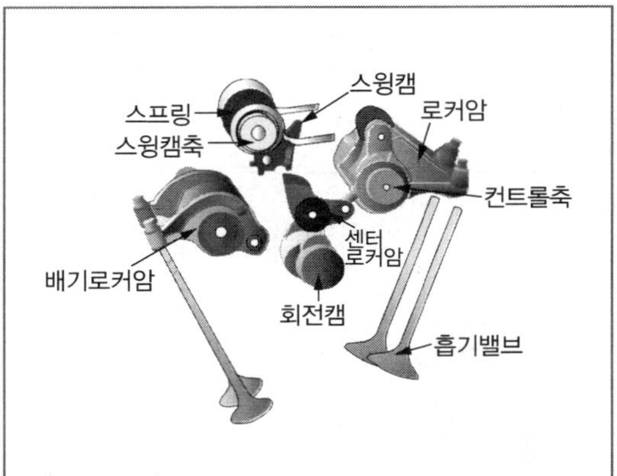

그림 5.31 미쯔비시 MIVEC

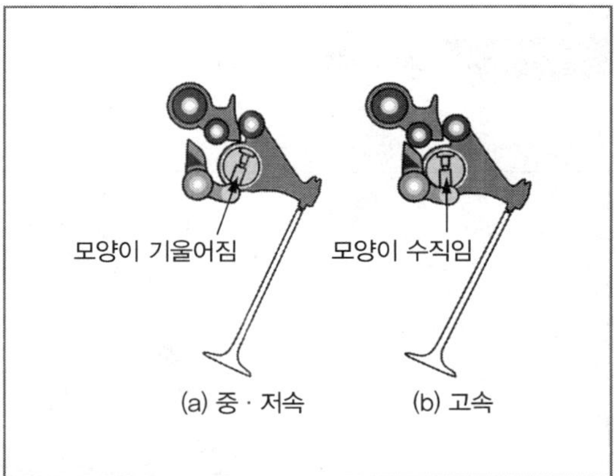

그림 5.32 미쯔비시 MIVEC 작동원리

(2) BMW의 밸브트로닉(Valvetronic)

밸브트로닉은 바노스(Vanos)시스템을 개량한 것으로 1997년 개발되었다. 밸브개폐시기와 밸브리프트를 연속적으로 변화시켜 공회전을 부드럽게 하고, 저속시에는 토크를 높이고 고속시에는 출력을 높인다. 종래의 흡기 캠, 배기 캠을 이용하고 캠축은 롤러 종동자와 레버와 연결된 편심 축을 구동한다. 편심 축을 돌리는데 솔레노이드 모터를 사용하고 이는 정방향, 역방향으로 회전을 한다. 편심 축의 위치는 솔레노이드 모터가 돌리는 웜 드라이버(worm driver)에 의해 결정된다. 그림 5.33은 BMW의 밸브트로닉의 구조를 나타낸다. 편심 캠, 솔레노이드 모터, 중간 레버 암, 캠축, 스프링으로 구성된다. 캠축이 회전을 하면서 중간 레버 암을 밀고 스프링의 힘에 의해 원 위치된다. 흡기 밸브의 열림량은 솔레노이드 모터에 의해 움직이는 편심 캠의 위치에 의해 결정된다. 그림 5.34는 밸브트로닉의 원리를 나타낸다. 그림 5.34(a)와 같이 편심캠이 반시계방향으로 회전하면 중간 레버암은 들어 올려지고 핑거 팔로우는 로커암을 덜 누르게 되어 열림량은 적어지고 그림 5.34(b)와 같이 편심캠이 시계방향으로 회전하면 중간 레버암은 눌리고 핑거 팔로우는 로커암

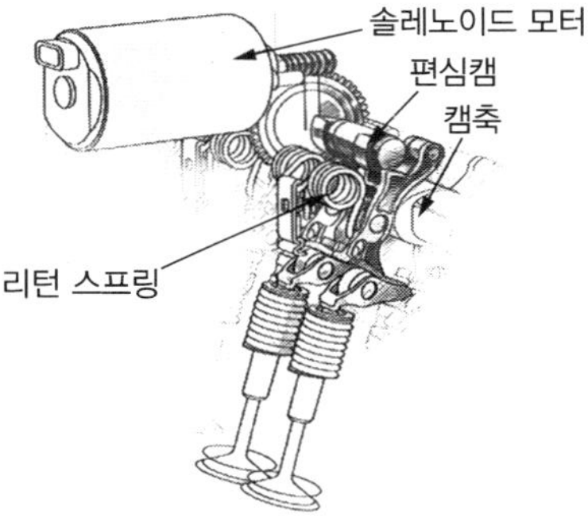

그림 5.33 BMW 밸브트로닉의 구조

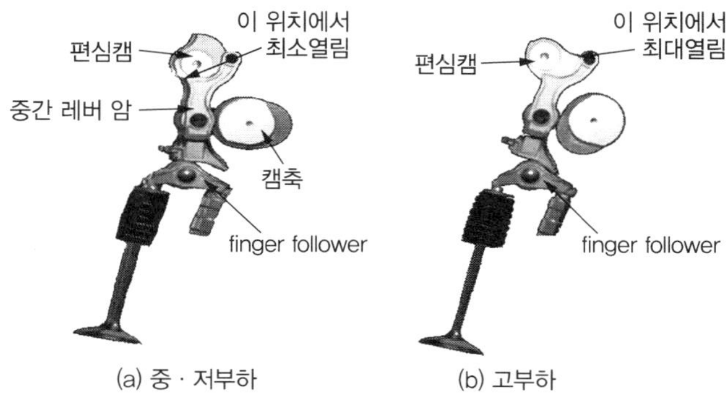

그림 5.34 BMW 밸브트로닉의 편심 캠의 원리

을 눌러 열림량은 많아진다. 열림량은 0.25~9.7mm까지 변하고 솔레노이드 모터는 0.3초 내에 편심 축을 구동한다. 밸브트로닉은 스로틀밸브를 없애고 흡입공기를 흡기밸브를 제어하여 펌핑손실이 없다. 흡기밸브는 액츄에이터로 제어한다.

(3) 닛산 VVEL

2007년, 닛산은 VVEL(variable valve event and lift)을 개발하여 인피니티의 G37에 적용하였다. BMW의 밸브트로닉에 이은 2번째 전가변 액츄에이터 시스템이다.

그림 5.35는 VVEL의 구조를 나타낸다. DC 모터, 스크류축, 스크류너트, 로커암, 캠축, 출력캠으로 구성된다. **그림 5.36**은 VVEL의 작동원리를 나타낸다. DC 스텝모터의 회전으로 스크류 축을 회전시키고 이에 연결된 스크류 너트는 왕복운동을 한다. 로커 암 위치에 따라 편심 캠과 링크 A, B의 작용으로 열림량이 변화한다. 로커 암과 2개의 링크는 편심 캠과 출력 캠에 연결된 드라이브 축의 회전운동을 일으켜 흡기밸브는 열린다. 출력 캠의 운동은 DC 스텝모터의 스크류 축이 회전하면 시작되고 링크의 받침점의 위치는 변화한다. 로커 암을 움직이면 양쪽의 링크 A와 링크 B가 움직이고 편심 캠이 움직인다. DC모터가 제어 축을 앞뒤로 왕복운동을 하면 이와 연결된 링크는 편심 캠을 스윙 운동을 시키고 편심 캠에 연결된 출력 캠도 스윙 운동으로 밸브리프트를 누르게 된다. **그림 5.36**(a)와 같이 회전축이 시계방향으로 조금 회전하면 캠축에 있는 출력 캠이 밸브리프터를 적게 눌러 열림량이 적고 **그림 5.36**(b)와 같이 조금 더 많이 회전하여 출력 캠 끝단이 밸브 리프터를 누르면 열림량이 크게 된다.

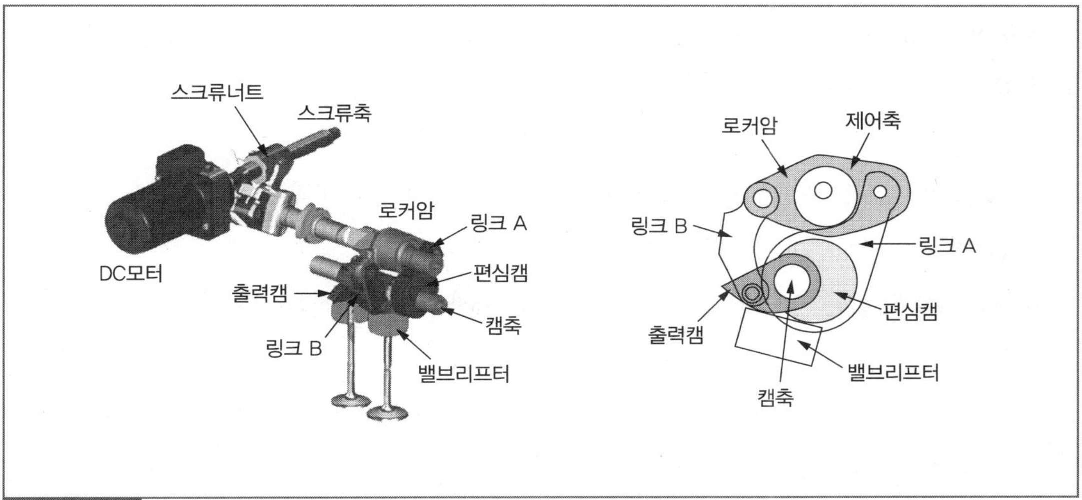

그림 5.35 VVEL의 구조

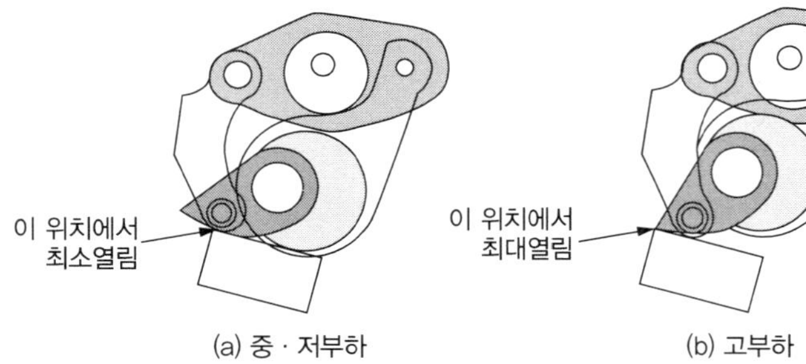

그림 5.36 VVEL 원리

이것은 4행정 사이클에서 흡기밸브 작동(event)동안 밸브리프트의 연속적인 제어가 가능하다. 보통의 엔진은 스로틀 밸브로 흡입 공기량을 제어하지만 VVEL은 액셀 페달의 밟는 양에 따라 흡기밸브의 타이밍과 열림량을 연속적으로 가변제어하여 흡기밸브로 직접 흡입공기량을 제어한다. 스로틀밸브는 완전히 제거되지 않고 역할이 줄어들어 일정한 속도로 평지를 달리는 운전 상태에서는 스로틀밸브가 1/2이하로 열린다. 즉 VVEL은 저속시에도 스로틀 밸브가 열려 있어 음의 일은 발생하지 않아 펌핑 손실은 없다. 따라서 스로틀 밸브가 적게 열려도 공기가 실린더로 빨리 들어와서 엔진의 반응이 좋아진다. 펌핑 손실의 저감으로 흡입 공기의 응답성이 빠르다.

VVEL의 장점은 적은 부품수로 고속에서 유리하고 밸브는 스윙운동을 하는 편심 캠에 의해 구동된다. 캠축을 따라 회전하는 기존 캠과는 달리 캠의 스윙 앵글에 따라 밸브 열림량이 결정된다. 또한 흡입공기 온도가 높아지고 불완전 연소가 발생하면 흡기밸브의 열림량을 작게 한다. 밸브 열리는 높이가 2mm이면 연료 평균 입자 지름은 9μm이고 8mm이면 157μm이다. VVEL의 장점은 다음과 같다.

① VVEL의 스로틀 밸브는 열려있어 펌핑 손실과 리프트가 적어 마찰이 적다.
② 공기가 신속하게 연소실로 들어가므로 응답성이 좋다.
③ 가속 페달을 밟는 정도에 따라 스로틀 밸브의 개폐동작을 최적화하여 토크와 출력이 향상된다.
④ 냉간 시 연소실의 안정화가 빠르고 배기가스의 빠른 온도 상승은 촉매의 예열을 빠르게 한다. 불완전 연소 시 발생하는 HC배출이 저감된다.

(4) 피아트 멀티에어(Multiair)

2012년 개발된 멀티에어는 피아트의 전가변 액츄에이터 시스템으로 알파로메오가 미토(MiTo)에 처음으로 적용했다. 기존의 가변밸브기술 중에서는 가장 기술 수준이 높다. **그림 5.37**은 멀티에어의 구조를 나타낸다. 흡기캠축을 없애고 흡배기 캠축으로 흡기밸브를 제어한다. 그 연결은 직접적으로는 되지 않고 배기캠축은 실린더 당 3개의 연결고리가 있고 1개는 솔레노이드 밸브와 고압펌프를 연결하고 나머지는 2개의 흡기밸브와 연결되어 있다.

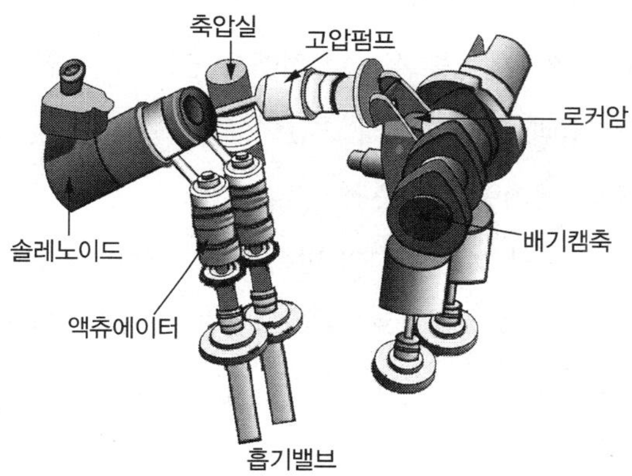

그림 5.37 피아트 멀티에어의 구조와 작동원리

흡배기캠축과 흡기밸브 사이에 유압식 챔버 펌프가 위치해 있으며 솔레노이드에 의해 흡기밸브는 구동되고 배기밸브는 흡배기캠축에 의해 직접 구동된다. 흡배기 캠이 회전을 하면 고압유압펌프를 작동하여 유압이 솔레노이드를 통해 액츄에이터로 전달되면 흡기밸브는 열린다. 전자유압 액츄에이터의 구성은 고압 챔버와 펌프, 유압브레이크와 래쉬 조정기, 유압저장기(어큐뮤레이터), 일체로 된 흡배기 캠축이다.

작동원리는 솔레노이드가 닫히면 유압 챔버 내의 오일 압력은 흡기 캠축에 전달되고 밸브는 열린다. 최대 출력이 필요한 경우 솔레노이드 밸브는 닫히고 밸브의 열림 시간을 최대한 길게 한다. 솔레노이드가 열리면 유압은 어큐뮤레이터에 일시 저장되고 유압 챔버와 흡기밸브의 결합은 떨어지고 흡기밸브는 스프링 힘으로 닫힌다. 유압 오일의 압력을 제어하여 밸브의 열고 닫힘을 조절한다. 흡기밸브가 닫힐 때는 어떤 엔진조건에서도 유압을 이용하여 부드럽고 닫힌다. 이렇게 하면 엔진부하에 맞는 최적인 공기량을 제어할 수 있다. 멀티에어 시스템에는 다음과 같은 5가지 제어 방법이 있다.

① **최대열림**(Full lift) : 밸브가 완전히 열리고 들어가는 최대 공기량은 최대이다. 밸브는 일정하게 열리고 닫힌다. 최대부하로 달릴 때이다.

② LIVO(Late intake valve open) : 일반적으로 흡기밸브는 상사점 전에서 열린다. 흡기밸브를 늦게 열고 일찍 닫고 밸브리프트 양을 적게 하면 연소실로 들어가는 공기량은 적어진다. 정속으로 운전할 때이다.

③ EIVC(Early intake valve closing) : 흡기밸브를 상사점 전에서 열고 아주 빨리 닫는다. 흡기밸브를 빨리 닫으면 저속에서 체적효율이 상승한다. 저속에서는 흡기밸브를 빨리 닫아 공기량을 적정하게 한다. 토크가 15% 향상되고 10%의 연비 절감이 된다. 저속으로 운전할 때이다.

④ **부분부하**(Partial load) : 흡기밸브를 상사점 전에서 열고 조금 빨리 닫는다. 그러면 들어가는 공기량은 밸브 최대 열림과 최소 열림의 중간이상으로 들어간다. 부분부하 시는 최대부하와 최소부하의 중간 이상의 공기량으로 운전한다.

⑤ **시티모드**(Multi lift) : 자동차의 적은 부하가 반복적으로 걸릴 때 운전 조건에 따라 밸브개폐를 자주 하여 들어오는 공기량을 소량으로 자주 흡입한다. 공회전과 같은 낮은 부하에서 흡입행정동안 난류와 연소 속도를 향상시킨다. 시내 주행모드이다.

5.5 공회전정지 기술(Idling stop system, stop - start technology)

자동차는 정지하면 연료소비는 0이다. 공회전정지시스템(ISS, idling stop system)과 정지－출발기술(stop－start technology)은 같은 의미의 기술이다. 자동차가 정지하면 자동으로 시동이 꺼지고 브레이크 페달의 압력이 약해지면 시동이 걸리는 기술이다.

하이브리드 자동차와 전기자동차는 CO_2 배출 저감 효과가 크지만, 하이브리드 자동차는 시스템이 복잡하고 전기자동차는 배터리의 성능문제와 충전 인프라의 문제가 있으며 차량가격이 비싸다. 공회전 정지 자동차는 기존 자동차에서 추가 부품이 거의 없고 추가 비용이 적은 등 좋은 점으로 많이 보급되고 있고 정지시 내연기관의 시동을 자동적으로 끄면 4~10%의 연비가 증가하고 CO_2가 감소한다. 이 기술은 연료의 양은 바닥이고 복잡한 거리에 갇혀 있거나 신호를 오래 기다리는 거리에서 생각나는 기술이다. 연속적으로 30번을 정지, 출발하는 데 필요한 에너지는 엔진이 한번 정지한 상태로 공회전하는 에너지보다 적다. 이 기술은 2005년 푸조가 개발하였고 현대, 보쉬, 덴소, 마쯔다, 닛산 등 모든 회사가 적용하고 있다. 매일 이 기술을 10분 사용하면 최대 10%의 연비 향상이 있고 문제점은 차량 재시동시 급발진이 있을 수 있다는 점이다.

내연기관 자동차는 항상 완전 농후상태에서 시동이 걸려 배출물이 많지만 전기모터를 이용하는 하이브리드는 항상 이론공연비나 희박상태에서 시동을 걸어 시동시 배출물이 거의 없다. 공회전 정지 기술은 전기모터가 있는 가솔린, 디젤 하이브리드 자동차에서는 기본적인 기술이다. 전기모터를 이용하여 시동을 걸면 분류상 마이크로(micro)하이브리드 자동차라 한다. 마일드 하이브리드 이상의 전기자동차에서는 이 기능은 자동셧오프(auto shut off)기능으로 대체된다. 배터리는 리튬이온 배터리를 사용하고 회생제동시스템을 적용하여 효율이 높다. 자동차는 공회전정지 기술, 회생제동, 전기모터의 3가지 기술이 적용되면 하이브리드 차량으로 분류된다.

내연기관 자동차에 공회전 정지 기술을 적용하기 위해서는 공회전 정지용 시동모터, 발전기가 필요하고 내구성이 강한 개선된 납축전지가 있어야 한다. 자동 시동 시 연소도 농후공연비가 아닌 이론공연비나 희박공연비에서 이루어져야 한다.

수동변속기 차량은 비교적 적용하기 쉽고 자동변속기는 추가적인 부품이 있어야 한다. 수동변속기 차량에서는 자동차가 정지한 후 기어를 중립으로 하고 클러치에서 발을 떼면 시동이 꺼지고 차가 조금이라도 움직이면 시동은 꺼지지 않는다. 출발 시 기어를 넣기 전에 클러치를 밟거나 에어컨이나 다른 동력을 사용하면 자동으로 시동이 켜진다.

변속기 측면에서는, 엔진의 재시동시 즉시 엔진의 동력이 바퀴로 전달되는 위치에 있어야 한다. 이를 위해 더블 클러치 시스템, 전기모터 액츄에이터 시스템을 사용한다. 더 좋은 방법은 무단변속기(CVT)를 사용하는 것으로 간단하게 시스템의 유압을 감소시켜 출발 모드시 변속기를 작동할 수 있다.

토크 컨버터와 유성 기어 등으로 작동되는 자동변속기 자동차는 압력을 공급하는 추가 장치인 체크밸브가 있어야 하고 오일의 양이 많을 경우 전기 펌프를 사용하여 파워팩으로 오일을 전달해야 한다.

5.5.1 덴소의 공회전정지 기술

도요다 산하 덴소(Denso)는 공회전정지 기술을 가솔린엔진에 장착하였다. 시동모터로 AE (advanced engaged), TS(tandem solenoid), PE(permanently engaged)를 개발하여 사용하였다. 엔진 재시동시에는 종래의 2배 이상의 빠른 시동이 필요하고 시동시 발생하는 소음을 제거한 것이 TS 시동모터이다. TS시동모터는 링기어, 피니언기어, 솔레노이드 등으로 구성된다. 종래의 시동모터로는 시동을 반복적으로 걸 수 없고 덴소의 시동모터는 2중 솔레노이드를 사용하여 **그림 5.38**처럼 0.35~1.5 sec 이내에 시동을 걸 수 있다. 엔진의 시동이 꺼지면 에어컨도 꺼지기 때문에 이를 대비하여 증발기에 에너지를 저장하여 필요시 사용한다.

시동시간은 0.35초로 시동 소리가 거의 들리지 않고 피니언 기어를 제거하여 시동모터와 플라이휠의 기어가 영구적으로 결합되어 있어 시동시간이 아주 짧다. 그 대신 특수 설계된 플라이휠이 필요하다.

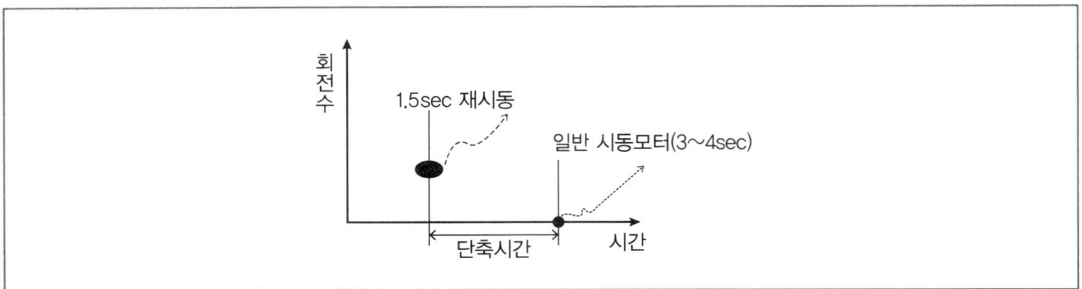

그림 5.38 덴소 TS 시동모터의 시동시간

5.5.2 마쯔다 공회전정지 기술

시동은 압축행정과 팽창행정 중 연소실의 공기량이 균형이 잡히는 행정 중간에 피스톤을 정지시킨다. 이를 위해서는 피스톤 정지 시의 연소실 공기량을 정밀하게 제어하기 피스톤의 정지 위치를 정확하게 제어하는 것이 필요하다. 재시동시에는 피스톤이 최적의 위치에서 정지된 실린더에 먼저 연료를 분사하고 점화시킨다. 엔진 회전수가 극히 낮을 때도 실린더 피스톤의 위치를 판별하여 시동을 건다.

① AT차량은 브레이크의 압력, MT차량은 클러치 밟음과 동시에 팽창행정에서 정지한 실린더를 찾아서 연료를 분사하여 시동한다.
② 분사 후 연료와 공기가 혼합하는 시간을 기다린 후 시동한다.
③ 시동 실린더가 압축상사점을 넘긴 후에 다음의 실린더를 점화한다.
④ 나머지 기통을 연속적으로 연소시켜 공회전을 높인다.

디젤 엔진은 가솔린 엔진처럼 전기 점화가 아닌 압축자기착화이기 때문에 재시동시 충분한 압축된 실린더가 필요하다. 일반적으로 재시동은 2번째 압축행정 실린더부터 자기 착화하지만 마쯔다의 경우 1번째 압축행정 실린더부터 자기 착화하여 0.35초 이내 재시동할 수 있다.

5.5.3 닛산의 공회전정지 기술

닛산은 엔진 재시동 기능, 발전 기능, 회생제동 기능을 가지는 ECO(energy control motor)모터를 사용한다. **그림** 5.39는 닛산의 발전기 형태의 ECO 모터를 나타낸다. ECO모터와 엔진이 벨트로 연결되어 엔진 크랭크축에 직결된 풀리를 모터가 직접 회전시키기 때문에 엔진의 재시동도 매우 빠르고 희박 시동이 가능하다. 그리고 ECO모터는 감속 시 브레이크 열로 버려지는 에너지를 전기에너지로 회생하여 배터리에 충전한다. 재시동시간은 0.3초 이내이다. 이 방법은 벨트구동식이고 기어구동 시동식과의 차이는 다음과 같다.

- 벨트구동식 : 모터에서 벨트로 연결된 풀리를 ECO 모터로 회전하고 풀리에 연결된 크랭크축을 회전시켜 시동한다.
- 기어구동식 : 시동모터의 피니언기어가 솔레노이드에 의해 밀려나와 링 기어를 돌려 플라이휠을 회전과 크랭크축을 회전하여 시동한다.

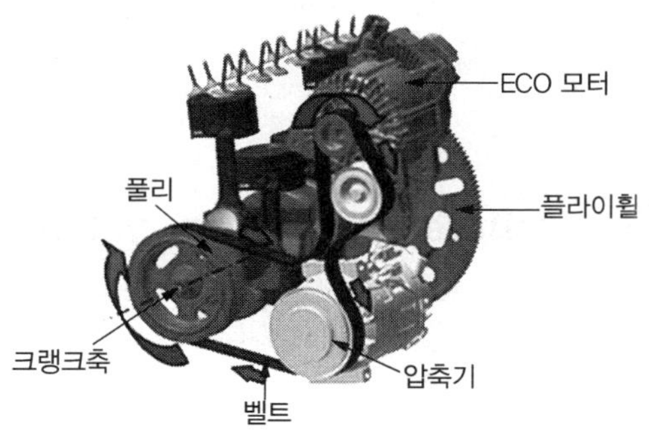

그림 5.39 닛산의 발전기 형태의 ECO 모터

5.5.4 공회전 정지용 납축전지

내연기관 공회전 정지 자동차는 시동 횟수가 많아 납축전지의 역할이 중요하다. 기존의 시동용 납축전지와는 다른 충방전량이 크고 내구성이 높은 배터리가 필요하다. 내연기관에서도 전기 축적을 위해 회생제동 시스템을 적용해야 하고 회생 충전은 10초 이내의 짧은 시간에 이루어져야 한다. 납 축전지의 성능향상을 위해서는 다음의 기술 개발이 필요하다.

- 셀 설계시 표면적을 늘림
- 그리드 설계 최적화
- 재료의 고밀도화
- 새로운 첨가제 개발

표 5.10 차량별 배터리 종류

차량의 종류	배터리 종류
ICE with ISS	Lead–acid
micro hybrid	Lead–acid, Capacitor, Li–ion
mild hybrid	Ni–MH, Li–ion, Li–polymer
strong hybrid	Ni–MH, Li–ion, Li–polymer
PHEV	Li–ion, Li–polymer

표 5.10은 차량별 사용 배터리 종류를 나타낸다. 공회전 정지 자동차는 납축전지를 사용하고 나머지 저탄소 자동차는 니켈수소배터리, 리튬이온 배터리, 리튬 폴리머 배터리를 사용한다.

5.6 회생제동시스템(Regenerative braking system)

5.6.1 개요

내연기관의 효율은 20~30%이다. 회생제동시스템은 버려지는 80%에너지 중 40%에너지를 회수한다. 이것은 연비를 10~25%정도 올린다. 자동차가 배출하는 이산화탄소 배출량은 점점 많아질 것이고 이산화탄소는 자동차 연비를 올려야 감소된다. 연비를 올리기 위한 기술의 하나로 회생제동시스템이 있다.

자동차는 제동할 때마다 브레이크로 에너지를 낭비한다. 자동차가 제동을 하면 차량의 운동에너지는 열로 소산되어 버린다. 차량의 운동에너지를 전기에너지로 전환하여 배터리에 저장하는 것이 회생제동이다. 이는 특별한 부품이 추가로 필요한 것은 아니고 하이브리드 차량의 경우 배터리를 항상 충전된 상태로 유지하는 역할을 하기도 한다. 일반적인 제동장치는 라이닝과 브레이크 패드가 마찰을 일으키고 감속된 바퀴와 지면과의 마찰에 의해 차량을 정지한다. 회생제동은 차량을 구동하는 전기모터가 제동을 한다.

전기모터가 발전을 하면 발전 저항으로 제동이 걸리게 되는 상태가 되어 자동차의 속도는 줄어든다. 이 저항을 자동차를 감속시키는 제동용으로 사용하는 기술이 회생제동의 원리이다. 회생제동 시스템은 전기모터 자체가 전기도 만들면서 제동도 한다. 이 회생제동과 기존의 유압제동을 조합한 것이 하이브리드자동차의 제동장치이고 회생제동으로 충분히 제동할 수 있지만 안전을 위해서 급제동시는 유압제동으로 보조한다.

회생제동은 원래 전기 기차에 사용되고 있었으나 하이브리드 차량의 등장과 함께 적용되었다. 자동차 속도가 저속이면 제동은 확실하게 되지만 큰 제동력이 발생하면 추가하여 유압제동이 작동을 한다. 이를 전자제어식 제동(BBW, brake by wire)시스템이라 하고 안전장치인 ABS(antibrake system), TCS(traction control system), BAS(brake assist system) 및 ESP(electronic stability program)의 기능이 적용되어 있다. 이 기술은 현대의 소나타, K5, 아반테, 도요다 프리우스, 혼다 인사이트, 테슬라 로드스타, 닛산 리프, 마힌드라 레바, 쉐보레 볼트 등 현재 대부분의 하이브리드 전기자동차에 적용되어 있다.

5.6.2 전기모터식 회생제동시스템

(1) 원리

회생제동시스템은 전기모터가 발전을 시작하면 발전 저항으로 제동이 걸리게 되는 상태가 되어 자동차의 속도는 떨어진다. 이때 정교한 전자회로와 특별한 전기회로가 필요하다. 발전기 하나만으로 회생제동과 발전을 한다. 교류발전기는 전자코일 주위를 영구자석이 스칠 정도로 가까이 회전하고 자석이 통과하면 코일에 교류 파형이 발생한다. 이 파형에서 전기를 꺼내면 전자기코일에 전극이 발생하고 코일은 전자기 자석으로 변화한다. 이 전자기 자석이 영구 자석과 서로 끌어당기거나 밀면 회전에 자기저항이 발생하여 감속한다. 코일에 발생하는 파형에서 전기를 추려내면 저항이 없어 그냥 헛 돈다. 코일에서 얻는 전기를 가감하여 전자기 자석의 힘을 변화시키면 회생제동이 된다. 회생제동의 강도를 조절하는 것은 코일에서 전기를 추출하는 인버터이다.

(2) 회생제동과 유압제동

제동회로에서 가장 중요한 것은 제동 제어기이며 제동시작, 종료, 시간 등을 결정한다. ABS 제어기는 바퀴의 회전속도, 바퀴들의 속도 차이를 감지하고, 회생제동 제어기는 바퀴의 속도, 토크, 회전력 등을 감지하여 전기를 배터리로 충전하는 역할을 한다. 제어기의 가장 중요한 기능은 자동차를 정지하는데 필요한 힘의 양을 계산하는 것으로 만약 실패하면 유압제동이 역할을 담당한다. 배터리를 기본적인 충전상태로 유지하는 것은 전기자동차 종류에서는 매우 중요하다. 하이브리드 차량은 항상 충전상태를 유지해야 하며 그 에너지 회수를 회생제동 시스템이 담당한다. 하이브리드 차량에서 회생제동은 구동력이 모터일 때 적용이 되고 구동력이 내연기관이 되면 전기모터가 작동을 중지하기 때문에 회생제동은 작동하지 않는다. 즉 저속 감속 시에만 에너지를 회수하고 가속페달에서 발을 떼면 가벼운 감속을 하며 브레이크를 밟으면 본격적으로 에너지를 회수하면서 감속한다.

5.6.3 유압식 회생제동시스템(hydraulic regenerative brake)

대형차량에서는 유압 회생제동시스템을 사용한다. 브레이크를 밟으면 운동에너지는 유압펌프를 반대로 작동시킨다. 이 유압펌프는 저압의 저장탱크에서 고압의 어큐뮤레이터(축압실)로 유체를 보내어 압력은 어큐뮤레이터 내에 있는 질소가스에 의해 저장되고 이 압력으로 차량을 정지시킨다. 차량의 운동에너지를 기계적 에너지로 전환하고 감속 시 운동에너지의 80%를 전환한다. 이는 매우 높은 회수율이다. 이러한 유압 회생제동은 시내주행에서 유리하며 대형 트럭에서 유용한 시스템이다. 단점은 어큐뮤레이터가 공간을 너무 차지하여 설계하기 어려운 점이다. 유압 회생제동시스템은 연비를 25~45% 올린다.

5.6.4 회사별 회생제동시스템

그림 5.40은 내연기관 회생제동시스템에서 어떻게 운동에너지가 전기에너지로 전환되는지 나타낸다. 차량이 감속할 때 제동에 의해 발생하는 운동 에너지를 가변전압 발전기를 사용하여 커패시터에 충전하여 에너지를 회수한다. 자동차는 회수에너지를 화학적으로는 납 배터리에, 기계적으로는 플라이휠에, 전기적으로는 리튬이온 배터리나 대용량 커패시터에 저장한다.

또 다른 에너지 회수방법은 자동차 운동에너지 회수시스템(KERS, kinetic energy recovery system)이다. 자동차의 운동에너지를 진공 플라이휠에 저장하여 회수한다. 이를 프라이브리드(flybrid)라 한다. 이는 자전거 체인의 원리와 비슷한 무단변속기(CVT)안의 기어박스와 에너지 회수용 플라이휠을 이용한다. 이때 저장되는 에너지를 이용하여 필요시 발전기나 구동축을 돌려 필요한 부하를 처리한다. **그림 5.41**은 전기, 하이브리드 자동차의 회생제동시스템, **그림 5.42**는 전기자동차의 전기모터, **그림 5.43**은 볼보의 KERS를 나타낸다.

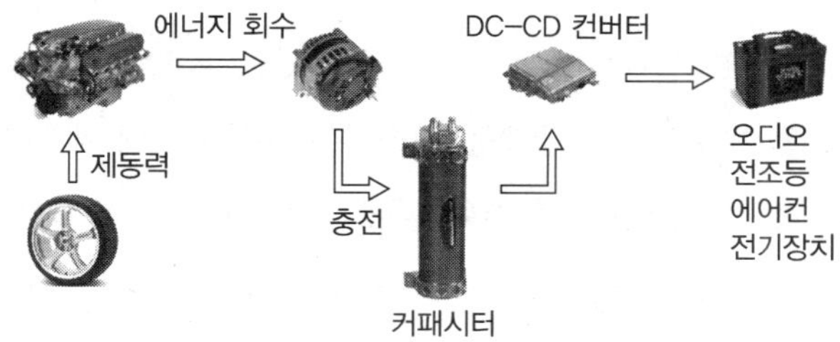

그림 5.40 마즈다의 내연기관 회생제동시스템

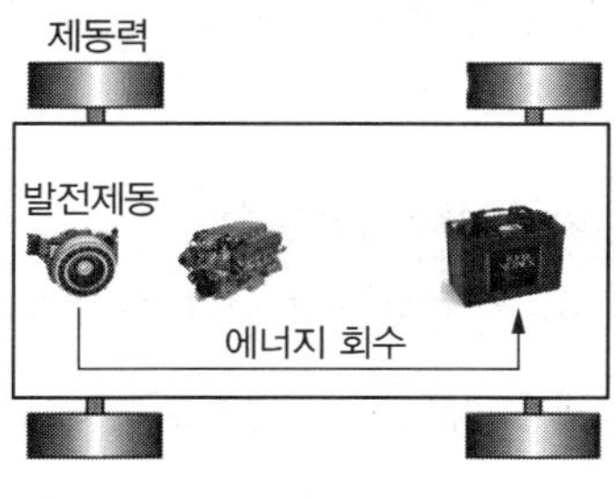

그림 5.41 전기, 하이브리드 자동차의 회생제동시스템

그림 5.42 자동차용 전기모터

그림 5.43 볼보 KERS

(1) 보쉬의 회생제동

하이브리드 자동차에 제동을 걸면 전기 모터는 발전기 모드로 전환된다. 바퀴는 운동에너지를 드라이브 트레인을 통하여 발전기로 보내고 발전기는 운동에너지를 전기에너지로 변환한 후 고전압 배터리에 축전된다. 이때 발전기에 의한 저항으로 차량의 속도가 감소된다. 발전기의 저항은 생각보다 커서 차량을 감속시키는데 충분하다. 유압제동은 거의 사용되지 않지만 급제동 시에는 작동한다. 회생제동은 제동과 가속을 자주 사용하는 시내주행 시 하이브리드 자동차의 전기를 충전하고 회생제동으로 인하여 브레이크 라이닝과 디스크의 마모도 적다.

① **부압식 회생제동 시스템** : 부압식 회생제동 시스템은 유압제동에 제동 페달용의 트러블 센서와 진공 펌프를 추가한 시스템으로 회수되는 에너지양이 적어 하이브리드 자동차에 적합하고 교류 발전기로 감속시켜 차량을 제동한다. 제동을 하면 후축은 유압제동, 전축은 회생제동을 이용한다.

② **무부압식 회생제동 시스템** : 장거리 주행하는 플러그 인 하이브리드 자동차나 엔진이 없어 부압이 없는 전기자동차에서는 무부압식 회생제동 시스템을 사용한다. 발전기를 이용하여 부압식보다 더 많이 감속할 수 있고 많은 에너지를 회생할 수 있다.

(2) 콘티넨탈사의 회생제동(simulator brake system)

운전자가 브레이크 페달을 밟으면, 감속이 시작되고 **그림** 5.44와 같은 회생제동 시뮬레이터에 의해 최적인 제동이 이루어진다. 제동 에너지는 전기로 변환되어 차량의 배터리에 충전된다. 차량속도, 요레이트(yaw rate), 횡방향 가속도 센서의 신호를 기초로 더 많은 감속이 필요한 경우, 유압제동이 작동을 한다. 구성은 기존의 전자제어 주행안정 장치인 ESC(electronic stability control) –

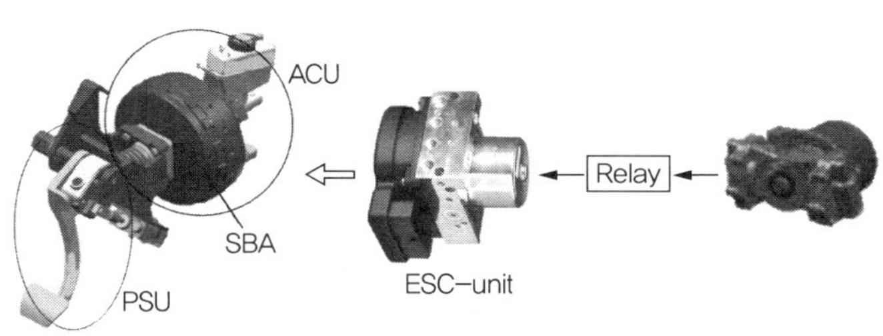

그림 5.44 컨티넨탈사의 회생제동 시뮬레이터

유닛, 작동 제어 유닛(actuation control unit), 시뮬레이터 브레이크 작동기(simulator brake actuation), 페달 시뮬레이터 유닛(pedal simulator unit), 진공펌프가 일체로 된다. ESC는 차체 앞쪽이나 뒤쪽이 미끄러지는 것을 억제한다. 회생제동 시스템은 현재의 모든 제동 기술을 그대로 이용할 수 있어 안정성 기능인 ABS, EBV, TCS, BAS(brake assist system), OHB−V(Optimized hydraulic booster of brakes), ACC등도 사용할 수 있다.

(3) 혼다의 회생제동

혼다는 처음에는 일정한 회생제동이 되는 시스템이었지만, 지금은 브레이크를 밟는 힘에 비례하여 회생제동이 작동을 하고 회생 제동력에 따라 유압 제동력도 변하는 향상된 기술을 개발하여 전기의 발전량을 증가시켰다.

하이브리드 자동차는 연비를 좋게 하기 위해서는 전기모터에서 전기를 많이 만드는 것이 좋다. 그러나 발전량을 증가시키면 비례하여 회생제동인 발전 저항이 너무 커져 제어가 어렵게 된다. 따라서 효율적인 발전과 회생제동 사이에 균형이 잡혀야 한다. 제동의 기본성능은 확실히 지키면서 전기 발전을 많이 하는 시스템을 개발하였다.

(4) 도요타의 회생제동

도요타의 회생제동 작동 원리는 **그림 5.45**와 같다. 운전자가 가속페달에서 발을 떼면 가벼운 회생제동으로 운동에너지를 회수한다. 운전자가 브레이크 페달을 밟으면, 페달을 밟는 속도와 밟는 양으로 제동력을 계산하고 이 제동력 범위 내에서 최대한의 회생제동을 작동시키고 부족한 부분을 유압제동으로 보충한다. 회생제동 장치는 유압 부스터, 제동 액츄에이터, 스트로크시뮬레이터, ECU등을 일체화하거나 유압 펌프, 모터, 어큐뮬레이터를 일체화한다.

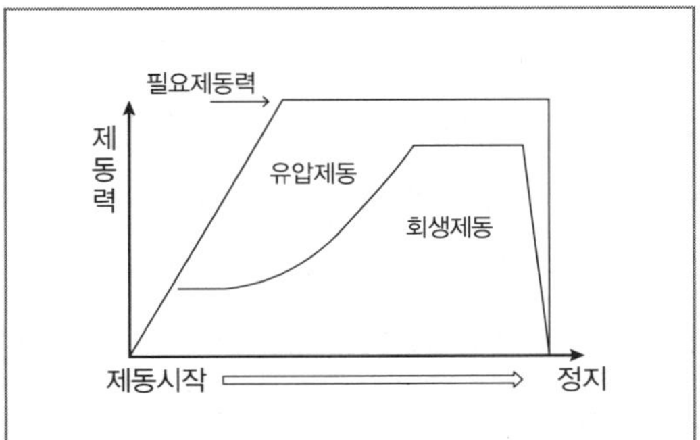

그림 5.45 도요타 회생제동 시스템의 작동

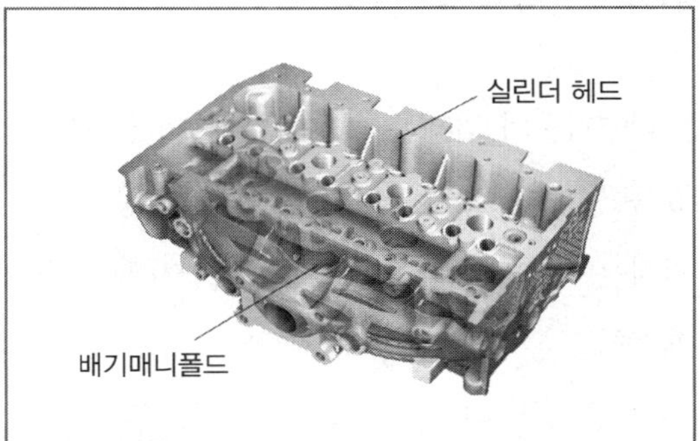

그림 5.46 아우디 실린더 비활성 헤드

5.7 실린더 비활성화(deactivation) 기술

엔진이 4기통이면 4개의 실린더를 갖는다. 엔진이 구동되면 4개의 실린더는 모두 작동한다. 그러나 이는 에너지 낭비이다. 정속운행 시나 가속하지 않을 때는 실린더를 작동시키지 않아서 연료를 절약한다. 이것을 실린더 비활성화 기술이라 한다. 가변밸브 액츄에이션 기술을 이용하면 실린더의 비활성화가 가능하다. 즉 실린더를 비활성화할 때는 엔진의 흡기밸브를 강제로 열고 압축상태를 만들지 않고 연료 인젝터를 제어하여 연료분사를 중지한다. 실린더 비활성화 기술은 4, 6, 8기통에 적용하고 7.5%정도의 연비효율 개선이 있다.

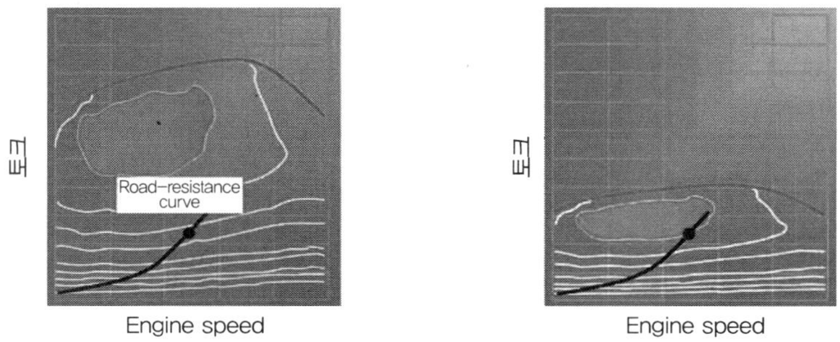

(a) 일반적인 영역 (b) 실린더 비활성화 영역

그림 5.47 작동영역 맵(출처 : www.schaeffler.com)

5.8 엔진손실 저감기술

5.8.1 마찰손실 저감기술

내연기관의 과제는 열효율 향상이다. 화석연료의 에너지 밀도는 높지만 연소를 통한 에너지 열효율은 낮다. 고정식 발전 엔진과 대형 선박용 엔진 등 일정한 조건에서는 50% 이상의 열효율을 가지는 내연기관도 존재한다. 내연기관 개발 트렌드는 현재의 내연기관의 열효율이 좋은 부분은 개선하고 낮은 부분을 전기모터 등으로 지원하는 것과 일단 발생한 열에너지와 운동 에너지를 전부 사용하는 데 기술개발의 목표를 두고 있다. 연소 자체를 개선하여 열효율을 향상을 시키기 위해 희박조건 하에서 안정된 연소를 시켜야 한다. 이를 위하여 실린더 내 텀블, 스월유동 제어, 점화와 화염개선을 위한 점화플러그 개발, 노킹개선을 위한 실린더 형상개발, 실린더 표면재료 개발, 연료 분사압력과 분사패턴의 최적화, 실린더 내면의 단열과 온도관리 등이 필요하다.

엔진의 마찰손실에는 흡배기 밸브의 구동손실, 피스톤 링의 마찰손실, 크랭크축 마찰손실, 각종 펌프와 발전기의 구동마찰 손실, 또한 타이어에 힘을 전달하는 변속기의 마찰손실 등이 있다. 이러한 것을 기계손실이라고 하며 이 값은 엔진속도가 높을수록 부하가 낮을수록 커진다. 기계손실은 아니지만, 자동차의 연비에 영향을 미치는 인자는 에어컨용 압축기의 구동손실, 자동차 속도의 제곱으로 증가하는 공기저항 손실, 타이어의 마찰손실 등이 있다.

연비에 영향을 주는 엔진의 손실은 배기손실, 냉각손실, 기계적 마찰손실, 펌프손실, 보조기기 구동손실 등이 있다. 이들 중 기계적 마찰손실인 엔진마찰은 실린더 내의 연소가스의 힘을 받아 피스톤과 크랭크 축 등의 엔진부품이 움직일 때 섭동부분에서 발생하는 마찰로 인한 손실이다. 엔진마찰을 줄이기 위해 섭동저항을 낮추는 기술개발이 필요하다. 고정밀 유체윤활 마찰기술 적용과 고착현상 분석 등을 통한 마찰면의 압력상승을 방지하여 마찰손실 평균 유효압력이 손실되지 않도록 해야 한다. 운동부품 질량을 줄이고 섭동부의 마찰계수를 저감하고 실린더 보어 진원도를 개선하여 마찰손실을 감소시켜야 한다.

기계적 마찰손실 저감기술은 실린더 내 표면처리 기술로, 피스톤, 피스톤 링, 흡배기 밸브 제어계통, 기계부품의 DLC 코팅, 섭동부품 개발, 플라즈마 점화, 경량의 밸브적용, 커낵팅로드 경량화, 엔진 볼베어링 적용, 자동 클러치 적용 등이 있다.

① 부품 접촉면의 개선 : 피스톤 스커트 부의 형상의 최적화, 표면처리, 캠 표면의 표면처리
② 부품의 접촉력 감소 : 피스톤 링의 형상개선, 장력 감소, 밸브 스프링 설정 하중 최적화, 크랭크 축의 위치, 타이밍 체인 형상, 타이밍 벨트 장력 최적화
③ 윤활유 개선에 의한 저마찰화 : · 저점도 엔진오일의 적용
④ 오일 교반저항의 저감 : 오일량의 최적화
⑤ 가변밸브기술 : 펌프손실 저감기술로 마찰손실과 연비를 저감
⑥ 공기저항계수 : 보디 형상개선으로 공기저항감소
⑦ 차량의 경량화 : 재료 경량화와 보디구조 개선
⑧ 타이어 마찰저감 : 저항감소 타이어
⑨ 전동 파워스티어링 적용

5.8.2 펌핑손실 저감기술

일반 엔진은 흡기행정 중의 압력은 배기행정에서의 압력보다 낮아지고, P-V선도에서 음의 흡입 손실이 발생한다. 가솔린 엔진은 부하제어를 위해 스로틀밸브를 사용하여 실린더 내에 부압이 발생하기 때문에 펌핑손실이 크다. 이를 줄이기 위해 신기의 질량은 변하지 않고 스로틀 밸브를 열면 된다. 배기가스 재순환(EGR,) 흡기온도 상승법을 생각할 수 있지만 EGR은 비열비를 저감시키고, 흡기온도 상승은 난류의 감소로 인하여 적용이 될 수가 없다.

스로틀 밸브가 존재하면 펌핑손실이 있다. 밸브 전개시는 피스톤의 상하운동시 필요한 일은 적지만 부분부하 시는 필요한 일은 매우 커진다. 이를 없애고 엔진출력을 제어하는 다른 부품이 필요하다. 2001년 BMW는 밸브트로닉을 개발하여 흡입 공기량을 조절하는 흡기밸브의 개폐 타이밍과 리프트 량을 연속적 제어할 수 있는 스로틀밸브를 없앤 기구이다. 실린더 내의 피스톤 하강시 밸브가 열려있는 시간이 길수록, 리프트 량이 클수록 많은 공기를 흡입할 수 있게 하여 엔진의 출력을 제어하여 5~10%의 연비향상을 실현하였다. 또한 2007년에는 2세대의 밸브트로닉이 출시하였고, 2009년에는 스로틀 밸브를 없애고 터보차저 직분식 엔진을 적용하였다. 아직은 안전성 문제로 스로틀 밸브는 장착되지만 저항이 작은 상태로 고정되어 공기량 제어는 하지 않고 있다. 펌프손실 저감기술은 VVT 제어, VVL 제어, 밸브 전자제어 등이 있고 엔진 시동시와 저부하 시 효율을 높이기 위하여 전기모터를 사용하는 마일드 하이브리드 시스템도 열효율 개선 면에서 좋은 기술이다.

디젤엔진의 펌프손실은 부하제어에 스로틀밸브는 사용하지 않기 때문에 가솔린 엔진에 비해 작다. 또한 터보차저로 배기에너지를 사용하여 흡기를 압축하기 때문에 펌프일은 양(+)이 된다. 냉각

그림 5.48 BMW밸브트로닉

손실에 관하여 가솔린 엔진에서는 화염전파는 실린더벽 측면 기둥근처에서 소멸하는 반면 디젤엔진은 연료와 화염이 벽면에 충돌하기 때문에 냉각손실이 많아진다. 시간손실은 연소와 부하에 따라 다르지만, 가솔린 엔진과 같은 정도이다.

5.8.3 시간손실과 연료손실 저감기술

오토사이클은 압축 상사점에서 정적연소가 이루어지지만 실제 연소에서는 점화 플러그에서점화가 이루어져 화염전파에 의한 연소는 어느 정도 시간을 가지고 진행된다. 이 시간은 이론 공연비 연소에서는 엔진속도에 관계없이 크랭크각도로 40° 정도이다. 연소속도는 실린더 유동의 난류강도에 비례하기 때문에, 엔진속도가 상승하면 난류강도도 비례하여 증가하지만 크랭크각도에서 보면 연소시간은 변하지 않는다. 따라서, 연소시간을 단축하려면 난류강도를 크게하는 화염전파 연소가 아니라 디젤엔진과 같은 자기착화 연소법을 사용해야 한다.

가솔린 엔진의 가장 큰 과제인 노킹은 화염전파의 진행에 따라 압축된 미연소 가스의 자기착화에 의하여 국소적으로 발생한 고압연소가 압력파의 형태로 전파되는 공진현상이다. 압력파가 실린더 내에서 음속으로 전파되어 실린더 벽면에서 반사될 때 위상이 반전하기 때문에 벽 근처 압력파는 진폭이 커진다. 따라서 자동점화가 발생하는 부근의 벽과 그 반대편의 벽에서 특별히 압력과 온도가 상승하여 열전달이 증가하고, 피스톤 등의 손상을 초래하는 이상연소가 발생한다. 노킹이 발생하면 연소시간은 단축되지만, 압력진동이라는 또 다른 큰 문제가 발생하기 때문에 가솔린 엔진의 연소기간은 40° 이하로 단축시킬 수 없다.

그리고 공급된 연료 중 연소되지 않고 남는 연료손실도 있다. 공급연료의 발열량과 연소에 의해 발생하는 열량의 비를 연소효율이라 하고 이는 가솔린 엔진의 경우 98% 정도이다. 미연소 손실은 2% 정도이다.

5.8.4 냉각손실 저감기술

연소와 팽창행정 중에는 실린더 내 가스온도가 주위 벽의 온도보다 높아, 냉각손실이 발생한다. 실린더를 단열화하면 좋다고 생각되지만, 과거의 연구결과에 따르면, 팽창행정 중의 열이 빠져 나가는 것은 줄일 수 있으나 압축행정 중에 열이 유입되어 압축 상사점 부근에서의 온도와 압력이 상승하고 일량은 거의 증가하지 않고, 온도상승에 의한 질소 산화물의 증가, 배기온도의 상승, 난류감소, 윤활의 문제가 발생하였다. 배기가스의 에너지를 잘 회수하면 효율개선으로 이어지지만 지금으로서는 배기터빈으로 일을 회수하는 방법 밖에 없다.

냉각손실을 줄이기 위하여 연소실 벽면의 온도스윙을 감소시키는 다공질성의 비열이 낮은 물질을 코팅하는 기술이 있다. 이 방법은 압축행정 중에 실린더 벽 온도가 낮은 상태에서 팽창행정 중에 실린더 벽 온도를 빨리 상승시켜 가스온도와 실린더벽 온도의 차이를 작게 만들어, 냉각손실을 줄인다. 이 밖에 온도 차이를 저감하는 방법으로 가스온도를 낮추면 된다. 공기를 과다하게 넣는 희박연소와 EGR을 증가시킨 희석연소는 모두 가스의 열용량이 증가하기 때문에 연소온도가 저하된다. 가스의 비열은 온도가 낮아지면 감소하고, 비열비는 증가하여 엔진 열효율은 향상된다. 가스온도의 감소는 유해 배기물질인 질소산화물도 감소시킨다. 희박연소에서는 삼원촉매를 사용할 수 없는 것도 큰 문제가 된다. 희석연소라면 사용할 수 있지만, 연소속도의 저하로 인한 연소시간 손실의 증대와 점화가 어렵게 되는 것이 문제가 된다.

엔진의 각종 손실에서 연소실 벽에서 열전달에 의한 냉각손실의 비율은 연소실 단열에 의하여 저감시킬 수 있다. 그러나 단열 벽이 항상 고온으로 있으면 흡입공기를 가열시키고, 출력은 떨어지고, 배기가스는 나빠져 기술개발이 필요하다. 이를 해결하기 위해 연소실 벽 온도와 가스온도를 측정하여 항상 가스온도와 실린더 벽 온도의 차이를 적게 유지하는 것으로 단열과 흡입공기 가열 방지를 양립하는 기술이 필요하다.

연소실 벽면에 형성되는 단열막은 열전도도, 체적비열이 낮아, 큰 스윙 폭을 얻어 냉각손실 저감 효과가 높고, 고온 강도가 높다. 이를 벽온도 스윙단열이라 하고 스윙은 사이클 동안 연소실 벽면 온도가 가스온도의 변화에 따라 급속하게 상승, 하강하는 현상을 의미한다.

실리카 강화 다공성 양극 산화피막(Silica Reinforced Porous Anodized aluminum, SiRPA)이 형성된 실린더는 냉각손실도 감소하고 배기손실도 감소시킨다. 이의 적용은 냉각손실을 18.3%에서 16.5%로 줄일 수 있다.

가솔린 엔진의 열효율 개선방법으로 고압축비화, 연료 직접분사, 터보차저 다운사이징 등이 있다. 이러한 방법은 부품의 추가에 따라 가격상승을 동반한다. 가격상승을 최소화하면서 열효율을 향상시키기 방법으로는 열관리 시스템의 최적화가 있다. 과거의 연구에서는 냉각수의 온도를 일정 제어가 아닌 운전조건에 따라 적절하게 제어하는 것이 효율향상의 가능성이 있었다. 엔진의 고효율화는 고압축비가 좋지만, 고압축비는 노킹의 원인이 된다.

엔진의 냉각은 내노킹성 향상에 효과적이지만 과도한 냉각은 냉각손실을 증대시킨다. 따라서 냉각수 온도를 부분적으로 낮추고 실린더 내의 가스온도 상승을 억제하여 과도한 냉각손실을 피하면 내노킹성이 향상된다. 가솔린 엔진의 열관리 시스템의 최적화를 실현하기 위하여 흡입 공기온도와 냉각수 온도의 제어를 해야 한다. 흡기온도가 낮으면 정미 평균유효압력은 증가하고 충전효율은 WOT에서는 비례하여 증가한다. 실린더 헤드온도가 실린더 블록 온도보다 높으면 충전효율과 정미 평균유효압력은 낮아지고 실린더 블록 온도가 실린더 헤드온도 보다 높으면 충전효율과 정미 평균유효압력은 높아진다.

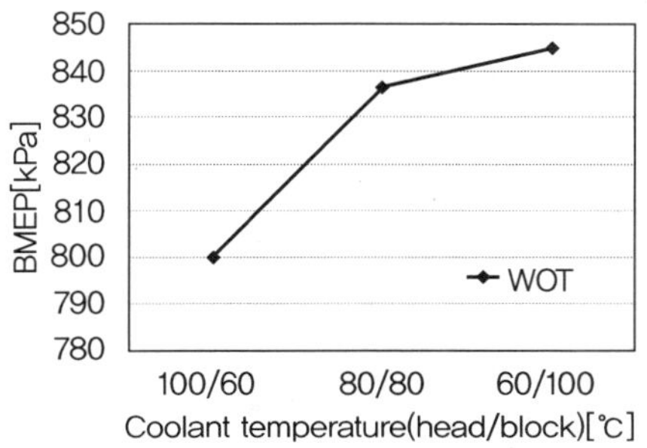

그림 5.49 냉각수 온도와 BMEP(출처 : calsonickansei.co.jp)

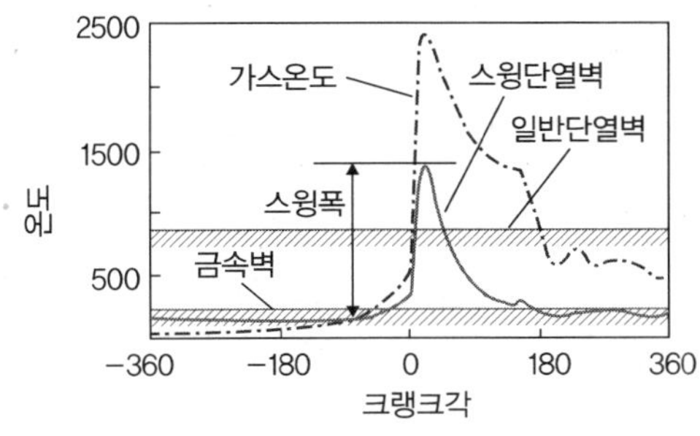

그림 5.50 일반 단열벽과 스윙 단열벽의 비교(출처 : calsonickansei.co.jp)

5.9 배기손실 저감기술

가솔린기관은 직접분사식 적용과 고압축화하면 배기손실이 저감되어 출력이 향상된다. 배기가스에 포함된 에너지에 의한 손실이다. 이상적으로는 배기압력이 대기압될 때까지, 피스톤을 팽창시켜 일을 추출하면 좋지만, 이것이 앳킨슨 사이클의 원리이다. 현실적으로 어렵기 때문에, 고온 고압의 배기가스가 발생한다. 그리고 자동차에서는 촉매에 의한 후처리를 수행하기 때문에 어느 정도 고온의 배기가 필요하다. 터보차저를 설치하면, 배기의 에너지를 회수할 수 있다. 열손실 개선기술로는 실린더, 실린더 헤드, 피스톤 헤드, 배기매니폴드 벽면 단열처리, 배열회수와 재이용, 열관리 시스템 개발 등이 있다.

디젤엔진의 배기손실은 압축비가 높고 배기온도가 낮기 때문에 배기손실은 적고 연소손실은 연소효율이 가솔린 엔진보다 더 높고 거의 없다. 디젤엔진은 고압의 연료를 분사하기 때문에 기계적 구동손실이 크고 일반적으로 사용하는 엔진속도는 낮아서 손실은 억제되는 반면, 연소실 압력과 크랭크 축에 걸리는 힘은 커서 마찰손실은 커진다.

CHAPTER 06 가변 압축비 엔진

6.1 고압축비 가솔린 엔진

6.1.1 고압축비와 노킹

가솔린 기관에서 고압축비인 14.0를 달성하고, 연비와 저중속에서의 토크를 기존 대비 15% 개선한 차세대 고효율 직접 분사식 가솔린 엔진인 마쯔다의 SKYACTIV-G의 엔진이 있다. 이 엔진의 특징은 다음과 같다.

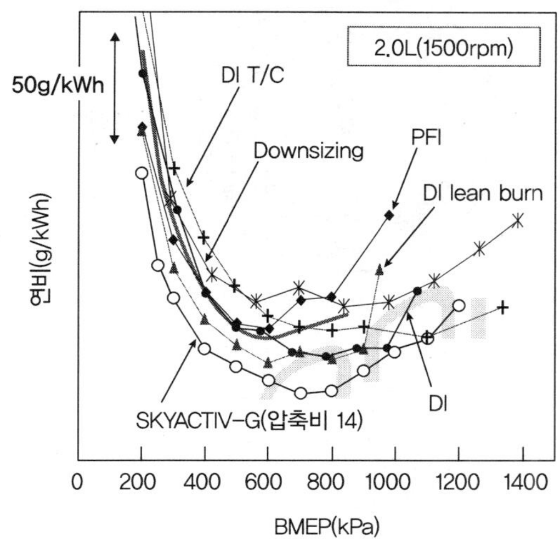

그림 6.1 압축비와 연비(출처 : 마쯔다)

① 가솔린 엔진으로 14의 높은 압축비를 실현

② 고압축비에 의해 엔진의 효율을 높여 기존 대비 연비와 토크를 15% 향상

③ 저·중속 토크의 증대

④ 높은 압축률을 제공하는 4－2－1 배기 시스템, 구멍 부착 피스톤 멀티 홀 인젝터 등의 적용

가솔린 기관에서 자발화가 일어나면 압력펄스가 발생하여 이상연소인 충격연소가 되어 자발화를 피하기 위해 압축비를 11로 제한한다. 이러한 압력펄스를 노킹이라고 하며 연료와 공기의 혼합기가 고온, 고압이 되면 정상적인 연소가 종료하기 전에 자기착화를 일으키는 비정상 연소로 노킹을 발생하고, 압축비를 높이면 압축 상사점 부근의 온도가 높아져 노킹이 발생하기 쉬워진다.

그림 6.2는 노킹이 일어나는 원리를 설명한 것이다. 노킹은 잔류배기에 의한 연소실 고온, 긴 연소기간 등으로 화염전면의 초기화염이 성장을 하지 못하면 발생한다. 노킹을 방지하기 위해서는 점화지연과 연소기간을 단축해야 한다. 연소기간을 단축하면 미연 혼합기가 고온상태에 노출되는 시간이 단축되어, 노킹이 발생하기 전에 정상적인 연소를 완료할 수 있다. 공기와류의 강화, 분사압력 강화, 멀티 홀 인젝터 적용으로 균일유동에 강한 혼합물을 생성하면 정상연소가 가능하고, 동시에, 캐비티가 있는 피스톤을 적용하여 연소 초기화염이 피스톤에 의해 꺼지는 것을 방지하면 가능하다.

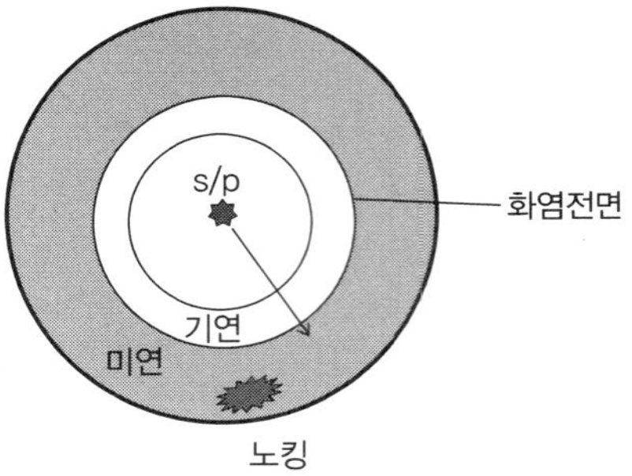

그림 6.2 노킹의 원리

최근 가솔린 엔진의 압축비는 10~12 정도가 일반적이지만, 이론적으로는 압축비를 11에서 15까지 높여 약 9%의 열효율 개선을 기대할 수 있다. 그럼에도 불구하고 지금까지 가솔린 엔진의 높은 압축비화가 진행되지 못하는 이유 중 하나는 노킹에 의해 출력이 크게 떨어지기 때문이다.

노킹은 연료와 공기의 혼합기가 고온, 고압에 노출되었을 때 정상적인 연소가 종료하기 전에 자기착화를 일으키는 비정상 연소로 소음을 발생한다. 압축비를 높이면 압축 상사점 부근의 온도가 높아져 노킹이 발생하기 쉬워진다. 압축 상사점 온도를 낮추기 위해 배기되지 않고 연소실에 남는 고온의 잔류가스를 줄여야 한다. 예를 들어, 압축비가 10, 잔류가스의 온도가 750℃, 신기의 온도를 25℃로 가정하면, 잔류가스가 10% 남아 있으면 압축 이전의 연소실 내의 온도는 약 70℃ 상승하고, 압축 상사점 온도는 약 160℃도 상승한다.

잔류 가스량이 노킹에 미치는 영향은 크다. 예를 들어, 잔류가스를 10%에서 5%로 줄이면 압축비를 3을 올려도 압축 상사점 온도는 같아진다. 마쯔다의 SKYACTIV-G는 이러한 잔류가스 저감을 이용하여 높은 압축비를 갖는 엔진을 개발하였다.

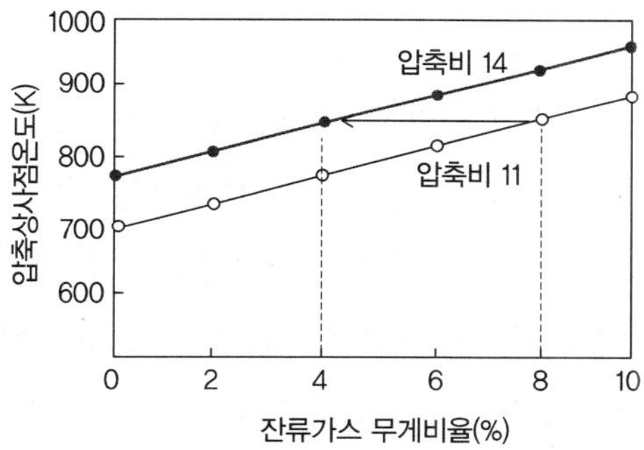

그림 6.3 잔류가스의 비율과 압축 상사점 온도(출처 : 마쯔다)

6.1.2 엔진의 적용 기술

가솔린 엔진에서 압축비 15이상은 불가능하다. 12~13 정도에서 이상연소가 발생하여 노킹이 일어나고 출력이 저하한다. 고압축비 엔진의 개발이 어려운 이유는 노킹현상 때문이다. 압축비가 높은 엔진은 연소실 체적이 좁아져 점화하여 연소시켜도 주변의 금속 벽에 의해 연소가 방해되는 현상이 나타난다. 11.2에서 15까지 실험을 수행하여 토크저하의 원인을 알아내었고 엔진내부에서 일어나는 현상을 관찰하기 위하여 투명엔진을 제작하여 연료 분사시 발생하는 소용돌이의 방향, 캐비티 적용 등으로 연소의 안정성을 구현하였다. 1.5L SKYACTIV-G 엔진의 최고출력은 82kW/6,000rpm, 최대토크 144N·m/3,500rpm이다.

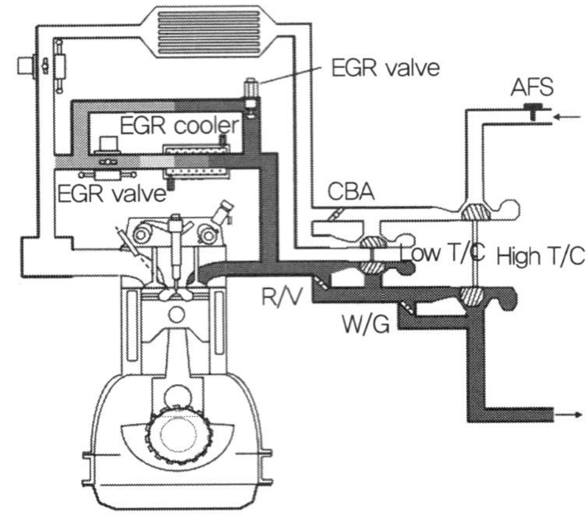

그림 6.4 고압축비 엔진 구성도(출처 : 마쯔다)

(1) 급속연소

그림 6.5는 마쯔다 고압축비 엔진의 정미평균유효압력을 나타낸다. 노킹한계에서 점화를 하는 경우, 압축비가 11이면 정미평균유효압력은 높고 12, 13에서는 정미평균유효압력은 저하하고 14, 15에서는 변하지 않는다. 이때 평균유효압력이 변하지 않는 것은 압축말기에서 점화전에 연료의 화학반응이 발생하여 그것에 의해 온도가 상승하고 온도상승으로 인하여 급속연소가 발생했기 때문이며, 압축비가 11~15일 때 저부하에서 토크가 30%정도 감소하지만 급속연소의 발생으로 14, 15에서 급속연소 작용으로 정미평균유효압력이 변하지 않아 12%정도 감소한다. 이러한 기술은 고압축비 엔진의 개발을 가능하게 하였다.

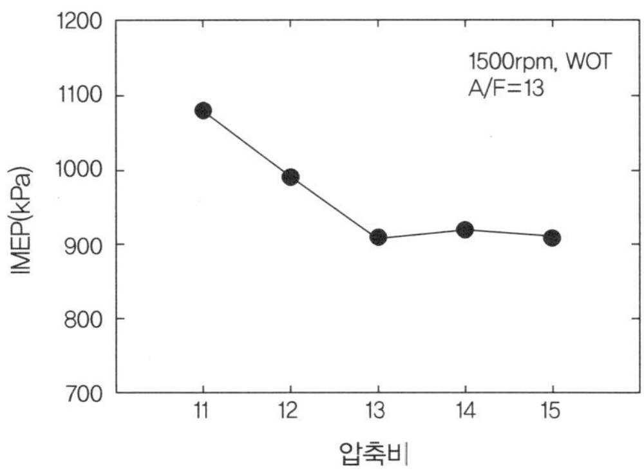

그림 6.5 고압축비엔진의 원리(출처 : 마쯔다)

(2) 연소실 형상개선에 의한 노킹개선

연소기간을 단축하면 미연 혼합기가 고온상태에 노출되는 시간이 단축되고, 노킹이 발생하기 전에 정상적인 연소를 완료할 수 있어 노킹이 방지된다. 구체적으로는 공기유동의 강화, 분사압력 강화, 멀티 홀 인젝터에 의한 분무특성 개선 등에 의해 균일유동에 강한 혼합물을 생성하는 동시에, 캐비티가 있는 피스톤을 채용하는 것으로 연소 초기화염이 피스톤에 의해 성장이 억제되는 것을 방지하였다.

고압축비에서 노킹발생이 쉬운 이유는 압축비가 증가하면 연소실 형상이 편평하게 되어 화염전면에 장애가 생겨 연소속도가 저하하기 때문이다. 이는 연소실 내의 와류증대, 점화 플러그 부근의 초기 화염면이 피스톤에 접촉하기 어려운 구조로 설계하여 초기화염이 잘 전파될 수 있도록 하였다. 압축비를 14.5로 하고 피스톤 정점에 캐비티를 설계하여 연소속도를 높여 노킹을 개선하였다.

(3) 분무개선에 의한 노킹개선

연료와 공기의 혼합기를 분무에 의하여 기화잠열로 냉각시켜 혼합기 온도를 낮추기 위해 종전의 스월 인젝터에서 멀티 인젝터를 개발하여 적용하였다. 그 결과 연소실 내에서 평균 온도 10K가 저하하고 노킹이 개선되었다.

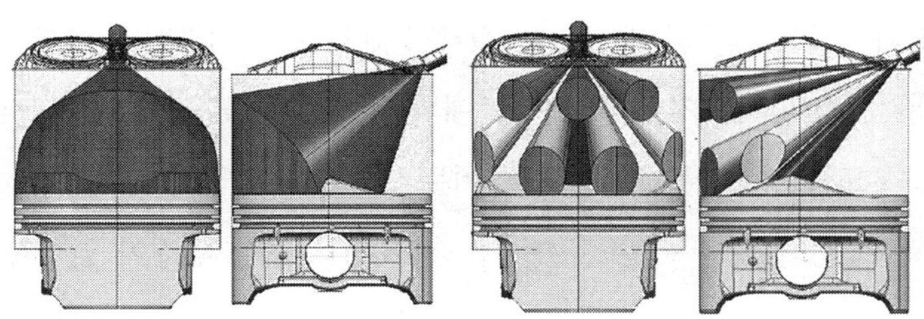

그림 6.6 멀티 홀 인젝터(출처 : 마쯔다)

(4) 냉각 EGR에 의한 노킹개선

저비용으로 하이브리드 차량과 동급의 연비를 얻기 위하여 그림 6.7과 같은 냉각 EGR(Cooled EGR)시스템을 적용하였다. EGR 냉각기에서 냉각된 배기가스를 흡기로 순환시켜 자기착화 발생까지 시간을 지연시켜 노킹을 방지하였다.

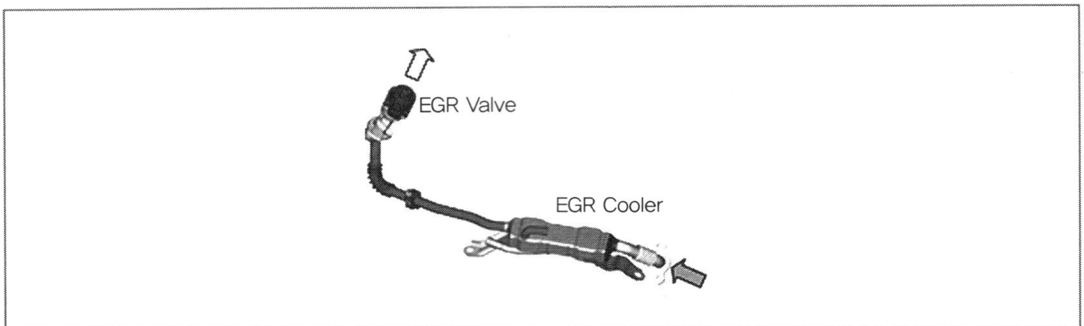

그림 6.7 EGR 냉각기(출처 : 마쯔다)

(5) 배기 시스템 적용에 의한 노킹개선

노킹의 발생요인인 잔류가스를 저감하는 방법의 하나로 4-2-1 배기시스템을 개발하였다. 예를 들어, 배기관이 짧으면 3번 실린더의 배기밸브가 열린 직후에 발생하는 고압의 배기 압력파가 배기행정을 마치고 흡기행정을 하려는 1번 연소실에 도달한다. 그러면 일단 배출된 배기가스가 다시 연소실로 복귀하여 고온의 잔류 배기가스 량이 증가한다. 짧은 배기관의 경우, 고압력파가 다른 연소실에 빠르게 도달하여 저회전에서 고회전까지 나쁜 영향을 계속 미친다. 배기관이 긴 4-2-1 배기는 고압력파가 다른 연소실에 미치는 시간이 길기 때문에 나쁜 영향은 한정되고 거의 모든 회전속도 영역에서 잔류가스의 저감을 달성할 수 있다. 이를 위해서는 길이가 600mm 이상이 필요하지만, 루프형 배기 파이프를 채용하여 공간을 절약하였다. 배기 시스템의 과제는 촉매까지의 거리가 멀기 때문에 배기가스의 온도가 저하되어 촉매의 조기 활성을 할 수 없는 것이다. 점화시기를 지연시켜 배기가스 온도를 상승시킬 수 있지만, 이는 연소를 불안정하게 하므로, 시동 후 점화시기를 크게 늦추어 엔진이 안정되게 연소하도록 하였다.

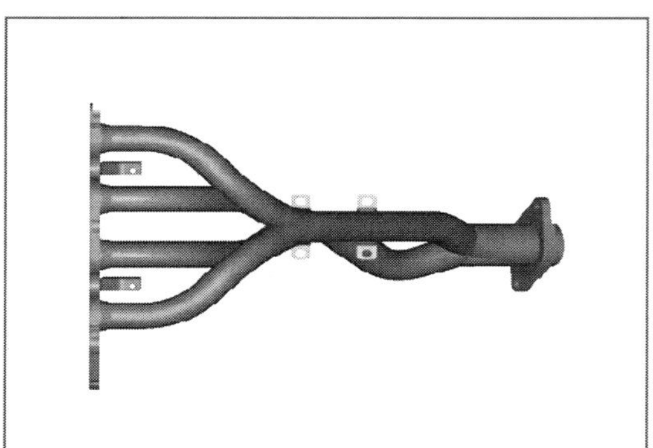

그림 6.8 4-2-1 배기 매니폴드(출처 : 마쯔다)

피스톤 상부에는 캐비티를 설계하고, 연료분사를 최적화하여 점화 플러그 주변에 성층 혼합기가 생성되도록 하여, 이러한 연소가 가능하게 하였다. 또한 캐비티 설계는 초기 화염이 피스톤에 접촉하여 발생하는 냉각손실 문제도 해소할 수 있다.

(6) 성능개선 효과

그림 6.9에 고압축비 엔진의 토크 개선 효과를 나타낸다. 일반적인 엔진 압축비 11.2, 피스톤 개량 전의 압축비 15, 지금까지 설명한 기술을 도입하여 적용한 압축비 14.5인 경우의 토크를 표시한다. 압축비 14.5와 11.2가 거의 동등하다. 피스톤에 캐비티를 부착하여 연비를 개선하였고 이론 열효율에 근접하는 수준까지 도달하게 되었다.

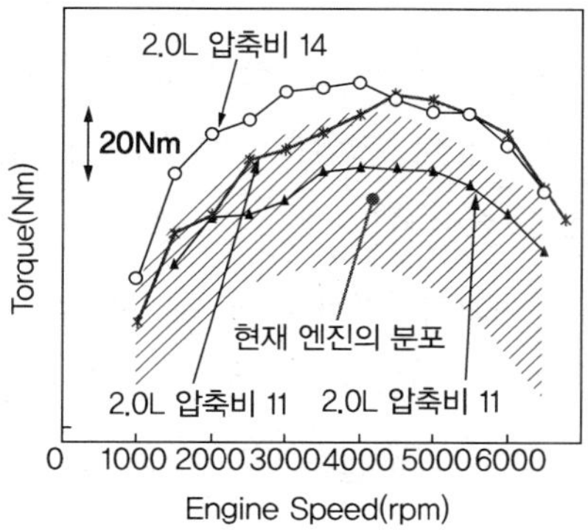

그림 6.9 압축비와 토크(출처 : 마쯔다)

6.2 저압축비 디젤엔진

6.2.1 개요

왕복형 내연기관의 경우, 압축비 14 정도가 열효율이 가장 높다. 이 압축비 14는 엔진의 마찰손실과 열효율면에서 균형 압축비로 볼 수 있다. 디젤엔진은 17, 가솔린 엔진은 11, 대형선박은 12 정도가 현재 많이 사용되고 있다. 가솔린 엔진은 밀러 사이클을 적용하고 노킹을 일으키지 않는 압축비를 13.5~15로 보고 있지만 팽창행정이 길어져 마찰손실이 증가한다. 디젤엔진은 후처리 장치가 필요가 없는 압축비를 14로 보고 있다. 그러나 압축비가 14가 되면 공회전시 시동불량이 발생하여 고효율 터보차저와 내부 EGR을 사용하여 연소실 온도를 높여야 한다. 가솔린 엔진은 압축비가 높아지면 노킹이 발생하고 출력이 떨어진다. 따라서 터보차저를 사용하여 출력을 높여야 하는데, 압축 상사점 온도가 너무 낮으면 실화하고, 너무 높으면 노킹이 발생하여 부스팅하기 어렵게 되는 현상이 있어, 스로틀 밸브를 없애는 방법이 개발되어야 한다. 일반적으로 클린 디젤엔진의 압축비는 15.5~17이고, 마쯔다의 1.5L 디젤엔진의 압축비는 그 보다 낮은 14.8, 2.2L 엔진은 14.4이다.

압축비가 낮아지면, 연소압력이 떨어지기 때문에 실린더 블록과 커넥팅 로드의 강도를 낮출 수가 있어, 엔진무게가 가벼워지고, 회전이 쉬워진다. 압축비가 높으면 상사점 전후에서 점화가 일어나기 쉬우므로 지금까지는 연료를 분사하는 타이밍을 지연시켜 상사점 후로 하지만, 상사점 후에 점화하면 엔진의 효율은 순간적으로 나빠진다. 이런 면에서 상사점에서 연소하면, 효율적으로 피스톤에 에너지를 전달할 수 있고 연소시간도 길어지므로 연소를 깨끗하게 할 수 있다. 기존의 고압축비 엔진으로 배기가스를 청정하게 하는 연구를 하는 것보다 저압축비 엔진으로 착화연소를 연구하는 것이 더 가치가 있을 수도 있다. 고압축비 엔진은 연소압력이 커서 부품강도가 높아야 한다. 부품강도를 높이려면 두께를 증가하거나 직경을 굵게 해야 하므로 엔진은 무거워지고, 부품과의 접촉면적이 늘어나기 때문에 미끄러지면서 움직이는 부분의 저항인 섭동저항도 커진다. 디젤엔진은 냉간 시동시 예열용 글로우 플러그를 사용하고 가솔린 엔진과 같은 점화 플러그는 없어 착화시키기 어려운 엔진이다. 저압축비의 디젤엔진은 착화하기 더 어려운 엔진이고 저압축비로 인하여 미연분의 연료도 늘어나 배기가스 중의 탄화수소와 일산화탄소도 증가한다.

그러나 기존 디젤엔진은 NOx와 매연이 많이 배출된다는 단점이 있다. 이 문제를 해결하기 위해 저압축비로 하여 공기와 연료가 혼합이 될 때까지 점화하지 않아 희박화와 저온 연소를 실현하여 NOx와 매연을 동시 저감시키는 방법도 좋은 방법이다. 저압축비 엔진의 문제는 냉간시의 시동성 향상을 위하여 착화 안정성을 확보해야 하는 것이다. 즉 냉간시에 연소실을 고온, 고압으로 만들어야 한다. 이 문제는 다단분사, 애프터 글로우 등의 종래 기술에 디젤엔진 최초의 가변밸브 리프트를 적용하여 잔류가스를 이용하면서, 터보차저 기술을 결합하여 착화 안정성을 확보하여, 효율이 높고, 배기가스가 적게 나오는 SKYACTIV−D 엔진을 개발했다. 배기량 2.188L, 압축비 14.4, 최고출력 140kW/4,500rpm, 최대토크 450N·m/2,000rpm이다.

6.2.2 엔진의 특징

그림 6.10은 기존 디젤엔진과 저압축비 디젤엔진의 팽창 형태 비교를 나타낸다. 기존 디젤엔진은 압축비가 높기 때문에, 피스톤 상사점에서 압축온도와 압력이 높다. 이 상태에서 연료를 분사하면 공기와 충분히 혼합하기 전에 열에 의해 자동으로 자기착화하여 NOx와 매연이 발생한다. 따라서 분사를 압축이 지난 후에 하도록 하여 시간을 확보한다. 압축비를 낮추면, 피스톤 상사점에서 온

표 6.1 엔진의 열효율 개선법

<table>
<tr><td rowspan="14">열효율개선</td><td rowspan="9">배기손실저감</td><td colspan="3">압축비</td><td>가변압축비</td></tr>
<tr><td rowspan="7">연소시간</td><td rowspan="4">화염전파속도</td><td rowspan="3">난류</td><td>스월/포트</td></tr>
<tr><td>텀블/연소실형상</td></tr>
<tr><td>스퀴시/밸브각도</td></tr>
<tr><td>혼합기형성</td><td>분무</td></tr>
<tr><td rowspan="2">화염전파거리</td><td>점화위치</td><td rowspan="2">분사구
연료압</td></tr>
<tr><td>점화수</td></tr>
<tr><td>화염전파공간</td><td colspan="2">점화위치와 연소실 형상</td></tr>
<tr><td colspan="4">연소기간</td></tr>
<tr><td rowspan="3">냉각손실저감</td><td rowspan="2">비열비</td><td colspan="2">공연비
EGR</td><td rowspan="2">희박연소</td></tr>
<tr><td>연소온도</td><td rowspan="2">EGR</td></tr>
<tr><td>벽면열전달</td><td>연소실 형상</td><td>내부EGR
외부EGR</td></tr>
<tr><td>펌프손실저감</td><td>흡배기행정,
흡배기압력차</td><td>유효흡기량</td><td>밸브개폐시기
공연비
EGR</td><td>대용량EGR
앳킨슨사이클
밀러사이클
VVTL
터보차저- 다운사이징
실린더비활성화</td></tr>
<tr><td>기계저항저감</td><td colspan="3">마찰저항</td><td>VVTL
터보차저–다운사이징
실린더비활성화</td></tr>
</table>

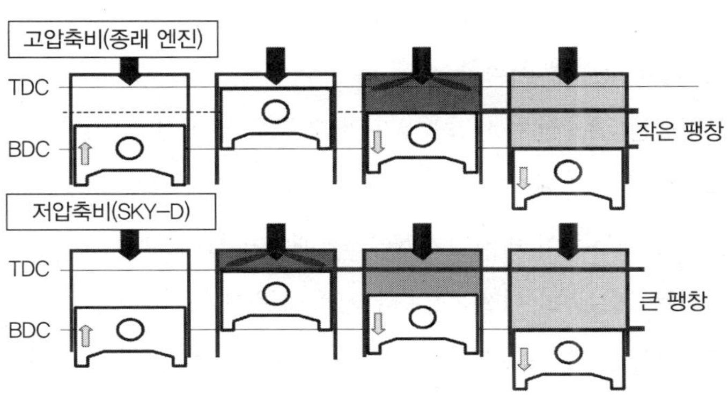

그림 6.10 팽창행정비교(출처 : 마쯔다)

도와 압력이 낮아져 상사점 부근에서 연료를 분사하여도 연소되지 않고 혼합시간을 충분히 확보할 수 있어, 연료와 산소가 충분히 혼합된 상태에서 자기착화되기 때문에, NOx와 매연이 감소한다. 고부하 시에는 고효율 터보차저를 사용하여, 상사점에서의 압력을 상승시킨다. SKYACTIV-D엔진은 저압축비 엔진으로 팽창비가 크다.

저압축비 클린 디젤엔진은 연료와 공기를 충분히 혼합하여 연소하여 NOx와 매연의 발생이 적다. 연소실 내부에서 분사된 연료의 유동은 다음과 같다.

① 연료분사가 측면상의 충돌점에서 연소실의 낮은 면을 따라 흐르는 초기단계
② 연소실의 낮은 면을 경유하여 연소실 중앙부로 흐르는 중간단계
③ 연소실 중앙부에서 스퀴시 영역으로 후기단계

이러한 유동이 되도록 연소실 형상을 계란형으로 설계하고 연소실의 수직 방향의 와류를 강화하여 농후조건의 혼합물의 정체를 억제하여 미세 혼합촉진을 도모하였다. 연소실에서 연료와 공기의 혼합이 잘 되면 매연의 생성이 억제되고, 고온의 기연가스의 정체도 없다.

상사점 부근에서 연료분사와 연소가 가능하기 때문에 실제 일량인 팽창비는 기존 디젤엔진보다 크게 되어 효율이 높아진다. 이러한 장점이 있어 디젤엔진의 압축비는 매년 감소되는 경향이었지만, 압축비 14의 실현은 어려운 기술이었다. 그 이유는 냉간시에는 연소실에서 착화지연이 크게 늘어나 착화 안정성이 나빠지기 때문이다.

6.2.3 엔진 적용기술

(1) 저압축비에 의한 연소 타이밍 최적화

압축비를 낮추면 피스톤 상사점에서 압축온도와 압력은 낮아진다. 상사점 부근에서 연료를 분사하여도 점화까지의 시간이 길어지므로 연료와 공기의 혼합이 촉진된다. 따라서 균일한 연소가 되어 국부적인 고온과 산소부족이 방지되어 NOx와 매연이 줄어든다. 상사점 부근에서 분사와 연소가 가능하여 팽창비는 고압축비 디젤엔진보다 커져 효율이 높게 된다.

엔진은 압축행정의 상사점 부근에서 연료분사를 하고 연소를 시키는 것이 가장 이상적이지만, 기존의 고압축 디젤엔진에서는 상사점 부근은 연료의 확산이 불충분하게 되어 이상 연소가 발생하므로 피스톤이 상사점을 지난 시점에서 연료분사를 하게 된다. 저압축비 엔진은 상사점 부근에

서의 연료분사가 가능하여 실질적인 팽창비가 증가하여 연소효율이 향상되고 NOx와 PM의 발생도 감소한다. 기존 디젤의 단점인 소음, 시동불량 등이 개선되었다.

고압축비의 디젤엔진은 점화시기를 지연시킨 연소로 NOx와 매연을 제어하였다. 이는 압축비가 높은 장점이 팽창비가 낮아져서 없어지는 원인되었다. 처음부터 저압축비를 사용하고 팽창비를 늘이는 것이 더 효율적이다.

(2) 냉간시의 시동 착화 안정성 확보

저압축비에서는 자기착화가 어렵고, 냉간시 시동이 나빠지고, 난기운전 중에는 엔진회전이 불안정한 요소가 있다. 엔진 시동시는 멀티 홀 피에조 인젝터를 개발하여 1회 연소당 최대 9회 분사를 하여 저온에 적합한 연료농도로 하고, 글로우 플러그를 사용하여 엔진의 시동성을 좋게 하였다. 난기 중에는 가변 배기 밸브기구를 사용하여, 공기의 흡입 행정시 배기 밸브를 약간 열어 고온의 배기가스를 역류시켜 연소실 내의 온도를 높게 유지하여 연소를 안정화시켰다. 연료의 착화성을 확보하려면 착화 가능한 혼합기 농도, 연소실 압력, 연소실 온도를 만들면 된다.

① 다공노즐과 피에조 인젝터를 활용한 멀티 파일럿 분사
② 2단 터보차저를 활용한 터보차저 용량의 향상
③ 세라믹 글로우 플러그 사용
④ 배기밸브 2번 개폐에 의한 잔류 가스량 증대

(3) 멀티 홀 피에조 인젝터에 의한 가연성 혼합기체의 생성

멀티 파이럿 분사를 하면 착화 가능한 혼합기 농도가 증가하고 다공으로 다단분사하면, 분무도달거리가 짧아져 착화 가능한 농후조건의 혼합기가 늘어난다. 2단 터보차저로 연소실의 압축압력과 온도가 올라가고, 분무 도달거리가 짧아지면 착화 안정성이 확보된다. 이 엔진은 고효율 터보차저를 위해 대형과 소형의 2개의 터보를 장착한 직렬 터보차저를 채용하고 있으며, 이 작은 터보로 착화 안정성을 확보하기 어려운 무부하 영역에서도 터보차저를 하여 착화성을 개선하였다. 고압축비 디젤엔진은 국소고온에서 NOx가 발생하고, 산소부족으로 매연이 발생하여, 농후한 부분연소에서 효율이 악화된다. 반면에 디젤 저압축비 엔진은 균등하게 연소하므로 NOx가 저감되고, 산소가 충분하여 매연이 감소하고, 연소효율도 높다.

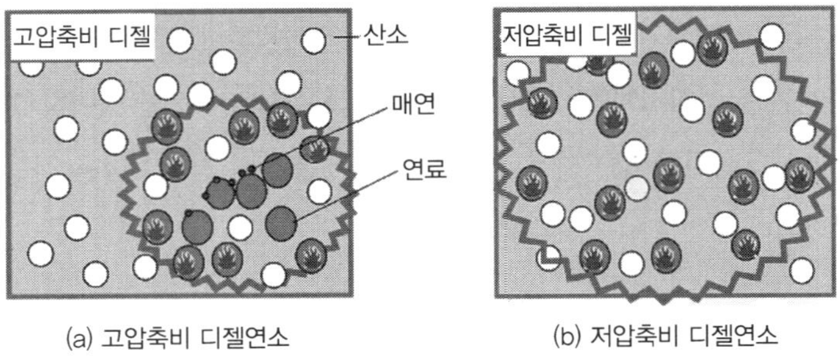

그림 6.11 고압축비와 저압축비 디젤엔진 연소 비교(출처 : 마쯔다)

(4) 배기 VVL의 적용으로 예열 중의 공기온도 상승

이 엔진은 배기밸브에 VVL(Variable Valve Lift : 가변밸브 리프트) 기능을 적용하였다. 이는 흡기행정에서 배기밸브를 아주 작게 열어 배기가스를 다시 연소실 내로 도입하여 연소실의 온도를 상승시키는 역할을 한다. 배기밸브를 2번 열어 배기가스를 재순환하여, 냉간시 무부하 상태에서 예열플러그를 사용하지 않고도 안정적으로 운전 가능한 영역을 확대하였다. 이러한 착화 안정기술과 기계저항 저감에 의한 크랭킹 속도증가를 조합시켜, 압축비 14, 세탄가 40의 연료를 사용하여 외부온도 −30℃ 이하에서도 점화와 연소가 가능한 엔진을 개발하였다. 이 엔진은 NOx 촉매가 필요 없고, 깨끗한 연소를 실현하면서 연비를 기존 대비 20%정도 개선하였다. 배기밸브에 VVL를 채용하여 시동 후 예열운전 중에 일어날 수 있는 실화상태를 제어하였다. 일단 연소가 발생하면 배기가스 온도는 뜨거워지므로 흡입행정 중에 약간 배기밸브를 열어 배기구에 있는 고온의 잔류가스를 연소실 내에 역류시켜 연소실 공기온도를 높여 압축시의 온도상승을 촉진하고 점화의 안정성을 향상시켰다.

배기가스를 연소실로 다시 재순환시키는 시스템을 EGR이라고 한다. 배기가스에는 산소가 없기 때문에, 연소실로 배기가스를 되돌려도 약간 남는 미연소 가스만이 점화한다. 이렇게 하면 연소온도가 낮아지기 때문이다. EGR은 배기가스 중의 CO_2를 연소실 내로 보내어 비열을 증가시켜 열량에 대하여 온도가 상승하기 어려운 환경을 만든다. 그렇지만 연소실이 산소가 낮은 상태가 되면, 미연소 연료가 늘어난다. 따라서 터보차저에 의한 높은 압력으로 산소를 포함하고 있는 공기를 연소실로 밀어 넣어 연소를 촉진시킨다. 그리고 분사된 연료가 공기와 쉽게 섞이고, 피스톤의 캐비티는 계란 모양으로 되어 있다. 이는 연소온도의 저하와 공기와 연료의 균일한 혼합을 가능하게 하고 깨끗한 배기와 좋은 착화성을 실현한다.

배기 VVL에 의하여 배기밸브 열림을 지연시켜, 배기 열을 실린더로 역류시켜 실린더내 가스온도를 높이면 착화성이 개선되어 냉간 시동성능이 향상된다.

(5) 확대 연소영역의 착화 안정성 확보

엔진을 저압축비로 하면 착화지연 기간이 증가하여 연소 안정성이 약해진다. 특히 외기온도가 낮거나 엔진이 냉간시에는 연소 안정성이 나빠진다. 이 엔진은 확산연소 영역에서 메인 연소에 앞서 일정이상의 발열량이 되도록 제어하는 선연소에 의해 착화 안정성을 확보하고 있다. 선연소는 멀티 파일럿 분사를 이용하는 분사이고, 다양한 운전조건에서 다양한 분사법을 이용한다. 멀티홀 피에조 인젝터로 연료분사 패턴을 다양화하고 분사량과 타이밍을 정밀화하여 혼합기의 농도제어의 정밀도를 높여 저온 시동성을 확보하였다. 1 연소당 최대 9회 분사가 가능하고 선, 메인, 후분사의 3회 분사를 기본으로 하여 주행조건에 따라 다양한 분사한다. 이러한 분사제어와 세라믹 예열 플러그에 의해 낮은 압축비에서도 확실한 시동을 가능하게 하였다. 이 엔진은 유럽 EURO VI 적합성 수준까지 NOx를 저감하면서 유럽시장에서 도입했던 구형엔진에 비해 연비를 15~20% 정도 개선하였고 특히 저부하 시의 연비개선이 높다.

표 6.2 멀티 파이럿 분사 패턴

분사법	장점
1 선분사, 메인, 1 후분사	NVH감소, 연비증가
2 선분사, 메인, 1 후분사	NVH감소, soot감소
1 메인분사	출력증대
1 선분사, 메인분사	NVH감소, 연비증가
2 선분사, 메인분사	NVH감소, 연비증가
2 메인분사, 1 후분사	NOx감소, 연비증가

(6) 저 압축비에 의한 경량화와 기계마찰 저감

저압축비로 인하여 기존 디젤엔진보다 최대 연소실 내의 연소압력이 낮아지므로, 부품의 최적화에 의한 경량화가 필요하다. 실린더 블록은 알루미늄으로 하여 25kg의 경량화를 달성하고, 실린더 헤드는 두께감소, 배기 매니폴드는 일체형 구조로 하여 3kg의 경량화, 피스톤의 중량은 25%, 크랭크축 메인저널 지름을 60mm에서 52mm로 줄이는 등 25%의 경량화를 달성하였다. 따라서 기계마찰도 크게 줄어 진동과 소음이 적어져 가솔린 엔진 수준의 정숙함을 나타내고 있다.

(7) 2단 터보차저 기술

디젤엔진의 터보차저는 토크의 향상에 크게 기여하고, 또한 배기가스의 클린화와 연비개선에도 필수적으로 사용한다. SKYACTIV-D에서는 크고 작은 2개의 터보차저를 운전영역에 따라 구분하여 작동하는 2단 터보차저를 채용하였다. 저회전 영역에서 높은 토크, 높은 응답, 고회전 영역에서는 높은 출력을 실현하고 동시에 대량 EGR을 적용할 때도 충분한 양의 공기를 확보할 수 있어, 저압축비와의 시너지 효과로 NOx와 매연의 배출을 최소화하면서 최적의 타이밍에서의 연소를 가능하게 한다. 저압축비와 대량 EGR에 의해 미연연료가 늘어나고 배기가스 중의 HC와 CO도 증가하고 연소온도의 저하로 배기온도도 낮아 촉매가 활성될 때까지의 시간이 길어지는 문제가 발생한다. 촉매를 배기 매니폴드 가까운 위치에 배치하거나 배기온도를 올리는 장치를 적용하여, HC와 CO를 감소시켰다.

그림 6.12에 2단 터보차저 시스템을 나타낸다. 배기측에 레귤레이트 밸브(R/V), 웨스트게이트 밸브(W/G)의 2개 밸브를 가지고 있고, R/V를 제어하여 작은 터빈의 배기가스 유입량과 W/G에서 대형 터빈의 유입량을 제어하고 있다. 흡기측에 배치한 압축기 바이패스 밸브(CBV)는 큰 압축기로 부스팅한 새로운 공기를 작은 압축기를 통과하지 않고 실린더로 공급한다. 이러한 3개의 밸브를 제어하여 저부하에서는 작은 터보를 사용하는 2단 터보차저를 하고 고부하에서는 큰 터보를 이용하는 1단 터보차저를 사용한다.

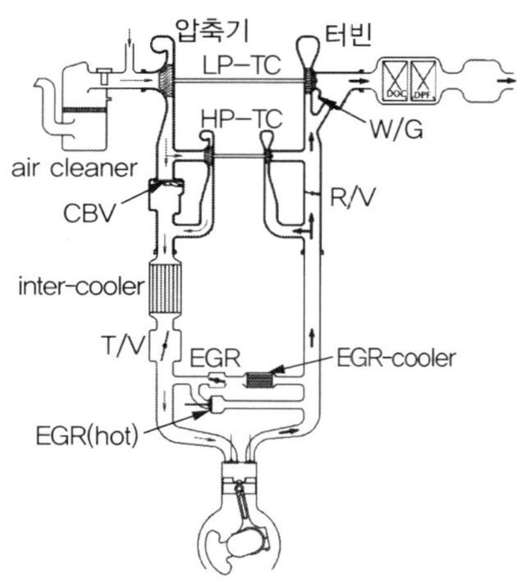

그림 6.12 2단 터보차저의 구조(출처 : 마쯔다)

6.3 초희박 가솔린 압축착화엔진

PCCI(예혼합 압축착화)연소를 요약하면 높은 압축비인 14~18에서 희박연소를 수행하는 기술이다. 가솔린 엔진의 열효율을 높이려면 압축비를 높이던지, 가솔린 엔진의 최적 혼합비율인 14.7 : 1보다 공기량을 늘려 희박하게 하는 것이다. 그러나 이러한 2가지 방법은 모두 SI연소에서는 불가능한 기술이다. 압축비를 16으로 높이면 노킹이 발생하고, 희박연소는 지금까지 많은 시도가 이루어 왔지만 연소가 악화되어 출력이 나오지 않고 과잉공기에 의하여 연소온도가 높아져 NOx의 생성이 증가하는 등 문제가 많이 발생한다. 그러나 이러한 2가지 방법은 디젤기관에서는 가능한 일이다.

HCCI연소는 가솔린을 연료로 사용하여 예혼합 압축을 수행한 후 CI연소방법을 사용한다. 그러나 가솔린는 디젤에 비해 점화점이 높아 연소가 되기 어렵기 때문에, 특히 고부하에서의 연소는 불가하다. 그래서 고부하 시에는 종래대로 점화플러그에 의한 SI연소를 하고, 저·중부하에는 압축착화로 전환하는 것이, SPCCI엔진의 착안점이다. HCCI연소와 SPCCI연소는 모두 균일 초희박 혼합물을 압축착화하는 방식으로 SPCCI연소는 SI연소에서만 가능한 작은 압력상승을 이용하여 CI연소가 가능하도록 연소실 온도와 압력 환경을 제공한다. 엔진의 압축비는 16으로 희박한 공기와 연료의 혼합기를 연소시키기에 충분한 압력이 만들어지며 연료는 2번 분사되고 스파크 플러그에 의해 작은 불덩어리를 만들고 실린더 압력을 자기착화점까지 올려 전체 연료를 점화시킨다.

농후한 혼합기를 SI연소하면 화염전파를 하지 않고 약간 팽창하여 주위의 희박한 혼합물에 압력을 가하여 HCCI연소가 가능한 조건이 만들어진다. 하나의 실린더에 SI연소와 CI연소가 혼합하여 발생하고, 이중 CI연소의 비율이 많으면 연비는 좋아진다.

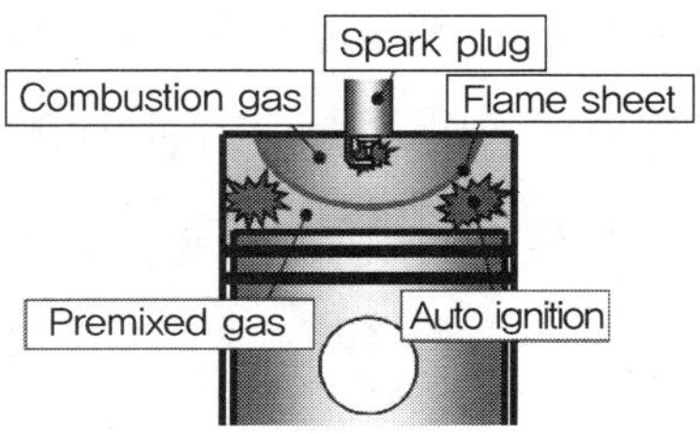

(a) 스파크보조 HCCI 엔진

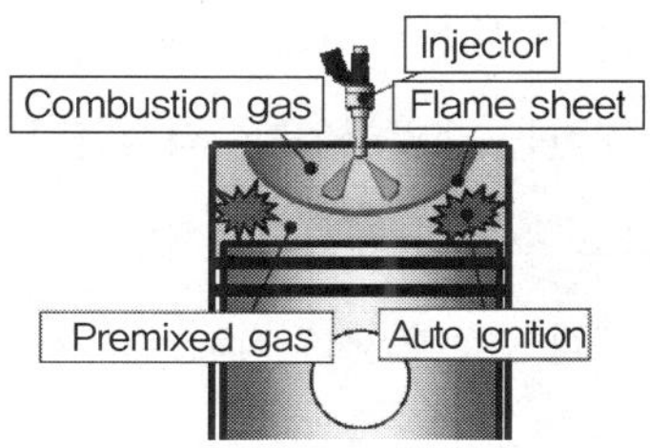

(b) 디젤 파이럿 분사보조 HCCI 엔진

그림 6.13 HCCI엔진의 원리(출처 : www.waseda.jp)

문제는 어떻게 원하는 타이밍에 점화플러그 주위에만 약간의 진한 혼합기를 만드느냐의 방법의 문제이다. 처음에는 극히 희박한 혼합기를 흡입하고, 다음으로 농후 혼합기를 넣고, 스월을 이용하여 점화플러그 주위를 농후하게 만드는 것이 일반적이다. 센서를 이용하여 필요한 압력을 순간적으로 계산하고 인젝터도 개발하여 단시간에 분사해야 한다.

흡입행정에서 연료는 분사되어 혼합되고 균일한 초희박 혼합물이 만들어진다. 압축행정에서 18의 압축비로 압축되고 점화에 앞서서 2번째 연료가 분사된 후 스파크가 가해진다. 이러한 스파크는 혼합기의 팽창을 가져와서 희박한 혼합기에 압력이 가해지면 HCCI연소 조건이 만들어져 남은 혼합기는 CI연소와 같이 한번에 연소된다.

이 엔진은 이상 연소인 노킹의 성질을 역이용 이용한 것으로 공기와 연료 혼합기를 강하게 압축하여 점화 플러그에 불을 붙이면 실린더 내에서 다수의 불씨가 빠르게 압축착화 연소하여 에너지를 얻을 수 있다. 고압축 상태에서 불씨를 스스로 점화시키는 온화한 노킹연소 현상을 이용한다. 새로운 피스톤의 설계, 압축점화를 지지할 수 있는 초고압 연료분사 시스템의 개발, 많은 양의 공기를 흡입시킬 수 있는 반응이 빠른 시스템의 개발, 실린더 압력센서 채택, EGR을 이용한 혼합기의 밀도분포를 제어하여 실린더 내에서 혼합기를 만들 때, 혼합기의 공기의 비율을 크게 하여 연비를 좋게 한 압축착화에 의한 희박연소 방법이다.

가솔린은 온도와 압력조건이 맞으면 압축착화하여 잘 연소하지만 조건이 맞지 않으면 연소하지 않는다. 그리고 공기의 양을 늘려 연료의 비율이 낮은 희박상태는 더욱 연소하기 어렵다. 많은 공기를 엔진으로 도입해야 하고, 정해진 연료의 양을 목적대로 연소할 수 있는 불꽃점화 제어 압축착화 연소방법이다. 점화 플러그의 점화에 의하여 그림 6.23과 같은 팽창 화염구(fire ball)을 먼저 만들고, 2번째 피스톤인 에어 피스톤을 사용하여 연소실의 혼합기를 추가로 압축하여 압축착화에 필요한 압력을 만드는데 성공을 하였다. 그리고 점화 플러그의 점화시기를 제어하여, 압축착화 영역을 확대한다.

2007년, 벤츠는 디젤과 및 오토 사이클을 결합하여 DiesOtto의 이름으로 1.8L가솔린에 디젤연료를 사용하는 엔진을 개발하였다. 직접 분사식, 가변 밸브 제어, 터보 차저를 사용하고 디젤 연소와 오토사이클을 결합한 엔진이다. 가솔린 직접분사, 터보차저와 가변 압축 기술도 포함하고 있다. 가솔린도 디젤과 유사한 자기착화 점화기술을 사용한다. 주요 기술 기능은 다음과 같다.

- 가변 압축비
- 엔진의 다운 사이징

- 터보 차저 적용
- 연비 향상을 위한 직접적인 가솔린 분사법
- 자동 제어 점화
- 디젤과 유사한 연소 공정
- 가변 밸브 제어

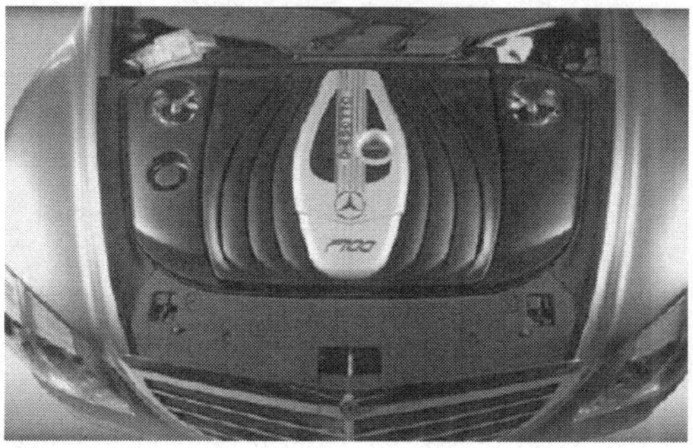

그림 6.14 벤츠의 DiesOtto

시동과 전부하시에는 균일연소인 점화 플러그에 의해 점화되고 부분 부하 조건인 저속과 중속에서 디젤연소인 자기 착화연소가 이루어진다. 그 결과 반응 온도가 낮아져 질소 산화물의 배출이 낮아진다.

VW은 고속 정속주행시에는 가솔린을 사용하고 가속을 할 때에는 점화 스파크를 사용하는 엔진을 개발하고 있다.

2013년, 현대자동차는 GDCI라는 새로운 엔진을 발표했다. 기본적으로 HCCI엔진과 동일한 원리이지만 백업용 점화플러그를 완전히 제거하는 기술을 적용하였다. 배기가스 온도가 낮은 영역에서는 슈퍼 차저를 적용하고, 효율이 중요한 고속출력에는 터보차저를 적용하는 방식이다. 14.8:1의 높은 압축비와 가변 밸브 타이밍 기술도 적용하고 있다. 이 기술은 기존 가솔린 엔진 대비 CO_2 배출량이 14% 정도 낮아지며, 8% 이상의 열효율이 향상되어 연비는 25% 정도 개선된다. 압축비는 14.8:1로 압축착화 연소와 직분사 방법의 적용, 슈퍼차저와 터보차저를 함께 사용하는 기술이다.

GM은 기통내 압력센서를 사용한 폐루프 제어, 센터 분사 시스템, 전동 가변 밸브 타이밍 시스템을 적용한 HCCI 운전이 가능한 차량을 개발하였다.

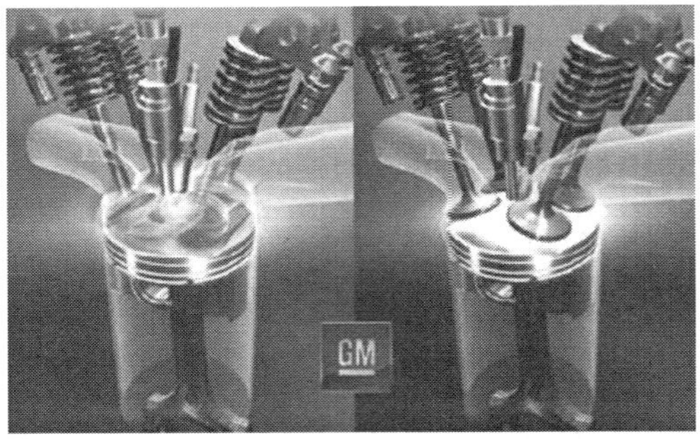

그림 6.15 GM HCCI

폭스바겐은 CSS라고 하는 가솔린 엔진과 디젤 엔진을 같이 사용하는 연소 개념의 엔진을 개발하였다. 가솔린 압축 착화 엔진은 GCI(Gasoline Compression Ignition)라고 하였다. 흡기 행정 중에 배기밸브를 다시 여는 리블레싱 기술을 적용하고 있다.

2013년, 보쉬는 ACCESS(Advanced Combustion Controls Enabling Systems and Solutions) 프로젝트로 SULEV 규제 대응 및 가솔린 엔진 연비를 25% 올리는 것을 목표로 엔진개발을 발표하였다. 그후, 자연 흡기 3.6L V형 6기통 엔진을 다운 사이징하고 터보차저 장착, 부분 부하에서는 HCCI로 연소되는 엔진을 개발하였다. SI, HCCI, SACI(Spark Assist Compression Ignition) 모두를 사용하고, 저부하에서 HCCI, 중간 부하에서 SACI, 고부하에서는 SACI와 EGR을 결합하여 연소되는 엔진을 개발하였다.

델파이는 가솔린 DI 압축착화 엔진인 GDCI(Gasoline Direct injection Compression Ignition)엔진을 개발하였다. 엔진은 다운사이징, 터버차저, 직접분사식을 적요한 1.8L 4기통 엔진을 기반으로 GDCI 엔진을 개발하였다. 델파이는 2014년, 현대와 공동으로 GDCI 컨셉 엔진의 실현을 위해 공동 개발하고 있다는 발표가 있었다.

2014년, 보쉬는 SACI 개념을 발전시켜 연소 성능의 지표로써 사이클 평균 실린더 압력 정보와 사이클 마다의 정보를 고속으로 처리하는 새로운 연소방법을 개발하였다. 이온 전류 센서 신호를 이용하여 연소 전환 제어를 하였다.

마쯔다의 SKYACTIV−X 엔진은 30~40：1의 희박한 공기와 연료 혼합기를 SPCCI를 사용하여 단번에 점화하여 연소시키고 희박연소에 필요한 많은 공기는 추가로 설치되는 벨트구동 루츠(Roots)형 공기펌프에 의해 공급된다.

대부분의 엔진 작동범위에서 SPCCI모드로 운전할 수 있지만, 고부하 시에는 14.7：1의 공연비로

그림 6.16 현대 GDCI엔진

그림 6.17 SKYACTIV–X HCCI 엔진(출처 : 마쯔다)

연소하는 SI모드로 전환된다. HCCI모드와 SI모드 사이를 전환하면서 초희박 가솔린을 압축점화하는 SPCCI 연소방법을 마쯔다가 완성을 하였다.

2L SKYACTIV–X HCCI엔진은 SKYACTIV–G 가솔린엔진보다 최대 30% 열효율이 향상되고 희박연소와 압축점화의 2가지 기술을 사용하여 연비를 높여 CO_2 배출을 줄인 엔진이다. 디젤엔진은 VW사태가 있었고, 가솔린 연료는 승용자동차 용도로만 사용이 되기 때문에 고효율 가솔린 엔진의 개발은 필수적이다. 하이브리드와 전기자동차는 신뢰성 문제, 고가의 가격 등으로 인하여 세계적으로 보편화되는 데는 많은 시간이 걸릴 것으로 예상이 되기 때문에 SKYACTIV–X HCCI 엔진의 개발성공과 양산은 세계 환경보호에 매우 중요한 기술이라 할 수 있다.

6.4 가변 압축비 엔진

2000년 SAAB는 SVC 엔진을 발표하였는데 이 엔진은 실린더 헤드가 움직이는 구조이다. 실린더 헤드와 실린더는 통합되어 있으며 이 실린더를 모노헤드라고 한다. 모노헤드는 크랭크 케이스에서 피벗되고, 유압 액추에이터를 통하여 엔진 블록, 피스톤, 크랭크케이스 등에 대하여 최대 4°까지 움직일 수 있고, 압축비는 8에서 14까지 변한다. 이 엔진은 1.8bar의 높은 터보차저 압력에서도 작동을 하였지만 복잡성과 안정성 문제로 실패하였다. 차세대 엔진

그림 6.18 SAAB의 VCR엔진

은 압축비, 밸브 타이밍, 밸브 리프트, 흡기 매니폴드, 배기, 점화, 연료분사, 터보충전, 윤활 냉각 등 많은 것들이 가변될 수 있다.

2016년 닛산은 VC－T(Variable Compression－Turbocharged)엔진을 발표하였다. 이 가변 압축비 엔진은 양산에 적용한 최초의 엔진으로 2018년부터 적용될 예정이다. 2.0L의 4기통 터보엔진에 피스톤 상사점의 위치를 원활하게 변경할 수 있는 메커니즘을 구현하여 압축비를 8에서 14까지 변경할 수 있다.

커넥팅 로드 대신 복잡한 멀티 링크 시스템을 사용하여 행정길이를 변경하였다. 멀티 링크 시스

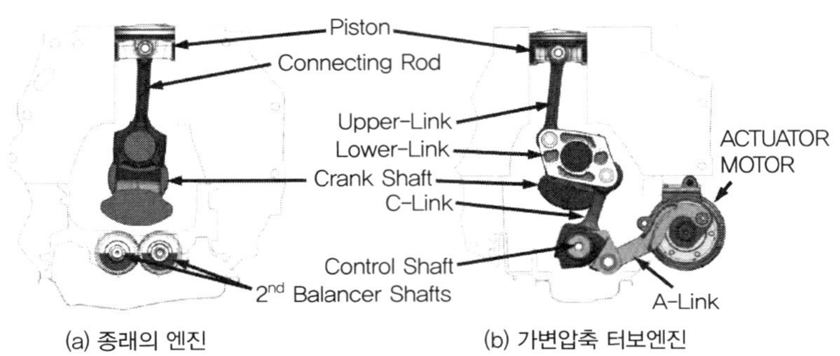

그림 6.19 가변 압축비 엔진(출처 : 닛산)

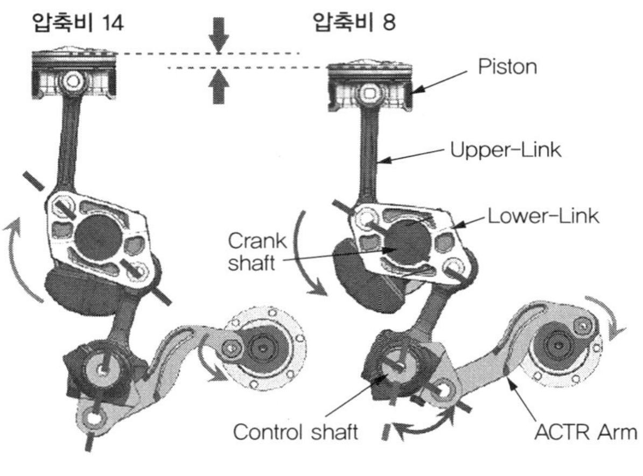

그림 6.20 닛산 VCR엔진의 작동원리

템은 상단링크, 다이아몬드 모양의 중앙링크, 하단링크로 구성되며 중앙링크는 크랭크 축 저널에 장착되고 자유롭게 회전할 수 있다. 시계방향으로 회전하면 피스톤이 위로 밀려 올라가 압축비가 높아지고, 반대로 반시계 방향으로 회전하면 압축비가 감소한다. 중앙링크의 각도는 하부링크에 의해 제어되고, 전기모터는 액추에이터 암을 통하여 제어 축을 회전시킨다. 제어 축은 편심 캠을 통하여 각 실린더의 하부링크에 연결되며, 컨트롤 샤프트가 회전할 때, 하부링크는 중앙링크의 각도를 조정하여 피스톤을 상하로 움직인다.

가솔린 엔진은 압축비가 높으면 연비도 높아진다. 최근에는 냉각 EGR과 밸브개폐 타이밍을 가변시키는 앳킨슨 사이클 적용으로 압축비는 13~14까지 높아졌다. 고압축비 엔진은 노킹발생이 쉬워 이를 방지하기 위하여 점화시기를 지연시켜야 하는데 그러면 엔진의 출력과 토크성능이 떨어진다. 가솔린 엔진이 연비와 성능을 양립하기 어려운 이유는 엔진의 압축비가 고정되어 있기 때문이다. 고압축비 엔진의 경우, 멀티 링크기구의 각도를 수직에 가깝게 하고, 저압축비 엔진의 경우 수평방향으로 한다. 수직으로 하면 측면 힘의 발생이 적어 피스톤과 실린더 벽 사이의 진동과 마찰이 적어지지만 단점은 다중 링크로 시스템이 복잡하고 무게, 관성과 마찰이 늘어나는 것이다. 가변 압축비의 적용으로 2L 터보엔진이 3.5L NA엔진에 해당하는 다운사이징의 효과가 있다. 저부하 시는 높은 토크가 필요하지 않지만, 연비가 떨어지기 때문에 고압축비를 사용하고, 고부하 시나 가속 시에는 저압축비를 사용하여 높은 출력을 얻는다.

고부하 시나 터보차저가 작동할 때는 8:1, 저부하 시나 터보차저가 작동하지 않을 때는 14:1로 작동한다. 일반적인 가솔린 엔진은 피스톤, 커넥팅로드, 카운터 샤프트, 크랭크 축에 의해 피스톤은 왕복운동을 하지만 VC-T 엔진은, 피스톤과 커넥팅로드는 그대로 두고, 거기에 연결되는 멀티 링크기구가 카운터 샤프트와 카운터 웨이트의 역할을 한다.

노킹을 유발하지 않는 14의 고압축비는 높은 터보 부스트 압력으로 작동할 수 있기 때문에 최고의 연비를 얻을 수 있다. 여기에 VVT를 사용하여 흡기밸브 닫힘을 지연시켜 밀러 사이클을 구현하면 엔진의 효율은 더 높아진다.

(1) 실린더 헤드 이동

SAAB 엔진은 실린더 헤드를 움직인다. 헤드와 라이너를 회전체의 중심부 역할을 하는 반 일체형 블록과 결합하여 TDC에서 피스톤 크라운의 유효높이를 조절하여 높낮이 조정을 가능하게 하였다. 엔진의 1/2의 상대적인 위치를 변경하는 회전편심은 헤드, 라이너, 수퍼 차저, 중간냉각기, 매니폴드의 관성을 극복하도록 만들었고 14의 압축비는 부분부하 시, 8의 압축비는 고부하 시에 사용한다. 그림 6.21은 SAAB의 SVC 엔진을 나타낸다.

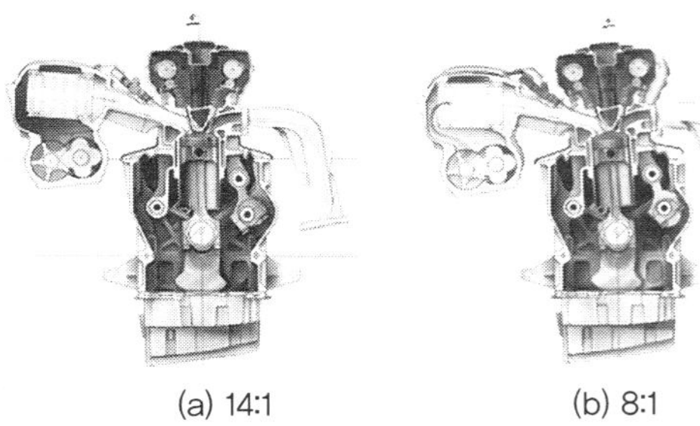

그림 6.21 SAAB의 SVC 엔진

(2) 연소실 체적의 변화

연소실의 체적은 연소실과 연결되어 있는 작은 2차 피스톤을 이동시켜 압축비를 감소시키면 증가된다. 그림 6.22는 Ford의 2차 피스톤과 밸브를 사용하는 압축비 조절용 엔진을 나타낸다. 이 장치는 고압축비일 때 노킹을 조절하는 수단으로 사용하고 특정조건에 대하여 최적인 압축비에 해당하는 중간위치에서 피스톤을 유지할 수 있다.

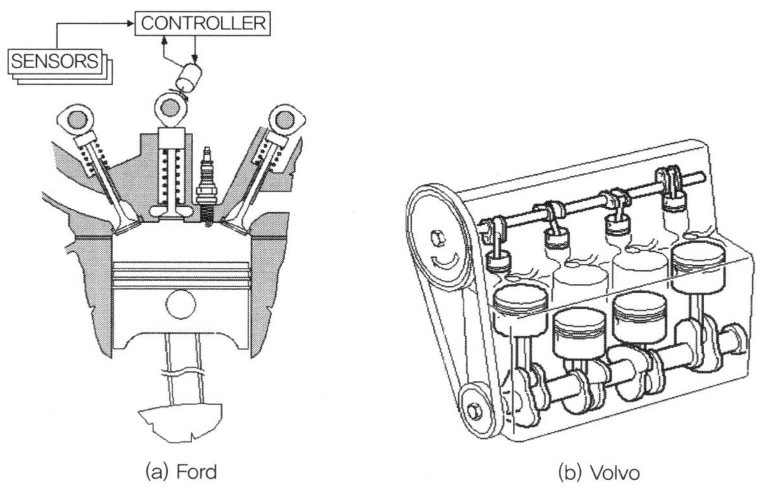

그림 6.22 가변 압축비 엔진

(3) 피스톤 deck 높이의 변화

피스톤의 압축높이의 변화는 VCR 엔진에서 가장 유효한 수단이다. 엔진 윤활유를 이용하는 유압장치로 높이를 변화시킨다.

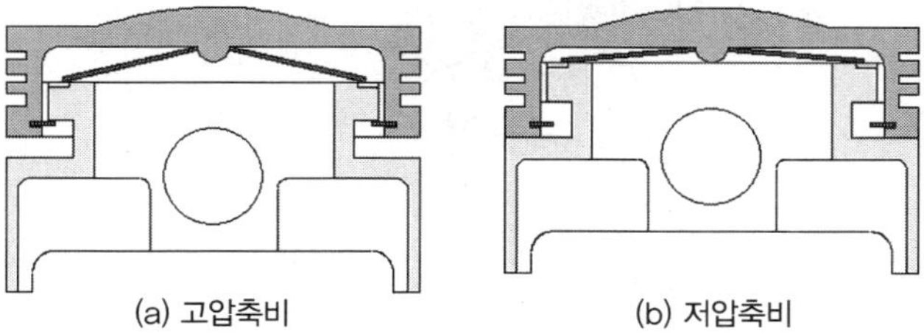

그림 6.23 Ford의 가변 압축비 엔진

(4) 커넥팅 로드 형상 수정

종래의 커넥팅 로드 상부를 레버와 편심 조정기를 추가하고 하부 피스톤은 크랭크 샤프트과 연결된다. 2부재가 결합되는 지점의 자유도를 제한하여, 커넥팅 로드의 유효높이가 변하여 압축비가 변한다.

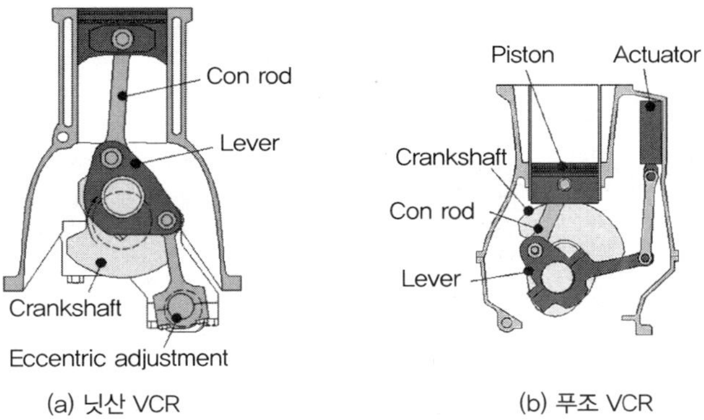

그림 6.24 가변 압축비 엔진

(5) 크랭크 샤프트 축의 이동

편심 조립체의 크랭크 축 메인 베어링을 편심 운동시켜 압축비를 변화시킨다.

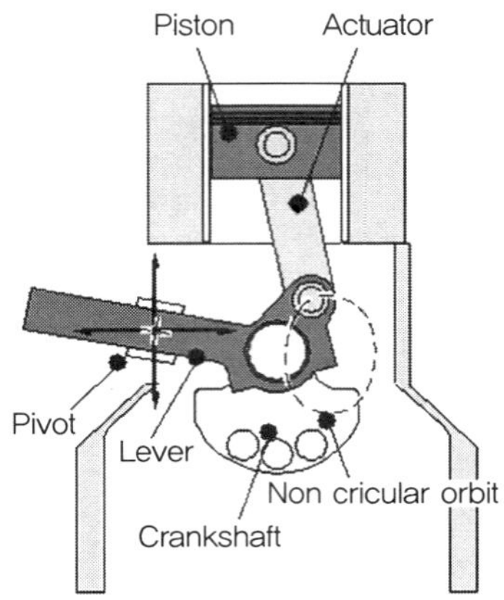

그림 6.25 Mayflower의 VCR 엔진

CHAPTER 07

다운사이징, 터보차저, EGR

7.1 엔진 다운사이징

세계 각국의 배기가스 규제강화와 환경의식의 고조에 따라, 작은 배기량으로 연비와 출력성능을 동시에 얻을 수 있는 다운사이징 엔진을 탑재하는 자동차가 늘어나고 있다.

엔진 다운사이징은 엔진의 배기량을 작게 하거나 실린더 수를 줄이는 것이다. 엔진의 크기를 소형화하는 것은 의미가 없다. 연비를 좋게 하려면 실린더 수와 배기량을 줄이면 된다. 예를 들어 4기통 엔진을 3기통으로, 1.5L의 배기량을 1.2L로 하는 것이다. 실린더의 수를 줄이면 배기량이 적어지고 또한 엔진이 가벼워져 연비도 좋아진다. 내연기관은 왕복동 기관이기 때문에, 실린더의 수가 감소하면 마찰 저항도 감소하여 기능이 보다 효율적으로 되지만, 실린더 수를 줄이고 배기량을 적게 하면 엔진의 출력이 떨어진다. 다운사이징 엔진은 연비도 좋으면서 출력도 높은 엔진이어야 한다. 엔진출력을 높이기 위하여 다운사이징시 엔진에 터보차저를 적용한다. 터보차저는 압축기의 일종으로 공기를 압축하여 엔진으로 보내는 역할을 한다. 예전의 터보차저는 연비가 좋지 않았지만 현재의 터보차저는 날개의 모양변경과 저항의 저감기술 등으로 효율이 높아졌다. 터보차저를 사용하면 1.2L 엔진에 1.5L 엔진에 공급할 수 있는 공기량을 공급할 수 있다. 즉 적은 배기량의 엔진으로 더 큰 배기량의 엔진과 같은 출력과 주행성능을 얻을 수 있다. 그리고 직접 분사식 분사적용도 다운사이징 엔진을 구성하는 중요한 요소이다. 기존의 PFI 엔진은 포트에서 연료를 분사하지만, 직접 분사식 엔진은 실린더 내부에서 연료를 분사한다. 직접 연료를 분사하면 가솔린의 기화열로 실린더 내부의 온도를 낮출 수 있어 노킹을 줄일 수 있다. 터보차저가 부착된 PFI 엔진은 공기를 압축하면 압력과 흡기온도가 높아지고 노킹의 발생이 많아져서, 압축비를 올리지 못하고 흡기온도 제어이외는 별로 제어할 것이 없었다. PFI 가솔린 엔진은 압축을 강하게 하면 폭발력은 커지지만 연소 시 온도가 너무 높아져 이상연소가 일어나고 노킹이 발생한다.

직접 분사식 엔진은 실린더 내에서 냉각효과가 있기 때문에, 터보차저로 압축공기를 보내어 연료를 연소하여도 온도의 상승이 억제되기 때문에 압축비를 높이는 효과와 같다. 터보차저 직접 분사식 엔진은 연비와 출력을 동시에 높일 수 있는 다운사이징 엔진의 기본이 되고 있다. 터보차저 직접 분사식 다운사이징 엔진은 압축공기를 엔진내부로 보내기 때문에 높은 터보차저 압력에 견디는 내구성이 강한 흡기장치가 필요하고, 기존의 공기량을 확보하면서 자동차 무게는 약 40% 감소시킨 소형 경량화 엔진으로 볼 수 있다.

다운사이징 기술은 터보차저를 부착하여 기존 엔진과 같은 출력성능을 확보하면서 배기량을 줄이고 연비를 향상시키는 개념으로 가솔린 엔진과 디젤엔진 모두에 적용할 수 있다.

기존의 터보차저 가솔린 엔진은 다운사이징 개념이 아닌 최고 출력을 추구하는 엔진이었다. 이 때는 낮은 압축비의 엔진에 큰 터보차저를 붙여 출력성능 위주의 엔진이었기 때문에 연비가 좋지 않았다.

그러나 연비 효율향상과 이산화탄소 저감이라는 목표가 등장하면서 엔진성능은 기존과 동등하게 유지하면서 엔진의 무게를 줄이고 소형화하기 위하여 1단 혹은 2단 터보차저를 적용하게 되었다. 이러한 터보차저의 적용으로 최고 출력의 향상보다는 저부하에서 토크를 향상시키고, 직접 분사식 엔진에 적용하여 압축비를 높이는 효과를 얻고, 엔진이 소형화되면서 마찰이 감소하여 연비가 향상되는 효과를 얻고 있다.

하이브리드 전기자동차의 등장으로 엔진의 역할은 점차적으로 전기모터가 대신하고 있다. 엔진의 역할이 줄어들고 배터리, 인버터 등 전기부품의 적용으로 자동차 무게도 증가하고 있으므로 엔진 다운사이징 기술이 반드시 필요하게 되었다.

하이브리드 전기자동차에서 새로운 부품의 추가로 인하여 엔진을 다운사이징하지 않으면 자동차 무게와 배기량이 커져서 연비가 높아지는 불균형한 자동차가 된다. 무거운 크랭크축보다 가벼운 크랭크축의 마찰이 훨씬 적으므로 엔진을 소형화하면 기계적 마찰손실과 펌핑손실이 감소하여 연비는 좋아지게 된다.

PFI 가솔린 엔진에 터보차저와 직접 분사식 기술을 적용하여 엔진을 작게 하면 압축비를 13까지 높이는 효과가 있고, IDI 디젤엔진에 터보차저와 CRDI 기술을 적용하여 엔진을 소형화하여 기계적 마찰을 저감시키면 연비를 높일 수 있다. 디젤엔진은 노킹의 문제가 적기 때문에 터보차저의 적용이 가솔린 기관보다 유리하다. **그림 7.1**은 다운사이징된 도요타 2.0L 엔진을 나타낸다.

그림 7.1 크기 축소된 도요타 2.0L 엔진

7.1.1 가솔린 직접분사식 엔진의 다운사이징

가솔린 직접분사식 엔진에 터보차저를 부착하여 배기량이 작은 엔진으로 다운사이징한다. 엔진을 다운사이징하면 펌핑손실은 적어지고, 터보차저를 부착하면 연소실 압력과 온도가 높아져 노킹이 발생하기 쉽지만 이는 연료를 연소실에 직접 분사하는 방법으로 해결할 수 있다. **그림 7.2**는 미쓰비시의 터보차저 직접분사식 다운사이징 가솔린 엔진을 나타낸다. 직접 분사식 엔진에 터보차저를 부착한 1.5L엔진으로 2.4L에 버금가는 토크와 출력을 나타내고 터보차저는 터빈의 회전부분은 작고, 엔진 회전수의 변화에 응답성이 빠른 터빈을 사용하고 있다.

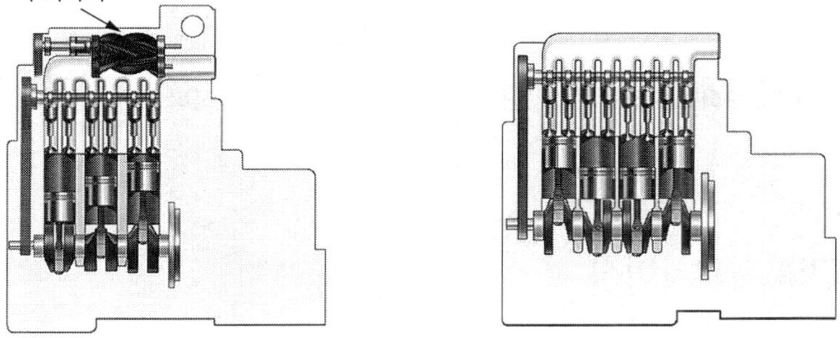

(a) 수퍼차저 3기통 엔진

(b) 기존 4기통엔진

그림 7.2 터보차저 직접분사식 다운사이징 가솔린 엔진(출처 : 미쓰비시)

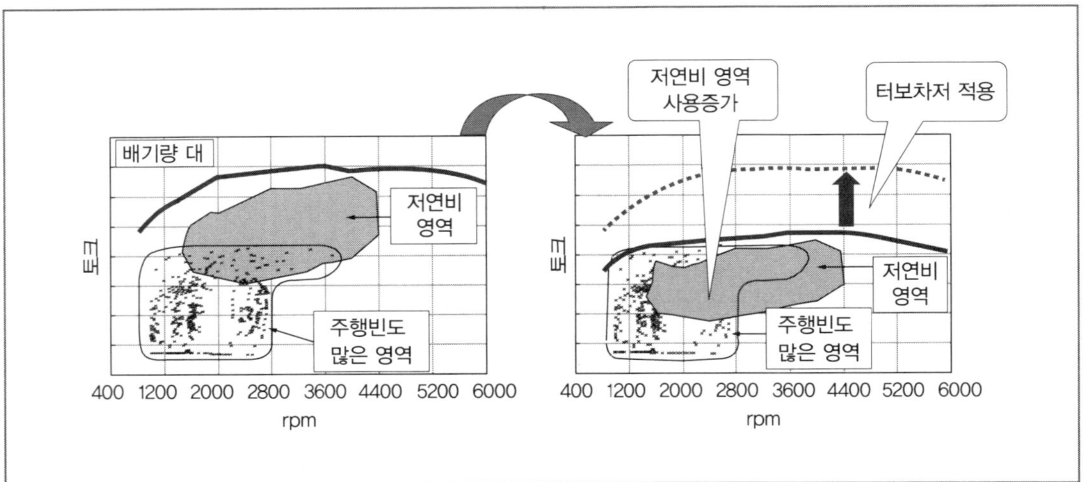

그림 7.3 터보차저 다운사이징의 원리

터보차저 엔진 다운사이징으로 연비를 개선하고, 출력 저하를 개선하기 위하여 터보차저와 직접분사식 기술을 함께 사용하며 실린더수를 줄여 기계손실과 펌프 마찰손실도 감소시킨다.

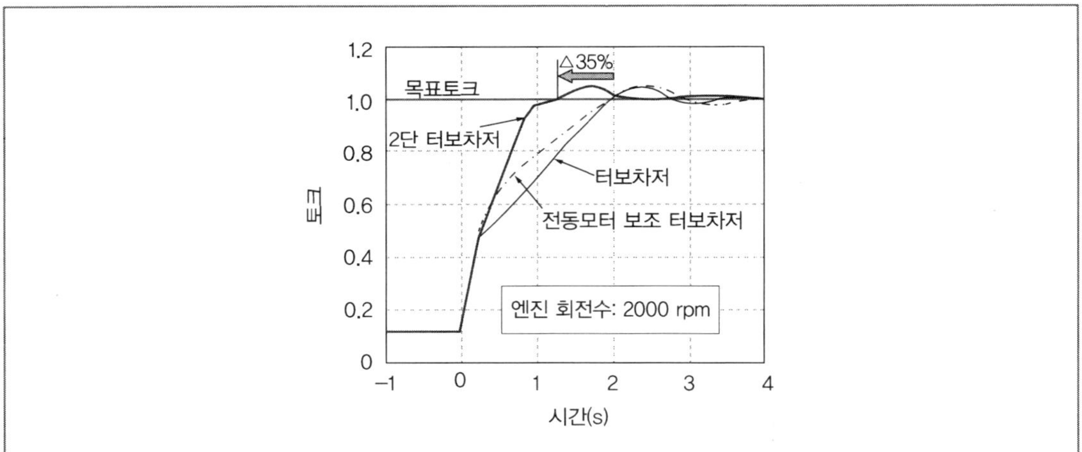

그림 7.4 터보차저, 모터보조 터보차저, 2단 터보의 토크 비교(출처 : 미쯔비시)

7.1.2 디젤엔진의 다운사이징

디젤엔진도 터보차저를 부착하여 터보차저 압력을 높이고, 실린더 수를 감소시켜, 엔진을 소형화한다. 실린더 수 감소와 소형화는 자동차 무게와 마찰을 줄여 연비를 향상시킨다. 디젤엔진은 예혼합 연소가 아닌 확산연소 방법이기 때문에 연소 시 노킹이 발생하지 않아 터보차저 부착에 문제가 없어, 같은 엔진출력의 확보와 다운사이징을 용이하게 할 수 있다. 디젤엔진은 가솔린 엔진보다 압축압력이 크고, 저부하 영역에서 토크특성이 좋아서, 터보차저가 작동하는 속도에 도달할 때까지 토크가 부족한 현상인 터보래그도 발생하지 않아서 대용량 터보차저를 사용하여 엔진의 효율을 높일 수 있는 장점도 있다.

7.2 터보차저

7.2.1 개요

지구 환경보전의 세계적인 노력이 진행되어, 자동차의 배기가스와 연비규제는 강화되고 있다. 터보차저는 지금까지 디젤엔진의 고성능화에 사용되어, 현재는 거의 모든 디젤엔진이 터보차저를 탑재하고 있다. 그리고 가솔린 엔진에서도 다운사이징에 의한 소형경량, 고효율의 수단으로 터보차저 적용이 확대되고 있다. 최근에는 환경부하와 운전성능의 향상을 위해 엔진의 제어는 계속 정밀해지고 있으며, 이에 대응하여 터빈용량을 엔진부하에 따라 가변할 수 있는 가변 터보차저(VGT, Variable Geometry Turbocharger)가 적용되고 있다. 대기압보다 높은 압력으로 엔진에 공기를 공급하는 것을 터보차저라 하고 터보차저는 출력과 엔진의 토크를 상승시켜 자동차의 성능을 높이는 방법이다. 배기가스로 터빈을 돌려 압축기로 공기를 압축시켜, 엔진으로 보내면 같은 배기량의 자연흡기엔진보다 많은 공기를 실린더에 보낼 수 있다. 그러면 흡기효율이 높아지고 엔진출력도 높아진다. 엔진출력을 상승시키는 기술에는 DOHC와 터보차저가 있고 DOHC는 20%, 터보차저는 30%의 엔진출력을 높일 수 있다.

터보차저 엔진은 흡입공기 압력이 증가함에 따라 흡입 공기온도도 증가한다. 터빈효율이 70%일 때, 터보압력 50kPa 상승에 흡입 공기온도는 50℃가 상승한다. 터빈의 효율이 60%이면, 흡입 공기온도는 더 높게 상승한다. 흡입 공기온도가 높아지면 노킹이 발생하기 쉽고, 그에 따라 NOx도 증가한다. NOx를 저감하려면 EGR을 사용해야 하지만 그러면 엔진출력이 떨어진다. 이와 같은 이유로 터보차저의 흡입 공기온도와 배기가스 온도를 낮추기 위해 인터쿨러(intercooler)를 사용해야 한다. 인터쿨러를 사용하지 않으면 터빈의 효율이 떨어져 연비가 나빠지고 성능도 떨어진다. 인터쿨러는 주로 외부공기를 이용하여 흡입 공기온도를 떨어뜨린다. 터보차저 종류는 다음과 같다.

① 배기 터보식 터보차저(turbo charger) : 배기가스 이용하여 터빈을 구동한다.

② 루츠 블로어식 터보차저(roots blower) : 기관동력(크랭크축 기어)을 이용하여 구동한다. 수퍼차저라고도 한다.

터보차저의 구조는 **그림 7.5**와 같으며 배기가스에 의해 회전하는 터빈과 실린더에 공기를 압송하는 블로어가 하나의 축에 회전자(rotor)로 결합되어, 이것이 터빈 케이스, 블로어 케이스 및 베어링 케이스 안에 들어 있다. 기관의 배기가스는 배기 다기관에서 터빈 케이스로 들어가 터빈을 50,000rpm 이상으로 고속회전시킨다. 이때 터빈과 같은 축에 부착되어 있는 블로어도 동시에 고속회전하여 블로어 케이스의 공기 흡입구에서 공기를 흡입한다. 흡입된 공기는 가압과 가속이 되지만 디퓨저(diffuser)를 지나는 사이에 속도가 떨어져 속도 에너지가 압력으로 바뀌고, 블로어 케이스의 출구에서 흡기 다기관으로 가압공기가 들어가게 된다.

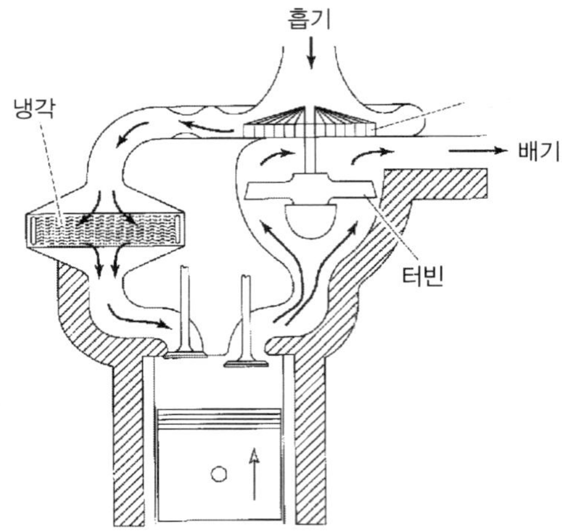

그림 7.5 터보 차저의 구조

7.2.2 터보차저의 원리

엔진의 출력은 분사되는 연료의 양이 아니라 흡입하는 공기의 양에 의해 결정된다. 공연비가 정해진 범위를 벗어나면 많은 연료를 분사해도 출력은 발생하지 않고 검은 연기만 생성되며 연료만 버려진다. 그러므로, 정해진 공연비를 벗어나면 과도한 연료소비가 발생한다.

터보차저는 엔진에 더 많은 공기를 넣기 위해 엔진에 설치된다. 압축공기의 증가된 부피와 무게로 인하여 연료가 많이 분사되면 같은 크기의 엔진에서 더 큰 출력이 발생한다. 터보차저는 낭비되는 배기가스 에너지로 구동하는 간단한 공기펌프이다. 배기가스는 터빈의 휠과 샤프트를 구동하고 이는 압축기 휠과 연결되어 압축기가 구동된다.

디젤엔진에서 터보차저를 사용하면 얻을 수 있는 장점이 많다. 연료의 연소는 완전하고, 깨끗해지며, 대기압 이상으로 압축된 공기를 엔진으로 보내면 흡기 매니폴드에서 높은 압력이 유지되어 밸브 오버랩 기간에 공기가 연소실로 들어가서 연소실에 남아 있는 연소가스를 배기관으로 밀어내면서 동시에 실린더 헤드, 피스톤, 흡배기 밸브와 배기가스를 냉각시킨다. 엔진과 터보차저를 같이 사용하면 연소를 개선하여, 매연이 줄어들고, 연료 공급량을 늘리지 않으면서도 엔진출력을 증가시킬 수 있다.

터보차저를 엔진에 부착하면 출력은 40~50% 증가한다. 터보차저는 엔진 배기량을 초과하는 공기의 공급도 가능하므로, 적정한 설계를 하지 않으면 엔진과열, 과도한 연소압력과 높은 연소온도가 발생할 수 있고 이것은 엔진부품의 고장을 일으킨다.

7.2.3 가변용량 터보차저

가변용량 터보차저(VGT, variable geometry turbocharger, electric booster)는 엔진의 출력을 향상시키고 배기가스를 줄이기 위해 적용하는 부품이다. VNT(variable nozzle turbine), VVT(variable vane turbine), VTG(variable turbine geometry)라고도 한다. VGT는 운전자가 요구하는 엔진의 속도에 맞는 최적의 흡입공기를 제공하기 위하여 흡입공기의 압력을 제어하여 고압의 흡입공기를 저속과 고속 전 구간에서 최적의 출력성능을 발휘하도록 실린더에 공급한다.

터보차저에서도 전자제어 액추에이터의 적용 등 모터화가 진행되고 있다. 또한 전기 전자기술의 발전으로 100,000rpm 이상의 초고속 모터 발전기가 개발되어 터보차저에 적용이 가능하다. 모터 보조 슈퍼차저는 압축기와 초고속 모터가 직결되어 모터의 회전수를 제어하므로, 배기가스에 의해 회전하는 터빈에 관계없이 압축기의 토출 압력제어가 가능하여 배기손실의 감소와 엔진 다운사이징 효과를 통하여 연비를 향상시킬 수 있는 터보차저 시스템이다.

터보차저는 배기가스로 터빈을 돌려 이와 연결된 압축기로 흡입공기를 압축하여 공급하는 장치이고, 수퍼차저는 크랭크축의 회전을 이용하여 터빈을 구동하고 터빈은 압축기를 돌려 압축공기를 만든다. 배기량이 적은 엔진에서는 터빈의 에너지 사용량이 많아 적용하기 어렵다. 배기가스로 압축기를 구동하여 흡입공기를 압축하면 흡기압력은 20kPa정도의 부압에서 250kPa정도로 상승한다. 터보차저 시스템은 배기가스라는 버려지는 에너지를 사용하고, 터빈은 배기관에 붙어 있어 배기관의 배압을 높이기 때문에 배기가스가 배출되는데 어려움이 발생하기도 한다. 터보차저와 수퍼차저 등의 터보차저, 부스팅(boosting)기술은 실린더로 들어가는 공기를 압축하여 같은 출력을 보다 작은 엔진에서 얻을 수 있으며 부스팅 기술을 이용하여 엔진 다운사이징을 할 수 있고 출력증대, 배기가스도 저감시킬 수 있다.

VGT제어는 흡입공기의 압력제어와 배기가스량 제어이다. 저속에서는 터빈의 블레이드의 각도 변화 혹은 슬라이딩 노즐링으로 터빈입구의 배기가스 유입구 단면적을 좁게 하여 배기가스 유동 속도가 빨라지는 벤츄리 효과가 발생한다. 그러면 터빈의 회전속도와 부스트 압력이 빨리 높아져 큰 토크가 발생한다. 고속에서는 터빈의 블레이드와 슬라이딩 노즐 링 제어에 의해 배기가스 유입

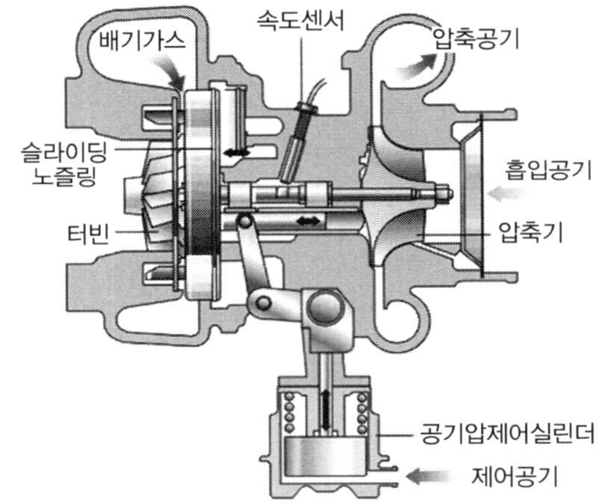

그림 7.6 Holset의 VGT

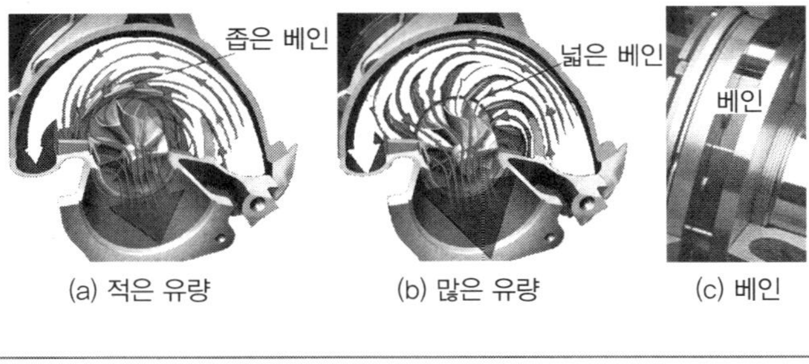

그림 7.7 볼보의 VNT

구의 단면적을 크게 하여 대량의 배기가스가 터빈으로 유입되면 터빈의 회전속도와 부스트 압력은 천천히 높아지고 출력이 증가한다.

배기가스량은 차속센서를 이용하여 터빈의 부스트 압력을 조절하면 결정되고 진공 솔레노이드 액츄에이터 밸브와 공기압 제어 실린더를 사용하여 베인의 각도를 변화시키거나 노즐링 위치를 변화시킨다. 가변제어 방법은 크랭크각 센서(CKP), 엑셀페달 센서(APS), 대기압 센서(BPS), 흡기온도 센서(ATS), 수온센서(WTS), 차속센서(VSS) 신호를 ECU가 받아 목표로 하는 흡입공기의 부스트압력을 계산하고 압축된 공기의 압력을 부스터 센서로 감지한다. 목표압력이 계속 유지되도록 VGT의 가변밸브를 듀티 제어한다. 배기가스 유량을 제어하면 부스트 압력은 가변되어 터빈의 구동력도 가변된다. VGT의 적용으로 최적연소가 이루어지면 불완전 연소감소로 배기가스 저감된다. **그림 7.6**은 Holset의 VGT를 나타낸다. **그림 7.7(a)**는 베인이 눕혀져서 적은 유량이 들어가고 **그림 7.7(b)**는 세워져서 많은 유량이 통과한다.

7.2.4 2단 터보차저

2단 터보차저는 2중 EGR에서 고압의 대용량 EGR량의 순환시키기 위하여 고압루프에도 터보차저를 장착한다. 대형 디젤의 경우는 NOx 발생이 많아 부분부하, 전부하 등 모든 영역에서 EGR을 적용해야 한다. **그림 7.8**에서 배기가스는 터빈을 돌리고 터빈은 압축기로 연결되어 있어 압축기는 믹서를 통해 나오는 혼합기와 저압냉각기에서 나오는 EGR을 압축하여 중간 냉각기로 보낸 후 스로틀 밸브를 거쳐 실린더로 들어간다.

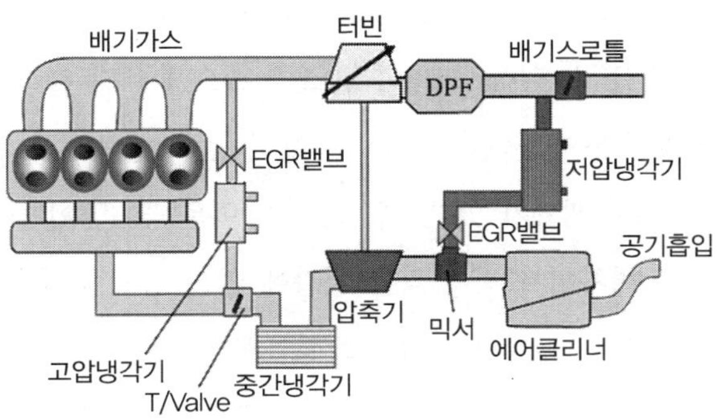

그림 7.8 1단 터보차저, 2단 cooled EGR

① **저압루프** : 배기가스가 터빈 전에서 EGR밸브, 고압냉각기를 거쳐 스로틀 밸브를 통하여 2단 압축 혼합기와 만난다. 1단 EGR에 저압 EGR밸브, 저압 냉각기, 배기 스로틀 밸브, 믹서 등이 추가 되었다. 하이브리드 EGR은 배기가스를 취득하는 지점이 터보차저 전의 고압부분과 터보차저 후인 저압부분의 2곳에서 취득하여 고저압 냉각기, EGR밸브, 스로틀밸브를 거쳐 실린더로 공급된다. 저압루프는 배기가스가 터빈과 압축기 사이의 압력차가 커서 고압루프보다는 많은 배기가스가 실린더로 들어간다. 저압루프는 정속주행과 같은 부하가 적게 걸리는 운전조건에서 사용한다.

② **고압루프** : 고압루프는 EGR밸브 전후의 압력의 차이가 적고 압축기를 통과하면 공기는 압력이 높아져 배기가스가 흡기 쪽으로 잘 가지 못한다. CEGR은 고압루프만 있고 저압루프는 시스템의 유로가 길어 엔진성능이 떨어지고 적은 양이 취득되어 응답성이 떨어지는 단점이 있어 응답성을 빠르게 하기 위하여 고압루프를 같이 적용한다. 고압루프는 시내주행과 같은 부하가 많이 걸리는 조건에서 사용하고 저압루프와 고압루프의 EGR량에 따라 연비상승도 가능하다.

7.2.5 터보래그(Turbo lag)

터보차저가 부스트를 시작하려면 즉 터빈이 회전을 하려면 엔진이 일정 회전수까지 높아야 한다. 이를 부스트 한계(boost threshold)라 한다. 배기가스의 양이 충분하지 않으면 정지되어 있는 터빈을 돌리기가 어렵기 때문에 부스트 한계가 존재한다. 그리고 운전자가 가속페달을 밟은 후 터보차저가 작동할 때까지 시간지연이 발생하는데 이를 터보래그(turbo－lag)라 한다. 엑셀가속과 동시에 연소실로 들어가는 공기는 압축기의 저항으로 인하여 유동이 느리게 된다. 유동을 빠르게 하기 위해서는 배기가스 통과유로를 좁게 만들어 터빈의 속도를 높여야 압축기도 빨리 돌아 흡입공기가 빨리 들어가 터보지연을 막을 수 있다. 그러나 유로가 좁으면 엔진 출력이 떨어지므로 터보 베인을 회전시키는 배기가스 유량을 가변해야 한다.

EGR 순환은 VGT와 밀접한 관계가 있다. 흡입공기 압력은 대기압이거나, 압축기에 의해 정압이 되어 흡기관과 배기관의 압력차이가 적어 짧은 시간에 많은 양의 배기가스를 재순환시키기 어렵다. 이를 해결하기 위하여 디젤기관에서도 전자 스로틀밸브를 흡기관 입구에 설치한다. EGR 작동구간에서는 스로틀 밸브를 닫아 흡기 매니폴드 내의 압력을 부압으로 만들어 많은 배기가스가 재순환될 수 있도록 한다. 스로틀밸브는 가솔린처럼 공기량을 조절하는 것이 아니고 단순히 부압을 만드는 역할만 한다. 스로틀밸브는 시동이 꺼지면 스로틀밸브를 닫아 엔진의 펌핑손실 증가시 나타나는 문제점인 디젤링 현상을 방지하는 역할도 수행한다. 디젤링 현상은 디젤기관에서 시동을 끌 때 테일 파이프가 떨면서 꺼지는 현상을 의미한다.

터보차저는 공기량을 늘려 출력증대를 도모하고 연비개선에도 유용한 기술이다. 특히 EGR로 NOx를 저감할 때 나빠지는 연비와 PM을 개선하는 중요한 수단이다. 그 효과를 높이기 위해 인터쿨러, EGR 쿨러를 같이 사용하고 가변기구(VGT)와 다단 터보차저로 영역을 한층 더 넓히는 기술도 채용되고 있다.

7.2.6 모터보조 터보차저

(1) 모터

이는 기존의 터보차저 엔진은 배기가스로 구동되는 터빈 축으로 압축기를 돌려 고압의 공기를 엔진에 공급한다. 터보차저용 압축기 구동을 배기가스에 의한 터빈으로 구동 하지 않고 고속모터로 구동하는 모터보조 터보차저이다. 모터의 고응답성을 이용하여 터보래그를 해소하고, 엔진의 다운사이징을 실현할 수 있는 방법이다. 초고속 모터 겸용 발전기를 적용하는 모터보조 터보차저는 2종류로 분류한다. 하나는 기존의 터보차저에 고속모터 겸용 발전기를 내장하는 하이브리드 터보이다. 모터겸용 발전기를 장착하여 배기가스 에너지가 부족한 저부하일 때는 모터로 보조하여 터보래그를 개선하고, 고부하 영역에서는 배기가스 에너지를 전기로 회수하여 배터리에 충전하거나 ISG(Integrated Starter Generator)를 통하여 엔진의 구동보조로 이용한다. 다른 하나는 배기가스를 이용하지 않는 모터 수퍼차저이다. 고속모터를 이용하여 원심 압축기를 직접 구동하여 고압의 공기를 엔진에 공급한다. 모터 수퍼차저는 터보차저와 함께 2단 터보로 사용하기도 하며 이는 기존 터보차저보다 압력 상승시간을 35% 이상 빨리 할 수 있다. 그림 7.9는 고속모터 수퍼차저를 나타낸다.

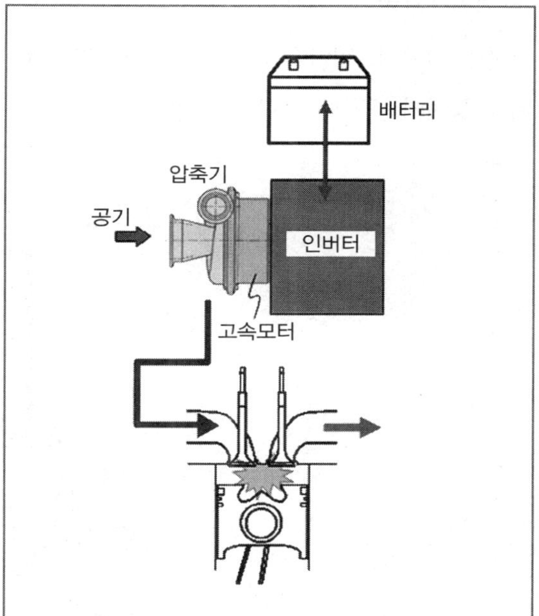

그림 7.9 고속모터 수퍼차저(출처 : www.mhi.co.jp)

(2) 모터보조 2단 터보차저

엔진의 연비개선과 배출가스 저감방법으로 터보차저에 의한 엔진의 다운사이징과 다운스피딩 기술이 개발되고 있고, 터보차저를 부착한 직접 분사식 엔진의 다운사이징 기술은 현재 실용화되고 있으며 이 엔진에 터보차저를 장착하는 비율은 점점 높아지고 있다. 가솔린 기관은 터보차저 다운사이징을 적용하는 엔진도 아직 배출가스 규제기준에 미달이며, 규제가 계속 강화되고 있는 디젤기관은 2021년에 도달하면 CO_2 규제와 배출가스 규제기준을 달성할 전망이지만, 앞으로 세계 공통시험 사이클(WLTC, Worldwide harmonized Light duty driving Test Cycle)의 적용이 예정되어 있어 이에도 만족해야 하는 기술적인 과제를 안고 있다. 엔진의 출력을 유지하고 연비를 향상시키는 위해서는 대량 EGR, 밀러 사이클, 초희박 연소 등의 적용, 터보차저의 높은 부스팅화, 엔진효율 향상이 반드시 필요하다. 이러한 터보차저에 의한 출력향상과 연비향상을 동시에 실현하기 위해서는 모터 2단 터보차저가 가장 효과적인 기술이다. 종래의 터보장치는 터보지연과 EGR의 지연 등으로 제어가 어려웠지만 기존의 터보장치에 모터 터보차저를 사용하는 다운사이징 엔진에 의하여 연비 개선이 이루어지고 있다.

가솔린 엔진의 터보차저 다운사이징에 의한 연비개선은 높은 부스팅 압력이 필요하지만 압력이 높으면 노킹과 배기가스 에너지의 손실을 발생한다. 대량 EGR과 높은 부스팅 압력을 같이 적용하는 엔진에서는 대량 EGR은 NOx저감, 높은 부스팅 압력은 PM을 저감시키고 배기압력을 제어하여 연비악화를 방지한다. **그림 7.10**은 모터보조 2단 터보차저를 나타낸다. 모터 2단 터보차저는 모터구동 압축기, 웨이스트 게이트 터보, 바이패스 밸브 등으로 구성되며 전기모터는 정지 후 기동이 가능하기 때문에 공회전에 의한 전기의 손실이 없어 연비에도 유리하다. 모터구동 압축기는 기

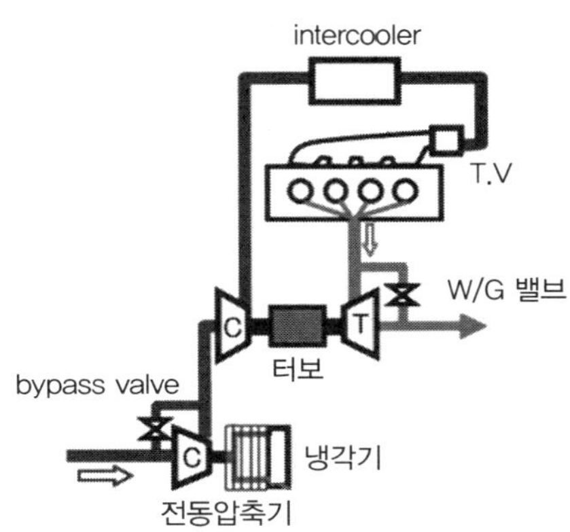

그림 7.10 모터보조 2단 터보차저(출처 : www.mhi.co.jp)

존의 12V 전원으로 모터의 최고출력 3kW, 최고 회전수 90,000rpm의 고효율 모터이다.

그림 7.11은 1.2L, 1.4L의 웨이스트 게이트 터보차저 엔진과 1.1L 모터 2단 터보차저 엔진의 다운사이징 효과를 나타낸다. 모터 2단 터보차저 1.1L 가솔린 엔진은 웨이스트 게이트 터보차저 1.4L 가솔린 엔진에 비하여 안정된 성능을 유지하고, 과도 응답성도 42% 정도 개선되고 있다.

그림 7.12는 EGR에 의한 과도 응답시간의 비교를 나타낸 것이다. EGR이 없는 웨이스트 게이트 터보차저 가솔린 엔진을 기준으로 하면, 1.5L 가솔린 엔진에서는, EGR이 10%이면 엔진토크는

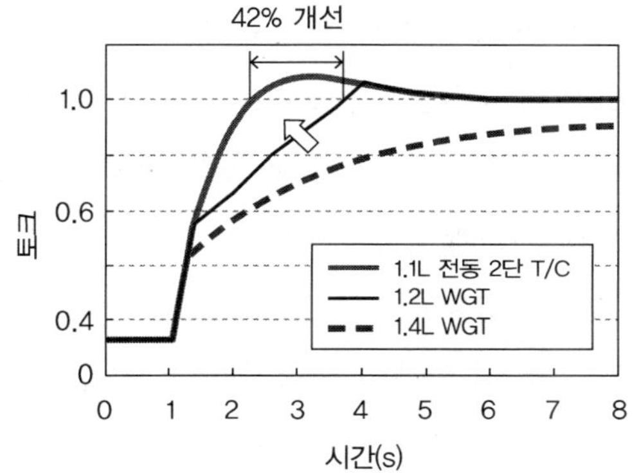

그림 7.11 WGT와 모터 2단 T/C(출처 : www.mhi.co.jp)

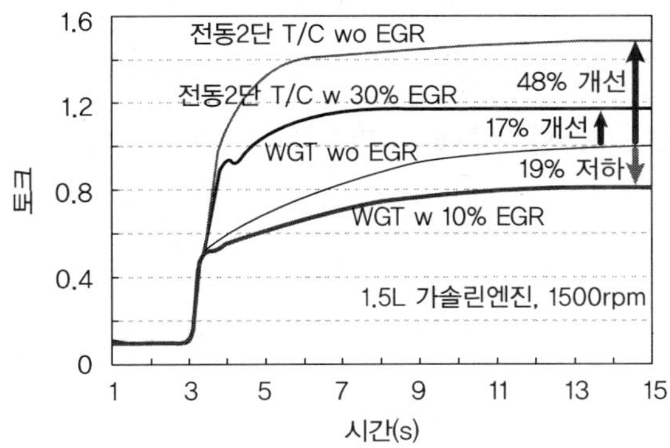

웨이스트 게이트 터보차저 가솔린 엔진 : 배기가스로 1개의 압축기 구동
2단 터보차저 가솔린 : 배기가스로 2개의 압축기 구동
모터 2단 터보차저 가솔린 : 모터로 1개의 압축기를 직접 구동, 배기가스로 1개의 압축기 구동

그림 7.12 WGT와 모터 2단 T/C(출처 : www.mhi.co.jp)

19% 저하, EGR 없는 모터 2단 터보차저 가솔린 엔진은 48% 토크개선, EGR 30%이면 17%의 토크향상의 결과를 나타낸다.

7.3 EGR

7.3.1 개요

1973년 처음 적용된 EGR은 6~10%의 배기가스를 흡기로 보내어 질소와 산소의 반응을 감소시켜 1400℃ 이하로 연소실 온도를 유지하는 기능을 한다. 흡기와 배기장치 사이의 압력차이로 배기가스는 흡기장치로 들어가며 배기가스 양을 조절하는 EGR 밸브가 있다. 공회전시는 작동을 하지 않고 고부하 시와 연소온도가 상승할 때 작동을 한다.

자동차 배기가스 성분 중 NOx는 광화학 스모그의 주 원인으로 CO, HC와 더불어 규제가 강화되고 있다. NOx는 연소온도의 상승과 함께 증가하고 CO와 HC는 불완전 연소의 결과로 발생된다. 이론 연소온도는 디젤기관에서 성층연소 시 열손실이 없이 완전연소가 발생하는 연소가스 온도이다. 그러나 실제로는 연소가스 온도가 이론 연소온도를 벗어나고 1400℃ 이상으로 높아지면 연소 생성물 중의 안전한 분자인 CO_2와 H_2O의 일부는 CO, O_2, H_2 및 OH로 분해되기 시작한다. 이와 같은 현상을 열해리라 한다. 이러한 열해리에 의해서 연소실 온도가 높아지고 NOx가 많이 발생한다. 연소실의 연소온도가 2400℃를 넘으면 본격적인 NOx가 생성되기 시작한다. 이러한 NOx를 저감하는 방법으로는 불활성 배기가스의 일부를 흡기계통으로 재순환시키면 연소 최고온도는 낮아진다. 이를 배기가스 재순환 장치(EGR)라고 한다. 엔진 부하상태에 따라 실린더 체적의 5~30%의 배기가스를 흡기 매니폴드로 재순환시킨다. 가솔린 기관에서는 부분부하에서 흡기 매니폴드에 진공이 걸리고 이 힘에 의해 EGR 밸브가 열리면 배기가스는 흡기 매니폴드로 들어간다. 스로틀 밸브가 완전히 열리면 흡기 매니폴드의 진공이 낮아져 EGR 밸브는 닫히지만 이때는 연소시간이 빨라서 NOx는 생성되지 않는다. 질소산화물은 높은 온도의 연소실 환경에서 발생하고 EGR은 가솔린, 디젤엔진 모두 연소실 온도를 낮추어 질소산화물을 감소시킨다. EGR 기술을 이용하여 후처리 장치를 없애는 것도 좋은 방법이다.

배기가스에는 질소에 비해 열용량이 큰 이산화탄소가 포함되어 있어 적당하게 혼합하면 연소온도가 내려가 질소산화물의 발생을 억제할 수 있다. 배기가스를 재순환하면 엔진출력은 떨어지기 때문에 질소산화물의 배출량이 많은 운전영역을 선택하여 재순환을 해야 한다.

오랫동안 EGR은 디젤엔진에서 질소산화물을 감소시키는 기술로 인식이 되어 왔지만 가솔린 엔진에서도 연비향상과 NOx를 감소시킨다. 희박이나 초희박 연소 시 연소실 온도는 계속 높아지므로 이를 방지하기 위해서는 EGR양도 계속 증가시키는 기술개발이 필요하고 희박연소에서는 EGR은 성층연소의 효과가 있으므로 고용량 EGR기술 개발은 매우 중요하다.

① 가솔린 기관 : 일반적으로 PFI기관에는 EGR을 적용을 하지 않는다. 최근에 GDI, 하이브리드 차량, 다운사이징 엔진에서 출력과 연비를 높이기 위해 적용한다. 배기가스는 냉각수를 EGR 밸브로 순환시켜 냉각시키기도 한다. 그리고 고압축비 가솔린 기관에서 노킹방지를 위해 냉각 EGR을 사용한다.

② 디젤기관 : 일반적으로 EGR을 적용한다. 터보차저에 의해 냉각된 압축공기를 냉각하는 중간 냉각기(intercooler)와 배기가스를 냉각하는 EGR 냉각기(cooler)를 같이 사용한다. **그림 7.13**은 전자식(electronic) EGR 밸브를 나타낸다.

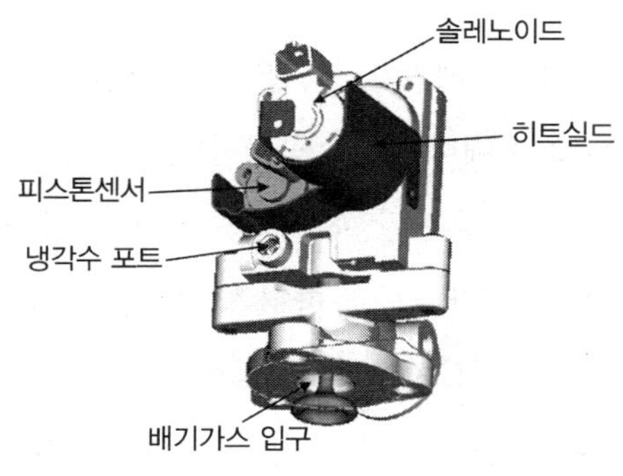

그림 7.13 EEGR 밸브

EGR의 종류에는 가변밸브 타이밍 기술을 이용하여 배기가스를 실린더에 남도록 제어하는 내부 EGR과 배기가스를 배기관에서 흡기시스템으로 순환시켜 실린더로 공급하는 외부 EGR이 있다. 내부 EGR는 외부장치가 아닌 흡배기 밸브를 이용하여 제어를 하고 연소실에서 배기가스를 트랩하므로 구조가 간단하다. 외부 EGR은 진공식, 전자식이 있다.

① VVT 제어 : 내부 EGR로 이용

② 진공식 EGR : 부분부하 시 작동(외부 EGR)

③ 전자식 EGR : 무단계 제어(외부 EGR)

내부 EGR은 VVT로, 진공식은 흡기매니폴드의 부압으로, 전자식은 ECU에 의해 제어한다. 전자식은 무단계 제어를 하고 스로틀밸브와 연동하여 EGR량과 흡입공기량을 제어한다. 배기가스 한계치를 맞추기 위해서는 정밀한 제어가 필요하다.

7.3.2 냉각 EGR(Cooled EGR, CEGR)

공기는 질소와 산소의 혼합물이고 질소는 온도가 높으면 NOx로 된다. NOx를 감소시키기 위해서는 연소실의 온도를 감소시켜야 한다. 1990년대에는 실린더의 온도를 감소시키는 방법으로 흡입공기를 중간 냉각기로 냉각시키거나 분사시기를 늦추었지만 2000년대에 들어서 NOx와 비메탄 탄화수소(NMHC)가 2.5 g/bhp－h를 초과할 수 없는 법이 마련되자 공기를 냉각하는 중간 냉각기나 분사시기를 늦추어도 해결을 할 수 없었다. 이때부터 연소실의 온도를 감소시키기 위해서 냉각 EGR기술을 적용하기 시작하였다.

냉각 EGR(Cooled EGR)은 재순환되는 배기가스의 온도가 900℃로 너무 뜨거워 EGR 냉각기를 이용하여 온도를 150℃로 낮추어 흡기 매니폴드로 공급한다. 냉각된 배기가스는 흡입공기와 혼합되면 단위 질량당 산소분자가 적어지고 혼합된 배기가스는 연소과정 동안 발생하는 열을 흡수하여 연소온도는 감소된다. 재순환된 배기가스로 인하여 낮아지는 출력은 터보차저를 사용하여 흡입 혼합기의 양을 증가시켜 해결한다. 터보차저를 사용하면 흡입공기는 압축이 되기 때문에 배기가스가 혼합되어도 엔진의 출력은 떨어지지 않는다. 따라서 터보차저를 사용하면 엔진의 출력은 사용하지 않는 기관과 동등하거나 높게 되고 NOx는 50% 이상 저감되는 효과가 있다. 디젤엔진은 스로틀 위치제어와 공기유량센서를 사용하여 제어하고, 가솔린 엔진은 스로틀 위치제어를 이용한다. GDI 엔진은 배기가스 재순환량이 많아, 엔진에 큰 영향을 미치므로 흡기 매니폴드 압력센서, 공기유량센서를 사용하여 제어한다.

(1) 디젤기관 CEGR

CRDI엔진은 가솔린 엔진보다 출력성능과 연비가 높다. 그러나 배기가스는 가솔린 엔진보다 나빠서 스모그(흑연), PM, NOx의 배출저감이 필요하다. 디젤엔진은 배기가스 온도가 낮은 연소특성을 가지기 때문에 가솔린 기관에서 사용하는 450℃ 이상의 온도를 필요로 하는 삼원촉매로 배출가스를 처리하기 어렵다. CRDI엔진은 많은 후처리 장치가 필요하여 차량의 가격이 높아진다. 후처리 장치를 적게 사용하여 해결하는 방법이 냉각 EGR량을 증가시키는 것이다. 기존의 착화지연시간을 길게 하거나 희박연소에 의한 스모크 저감방법과는 다른 대량의 EGR은 연소온도를 대폭적으로 저감하므로 온도가 낮은 상태에서는 연료를 연소시켜도 배출물이 거의 발생하지 않는다.

CRDI엔진에서 CEGR의 등장은 터보차저를 복잡하게 만들었고 압축기의 부스트 압력과 터빈의 압력을 조절하여 EGR 유량을 제어하기 위하여 터빈의 가변 유량제어(VGT)가 필요해졌다. 터빈의 유량제어는 진공이나 스텝모터를 사용하여 노즐 링을 움직여 터빈 블레이드 유량 통로 면적을 변화시키는 방법이다. VGT는 터보래그 현상을 없애고 반응을 좀 더 빠르게 하기 위해 반드시 높은 부스트 압력이 필요하여 배기 매니폴드의 배압은 많이 높아진다. 높아진 배압은 배기가스가 흡기 시스템으로 잘 순환되도록 도와준다. 또한 흡기관으로 들어가는 유량을 제어하기 위해서는 ECU에 의해 제어되는 전자 EGR 밸브가 필요하다.

디젤기관의 배기가스 대응기술은 PM 대책으로는 연료분사의 고압화, 연소실의 형상 최적화, 디젤 미립자 제거장치(DPF) 등이고, NOx대책으로는 전자제어에 의한 연료분사 정밀제어와 배기가스 재순환장치의 적용이다. EGR에 의한 NOx 생성량 감소를 효율적으로 하려면 각 실린더에 균일하게 EGR을 보내야 한다. EGR 도입량의 실린더 간의 불균형을 해소도 중요하다.

엔진부하가 변하는 조건에서는 터보차저의 응답지연은 연소실의 공기량 부족을 유발한다. 따라서 PM 배출량이 증가하고, 흡배기 압력차이가 변하면 EGR 도입량도 변화한다. 터보차저의 응답지연을 고려한 EGR량의 제어가 필요하고, 압축기 전에 공기유량 센서를 설치하여 공기량을 측정하고, 흡기 매니폴드의 압력, 온도를 측정하여 공기 과잉율을 추정하는 제어 방법도 사용한다. 고

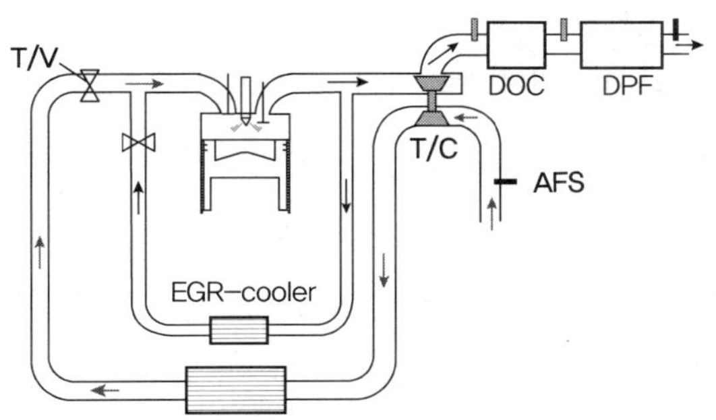

그림 7.14 CEGR

부하 시에는 공기 과잉율을 제어하여, EGR 유량을 피드백 제어하면 PM 배출량을 억제할 수 있다. 그리고 인젝터의 분사모양과 연료 확산방향을 최적화하면, 연소실 전체의 공기를 효율적으로 활용할 수 있어 PM 배출량을 저감할 수 있다.

대형디젤인 경우 EGR용 밸브리프트를 이용하여 제어하기도 한다. 그림 7.15는 대형 디젤에서의 EGR 시스템을 나타낸다. EGR 냉각기, 중간냉각기, 배기계에는 NOx 흡장환원촉매를 사용한다.

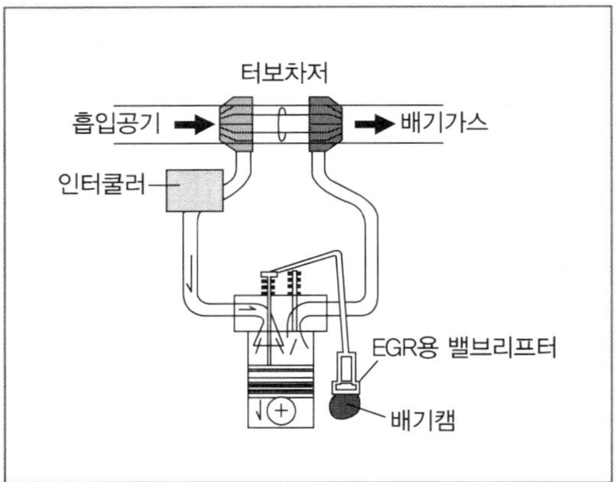

그림 7.15 대형 디젤 EGR시스템

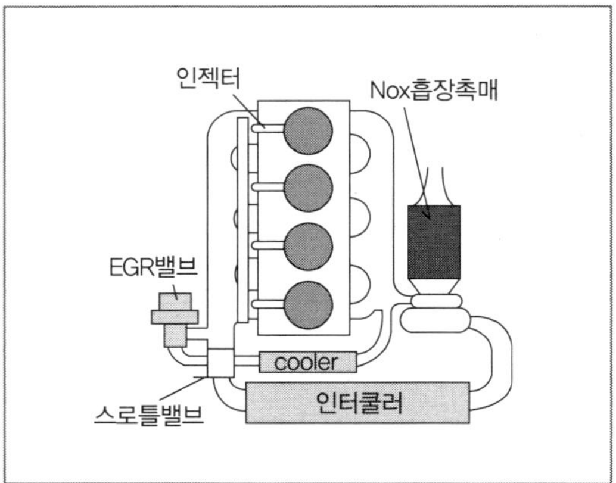

그림 7.16 외부 CEGR 시스템

(2) 가솔린기관 CEGR

가솔린기관의 배기가스 제어는 연료 혼합물을 모든 부하조건에서 항상 $\lambda=1$이 되도록 제어를 하며, 삼원촉매는 배출물을 감소시킨다. GDI 엔진은 초희박 제어시 삼원촉매 사용은 불가하여 질소산화물의 저감에는 많은 EGR량이 필요하다. EGR은 삼원촉매 전에서 70%까지 NOx를 저감하지만, 배기가스 흐름은 약화되어 배기온도가 증가시켜 촉매의 전환율은 좋아진다. CRDI엔진에서 산화촉매는 HC와 PM 저감에 사용하고 EGR은 NOx를 저감시키는 유일한 수단이다. EGR가스의 온도를 낮추어 사용하는 냉각 EGR은 질소산화물을 더 많이 감소시킨다.

EGR을 적용하면 혼합기의 비열비가 올라가고, 희박연소 효과도 있다. 혼합기의 O_2가 줄어 혼합기를 완전 연소시키려면 반드시 연료를 줄여야 하는데 그러면 연비가 좋아진다. 냉각 EGR은 고온의 배기가스의 온도를 낮추어 가스밀도를 높이고 엔진의 손실저감과 노킹을 방지하고 약 2~3% 연비가 향상된다. 가솔린 엔진은 저부하 시에는, 흡입 공기량이 적어져 연료의 분사량도 감소하고, 고부하 시에는 연소온도가 고온이 되어 이상연소가 발생할 수도 있다. 이러한 문제는 배기가스를 재순환시켜 흡입공기에 배기가스를 혼합하여 실린더로 보내면, 이상연소는 방지되고 연비가 향상된다. EGR은 연비가 향상되고 NOx 발생은 적어지지만, EGR량이 많아지면 연비와 HC가 나빠진다. 주로 하이브리드 기관, 다운사이징 기관에서 출력과 연비를 높이기 위해 사용한다. 내부 EGR의 장점은 배기행정 말기에 많은 HC를 밸브가 트랩하면 다시 연소시킬 수 있는 것이다. 따라서 외부 EGR에 비해 HC 저감 효과가 크고 외부 EGR은 냉각기를 통과시켜 배기가스 온도를 낮출 수 있지만 내부 EGR은 온도를 낮출 수 없다.

가솔린 기관에서는 진공식 EGR은 저부하 시에만 작동하고 고부하 시는 작동을 하지 않는다. EGR을 적용하면 저부하 시에는 흡입 공기량이 감소하여 작은 배기량 엔진을 주행하는 것과 동등한 효과를 얻을 수 있고, 고부하 시는 펌핑손실이 적어져 연비가 향상된다. 이런 이유로 가솔린 자동차에서는 냉각 EGR의 적용이 늘어가고 있다. 외부 EGR을 장착한 가솔린 자동차는 냉각기를 사용하지 않고 냉각수를 EGR 밸브로 순환시키거나 간단한 열교환 장치를 이용하여 냉각하기도 한다. 대량의 EGR은 가솔린 엔진의 스로틀 밸브를 없앨 수 있지만 점화가 어렵고 연소가 불안정하는 등 제어가 어려워 아직 실용화는 되지 않고 있다.

가솔린 기관의 CEGR은 스로틀밸브가 발생하는 펌핑손실과 노킹에 의한 효율저감의 문제를 해결하기 위해 적용한다. 엔진노킹을 감소시키기 위하여 배기가스 온도를 700℃에서 90~150℃까지 낮춘다. 노킹과 연소가스 온도를 감소시켜 열응력에 의한 크랙이 많은 터빈의 재료선정이 쉽고 엔진 다운사이징시 설계가 쉬운 장점이 있다. 따라서 가솔린 기관도 압축비를 11~15:1까지 올릴 수 있고 압축비가 높아지면 효율이 좋아진다. 그림 7.17은 1단 냉각 EGR 시스템을 나타낸다.

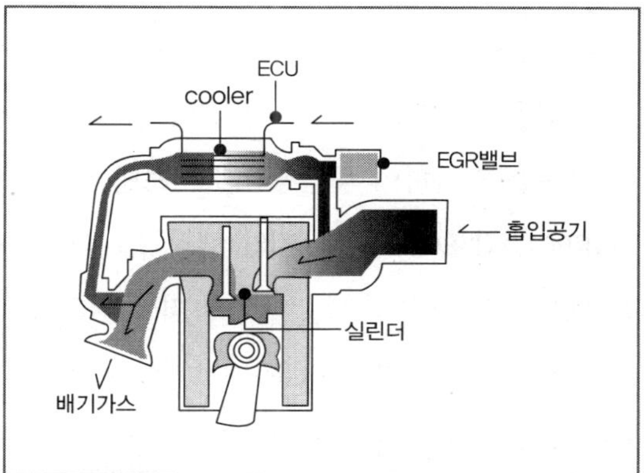

그림 7.17 1단 Cooled EGR

표 7.1 차종별 EGR

종류	CI EGR	SI EGR	GDI EGR
목적	NOx, 소음감소	NOx감소, 연비향상	NOx감소, 연비향상
EGR율	60%	20%	50% (30% 균일)
배기가스 최대온도	450℃	650℃	450℃ (650℃ 균일)
온도	CEGR	EGR	CEGR

7.3.3 EGR 시스템

(1) 2단, Dual EGR

디젤엔진에서 배출가스 저감과 연비향상이라는 2가지 모두 충족시키기 위하여 적용되는 시스템이다. 디젤엔진은 가솔린엔진보다 높은 열효율로 인해 연료 소모율이 낮고 CO_2 배출량이 적지만 NOx와 입자상물질 배출로, 2014년 1월부터 시행 중인 EURO VI 규제를 만족시키기 위해 추가적인 촉매가 필요했다. 디젤엔진의 경우, CRDI엔진으로 인해 NOx와 PM의 배출량이 획기적으로 감소하였으나 추가적인 배기저감 기술이 필요했다. 저압(LP)EGR 루프는 고압(HP)EGR 루프와는 다르게 DPF 후면에서 추출한 배기가스를 터보차저의 압축기의 전면으로 재순환시키는 방식이다. 부스트 압력을 높게 만들면 EGR 순환이 좋아져 배기가스의 유량이 증대된다. 부스트 압력을 높게 하려면 2단의 하이브리드 EGR이 필요하다. 이를 사용하면 EGR은 대용량이 되고 터보차저의 펌핑손실이 감소되어 효율이 좋아진다. 대량 EGR의 사용으로 후처리 장치를 제거할 수 있다. 대형디젤의 경우는 NOx 발생이 많아 부분부하, 고부하 등 모든 영역에서 EGR을 적용해야 한다.

그림 7.18은 2단(hybrid) 냉각 EGR을 나타낸다. 그림에서 2단 EGR은 배기가스는 터빈을 돌리고 터빈은 압축기로 연결되어 있어 압축기는 믹서를 통해 나오는 혼합기와 저압냉각기에서 나오는 EGR을 압축하여 중간냉각기로 보낸 후 스로틀밸브를 거쳐 실린더로 들어간다. 1단 EGR에 2단 EGR에 저압 EGR 밸브, 저압 냉각기, 배기 스로틀밸브, 믹서 등이 추가되었다. 하이브리드 EGR은 배기가스를 취득하는 지점이 터빈 전의 고압부분과 터빈 후인 저압부분의 2곳에서 취득하여 고저압 냉각기, 고저압 EGR 밸브, 스로틀밸브를 거쳐 실린더로 공급된다. NOx를 줄이는 가장 효과적인 방법은 대량의 배기가스를 실린더로 재순환하는 것이다. 그러면 낮은 온도의 배기가스를 실린더로 넣을 수 있다. 현재의 냉각 EGR 시스템은 저부하 시에만 적용되고 있으며 앞으로는 고부하에도 적용되어야 배기가스 규제를 만족할 수 있다.

저속과 고속의 전체영역에서 부스트 압력을 높게 만들려면 먼저 배기가스의 유량이 증대되어야 한다. 하이브리드 EGR 시스템은 EGR양을 최대로 하여 터보차저의 펌핑손실을 감소시켜 연비효율을 좋게 하고 후처리 장치를 제거하여 차량가격을 낮추어 배출가스를 줄이는 것이 목적이다. 이에 따라 하이브리드 EGR이 개발되었다. 고압 EGR경로는 터빈 전에서 재순환되어 순환 길이가 짧고, 고압의 배기가스이어서 고부하에서 사용하고 저압 EGR경로는 저부하에서 사용한다. 듀얼 EGR은 엔진 작동조건과 엔진회전수에 따라 연속적으로 조정된다.

① **고압루프** : 고압루프는 배기가스가 터빈 전에서 EGR 밸브, 고압냉각기를 거쳐 스로틀 밸브를 통하여 2단 압축 혼합기와 만난다. 고압루프는 배기가스가 터빈과 압축기 사이의 압력차가 커서 저압루프보다는 많은 배기가스가 실린더로 들어간다. 고압루프는 정속주행과 같은 부하가 적게 걸리는 운전조건에서 사용한다. 고압루프는 터빈 전에서 배기가스 재순환되어 적은 배기가스가 들어가 응답성이 향상되고, 고부하 시 작동한다.

② **저압루프** : 저압루프는 EGR 밸브 전후의 압력의 차이가 적고 압축기를 통과하면 공기는 압력이 높아져 배기가스가 흡기 쪽으로 잘 가지 못한다. 고압루프는 시스템의 유로가 길어 적은 양이 취득되어 응답성이 떨어지는 단점이 있어 응답성을 빠르게 하기 위하여 고압루프를 같이 적용한다. 저압루프는 시내주행과 같은 부하가 많이 걸리는 조건에서 사용하고 저압루프와 고압루프의 EGR량에 따라 연비 상승도 가능하다. 저압루프는 터빈 후에서 배기가스를 재순환하여 많은 배기가스 유량이 확보되고, 많은 배기가스가 필요한 높은 압력이 가능하다. 저압 냉각기와 중간 냉각기로 2번의 냉각효과를 가지고 저부하 시 작동한다.

EURO IV에서는 CO_2를 증가시키지 않는 양인 15~18%를 재순환시키는데 EGR을 무조건 증가시키면 연소의 불안정성과 엔진의 내구성에 문제가 발생한다. NOx를 저감시키는 기술은 다음과 같다.

- EGR 냉각기 적용하고 EGR량 증대기술
- 연료를 고압으로 하는 기술
- 가변유량을 적용시킨 터보차저 기술
- 새로운 센서기술을 사용한 연소제어 기술

하이브리드 EGR 시스템은 엔진부하와 회전수에 따라 제어가 변하게 된다. 각 부하영역에 맞추어 최적제어를 목표로 하고 있다. 저부하 영역에서는 기존의 고압 EGR 시스템을 사용하여 응답성을 향상시킨다. 초기성능을 만족시키게 되면 중부하 영역에서 고압과 저압 EGR을 동시에 작동시켜 연소생성물 저감과 연비향상을 달성한다. 고부하 영역에서는 연소온도가 상승함에 따라 질소산화물이 많이 발생하게 되는데 이때는 저압 EGR만 사용하여 질소산화물 배출을 저감시킨다.

(2) 2단 터보차저 EGR

2단 터보 EGR은 터빈을 소형과 대형 2개를 설치하여 대량의 EGR유량을 확보한다. 연비효율을 높이고 NOx개선에 유리한 시스템이다.

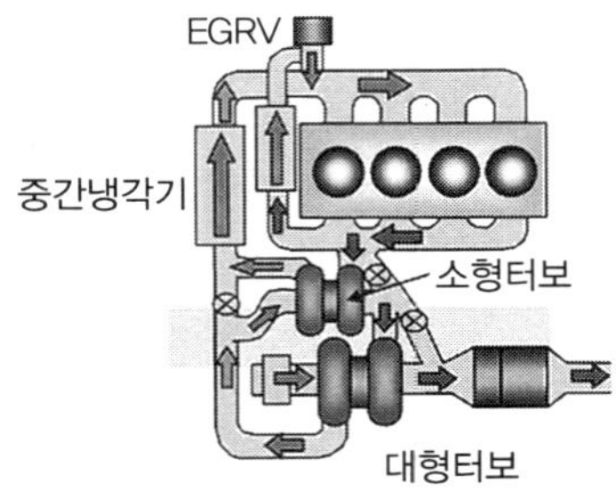

그림 7.18 2단 터보차저 EGR

(3) 혼합 압력 루프 EGR(Mixed PL – EGR)

터빈 후에서 EGR을 채취하여 터빈의 회전유량을 확보하여 부스팅을 시키고 EGR 냉각기와 인터쿨러를 이용하여 2단냉각을 시킨다. 연비와 NOx를 개선에 유리하고 EGR 압력은 고압과 저압 EGR의 혼합압력이다.

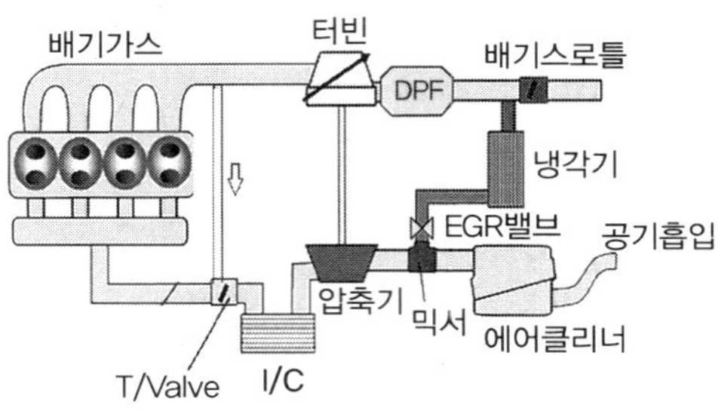

그림 7.19 MPL–EGR

CHAPTER

08 LTC연소

8.1 저온연소(LTC)

8.1.1 개요

1876년, 오토(Otto)는 불꽃점화 가스기관을 개발하였다. 이는 가솔린 연소로 예혼합기 흡입, 점화 플러그로 착화, 화염전파로 연소가 이루어진다. 1897년, Diesel은 공기만 흡입하고 노즐로 연료를 분사하고, 자기착화시켜 확산연소가 이루어지는 디젤기관을 개발하였다. 1979년, 일본의 大西(Onishi)는 이와는 다른 제3연소의 연소법인 예혼합 압축착화 기관을 개발하였고 이는 활성 열분위기 연소엔진으로 NOx저감과 고효율을 달성할 수 있는 연소법이다. 예혼합 압축착화 연소를 PCCI(premixed charge compression ignition)연소라고 하며, 이는 저온연소의 한 종류로 전기자동차 수준으로 환경부하가 적은 내연기관을 개발하는 것으로 연비향상을 도모하여 이산화탄소를 저감시킨다. LTC(low temperature combustion)연소는 흡입공기를 배기가스로 희석하는 배기가스 재순환 장치를 사용하여 화염온도를 NOx와 PM 생성온도 이하로 낮추는 연소법으로, 연소실의 온도, 압력, 산소농도, 압축과정, 연료 분사방법 등은 연소에 많은 영향을 미치고, 연료 혼합기의 자기착화 반응을 정밀하게 제어할 수 있어야 LTC연소가 가능하다.

가솔린 기관은 저부하에서는 흡기를 교축하여 펌핑손실이 크고, 고부하에서는 노킹이 발생하여 압축비를 올리지 못하여 열효율이 낮고, 화염전면의 전파방식으로 연소하고, 농후연소나 균일연소만 가능하고, 희박연소는 화염전파 생성에 한계가 있는 엔진이다. 내연기관에서 (초)희박연소가 가능해야 연비가 향상되지만 당량비 1이하인 희박상태는 점화 플러그로 점화가 잘 되지 않아 화염전면이 잘 발생하지 않는다. 그러나 삼원촉매와의 조합에 의해 배기 중의 NOx, CO, HC를 줄일 수 있는 장점이 있고, 열효율은 약 33%정도이다. 열효율의 향상을 위하여 연소실에서 연료를 직접 분사하는 성층흡기의 초희박 연소가 적용이 되고 있다.

디젤기관은 공기 만을 흡입하여 압축한 후 연료를 분사, 자기착화에 의한 불균일 확산연소를 한다. 약 45%정도의 열효율을 가지지만, 확산연소에 따른 배기가스 중의 NOx와 PM의 과다발생이 문제가 된다. 현재는 연료와 공기의 예혼합에 의한 연소, 연료 분사량과 분사기간의 최적인 전자제어, 분사노즐의 다공화, 커먼레일 시스템에 의한 고압분사 등에 의하여 배기가스 중의 NOx와 PM을 저감시키고 있다.

LTC연소는 균일희박 혼합기를 흡입하여 고압축비로 압축한 후, 한번에 자기착화시키는 다점 동시착화 급속 연소법의 한 종류이다. 희박 혼합기를 연소하는 방법은 고압축비로 압축하여 자기착화시키는 방법이 유일하며 이는 혼합기의 온도와 압력이 높아야 가능한 일이다. 연소온도가 낮은 LTC연소는 NOx와 PM이 저감되어 NOx촉매와 PDF도 필요가 없게 된다. 교토 의정서의 발효로 인하여 자동차의 배출가스 규제가 엄격해져 새로운 연소 기술이 개발되고 있고 내연기관의 고효율화도 절실해졌다. 이것은 엔진 연소방법의 과감한 개선이 필요하다는 것을 의미하며 연소기술 중 현재 실현 가능성이 높은 방법은 균일 압축착화, 예혼합 압축착화 연소 등의 저온연소법이다. 이 방법은 공학적으로도 의미가 있고 NOx와 PM의 동시저감을 실현할 수 있는 획기적인 연소법이다.

표 8.1 연소방법의 종류

종류	가솔린기관	디젤기관	저온연소기관(LTC)
점화방식	불꽃점화	연료분사	다점 동시착화
착화법	화염전파연소	확산연소	벌크연소
장점	저 NOx, 저 PM, 저 CO, 저 HC	고효율	고효율, 저 NOx, 저 PM
문제점	저효율	고 NOx, 고 PM	착화시기제어의 어려움, 노킹발생 방지법

8.1.2 LTC연소의 종류

디젤기관은 가솔린 기관보다 높은 압축비로 인하여 효율이 높지만 균일 혹은 예혼합 연소보다 속도가 느린 확산연소을 하기 때문에 NOx와 PM의 발생이 많다. 가솔린 기관에서 희박연소는 가연범위를 넘기 때문에 불가능하다. 그러나, 희박 혼합기의 자동 자기착화를 통하여 연소실 전체에서 화학반응이 느린 연소가 발생하면 연소온도는 낮지만, 에너지 방출은 가솔린 기관보다 더 많게 되는 화염이 없는 연소가 진행될 수 있다. 연소온도를 1700K 이하로 유지하면 당량비에 관계없이 NOx와 PM은 발생하지 않는데 이러한 연소개념이 LTC연소이다. 흡입공기에는 10% 이하의 O_2가 포함되는 60%의 대용량 EGR을 사용하여, 정밀한 연료 분사제어와 강한 난류 등을 이용하여 LTC 연소를 가능하게 하여 연소온도를 낮추며 이를 희석 제어연소라고도 한다. 산소가 21%인 공기와 연료의 연소인 현재의 GDI, CRDI엔진의 연소법인 고온연소(HTC)와는 다르며, LTC연소는 비교적 균일한 혼합기가 필요하고, 대용량 EGR을 사용하고, 전체 혼합기에는 불균일성 혼합 덩어리도 가끔 존재하게 된다.

LTC연소법은 균일충전 압축점화(HCCI, homogeneous charge compression ignition)와 예혼합 충전

표 8.2 저온 연소법의 종류

약어	방법	년도	회사
ATAC	활성열 대기연소 Active thermo-atmosphere combustion	Onishi, 1979	일본 청정 엔진 연구소
TS	토요타 소켄연소 Toyota-Soken combustion	Noguchi, 1979	도요타
CIHC	압축착화 균일충전 Compression-ignited homogeneous charge	Najt, 1983	위스콘신 매디슨 대학교
HCCI	균일충전 압축점화 Homogeneous charge compression ignition	Thring, 1989	SwRI
AR, ARC	활성 라디칼 연소 Active radical combustion	Ishibasi, 1996	혼다
MK	변조된 동역학 연소 Modulated kinetics	Kimura, 1999	닛산
PREDIC	예혼합 디젤연소 Premixed diesel combustion	Hikosaka, 1997	
UNIBUS	균일벌크 연소 Uniform bulky combustion system	Yanagihara, 1997	도요타
PCI, PCCI	예혼합 압축착화 연소 Premixed compression ignited combustion	Iwabuchi 1999	미쯔비시

표 8.3 연료와 저온 연소법

Gasoline		←		연료		→		Diesel
PFI	Stoich GDI	Lean GDI	Gasoline HCCI	PPCI	RCCI	Diesel HCCI	PCCI	DI

압축점화(PCCI, premixed charge compression ignition)를 포함하는 연소방법이다.

HCCI연소의 문제점인 완전한 균일은 어려운 방법이어서, 균일 충전방법과는 다른 개념인 성층 충전과 예혼합 방법들이 개발되어 왔다. 이 방법은 HCCI연소는 아니기 때문에, LTC연소라는 일반적인 용어가 사용되기 시작하였다. LTC연소의 목표는 연소온도를 낮추어 NOx와 PM의 발생을 줄이고, 엔진효율은 높이고, 연료소비를 낮추어 CO_2 배출을 줄이는 것이다.

LTC연소는 점화가 발생하기 전에 대부분의 연료가 공기와 미리 혼합되는데 이러한 혼합기는 연소속도, 점화시기, 화학 반응속도에 의해 정밀제어가 되어야 한다. 그러나 이는 연소과정의 제어를 복잡하게 만들고 연료특성과 실린더 내 조건을 민감하게 만드는 요인이 된다. 낮은 세탄가를 갖는 연료를 사용하고 연료와 공기를 미리 혼합하는 방법을 고안하는데 기술의 최우선 순위를 두고 있다.

LTC연소는 저온의 화염이 없는 연소이며, 연료조건에 따라 다양한 연소가 이루어지고 당량비와 온도 맵의 영역에 따라 HCCI, PCCI, RCCI 등 표 8.2와 같은 다양한 저온연소법이 존재한다.

닛산은 디젤 MK(Modulated Kinetics)연소를 개발하였다. 이는 연소실의 스월과 EGR량을 증가시키고, 고압 분사시기 지연도 적용을 하였다. 그림 8.1에서 보면 압축행정 말기에서 연료를 분사한다. 대용량 EGR로 연소실의 산소농도를 낮게 하고, 높은 스월로 연료혼합을 증가시키고, 분사지연이 결합되어 자동 자기착화가 가능한 균일 혼합기가 만들어져, 벌크연소되어 에너지가 발생한다. 지연되는 분사시기는 연료소비율을 나쁘게 하지만, MK연소의 에너지 방출속도는 종래의 디젤 연소속도보다 빠르기 때문에 연비는 크게 나빠지지 않고, NOx와 PM은 억제된다. 저온의 연소실 온도와 대용량 EGR은 LTC연소를 불안정하게 만드는 요인이 되기도 한다.

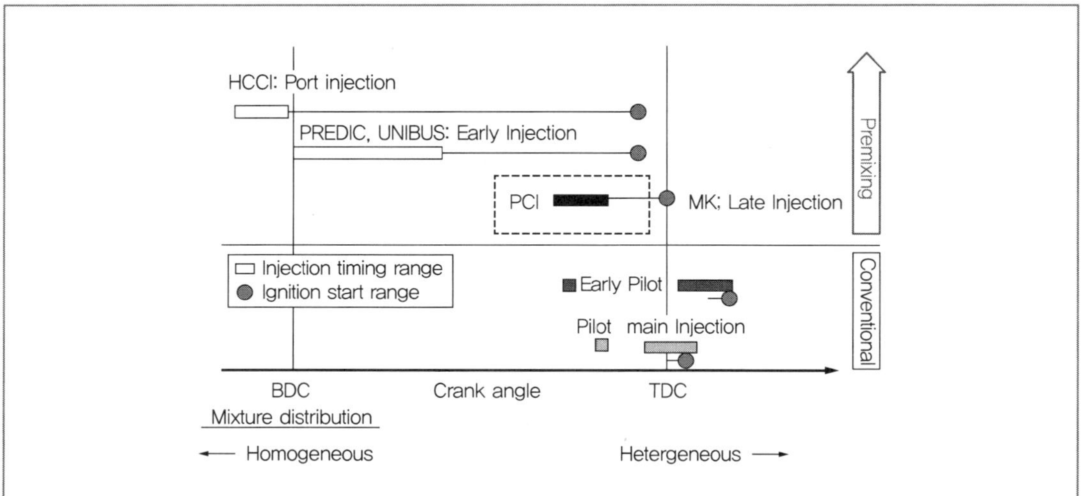

그림 8.1 분사시기에 기초한 저온 연소법과 디젤 연소법의 분류

도요타의 UNIBUS(균일 벌크연소 시스템)은 저온의 연소실과 대용량 EGR을 사용하여 그림 8.1에서와 같이 압축행정 초기에 조기분사하여, 예혼합 혼합시간을 얻고 착화지연을 길게 한다.

8.1.3 LTC연소의 원리

LTC연소는 연료의 화학적인 자기착화 점화로 이루어지며, 연료의 종류에 관계없이 저온연소가 가능하다. 자동점화가 되는 화학물질이 점화시점에 도달하면 연료가 증발하여 부분적으로 연소실 산소와 혼합되고, 에너지 방출이 한꺼번에 이루어지는 벌크연소가 발생한다.

저온연소는 여러 혼합기 덩어리 중에서 먼저 몇 개가 자기착화하고, 이는 다른 혼합기 덩어리의 점화를 유도하여 차례로 점화가 발생하며 점화특성은 연료의 휘발성과 점화경로에 따라 다르게 된다. 균일한 연료의 자기착화를 통하여 한꺼번에 연소실 체적이 가지는 에너지를 방출하는 것으로 이는 노킹연소와 유사하며 이때 발생하는 압력상승을 제어하려면 연소실의 공기와 연료 혼합기는 배기가스로 희석되어야 한다. 이는 대용량의 EGR이 필요한 이유이다. 만약 연소실에 불균일한 온도, 공연비, 국소 혼합기 덩어리가 존재하면 혼합기는 동시에 자기착화하지 않고, 국소적인 과도한 압력상승이 발생하여 연소가 어렵게 된다.

LTC연소는 저온연소이기 때문에 효율은 낮아진다. 효율을 높이려면 압축비를 높이면 되지만 압축비가 높으면 노킹이 발생한다. 노킹을 제어하지 못하면 엔진손상이 발생한다. 이러한 노킹발생을 제어하여 압축비와 엔진효율을 높인다. 연소는 노킹을 어떻게 제어하는 가에 달려 있고, 균일 희박 혼합기를 저온에서 연소 가능하게 하려면 고압축비로 균일연료를 압축해야 한다. 가솔린 연료는 쉽게 증발하고, 착화지연 시간도 길기 때문에 혼합기를 원하는 시간에 자기착화시키는 것은 매우 어렵다. 가솔린 연료를 저온연소가 가능하게 하려면 흡기밸브 닫힘시 연소실 온도를 디젤기관보다 높게 해야 한다.

디젤연료는 휘발성이 낮고 착화지연 시간이 짧기 때문에 저온연소를 가능하게 하려면 연료와 공기와의 혼합시간을 충분하게 줄 수 있는 조기분사를 해야 하고 산소농도가 높은 상태에서는 자기착화 시간이 짧아지기 때문에, 60% 대용량의 냉각 EGR을 사용하여 착화지연 시간을 길게 할 필요가 있다. 연료와 공기의 화학 동역학과 연료 혼합시의 난류도 핵심적인 역할을 한다. 이 2가지 연소모드의 조합은 높은 열효율과 원활한 열방출을 유지할 수 있는 방법으로, 대용량 EGR, 강한 연소실 난류에 의한 연료혼합, 정밀분사에 의한 연소온도 제어 등으로 저온연소가 가능하다.

LTC연소의 장점은 희박균일, 예혼합 또는 부분적으로 미리 혼합된 혼합기의 연소를 통하여 연소온도를 낮추면 연소실의 열손실이 감소되는 방법이다. 연소실의 낮은 반응온도는 NOx와 PM을 적게 생성하여 배기가스 후처리 장치도 필요가 없고, 연소실의 연소온도 감소로 초희박 혼합기의 연소가 가능하기 때문에 연비가 높아진다.

LTC연소는 흡입행정 동안 균일충전 흡기가 도입되고 흡기밸브가 닫힌 후 피스톤은 압축을 시작하여 연료와 공기 혼합물의 온도와 압력을 증가시킨다. 압축행정 말기가 되면 자동 점화조건이 발생된다. 흡입공기를 미리 예열하거나, 앞선 행정에서 발생한 뜨거운 배기가스의 일부를 그대로 다음 행정까지 유지하면 압축말기의 혼합기의 온도는 증가하여 혼합기의 화학적인 동역학 성질은 증가한다. 이러한 방법은 혼합기의 온도와 압력을 높여 균일 혼합기의 화학적 반응을 크게 증가시킨다. 저온연소에서 연소의 시작은 압축비, 혼합기 온도, 압력에 따라 정해지며 압축행정 동안 자기착화 온도에 도달하면 연소는 빠르게 시작되어 화학적 에너지는 순간적으로 방출된다. 자기착화는 실린더 내부의 많은 위치에서 동시 다발적으로 발생하고 이러한 발생위치를 핫 스폿(hot spot)이라 한다. 열 방출은 CI연소보다 훨씬 빠른 속도이어서 압력의 상승요인이 되는 반면에, 실린더의 최고온도는 비교적 낮게 유지된다. 연소과정 동안 혼합기의 온도와 압력은 상승하고 팽창행정에서 피스톤에 가해지는 일은 동력으로 전환되고 배기행정에서 피스톤이 상사점에 도착하면 연소는 종료된다. 그림 8.2는 LTC연소와 EGR율을 나타낸다. 당량비 0.5~0.96사이, EGR율 50~60%, 온

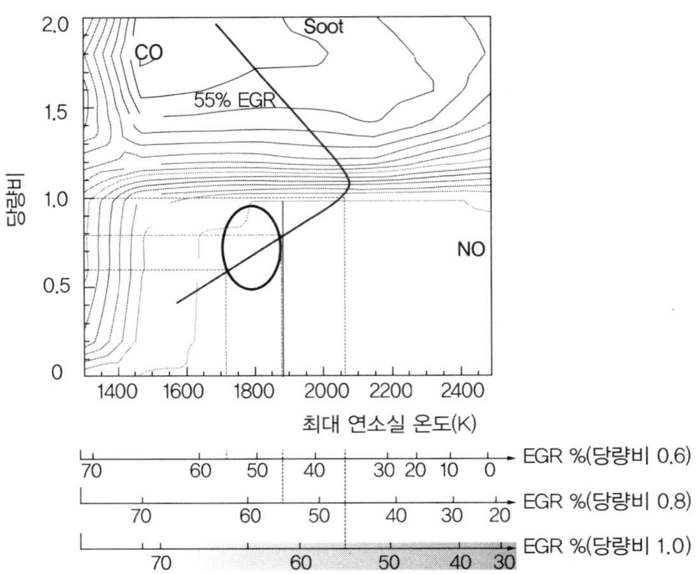

그림 8.2 LTC연소와 EGR율(출처 : www.energy.gov)

도 1600~1800K의 범위에서 저온연소가 가장 적합하다. 저온연소의 특징은 다음과 같다.

① 연소와 열방출율을 제어하기 위하여 대용량 EGR율을 사용하는 희석연소이다.

② 압축행정 후반의 혼합기의 온도는 자기착화 온도에 도달하고 실린더 내 많은 위치에서 동시 다발 연소가 발생한다.

③ 연소효율을 높이고 배기가스 배출을 낮게 하기 위하여 열방출율의 정확한 제어가 필요하다.

그림 8.3은 저온연소법의 당량비-온도 맵을 나타낸다. LTC 연소의 범위가 가장 넓고, HCCI연소 범위가 좁아서 실현하기 가장 어려운 방법이다.

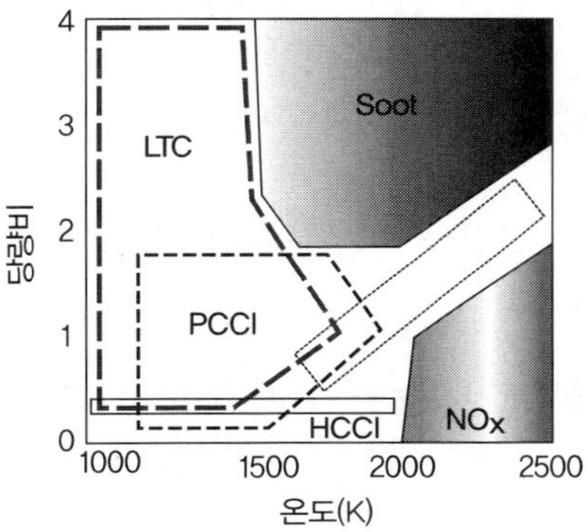

그림 8.3 저온연소법의 당량비-온도 맵

8.1.4 LTC연소의 특성

(1) 연료분사모양

그림 8.4는 CI연소와 LTC연소의 연료 분사형태를 비교한 것이다. CI연소는 인젝터의 분사와 동시에 액체연료 영역, 가연증발 영역, 점화영역, 농후영역으로 나누어지고 농후영역에서는 NOx 발생, 가연증발, 점화영역에서는 CO와 HC의 발생이 많아진다. LTC연소는 착화전 증발영역, 확산화염 영역, 농후영역으로 분산되어 농후영역이 적게 발생하여 NOx의 발생이 적고, 대부분이 확산화염 영역이기 때문에 NOx의 발생이 적다.

그림 8.4 연소법의 연료분사 모양(출처 : SAE.org)

LTC연소는 선 연소, 주 연소, 후 연소로 구성된다. 선 연소는 유동이 지배하고 화학종의 변화가 적고 주 연소는 화학적인 요소가 지배하여 급격한 열방출이 발생하고 난류의 영향은 힘을 발휘하지 못한다. 후 연소는 화학적 열반응은 종료되지만 미반응 혼합물의 산화가 발생한다.

(2) 열발생율

초기 압축행정에서 발생하는 조그만한 열방출은 압력과 온도를 작게 상승시키고 그 후 큰 열방출이 발생하여 음의 온도구배(NTC)를 만든다. NTC는 큰 열방출과 작은 열방출의 중간 온도이며 이 구간은 일반적인 예혼합의 특성을 갖는다. 압력이 증가하고 화염온도가 낮으면 700~950K의 낮은 NTC를 발생하고 이 영역에서는 온도는 증가하지만 전체 반응율은 감소하여 연료혼합 반응성을 감소시킨다. 낮은 온도의 연소반응에서 열방출은 엔진의 동력과 연결되고 특히 디젤연료의 경우는 그러하고 조그만한 열방출이 발생한다. 세탄가가 낮고 옥탄가가 높은 가솔린 연료의 경우에는, 같은 조건에서 조그만한 열방출은 디젤연료보다 더 적게 발생하므로 저온연소에서 작은 열방출은 가솔린연료에서는 발생하지 않는다.

(3) 배기가스

LTC연소는 전체 실린더에 균일 혼합물이 존재하고 EGR을 증가시키면 연소실 온도가 낮아져 HC는 증가한다. 연소동안 실린더 내의 크레비스(crevice)에 갇힌 연료는 너무 차가워 점화하지 못하여 HC는 증가하게 되고, 저부하 시, 실린더 온도가 낮으면 벽에 가까운 연료는 연소를 하지 못하여 CO발생도 증가한다. 낮은 연소온도는 CO를 CO_2로의 산화를 감소시키지만 연소온도가 높아지면 CO는 CO_2로 산화한다.

내연기관에서 NOx는 최고온도 상태인 화염자체에서 만들어지고, PM은 연소과정에서 발생하는 높은 연료농도에 의해 발생한다. 이러한 문제는 연료와 공기의 혼합기의 농도를 조절하거나 연소 과정의 열을 흡수하면 해결이 된다. 이 방법이 배기가스를 연소실로 다시 공급하는 EGR이다. 이는 NOx가 생성되는 것을 방지하며, 그리고 연소직전에 연료를 분사하여 공기와 혼합시키면 PM을 발생시키는 농후영역도 없어지게 된다. 대용량 EGR을 갖는 연료와 공기 혼합기를 다단분사를 하여 균일한 분포를 만들면 저온연소가 가능하다.

그림 8.5는 당량비, 온도와 배출가스, EGR율과의 관계를 나타내는 당량비-온도 맵이다. Zeldovich 생성기구에서 당량비가 2~3, 온도가 1700K 이하이면 NOx와 soot가 동시에 저감이 된다는 것이 밝혀진 후, 저온연소법이 개발되었고 저온연소로 NOx와 Soot는 줄일 수 있지만, 저온이라는 점에서 효율이 떨어지고 CO와 HC의 증가도 나타난다.

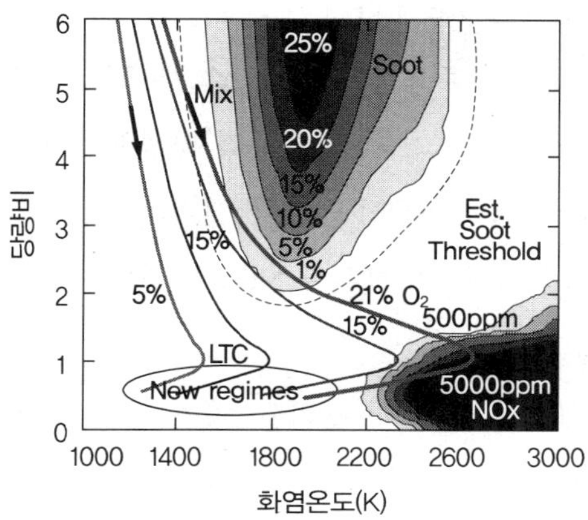

그림 8.5 LTC연소 온도 당량비-맵(출처 : www.energy.gov)

(4) 제어법

LTC연소는 연소실 압력, 온도, 연료공기 혼합물 상태를 제어하여 정확한 연소 타이밍을 필요로 한다. 이는 매우 어려운 방법이고 연소 시작점을 직접 제어하는 방법은 없다. 너무 빠른 연소는 실린더 압력이 낮아져 과도한 소음과 NOx 발생의 원인이 되고, 늦은 연소는 불완전 연소로 CO와 HC발생의 원인이 된다. 그 중에서 너무 늦은 연소는 가장 나빠 실화 등으로 엔진이 정지하기도 한다. 연소의 정확한 제어는 이중(dual)연료 사용, VVT 적용, 가변압축비(VCR) 적용, 열관리 제어가 가능한 경우에만 이루어진다. 연소효율이 가장 높은 시점은 ATDC 7~12°사이에서의 연소이다.

가변 압축비는 고압축비는 압축후 혼합기 압력과 온도를 증가시키고, 저압축비는 연소는 개선하지만 최고 압력을 감소시켜 연소범위를 증가시킨다. SI연소에서는 고압축비는 노킹이 발생하지만 저온연소에서는 좋은 제어방법으로 사용할 수 있다. 이러한 방법으로 LTC연소를 제어 할 수 있지만 문제는 가변압축비 엔진을 만들기 어렵다는 점이다.

VVTL 기술은 연소실 압력, 균일화, 충전효율을 제어 할 수 있어 저온연소의 효율을 증대시킨다. 저온연소 개발이 성공하면, 연비가 높아져 전기자동차처럼 비싼 시스템을 사용하지 않아도 된다.

(5) 장점

LTC연소는 기존 연소보다 다음과 같은 장점이 있다.

① LTC연소는 연소시간이 아주 짧은 정적연소이고 이것은 압축비를 높이는 효과가 있다. 낮은 온도에서의 연소는 적어지는 방사손실로 인하여 에너지 이용율은 높아지지만 효율은 떨어지며 스로틀 밸브가 없어 펌핑손실도 없다.

② LTC연소는 CRDI, GDI연소와 비교하여 배기가스 배출이 적고 NOx와 PM의 동시 저감이 가능하다. 연소 시 화염전면이 없고, 높은 온도가 발생하는 지점도 균일혼합이기 때문에 농후영역도 발생하지 않아서 PM의 발생이 없다. 혼합기 온도는 비교적 저온이고 실린더 내에서 혼합기의 온도분포도 거의 일정하기 때문에 NOx 발생은 매우 낮고 PM과 NOx의 상반관계도 발생하지 않는다.

③ LTC연소는 가솔린, 미네랄 디젤, 바이오 디젤, 알콜 등 모든 연료의 사용이 가능하여 석유고갈문제를 대처할 수 있다.

④ LTC연소는 SI와 CI연소의 대체가 가능하고 하이브리드 자동차에도 사용할 수 있다.

⑤ LTC연소에서 EGR을 이용하여 21%의 산소를 감소시키면 NOx도 감소된다. 배기가스에 있는 CO_2와 H_2O는 신기보다 단위 질량당 비열이 훨씬 커서 많은 열에너지를 흡수하여 그 결과, 연소온도를 낮출 수 있다.

8.1.5 LTC연소의 문제점

LTC연소는 연소 전에 혼합기를 균일하게 혼합시켜야 한다. 내연기관에서 연료와 공기혼합은 연료성상, 분사방법, 실린더 조건, 분사특성, 실린더 유동특성에 영향을 받는다. 이러한 요소는 서로 관련성이 깊으며 연료분사 방법과 실린더 유동에 의해 정해진다. 특히 실린더 내의 유동은 연료의 착화지연에 큰 영향을 미친다. 스월은 실린더 축에 관한 공기의 유동이고, 흡기형상에 따라 흡기행정과 압축행정에서 발생한다. 연료분무 특성도 연료 공기혼합에 영향을 미치며 특히 연료분사시의 미립화는 균일화에 큰 영향을 미친다. LTC연소를 실현하는 데는 다음과 같은 문제점이 있다.

① LTC연소의 연료 분사시기는 균일성 때문에 CI연소와 비교하여 빠르게 진행되기 때문에 디젤연료의 늦은 증발특성은 디젤 LTC엔진의 개발을 어렵게 한다. 디젤연료를 일찍 분사하면 실린더 온도와 압력은 대기조건과 가깝고, 점성이 큰 디젤연료는 이러한 조건에서는 증발하지 못한다. 따라서 디젤연료의 빠른 증발을 위해서는 흡기공기의 예열이 반드시 필요하다.

② LTC연소는 넓은 범위의 엔진 회전수와 전체 부하에 대하여 연소 시작점을 정확하게 제어를 하지 못한다. 이것은 순간적인 엔진 작동시 더욱 문제가 된다. VVT에 의한 EGR제어기법을 사용하여 이러한 문제를 해결해야 하지만 아직 기술개발이 필요하다.

LTC연소의 현재기술은 저부하와 중부하에서만 가능하다. 지금은 중·저부하에선 LTC모드, 고부하에서는 CI모드 혹은 SI모드를 사용한다.

④ LTC연소는 희박 공연비일수록 좋지만 고부하에서 농후해지면 엔진소음이 발생하고 열발생율이 급격하게 커져 CO와 HC의 배출이 많아진다. 이의 해결도 필요하다.

8.1.6 LTC연소와 EGR

LTC연소에서 EGR은 PM과 NOx배출을 동시에 감소시키는 필수적인 기술이다. CO_2와 N_2와 같은 반응하지 않는 화학물을 가지는 배기가스를 연소실로 재순환하여 다양한 비율의 희석 혼합기를 연소시키면 연소단열 화염온도는 감소하여 배출가스는 줄어든다.

EGR량을 조절하면 실린더 온도가 제어되고 흡기의 온도제어, 착화지연 제어를 통하여 저온연소가 이루어진다.

LTC연소에서 대용량 EGR의 목적은 착화지연 시간의 증가이고, 이는 연료증발에 필요한 시간을 제공하고, 반응 혼합기의 불균일성을 감소시켜 균일한 혼합기를 형성하게 한다. 연료 혼합시간을 줄이기 위해 연료 분사제어와 난류를 동시에 사용하면, 국부적인 농후한 영역의 온도상승으로 인한 NOx 발생과 PM 발생을 감소시킨다. 혼합기내의 산소농도가 낮아지면 단열 화염온도가 낮아지고, 이는 연소실내 연소온도를 낮추는 요인이 된다.

LTC연소에서 배기가스 재순환을 적용하면, 희석가스의 높은 열용량과 예혼합 연소기간의 느린 반응속도로 연소실의 최고압력은 떨어진다. 연료 분사시의 연소실 압력은 산소농도 감소에 따라 떨어지게 되는데, 이는 희석가스의 증가에 따른 비열비의 감소의 결과이다. EGR에는 분자가 무거운 CO_2와 H_2O이 포함되어 있기 때문에 한번 자기착화하여도, 화염온도가 상승하는데는 시간이 걸린다. EGR율이 증가할수록 NOx는 줄일 수 있지만, 산소량의 부족으로 PM은 증가한다. 터보차저 압력을 더 높이면, 필요한 산소 양이 확보되고, 60% 대용량 EGR을 적용하면 PM억제와 NOx 저감이 가능하게 된다. 열용량이 높은 배기가스 구성요소는 CO_2, H_2O, N_2, O_2, CO, PM, HC, NOx 등이고 이들은 저온연소를 제어하는 성분들이다. 이러한 요소에 의해 연소기간에서 EGR량을 제어하면 저온연소를 실현하는 것이 다음은 재순환 배기가스가 하는 역할을 나타낸다.

① 연료와 공기가 혼합이 될 때 고온의 EGR은 흡입되는 신기의 온도를 높인다.
② 배기가스는 산소농도를 감소시키는 희석효과가 있다.
③ 배기가스, 공기, 연료의 혼합 열용량이 크기 때문에 전체 열용량이 커지는 효과가 있다.
④ 배기가스 내의 타지 않는 HC, CO, CO_2, NO, H_2O는 연소 시 연소반응을 온화하게 만드는 역할을 한다.

저온연소에서 연소시작이 과도하게 진행되고, 급격하게 연소되면 노킹이 발생하여 저온연소 범위는 제한이 되게 된다. 이를 EGR을 사용하여 제어한다. EGR은 내부EGR와 외부EGR이 있다. 내부EGR은 VVT기술로 제어하며 외부 EGR은 배기가스의 배압으로 제어한다. 가솔린연료와 같이 옥탄가가 높은 연료의 경우, 역밸브오버랩(NVO)는 저온연소에 핵심적인 기술이 되고, 냉각 EGR은 압축행정에서 연료와 공기의 혼합기 온도를 낮추므로, 바이오 디젤과 같은 세탄가가 높은 연료의 자기착화를 지연시키는 효과가 있다.

재순환 배기가스는 흡기 헬리컬 포트를 통하여 유입되고, 신기는 접선포트를 통하여 유입되면 성층흡입이 되는 효과가 있고 이는 상사점에서 착화지연을 발생시킨다. 성층EGR 기술은 급격한 열방출과 연소의 소음을 제어하여 엔진의 작동범위를 넓게 할 수 있다.

EGR율은 연료 전환효율을 제어할 수 있다. 너무 과도한 EGR율은 연료 전환효율과 일 전환효율 사이의 균형이 무너뜨려 연료전환 효율을 감소시킨다.

그림 8.6은 EGR율을 증가시키면 안정된 연소가 일어남을 보여준다. 연소실의 산소농도 증가에 따라, 연소실 최고압력은 감소한다. 이는 균일 혹은 예혼합 압축착화 연소와 유사하게 착화지연이 길어짐에 따라 나타나는 열방출 특성이다.

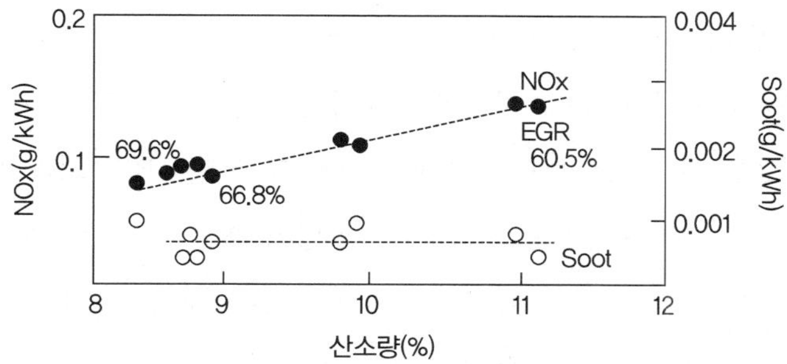

그림 8.6 LTC연소에서 EGR이 배기가스에 미치는 영향(출처 : Lund University)

8.2 HCCI 연소(균일 저온연소)

8.2.1 원리

HCCI연소는 기존 CI연소와는 다른 연소개념이다. 초기개념은 점화전 공기와 연료의 혼합을 균일하게 하는 것이었다. 이러한 것은 SI연소와 비슷하다. 흡기포트나 실린더에 직접 연료를 분사하여 분사시간과 점화시간 사이에 충분한 시간을 주어 연료를 균일하게 한다. CRDI CI연소(성층 압축착화)와 SI연소(균일충전 스파크 점화)의 결합된 방법으로 연료가 연소되기 전에 공기와 균일하게 혼합되고 가솔린 엔진과 같이 포트에서 분사되어 연료가 압축되는 동안 공기와 균일하게 혼합되도록 한다. 혼합기의 점화는 압축열에 의해 점화된다. 혼합기는 화염전면 또는 압축착화 연소의 국부적인 확산이 없이 전체적으로 동시에 벌크연소한다. 균일 저온연소에서는 혼합가스 온도, 압축비, 잔류 배기가스, 공연비 등을 제어해야 하고 데이터 수집, 처리와 작동은 각 엔진 사이클 간의 연소를 신속하고 실시간으로 이루어지도록 하고, 충전된 혼합기는 가열되면 자기착화되어 스파크 등의 강제 점화수단은 사용되지 않는다.

HCCI연소는 또한 고압축비를 이용하여 연료를 고온, 고압으로 만들어 자기착화시켜 SI기관에서는 불가능한 초희박 상태에서도 깨끗하게 연소가 가능하다. 고압축비에 의한 초희박 연소는 균일 저온연소를 가능하게 한다. 이러한 연소가 가능하려면 가변밸브 타이밍, 대용량 EGR, 미리 균일한 희박 혼합기를 만드는 것이 가장 중요하다.

HCCI연소는 균일 혼합물의 자기착화에 의해 급격한 압력상승이 발생하고 낮은 실린더 가스온도는 최대 790K, 높은 온도는 최대 970K정도이다. 자기착화는 1000K의 낮은 온도에 서 수행되고, 벌크 에너지 방출은 1000K 이상의 높은 온도에서 이루어진다.

당량비가 낮은 희박연소를 가능하게 하려면 연료와 공기를 미리 균일한 혼합기로 만들고, 고압축비로 압축시켜, 연료를 고온으로 하면 자기착화된다. 그러나 문제는 희박연소는 공기량(산소량)이 제어되지 않으면 연소 변동율이 나빠 연소가 되지 않기 때문에 공기량 제어를 위해 VVA 기술을 사용하고, 또한 실린더의 열용량을 증가시키기 위해 가변 터보차저 기술을 적용해야 한다.

HCCI연소는 점화 플러그가 없어 착화 연소시기와 연소시간의 제어가 중요하며, 연소실 가스온도 제어를 위해 연소실에 잔류하는 배기가스의 양을 운전조건에 따라 변화시킨다. 균일 저온연소의 핵심은 혼합기의 균일성에 달려 있지만 실용적인 엔진의 열효율과 매연수준은 혼합기의 균일성이 아니라 전체적인 연소발생 상황에 의해 결정되고 연소실의 연소온도도 매우 중요하다. 연료의 자기착화는 연료와 산화제의 화학반응에 의존하고, 점화 플러그 등 물리적인 착화수단을 사용하지 않기 때문에, 연료를 균일하게 혼합하는 방법, 화학반응 이론에 근거한 착화기술을 확립하고, 노킹이 방지되는 운전 가능영역을 확대하는 것, 배기가스 중의 HC와 CO를 저감하는 것이 과제이다.

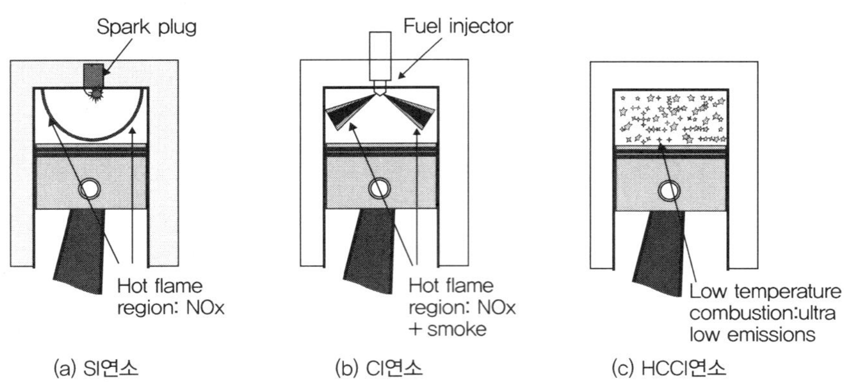

그림 8.7 연소형태의 비교

① **균일 가솔린 HCCI** : 가솔린 HCCI연소에서는 자기착화 점화조건을 얻기 위해서는 연소실의 배기밸브를 빨리 닫아 기연가스의 열을 트랩하고 일부 연료를 역밸브 오버랩 기간에도 분사해야 한다. 즉 역밸브 오버랩(NVO)기술의 적용과 분사 제어기술을 필요로 한다. 가솔린연료로 HCCI를 가능하게 하려면 흡기밸브 닫힘을 제어하여 연소실 온도를 디젤기관보다 높게 해

야 하고 배기가스로 혼합기를 희석하고 미리 혼합된 연료와 공기의 혼합기는 피스톤에 의해 압축되어 자발적으로 자기착화 연소한다. 혼합기는 배기가스와 혼합되어 있어 매우 희박하고 균일한 상태로 만들어야 한다. HCCI연소는 다양한 연료를 사용할 수 있고 SAH(spark-assist-homogeneous)CCI연소와 SP(spark-premixed)CCI 연소법의 기술은 양산화되어 있다. 이는 저·중부하에서는 HCCI연소, 고부하에서 SI연소를 하고, 압축비도 10~18의 가변 압축비를 사용한다. 고부하에서는 일반적인 SI연소를 사용한다. 엔진부하에 따라 HCCI연소와 SI연소사이를 빠르게 전환시킨다. 고부하에서는 실린더 압력과 온도가 급격히 변하여 엔진노킹이 발생하여 HCCI연소가 어려워지므로 이때는 SI연소를 사용한다. 다른 용어로 고효율 희석 가솔린 엔진(High-Efficiency Dilute Gasoline Engine, HEDGE)이라고 한다. 이는 기존의 가솔린 엔진을 개선한 HCCI엔진이다. 대용량 배기가스 재순환(EGR)을 사용하고 노킹방지 연소 챔버를 사용하고, 고에너지 점화법을 사용하면 HCCI연소가 가능하지만 당량비 온도 맵에서 작동영역이 가장 적어 기술을 완성시키기 어려운 기술에 속한다.

GDCI(gasoline direct compression ignition)은 GDI 엔진을 기반으로 하는 압축착화 엔진이다.

② **균일 디젤 HCCI** : 디젤연료는 착화성이 좋은 연료이기 때문에 디젤을 균일하게 만들면 조기 자기착화가 발생하고 저발휘성 연료이기 때문에 HCCI의 전제조건인 희박균일 혼합기를 만드는 것이 매우 어렵다. 따라서 균일보다는 예혼합(premixed)을 사용하는 기술개발이 활발하게 진행이 되고 있다. 또한 휘발성이 낮고 착화지연 시간이 짧기 때문에 연료증발과 공기와의 혼합시간을 충분하게 줄 수 있는 조기분사를 해야 하고 높은 산소농도 상태에서는 자기착화 시간이 짧아지기 때문에, 대용량의 냉각 EGR을 하여 착화지연 시간을 길게 해야 한다.

디젤엔진에서 HCCI연소를 가능하게 하는 중요한 사항은 자기착화 전에 균일한 혼합기를 형성하는 것으로 이것은 착화지연, 낮은 산소함량을 가지는 대용량 EGR의 공급으로 가능하지만 완전한 균일 혼합물을 얻는 것은 한계가 있다. 또한, 휘발성은 낮지만 가연성이 우수한 디젤연료는 높은 수준의 난류를 사용하고, 다단고압 연료분사를 하면 저온으로 연소할 수 있다. 연소실내 난류를 발생시키면서 다단으로 고압분사를 하면 혼합기 형성에 필요한 시간이 짧아지고, 대용량의 EGR의 사용은 점화의 화학적 시간을 지연시킨다. 디젤연료의 경우, 산소함량 10%미만인 60% EGR율보다 더 크고, 착화지연 시간이 1.2~1.5ms이면 저온연소가 가능하다.

디젤연료는 착화성이 좋은 연료이기 때문에, 디젤만을 예혼합하면 연료의 조기 자기착화가 발생하므로 다양한 혼합연료를 사용한다. 연료를 흡기포트에서 분사하여 공기와 연료 혼합기가 흡기행정 동안 실린더로 공급하여 예혼합기 형성하는 방법(premixed CCI), CI연소와 비교하여 빠른 시기인 압축초기에 연료를 분사하여 기존의 CRDI엔진을 이용하는 방법(early DI HCCI), CRDI엔진과 비교하여 늦은 시기에 연료를 분사하고 EGR과 착화지연 기간을 늘려 균일 혼합기 형성시간을 늘리고 난류를 이용하여 균일 혼합기 형성을 촉진하는 방법(late DI HCCI)이 있다.

세탄가가 낮추어 휘발성을 좋게 한 디젤연료를 흡기포트에서 분사하는 HCDC연소(Homogeneous Charge with Diesel Combustion)도 있고, SCCI연소(stratified charge compression ignition는 PCCI연소의 변형으로 성층충전 압축착화 연소이다.

8.2.2 장점과 단점

HCCI연소는 자기착화까지 연료와 공기를 충분히 혼합하고 희박균일 혼합기를 압축 자기착화시키는 연소법으로 다음의 장점이 있다.

① 희박균일 혼합의 연소이기 때문에 화염온도가 낮아 NOx의 배출이 적다.
② 연료와 공기가 충분히 혼합되어 농후영역이 적어서 그을음의 생성이 억제된다.
③ 고압축비를 사용할 수 있어 현재보다 30% 이상 열효율이 높다.
④ 가솔린, 디젤연료의 혼합유 사용이 가능하다.
⑤ 희박 혼합기(연료+공기) 혹은 희석 혼합기(연료+공기+배기가스)를 자기착화시켜 연소온도가 낮다.
⑥ 가솔린 HCCI, 디젤 HCCI는 NOx와 PM의 발생이 적다.
⑦ 흡입공기를 교축하지 않기 때문에 가솔린 HCCI는 펌핑손실이 없다.
⑧ 부분부하 시 효율이 좋다.
⑨ 높은 압축비와 초희박 연소, 펌핑손실의 감소를 통하여 연비가 상승한다.

이와 같이 HCCI연소는 저배기가스, 고효율화에는 최적인 연소기술인 반면, 다음의 단점도 가지고 있다.

① 착화시기는 혼합기의 화학적 착화지연에 의지하며 착화제어가 곤란하다.
② 균일혼합의 연소이기 때문에 급격한 압력상승이 발생하고 부하가 높게 되면 노킹이 발생한다.

③ 1/2부하를 넘으면 강한 노킹인 충격연소로 인하여 고부하 운전이 곤란하다.

④ 화염온도가 낮기 때문에 연소반응이 동결되어 HC, CO가 다량으로 배출된다.

8.2.3 문제점

HCCI연소는 이상적인 방법이고, NOx 저감과 고효율을 달성할 수 있지만 엔진의 개발은 난이도가 높아 실제로 HCCI 엔진을 개발하는 것은 생각보다 어렵다. 개발 초기의 단계에서는 일정한 조건 하에서 이상적인 HCCI연소를 실현하는 것은 어려웠다. 실제로 자동차에 엔진을 탑재하면 저회전에서 고회전까지 일정하게 엔진이 회전하지 않는 현상이 발생하여 개발에 실패를 하였다.

HCCI연소는 많은 장점이 있는 연소방식이지만 단점으로는 연소 최고온도가 낮기 때문에 HC와 CO의 배출이 기존 연소에 비하여 많고, EGR율이 적어지는 고부하 시에는 연소가 급격하게 일어나 노킹을 수반하는 연소로 되어, 엔진 운전영역의 확대에 대한 기술개발도 필요하다. 현재 기술은 디젤과 가솔린 모두 시동시와 고부하 영역은 SI연소, 저·중부하에서는 HCCI연소를 하고 디젤연료의 경우는 완전한 균일혼합기를 얻기가 어렵다.

HCCI연소의 영역확대를 위해 연소실의 온도를 제어해야 한다. 연료와 공기는 연소 전에 혼합이 되고, CI엔진과 같은 자기착화로 연소된다. 이러한 연소과정은 LTC연소를 대표로 하고 HCCI, PCCI, PCI, MK, UNIBUS 등의 다양한 이름이 있다. 이러한 연소법의 목적은 NOx와 PM의 저감과 초희박연소를 가능하게 하는 것이다. 일반적으로 PFI엔진은 균일 전기점화, GDI엔진은 불균일 전기점화, CRDI엔진은 불균일 압축점화, HCCI, PCCI엔진은 균일 압축점화 방식으로 분류할 수 있다.

8.2.4 문제점 해결법

HCCI연소는 가솔린 연료를 디젤기관처럼 자기착화시켜 CO_2 저감과 깨끗한 배기를 양립시키는 연소방식이다. 일반 SI기관 연소에 비하여 저온연소이기 때문에 NOx가 거의 발생하지 않고, 높은 열효율이 가능하여 연비가 향상되고 CO_2 절감효과도 크다. 현재는 안정된 연소영역이 저부하로 한정되어 있으며, 고부하에서는 노킹으로 소음이 심하여 문제점이 되고 있다. 이 영역을 넓히는 것이 이 저온연소법의 과제이다. HCCI연소의 연소영역 확대를 위해 연소실의 온도를 제어해야 하는데 엔진 회전수가 높아지면 연료와 공기의 혼합시간이 늦어져 이상연소가 발생되기 쉽고, 회전수가 낮으면 연소제어가 어려워지는 문제점이 있다. 압축비, 연소실 가스온도, EGR량을 제어할 수 있으면 열염 발생시기인 자기착화 시기, 연료 분사시기 제어도 가능해진다.

① **연소실의 가스온도 측정** : HCCI연소에서 핵심은 연소실내 가스온도를 정확하게 측정하는 것이기 때문에 엔진내부의 가스온도를 실시간으로 측정해야 한다.

② **EGR제어** : 연소실 가스온도 제어를 위해 연소실에 잔류하는 배기가스의 양을 운전조건에 따라 변화시킬 수 있어야 한다. 밸브의 개폐 타이밍과 리프트량을 자유롭게 바꿀 수 있는 VVTL을 흡기밸브와 배기밸브에 적용하고, 45~60%의 대용량 내부 EGR기술을 활용하여 가스온도를 제어하고 자기착화의 타이밍을 제어하면 연소영역을 확대시킬 수 있다. 배기가스 유입량을 60% 이상으로 하면 연료성상에 의한 특성이 연소에 미치는 영향이 없어지기 때문에 EGR량을 최적제어를 해야 한다. EGR은 불활성 가스인 배기가스를 흡기와 합하여 HCCI 연소에서 노킹을 효과적으로 방지하는 중요한 역할을 하고, 여기에 터보과급을 장착하면 압축비를 높일 수 있다.

③ **분사시기 제어, 자기착화 시기제어와 가변밸브 타이밍(VVT)의 적용** : VVT를 사용하면 디젤기관에서 HCCI의 착화시기 제어(Miller－PCI : Miller－Premixed Compression Ignition)가 가능하다. 균일과 예혼합화를 촉진시키기 위해서는 분사시기의 진각이 필요하고 흡기밸브의 개폐시기의 지연(Late Intake Valve Closing)으로 유효 압축비를 제어할 수 있다. 같은 분사시기에서도 착화시기의 진지각이 가능하고, 열 발생율의 중심을 상사점 후로 지각시키는 것이 가능하다. 이것은 유효 압축비의 제어에 반응속도의 지배인자인 연소실 온도를 저온으로 제어하는 것이 가능하기 때문이다. 이 착화시기 제어에 의하여 예혼합이 촉진되어 CI연소보다 배출물, NOx 등이 크게 감소한다.

가솔린 기관의 압축비가 18이면 엔진은 노킹을 일으키고 가솔린 기관에서 설계로 가능한 압축비는 15이다. 이러한 엔진을 가변밸브 타이밍을 이용하여 흡기밸브를 늦게 닫으면 앳킨슨 사이클이 되고, 실질적인 압축비는 14이하로 되어 일반적인 가솔린 기관과 같이 된다. HCCI 엔진은 압축비를 18로 하고 발생하는 자기착화인 노킹을 이용하는 연소법이다. HCCI 엔진에서 사용하는 압축비는 18이상으로 이 압축비는 14.7의 이론 공연비보다 48% 공기의 양이 많아져서 매우 희박한 연소가 가능하다. 분사시기가 지각되면 착화시기는 진각되고 압축비, 연소실 가스온도, EGR량 제어를 이용하여 열발생율 최고 위치와 연소실 온도를 제어할 수 있다.

8.3 PCCI 연소

8.3.1 원리

(1) 개발요인

PCCI연소는 부분적 예혼합 압축점화(Partially Premixed CI)의 일종으로 HCCI연소의 변형으로 혼합기가 완전 균일하지는 않지만 배기가스를 저감시킬 수 있다. 연소 안정성의 면에서는 HCCI 연소보다 발달된 방법이다. CI연소와 비교하여 혼합기의 많은 부분이 미리 예혼합되고 CI연소와 HCCI연소의 중간 싯점에서 연료는 분사된다. 이것은 부분적으로 연료가 예혼합이 가능하도록 하여 HCCI연소와 유사한 자기착화가 발생한다.

흡입공기는 점화전 연료와 혼합되고 포트분사(PFI)와 직접분사(DI)를 동시에 이용한다. 연소기간에 걸쳐서 분사시기를 제어하는 기법에 의하여 다양한 LTC연소가 가능하다. HCCI연소는 전체적인 열효율은 낮고, 분사시기 제어의 어려움이 있으며 연소반응은 화학 동역학적인 반응이 아닌 분사시기에 의해 지배되기 때문에 그 결과 연소제어를 어렵게 만든다.

분사시기가 너무 빠르거나 늦으면 열효율은 낮아지고, 불안정한 연소의 발생은 실린더 온도를 낮추는 요인이 되어 CO와 HC의 배출이 높아진다. 이러한 HCCI연소의 단점은 새로운 LTC연소 기법인 비교적 쉽게 혼합되는 PCCI연소의 개발의 요인이 되었다.

(2) 연소원리와 제어

PCCI연소는 자기착화를 촉진하기 위하여 압축비가 높으며, 연소실 내에 연료와 공기의 예혼합기를 공급하고 피스톤에 의한 단열압축으로 자기착화 연소시키는 벌크(bulk) 연소방식이다. 연소실에 공급되는 연료와 공기의 예혼합기를 압축하고 자기착화에 의해 연소하는 기관이며, 화염전파 연소방식인 가솔린 기관, 확산연소 방식의 디젤기관의 장점을 겸비한다. 연소실 내의 혼합기가 동시에 자기착화하여 연소를 한다. 성층연소에 가까운 균일연소로 가운데는 농후하고 가장자리는 엷게 된다. 연료를 분사하고 균일해져가는 중간단계에서 연소하여 연소가 부드러워 엔진소음이 작아진다. 가솔린 기관의 빠른 연소에 비해 화학반응이 저온에서 천천히 발생하기 때문에 점진적인 연소가 이루어지고, 화염전파 한계 이하에서 급속연소를 하기 때문에, 연소기간이 짧고, 정적용적이 크고, 동시에 다점착화에 의한 급속한 연소를 한다. 연소과정은 화학 반응속도에 의해 결정되기 때문에 연료의 화학적 성질도 중요하고 연료 상호간의 작용도 알아야 한다.

PCCI연소는 다양한 분사기법을 사용하고 분사시기는 오직 연료와 공기의 혼합시간을 주기 위하여 사용한다. 주로 사용하는 제어기법은 분사기법과 EGR율이다. 대부분의 연료는 예혼합된 상태에서 연소되어 연소실에는 확산연소를 위한 연료가 거의 남지 못하여 연소실의 연소온도는 비교적 낮게 유지된다. 고부하에서 PCCI연소는 고압의 부스트 압력이 있으면 연소가 가능하다. 이러한 고온은 연료의 산화를 도와 CO와 HC의 배출이 적어진다. LTC연소의 장점도 있어 NOx와 PM의 배출도 적다.

SI기관에서는 노킹에 의하여 압축비가 제한되지만, PCCI연소는 연소실 전체가 동시에 연소하기 때문에, SI기관에서 일어나는 노킹은 발생하기 어려워 기본적으로 압축비의 제약이 없어서 높은 고압축비가 가능하여 효율이 높아진다.

(3) 배출가스

그림 8.8은 종래의 CI연소에서 PCCI연소까지의 당량비－온도 맵을 나타낸다. 종래의 연소법에 증발성 향상을 위하여 EGR을 이용하여 희박 혼합기로 만들고, 연료의 세탄가를 낮추어 착화시기의 지연으로, 희박 혼합기의 예혼합 압축착화 연소를 가능하게 한다. 종래의 CI연소는 연료가 희박영역에서 농후영역에 걸쳐 연소가 되어 당량비가 높고 PM, NOx의 생성이 많지만 예혼합 압축착화 연소는 낮은 당량비인 희박영역과 비교적 저온에서 연소되어 PM, NOx 생성이 거의 없다.

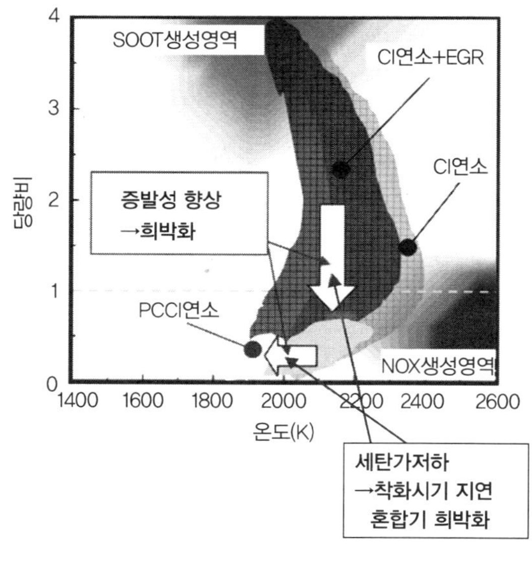

그림 8.8 디젤연소와 PCI 연소의 당량비와 온도 맵(www.nedo.go.jp)

이 연소는 SI연소의 화염전파 연소보다 초희박 혼합기의 연소도 가능하며, 확산연소인 CI연소에서 문제가 되는 soot도 균일연소를 하기 때문에 생성되지 않고 또한 초희박연소에 따른 화염온도의 저하로 NOx의 배출도 거의 없다.

8.3.2 혼합방법

내연기관에서 공기와 연료의 혼합방법은 중요하다. 연소과정과 제어는 혼합기의 질, 혼합방법에 큰 영향을 받는다. 주된 방법의 하나는 예혼합을 하는 것이다. 이는 자기착화 온도에 도달하기 전에 합리적인 연소율을 발생하는 희석된 공기와 연료가 미리 혼합된 상태에서 연소를 시작한다. 효과적인 혼합방법은 높은 효율, 낮은 배출가스를 얻을 수 있다. 연료와 공기의 혼합법에는 포트에서 연료를 분사하는 방법, 실린더에서 분사하는 방법, 2가지를 모두 사용하는 방법이 있다. 이것은 혼합에 필요한 시간에 따라 혼합기의 균일성이 다르고, 연소의 시작시간이 정해진다. 다단분사 LTC연소, 1번분사 LTC연소, 반응제어 압축점화(RCCI)연소법 등이 일반적인 방법이지만 PCCI연소는 균일 혼합기를 만들기 위하여 이들 중 다단분사법을 사용한다.

8.4 MK 연소

8.4.1 개요

CRDI 디젤기관은 열효율이 우수하고 CO_2 저감의 효과적인 수단이지만 배기가스의 PM과 NOx의 배출이 많다. 배기 클린화를 목표로 예혼합 연소방식 등 다양한 개념의 연소법이 개발 중에 있고, 이러한 개념은 NOx를 저감하는 방법에 따라 2가지로 분류할 수 있다. 하나는 희박하고 균일한 혼합상태로 만들어 NOx와 매연을 동시에 저감시키는 희박균일 저온연소(HCCI)이며, 또 하나는 저온연소에 의한 NOx저감과 예혼합 연소에 의한 PM저감을 동시에 실현하는 예혼합 저온연소(PCCI)이다. MK(Modulated Kinetics)연소는 예혼합 저온연소의 일종으로 닛산이 개발한 방식이다. 그림 8.9는 MK 연소개념에 관한 설명도를 나타낸다.

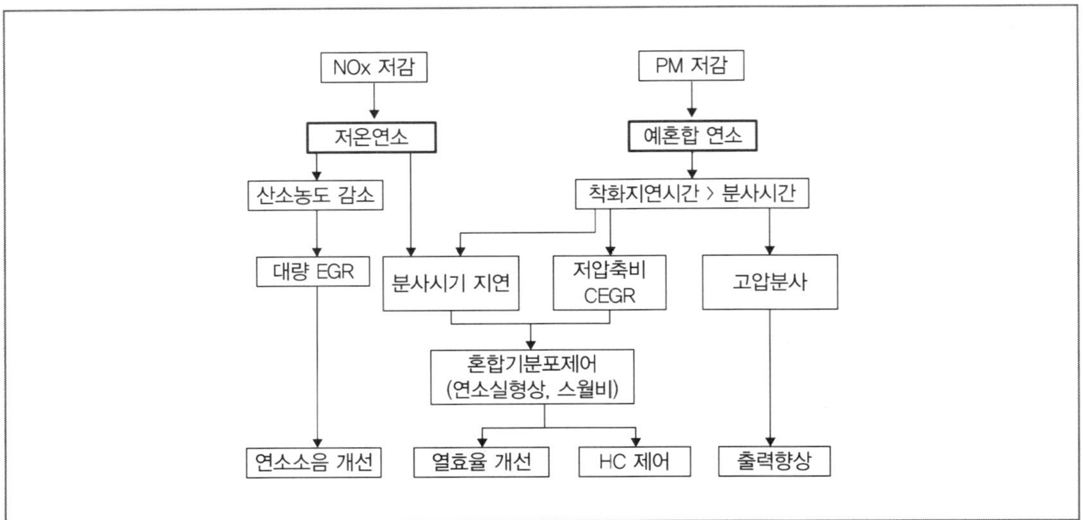

그림 8.9 MK연소의 개요(출처 : 닛산)

MK연소는 연료와 공기의 혼합시간보다도 난류 혼합속도의 증가에 중점을 둔 방법이며 PCCI연소의 일종이다. 착화지연 시간을 확보할 수 있으면, 분사시기를 빨리하지 않아도 적절한 혼합기가 형성된다. 이러한 방식은 분사종료 후 착화가 가능하지만 고부하 시는 격렬한 디젤노킹이 발생한다.

8.4.2 원리

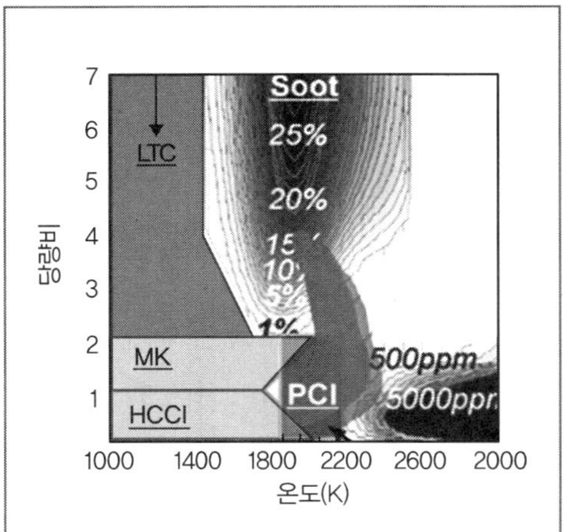

그림 8.10 온도-당량비 맵에서 MK연소 영역 (출처 : 닛산)

디젤기관에서 문제가 되는 NOx와 PM은 연소실의 국소부위 온도와 당량비에 의해 생성영역이 정해진다. 일반 CI기관에서는 국소온도와 당량비의 분포가 Soot영역과 NOx영역에 걸쳐서 존재한다. 그림 8.10에서와 같이, 이러한 CI기관 영역을 고스월, 대용량 EGR, 고압축비 등을 이용하여 저온영역으로 이동시켜, NOx와 PM을 저감시키는 것이 저온연소이고, 연료분사에서 자기착화까지의 예혼합 시간을 길게 하는 것을 예혼합 연소라고 한다. 2가지를 동시에 하면 예혼합 저온연소이다. 이러한 방법은 연료분사 후 빠르게 착화되는 기존의 CI연소와는 개념dl 다른 연소방법이다. 그림에서 MK연소는 당량비는 2이하, 온도는 1800K 이하에서 발생하는 연소방법이다.

8.4.3 연료의 예혼합화

(1) 디젤기관

기존 디젤엔진의 분무화염은 연소영역과 공기영역으로 불균일하게 나누어지고, 혼합기 농도와 온도의 불균일성도 크다. 분무화염 내의 국소 당량비와 온도도 불균일하여 NOx와 PM의 생성이 쉬운 영역이 화염 중에 혼합되어 있다. CI연소에서는 혼합기 농도의 불균일성의 존재가 연소개선을 어렵게 만들었고, 배기가스를 저감시킬려면 혼합기 농도분포를 제어해야 한다. 혼합기가 비교적 균일하면, 불균일 연료혼합 덩어리는 적어져서 배기가스가 개선이 되고, 또한 혼합기 전체가 희박해도 연소온도는 낮아져서, NOx와 PM을 저감할 수 있다,

(2) 저온연소

공기와 연료를 균일하게 혼합시켜 점화원이 없이 연소할 수 있는 것이 저온연소이다. 깨끗한 디젤연소을 가능하게 하는 기술은 다음의 3가지 요소로 구성된다.

① 예혼합 혹은 균일혼합 압축 자기착화 기술
② HC와 NOx 트랩 촉매기술
③ 정밀하게 분사를 제어하는 제어기술

CI연소는 양초의 불꽃과 같은 확산연소이며 불이 붙는 것이 빠르기 때문에 연료가 공기와 만나는 즉시 연소한다. 증발된 연료가 공기와 만나면서 확산하면서 계속 연소를 하는데 연료가 농후한 상태에서의 연소는 수소만 빠져나가 탄소인 그을음이 발생하게 된다. SI기관은 공기와 연료를 미리 혼합한 상태에서 점화하기 때문에 불꽃이 파란색으로 그을음이 발생하지 않는다.

예혼합 저온연소는 연료를 분사한 후, 연료와 공기가 미리 혼합된 상태로 만들어 자기착화를 시키기 위하여, 분사시기를 조절하여 연료와 공기의 혼합시간을 확보해 준다. 또 다른 방법은 EGR을 사용하여 예혼합을 만든다. 디젤연료는 분사하면 즉시 연소하기 때문에, 연소를 어렵게 만들기 위하여, 자기착화 시간을 길게 하고 대용량 EGR을 사용하여 예혼합을 시킨다. 디젤기관의 압축

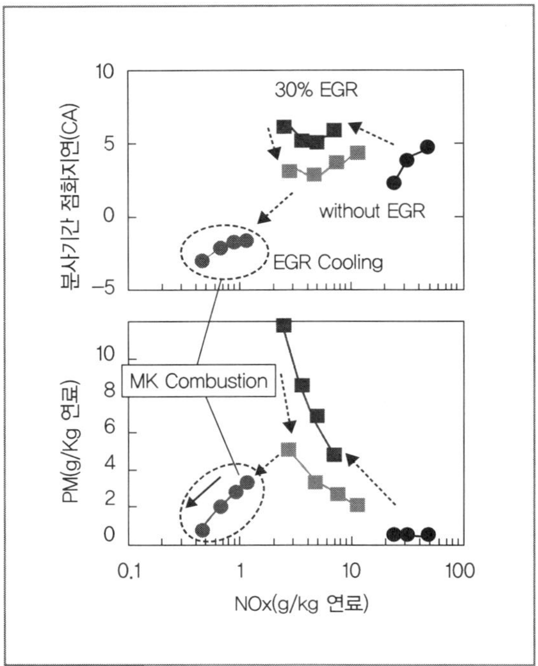

그림 8.11 MK연소에 의한 배기성능개선(출처 : 닛산)

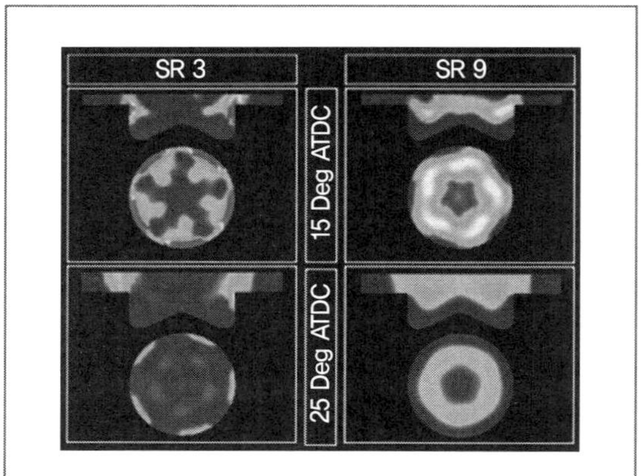

그림 8.12 당량비 분포 비교(출처 : 닛산)

비는 17전후이지만, MK연소는 압축비가 15로 압축비를 일반 디젤보다 낮게 하여 저온연소를 하며 스월과 연소실 형상으로 혼합기 분포를 제어한다. 그림 8.11은 MK연소에 의한 NOx와 PM의 저감효과를 나타낸 것으로, 연료 분사시간과 착화지연시간의 차이는 예혼합의 정도를 나타낸다. 배기가스 재순환에 의한 산소농도 저감은 연소온도를 저하시켜 NOx는 저감되지만, 산소농도 저하는 PM의 발생을 많게 한다. 이는 고압 의 연료분사를 통하여 분사시간을 단축시키고, 냉각EGR 적용, 분사시기 지연에 의한 착화지연 시간을 길게 하여 연소를 예혼합시켜 PM의 배출을 억제한다.

혼합기의 예혼합에 의한 저온연소는 CO와 HC의 배출은 많아지지만, SR(swirl ratio) 3의 낮은 스월에서 분사시기를 지연시키면 HC가 증가하는 반면, SR 9의 높은 스월에서는 HC는 증가하지 않는다. 도시 열효율은 분사시기와 관계없이 높은 스월에서 큰 값을 나타내고 냉각손실은 감소되는 것으로 밝혀졌다.

그림 8.12는 연소실 내의 당량비 분포의 계산결과이다. 낮은 스월인 경우, 연소실 벽면 근방에는 높은 당량비의 혼합기가 분포하고 있는 반면, 높은 스월인 경우, 분사된 대부분의 연료는 연소실 중앙부근에 위치한다. 벽면근처에서 혼합기 형성이 되지 않으면, 열손실의 저감에 의한 열효율 개선과 HC저감도 가능하다.

직접 분사식 디젤기관의 열 발생율은 예혼합인 초기연소와 확산연소로 구분되지만, MK연소는 열발생이 1단이며, 전체가 예혼합 연소를 보이고 있으며 명확한 화염은 관찰되지 않는다. 이는 연소온도가 낮기 때문이며, 발광강도가 약하고 화염 내의 농도가 낮아서, 예혼합화가 진전되고 있는 것으로 추정된다.

8.4.4 배기가스 개선 효과

그림 8.13에 일반적인 연소와 MK연소의 NOx 저감비율을 나타낸다. 일반연소의 경우, 90%의 감소가 한계인 반면, MK연소는 PM의 악화가 거의 없는 상태에서 NOx를 약 98 %까지 감소할 수 있다. 이것은 희박 예혼합 저온연소의 효과로 볼 수 있다.

최근 디젤기관에서도 배기가스 후처리 기술과 제어기술의 발전으로 기술의 진전이 있지만, 합리적인 가격으로 배기가스 저감을 실현하기 위해서는, 저온연소방식의 기술개발 완성이 필수적이다.

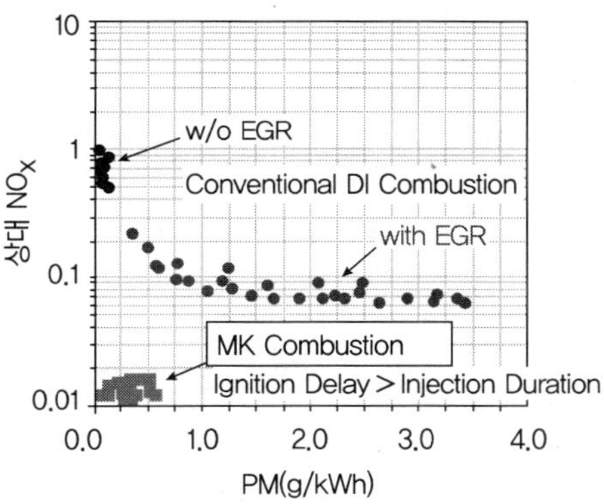

그림 8.13 MK연소의 NOx저감 효과(출처 : 닛산)

8.5 RCCI 연소

HCCI연소와 PCCI연소의 발전된 형태인 R(reactivity)CCI연소는 반응성이 다른 다양한 연료를 사용하여 연소를 제어한다. 이러한 다양한 연료를 다단분사하면 최적의 연소 지속시간과 크기 등 실린더 내 연료의 반응성을 제어할 수 있다. 낮은 반응성을 갖는 연료는 사이클의 초기에 분사되어 공기와 균일하게 혼합되고, 사이클의 후반에는 높은 반응의 연료가 실린더에 분사된다. 서로 다른 공기와 연료비율을 사용하여 반응성을 변경하여 연소의 시간과 속도로 다르게 한다. RCCI 연소는 가솔린, 디젤, 천연가스, 바이오 연료 등의 혼합연료를 사용하고 다단분사를 하는 연소방법이다.

RCCI연소는 물리 화학적인 성질과 연료성분의 성상변경으로 연소가 가능하다. 적절하게 감소된 연료 세탄수를 어느 정도 증가시키고, 점도와 증류온도 감소는 연소시간을 단축시키며 연료 내의 산소함량이 많으면 그을음 형성을 억제한다. 따라서 산소가 첨가된 DME, 바이오 디젤과 같은 연료를 사용하는 RCCI는 연소가 안정되고, 비교적 적은 용량의 EGR에서도 저온연소가 가능하다. 40% 가솔린 연료와 60% 디젤연료의 혼합연료도 저온연소에 적합하다. 이는 연료의 물리적 화학적 성질을 변경하면, 높은 산소함량을 가지는 낮은 EGR 율에서도 RCCI연소가 가능한 것을 나타내며, 저온연소 중요한 기준은 연료 혼합시간과 화학시간 사이의 균형이라는 점이다.

이중연료 연소는 디젤-가솔린 연료와 디젤-에탄올 연료 등 다양하게 사용할 수 있다. 이중연료 제어는 2가지 연료가 서로 다른 자기착화 특성을 갖기 때문에 옥탄가가 높은 연료가 메인이 된다. 다른 자기착화 특성은 저온연소에서 연소를 제어하는 도구로 사용한다. 에탄올-디젤연료에서 에탄올은 흡기에서 분사되고 디젤은 실린더에서 직접 분사된다. LTC연소를 지배하는 것은 미리 혼합된 연료의 비이며 가솔린-디젤연료에서는 가솔린은 포트분사, 디젤은 직접분사를 하며 실린더에서 연료가 급격하게 혼합된다.

CHAPTER 09

전기자동차

9.1 하이브리드 전기자동차

9.1.1 개요

하이브리드 자동차는 포르쉐(Ferdinand Forche)박사가 100여년 전에 설계한 자동차로 지금 최첨단 자동차로 발돋움하고 있다. 이 자동차는 환경부하가 적은 자동차로 이산화탄소가 지구온난화에 미치는 영향을 감소시키기 위하여 현재에도 계속 개발되고 있다. 하이브리드는 라틴어에서 온 말이며 의미는 혼합(mixing)이다. 현재 운행되는 하이브리드 자동차는 소나타, 프리우스, 에스티마, 해리어, 크루거, 인싸이트, 에스케이프, 908HY등이 있다. 미국의 CARB는 처음으로 자동차회사에 ZEV(zero level emission vehicle)차량의 제조를 요구하였다. ZEV요구에 대한 유일한 해답은 전기자동차(BEV)이었다. 전기자동차의 배기는 무공해이고 하이브리드 자동차도 전기자동차로 분류되기 때문에 비교적 배출물이 적다. 전기자동차는 순수 배터리에 저장된 전기로만 차량을 구동하고 주행거리가 짧은 단점이 있다. 내연기관 자동차의 개발목표는 테일파이프에서 이산화탄소 성분이 적게 나오게 하는 것이었고 하이브리드 자동차 역시 같은 목표로 개발되었다. 따라서 주행시에는 엔진을 구동하고 배기가스 규제영역에서는 전기로 구동한다는 발상이 하이브리드 자동차의 핵심적인 개념이다.

배기가스를 줄이고 연비를 향상시키는 기술은 다양하다. 예를 들면 가변밸브 액츄에이션(VVA), 배기가스재순환장치(EGR), 가솔린직분식(GDI), 디젤직분식(CRDI), 차량의 하이브리드화 등이다.

하이브리드 기술은 내연기관을 좀 더 효율적으로 구동하는 것이 핵심 포인트이다. 하이브리드 기술은 내연기관을 다운사이징하여 배터리와 전기모터의 무게와 상쇄시키는 것이 원래의 목적이지만 내연기관의 다운사이징이 어려워 무게만 늘어난 하이브리드 자동차도 있다. 하이브리드 전기 자동차(hybrid electric vehicle, HEV)에서 가장 크게 효율이 증가하는 곳은 시내주행이고 고속도로 주행에서는 전기모터의 동력은 필요가 없고 자동차의 무게만 늘어나고 실내 공간이 줄어든다. 따라서 HEV의 연비향상은 차량의 평균속도가 낮은 영역에서만 해당되는 단점이 있다. 현재의 배터리 기술은 에너지를 저장하는데 한계가 있고 내연기관과 비교하여 효율 면에서 큰 이득은 없지만 배출물은 큰 저감이 있다. 저속에서 배터리로만 갈 수 있는 거리는 최대 20km 이하이다. HEV는 가솔린 엔진이 작아 효율적이다. 대부분의 자동차는 차를 빨리 구동하기 위하여 큰 엔진을 필요로 한다. 그러나 작은 엔진은 최대부하로 작동시키기 쉽고 효율도 높아진다. 작은 엔진을 사용하면 다음과 같은 이유로 효율적이다.

① 큰 엔진은 작은 엔진보다 무겁고 언덕을 올라가거나 가속 시 추가 에너지가 더 필요하다.
② 피스톤과 다른 엔진 부품이 무거워 실린더를 왕복운동 할 때마다 더 많은 에너지를 필요로 한다.
③ 실린더의 배기량이 크고 각 실린더에 많은 연료가 필요하다.
④ 큰 엔진은 실린더가 많고 차가 움직이지 않아도 엔진이 가동할 때 마다 각 실린더는 연료를 사용한다.

9.1.2 정의

HEV는 가솔린엔진, 디젤엔진과 전기모터를 동력원으로 사용한다. 즉 소형엔진의 연비로 대형엔진의 성능을 얻기 위하여 내연기관에 전기모터를 결합시킨 것이다. 이 자동차의 특징은 주행조건에 따라 내연기관과 전기모터를 적절하게 사용하여 연료소비와 배출가스를 개선한다. HEV의 장점은 공회전 정지, 모터를 이용한 시동, 모터에 의한 출발, 모터에 의한 저속주행의 4가지이다.

가솔린 엔진은 바퀴를 구동하고 발전기를 돌려 전기를 만드는 역할을 한다. 배터리의 전기는 주로 저속주행시 사용되며 제동시 전기모터는 배터리에 전기를 충전한다. HEV는 **그림 9.1**과 같이 출발 시, 저속 주행 시에는 전기모터를 사용하고 가속, 정속 주행시에는 내연기관을 사용한다. 최고속도에서는 전기모터와 가솔린 엔진이 함께 사용되며, 정지할 때는 전기모터가 사용된다. 정지 상태에서는 시동이 꺼져 공회전이 없어 연비가 향상된다. 공회전 정지는 차량이 정지 후 일정시간이 지나면 자동으로 시동이 꺼지는 것을 의미한다. HEV는 출발, 가감속, 정속, 정지를 반복하므로 조건에 맞는 제어 시스템으로 구동한다. 감속 시 운동에너지를 전기에너지로 회수하는 회생제동을 갖추어 회수율을 높인다. 또한 내연기관으로 전기모터를 구동시켜 전기에너지를 만들어 배터리에 충전하기도 한다. HEV의 장점은 공회전 정지 후 재시동시 이론공연비에서 시동이 가능한 것이다. 가솔린자동차는 항상 농후한 상태에서 시동이 걸리는 것과 비교할 때 큰 장점이다. 배출물 발생이 많은 저속시에는 전기모터로 주행한다.

평균속도 80km/h가 넘는 고속에서는 HEV의 장점은 없어지고 30km/h의 저속에서는 연비가 10km/L가 되지 않아 앞으로 개선과 개발이 많이 필요한 자동차이다. HEV는 힘의 균형이 필요하고 열효율이 높은 영역을 잘 이용하여 개발해야 하며 하이브리드 자동차는 30~50km/h의 속도에서 연비가 가장 좋은 자동차이다. 가솔린차와 비교하여 모터와 배터리에 강한 전기가 흐르고 분해, 회수에 이르는 라이프 사이클의 시작과 끝에 있어서 에너지 소비나 환경부하 측면에서 개선이 많이 된 자동차이다.

9.1.3 종류

기차와 버스는 디젤-전기하이브리드, 잠수함은 원자력-전기하이브리드 등으로 주변에서 많이 볼 수 있다. 하이브리드 자동차는 다양한 종류가 있다. 전기하이브리드(HEV), 공기증기하이브리드(ASHV), 가솔린공기하이브리드(PHV), 질소유압하이브리드(HHV), 내연기관 공기자동차(PV, Pneumatic Vehicle), 전기공기자동차(EPV), 플라이브리드(FBHV), 플러그인 하이브리드(PHEV), 연료전지 자동차(FCEV) 등이 있다. 하이브리드 자동차는 버려지는 에너지를 회수하여 연비를 높이고 엔진도 부하와 속도에 따라 가장 최적인 상태에서 작동한다. HEV의 단점은 주행거리가 짧은 무거운 배터리, 여분의 추진체계(powertrain)가 필요하고 이는 차량가격을 상승시키는 점이다. 가솔린 공기하이브리드(PV)는 값이 비싼 다른 추진체계가 필요가 없고 HEV와 유사하게 작동한다. 차량이 감속할 때 엔진은 차륜의 운동에너지로 공기를 압축하여 압력탱크에 저장한다. 가속 시에는 엔진은 압축공기를 사용하여 바퀴를 구동하고 공회전정지 기능도 있다. 엔진은 정지하면 시동이 꺼져 공회전이 없다. HEV의 종류에는 전기모터의 크기와 역할에 따라 마이크로(micro), 마일드(mild), 풀(full), 플러그인(plug in)의 4종류가 있다. HEV는 전기발전기와 모터를 사용하고 에너지를 배터리에 저장한다. 아직 전기를 저장할 수 있는 양이 많지 않아 소·중형차량에만 적용한다. 기본적으로 마일드 하이브리드는 모터가 엔진보조(boost only)만 하고 전기로 주행은 불가(no e-drive)하고 풀 하이브리드는 전기모터 주행이 가능하다. 다음은 하이브리드 자동차의 주된 기능이다.

① 정지－출발(start－stop), 공회전정지시스템(ISS)

② 엔진보조(Boost to engine power)

③ 전기모터주행(Electric Driving)

④ 회생제동(Regenerative Braking)

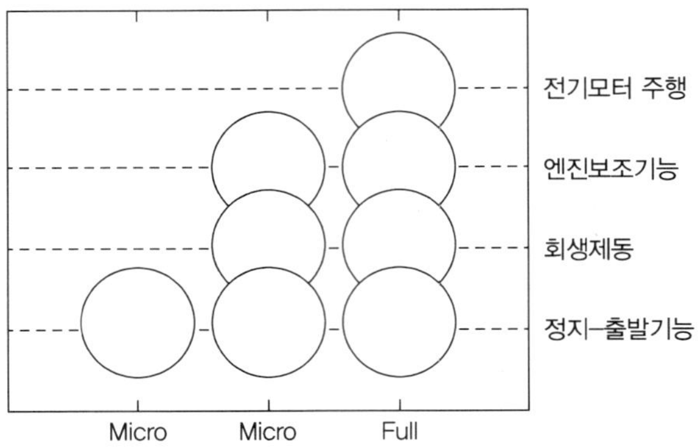

그림 9.1 하이브리드의 구분

마이크로 하이브리드는 그림 9.1처럼 출발－정지(start－stop)기능만을 기본적으로 가지는 자동차이다. 마일드 하이브리드는 마이크로기능에 회생제동과 엔진보조기능이 추가된다. 전기모터는 출발시, 가속, 등판시에 엔진을 보조한다. 이 자동차의 장점은 배터리가 작아도 되고 전기모터, 발전기가 있고 풀 하이브리드와 비교하여 가격이 싸다. 그림 9.3의 풀 하이브리드는 전기모터가 주요 구동력이고 엔진은 보조 역할을 한다. 표 9.1는 HEV의 분류를 나타낸다. 에너지가 많으면 저장능력이 크고, 출력이 많으면 차의 속도가 빨라진다. 표 9.2는 HEV의 기능에 의한 분류를 나타낸다. 마일드 하이브리드와 풀하이브리드의 차이점은 출발과 저속주행시이다.

표 9.1 HEV의 분류

type	micro hybrid	mild(soft) hybrid	full(hard)hybrid	PHEV	
battery type	납축전지, 커패시터	medium	high	high	
power	–	5~20kW	20~60kW	40~80kW	15~150kW
energy	–	0.6~1.8kWh	0.6~1.8kWh	5~15kWh	15kWh 이상
효율	–	20~35%	25~50%	10~15%	

표 9.2 HEV의 기능에 의한 분류

종류	정지/출발기능	회생제동	엔진(전기모터보조)	전기모터(엔진보조)
마이크로	○			
마일드 (소프트타입)	○	○	○ 출발(엔진+모터) 저속주행(엔진) 가속/등판((엔진+모터) 고속(엔진)	
풀(하드타입)	○	○	○ 고속(엔진)	○ 출발(모터) 저속주행(모터) 가속/등판((모터+엔진)

표 9.3 하이브리드 자동차의 종류(출처 : SMMT)

대분류	중분류	소분류	
석유-하이브리드 전기자동차	병렬 하이브리드	마이크로 병렬 하이브리드	시동, 공회전정지 Citroen C2
		마일드 병렬 하이브리드 20kW 이하의 전기모터 보조	Sonata, K5 Honda insight
	직렬 하이브리드	엔진으로 발전하여 전기모터로 구동	GM Volt
	풀 직병렬 하이브리드	엔진과 전기모터로 구동	Toyota prius
	플러그인 전기자동차(PHEV)	외부전기로 충전	미쯔비시 아웃랜더 Toyota prius
	연료전지 전기자동차	수소사용	FCX, FCHV-adv
유체 동력 하이브리드	석유-공기하이브리드 (petro air hybrid)	HEV와 같은 원리임	MDI 하이브리드, 푸조 Scuderi
	석유-유압하이브리드 (petro hydraulic hybrid)	HEV와 같은 원리임 유압으로 질소기체를 사용함	AHP
	석유-공기증기 하이브리드 (petro air stream hybrid)	물의 증발열을 이용	FTA의 BARSH
	전기-공기하이브리드	압축기를 전기로 작동함	Tata의 압축공기자동차
	압축공기자동차	압축공기를 내연기관으로 만듦	

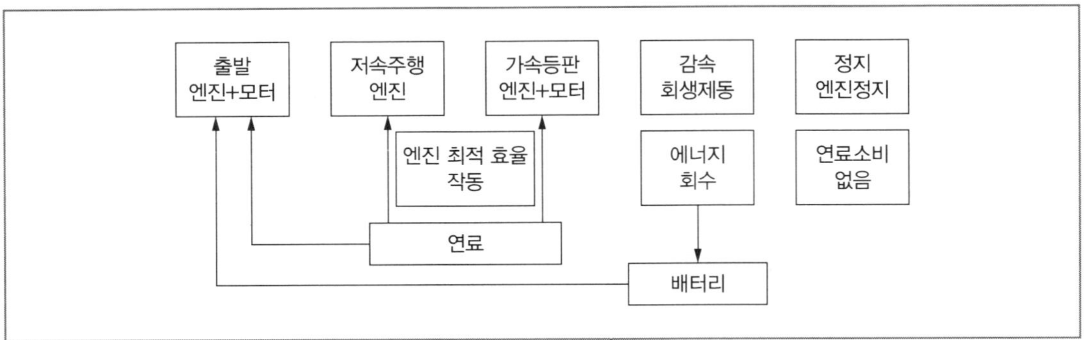

그림 9.2 마일드 하이브리드

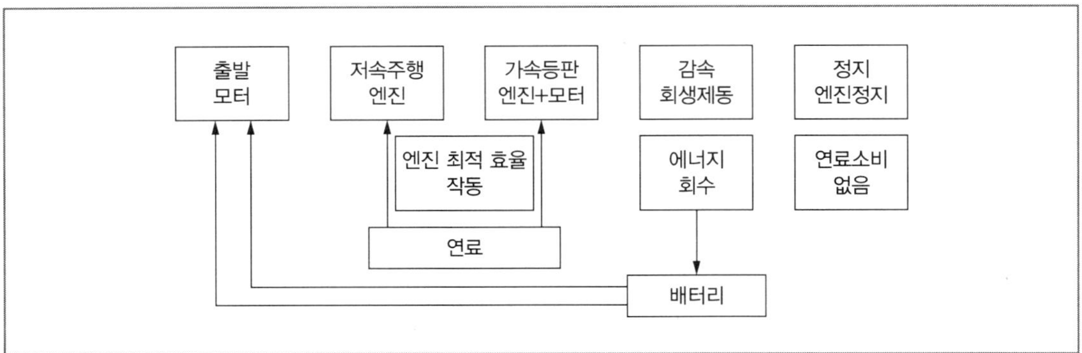

그림 9.3 풀 하이브리드

9.1.4 전기 하이브리드의 구조

1896년 벨기에의 Pieper회사가 납축전지가 보조하는 전기모터와 가솔린엔진으로 병렬 하이브리드 전기자동차를 만들었다. 또한 1901년 엔진 60hp, 전기모터 40hp의 전기하이브리드를 개발하였다. 1902년 Krieger는 직렬하이브리드를 개발하고 포르쉐가 그 차량을 제조하였다. 그러나 내연기관의 급격한 발전으로 세계 1차 대전이후 사라졌다. 1990년대에 들어서 도요타는 1997년 처음으로 프리우스, 1999년 혼다는 인사이트를 양산하였다. 2001년 도요타는 엔진 76hp, 전기모터 67hp의 풀 하이브리드를, 혼다는 엔진 67hp, 전기모터 13hp의 마일드 하이브리드를 개발하였다. 프리우스의 연비는 시내주행 4.5L/100km, 고속주행 4.9L/100km, 혼다의 연비는 시내주행 5.9L/100km, 고속주행 5.5L/100km이었다. 이러한 하이브리드는 가솔린과 비교하여 시내주행 55%, 고속주행 45%의 연비가 늘어났다. 대부분 가솔린-전기 하이브리드이고 프랑스의 푸조는 디젤-하이브리드를 가지고 있다.

일반적으로 HEV는 전기모터와 엔진을 같이 사용한다. 전기자동차의 환경에 유리한 점, 엔진의 주행에 유리한 점을 조합한 것이다. 전기는 엔진에 의해 충전되거나 회생제동 시스템으로 회수되는 전기에너지를 배터리에 저장된 것을 사용한다. 엔진은 저부하 작동시 스로틀밸브의 손실이 너무 커서 효율이 떨어진다. HEV에서 엔진은 크기가 작고 마력이 작은 것을 사용한다. 도요타 1세대 프리우스 엔진은 1500cc로 76hp를 가진다. 엔진을 다운사이징하여 출력밀도를 증가시키고 엔진은 부하가 클 때 가동되어 이렇게 하면 펌핑 손실이 낮아져 평균 체적효율이 커진다. 이렇게 엔진의 감소된 출력은 전기모터에 의한 출력으로 보상한다. 그리고 하이브리드 차량의 장점은 회생제동이고 단점은 전기모터와 리튬이온 배터리가 필요한 점이다. 배터리의 제한된 수명은 차량 가격을 올린다.

하이브리드의 모터 배열방식으로 직렬방식과 병렬방식, 직병렬방식이 있다. 직렬하이브리드는 엔진은 발전기를 구동하여 전기를 만들고 배터리에 저장하고 바퀴구동은 전기모터가 담당한다. 발전기와 전기모터의 2모터 방식이다.

병렬하이브리드는 엔진과 모터가 구동축을 구동하고 엔진이 전기를 만들지는 않는다. 제동시 에너지를 회수한다. 그러나 이 에너지의 저장은 납축전지로는 용량이 적어 리튬이온 배터리가 필요하고 공간을 많이 차지하여 차량의 무게가 증가된다. 엔진과 전기모터사이에는 클러치가 연결되어 있다. 추진력은 엔진, 전기모터 단독으로 하거나 둘 다 사용할 수 있다. 병렬방식이 직렬방식보다 좋은 점은 엔진을 추진력으로 사용하기 때문에 에너지 전환손실이 작은 것이고 단점은 장시간 저속운행을 하면 배터리가 방전되는 것이다.

직병렬방식(dual mode)은 동력을 나누어 담당한다. 엔진은 바퀴를 구동시키거나 발전기를 돌려 배터리에 전기를 저장한다. 전기모터와 엔진이 구동을 하고 엔진이 전기를 만드는 이 방법은 좀 더 효율이 높지만 가격이 비싸고 시스템이 복잡하다.

① **가솔린엔진 하이브리드 시스템** : 가솔린엔진의 장점인 배기가스의 문제가 없고 연비 특성이 우수하다. 디젤엔진과 비교하여 제작비가 싸고 차량 품질이 좋다.

② **디젤엔진 하이브리드 시스템** : 가솔린 엔진보다 효율이 좋은 디젤엔진과 모터를 조합한 시스템이다. 디젤엔진은 가솔린엔진과 비교하여 배기가스에 문제가 있었지만 개발된 CRDI엔진은 이런 문제를 해결하였다. 따라서 이 시스템은 배기가스가 좋아져 엔진회전수를 일정 범위에 두고 작동이 가능하여 연비가 매우 우수하다.

(1) 직렬(시리즈) 하이브리드 시스템

그림 9.4의 직렬하이브리드 시스템은 바퀴의 구동을 전기모터로 하고, 엔진은 전기모터에 전기를 공급한다. 엔진으로 발전기를 돌려 전기를 만들고 그 에너지로 전기모터를 구동하여 자동차를 움직인다. 즉 엔진과 모터가 직렬로 연결된다. 엔진과 구동바퀴 사이에 기계적 전달은 없다. 엔진으로 발전한 전기를 배터리에 충전하고 그 전기로 전기모터를 구동한다. 전기모터는 바퀴를 구동할 때 동력의 전달 순서가 직렬로 되어 있다. 일반적으로 발전기로 발전하여 배터리에 충전하고 그 배터리에 저장된 전기를 꺼내어 바퀴를 구동하면 효율이 떨어진다. 발전기에서 발전된 전기로 직접 모터를 구동하면 효율이 좋아진다. 이 방법은 전기모터로만 바퀴를 구동하기 때문에 전기모터와 배터리의 용량이 커야 한다. 배터리를 사용하지 않고 엔진으로 발전기를 돌리고 그 에너지로 전기모터를 기동하면 간단한 주행은 가능하지만 가속이 어렵다. 감속 시 회생제동으로 전기에너

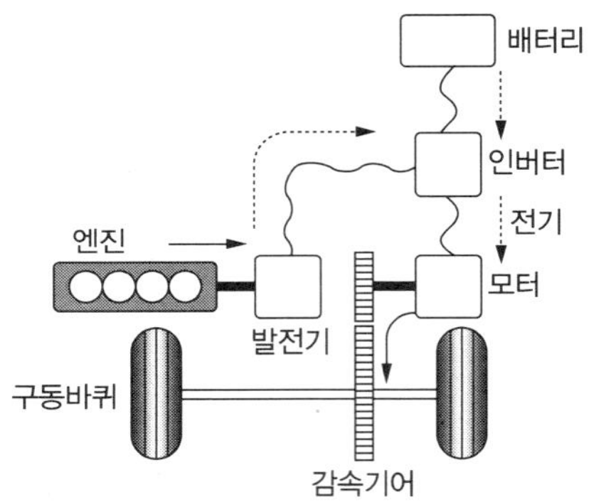

그림 9.4 직렬 하이브리드 시스템

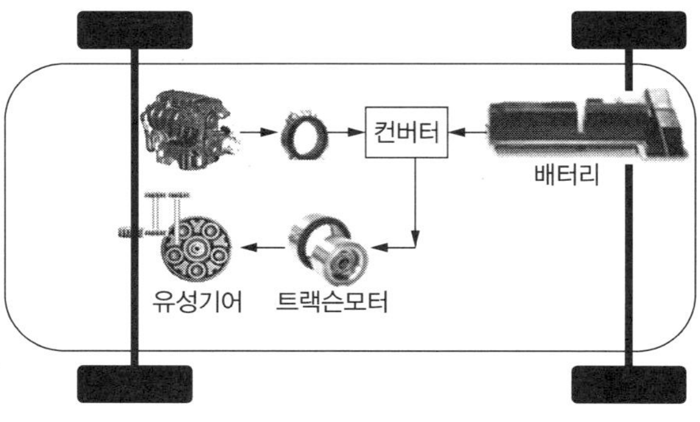

그림 9.5 GM Volt 직렬 hybrid

지를 회수한다. 엔진은 다운 사이징되어 출력과 배기량이 작아지고 다운사이징 엔진도 큰 동력을 을 발휘한다. 이 방식은 하이브리드 자동차의 기본이 되는 자동차이다. 그림 9.5는 GM Volt 직렬 하이브리드를 나타낸다.

(2) 병렬(패러럴) 하이브리드 시스템

병렬하이브리드 시스템은 엔진과 전기모터가 동시에 바퀴를 구동한다. 따라서 엔진과 전기모터가 병렬로 구성된다. 전기모터는 엔진 보조로 바퀴를 구동하고 발전기 전기는 배터리에 충전한다. 병열하이브리드 동력은 엔진, 전기, 단독으로 혹은 2동력 같이 자동차를 구동할 수 있다. 그림 9.6은 병렬 하이브리드 시스템을 나타낸다.

종류에는 전기모터에서 나오는 구동력을 변속기 후방에서 합류시키는 방법과 변속기 전방에서 합류시키는 방법이 있다. 2가지 방법중 어떻게 구성하는가에 따라 모터의 회전과 출력 특성이 변한다. 가장 널리 보급되어 있는 방식이다.

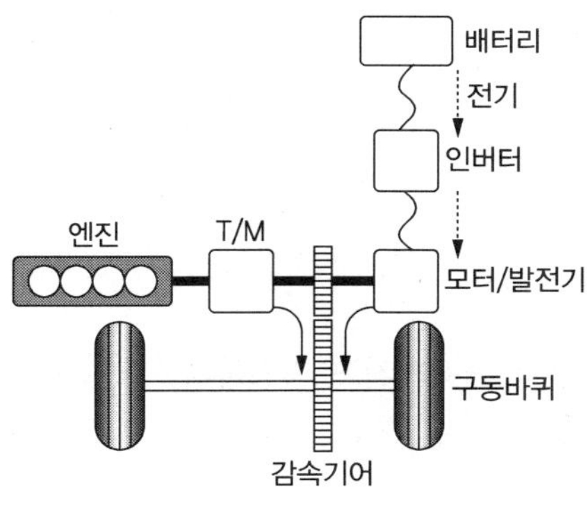

그림 9.6 병렬 하이브리드 시스템

(3) 직병렬(dual) 하이브리드 시스템

직렬과 병렬 2가지를 모두 사용하는 혼합 하이브리드 시스템이다. 직렬방식과 병렬 방식의 장점을 따서 혼합시킨 방식이다. 전기모터 또는 엔진만으로 바퀴를 구동하기도 하고 전기모터와 엔진을 함께 휠을 구동하기도 하는 복잡한 구조를 가진다. 이는 연비개선과 배출가스 저감에 매우 유리하다. 엔진의 효율을 높이기 위해 모터의 사용영역을 확대하고 앳킨슨 사이클 엔진을 적용하여 연비를 향상시켰다. 높은 토크영역에서는 가솔린 엔진을 사용하고 낮은 토크 영역은 전기모터를 사용한다. 2종류의 동력을 자유롭게 분할, 혼합하여 사용하고 엔진, 전기모터, 발전기의 3가지 요소로 구성된다. 각각의 작동과 토크 특성을 유지하면서 다른 종류의 동력을 자유롭게 혼합하여 구동력을 만든다. 병렬방식은 개별구동, 결합구동이 가능하고, 직렬방식은 전기발전, 전기모터구동이 동시에 가능하다. 변속장치는 동력분할기구, 유성기어 작동에 발전기 전기를 사용하고 기구는 간단하지만 작동은 복잡하다. **그림 9.7**은 직병렬 하이브리드 시스템을 나타내고 **그림 9.8**은 하이브리드 자동차의 모터와 엔진 사용량을 나타낸다.

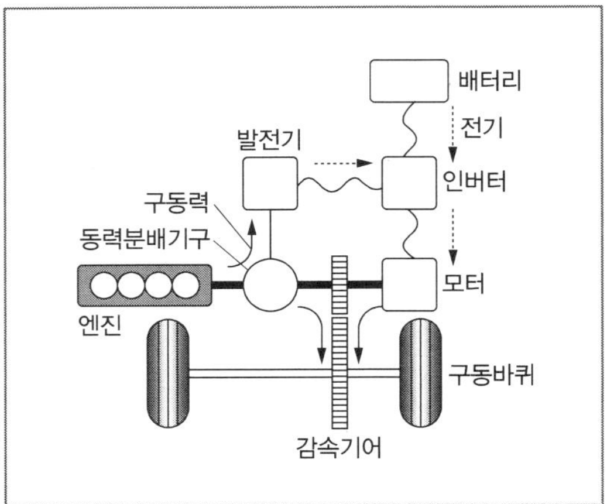

그림 9.7 직병렬 하이브리드 시스템

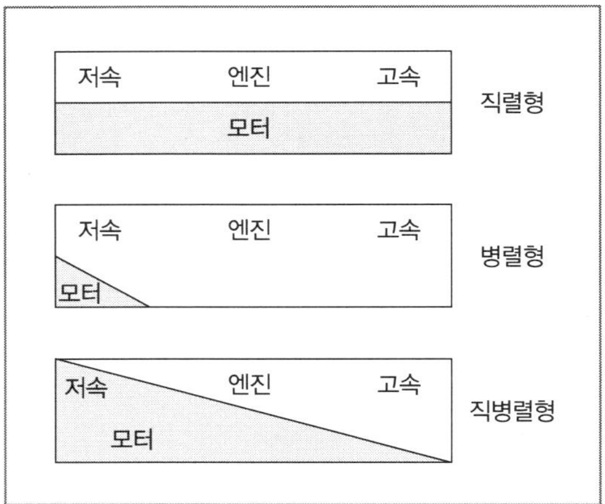

그림 9.8 하이브리드의 모터와 엔진 사용량

(4) 모터보조방식

하이브리드 자동차 중 가장 간단하며 가격도 저렴하다. 엔진의 출력 부분에 모터를 직접 연결하여 토크상승과 감속 시 에너지를 회수한다. 병렬 하이브리드와 비슷하지만 기능면에서 차이가 있다. 기구적으로 가장 간단해서 플라이 휠 부분에 끼우는 모터, 배터리와 제어계통을 추가하여 연비 개선을 한 것이 있다. 감속 시 엔진이 전기모터와 같이 계속 돌기 때문에 연소를 멈추고 있어도 엔진 브레이크 만큼 에너지 회수가 줄어든다. 모터의 토크가 구동력에 더해지고 빠질 때 구동에 문제가 발생할 수 있어 운전성능의 최적화가 어렵다.

9.1.5 프리우스(Prius) 하이브리드

프리우스 하이브리드에 적용한 엔진은 고팽창비 사이클인 앳킨슨 사이클을 사용한다.. 일반적으로 연소실 체적을 적게 하면 팽창비가 높아진다. 그러면 폭발압력이 낮아져 에너지의 이용율이 좋아진다. 압축시의 체적과 폭발시의 체적이 거의 같기 때문에 압축비와 팽창비는 거의 같게 된다. 팽창비가 높아지면 압축비도 높아져 노킹이 발생한다. 즉 압축비와 팽창비를 높이는 것은 한계점이 있다. 그러나 이를 가능하게 하기 위해 흡기밸브 닫는 시기를 늦추면 된다. 1세대 도요타 프리우스의 경우 엔진은 1500cc, 4기통 엔진이다. 이 엔진은 앳킨스 사이클 적용, VVT-i 적용으로 출력을 높였다. 프리우스 하이브리드의 엔진은 체인구동 캠 트레인으로 작동하는 가변밸브 타이밍(VVT)를 사용하고 이는 흡기밸브 개폐시기를 변화시킨다. 압축비 13:1에 흡기 닫힘시기를 빨리하여 엔진의 토크를 높여 가속성능을 좋게 하였다.

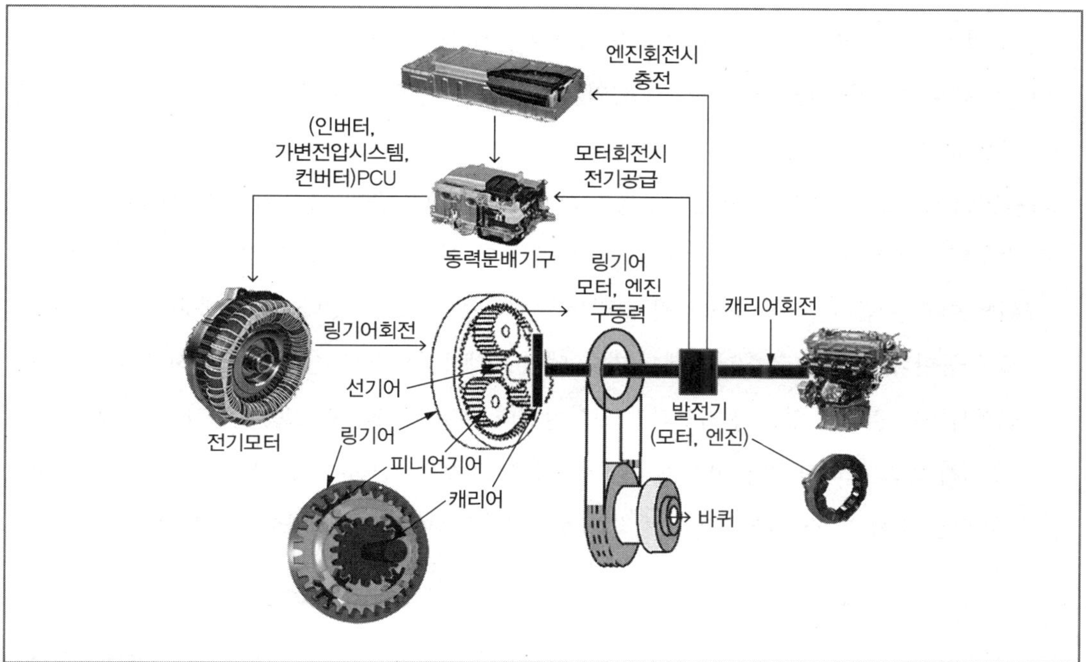

그림 9.9 프리우스의 구조

동력분할기구는 1세대인 1997년에 개발되었다. 그후 2세대를 거쳐 3세대가 개발되어 있다. 프리우스의 가장 핵심은 다운사이징 엔진개발과 동력분할기구의 개발이다. 동력분할기구는 엔진의 동력, 모터의 동력, 발전기의 동력의 3가지 구성요소를 1개의 유성기어에 넣었다. 다양한 동력전달과 동력 혼합 기술의 핵심인 동력분할기구는 도요타만이 가지는 기술이라 볼 수 있다. 엔진과 전기모터의 토크를 연속으로 혼합하고 밸브가변기구와 동력분할기구의 적절한 혼합은 연비를 높이는데 중요한 역할을 하였다. 엔진의 구동력, 전기모터의 구동력, 엔진과 모터의 구동력, 엔진, 발전기, 모터에 의한 구동력, 회생제동력 등의 힘을 조화롭게 작동시키는 기구이다. 그림 9.9는 프리우스의 구조를 나타낸다.

(1) 주행 조건

① **시동** : 브레이크를 밟으면서 파워스위치를 누르면 시동된다. 고전압배터리의 충전상태를 나타내는 SOC(state of charge)값이 낮으면 발전기(MG1)으로 발전해서 고전압(HV)배터리를 충전하고 엔진 냉간시는 엔진의 난기를 위해 시동을 건다. 시동은 HV배터리로 시동모터(MG2)가 시행한다. MG1은 발전기, MG2는 시동모터를 의미한다. 이 차량에서는 모터와 발전기의 구분이 없고 모터와 발전기를 모두 구동을 하거나 발전기의 역할만 한다.

② **정차시 충전** : 기어 P의 위치에서 SOC의 값이 낮으면 엔진을 기동하여 엔진의 힘으로 MG1을 구동하여 배터리를 충전한다.

③ **출발(start up)** : 엔진정지 상태에서 전기모터로 출발한다. 출발, 정지가 많은 시내주행이나 저속주행시 이용한다. 차가 조금만 움직여도 엔진이 시동된다면 ISS의 장점이 없다. 이를 막기 위해 이때는 전기모터 구동으로만 달리는 전기자동차모드가 있다. 초기 가속 시는 전기모터로 구동한다. 주행중 가속페달에서 발을 떼면 회생제동모드로 전환된다. 다시 엑셀을 밟으면 엔진시동은 걸리지 않고 전기모터만으로 달린다. SOC가 높으면 **그림 9.10**과 같이 엔진은 계속 꺼져 있고 모터와 발전기만 기동한다. SOC가 낮으면 엔진이 가동된다. 저속주행, 완만한 내리막길 주행 등 경부하일 때는 엔진을 정지시키고 MG2로 주행하여 저 연비를 실현한다.

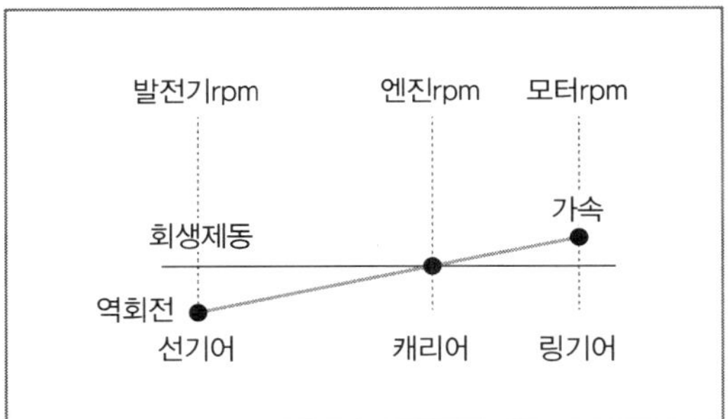

그림 9.10 start up

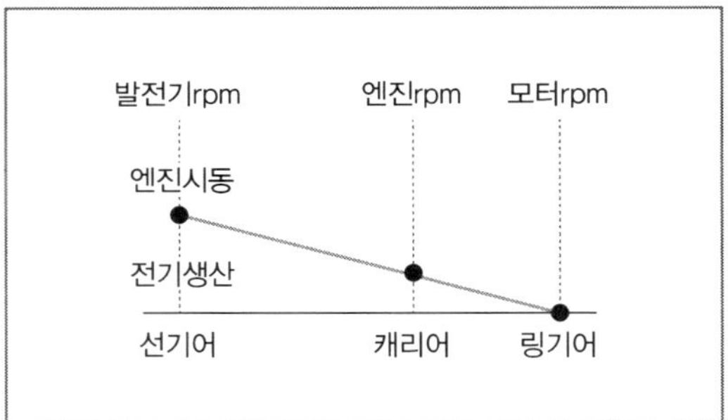

그림 9.11 출발가속

④ **출발에서 가속** : 발전기는 엔진의 시동을 걸고 시동이 되면 발전기는 전기를 생산한다. 이 전기는 배터리로 충전되어 MG2 모터 구동에 사용한다. **그림 9.11**은 출발에서 가속 시 주행조건을 나타낸다.

⑤ 정상주행 : 중고속 영역에서 일정한 구동력을 유지하는 정상 주행은 엔진의 출력과 토크를 적당히 변속하여 구동바퀴로 전달한다. 엔진과 전기모터가 같이 회전하는 동력 혼합이 이루어진다. 가속을 하면 연비가 낮아지지 않도록 전기모터를 구동한다. 이 상태는 전기모터와 엔진이 구동하는 형태이다. 정상주행시에는 엔진 동력은 2개로 분할되어 하나는 바퀴를 구동하고 다른 하나는 MG2를 구동해서 엔진을 보조한다. 그림 9.12는 정속주행 조건을 나타낸다.

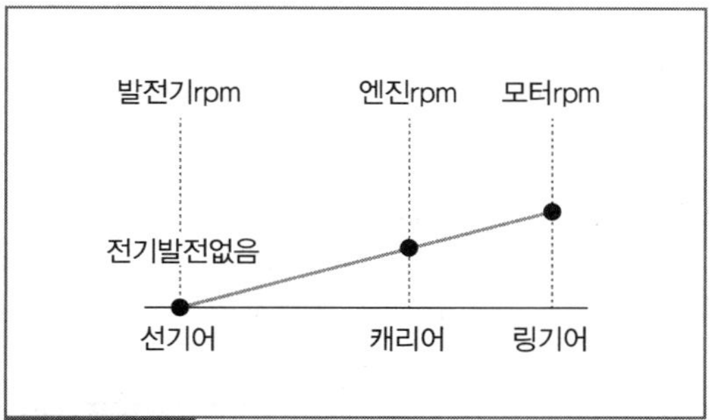

그림 9.12 정속주행

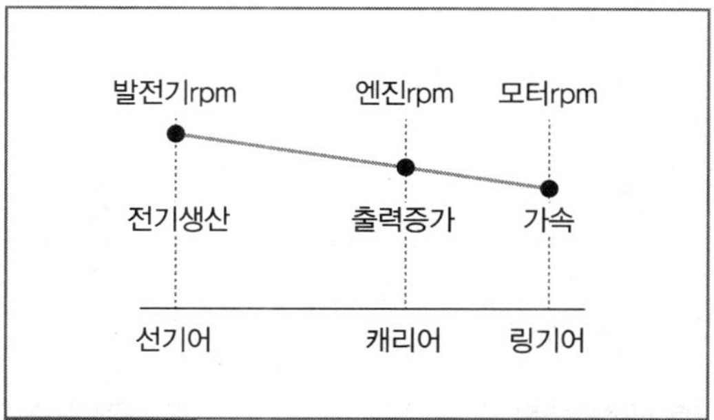

그림 9.13 가속

⑥ **가속** : 차량 중량에 비교하여 약간 작은 엔진을 장착하여 효율적이고 더 큰 구동력이 필요할 때는 전기모터를 사용하여 토크를 상승시킨다. 엔진이 구동하면 발전기가 발전되고 이 전기로 모터는 구동된다. CVT를 이용하여 감속비를 크게 하고 속도가 높아지면 감속비를 작게 하고 전체를 하나로 움직인다. 가속 시는 엔진 출력을 높여 구동하고 엔진 동력을 MG2에 전달해서 발전한다. 그 전기와 HV배터리 전기로 MG2 모터를 구동하여 가속시킨다.

⑦ **에너지 회수** : 감속 시는 구동바퀴와 연결되어 있는 모터를 차륜이 회전시키면서 발전한다. 이 발전기 부하로 모든 차량의 부하를 제어한다. 이를 회생제동이라 한다. 감속 시 에너지 회수는 하이브리드의 장점이다. 가속페달에서 발을 떼면 가벼운 감속을 하며 브레이크를 밟으면 본격적으로 발전하면서 브레이크 역할을 한다.

⑧ **감속, 제동** : 감속 시는 구동바퀴의 회전력에 의해 MG2를 회생시켜 발전을 하여 HV배터리를 충전한다. 제동시에는 브레이크를 밟는 힘에 맞는 제동력을 얻도록 에너지를 회수한다.

⑨ **후진** : 후진시에는 HV배터리로부터의 전기에 의해 MG2를 전진시의 역방향으로 구동하면서 후진한다.

(2) 고전압(high voltage)제어시스템과 상호제어

도요타의 엔진종합 제어시스템(Toyota Computer Controlled System, TCCS)은 구동 드라이버의 요

구 출력을 최적으로 되도록 제어한다. THS(Toyota Hybrid System) II의 특징은 소형, 고성능 니켈 수소 배터리를 한층 더 개발하여 배터리의 내부 저항을 줄인 것이다. THS II에서는 주행 중에 일정한 충전 상태를 유지하도록 충전 제어를 하고 외부에서의 충전은 필요가 없다. 제어유닛 내부에 고전압 전원회로가 있고 모터와 발전기전압은 최대 500V이다. 전류는 그대로 두고 고전압을 사용하면 에너지 손실이 줄어들어 효율이 높아진다. 그림 9.14는 고전압시스템을 나타낸다.

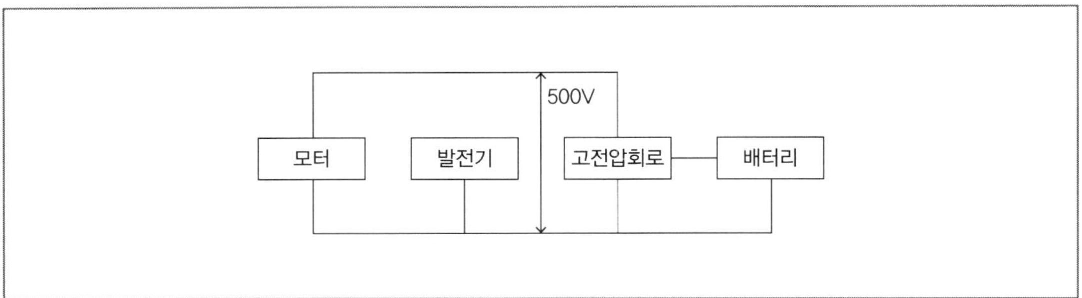

그림 9.14 고전압시스템

① **엔진의 시동과 정지** : 엔진 시동시의 크랭킹은 발전기를 이용한다. 엔진 회전수가 정해진 값 이상이 되면 연료를 분사하고 엔진 정지 시에는 발전기의 발전저항이 토크를 흡수해서 엔진을 정지시킨다.

② **엔진의 회전수제어** : 엔진의 회전수는 차속과 가속페달의 열림량에 따라 제어되고 고전압제어시스템이 연비감소와 동력의 균형을 맞추면서 엔진 회전수를 제어한다. 그러나 냉간시에는 ECU가 엔진 회전수를 제어한다.

③ **전자식 스로틀밸브제어** : 기관에 들어가는 공기 유량을 조절하기 위해 흡기계의 상류 끝 부분에 스로틀밸브가 장착되어 있다. 고전압제어시스템에서 신호를 받아 엔진효율이 최대가 되도록 스로틀밸브의 열림량을 제어한다.

④ **VVT제어** : 흡기밸브의 개폐시기는 공기가 실린더에 들어가는데 영향을 미친다. 흡기밸브의 닫힘시기를 하사점 이후에 하면 더 많은 공기가 실린더에 들어가게 되고 흡기밸브가 닫히는 시기는 실린더 내 공기와 흡기 다기관내의 공기 압력이 평형을 유지할 때이다. 이론적으로 기관이 빨리 회전하면 흡기밸브를 늦게 닫아야 하고 천천히 회전하면 흡기밸브는 일찍 닫아야 한다, 이렇게 하면 체적 효율이 증가한다. 흡기밸브를 닫는 시기는 캠축에 의해 조절되며 기관 속도에 따라 흡기밸브의 닫는 시기를 변경하는 시스템이 가변밸브타이밍제어이다. 그림 9.15는 VVT시스템의 양정과 밸브 열림각을 나타낸다.

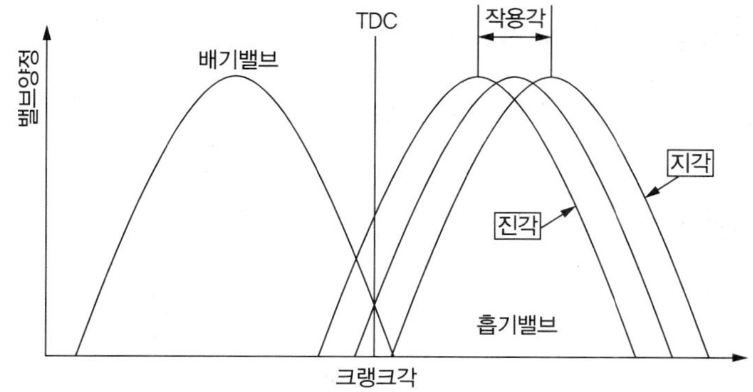

그림 9.15 일반적인 VVT

(3) 앳킨스사이클

가솔린과 디젤사이클에서는 팽창행정의 끝에서 배기밸브가 열리면 실린더 내의 압력은 대기의 3/5정도 내려간다. 팽창행정 동안 추가적인 일을 할 수 있는 위치에서 배기밸브가 열리고 압력은 대기압이 된다. 만약 실린더 내의 가스가 팽창하여 대기압으로 내려갈 때까지 배기밸브가 열리지 않으면 기관 효율이 증가되고 많은 양의 팽창일을 얻을 수 있다. 이 공기 표준 사이클을 앳킨스 사이클이라 한다. 이 사이클을 완성시키기 위해 많은 크랭크축과 밸브 메카니즘이 개발되었다. 그림 9.16은 앳킨스 사이클이다. 2점에서 흡기밸브를 닫아 압축인 2−3보다 팽창인 4−5가 훨씬 길다. 즉 고팽창비인 사이클이다. 사이클은 엔진의 효율을 결정하는 기본으로 3세대 프리우스는 앳킨스

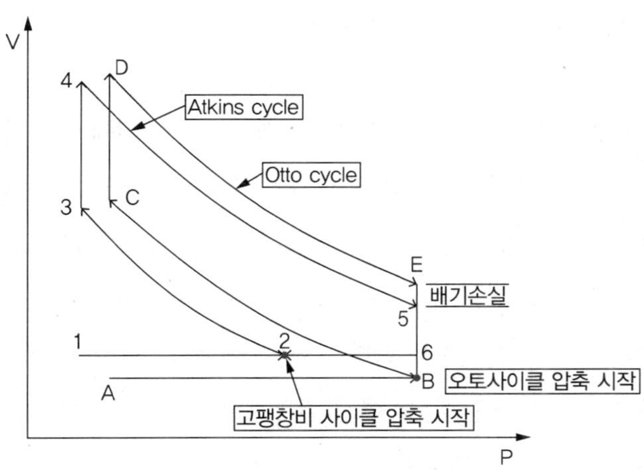

그림 9.16 앳킨스사이클(고팽창비 사이클)

사이클을 사용하여 압축비 13, 최대출력 99Ps, 142Nm의 토크를 발생한다. 그림 9.17은 앳킨스사이클의 밸브양정과 밸브 열림시간을 나타낸다.

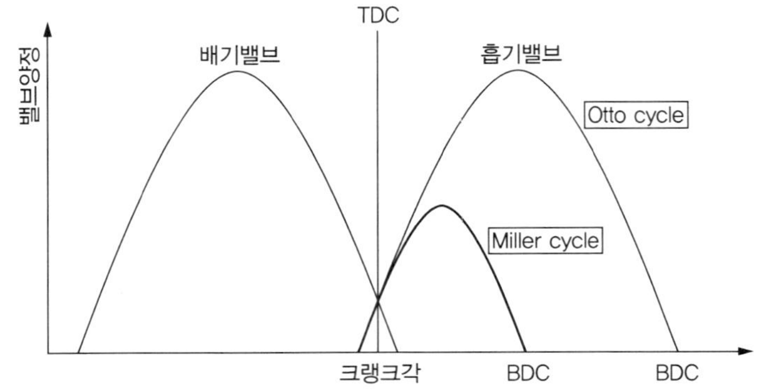

그림 9.17 앳킨스사이클 밸브 양정

(4) 동력분할기구

프리우스에서 동력분할기구는 가솔린 자동차의 변속기와 같은 역할을 한다. 혼다 인사이트는 가솔린 변속기를 그대로 사용하고 프리우스는 동력분할기구를 사용한다. 이는 2개의 동력원을 서로 다르게 구성할 수 있다. 병렬방식은 가솔린엔진과 전기모터로 구성된다. 가솔린엔진과 전기모터는 변속기와 연결되어 있어 엔진과 전기모터가 동시에 변속기를 돌릴 수 있고 직렬방식은 엔진은 발전기를 돌리고 발전기는 전기를 배터리에 충전하고 변속기를 구동하는 전기모터에 전기를 공급한다. 가솔린 엔진은 바퀴를 직접적으로 구동하지 않는다. 모든 부품이 변속기와 연결되어 있다.

동력분할기구는 가솔린 엔진의 동력을 드라이브트레인과 발전기에 분배하는 장치이다. 효율적으로 배분하기 위하여 링기어 피니언기어, 선기어, 유성 캐리어로 구성된 유성기어 기구를 사용한다. 유성 캐리어의 회전축은 가솔린 엔진에 연결된 피니언 기어를 통하여 링기어와 선기어를 회전시킨다. 링기어의 회전축은 직접 전기모터에 연결되어 바퀴를 회전하고 선기어 축은 직접 발전기에 연결되어 가솔린 엔진의 동력으로 발전을 한다. 전기 모터에서 링기어로, 링기어는 선기어를 돌리고 선기어는 캐리어와 연결되어 이를 회전하여 바퀴를 돌린다. 그리고 캐리어는 발전기로도 연결되어 발전을 하고 이 전기는 다시 전기모터를 회전한다. 엔진은 발전기와 캐리어와 연결되어 전기를 만들고 캐리어를 돌리고 캐리어는 링기어, 링기어는 바퀴를 회전한다. 선기어는 발전기를, 캐리어는 엔진을, 링기어는 모터를 구동한다. 엔진의 동력은 캐리어를 통하여 피니언기어를 거쳐 선기어, 링기어에 나누어 전달된다. 그림 9.18은 프리우스의 동력분할기구 구조를 나타낸다.

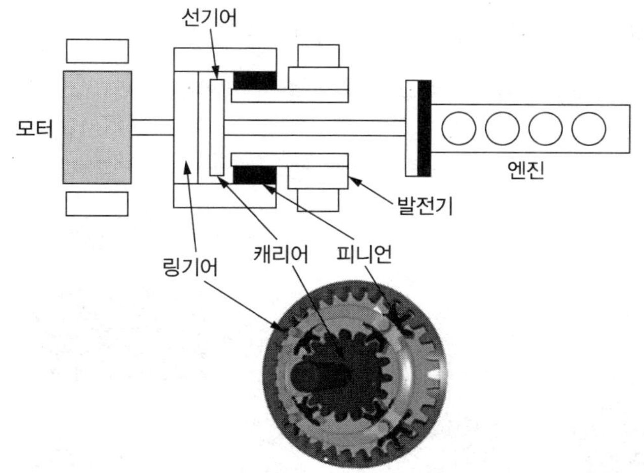

그림 9.18 프리우스 동력분할기구

9.1.6 혼다 하이브리드

1.0L 가솔린 엔진에 10kW의 모터를 조합하여 엔진의 출력이 약한 저속과 가속일 때 모터가 보조하는 방식이다. 혼다 인사이트는 하이브리드가 어떻게 작동하는지를 알려주는 최고의 기술이다. 최고의 효율을 만들기 위하여 작고 고효율의 가솔린엔진을 사용하여 연비 27.2km/L의 주행거리를 갖는다. 이 차는 단순화된 병렬하이브리드이다. 플라이휠이 위치하는 곳에 엔진과 연결된 두께 6 cm의 전기모터를 사용하고 이를 IMA(integrated motor assist)라 한다. 인사이트는 종래의 5단 수동 변속기와 자동 CVT를 장착한다. 전기모터는 가속이나 언덕길 주행시 가솔린 엔진을 보조하다. 에너지를 회수하기 위하여 회생제동을 사용하고 엔진 시동시 필요한 시동모터를 제거하였다. 그러나 전기모터는 그 자체로 변속기를 회전시킬 수 없고 자동차를 움직이기 위해 가솔린 엔진을 반드시 구동해야 한다. 프리우스의 THS는 동력을 동력 분할기구로 분배하고 될 수 있는 가능한 한 전기모터로 주행을 한다. 그러나 배터리 용량때문에 엔진을 사용해야 한다. IMA 시스템은 기존의 엔진과 변속기의 기본 구성에 전기모터와 제어시스템을 통합하여 주로 엔진으로 주행하고 출

력이 부족할 때 전기모터를 보조하는 방법이다. 인사이트 하이브리드는 프리우스 하이브리드와 비교하여 구조와 제어도 간단하고 가격도 저렴하여 소형차에서는 프리우스에 비하여 유리하다. 인사이트는 구조상 큰 모터를 사용할 수 없어 전기모터 보조에 제한이 있고 2세대 IMA시스템은 전기모터만으로 주행이 불가능하다. 그러나 3세대에서는 이를 주행 중 엔진의 흡배기 밸브를 닫은 상태로 연료를 점화하지 않아 엔진 작동을 중지시키는 엔진 비활성화 기술로 전기모터만의 주행이 가능하다. 그림 9.19는 피트(feat)하이브리드의 구조를 나타낸다.

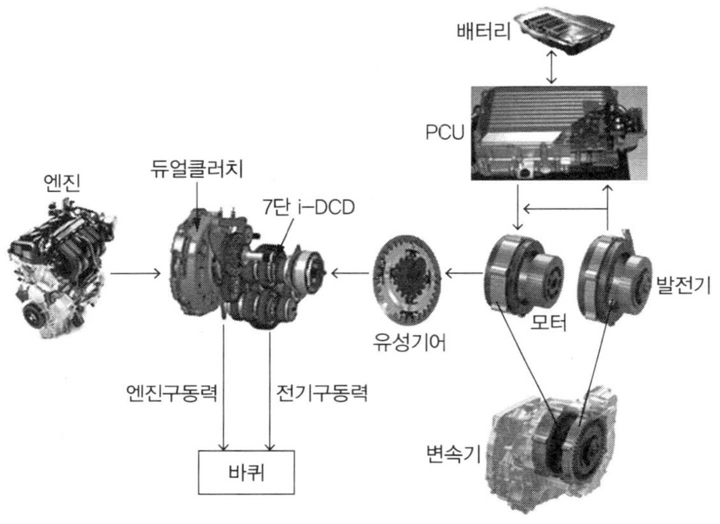

그림 9.19 피트(feat)하이브리드의 구조

IMA시스템이 작동하는 방법은 다음과 같다.

① 자동차가 완전히 정지한 상태에서의 출발은 큰 구동력이 필요하다. 공회전 상태에서 엔진을 기동할 때 엔진의 출력에 전기모터의 출력을 더하여 강력한 출발이 가능하다.

② 저속에서 일정한 속도로 달리고 있는 상태에서는 엔진 실린더 비활성화 기술로 엔진을 정지시켜 전기모터의 힘만으로 주행하여 연료소비를 억제한다.

③ 가속이나 등판 등 큰 힘이 필요한 경우에는 엔진 출력에 모터 출력을 더하여 강력한 가속을 한다.

④ 고속에서 일정한 속도로 달리고 있는 상태는 큰 힘이 필요하지 않기 때문에 엔진의 출력만으

로 주행한다. 그러나 가속이 필요할 때는 즉시 전기모터가 출력을 더한다. 내리막 등 기본적으로 구동력이 필요하지 않는 상태에서는 실린더 비활성화기술이 적용되어 연료소비를 억제한다.

⑤ 감속, 제동상태에서는 모터에 흐르는 전류의 방향을 역으로 하여 발전을 하고, 배터리에 전기를 저장하는 에너지 회수를 한다.

표 9.4 혼다 하이브리드 작동 조건

	엔진	모터	모터(발전기)
출발가속	○	○	×
저속주행	×	○	×
가속 시	○	○	×
고속주행	○	×	×
감속, 제동	×	×	○
정지	×	×	×

그림 9.20 인사이트 평면형 하이브리드 모터

⑥ 자동차가 정차하면 자동으로 엔진이 정지하는 공회전정지 상태가 되어 연료소비를 억제한다.

혼다의 소형자동차용 3세대 하이브리드는 2세대 IMA와 같이 한 개의 모터를 엔진과 변속기 사이에 배치하여 엔진구동을 보조하고 감속 시 에너지 회생을 하는 병렬식이다. 그러나 3세대는 엔진, 모터, 변속기, 배터리 등을 2세대의 IMA와는 다른 것으로 에너지의 효율을 30% 향상시켰다. 2세대의 CVT보다 가벼운 3세대 지능형 듀얼클러치 드라이브(i-DCD, intelligent-Dual Clutch Drive)를 개발하였고 시스템 구성은 다음과 같다.

- 13.5의 압축비, 앳킨스 사이클의 1.5 리터 4기통, i−VTEC, 88 ps 출력, 실린더 비활성화 기술, 대용량 냉각EGR, VTEC 사용
- 한 개의 전기모터로 출력 20kW(27 ps)이상의 평면형 전기모터 사용
- 변속기는 CVT대신에 7단 건식 듀얼 클러치 변속기 i− DCD사용
- 배터리는 GS 유아사의 합작사인 블루 에너지에서 만든 회생에너지를 많이 저장하는 리튬 이온배터리(니켈수소의 2배 에너지 저장)사용

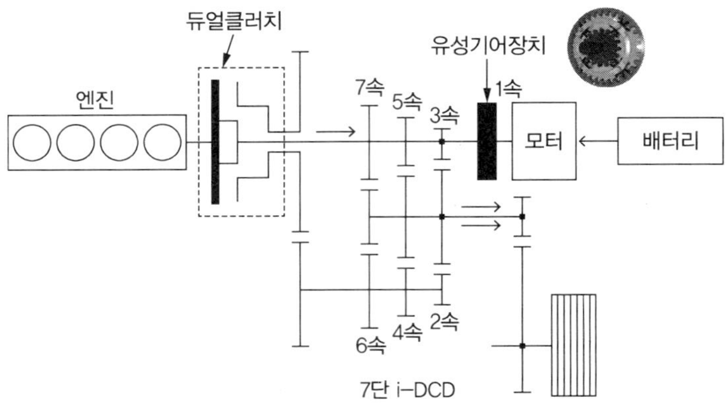

그림 9.21 3단가속

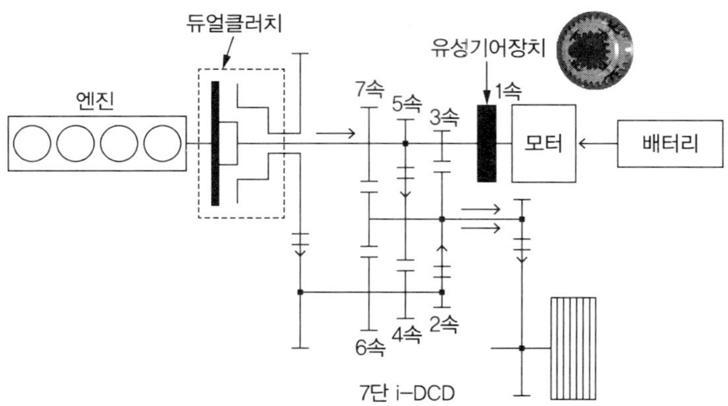

그림 9.22 4단가속

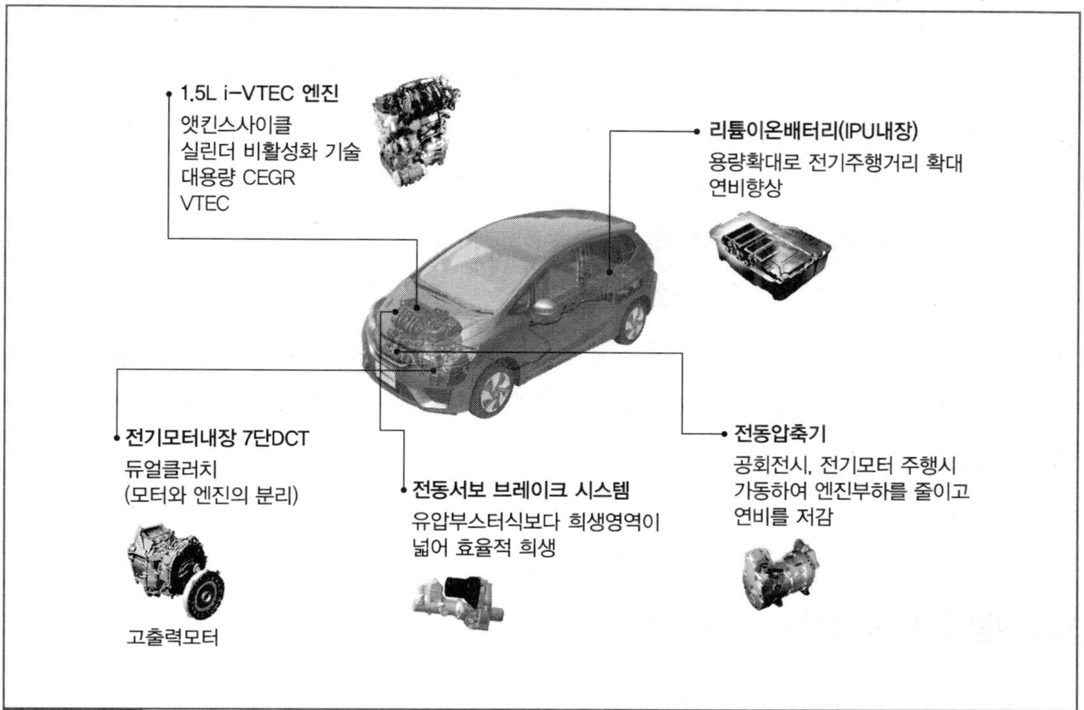

그림 9.23 혼다의 3세대 피트 하이브리드의 특징

듀얼클러치 미션 케이스에 전기모터를 내장한 7단 i-DCD(지능형 듀얼클러치 드라이브)는 1-3-5-7단의 홀수단, 2-4-6 짝수단, 2개의 변속기어를 교대로 사용하여 기어 변속시간을 짧게 하였고 원리는 폭스바겐이 사용하는 기존의 듀얼 클러치 변속기와 같다. i-DCD는 앳킨슨 사이클(밀러 사이클, 고팽창비 사이클)을 사용하는 1.5 L 직렬 4기통 엔진에 한 개의 모터를 내장하고 7단 듀얼 클러치 변속기를 적용하여 연비 가 36.4km/L로 세계 최고이다. 전기모터는 2모터식 보다 1모터식을 채택하여 효율과 연비를 달성하였다. 2세대 IMA와의 차이점은 DCT 클러치 측에 모터를 장착하여 엔진과 모터가 자유롭게 분리, 연결할 수 있게 한 것이다. 2세대의 IMA모터는 엔진에 직접 연결되어, 전기모터만으로 주행 할 때는 엔진의 공전 토크로 인하여 에너지 회생시 엔진 브레이크에 의해 에너지 손실이 발생하였다. 3세대 하이브리드는 엔진을 완전히 정지시킨 후 전기모터만으로 주행이 가능하고, 에너지 회생도 엔진브레이크에 의한 에너지 손실이 없어 전기모터에 의한 에너지 회수를 하여 상당한 연비향상을 이룩하였다.

전기모터는 작은 듀얼 클러치 미션에 들어가는 크기이면서 높은 토크를 나타내고 모터는 유성기어구조로, 모터 중심축에 감속기어를 넣어 작지만 22kW의 고출력을 발휘한다. 리튬이온 고성능 배터리와 함께 속도 70km/h까지의 전기모터로 주행할 수 있다.

듀얼클러치 변속기(DCT)는 홀수기어와 짝수 기어가 있고 모터는 홀수기어 축에 연결되어 전기 모드시, 하이브리드모드, 회생제동 모드시 사용한다. 클러치가 2개가 있어 2단에서 가속하면 3단을 사용하여 부드럽게 기어 변경을 하고, 엔진이 3단에서 가속을 하면 홀수 기어를 통하여 엔진의 출력이 모터와 같이 바퀴를 구동하고 엔진이 4단에서 가속중이면 짝수 기어축을 통하여 엔진의 출력이 바퀴로 전해지고 모터는 5단 기어를 통해 바퀴로 동력이 전달된다. 공회전동안에는 모터는 항상 모터는 5단 기어를 통하여 동력을 전달한다. 홀수 기어축과 모터는 유성기어로 연결이 되어 있다. 유성기어는 모터는 3단에서 5단으로 갑자기 전환하지만 유성기어를 사용하면 무단계로 회전의 차이를 제거할 수 있다. 유성기어는 링기어(외부기어), 선기어(내부기어), 이를 연결하는 피니언기어로 구성된다.

9.2 배터리 전기자동차(BEV)

9.2.1 전기자동차의 역사

1830년경, 영국에서 연구가 시작되어, 1873년에 세계 최초의 납축전지를 사용한 전기자동차가 제조되었다. 1900년경의 미국에서는 생산 대수의 40%가 전기자동차였으며 1,600대가 생산되었다. 1912년, 미국에서는 3~4만 대 생산되었지만, 포드의 가솔린차에 의해 밀려났다. 1949년, 일본에서도 전기자동차의 점유는 3%정도로 발전했지만, 미국처럼 쇠퇴해 갔다. 1970년대에 중동의 오일쇼크로 전기자동차의 관심이 높아졌지만, 활성화되지는 않았다. 1990년 캘리포니아주에서 신차의 1%는 무공해차로 판매해야 하는 CARB의 완전무공해자동차(ZEV) 규제로 다시 전기자동차에 관심이 모아졌다. 1990년대에는 니켈수소배터리나 리튬이온배터리의 등장으로 전기자동차의 새로운 시대가 도래하였다. 그러나 자동차 업계와 석유 업계의 격렬한 반대로, ZEV 규제는 다시 쇠퇴하였다. 1997년의 교토 의정서에 의해, CO_2 삭감이 큰 문제가 되어, 전기자동차는 환경면에서 큰 주목받기 시작하였다. 1990년 LA 모터쇼에서 GM의 EV1이 발표되었다.

그 후 전기자동차인 시보레 볼트 개발에 전력을 다하고 있다. 이차는 순수전기자동차와 플러그인 전기자동차 2종류가 있다. 1997년에 도요타가 하이브리드 방식의 프리우스를 양산하여 전기모터가 30%정도를 담당하는 하이브리드 전기자동차를 판매하기 시작하였다. 2008년에는 미국 실리콘밸리에서 27개 이상의 기업이 전기자동차를 개발하였다. 2010년, 미국의 테슬라(Tesla)는

200km/h, 항속 거리 400km의 스포츠차를 만들어 1,000대를 판매하였고 2011년에는 미쯔비시 아이미브(i-Miev), 닛산 리프(Leaf), 현대 레이(Ray)의 판매를 시작으로 전기자동차 보급 원년이 되었다. 그리고 2012년은 세계적으로 하이브리드 자동차, 플러그인 하이브리드 자동차, 전기자동차 등의 상용화가 진행되었다. 하이브리드 자동차로는 도요타의 아쿠아, 포드의 C-MAX, 혼다의 피트, 프라이드도 양산되었다. 전기자동차는 초기 단계이지만, 닛산, 미쓰비시이외에 르노, PSA등이 전기자동차를 발매하였고, 다임러, BMW, 포드, GM은 시험 목적으로 한정 판매를 하고 있고, 현대의 블루온, 폭스바겐의 e-UP, 도요타의 iQ, EQ, BYD의 E6 등이 주목받고 있다.

미국의 ZEV규제로 인하여 2020년경에는 전기자동차가 상당히 증가하고, 2030년경에는 고성능 배터리 탑재가 예상되므로 조금씩 장거리 주행이 가능해 보이지만, 시내주행, 통근용 등으로 한정될 것으로 보인다. PHEV는 전기자동차의 주행거리 문제를 보완한 자동차로 전기자동차가 완전히 개발될 때까지 상당기간 양산될 것으로 보인다. PHEV는 도요타의 프리우스 PHEV, 미쓰비시의 아웃랜더 PHEV등이 양산 판매되고 있다. PHEV는 북미, 프랑스, 북유럽을 중심으로 수요가 많고 특히 미국에서는 캘리포니아의 ZEV규제대책을 만족하고 정부의 PHEV 보급정책, 연방 정부의 개발 지원 등으로 보급이 확대될 전망이고 한국과 일본은 HEV와 PHEV가 같이 활성화될 것으로 보인다. 표 9.5는 회사별 전기자동차의 종류를 나타내고 표 9.6은 주요 회사 전기자동차의 제원을 나타낸다.

표 9.5 회사별 전기자동차

회사	2009	2010	2011	2012	2013
Hyundai				Ray	Blueon
VW					E-UP
CT&T		e-Zone			
GM		Volt		Spark	
Tesla	Roadstar				
Nissan		Leaf			
BYD		E6			
Mitsbishi	i-MiEV				
Toyota				iQ	EQ
Diamler		Smart			
Subaru	Stellar				

표 9.6 회사별 전기자동차의 제원

	BlueOn	I-Miev	Leaf	르노 블루언스
최고속도	130km/h	130km/h	140km/h	130
주행거리	140km	160km	160km	140
출력(kW)	61	47	80	61
토크(Nm)	210	180	280	210
배터리종류	리튬이온	리튬이온	리튬이온	리튬이온
충전시간	220 V 6시간	220 V 7시간	220 V 8시간	220 V 6시간
양산년도	2011	2009	2010	2011

9.2.2 전기자동차의 장단점

전기자동차는 내연기관이 없고 송전망(grid) 전기를 공급받아 바퀴를 구동한다. 전기자동차는 화석 연료를 사용하지 않아 석유 소비를 줄일 수 있지만 운행거리가 짧은 제약이 있다. 배출물은 0이고 소음이 없고 내연기관보다 효율이 높고 변속기가 불필요하다. 단점은 배터리 가격이 비싸고, 무겁고, 수명이 짧고, 충전시간이 길다는 점이다. 대부분 전기 생산시 이산화탄소가 발생하지만, 전기자동차는 주행 시 유해 배기가스를 배출하지 않기 때문에, CARB에서는 ZEV로 분류한다. 현재 전기자동차는 기존 가솔린과 디젤 차량보다 주행거리가 매우 짧다. 전기자동차는 한번 충전된 배터리로 160km 주행하는 것을 목표로 한다. 160km는 차량으로 여행시 90% 이상 충분한 거리이며 더 많은 거리를 여행할 경우 배터리를 충전하거나 배터리를 교환해야 한다. 전기자동차의 장단점은 다음과 같다.

[장점]

① 주행시에 CO_2, NOx, PM등의 유해 배기 물질이 없다.

② 엔진이 없기 때문에, 조용하고 진동도 없다. 전기모터의 주행거리는 160만km이다.

③ 심야 전력을 이용하면, 가솔린차의 1/9정도의 연료가 소비된다.

④ 에너지손실이 적고, 가속성능이 가솔린차에 비해 약 30% 향상한다.

⑤ 에너지효율이 가솔린차인 경우 12%이고 전기자동차는 29%이다.

⑥ 브레이크 제동시 운동에너지를 회생하고, 충전하여 재이용할 수 있다.

⑦ 공회전이 불필요하고, 동력 전달 손실이 적다.

⑧ 전력망은 전국에 있어 새로운 인프라 설비 투자가 불필요하다.

⑨ 구조가 간단하고, 동력 전달 손실이 적고, 고장도 적다.

⑩ 무거운 배터리(200 kg)를 차의 중앙 최하부에 두어 주행 안정성이 향상된다.

⑪ 엔진 오일, 에어필터, 점화플러그 등의 소모품이 불필요하다.

⑫ 연료 수송의 필요가 없어, 운반에 의한 사고가 줄어든다.

⑬ 설계상의 제약이 적어, 자유로운 설계가 가능하다.

⑭ 모듈화가 되면 누구나 차를 만들 수 있다.

[단점]

① 리튬이온배터리는 발화나 폭발의 문제가 있다.

② 리튬이온배터리의 가격이 비싸고 수명이 짧다.

③ 한냉지에서 배터리 성능이 떨어진다.

④ 완전 충전에 10시간 전후의 시간이 걸리고 급속 충전시에는 배터리 수명이 짧아진다.

⑤ 주행거리가 100km 이내로 시내주행만이 가능하다.

⑥ 가솔린차에 비하여 승차감은 떨어진다.

⑦ 충전스탠드 설치시 전기공사가 필요하다.

⑧ 희토류인 리튬의 공급 부족과 가격 상승이 존재한다.

⑨ 차량가격이 비싸다.

⑩ 고압이어서 감전사의 위험이 있다.

9.2.3 자동차의 에너지 효율

표 9.7은 자동차의 에너지 효율을 나타낸다. 원유에서 가솔린 제조까지의 효율이 82%, 디젤 제조까지의 효율이 88%로, 높은 반면 원유에서 전기 제조까지의 효율은 43%로 낮다. 반면에 에너지 주입 후 주행효율은 가솔린자동차가 15%, 디젤자동차 18%로 낮은 반면, 전기자동차는 충전효율을 포함한 주행효율이 67%로 전체 효율은 29%이고 가솔린자동차는 12%이다. 가솔린하이브리드 자동차의 전체 효율은 25%로 전기자동차에 근접한다.

표 9.7 자동차 에너지 효율 (출처 : 미쯔비시)

차종	WTW효율		
	WTT효율	TTW효율	전체효율
전기자동차	정제, 발전, 송전 효율 43%	주행효율 67%, 충전효율 83%	29%
디젤자동차	정제, 수송효율 88%	주행효율 18%	16%
가솔린 하이브리드	정제, 수송효율 82%	주행효율 30%	25%
가솔린자동차		주행효율 15%	12%

9.2.4 전기자동차의 구성

전기자동차는 배터리에 축적된 전기를 에너지원으로 모터를 회전시켜 바퀴를 구동한다. 감속 시에는 모터는 발전기로 작동하여 전기를 배터리에 충전한다. 연료전지 자동차는 전기자동차의 배터리를 연료 전지로 대체한 것이다. 전기자동차의 주요 부품은 다음과 같다.

- 에너지원 : 전기 충전 배터리
- 파워 컨트롤 유닛(PCU) : 모터, 인버터, 컨버터, VCU(Vehicle Control Unit)
- 드라이브 트레인 : 동력을 바퀴에 전달한다.

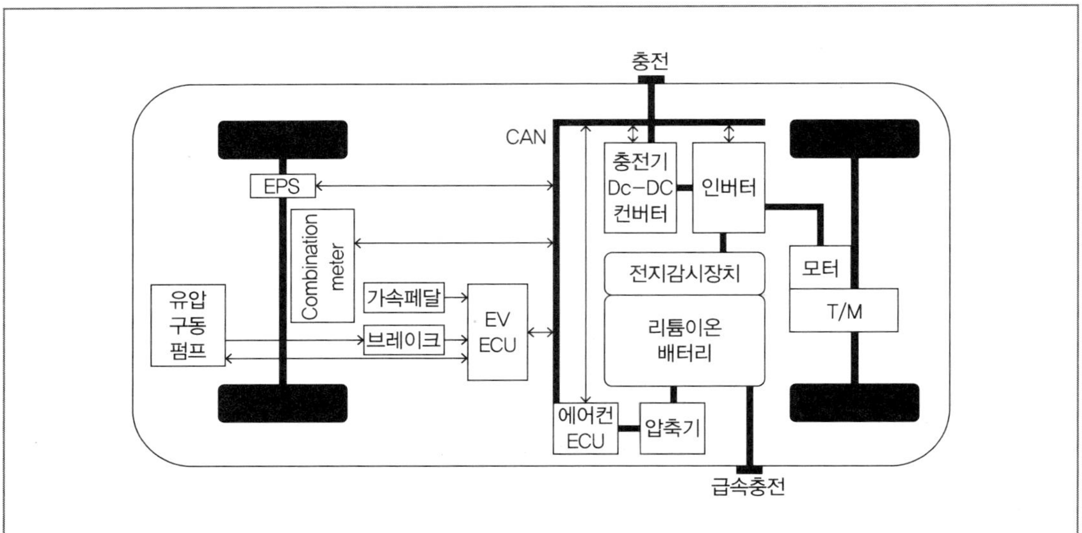

그림 9.24 iMive 전기자동차의 구성

처음의 전기자동차는 직류모터에 납축전지를 탑재한 자동차이고 지금의 전기자동차는 교류모터, 리튬이온 배터리 사용, 모터제어 기술이 향상되었고 리튬이온배터리의 개발로 경량화가 가능하고, 파워 웨이트비(power weight ratio, 1마력이 담당하는 차량무게)가 나타내는 가속성능이 지금까지 50 kg/ps이던 것이 20 kg/ps로 개선되어 가솔린 자동차와 비슷한 차량성능이 가능하다. 그리고 전기자동차는 고전압이므로 절연 안전시스템을 필요로 한다. 배터리 내의 휴즈는 고전압을 차단하고, 충돌감지시스템은 충돌시의 고전압을 차단하고, 차체 구조 최적화로 고전압 부품을 보호한다. **그림 9.24**는 iMive 전기자동차의 구성을 나타내고 **그림 9.24**는 iMive 전기자동차의 구성 부품을 나타낸다. 주요 구성 부품은 전기모터, 변속기, 배터리, 인버터, DC-DC 컨버터 등이다.

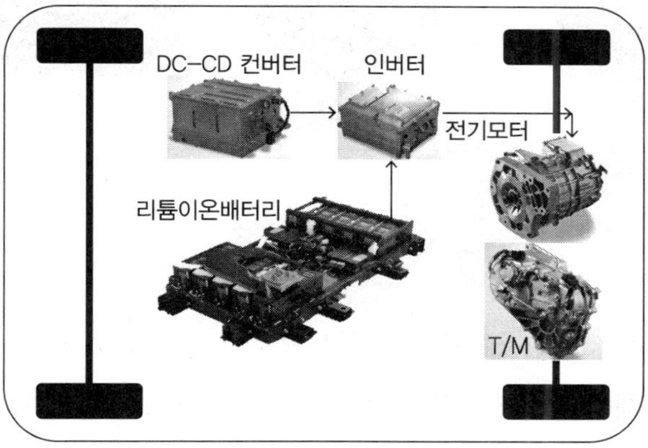

그림 9.25 iMive 부품의 구성

(1) 전기모터

전기자동차에서 구동력은 고전압 리튬이온 배터리에서 나오는 전기이다. 배터리는 외부에서 120 V 혹은 240 V를 공급받아 충전된다. **표 9.8**은 전기자동차에 사용하는 모터의 용량을 나타내고 **그림 9.26**은 전기모터의 종류를 나타낸다. 현재 사용되는 모터의 종류는 다음과 같다.

① 66kW급 DC permanent magnet brushless

② 80kW급 DC permanent magnet brushless

③ 110kW급 DC permanent magnet brushless

④ 107kW급 AC induction

⑤ 206kW급 AC induction

표 9.8 전기자동차에 사용하는 모터 용량

Type	Strong Hybrid	PHEV	EV
battery type	High	High	High
power	20~60kW	15~150kW	70~300kW
energy	0.6~1.8kWh	15kWh 이상	20kWh 이상

(a) iMiev (b) K5 (c) FCX의 트랙션 모터

그림 9.26 전기모터의 종류

(2) 인버터

인버터는 배터리와 전기 모터 사이에 위치한다. 인버터는 직류를 교류로 전환하여 모터의 회전수와 토크를 자유롭게 제어할 수 있도록 하는 장치이다. 자동차의 발전기는 교류로 만들어진 전기를 다이오드가 직류로 만들어 배터리에 저장한다. 전기 모터를 작동하는 데 필요한 교류전압은 인버터를 사용하여 배터리의 직류전압으로부터 만들어 낸다. 이러한 이유는 전기는 직류로만 저장이 가능하고 전기 모터는 교류를 사용하기 때문이다. 직류 모터를 사용하면 인버터가 필요하지 않지만 교류 모터보다 고성능을 내기가 어렵다. 전기 모터의 출력 제어는, 직류 전류를 사용하면 비교적 쉽지만 교류 전류를 사용하면 제어기가 필요하다.

전기자동차에 3상 브러시리스 전기모터를 사용하면 배터리는 직류 전원이기 때문에 3상 교류 전원으로 변환해야 한다. 이때는 3상 인버터를 이용하여 가속 시에는 직류를 교류로, 감속인 회생제동 시에는 교류를 직류로 변환한다.

엑셀 페달을 밟으면 차속과 부하 등의 조건에 따라 모터의 토크와 회전속도를 제어한다. 페달의 위치에 따라 직류전류를 제어하며 직류모터는 전류의 크기를 제어하고 교류모터이면 직류를 교류로 바꾸어야 하고 다시 진폭이나 주파수, 위상을 변경해야 한다.

직류모터의 제어 방법은 회로의 저항의 크기 변화로 전류 값을 변화시킨다. 전류의 크기는 단계적으로 변하고 토크도 단계적으로 변한다. 트랜지스터나 싸이리스터의 반도체를 사용하여 전류를 on-off하여 고주파 펄스 상태의 전류를 만든다. 통전시간으로 펄스수를 제어하여 전류의 크기를 결정한다. 이 통전시간을 듀티비라고 한다. 제어 결과는 아날로그가 되고 펄스폭을 제어하는 PWM방식이 많이 사용된다.

교류모터의 제어는 가속페달의 크기에 따라 교류 전류의 진폭을 변화시키면 자계강도가 변하여 토크를 제어 할 수 있고 교류 전류의 주파수를 변화시키면 모터의 회전속도를 제어할 수 있다. 인버터를 이용하여 직류를 3상 교류로 전환하여 진폭과 주파수를 제어하여 모터를 제어한다. 모터 제어기는 인버터를 의미한다. **그림** 9.27은 인버터의 구조를 나타낸다. 파워모듈, 제어회로부, 전원회로부, 배터리로 구성되고 모터 제어를 담당한다.

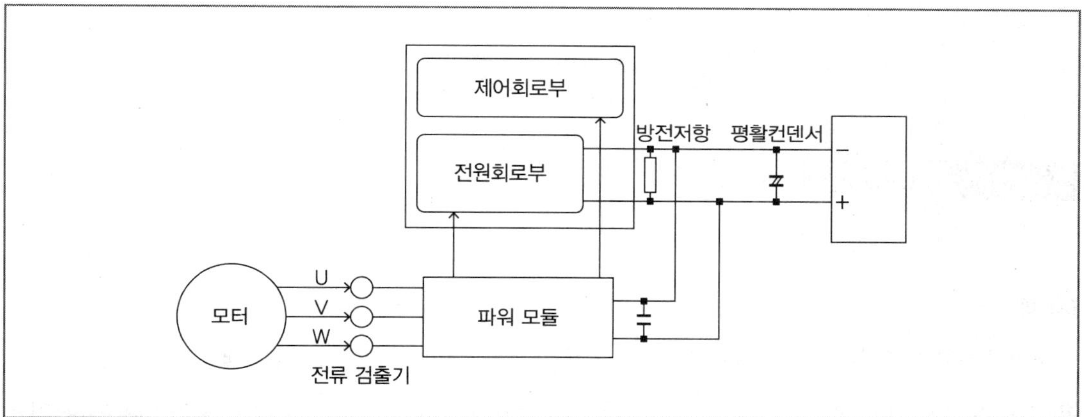

그림 9.27 인버터의 구조

(3) DC-DC 컨버터

모터가 사용하는 전압, 전장품이 사용하는 전압, 배터리 전압이 각각 다르기 때문에 전압의 승압과 감압이 필요하여 DC-DC 컨버터는 이를 수행하는 기기이다. 이는 자동차에서 가전 제품을 사용할 때 필요하다. 전기 모터에 의해 구동되는 차량은 감속, 제동시 발전을 할 수 있기 때문에 차량 구동용 모터로 발전하여 배터리에 축적한다. 전압은 100 V 이상의 고전압이기 때문에 12 V~24 V 전압까지 낮추어야 한다. 이 역할을 하는 것이 DC-DC 컨버터이다. 컨버터는 ECU, 제어마이크로프로세서, 드라이버 회로, 게이트드라이버, IGBT, 전류센서, 승압, 감압제어장치 등으로 구성된다.

IGBT는 트랜지스터의 일종으로 비교적 적은 출력의 전력증폭기이다. 높은 전압을 필요로 하고

IGBT가 전부 증폭할 수 없으므로 드라이버 회로가 필요하다. 게이트 드라이버는 필요한 전압을 만들어 IGBT를 구동한다. 인버터, 동기정류부, 구동회로, 단속제어회로, PWM 제어회로로 구성된다. 그림 9.28은 DC-DC 컨버터의 구성을 나타낸다.

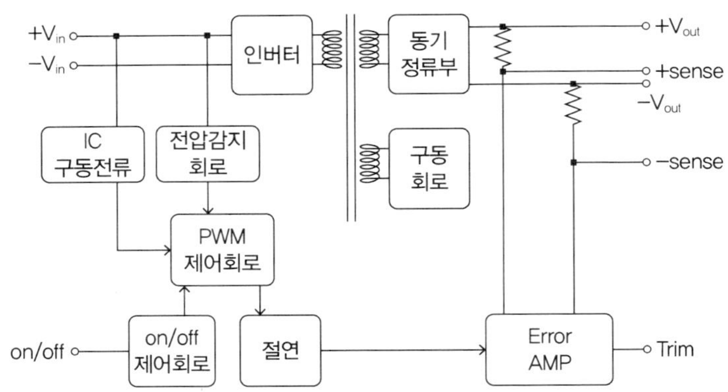

그림 9.28 DC-DC 컨버터의 구조

(4) 배터리

전기자동차 기술은 탈석유, 저탄소 기술 실현을 위한 핵심 기술이다. 이는 배터리의 개발과 재활용에 달려 있다. 배터리는 빠른 충전이 아직 불가능하지만 장거리 여행의 경우 충전소나 기타 인프라시설에서 완전 충전된 배터리로 교환하여 사용할 수 있다. 배터리 규격의 표준화는 이것을 가능하게 한다. 전기자동차가 일반화되면, 배터리의 재활용 인프라는 확대될 것이다. 배터리의 종류는 다양하여 배터리의 재료 분류는 어려운 일이다. 따라서 분해, 재활용이 가능하도록 배터리를 설계하는 것이 배터리 재활용의 중요한 요소이다. 이를 위해 전지, 재료, 셀, 스택 설계의 표준화는 비용이 적게 들고 효율적으로 배터리를 재활용할 수 있다. 대용량의 리튬이온 전지, 소형의 고성능 모터가 필요하다. 환경오염 방지나 지구 온난화 방지, 그리고 석유에너지를 사용하지 않는 관점에서 자동차 에너지의 다양화는 필수적이다. 현재 생산되는 전기자동차는 고속도로를 제한 속도로 달릴 수 있고 기존의 소형 차량을 전기자동차로 전환하는 것도 가능하다. 배터리관리(감시)시스템(BMS)은 배터리를 관리하는 시스템으로 배터리는 화학소재로 수백 개의 셀들로 구성이 된다. 이러한 셀간의 전기량을 조절하지 못하면 사고가 발생한다. 이를 방지하는 시스템이다. 고전압 충전 상태 정보를 CAN 통신라인을 이용하여 계기판에 제공한다. 그림 9.29는 닛산 리프의 배터리 셀을 나타내고 그림 9.30은 고전압 배터리시스템의 구성을 나타낸다. 동력제어유닛(PCU), 배터리관리시스템(BMS), 인버터/컨버터 시스템이 냉각팬과 모터제어를 한다.

(5) 회생제동

회생제동은 제동 에너지를 회수하여 전기 에너지를 배터리에 저장된다. 차량 속도가 줄어들면 전기를 만들고 제동에너지가 커서 발전기의 용량을 초과하면 기존의 유압 브레이크가 작동한다.

(6) 주행거리 확장기(Range extender)

배터리가 방전되어 있을 때 주행거리 확장기를 구동시켜 발전기에 에너지를 공급하여 전기를 만든다. 확장기는 작은 내연기관 연소 엔진이다.

그림 9.29 닛산 리프 배터리 셀

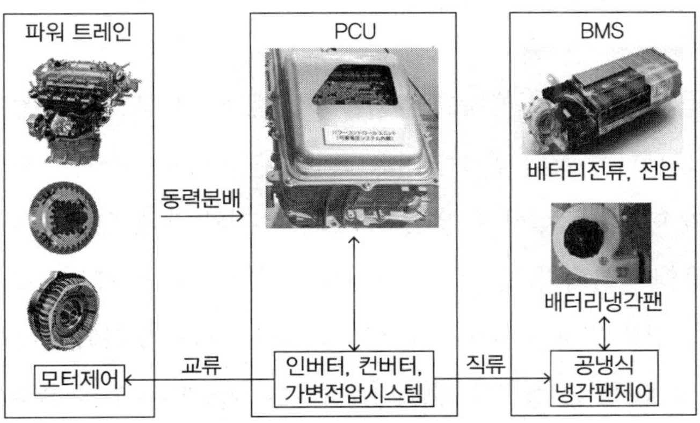

그림 9.30 고전압 배터리시스템

그림 9.31 Bosch의 range extender

9.3 연료전지 하이브리드 자동차

수소는 내연기관이나 연료전지를 사용하여 동력으로 전환된다. 수소는 매우 많은 방법으로 얻을 수 있다. 연료전지 자동차는 수소가 포함된 화학에너지를 전기로 전환하는 데 연료전지를 사용한다. 전기자동차에서 배터리를 연료전지로 교환하고 수소가 포함된 에너지를 공급하여 전기를 자체적으로 만들어 사용하는 자동차이다. 전기는 모터를 구동하고 모터는 바퀴를 구동한다. 여러 종류의 연료 셀이 있지만 자동차용으로 가장 적합한 것은 PEM(proton exchange membrane)인 고체 폴리머 막을 전해질로 사용하고 이 셀은 부분적으로 충전되면 비교적 효율적이고 60~100℃부근에서 가장 잘 작동하지만 냉각시스템이 필요하다. 보통 연료전지는 직렬 구동식이다. 연료전지의 장점은 연료전지의 크기, 무게, 부피 등을 최소화할 수 있다. 최적화된 시스템에서 연료전지의 효율은 최대가 된다.

연료 전지는 (−)극에 수소를 사용하고 수소는 수소탱크에서 공급한다. 수소가 포함된 연료로 수소가스, 천연가스, 메타놀 등의 연료를 사용한다. 전지 반응의 원리는 1차 전지와 같지만 연료를 계속 공급하면 계속 전기를 만들 수 있는 점은 2차 전지와 같다. 연료 전지는 물의 전기 분해의 반대 반응이다. 수용액에 금속의 전극을 넣고 전류를 흘리면, (−)극에는 수소 가스, (+)극에는 산소 가스가 발생한다. 연료 전지는 전지 내에 전기를 저장은 하지 못하고, 단순한 화학반응만을 하므로, 효율을 좋게 반응시키는 방법의 개발이 중요하다. 발생하는 열로 온수를 만들어 사용하는 열병합 방법으로 전기와 열을 동시에 만들면 효율이 높아진다. 연료전지는 음극, 전해질, 양극으로 구성된다. 연료는 양극으로 가압된 상태로 공급되어 양극의 촉매층과 반응을 하면 전자와 양성자로 해리된다. 양성자는 전해물질을 통과하여 음극으로 가는 반면에 전자는 음극으로 가지 못하고 전자는 외부 회로를 따라 양극으로 향하여 전기는 흐른다. 가압된 산소는 음극으로 공급되고 산소가 촉매 층과 양성자와 반응하면 전자, 물, 열을 생산한다.

PEM 연료전지의 연료는 순수 수소, 산화제로 공기나 산소를 사용하고 에너지 밀도가 높고 연료전지의 크기가 작다. SOFC(solid oxide fuel cell)는 작동온도가 1000℃를 넘어 이는 자동차 안전에 문제가 있고 고온에 의해 연료전지가 가열되고 연비가 나빠진다.

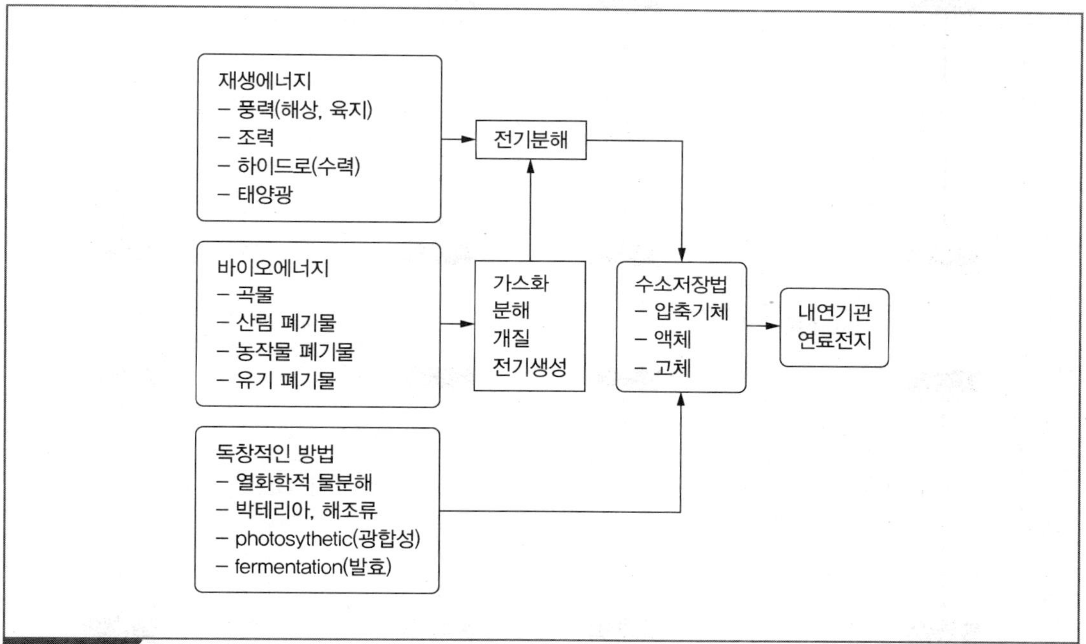

그림 9.32 수소제조법

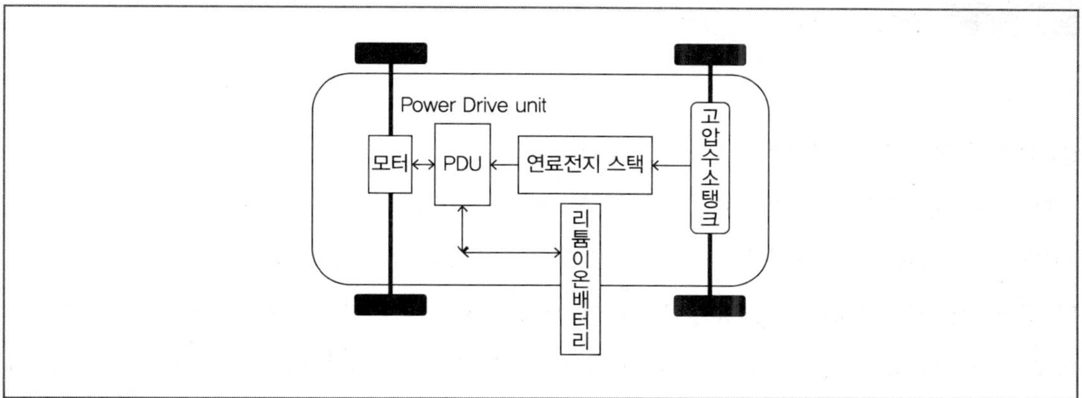

그림 9.33 연료전지 자동차의 구성

그림 9.33은 연료전지 자동차의 구성을 나타낸다. 700bar의 고압수소탱크, 동력구동유닛(PDU), 연료전지 스택, 트랙션 전기모터, 배터리로 구성된다. 그림 9.34는 연료전지 자동차의 작동원리를 나타낸다. 출발, 가속 시는 배터리와 스택에서 모터로 전기를 공급하고, 가벼운 가속 시는 스택에서만 전기를 공급한다. 감속 시는 모터의 회생제동과 스택에서 만들어지는 전기를 배터리에 저장을 하고 공회전시는 공회전을 하지 않는다.

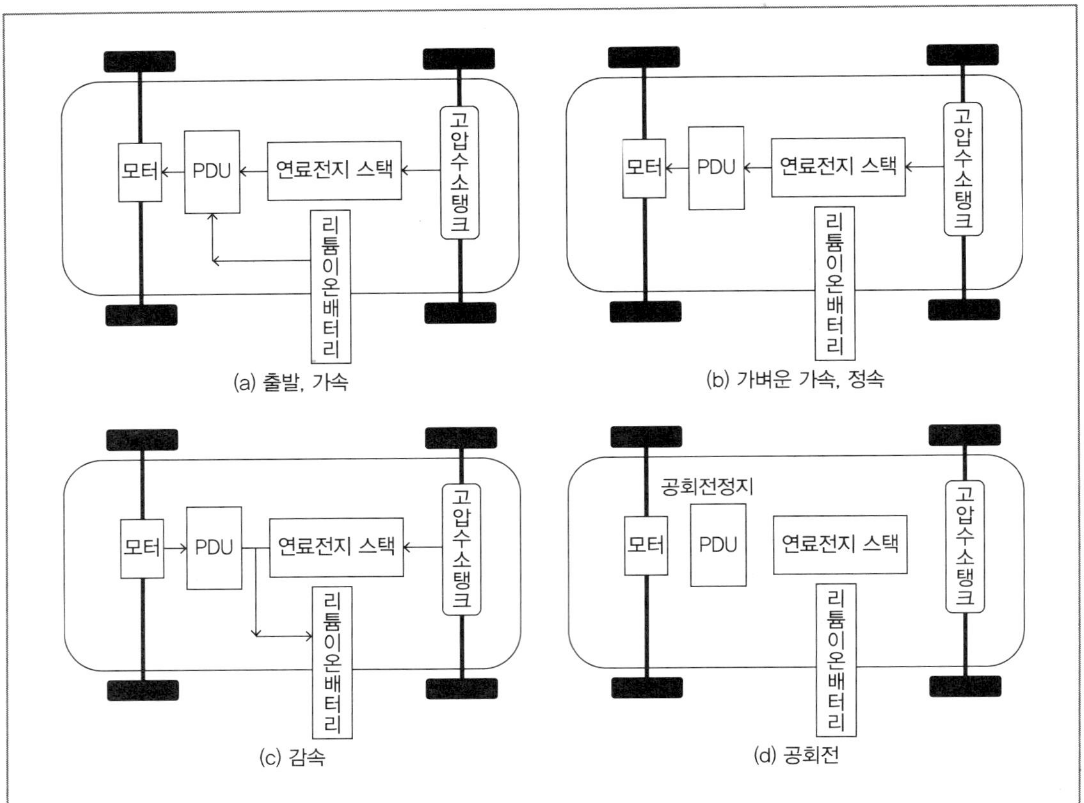

그림 9.34 연료전지 자동차의 작동원리

(1) 현대 투산 iX35 연료전지차

투싼 수소연료전지차는 현대자동차가 독자 개발한 100kW 연료전지 스택과 100kW 구동모터, 24kW 고전압 배터리, 700기압(bar) 수소저장 탱크를 탑재하고 −20℃ 이하에서도 시동이 가능하다. 또한 최고속도 160km/h, 정지 상태에서 100km/h에 도달하는 시간이 12.5초로 내연기관과 비슷한 가속과 동력성능을 가진다. 1회 충전시 주행거리는 415km이고 파열, 극한 반복 가압, 화염, 충격, 낙하 등 총 14개 항목의 테스트를 거쳐 내압용기(수소저장탱크) 인증을 받았다. 또한 정면과 후방, 측면 충돌시험 및 고전압, 수소 누출 등 13개 항의 안전성 인증을 받은 만큼 신뢰성과 안전성을 동시에 확보하였다. 현대자동차는 주요 부품을 국내 200여개 협력사와 개발했는데 95% 이상 국산화율을 달성하여 미래 환경차 분야의 핵심 기술력을 국내 기업과 함께 보유하고 있다. 2014년 40대를 지자체에 판매를 시작하였고 가격은 1억5000만원이다. 2014년 4월 현재, 전국에 11기의 수소충전소가 운영되고 있다.

(2) 혼다 FCX 연료전지차

1999년 혼다는 도쿄 모터쇼에 FCX를 발표하였다. FCX는 PEM 연료전지 86kW, 80kW의 전기모터, 최고속도 150km/h, 주행거리 430km이다. 2007년 혼다는 FCX의 개선된 차량으로 FCX Clarity를 개발하였다. 이는 PEM 연료전지 100kW, 주행거리를 30% 증가시켰다. 그림 9.35는 혼다 FCX의 구성부품을 나타낸다.

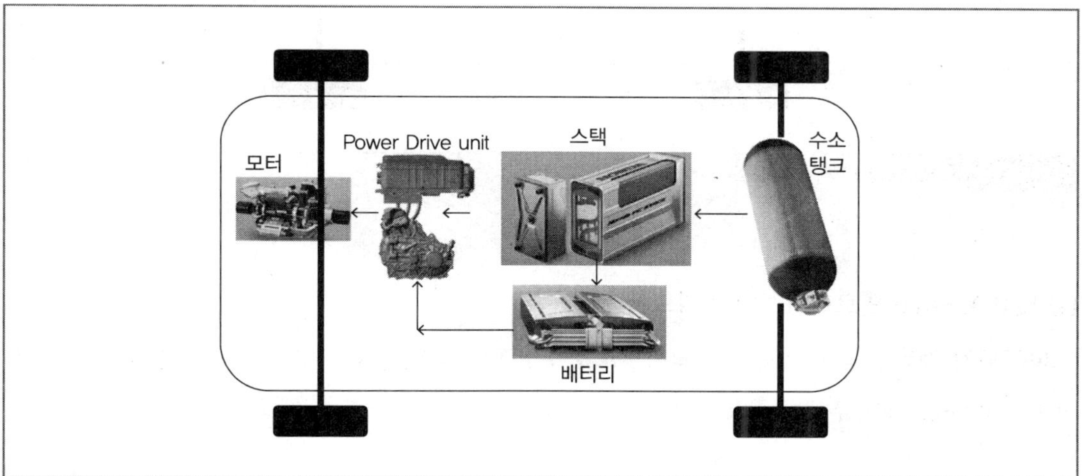

그림 9.35 혼다 FCX의 구조

(3) 도요타 FCHV-adv 연료전지차

1999년 도요타는 FCHV-1의 연료전지 하이브리드 자동차를 개발하였다. PEM 연료전지 90kW, 90kW의 전기모터, 최고속도 155km/h, 주행거리 330km이다. 2008년에는 FCHV-adv를 개발하였다. 이는 연비효율, 수소저장 압력을 높여 주행거리를 880km로 늘렸다. FCHV-adv는 새로운 설계의 고성능 연료전지인 FC스택을 탑재하고 저온 시동성 불량 개선과 주행거리를 향상시켰다. 고성능 연료전지의 최소 구성 단위인 MEA가 PEM 내부에 있고, 셀 내부를 가시화하여,

생성수의 양과 유동을 파악하고, MEA의 최적설계와 제어 시스템을 개발하여 생성수를 제어하여 −30℃의 저온 하에서도 생성된 물이 동결되지 않아 발전을 저해하지 않는다. 연료전지의 성능 향상을 위해 소비전력 저감과 회생제동 시스템의 개선으로 약 25%의 연비를 향상시켰다. 70Mpa의 고압 수소 탱크를 탑재하여 1회의 수소 충전으로 주행 거리는 약 830km로, 종래 보다 2배 이상의 향상을 달성했다. 그림 9.36은 도요타 FCHV의 구조를 나타낸다.

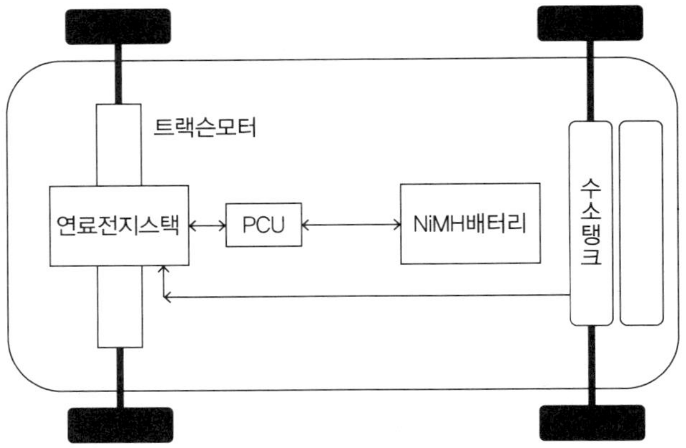

그림 9.36 도요타 FCHV의 구조

(4) 닛산 X−trail 연료전지 하이브리드차

2007년에 개발된 X−trail은 전기모터 95kW이며 700기압의 고압 수소를 장착하여 많은 수소저장으로 500km 이상 주행이 가능하다.

(5) GM Sequel 연료전지차

Sequel은 연료전지의 출력은 73kW이고 전기 모터는 115kW, 100km/h 가속시간은 10초이고 최고시속은 145km/h이다. 2개의 탱크에 최대 6kg씩 저장되는 수소는 급속 충전이 가능하고 65kW의 리튬이온 배터리를 외부에서 충전할 수 있는 플러그 인 기능까지 있고 전기모터 모드로 32km를 운행할 수 있고 최대 주행거리는 480km이다.

(6) 폭스바겐 HyMotion 연료전지 하이브리드

HyMotion은 소형 SUV로 107마력의 출력, 6.8 Ah 용량의 리튬이온 배터리도 장착된 연료전지

하이브리드 자동차이다. 리튬이온 배터리는 회생제동 에너지 또는 연료전지에 의해 충전되고 연료전지 시스템과 리튬이온 배터리가 전기모터를 모두 작동하는 경우, 출력은 134마력으로 높아지고 최고속도 150km/h, 정지 상태에서 100km/h 도달시간이 14초이고 주행거리는 250km이다. 700bar의 수소탱크는 3.2 kg의 수소를 저장할 수 있다.

표 9.9는 주요 연료전지(하이브리드) 차량의 제원 비교를 나타내고 표 9.10은 회사별 연료전지 차량을 나타낸다.

표 9.9 주요 연료전지차량제원 비교 (출처 : KISTI)

구분	현대 · 기아	혼다	벤츠	도요타
모델명	투산ix	FCX 클래리티	B클래스 F-Cell	FCHV(2008)
연료전지 출력	100kW	100kW	100kW	90kW
토크	–	189 lb-ft		260Nm
수소연료탱크 충전압력	700bar	350bar	700bar	700bar
연비	30km/L	25.5km/L	30.3km/L	
주행거리	300km	386km	385km	660km
최대속도	160km/h	160km/h	170km/h	155km/h

표 9.10 회사별 연료전지(하이브리드) 차량

회사	모델명	분류	개발년도
아우디	A2H2(FC, 66kW)	연료전지	2004
BMW	Hydrogen 7	6000cc 수소자동차	2007
피아트	Panda	연료전지	2006
포드	Airstream(FC, 35kW)	연료전지	2007
혼다	FCX Clarity(FC, 100kW)	연료전지	2008
현대	Tucson	연료전지	2005
마쯔다	RX-8 RE	로터리 엔진 자동차	2007
벤츠	B-class(FC, 100kW)	연료전지	2008
닛산	X-trail	연료전지	2008
푸조	H2Origin	연료전지	2008
도요타	FCHV	연료전지	2008
VW	HyMotion	연료전지	2007

CHAPTER 10

차세대 에어컨

10.1 냉매

10.1.1 냉매의 역사

1834년 퍼킨슨은 디에틸에테르를 처음으로 냉매로 사용한 후, 1844년 고레이는 가스 축 냉동기의 냉매로 공기를 사용하였고 1850년대에 상업적으로 성공한 증기압축 냉동기는 냉매로 에테르를 사용하였다. 암모니아 냉매가 독성이 있음에도 불구하고 산업과 제빙 분야에서 활발히 사용되어 왔다. 초기에 사용된 냉매는 인화성과 독성이 강하여 안전한 냉매의 개발은 큰 과제였다.

1928년 미국의 GE사는 CFC－12(R12)의 개발을 시작하여 1930년에 성공했다. 1931년 듀폰과 GE사가 공동으로 Freon 11, Freon 12의 상표로 판매를 시작하였다. 이는 냉매, 에어로졸 분사제, 발포제, 정밀기기용 세정제, 소화제 등으로 급속하게 사용이 되었다.

1970년대 초반에 롤랜드(Roland)에 의해 이 물질에 의한 오존층의 파괴 문제의 심각성이 알려지고, 1987년, 오존층을 파괴하는 물질에 관한 몬트리올 의정서가 채택되어 5종의 CFC(염화불화탄소, R11, R12, R113, R114, R115)는 1996년 선진국, 2010년 개발도상국에서 사용과 생산이 금지되었다. HCFC(수소염화불화탄소)는 수소를 포함하여 대기 중에서 분해되어 성층권까지 도달하기 어려워 오존층을 파괴하는 힘은 약하지만 오존층에 영향을 미치는 강력한 온실가스이기 때문에 2030년까지 사용이 금지될 예정이다. HFC(수소불화탄소)는 수소와 불소와 탄소의 화합물에서 염소와 브롬을 포함하지 않기 때문에 오존층을 파괴하지는 않지만 GWP가 높고 대기에서 분해되기 어렵고 대기에서 수명도 길다. 지금은 오존층 파괴 영향이 없고 GWP가 거의 0인 냉매와 자연 냉매가 주목 받고 있다.

10.1.2 냉매의 종류

냉매는 공조기를 순환하면서 대기에서 열을 흡수하고, 응축기에서 대기로 열을 방출하면서 냉동을 수행하는 작동 유체로 반복적으로 액체와 기체 상태로 상변화를 하는 물질이다. 즉 냉매는 저온, 저압의 증발 과정에서 열을 흡수하고 고온, 고압의 응축과정에서 열을 방출하는 냉동 시스템에서 열전달을 수행하는 작동유체이다. 냉매의 종류에는 1차 냉매(primary refrigerant)와 2차 냉매(secondary refrigerant)가 있다. 1차 냉매는 저온부에서 기화하여 열을 직접적으로 빼앗고 고온부에서 응축 액화하는 냉매로, 증발과 응축의 상변화를 통하여 열을 흡수하거나 방출하는 냉매이다. 2차 냉매는 저온의 열을 상변화가 없이 운반하여 배출하는 작동유체로 액체 상태에서 감열(sensible) 열전달을 통하여 열교환을 한다. 브라인, 염화칼슘, 염화나트륨, 부동액 등이 2차 냉매이다. 증발기와 응축기 등 냉동 시스템에서 냉매가 가져야할 조건은 다음과 같다.

① 증발기(evaporator) : 저온공간에서 효율적으로 열을 흡수하는 냉매의 온도는 냉동공간보다 5~10℃ 정도 낮은 온도에서 상변화를 해야 하고 그 온도에서 포화증기 압력도 외부 공기의 침입을 방지하기 위해 1기압보다 높은 것이 바람직하다. 예를 들어 암모니아의 101kPa 하에서의 비등점은 −33℃이므로 −20℃ 정도의 냉동공간을 얻는 데 적합하고 히트펌프는, 열을 대기온도보다 높은 온도의 매체에서 추출하므로 냉매의 최저온도는 높아지고 따라서 냉매의 증발압력도 높아진다.

② 응축기(condenser) : 냉매의 응축온도와 응축압력은 냉매의 종류에 따라 다르다. 냉각물질로 물을 사용하는 산업용 냉동 시스템은 20℃ 정도, 가정용 냉장고처럼 실내의 공기를 이용하는 경우는 대기와 냉매와의 온도 차이가 40℃ 정도 되어야 열교환이 가능하다. 그리고 응축온도에서의 포화압력은 임계압력보다 낮아야 하고 압축기의 안전성을 고려하여 최대 포화 압력은 10Mpa 이하가 바람직하다. 암모니아의 증발압력은 1bar, 증발온도는 −33℃, 임계압력은 11.27Mpa, 임계온도는 132℃이고 CO_2 냉매는 임계압력이 7.34Mpa이다. 냉매는 다음과 같이 구분하며 표 10.1은 물질의 비점과 기화열을 나타낸다.

③ 독성, 가연성이 없는 안전한 냉매 : R11, R12, R22, R134a, CO_2, 물

④ 독성이 있고 약간 가연성인 냉매 : 염화에틸, 이산화황, 암모니아

⑤ 가연성 냉매 : 부탄, 이소부탄, 프로판, 에탄, 메탄

표 10.1 대기압에서 비점과 기화열

냉매물질	비점(℃)	기화열(kJ/kg)
물	100	2257
R13	−81.4	149
R22	−40.8	234
암모니아	−310.3	137

(1) 프레온계(Freon) 냉매

① 할로 카본(Halocarbon)−할로겐 화합물 : 할로 카본은 탄화수소의 수소원자를 할로겐 화합물로 치환한 화합물의 총칭으로 포화탄화수소를 할로겐족 원소(F, Br, Cl, I)로 치환한 화합물이다. 에탄과 메탄에서 1개 이상의 수소 원자가 불소로 치환된 화합물이다. 할로겐화 탄소류는 불소, 염소, 브롬, 요오드를 포함하는 탄소 화합물이며 자연계에는 존재하지 않는 인공 물질이다. 이들은 직접 온실가스로 작용하고 일부 할로겐화 탄소류는 성층권의 오존층을 파괴하기도 한다. 할로겐화 탄소류의 대기 중 농도는 이산화탄소 농도의 100만분의 1정도이고 단위 중량당 온실 효과는 커서 지구온난화에 미치는 영향이 크며 또한 대기 중 수명이 비교적 길기 때문에 방출된 탄소류가 지구온난화에 미치는 영향은 크다.

탄소(카본, Carbon)와 불소(플로오르, Fluoro)의 결합은 탄소와 수소의 조합인 탄화수소 다음으로 많은 화합물인 불화탄소를 만든다. 이는 불소의 원자반경이 수소에 가까워 강한 CF결합을 하며 4불화탄소인 CF_4가 처음으로 합성되었다. 탄소와 염소의 결합(CCl)은 불소처럼 다양한 화합물을 만들지 못하고 CH 결합과 CF 결합보다 훨씬 약하다. 브롬과 탄소(CBr)결합은 브롬의 원자 반경이 염소보다 커서 약하며 CBr_4, C_2Br_6의 2가지 4브롬화탄소가 있다. 요오

표 10.2 냉매의 분류

분류	종류	규제
CFC(프레온)	R11, R12, R113, R114, R115(5종류)	1996년 폐기
HCFC	R22, R123, R124	2020년 폐기 예정, 1987년, 오존층보호 : 몬트리올 의정서, HCFC규제 의결
HFC (대체 프레온)	R32, R125, R134a, R143a R152a R410A(R32 50%+R125 50%) R407C(R32 23%+R125 25+R134a 52%) R404A(R125 33+R143a 52%+R134a 4%))	1997년, 지구온난화방지 : 교토의정서, HFC규제 의결
저GWP냉매	HFO : R1234yf, R1234ze, R32, R152a 자연냉매 : R601, R717, R744, R290(HC)	2017년 유럽 자동차 GWP 150이하 냉매 적용(F−가스 규제)

드와 탄소(Cl) 결합은 요오드의 원자반경이 커서 화합물도 제한되어 4요오드화 탄소인 Cl_4만 존재한다. 할로카본은 수소, 불소, 염소, 탄소의 존재여부에 따라 표 10.2와 같이 분류한다.

• CFC(염화불화탄소, Chloro Fluoro Carbon) 냉매

CFC 냉매(프레온)는 탄소에 염소와 불소가 결합하는 화합물로 염소가 오존층을 파괴하여 1996년부터 사용이 금지되었다. 종류에는 R11(CFC-11), R12(CFC-12), R113(CFC-113), R114(CFC-114) 등이 있다. CFC 냉매는 성층권에 도달하여 자외선에 의해 분해되면 이때 염소원자가 방출되어 성층권의 오존을 연쇄반응으로 분해한다. CFC냉매는 GWP도 높고 대기중 평균수명이 길어 장기간에 걸쳐 오존층을 파괴한다. 상온에서 기체인 R11, R12 냉매와 세정제로 많이 사용하는 R113 냉매가 이에 속한다. 냉매는 일반적으로 번호로 불리며, 이러한 번호는 단순히 R에 번호만 붙인 것이 아니라 프레온의 구조를 나타낸다. 탄소(C)는 4개의 가지를 가지며, 이 구조에 탄소, 수소, 불소, 염소가 결합된다.

(a) R11 (b) R113

그림 10.1 R11과 R113의 분자 구조

오존은 지상에서 대기까지 폭넓게 분포하고 있는 기체로 그림 10.2와 같이 성층권인 고도 30km 부근에서 농도가 높으며 이것을 오존층이라 한다. 오존층은 태양이 만드는 유해한 단파장인 자외선을 흡수하여 지표면에 도달하는 것을 방지한다. 지표에서 소비된 CFC 냉매가 성층권까지 상승하고 자외선과 반응하여 오존을 분해한다. 이때 프레온이 오존과 직접 반응하는 것이 아니라 프레온이 분해되어 발생하는 염소원자가 오존과 반응하는 것이다. 염소 원자 1개로, 약 10만개의 오존을 파괴하는 위력을 가지고 있으며 오존층이 파괴되면 오존 농도가 감소한다. 냉매속의 염소는 자외선을 만나면 오존은 산소와 단원자 산소로 분해되어 오존층을 파괴한다. 표 10.3은 CFC 냉매의 ODP와 GWP 수치를 나타낸다.

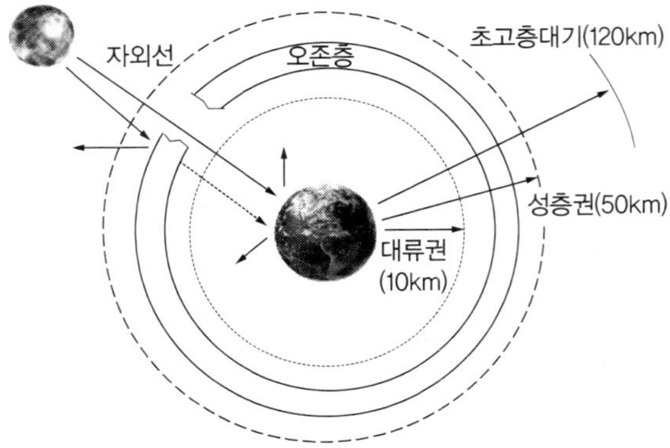

그림 10.2 오존층 파괴 원리

$$CFC \rightarrow Cl(자외선) \qquad (10.1)$$

$$Cl + O_3 \rightarrow ClO + O_2$$

$$ClO + O \rightarrow Cl + O_2$$

$$O_3 + O \rightarrow 2O_2(Cl)$$

표 10.3 CFC 냉매의 ODP와 GWP

종류	분자식	ODP	GWP	수명
CFC-11	CCl_3F	1	4,600	45년
CFC-12	CCl_2F_2	1	10,600	10년
CFC-113	CCl_3CF_3	0.8	6,000	85년

• HCFC(수소염화불화탄소, Hydro Chloro Fluoro Carbon)냉매

이는 금지된 CFC 냉매의 경과 대체냉매로 수소, 불소, 탄소, 염소로 구성된다. 염소도 있지만 수소도 함유한다. 분해형 냉매로 수소가 들어 있어 대류권에서 분해되면서 성층권까지 도달하기 어려워 오존층 파괴가 CFC 냉매보다 적다. 선진국에서 2020년, 개발도상국에서 2020년까지 폐지하도록 규정되어 있고 R22(HCFC-22), R123(HCFC-123), R124(HCFC-124)냉매 등이 있다.

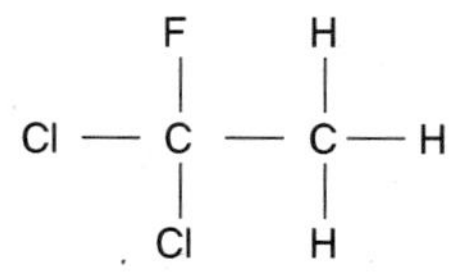

그림 10.3 HCFC-141b의 분자 구조($C_2H_3FCl_2$)

표 10.4 HCFC 냉매의 ODP와 GWP

종류	분자식	ODP	GWP	수명
HCFC-22	$CHClF_2$	0.055	1700	1.9년
HCFC-123	$CHCl_2CF_3$	0.02	77	1.3년
HCFC-124	$CHClFCF_3$	0.022	69	5.8년

• HFC(수소불화탄소, Hydro Fluoro Carbon)냉매

금지된 CFC의 대체냉매로 대체 프레온이라고 한다. 수소, 불소, 탄소 등으로 구성되고 염소가 없어 오존층을 파괴하지 않는다. 종류에는 R125(HFC-125), R134a(HFC-134a), R152a(HFC-152a) 등이 있으며 HFC 냉매(대체 프레온)는 자동차 에어컨, 업무용 냉동고 및 가정용 에어컨 등 광범위하게 사용된다. HFC 냉매는 CFC, HCFC의 대체냉매로 개발되어 ODP는 0이지만 온실효과는 최대 이산화탄소의 4,470배나 된다. 이러한 이유로 교토 의정서의 감축 대상물질이 되었다.

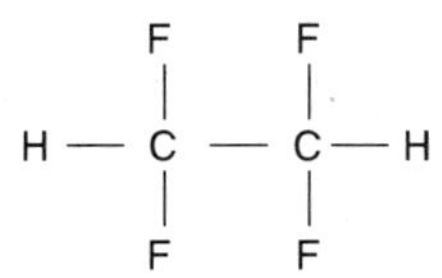

그림 10.4 HFC-134 냉매의 분자구조($C_2H_2F_4$)

R134a(1,1,1,2-테트라 플루오르 에탄) 냉매는 ODP가 0이고 CFC보다 대기 수명시간이 짧고 냉각 설비, 공조 설비, 발포제, 의료용 에어로졸 스프레이 분무제 등 모든 분야에서 사용된다. 그리고 HFC계열 중 GWP가 낮은 R32와 R152a 냉매는 다른 냉매와 혼합하여 차세대

냉매로 사용될 가능성도 있다. R152a는 R134a 냉매와 물성이 비슷하여 에어로졸 분사제인 R134a 냉매의 대체물질로 사용되기도 한다. 현재 가정용 에어컨, 냉장고 등에서의 HFC계열 냉매의 사용은 시스템에서 냉매가 완전히 밀폐되어 있기 때문에 유출은 없는 것으로 취급하고, 폐기시에는 가전제품 재활용법에 따라 냉매를 회수처리하며, 자동차용 R134a 냉매도 자동차 폐차시 회수처리하는 등, HFC계열 냉매의 사용은 관리가 더 필요한 상황이며 표 10.5는 HFC냉매의 ODP와 GWP를 나타낸다.

표 10.5 HFC냉매의 ODP와 GWP

종류	분자식	ODP	GWP	수명
HFC-32	CH_2F_2	0	650	3년
HFC-125	CHF_2CF_3	0	3500	29년
HFC-134a	CH_2FCF_3	0	1300	9.6년
HFC-143a	$C_2H_3F_3$	0	4470	52년
HFC-152a	CH_3CHF_2	0	140	1.4년

표 10.6 기타 냉매의 ODP와 GWP

종류	분자식	ODP	GWP	비고
Halo	소화제	10	5,400	할로 가스
PFC	반도체	0	6,500	과플루오르화탄소(Perfluorocarbon)
SF6	의류 세탁	0	23,900	육플루오르황

② **공비 혼합냉매(Azeotropic)** : 서로 다른 2개 이상의 단일냉매를 일정한 비율로 혼합한 냉매로 증발, 응축과정 동안 기체와 액체의 조성 성분이 변하지 않으며 온도도 변하지 않는 냉매이다. 여러 성분의 냉매를 일정한 비율로 혼합하면 비등점이 일정하고 기상, 액상의 조성이 같아 2성분이 1성분인 것 같은 상변화를 나타내고 결점이 보완되는 냉매를 공비 혼합냉매라고 한다. 단일냉매와 물리적 특성이 같고 R500, R501, R502 등이 있다. 공비는 2냉매의 비등점보다 낮은 온도에서 공비가 일어나는 최소공비와 2냉매의 비등점보다 높은 온도에서 공비가 일어나는 최고공비가 있다.

③ **비공비 혼합냉매(non-Azeotropic, Zeotropic)** : 단일냉매로는 원하는 특성을 얻을 수 없는 경우, 2개 이상의 단일성분의 냉매를 일정한 비율로 혼합하여 노점(이슬점)과 비점(끓는점)이 다

르고, 상변화에 따라 온도가 변화하는 냉매를 얻을 수 있는데 이를 비공비 혼합냉매라 한다. 원하는 특성을 얻기 위하여 2가지 이상의 단일냉매를 혼합한 냉매이다.

비공비 혼합냉매는 증발과 응축과정을 할 때 조성비가 변하고, 온도도 증가 또는 감소하는 냉매로 냉매의 누설이 있으면 처음의 혼합비율과는 다른 조성으로 된다. 대표적인 것이 혼합냉매인 R407C 등이다. 공비냉매와 단일냉매는 응축과 증발과정에서 온도가 일정하지만 비공비 혼합냉매는 다음의 특징이 있다.

- 저비점 성분의 냉매가 먼저 증발한다.
- 증발과정과 응축과정에서 증발온도와 응축온도가 변한다.
- 유동방향으로 온도구배가 발생한다.
- 관의 반경방향으로 온도분포와 농도분포가 생겨 열전달 성능이 나빠진다.

이 냉매는 로렌츠 사이클에서 온도구배를 이용하여 비가역 손실을 줄이는 것이 가능하여 효율을 높일 수 있다. 비공비 혼합냉매 중에서 상변화 온도가 공비냉매와 단일냉매에 가까워서 공비 혼합냉매로 취급이 가능한 것을 의사 공비냉매라고 하고, R410A이 이에 속한다. 비공비 혼합냉매는 열교환기에서 상변화가 일어나는 경우, 상변화에 따라 온도가 변화하기 때문에 일반적인 공냉식 열교환기로는 고효율을 얻기 어렵고 또한 냉매가스가 누출될 경우, 냉매조성이 변하기 때문에 추가 충전할 수 없는 단점이 있으며 비공비 혼합냉매는 R404A, R407A, R410B 등의 400대의 번호를 사용한다.

(2) 비프레온(Non-Freon)계 냉매

① **자연냉매** : 자연냉매에는 이산화탄소(R744), 암모니아(R717), 물(R718), 공기 등의 냉매와 무기화합물 냉매가 있다. R718은 다른 물질과 조합하여 독성이 없고 안전하며 실리카 겔인 고체흡착제, 리치움(lithium) 흡착제와 조합하여 흡수식 냉매로 사용된다. 흡수식 냉동장치는 독성이 없는 물, 태양광, 공장 폐열 등의 열에너지를 사용하기 때문에 에너지 효율이 높은 냉동장치이다. 그림 10.5는 물 냉매를 이용하는 흡수식 시스템의 구성을 나타낸다.

공기는 압축, 팽창시 열을 흡수, 방출하므로 가열, 냉각된 공기를 만드는 것이 가능하다. 기술개발이 이루어져 현재는 −60℃ 초저온 영역에서 공기냉매를 사용할 수 있다. 현재는 저온 온도영역에서는 GWP가 높은 R22를 사용하지만 앞으로 공기냉매가 대체할 수 있을 것이며 직접 공기를 냉각하므로 냉각기와 배관이 불필요하다.

R744(이산화탄소)는 공기에서 열을 흡수하여 온수를 만드는 이산화탄소 냉매 히트펌프가 개발되어 있고, −25℃의 극한지에서도 급탕, 난방을 하는 기술이 선진국에서 개발되어 있고, 냉장, 냉동에도 이를 응용한 CO_2 냉동기가 개발되어 에너지 절약측면에서 유망한 냉매이다.

산소와 질소를 가지는 암모니아(R717)는 프레온이 보급되기 전부터 냉매로 사용되었다. 독성과 냄새가 있고 인체에 손상이 있지만 프레온의 퇴보로 암모니아는 다시 개발이 진행되고 있다. 암모니아는 독성을 가지고 있어 간접냉각 방식을 사용하기 때문에 에너지 효율이 나빠진다. 현재는 CO_2 냉매와 조합하여 간접냉각 방식을 하여 효율을 높게 할 수 있고, 직접냉각 방식도 개발이 되고 있다. 프레온 냉매보다 열전달율이 높아서 냉매의 양이 적어도 되고 COP도 높다. 자동차에서 가솔린 1L로 주행하는 km를 연비라고 하고 냉동기에서는 냉동능력과 소비전력과의 비를 COP라 한다. 이는 에너지 효율의 지표를 의미하고 수치가 크면 효율이 좋다.

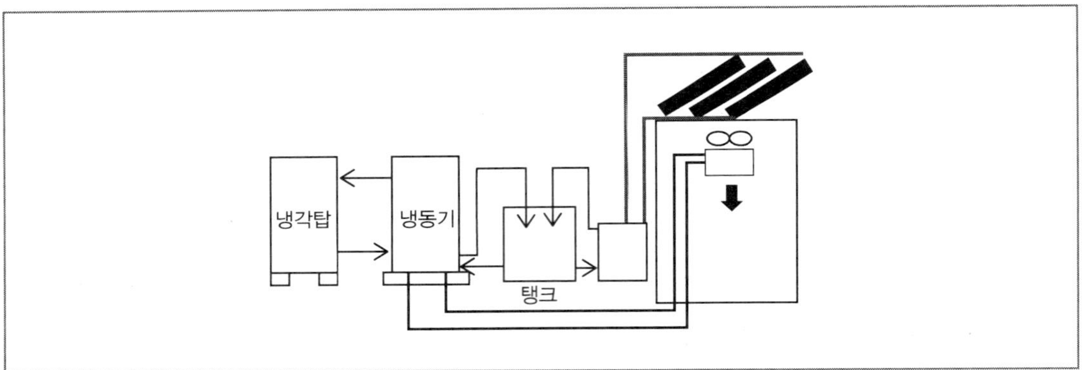

그림 10.5 물 냉매 흡수식 시스템

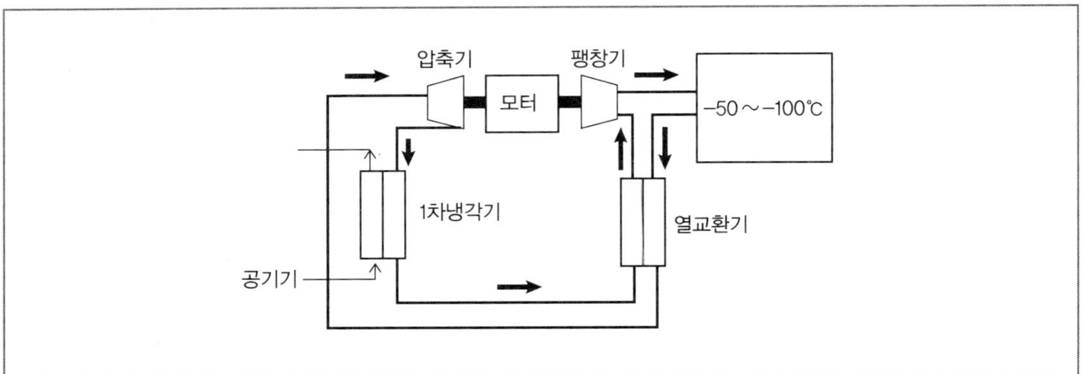

그림 10.6 공기 냉매 시스템

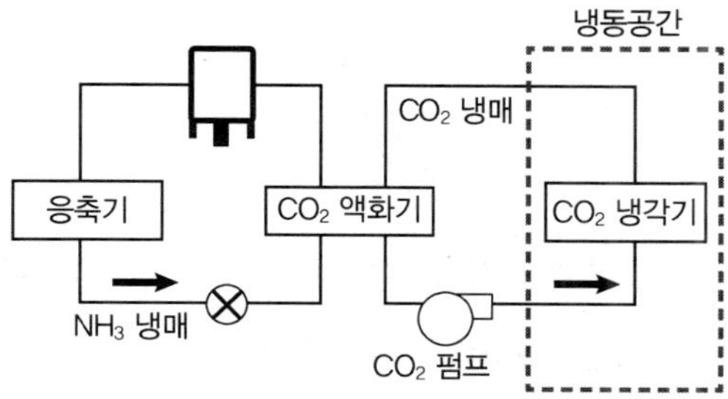

그림 10.7 암모니아 냉매 시스템

② 유기 화합물(HC, LPG) 냉매 : 일반적으로 탄소 화합물은 유기물이고 기체 등 유기물이 아닌 것은 모두 무기물이다. 프로판, 이소부탄, 탄화수소 등은 냉매로 사용이 가능하다. 이 냉매는 가연성이 있지만 오존층을 파괴하지 않고 지구 온난화 지수가 낮고 에너지 효율이 높은 편이어서 자동 판매기, 밀폐성이 높은 소형 가정용 냉장고 분야에서 유럽에서 보급이 급속히 진행되고 있고 최근에는 안정성이 높은 업무용 분야에서의 실용화도 연구되고 있다. 메탄(R50), 에탄(R170), 프로판(R290), 부탄(R600), 이소부탄(R600a), 프로필렌(R1270) 등이 있고 유기 화합물의 냉매특성은 표 10.7과 같다.

표 10.7 유기화합물 냉매의 특성

종류	냉매번호	화학기호	용도
프로판(Propane)	R290	C_3H_8	가스흡수식냉동기, 냉장고
프로필렌(propylene)	R1270	C_3H_6	에어컨, 냉장고
부탄(butane)	R600	C_4H_{10}	에어컨, 냉장고
이소부탄(isobutane)	R600a	$CH(CH_3)_3$	에어컨, 냉장고

③ 무기 화합물(inorganic compound) 냉매 : 극저온(cryogenic), 저온(non-cryogenic)냉매로 나누어지며 극저온 냉매는 −160~−273℃의 온도를 냉동하는데 사용하고 −160℃보다 높은 온도 범위의 냉동은 다단 시스템을 사용하고 −160℃보다 낮은 범위의 냉동은 다단 시스템도 COP가 낮아서 불가능하다. −160℃보다 낮은 범위의 냉동온도를 얻기 위해서는 질소, 산소, 헬륨, 수소 등의 무기물 냉매를 사용하거나 자기 냉동법을 사용한다.

(3) 냉매 명명법

냉매의 표기법은 다음과 같다.

$$R\bigcirc\bigcirc\bigcirc \text{ 부가 기호} \tag{10.2}$$

R대신 냉매의 머리글자를 이용하여 CFC－○○○, HCFC－○○○, HFC－○○○로 표기하기도 한다. 100단위의 숫자는 물질의 종류인 다음을 나타낸다.

- 0－3 : 탄소수 4이하인 냉매로 염화불화탄소와 할로겐 탄화수소 화합물을 나타낸다.
- 4 : 비공비 혼합냉매
- 5 : 공비 혼합냉매
- 6 : 단일성분의 유기 화합물 냉매
- 7 : 단일성분의 무기 화합물 냉매

① 100 단위가 0~3이면 4이하로 할로겐계의 냉매($C_kH_lCl_mF_n$)를 나타내고 할로겐화합물의 화학식을 이용하여 첫째 자리수($k-1$), 둘째 자리수($l+1$), 셋째 자리수(n)을 $x = k-1$, $y = l+1$, $z = n$으로 하여 냉매번호 R－xyz를 구성한다. 화학식이 $CHClF_2$이면 x(탄소수) = 0, y(수소수) = 2, z(불소수) = 2로 R22 냉매가 된다. 부가기호는 이성체 기호를 나타내며 이는 조성식은 동일하지만 원자 사이의 결합관계가 다르거나 혼합물의 조성을 구별하기 위하여 사용한다.

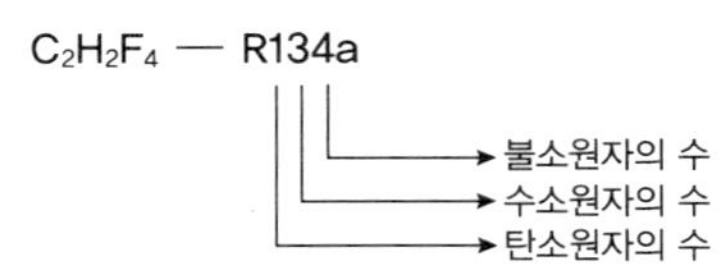

그림 10.8 냉매의 명명법

② 공비, 비공비 혼합냉매 : R－4○○, R－5○○으로 개발된 순서로 명명한다. R401A~R403A, R500, R501, R502, R505, R506 등이 있다.

③ 단일성분의 유기 화합물 냉매 : R－6○○으로 개발된 순서로 명명한다.

④ 단일성분의 무기 화합물 냉매 : R-7○○으로 ○○에는 분자량을 적는다. 암모니아는 분자량 17이므로 R717, 물은 분자량이 18이므로 R718, 이산화탄소는 분자량이 44이므로 R744이다.

10.1.3 냉매의 특성

(1) 할로카본(Halocarbon)

할로카본은 포화 탄화수소를 할로겐족 원소인 불소, 브롬, 염소, 요오드 등으로 치환한 냉매이다. 이는 CFC, HCFC, HFC로 분류되고 이중 CFC는 사용이 규제되었고 HCFC, HFC 냉매는 자연냉매, HFO 등의 냉매로 대체될 전망이다.

(2) 비공비 화합물(Azeotrope)

R123, R134a 등 2개 이상의 냉매가 혼합된 냉매이다. 일정한 압력에서 증발, 응축 과정을 할 때 성분이 변하고, 온도가 증가, 감소되는 온도구배를 나타내는 냉매이다. 그림 10.9는 2성분으로 이루어진 비공비 혼합 냉매인 R134a/R123의 특성을 나타낸다. 그림에서 초기상태가 A인 과냉액체의 온도를 상승시키면 상태 B에 이를 때까지 액상은 일정한 조성비를 나타낸다. 상태 B에 이르면 처음으로 기포가 발생하기 시작하며 이를 기포점(bubble point)이라고 한다. 온도를 기포점 이상으로 증가시키면 증발성이 강한 성분, 즉 증발온도가 상대적으로 낮은 성분이 더 많이 증발하여 기체상이 더 많이 존재하며, 액체상에서는 증발성이 약한 성분이 상대적으로 더 많이 남아 있게 된다. 예를 들어, 상태 C에 도달한 경우 기체상은 점 2가 되며 이 점에서는 상대적으로 R134a가 많고 액체상은 점 1이 되어 R123의 성분이 더 많다. 상태 D에 도달하면 기체의 성분은 상태 A에서와 같아지며 그 이상 온도를 증가시키면 성분이 일정한 기체상태가 된다. 상태 D는 과열기체 상태인 점 E에서 냉각시킬 경우 처음 응축되기 시작하는 점으로서 이슬점(노점, dew point)이라고 한다.

순수물의 경우 상변화시 온도는 100℃로 일정하지만 비공비 화합물은 상변화시 온도 구배가 발생한다. 비공비 냉매는 증발이 발생할 때 온도가 상승하고 응축이 될 때 온도가 하강한다. 이 원리를 이용하면 열교환기 효율을 개선할 수 있다.

순수물의 경우 상변화시 온도는 100℃로 일정하지만 비공비 화합물은 상변화시 온도구배가 발생한다. 비공비 냉매는 증발이 발생할 때 온도가 상승하고 응축이 될 때 온도가 하강한다. 이 원리를 이용하면 열교환기 효율을 개선할 수 있다.

비공비 혼합 냉매의 문제점은 2상 상태에서 냉매가 누설되는 경우, 시스템에 남아 있는 혼합냉매의 성분이 변하는 것이다. 2상 상태의 냉매가 누설되면 증기압이 높은 성분이 먼저 누설되어 시스템에 남은 냉매는 새로운 조성비를 갖는 다른 냉매가 된다. 따라서 냉매의 누설이 생겨 재충전을 하는 경우 시스템에 남아있는 냉매를 전량 회수한 후 다시 냉매를 주입하여야 한다. R22, R502의 대체냉매로 선진국에서는 비공비 혼합냉매인 R404A, R407C, R410A 등의 냉매를 사용한다.

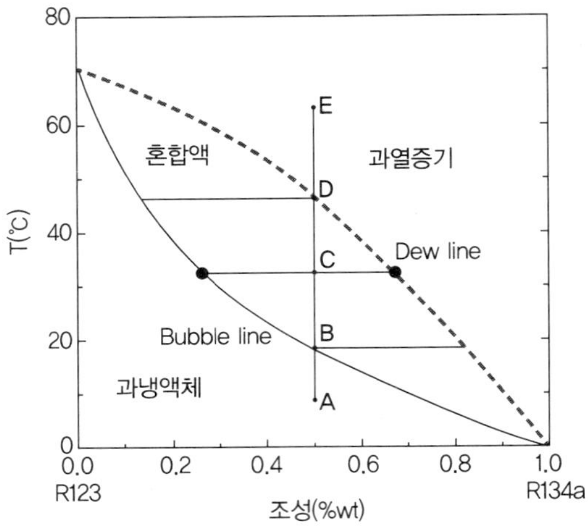

그림 10.9 비공비 화합물

(3) 공비 화합물

그림 10.10과 같이 2개 이상의 단일냉매를 특정한 비율로 혼합하여 증발, 응축과정 중에서도 기체와 액체의 성분이 변하지 않으며 온도구배도 변하지 않는 혼합냉매이다. 혼합냉매이지만 단일냉매의 특성을 갖는다. 상변화시 온도구배가 없고 임의의 성분비에서 노점선과 기포선이 만나는 점은 기상과 액상 성분의 조성이 같아 단일물질처럼 작용한다. 증발, 응축온도는 단일냉매에 비하면 낮으며 증발, 압축압력은 각각의 성분의 압력과 비교하여 높다.

수분량의 측정은 공비 혼합냉매는 그림 10.10의 프로판과 R134a와 같이 특정한 조성비에서 이슬점과 기포선이 서로 만나게 되어 기상과 액상에서의 성분이 서로 같은 냉매이다. 공비 혼합냉매의 증발, 응축온도는 혼합냉매를 구성하는 2개의 단일냉매보다 낮은 경우가 대부분이다. ASHRAE에서 냉매번호를 부여받아 사용되고 있는 주요 공비 혼합냉매로는 R500, R501, R502, R503, R505, R506, R507 등이 있다.

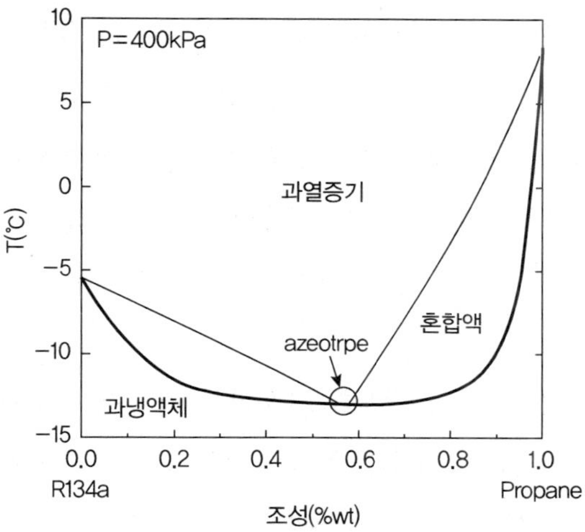

그림 10.10 공비 화합물 조성

(4) 탄화수소(HC)

탄화수소는 탄소와 수소만으로 구성된 냉매로서 메탄(R50), 프로판(R290), 부탄(R600), 이소부탄(R600a) 등이 있으며 열역학적 특성이 우수하고, 비체적이 커서 냉매 주입량도 적다. 탄화수소(LPG) 냉매는 독성이 없고, 화학적으로 안정되며, 오일에서 적절한 용해를 한다. HC 냉매는 ODP가 0.0이며 GWP도 낮아, CO_2의 GWP를 1로 하였을 때, R12 냉매는 7,100, R134a 냉매는 1,200이나, 프로판(R290)은 3이다. HC 단일냉매로 냉동능력이 적은 경우에는 탄화수소계 혼합냉매인 R290/R600, R290/R600a 냉매로 대체가 가능하고 탄화수소 냉매는 가연성이 있는 것이 단점이다.

(5) 암모니아(R717)

R717 냉매는 효율이 높아서 제빙, 냉동, 냉장 등 산업 분야의 증기 압축식과 흡수식 냉동기의 냉매로 오래 전부터 사용되어 왔다. 작동압력이 다소 높고 인체에 해로운 독성이 있는 단점이 있으나 산업용 냉동장치에 많이 사용되고, R717 냉매 소형 냉동장치는 수냉식이나 공냉식 시스템을 사용해야 하기 때문에 소규모로 특수 목적으로만 사용된다. 최근에는 CFC, HCFC, HFC 냉매의 규제로 인하여 암모니아 냉매에 대한 연구가 많이 수행되고 있다.

(6) 이산화탄소(CO_2)

CO_2는 온실가스의 대명사이지만 GWP가 1이다. 이산화탄소 냉매는 할로카본(Halocarbon, CFC,

HFC)냉매가 사용되기 이전에는 R717 냉매와 더불어 선박용 냉동, 사무실의 냉방을 위한 냉매로 사용되기도 하였다. 그러나 할로카본의 등장과 함께 이산화탄소 냉매의 사용은 감소되었고, 최근에는 특수한 용도로만 사용한다. 이산화탄소 냉매는 안정성이 뛰어나고, 무취, 무독, 부식성이 없고, 연소, 폭발성이 없는 물질로서 냉매 회수가 필요 없으며, 일반 윤활유와 같이 사용할 수 있다. 다른 냉매에 비하여 가스의 비체적이 작고, 체적유량이 적어 냉동장치를 소형으로 제작할 수 있지만 냉매의 임계 온도(31℃)가 높아 가스냉각기에서 강제 액화시켜야 하고 포화압력도 높아 내압성 재료를 사용해야 한다.

유럽, 일본을 중심으로 이산화탄소 냉매를 사용하는 자동차 공조기의 개발이 완료되었으나 R1234yf 냉매의 적용으로 밀려난 상태이다. 현재는 자동 판매기, 음료용 냉장고 등에 많이 사용하고 가정용 냉동기에서도 곧 실용화가 될 예정이다.

(7) 물(R718)

R718 냉매는 환경에 무해하며 무취, 무미한 냉매로 비점이 높고 비체적이 커서 체적 유량이 크다. 압축기가 이를 처리하려면 큰 압축비가 필요하여 증기를 압축하는 방식인 증기 압축식 냉동기에는 사용이 되지 않고 흡수식 냉동기의 작동유체로 사용한다.

(8) 공기(R729)

R729 냉매는 물과 같이 투명하고 무해, 무취, 무미한 냉매로서 소요동력은 높은 반면, 성적계수가 낮다. 안전이 중요한 항공기 내부의 공조나 공기액화 등에 사용된다.

(9) 2차 냉매

저열원에서 상변화를 하지 않고 감열 열전달을 통하여 열을 흡수하여 1차 냉매와 열교환하는 냉매를 2차 냉매라고 한다. 대용량의 냉동기의 경우 브라인 등을 제2 작동 유체로 사용하여 간접적으로 열을 흡수한다.

브라인이란 바닷물을 농축하여 식염농도를 높인 불포화 용액을 의미하나 냉동에서는 프레온 등의 1차 냉매와 열교환에 의해서 상변화가 없이 저온의 열을 전달하는 물, 공기, 소금물 등을 의미한다. 브라인은 응고점이 낮은 염류를 물에 녹여 만들며 용액의 농도에 따라 응고 온도가 달라진다. 특정한 온도에서 용액의 응고점이 최저로 되는 농도가 존재한다. 공융점은 최저온도가 용액의 응고함이 없이 도달될 수 있는 공융농도, 공융 온도점을 나타낸다. 공융농도보다 용액의 농도가 묽은 경우, 액체용액에서 온도를 내리면 A점까지 액체상태로 유지되고 더 내리면 얼음과 액체의 혼합물이 되고 C점이 되면 응고한다. 공융농도보다 용액의 농도가 진한 경우, 온도를 내리면 소금이 석출되며 온도가 공융온도 이하가 되면 응고한다.

- 공융온도(Eutectic temperature)
  - 염화칼슘 용액 : −55℃
  - 염화나트륨 용액 : −21.2℃
  - 에틸렌글리콜 : −33℃
  - 물 : 0℃

10.2 차세대 냉매

1931년, 미국에서 미국의 듀폰과 제너럴 일렉트릭이 공동으로 프레온을 발명한 후 1980년대 들어 프레온(CFC, HCFC)이 1987년 몬트리올 의정서에 오존층 파괴의 원인 물질로 지정되면서 오존층을 파괴하지 않는 대체 냉매인 수소불화탄소(HFC), 과불화탄소(PFC), 육불화황(SF6)의 3가지의 냉매가 개발되었다. 그러나 이 3가지의 대체 냉매도 CO_2, N_2O, CH_4와 더불어 1997년, 교토 의정서(지구온난화 방지, HFC규제)에서 지구온난화 문제를 발생하는 기체로 지정이 되었다. 1987년, 몬트리올 의정서(오존층 보호, HCFC규제)에 따라 개발도상국에서는 2014년부터 2년에 10%씩 단계적으로 수소염화불화탄소(HCFC)의 사용량을 감소하여 2020년까지 폐기를 해야 한다. 선진국에서는 R22냉매를 R32, R410A 냉매로 변경하였고, 개발도상국에서도 폐기를 준비하고 있다. 그리고 교토 의정서에 따라 선진국에서는 HFC(R32, R134a, R404A, R407C, R410A)도 단계적으로 삭감(phase down)하고 더불어 유럽 F−가스규제에 따라 자동차 냉매는 GWP가 150 이하인 냉매를 사용해야 한다. HFC냉매는 염소가 없어 오존층은 파괴하지 않지만 GWP가 높아 지구온난화에 영향을 미치는 온실가스이고, 자연냉매는 자연계에 존재하는 물질로 지구온난화의 영향은 없지만 냉동성능이 약한 문제가 있다. 최근에 HCFC, HFC의 대체 냉매로 HFO(Hydro Fluoro Olefin, 수소불화올레핀)계열이 개발되었지만 이는 미국의 독점이 문제로, 자연냉매의 연구도 활발하게 진행되고 있다.

냉매는 GWP, APF(Annual Performance Factor), TEWI(Total Equivalent Warming Impact), LCA(Life Cycle Assessment), LCCP(Life Cycle Climate Performance), 냉매 안정성 등을 동시에 고려하여 차세대

냉매를 선정하거나 개발한다.

현재 개발도상국에서 많이 사용하는 R22의 GWP는 1,700, 선진국에서 사용되는 R407C와 R410A 냉매의 GWP는 1,770~2,090이다. GWP가 낮은 차세대 냉매들은 R32, R152a, R1234yf, R1234ze, CO_2, R717, R290(HC) 등이 있고, 표 10.8은 현재 사용하는 냉매와 차세대 냉매의 특성을 나타낸다. 표에서 보면 HFC 32 혼합냉매, HFO 1234yf, CO_2냉매가 가장 유망한 차세대 냉매이고 현재까지 2017년의 EU의 F가스 규제를 만족하는 냉매는 R152a, R1234yf, CO_2냉매의 3종류뿐이다.

R32 냉매는 에너지 효율이 높고, 단일냉매로 회수와 재생이 용이하고, 단위 중량당 냉동능력이 높다. 경쟁 냉매인 R410A보다 소량으로 비슷한 성능을 나타내고 GWP가 75% 감소하는 반면 약간의 연소 가능성이 있는 단점이 있다.

HFO계 냉매는 압력손실이 HFC 냉매보다 크지만 R1234yf 냉매는 단독 냉매로 현재의 HFC 냉매와 비교하여도 작동압력, 냉동성능의 저하가 거의 없고 일부의 기기를 제외하고는 부품의 개발도 필요하지 않다.

CO_2 냉매와 R134a 냉매를 비교하면 증발온도 0℃에서 단위 부피당 냉방능력은 CO_2 냉매가 약 8배 크다. CO_2 냉매는 압축기의 토출 냉매량을 R134a 냉매의 약 1/8로 할 수 있지만 CO_2 냉매의 운전압력이 R134a 냉매보다 약 10배 높아 열교환기, 압축기, 증발기, 배관 등의 부품을 개발해야 한다.

가정, 업무용 에어컨에는 R32 냉매, 대형 터보냉동기에는 R32, R1234yf, R1234ze 냉매, 냉동 냉장용에는 CO_2, HFO, R32, 암모니아 냉매, 자동차에는 R1234yf, CO_2 냉매 등이 차세대 냉매로 유력하다. 표 10.9는 용도별 현재의 냉매와 미래의 차세대 냉매를 나타낸다.

표 10.8 현재 냉매와 차세대 냉매의 특성 (출처 : 다이킨)

구분	현 냉매		차세대 냉매					
분류	HCFC (개발도상국)	HFC (선진국)	HFC	HFC	HFO	자연냉매		
냉매	HCFC22 (단일냉매)	HFC410A (혼합냉매)	HFC32 (단일냉매)	HFC152a (혼합냉매)	HFO 1234yf	CO_2	NH_3	HC
오존층파괴지수	0.05	0	0	0	0	0	0	0
지구온난화지수	1810	2090	675	124	4	1	0	3
응축 압력(Mpa)	1.73	2.73	2.79		1.15	10	1.78	1.53
냉방 능력	100(기준)	141	160	154	56	256	115	83
COP	100(기준)	91	96	110	92	41	105	97
독성	저	저	저	저	저	저	고	저
가연성	불연	불연	미연	미연	미연	불연	미연	강

표 10.9 용도별 현재 냉매와 예측 차세대 냉매

구 분	현재	차세대(예측)
가정업무용 에어컨	HFC410A(선진국) HCFC22(개발도상국)	HFC32, HFO1234yf CO_2
가정용 냉장고	R22 R410A R600a	CO_2
대형 터보 냉동기	HFC134a	HFC32, HFO1234ze
냉장냉동용 냉매	HFC404A(선진국) HCFC22(우리나라, 개발도상국)	D52Y(HFOs) D2Y65(HFOs) R744, 암모니아
자동차용 냉매	HFC134a HFO1234yf(선진국)	HFC152a, HFO1234yf, R744
스프레이	HFC	LPG, DME
반도체(노트북)	PFC	COF
가정용냉장고	HFC	HC
건물단열재의 발포제	HFC	HC
의류 세척제	SF6	SO_2
전자부품 세정제	HCFC	HC
소화기	Halon	Air, N_2

표 10.10 용도와 냉매의 특성

용도	냉매	화학식	GWP<150 (자동차)	대기에서 수명
가정용 냉매	R410A	혼합냉매	650	5년
		혼합냉매	2,800	29년
냉장냉동용 냉매	R404A	혼합냉매	3,920	14년
터보냉동기(대형)냉매	R134a	CF_3CH_2F	1,430	14년
자동차용 냉매	R134a	CF_3CH_2F	1,430	14년
차세대 냉매	R32	CH_2F_2	675	4.9년
	R152a	CH_3CHF_2	124	1.5년
	R1234yf	$CF_3CF=CH_2$	4	12일
	R1234ze	$CF_3CH=CFH$	6	12일
	R744(CO_2)	CO_2	1	영구

10.3 차세대 자동차 에어컨

10.3.1 PTC

그림 10.11은 차량 난방 시스템의 구성을 나타낸다. 내연기관은 엔진폐열을 이용하고 EV와 PHEV는 엔진폐열로 가열하는 냉각수 대신에 PTC 히터로 냉각수를 가열하고 고온의 물은 전기펌프로 순환시킨다.

PTC 반도체는 일정 수준 이상의 온도에서는 공급전압이 바뀌어도 가열재료의 온도는 일정하게 유지되어 화재의 위험이 최소화된다. 열 발생용량도 배터리 전압변동과 상관없이 거의 일정하며 PTC 히터의 총 전력 소비량은 차량내부의 조건에 따라 다르지만 900W~5kW의 범위이다. PTC 히터 장착 자동차는 강력한 발전기가 장착되어야 하고 높은 전류로 인한 부하덤핑을 방지하고 유연한 제어를 위해, 200W, 300W, 400W의 작은 가열전력을 사용하고 릴레이를 이용하여 별도로 제어한다.

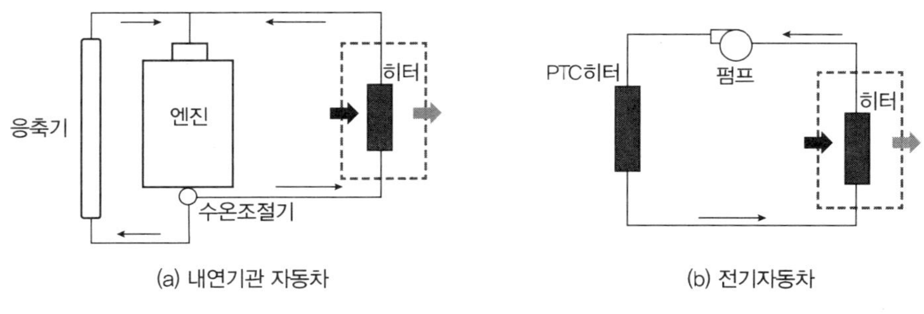

그림 10.11 자동차 난방방법

그림 10.12 PTC 엘리먼트

10.3.2 개요

내연기관 자동차는 내연기관의 폐열을 이용하여 난방을 하고 냉방은 엔진구동 압축기에 의해 냉매를 압축하여 냉방을 한다. 최근 자동차의 이산화탄소 저감을 위하여 하이브리드 자동차(HV), 플러그인 하이브리드(PHEV), 전기자동차(EV) 등이 많이 보급되고 있다. 그러나 이러한 차들은 전체 에너지 소비에 대한 겨울철 난방 에너지의 비율이 50% 이상이 되는 경우도 있어, 연비가 악화되고 특히 겨울철 난방을 위해 에너지 소비를 증가시키면 주행거리는 짧아진다. 따라서 전기자동차는 난방 등의 공조시 지금보다 더 효율적인 공조 시스템의 개발이 필요하다.

전기자동차는 폐열이 없기 때문에 난방열원을 만들어야 하는데 난방열원으로 가장 쉽게 사용할 수 있는 것은 전기히터이어서 현재 양산되고 있는 전기자동차는 거의 모두 전기히터를 이용하고 있다. 그러나 전기히터의 COP는 최대 1이어서 투입 에너지 이상의 난방 에너지를 얻을 수 없고, 연비를 고려하면 히트펌프에 의한 난방을 실시하는 것이 좋지만 시스템이 복잡해진다.

표 10.11은 내연기관과 전기자동차의 에어컨 시스템을 비교한 것이다. 히트펌프 시스템에서는 실외 열교환기, 실내 증발기, 실내 응축기, 압축기를 사용하고 또한 기존 난방용 열교환기로서 사용되는 히터코어는 실내 응축기로 대체한다. 실외 열교환기 대해서는 증발기, 응축기 모두 고성능 설계방법이 필요하고 히트펌프 시스템은 배관의 구성이 복잡하고, 각종 체크밸브와 팽창밸브의 추가로 회로 내의 압력손실이 증가하므로 히트펌프에서는 압력손실을 적게 하는 설계기술이 필요하다. 그리고 실내 열교환기에서는 난방 운전시의 습기가 안전상 문제가 된다.

표 10.11 자동차 에어컨과 히트펌프의 차이

분류	내연기관 에어컨	히트펌프(전기자동차)
엔진 폐열	○	×
구조	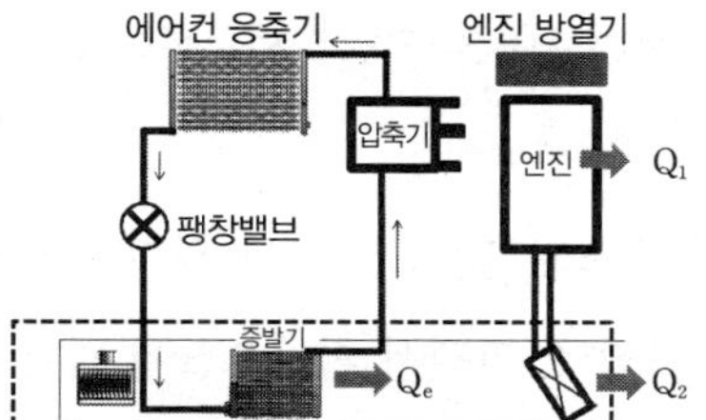	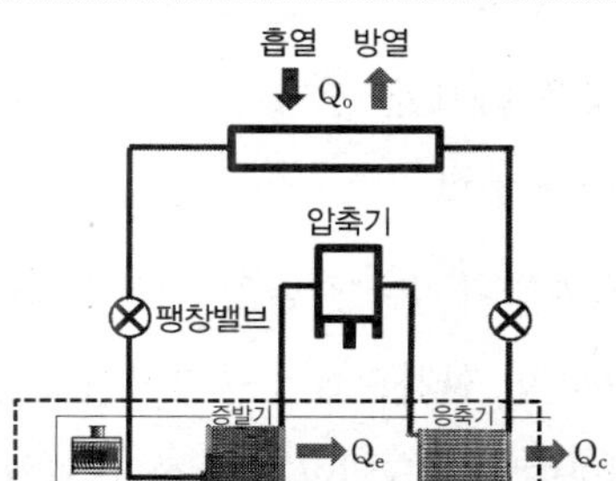
제습	냉동사이클	히트펌프
재가열	히트코어	

10.3.3 전기자동차 에어컨의 특징

(1) 전기자동차 에어컨 기술

내연기관 자동차는 공회전, 저속영역에서 엔진 회전수에 따라 압축기의 회전수가 결정되어 냉방성능이 저하하지만 엔진 폐열을 이용한 난방열원은 충분한 확보가 용이하다.

전기자동차 에어컨 시스템은 앞 유리창의 습기를 없애는 제습기능과 물방울이 맺히는 현상을 방지하는 방담(防曇)기능을 갖추어 운전 시야를 확보해야 하고 주행거리를 늘이기 위해서 공조기의 전력 절감이 반드시 필요하다. 전기자동차는 엔진 회전수와는 관계없이 압축기의 회전수가 결정되어 공회전, 저속영역에서도 냉방성능이 우수하고, 압축기 장착 위치가 자유롭고, 공간 효율성이 우수하다. 겨울철 예열, 여름철 예냉각이 가능하여 쾌적한 실내와 연비향상이 동시에 실현 가능하지만 열원(heat Source)이 없어 난방에 문제가 있으며 이러한 열원확보가 중요한 과제이다. 표 10.12는 전기자동차 에어컨 시스템의 특징을 나타낸다.

표 10.12 전기자동차 에어컨 시스템의 특징

분류	엔진 구동(IC)	모터 구동(EV)
냉방	엔진구동 에어컨, 벨트구동 에어컨	전동 압축기
난방	엔진폐열 이용, 히트코어	전기히터, 히트펌프
제습(시야 확보)	에어컨+엔진 폐열 이용한 제습, 방담	히트펌프, 내외기 2층 유닛을 이용한 제습, 방담
주행거리	연료 밀도가 높다. 난방은 폐열을 이용하여 난방에 의한 연비 감소는 적다.	배터리 에너지 밀도가 낮다. 난방도 배터리를 이용하여 주행 거리 영향이 크다.

전기자동차는 엔진이 없기 때문에 펌프와 전기히터의 난방열원이 필요하다. 정지시의 에어컨 가동은 별도의 동력이 필요하고 시야 확보는 내연기관 자동차는 증발기와 엔진 폐열을 이용하여 제습난방을 하지만, 전기자동차는 열원이 없어 제습난방은 곤란하다. 이의 해결을 위해 히트펌프를 사용해야 한다.

히트펌프의 방담기능은 겨울철에는 외기의 습도가 낮기 때문에 외기를 도입하면 방담 성능은 좋아지지만 환기손실이 증가하여 난방부하가 커진다. 따라서 환기손실에 의한 열부하 증대를 줄이기 위하여 외기도입이 가능한 내외기 2층유닛을 사용한다. 소비전력의 저감을 위해서 공조기를 고효율 설계를 하고 열부하의 저감도 필요하다. 전기자동차 에어컨 시스템은 다음의 요구조건이 필요하다.

① 겨울철에 고효율 열원이 필요(열원기술)

② 열부하의 저감이 필요(열부하 저감기술)

③ 전동 압축기를 이용

이러한 것은 내연기관 자동차와 비교하면 큰 변화이다. 히트펌프, 내외기 2층 유닛, 전동 압축기 등의 새로운 기술이 전기자동차에 적용이 되며 열원기술은 전기를 이용하는 PTC 히터, 글로우(glow) 히타, 오일의 전단력을 열로 바꾸는 히터, 연소식 히터, 냉매를 이용하는 가스히터, 히트펌프 등이 있지만 이 기술 중에서 COP가 1을 넘는 것은 히트펌프 기술 뿐이다. 열부하 저감에는 내외기 2층 유닛, 환기량 제어에 의한 환기 손실저감 등이 있다.

(2) 하이브리드 전기자동차의 압축기

하이브리드 자동차의 에어컨 압축기는 엔진의 동력을 사용하고 에어컨이 작동하는 동안 압축기에 의한 연료소모로 CO_2 배출이 많아지고 압축기는 차량의 전방에 위치하기 때문에 소음과 진동을 만든다.

자동차의 연료량 소비를 감소시키기 위해서는 효율적인 압축기 만들어야 하고, 라이프 사이클 관점에서 압축기의 제조시 CO_2 배출량은 사용시보다 낮지만, 제조단계에서 발생하는 CO_2의 대부분은 알루미늄 다이 캐스팅에 의해 발생한다. 압축기를 소형화, 경량화하면 제조공정에서 CO_2 배출량을 줄일 수 있고 압축기를 작고 경량으로 만드는 것이 CO_2와 연비 저감면에서 중요하다.

가솔린 하이브리드 자동차는 2000년대에 처음으로 생산되었는데 이때의 에어컨은 가솔린 엔진의 동력을 이용하는 벨트 구동식으로 이는 에어컨이 가동되면 연료가 많이 소비된다. 가솔린 하이브리드 자동차는 특성상 공회전 정지기능은 필수적이고, 공회전시 엔진이 정지하면 에어컨도 정지된다. 이러한 하이브리드 차량의 특징은 전기구동 압축기 개발의 원인이 되었다. 도요타는 2005년에 판매한 도요타 프리우스 2세대에서, 전기 구동 압축기를 구동하기 위해서 통합 인버터, 압축기를 제어하는 시스템을 적용하였고, 압축기는 고압의 3상 교류모터를 사용하였다. 혼다의 하이브리드 자동차는 병열식이기 때문에 도요타의 직병렬 타하이브리드 자동차보다 낮은 전압을 사용할 수 있다. 전압이 낮아서 고압의 전기구동 압축기 적용은 적절하지 못하기 때문에, 공회전 정지시와 압축기 구동을 하이브리드 듀얼 스크롤(dual scroll) 압축기를 개발하여 적용하였다.

2006년 혼다 시빅과 어코드에는 2개의 압축기를 하나로 만들어 종래의 75cc 벨트 구동 압축기를 전면에, 작은 15cc 전기구동 압축기를 후면에 배치하였다. 전기구동 압축기는 3상의 교류모터를

그림 10.13 혼다의 듀얼 스크롤 에어컨

사용하고 에어컨의 요구조건과 상황에 따라 벨트구동, 전기구동, 벨트와 전기구동을 사용하는 형태이다. 공회전 정지시 등 에어컨 부하가 크지 않을 때와 배터리의 잔량이 많지 않는 경우에는 전기구동 압축기를 사용하고 부하가 커지면 가솔린 엔진으로 벨트구동을 하여 전기구동을 보조한다. 그림 10.13은 혼다의 듀얼 스크롤 에어컨을 나타낸다.

10.3.4 덴소의 히트펌프 에어컨

(1) 개요

그림 10.14는 자동차 히트펌프 에어컨의 개략적인 구성도를 나타낸다. 자동차 히트펌프는 자동차 실내에 고온의 열을 방열하는 응축기와 실내를 냉각하는 증발기, 조건에 따라 응축기 또는 증발기도 되는 실외 열교환기 등 3개의 열교환기를 사용한다.

내연기관 자동차의 냉방은 엔진구동 압축기를 이용하고 난방은 히터코어라는 열교환기를 이용한다. 히트펌프는 자동차 실내에 응축기를 장착하여 난방열원으로 하고, 제습은 증발기로 냉각하여 제습한 후, 적정한 토출온도를 맞추기 위하여 공기의 재가열을 해야 하는 데 응축기를 이용한다. 증발기로 냉각 제습한 공기를 응축기로 재가열하면 습도가 높아지는 것이 방지된다.

룸 에어컨용 히트펌프는 1개의 열교환기를 냉방시에는 증발기, 난방시에는 응축기로 같이 사용하지만 자동차용 히트펌프를 룸 에어컨 방식으로 하면 냉방운전을 한 후에 난방운전으로 변경되는

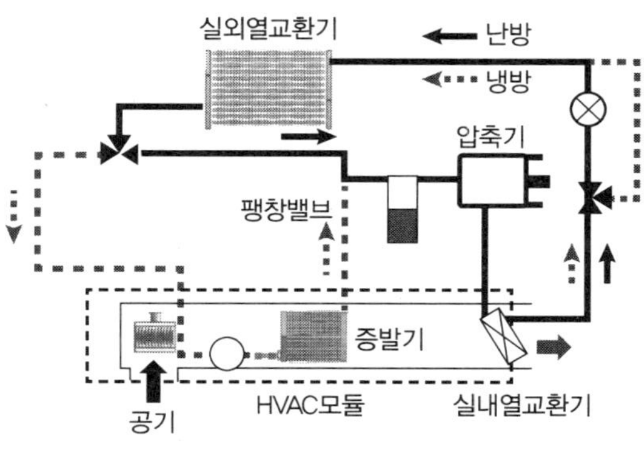

그림 10.14 히트펌프의 구성

경우, 응축기에서 응축된 물이 증발하여 유리창에 순간적으로 습기가 차기 때문에 자동차 안전에 큰 영향을 미친다. 이는 자동차용 히트펌프에서 가장 큰 문제가 된다. 이의 방지를 위해 실내유닛에 2개의 열교환기를 사용하여 실내 응축기와 실내 증발기를 각각 배치하여 안전을 도모한다. 그리고 냉방용 및 난방용 전자식 팽창밸브를 사용하여 제습시 토출되는 온도를 세밀하게 제어한다.

히트펌프의 재가열량인 Q_c는 다음과 같다.

$$Q_c = L + Q_e \pm Q_o \tag{10.3}$$

여기서 압축기 동력 L, 증발기 흡열량 Q_e, 실외 열교환기 흡열량 Q_o이다. Q_o의 흡열량은 압축기 회전수와 팽창밸브 개도를 조절하여 외부 열교환기의 상태를 제어하여 조절한다. 히트펌프 시스템은 제습난방의 작동이 불가능하고 겨울철 외기온도가 −20℃ 이하에서는 난방성능이 낮아지는 단점이 있다. 그림 10.15는 히트펌프의 열효율을 나타내고 COP가 2이상이면 난방 전기 에너지는 2.5kW 정도 필요하다.

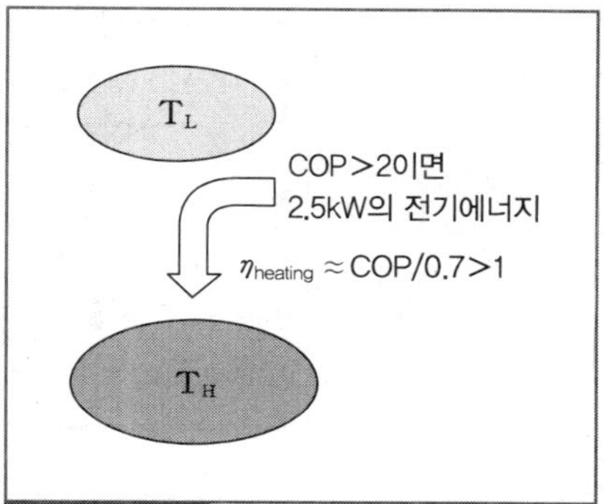

그림 10.15 히트펌프의 열효율

(2) 냉난방

그림 10.16은 전기자동차용 히트펌프를 나타낸다. 냉방 모드시의 작동을 보면 실내 증발기에서 어큐뮤레이터, 압축기를 거쳐 실외 열교환기에 들어가서 응축이 된다. 냉방용 팽창밸브를 통과하

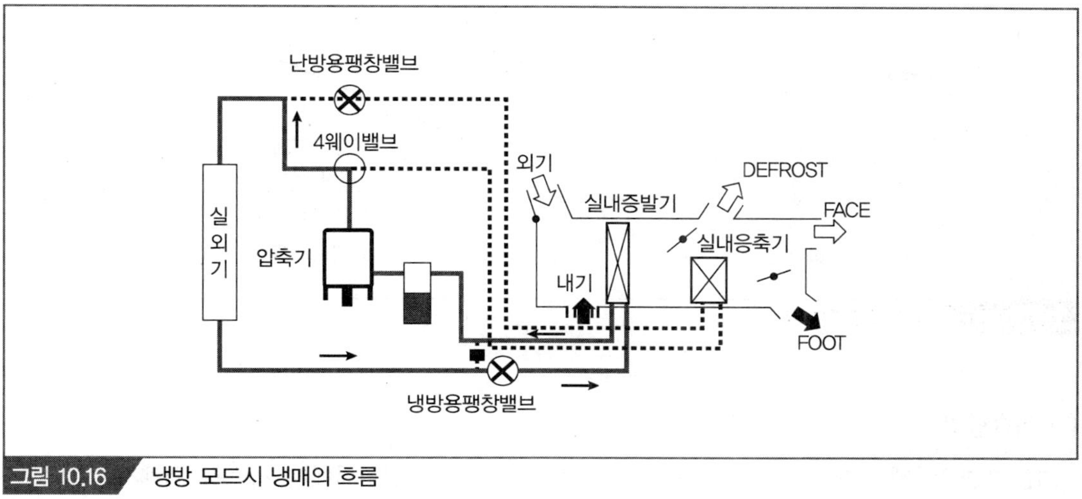

그림 10.16 냉방 모드시 냉매의 흐름

여 저온, 저압이 되고, 실내 증발기에서 열을 흡수하여 차가운 공기를 만든다.

난방시의 작동을 보면 압축기에서 저온 저압의 냉매가스를 압축하여 고온, 고압으로 하여, 압축된 냉매는 실내 응축기로 들어가서 응축열을 실내에 방출한다. 응축된 냉매는 난방용 팽창밸브를 통과하여 저온, 저압으로 되고 실외 열교환기에서 대기 열을 흡열하고 어큐뮤레이터를 거쳐 압축기로 들어간다. 팽창밸브는 **그림 10.18**과 같은 전자식으로 스텝모터로 냉매유량을 제어한다.

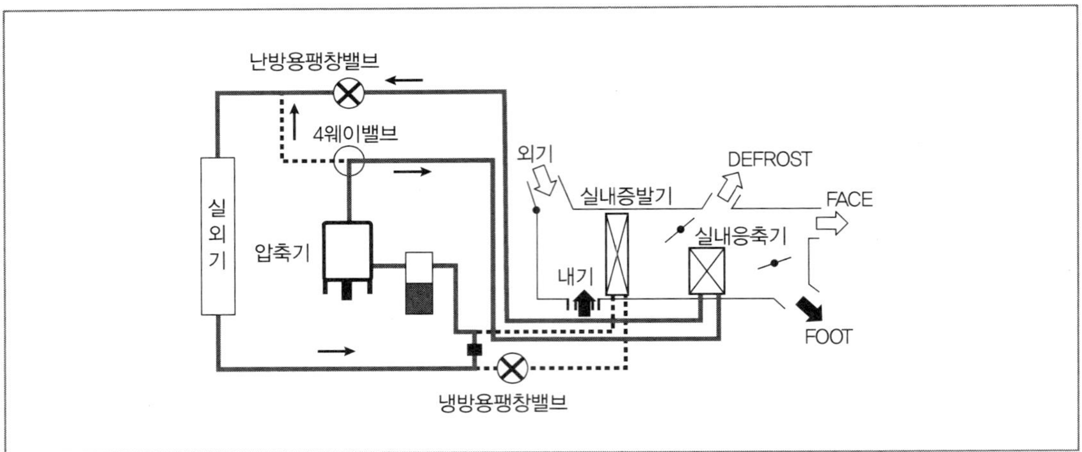

그림 10.17 난방 모드시 냉매의 흐름(출처 : 덴소)

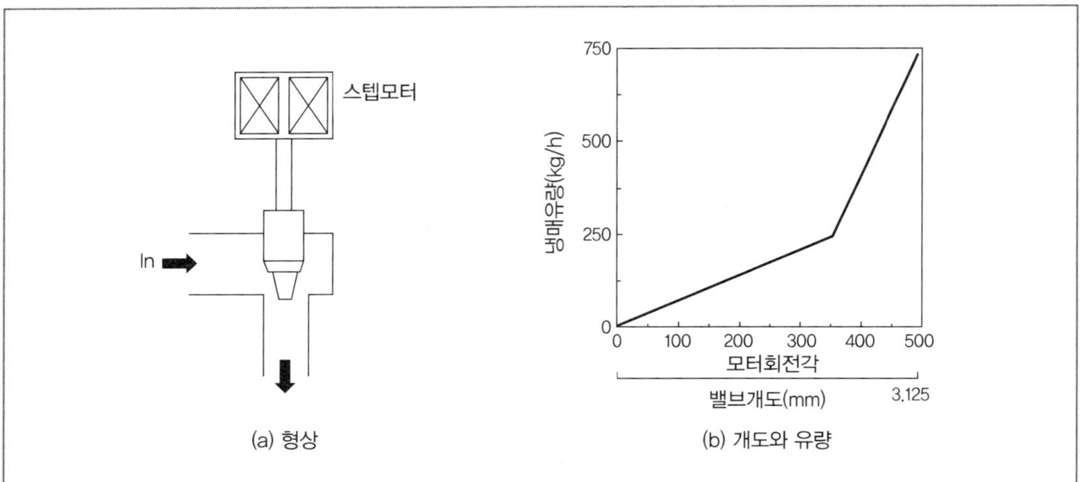

그림 10.18 전자식 팽창밸브

(3) 제습난방

그림 10.19는 제습 난방모드의 작동원리를 나타낸다. 제습 난방시에는 제습을 위해서는 냉방모

드로 작동하고, 이때는 냉방용 팽창밸브를 통과하여, 실외 열교환기는 고압측에 있기 때문에 응축기로 작동하고 재가열하는 난방모드는 난방용 팽창밸브를 통과하여 실외 열교환기는 저압측이 되고 증발기로 작동한다.

제습 난방운전에서는 압축기 1개와 실내 응축기, 실내 증발기, 실외 열교환기의 3개의 열교환기를 사용하여 제습모드와 재가열 모드를 제어한다. 난방모드는 냉매는 난방용 팽창밸브를 통과하여 실외 열교환기에서 증발하고, 어큐뮤레이터, 압축기, 실내 응축기로 냉매가 흐른다. 냉방모드는 냉매는 냉방용 팽창밸브를 통과하여 실내 증발기에서 증발하여 냉각을 하고, 어큐뮤레이터, 압축기, 실외 응축기로 냉매가 흐른다. 공기는 실내 증발기로 유리창 제습에 필요한 온도까지 냉각, 제습되고 실내 응축기로 재가열되어 원하는 온도로 토출된다. 실내 증발기에서의 냉각량과 제습량은 압축기 회전수에 의해 제어되고 실내 응축기에서 재가열량은 사이클의 열균형에 의해 결정된다. 실외 열교환기는 냉매의 온도가 외기온도보다 높으면 응축기, 낮으면 증발기로 작동한다. 팽창밸브 2개를 동시에 사용하면 실외 열교환기는 중간 압력이 되고 냉난방용 팽창밸브의 유량을 가변하여 실내 열교환기의 방열량을 제어할 수 있고 이 제어에 의해 제습을 하고 원하는 온도가 얻어지기 때문에 2층류 유닛에 의한 난방에서도 유리창에 습기가 많은 고습도의 중간부분 이하에서도 제습운전을 할 수 있다.

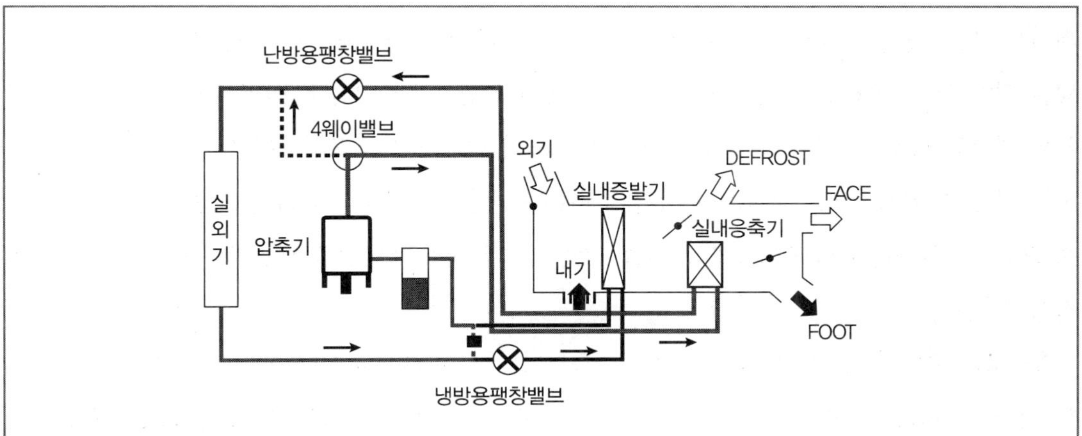

그림 10.19 제습 난방 모드시 냉매의 흐름

(4) 가스분사

히트펌프는 −20℃정도의 저온이 되면 냉매밀도가 감소하여 압축기에서 압축하는 질량유량이 저하하여 성능이 떨어지므로 이러한 경우 그림 10.20과 같은 가스분사 사이클을 사용한다. 가스

분사 사이클은 고온측인 응축기에서 2단계로 팽창하여 중간단계에서 기액분리하여 가스를 압축기 중간단계로 되돌린다. 중간단은 저온측인 증발기보다 냉매밀도가 높고 냉매의 유량을 증가시킬 수 있다. 압축기에 들어가는 냉매량이 증가하면 성능이 향상된다.

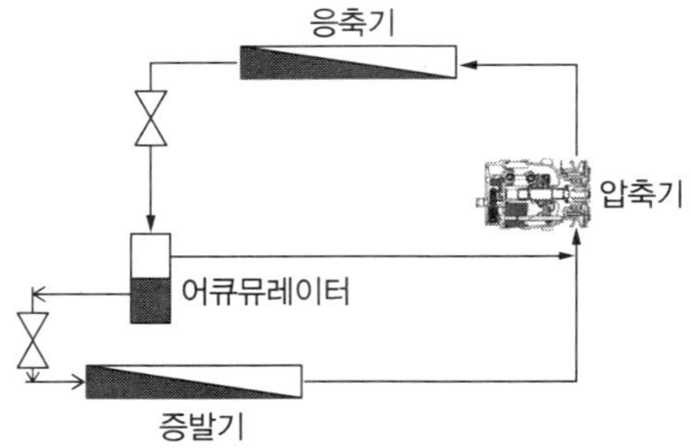

그림 10.20 가스분사

(5) 내외기 2층 유닛

일반적으로 차량의 부하는 난방부하가 냉방부하보다 커서 에어컨의 소비전력도 난방시가 더 크다. 난방시에는 유리창 습기를 방지하기 위해 절대습도가 낮은 외기를 도입하는 외기모드로 하여 환기부하의 비율은 약 60%로 많아져 이를 감소시키기 위해 내기모드로 하면 되지만 외기온도가 낮은 영역에서는 유리창에 습기가 발생하여 자동차 안전성이 떨어진다. 이의 해결은 유닛 내를 상부와 하부로 나누고 상부는 방습을 위해 절대습도가 낮은 외기를 도입하여 실내 응축기의 상부에서 가열한 후 유리창으로 토출(DEF)시키고 하부는 난방을 위해서 실내기를 도입하고 실내 응축기 하부에서 가열하여 발아래(FOOT)로 토출시키는 2층류 구조로 난방을 하면 방습과 환기부하를 저감할 수 있다.

그림 10.21은 습기 발생상태를 외기온도와 습도 상에서 비교한 것이다. 2층류 유닛방식의 사용으로 난방 열부하를 줄일 수 있고, 에어컨의 소비전력을 저감하는 것이 가능하고, 고습도의 중간이하 부분을 제외하고 난방운전으로 방습이 가능하다.

그림 10.22는 자동차 열부하를 나타낸다. 차량의 열부하의 60%는 환기에 의한 손실이고, 나머지 40%는 열전도에 의한 손실이다. 환기손실을 줄이기 위해 내기 순환속도를 증가시켜 내기 순환율이 20%를 넘으면 유리창 흐림이 발생한다. 이는 내기순환은 따뜻한 공기를 재가열하기 때문에 난방능력은 높아지지만, 탑승자의 호흡으로 인하여 실내습도가 상승하기 때문이다. 이 문제를 해결

하기 위해서는 유리창 흐림이 발생하지 않을 정도로만 내기공기를 사용해야 한다. 이러한 방법으로 내외기 2층유닛을 사용한다.

그림 10.23은 내외기 2층 흐름을 나타낸다. 외기 도입 공기와 내기 도입 공기를 분리한 채로 히터로 가열하고 외기 도입측은 차량 실내의 상부에, 내기 도입측은 발 아래로 공기를 토출한다. 외기량과 내기량의 비율을 1/2정도로 설정하고, DEF 토출, 사이드, FACE 토출 공기는 외기측의 건조

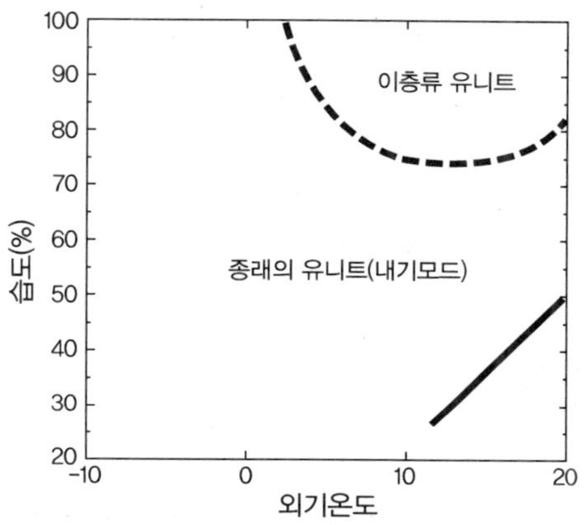

그림 10.21 2층류 유닛 작동 구간(출처 : 덴소)

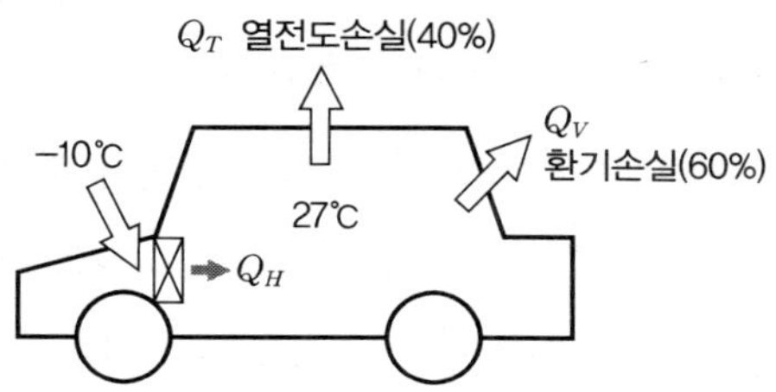

그림 10.22 자동차의 열부하

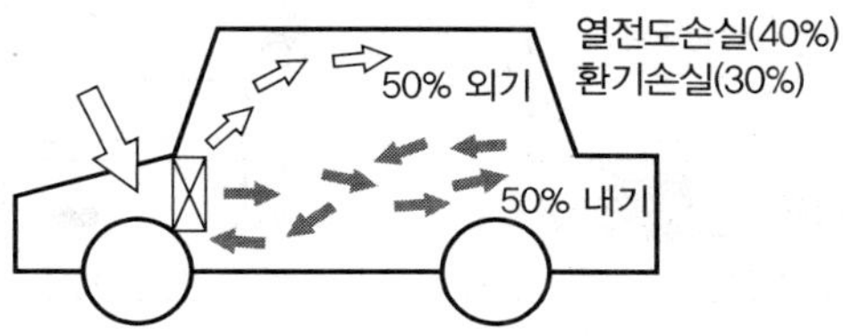

그림 10.23 2층 흐름 시스템

한 공기를 사용하여 유리창 흐림이 없고, 발 아래로의 공기는 내기공기를 사용하여 30%의 환기손실을 줄일 수 있다. 앞으로의 전기자동차에 필요한 에어컨 기술은 다음과 같다.

① 제상 제어기술
② 제습 난방기술
③ 극저온 대응 난방기술
④ 히트펌프 기술 개발(공기 가열식, 온수 가열식)
⑤ 에너지 절약 기술적용
⑥ 열부하 저감 기술개발
⑦ 보조열원 개발(PTC 히터, 수가열 히터)

10.3.5 미쓰비시의 히트펌프 에어컨

전기자동차는 제동 시에도 운동 에너지를 회생전력으로 회수하기 때문에 차량모터의 에너지 변환효율은 높지만, 배열량은 기존의 내연기관 자동차에 비하여 작고, 난방운전에 필요한 열량도 매우 부족하다.

현재는 부족한 열량을 보충하기 위해 전기 온수히터를 탑재한 시스템이 채용되는 것이 일반적이다. 그림 10.24는 전기 온수히터와 공조기 구성을 나타낸다.

이 시스템의 특징은 전기 온수히터 이외의 부품은 기존 양산차 부품을 사용하고 높은 전압으로 구동되는 전기 온수히터를 차 밖에 설치하여 차량 충돌시 탑승자의 안전을 배려한 설계로 되어 있다. 전기 온수히터 시스템은 특성이 우수하지만 전기자동차의 경우 차량의 총 전기량에 비하여 난

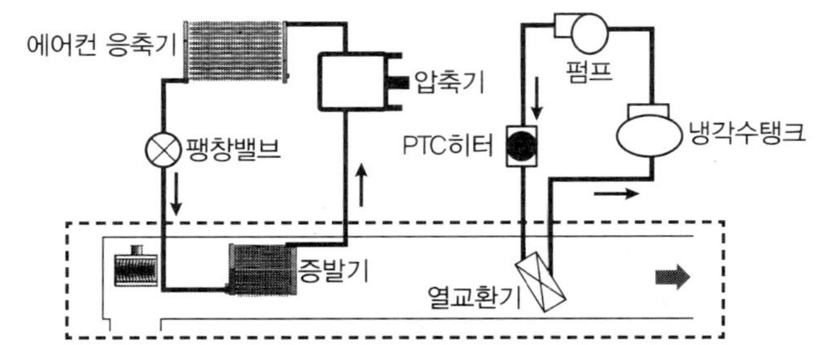

그림 10.24 전기 온수히터

방운전에 필요한 전기량의 비율이 크고, 난방 운전시 주행거리가 감소하는 과제가 있다. 한편, 주행거리를 늘리기 위해 배터리 용량을 증가시키는 것은 배터리의 탑재 공간, 무게, 비용의 문제가 발생한다.

이와 같은 난방문제를 해결하기 위해서는 히트펌프를 자동차 에어컨 시스템에 사용한다. 히트펌프 시스템의 난방성능은 사용하는 열원에 의해 크게 영향을 받기 때문에 열원의 선정이 중요하고 히트펌프 시스템을 자동차 에어컨에 적용할 경우, 열원으로는 다음을 사용할 수 있다.

- 차외 공기에 포함된 열에너지
- 차내 환기공기에 포함된 열에너지

양산 보급을 목적으로 하는 경우, 중요한 요소인 간단한 구조, 저비용화를 고려하여 차외 공기에 포함된 열에너지를 열원으로 하는 것이 바람직하고 실외 공기를 열원으로 하는 히트펌프 시스템은 압축기, 실내 응축기, 전환 밸브, 수액기, 팽창밸브, 실외 증발기, 실내 증발기, 실외 응축기, 배관 등으로 구성된다.

따라서 외부온도, 자동차의 속도, 날씨 등의 실외공기의 상황에 따라 난방성능이 변화하기 때문에 자동차 에어컨 설계에 이러한 영향을 충분히 검토하는 것이 중요하다. 일반적인 히트펌프 시스템은 낮은 기온에서 난방 운전시 실외 증발기에서 공기 중의 수분이 부착하여 동결하는 현상이 발생하여 난방성능이 저하되고, 운전정지에 이르는 경우도 있기 때문에 실외 열교환기의 서리착상을 방지하는 설계를 해야 한다. 그림 10.25는 자동차의 에너지 균형을 나타내고 그림 10.26은 미쯔비시의 히트펌프 시스템을 나타낸다.

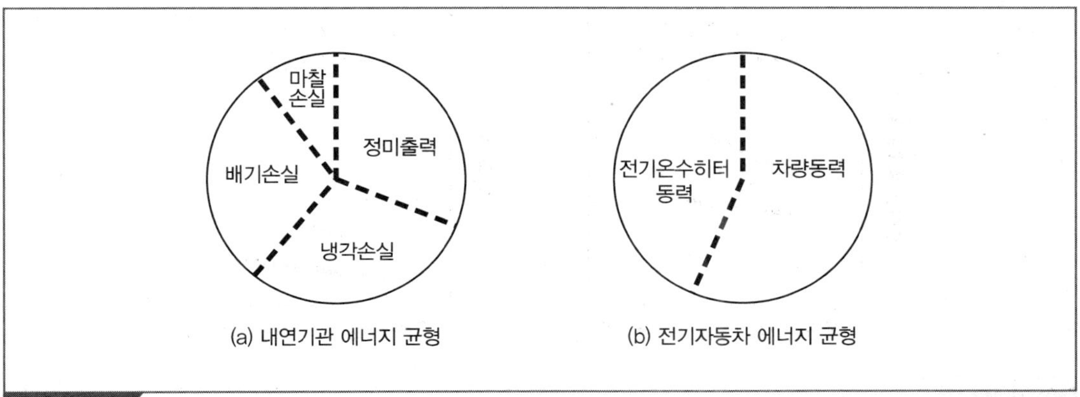

그림 10.25 자동차의 에너지 균형

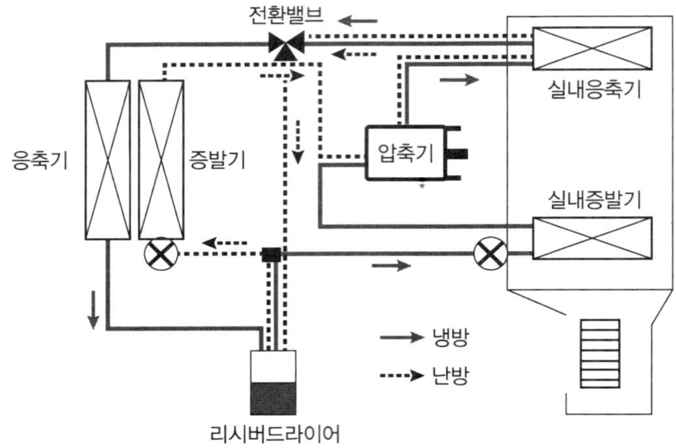

그림 10.26 미쯔비시 히트펌프 시스템

(1) 난방용 실외증발기

냉방용의 실내 증발기는 차량공간의 제약으로 단위 면적당 열교환량이 크게 되도록 냉매 유로를 2열 구조로 하여 소형화 설계를 하고, 열교환기 표면에 응축수 착상을 방지하는 특수 표면처리가 되어 있다. 난방용의 실외 증발기는 필요한 성능과 풍량을 확보하고, 단위 면적당의 열교환량을 실내 증발기보다 적게 설계해야 하기 때문에, 얇고, 압력강하를 적게 할 수 있다. 또한 난방용 실외 증발기는 난방 운전시의 착상(frost)를 고려하여 냉매유로를 구성하는 튜브를 수직으로 배치하여 배수성을 고려한 설계를 하기도 한다. 그림 10.27은 난방용 실외 증발기의 성능을 나타낸다.

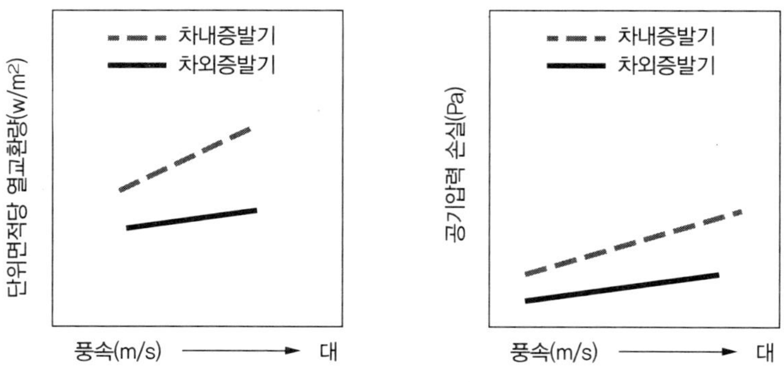

그림 10.27 난방용 차외 증발기 단위 성능

(2) 난방용 실내 응축기

난방용 실내 응축기는 적은 차량공간에 필요한 성능을 내기 위해서는 2열구조로 하여 단위 면적당 열교환이 냉방용의 실외 응축기보다 크게 되도록 한다. 난방용 실내 응축기는 내연 기관으로의 폐열을 난방열원으로 하는 히터코어와 공용화를 고려하여 대체 가능한 크기와 구조로 되어 있다. 그림 10.28은 난방용 실내 응축기의 단위성능을 나타낸다.

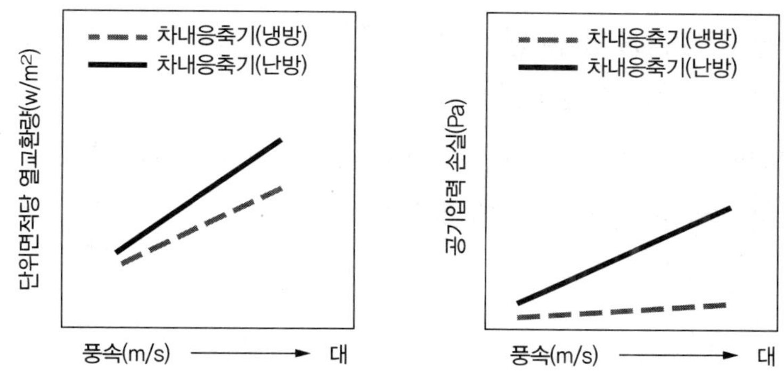

그림 10.28 난방용 실내 응축기 단위성능

참고문헌

차세대자동차공학, 김철수, 유종식, 동명사, 2018

자동차엔진공학, 김철수, 홍릉과학출판사, 2016

자동차저탄소공학, 김철수, GS 인터비전, 2015

최신 자동차기관, 김철수, 동명사, 2006

埼玉工業大学, 機械工学学習支援セミナー, 小西克享, 次元解析の意味と応用

埼玉工業大学,小西克享, 燃焼の理論入門(初版)

제1장

자동차 저탄소기관, 김철수, GS 인터비전, 2015

自動車用 powertrainの 課題と 將來希望, Toyota

排気ブローダウン過給システムを用いた リン予\混合圧縮自己着火エンジンの研究, Toyota

제2장

http://www.autozine.org/technical_school/engine/Compression.html

제3장

http://www.mech.kumamoto-u.ac.jp/Info/lab/fluid/FM-4.pdf

http://www.nidec-servo.com/jp/digital/pdf/H_featureP.pdf

http://www.phys.sci.ehime-u.ac.jp/info/text10.pdf

https://pub.maruzen.co.jp/realize/search/sample/RLB220471.pdf

http://www17.plala.or.jp/poppy06/downloadfile/structure/8StressStrain.pdf

http://www.kyowa-ei.com/jpn/technical/strain_gages/measurement.html

http://www.fujikura.co.jp/products/electronics/sensors/01/sps_data01.pdf

http://repository.kulib.kyoto-u.ac.jp/dspace/bitstream/2433/162195/2/D_Nishihara_Motohisa.pdf http://www.horiba.com/uploads/media/R36_04_01.pdf

http://www.hkd.co.jp/press_tec/

http://eleking.net/study/s-accircuit/sac-2simpedance.html

http://eleking.net/study/s-dccircuit/sd-capacitor.html

http://www.tossnet.or.jp/portals/0/resouce/static

http://www.kanomax.co.jp/technical/detail_0021.html

http://jlcinternational.com/wp-content/uploads/2012/03/Air-Velocity-in-detail.pdf

http://www.mouser.com/ds/2/418/LMM-H03-710023.pdf

http://www.daido.co.jp/products/sensor/whats.html

http://www.shinkawa.co.jp/magazine/vol.16_column_sst.html

https://www.jsme.or.jp/conference/joutai/doc/kaisai/20141003/takimoto.pdf

http://www.omega.com/literature/transactions/volume4/T9904-08-MECH.html

http://www.nikkoshi.co.jp/products/mrsensor.html

http://www.cqpub.co.jp/toragi/TRBN/contents/2005/tr0512/0512denshi9.pdf

http://jiki-sensor.com/sensor/history001.html

http://techon.nikkeibp.co.jp/article/WORD/20080324/149333/?rt=nocnt

http://www.cqpub.co.jp/hanbai/books/34/34451/34451_2SYO.pdf

https://www.keyence.co.jp/ss/recoder/labo/thermometry/base.jsp

http://www.elec.tohoku-gakuin.ac.jp/kimura/reserch/mems-sensor.pdf

http://www.gakushuin.ac.jp/univ/sci/top/jimu-info/mono/mono_pdf

https://www.denso.co.jp/ja/aboutdenso/technology/dtr/v11_1/files/disseration14itp6.pdf

http://www.oeg.co.jp/Exhibition/pdf/10oeg01.pdf

https://pub.maruzen.co.jp/realize/search/sample/RLB220471.pdf

http://repository.kulib.kyoto-u.ac.jp/dspace/bitstream/2433/162195/2/D_Nishihara_Motohisa.pdf

http://www.daido.co.jp/about/rd/journal/85_2/10_technicaldata.pdf

https://www.denso.co.jp/ja/aboutdenso/technology/dtr/v06_1/files/dissertation15.pdf

http://www.fujielectric.co.jp/about/company/jihou_2010/pdf/83-06/FEJ-83-06-420-2010.pdf

https://www.cmcbooks.co.jp/products/detail.php?product_id=4873

http://www.hitachihyoron.com/jp/pdf/2013/11/2013_11_08.pdf

http://www.fujielectric.co.jp/about/company/jihou_2009/pdf

https://www.compoclub.com/products/knowledge/mf/netu_kiso1.html

https://www.jstage.jst.go.jp/article/sicetr1965/21/8/21_8_813/_pdf

http://www.mech.kumamoto-u.ac.jp/Info/lab/fluid/FM-4.pdf

http://www.aa1car.com/library/map_sensors.htm

http://www.oval.co.jp/techinfo/keisoku/ultrasonic.html

西尾兼光"エンジン制御用センサ",山海堂(1999), pp. 83-100

自動車用センサの最新動向(普及版),木股雅章,2015年6月8日、329ページ, ISBNコード ：978-4-7813-1020-6

パワートレイン用高精度センサーの展開, 半沢 恵二, Vol.95 No.11 762-763 環境·安全·情報でグローバル社会に貢献するオートモティブシステム技術

제4장

豊田中央研究所R&D レビューVol. 33 No.4 (1998. 12)

http://www.jsae.or.jp/~dat1/mr/motor21/mr20052113.pdf

http://www.comb.kokushikan.ac.jp/lecture/eij2001/#PAGE18

http://eco-energy.mech.ibaraki.ac.jp/lecture/Essence2012.pdf

http://www.waseda.jp/top/assets/uploads/2013/07/130709_engine.pdf

http://www.geocities.jp/bequemereise/diesel_comb3.html

http://www.jsae.or.jp/~dat1/mr/motor21/mr20052104.pdf

http://wattandedison.com/Shioji.pdf

http://dspace.wul.waseda.ac.jp/dspace/bitstream/2065/34609/3/Honbun-5029.pdf

http://www.mazda.com/contentassets/f1d0da18d8194242874915dda7b612d8/files/2006_no035.pdf

제5장

http://dieselclass.com/Fuels%20Files/Chapter%2019%20-%20Common%20Rail.pdf

http://cdn.intechweb.org/pdfs/11335.pdf

http://www.tytlabs.com/japanese/review/rev334pdf/334_003koike.pdf

https://www.schaeffler.com///remotemedien/media/_shared_media/08_media_library/01_publications/schaeffler_2/symposia_1/downloads_11/Schaeffler_Kolloquium_2014_11_en.pdf

https://www.calsonickansei.co.jp/assets/pdf/innovation/technical-review/vol12/p8-19.pdf

제6장

http://www.mazda.com/ja/innovation/technology/skyactiv/skyactiv-g/

http://www.mazda.com/ja/innovation/technology/skyactiv/skyactiv-d/

https://1ijylmozio83m2nkr2v293mp-wpengine.netdna-ssl.com/wp-content/uploads/2017/10/02_ENG_Mazda_Next_Generation_Technology_Press_Information.pdf#search=%27MAZDA+skyactivx+pdf%27

https://swest.toppers.jp/SWEST16/data/keynote_proceeding.pdf#search=%27SKYACTIVG+pdf%27

http://www.mazda.com/contentassets/c9c12efa86a64ebab4353fb441ff3b9c/files/2012_no004.pdf#search=%27skyactivd+pdf%27

https://www.arb.ca.gov/msprog/consumer_info/advanced_clean_cars/vct_engine_technology_yutaka_fujimoto.pdf

https://www.econologie.info/share/partager/1238066750jN2iva.pdf

http://www.autozine.org/technical_school/engine/Compression.htmlfile:///C:/Users/user/Downloads/20151217134545 5116%20(1).pdf

http://www.chusanren.or.jp/

http://www.jspmi.or.jp/system/file/3/1123/n11-6.pdf

http://www.autozine.org/technical_school/engine/Compression.html/variable compression gasoline engine pdf

http://www.mazda.com/globalassets

https://www.autoblog.com/2007/07/25/mercedes-benz-introduces-the-diesotto-german-for-hcci/

https://core.ac.uk/download/pdf/96950354.pdf#search='DiesOtto+pdf'

可變 壓縮比 日産の可変圧縮比エンジン, variable compression engine, SAAB

제7장

自動車用エンジンのダウンサイジングに貢献する電動スーパーチャージャの開発, Development of Electric Supercharger Contributing to the Downsizing of Automobile Engine, 三菱重工技報 Vol.47 No.4 (2010), 自動車関連技術特集

自動車向け電動2ステージターボシステムの開発, 015, Development of Electric Supercharger Contributing to the Downsizing of Automobile Engine, 三菱重工技報 Vol.47 No.4 (2010), 自動車関連技術特集

自動車用ディーゼルエンジンの燃焼改善, 日本機械学会誌 2008. 6 Vol. 111 No.1075

https://www.keihin-corp.co.jp/technology/pdf/ti/tec_vol4_file9.pdf

https://www.mhi.co.jp/technology/review/pdf/521/521076.pdf

http://www.natef.org/NATEF/media/NATEFMedia/VW%20Files/2-0-TDI-SSP.pdf

http://www.jsme.or.jp/publish/kaisi/080604t.pdf

http://www.nedo.go.jp/content/100096398.pdf

https://www.mhi.co.jp/technology/review/pdf/474/474012.pdf

http://oshiete.goo.ne.jp/qa/2584803.html

https://www.denso.co.jp/ja/aboutdenso/technology/dtr/v11_1/files/disseration01itp6.pdf

http://www.aa1car.com/library/egr.htm

http://www.partinfo.co.uk/files/Pierburg-EGR%20Valve%20Product%20Info.pdf

제8장

Physical Modeling and Control of Low Temperature Combustion in Engines, Lund University, 2012Anders Widd

S. Kimura, H. Ogawa, Y. Matsui, and Y. Enomoto : An experimental analysis of low-temperature and premixed combustion for simultaneous reduction of NOx and particulate emissions in direct injection diesel engines, Int J Engine Research, Vol.3, No.4, p.249, 2002

Asad U, Zheng M, Ting DSK, Tjong J (2015) Implementation challenges and solutions forhomogeneous charge compression ignition combustion in diesel engines. J Eng GasTurbines Power 137:101505

ディーゼル機関の無煙低温燃焼法の開発～ 触媒のディーゼル機関への本格的な適用, 伊藤 丈和, トヨタ自動車株式会社

新世代希薄燃焼エンジン, Press nformation'92, トヨタ自動車株式会社

希薄燃焼エンジン用排ガス浄化システム, 佐藤 稔, 三田製作所, 坪城 28

https://www.ieacombustion.com/collaborative-tasks/low-temperature-combustion-ltc

http://www.ni.com/white-paper/13516/en/

https://www.jsae.or.jp/~dat1/mr/motor21/mr20052108.pdf

http://www.webcg.net/articles/-/30026?page=3

http://shingi.jst.go.jp/abst/p/11/1155/chiba_01.pdf

http://www.nissan-global.com/JP/TECHNOLOGY/OVERVIEW/hcci.html

http://iikagenna.blog92.fc2.com/blog-entry-183.html

http://www.geocities.jp/bequemereise/comb_efficiency2.html

http://www.kansai.jsme.or.jp/Seniorlegend/PDF/doc00010.pdf

https://www.extremetech.com/extreme/163879-low-temperature-combustion-could-drive-efficient-clean-diesel-engines-back-into-the-limelight

http://www.npc.org/FTF_Topic_papers/6-Low_Temperature_Combustion.pdf

Low-temperature premixed combustion(PCI)

https://www.ieacombustion.com/collaborative-tasks/low-temperature-combustion-ltc

http://www.nedo.go.jp/content/100096398.pdf

http://www.jsme.or.jp/publish/kaisi/080604t.pdf

http://www.jsme.or.jp/~dat1/mr/motor21/mr20052107.pdf

https://www.jsae.or.jp/~dat1/mr/motor21/mr20052107.pdf

http://www.jsme.or.jp/publish/kaisi/080604t.pdf

http://iroha.scitech.lib.keio.ac.jp:8080/sigma/bitstream/handle/10721/2033/document.pdf

http://www.nikkeibp.co.jp/style/eco/column/shimizu/071023_cleandiesel/index2.html

http://www.geocities.jp/bequemereise/diesel_comb3.html

http://www.nedo.go.jp/content/100096397.pdf

http://www.jsae.or.jp/~dat1/mr/motor21/mr20052104.pdf

http://www.energy.lth.se/fileadmin/energivetenskaper/Avhandlingar/Gasoline_PPC_07062010.pdf http://www.sandia.gov/ecn/tutorials/visualization/mkLateInj.php

https://www.jsae.or.jp/~dat1/mr/motor21/mr20052104.pdf

http://www.greencarcongress.com/2011/05/ltc1-20110520.html

http://www.chusanren.or.jp/whatsnew/next_vehicle_2013/pdf/engineer/engine_motor/engine_motor02.pdf

http://www.3sgte.com/1992EngPressOCRa.pdf

http://www.3sgte.com/Toyota

http://www.mitsubishielectric.co.jp/corporate/giho/2009/08/pdf/0908104.pdf

http://www.control.lth.se/documents/2012/wid12phd.pdf

http://iosrjournals.org/iosr-jmce/papers/vol11-issue6/Version-2/H011624767.pdf

https://www.jsae.or.jp/~dat1/mr/motor21/mr20052105.pdf

제9장

자동차저탄소공학, 김철수, GS 인터비전, 2015

제10장

http://www.denso.co.jp/ja/aboutdenso/technology/dtr/v01/files/dissertation09.pdf

http://www.denso.co.jp/ja/aboutdenso/technology/dtr/v16/files/12.pdf

http://www.mhi-global.com/company/technology/review/pdf/482/482026.pdf

http://www.mhi.co.jp/technology/review/pdf/512/512049.pdf

https://www.mhi.co.jp/technology/review/pdf/392/392080.pdf

https://www.denso.co.jp/ja/aboutdenso/technology/dtr/v10_1/files/

http://www.env.go.jp/council/06earth/y067-06/ref04.pdf

http://www.waseda.jp/weri/pub/bulletin2009/13reibai.pdf

http://www.jsrae.or.jp/annai/yougo/187.html

http://www.sankikeiso.co.jp/TechnicalInformation/Informationrefrigeratingcycle.html

http://astamuse.com/ja/published/JP/No/2009281610

http://dspace.wul.waseda.ac.jp/dspace/bitstream/2065/37754/6/Honbun-5780_03.pdf

http://www.calsonickansei.co.jp/company/technology/pdf/vol.10/p6_12.pdf

http://www.habilis.co.jp/WRV4Refgaidans.pdf

http://www.denso.co.jp/ja/aboutdenso/technology/dtr/v14/files/11.pdf

http://www.coolstore.jp/20130425124707.pdf

http://www.denso.co.jp/ja/aboutdenso/technology/product/airsupply/files/

http://www.denso.co.jp/ja/aboutdenso/technology/environment/story/no1/2par.html

http://www.jsme.or.jp/conference/tedconf07/backuphp/conf07proc/A13-shibata.pdf

http://fluid.web.nitech.ac.jp/Gotoh_Home_page/Edu/Public_course/Text/

http://www.eurammon.com/sites/default/files/attachments/

http://www.scribd.com/doc/156945410/UBA-Natural-Refrigerants-for-Mobile-Air-Conditioning-in-Passenger-Cars

http://www.r744.com/knowledge/papersView/carrier_report_by_shecco

http://www.atmo.org/presentations/files/352_Panasonic_J.pdf

http://www.meti.go.jp/committee/sankoushin/kagaku_bio/ondanka_fron/pdf

http://www.denso.co.jp/ja/aboutdenso/technology/dtr/v04_2/files/dissertation6.pdf

http://dspace.wul.waseda.ac.jp/dspace/bitstream/2065/40180/1/Honbun-6183.pdf

http://www.sciencedirect.com/science/article/pii/S0140700708001217

http://www.niit.ac.jp/lib/contents/kiyo/genko/10/4_KANAI.PDF

http://ac.els-cdn.com/S0140700705001039/1-s2.0-S0140700705001039-main.pdf

http://www.nedo.go.jp/koubo/EV2_100074.html

http://www.tohoku.ac.jp/japanese/newimg/pressimg/

http://www.htsj.or.jp/heat-page.html